中国地质调查局
"青藏高原前寒武纪地质和古生代构造-古地理综合研究项目"(12012010610102)
2014年湖北省学术著作出版专项资金资助项目

青藏高原及邻区
古生代构造-岩相古地理综合研究

Characteristics of Paleozoic Tectonics and Evolution of Lithofacies and Palaeogeography of the Qinghai-Tibet Plateau and Its Adjacent Areas

计文化　陈守建　李荣社　王训练　等编著

内 容 提 要

本书为中国地质调查局"青藏高原基础地质调查成果集成和综合研究"系列成果之一。本书在全区1:25万区域地质调查资料的基础上,结合其他不同比例尺调查资料和前人研究成果,通过大量野外观察、测试分析和综合研究,按照"一个古大洋和两个大陆边缘系统"的主导思路,全面厘定了古生代岩石地层系统,对沉积盆地、岩浆岛弧带、蛇绿构造混杂岩带的构造岩相古地理进行了分析研究,恢复了古构造环境,揭示了古大洋发生、发展、消亡和大陆裂离、拼合的过程。

本书开创了复合造山带构造-岩相古地理研究的先例,首次提出了"一个大洋和两个大陆边缘系统"这一全新的青藏高原特提斯大洋深化模式,是一本优秀的地质图书,具有很高的参考价值。

图书在版编目(CIP)数据

青藏高原及邻区古生代构造-岩相古地理综合研究/计文化等编著.—武汉:中国地质大学出版社,2014.11

ISBN 978-7-5625-3574-4

Ⅰ.①青…
Ⅱ.①计…
Ⅲ.①青藏高原-古生代-地质构造-岩相古地理图
Ⅳ.①P534.4②P586

中国版本图书馆 CIP 数据核字(2014)第 273808 号

青藏高原及邻区古生代构造-岩相古地理综合研究	计文化 陈守建 李荣社 王训练 等编著

责任编辑:张 琰	选题策划:刘桂涛	责任校对:张咏梅
出版发行:中国地质大学出版社(武汉市洪山区鲁磨路388号)		邮政编码:430074
电 话:(027)67883511	传 真:67883580	E-mail:cbb@cug.edu.cn
经 销:全国新华书店		http://www.cugp.cug.edu.cn
开本:880mm×1230mm 1/16	字数:863千字 印张:25 插页:9	
版次:2014年11月第1版	印次:2014年11月第1次印刷	
印刷:武汉市籍缘印刷厂	印数:1—1000册	
ISBN 978-7-5625-3574-4		定价:268.00元

如有印装质量问题请与印刷厂联系调换

青藏高原及邻区古生代构造-岩相古地理综合研究

计划项目负责人：	潘桂棠　王立全　李荣社
工作项目负责人：	李荣社　计文化　何世平
专题负责人：	计文化　陈守建
主　　　编：	计文化　陈守建　李荣社　王训练
编写人员：	计文化　陈守建　李荣社　王训练
	张海军　潘晓萍　赵振明　史秉德
	陈奋宁　洛长义　杜兵盈　李国栋
	焦　扬　吴汉宁　潘术娟　刘　银
	程　鑫
编写单位：	西安地质调查中心
协作单位：	中国地质大学(北京)、西北大学
单位负责人：	李文渊

总 序

青藏高原是地球上最年轻、最高的高原，它影响着全球气候变化，蕴藏着丰富的矿产资源，记录着地球演化历史中最壮观的地质事件，是研究地球形成与演化的"金钥匙"，长期以来一直是地学界高度关注的焦点地区。因此，加强青藏高原地质工作对于缓解国家资源危机、贯彻西部大开发战略、繁荣边疆民族经济、保护生态环境和地质科学发展均具有重要的战略意义。

1999年国家启动了"新一轮国土资源大调查"专项，按照温家宝副总理"新一轮国土资源大调查要围绕填补和更新一批基础地质图件"的指示精神，中国地质调查局组织开展了青藏高原空白区1:25万区域地质调查攻坚战，调集25个来自全国省（自治区）地质调查院、研究所、大专院校等单位精干的区域地质调查队伍，每年有近千人奋战在世界屋脊，徒步踏遍雪域高原，开创了人类地质工作历史的伟大壮举。

青藏高原平均海拔4 500m以上，自然地理条件非常恶劣，含氧量仅为内地的50%，最低温度可达-44～-37℃。地质工作者本着神圣的使命感和强烈的事业心，继承和发扬"特别能吃苦、特别能战斗、特别能忍耐、特别能奉献"的青藏精神，脚踏世界屋脊，挑战生命极限，攀登地质科学高峰。在杳无人烟的可可西里，在悬崖万丈的雅鲁藏布江大峡谷，在生命禁区阿里和西昆仑，开展了拉网式的地质调查。他们迎着刺骨的寒风和纷飞的雪花，克服高原反应带来的呼吸困难、剧烈头痛、失眠乏力等难以想象的困难，甚至冒着肺气肿、脑水肿等致命高原疾病的危险，用身躯、用生命丈量着一条条地质路线，谱写了一曲曲可歌可泣的时代英雄乐章，用鲜血和汗水换来了丰硕的成果。

2006年开始，中国地质调查局组织实施了"青藏高原基础地质调查成果集成和综合研究"工作。以青藏高原空白区1:25万区域地质调查成果为基础，以提高资源勘查评价、生态环境保护和社会发展保障能力，提升青藏高原地质科学研究水平为目标；充分运用现代地学理论和技术方法，系统总结和集成青藏高原基础地质调查研究成果，为国家和区域经济可持续发展提供决策依据。

在青藏高原空白区1:25万区域地质调查和国内外有关青藏高原最新研究成果的基础上，通过集成和综合研究，编制了地质、资源、地球物理、地球化学系列图件，为青藏高原区域资源勘查、国土规划、环境保护、重大工程规划与建设、地质科学研究等提供了基础图件，包括：

——青藏高原及邻区1:150万地质图及说明书；
——青藏高原及邻区1:150万大地构造图及说明书；
——青藏高原及邻区1:150万变质地质图及说明书；
——青藏高原及邻区1:150万前寒武纪地质图及说明书；
——青藏高原及邻区1:150万构造-岩浆岩图及说明书；
——青藏高原及邻区1:150万新生代地质图及说明书；
——青藏高原及邻区1:150万新构造与地质灾害图及说明书；
——青藏高原地区1:150万成矿地质背景图及说明书；

——青藏高原地区 1∶150 万旅游资源图及说明书；
——青藏高原及邻区 1∶300 万第四纪地质与地貌图及说明书；
——青藏高原及邻区 1∶300 万古生代构造-岩相古地理图及说明书；
——青藏高原及邻区 1∶300 万中生代构造-岩相古地理图及说明书；
——青藏高原及邻区 1∶300 万新生代构造-岩相古地理图及说明书；
——青藏高原及邻区 1∶300 万地球化学系列图及说明书；
——青藏高原及邻区 1∶300 万重力系列图及说明书；
——青藏高原及邻区 1∶300 万航磁系列图及说明书。

上述地、物、化、矿等系列图件及其说明书，均已由国土资源部中国地质调查局组织的院士专家委员会进行评审验收，并给予很高的评价。2010 年 8 月 26 日，在全国国土资源系统援藏工作会上，中国地质调查局向西藏自治区和青海省人民政府赠送了"青藏高原及邻区地质类、构造-岩相古地理类、资源类和区域物化探类系列图件与说明书"整装研究成果。

（1）基于 177 幅 1∶25 万区域调查成果资料，系统厘定了区域地层及构造-地层系统，划分出 9 个地层及构造-地层大区、36 个地层及构造-地层区及 63 个地层及构造-地层分区，建立了青藏高原及邻区岩石地层划分与对比序列。首次以岩石地层作为编图单位，编制青藏高原及邻区 1∶150 万地质图，建立地质图数据库，全面反映了青藏高原区域地质调查的最新成果。

（2）按照大地构造相划分方案（3 个大相、14 个基本相和 36 个亚相）对地质体进行大地构造环境解析，以 36 个大地构造亚相作为基本编图单元，编制青藏高原及邻区 1∶150 万大地构造图。厘定了青藏高原区域存在的 20 条蛇绿混杂岩带，重新构建了青藏高原大地构造格架，划分出 9 个一级、37 个二级和 81 个三级构造单元，提出"一个大洋、两个大陆边缘、三大多岛弧盆系"高原特提斯形成演化模式的原创性认识，建立了大陆边缘造山带"多岛弧盆系构造"新模式。

（3）依据青藏高原构造-岩浆演化特征及时空格架，按照洋壳型、俯冲型、碰撞型、后碰撞型及陆内伸展型构造-岩浆岩相组合，编制青藏高原及邻区 1∶150 万构造-岩浆岩图。提出了"陆缘侧向增生、陆壳垂向增长"的大陆边缘岛弧造山模式和"新生与再循环"两类地壳、"挤压缩短及地幔物质注入"增厚两种机制的高原地壳形成模式。

（4）依据青藏高原区域构造及变质特征的时空格架，按照变质（地）区、变质（地）带、变质亚带和甚低-低-高绿片岩相、低-高角闪岩相、蓝片岩相、高-超高压榴辉岩相、麻粒岩相等进行变质环境解析，编制青藏高原及邻区 1∶150 万变质地质图，厘定出 16 条高压-超高压变质带。

（5）依据青藏高原及邻区前寒武纪陆块或卷入造山带中地块的性质、组成及热事件序列，结合变质期次、变质相带及标志性矿物等变质特征，编制青藏高原及邻区 1∶150 万前寒武纪地质图。探讨了主要块体之间的亲缘关系和构造归属，在昌都地块宁多岩群中获得 $(3\,981\pm9)$ Ma 冥古宙地壳物质信息。

（6）立足 1∶25 万区域地质调查成果新资料，以板块构造学说为理论指导，以大陆边缘多岛弧盆系造山模式为主线，以大地构造相及其相关沉积岩相、混杂岩相、岩浆岩相与变质岩相的时空结构分析为基本方法，开创性地开展了青藏高原显生宙 17 个重要地质断代构造-岩相古地理专题研究与编图，揭示青藏高原特提斯形成演化过程。

（7）全面集成和综合研究1∶25万区调获得的新生代地质与第四纪环境演变成果资料，编制青藏高原及邻区1∶150万新生代地质图、新构造与地质灾害图和1∶300万第四纪地质与地貌图。提出了新生代构造演化的四阶段动力学模型，揭示了青藏高原构造隆升-地貌水系演化-气候与环境演变的耦合关系，为区域可持续发展提供了地质背景资料。

（8）系统收集和整理青藏高原区域地质调查与矿产勘查获得的5 000余矿床（点）资料，编制了青藏高原地区1∶150万金属及非金属矿产图、成矿地质背景图；划分出3个成矿域、10个成矿省和33个成矿带，并对成矿带的地质背景和矿床类型进行了总结，为区域矿产资源勘查评价提供了重要资料。

（9）系统收集和整理青藏高原地区各类景观点1 600余处，其中新增1∶25万区域地质调查发现的各类旅游资源（主体为地质旅游资源）景点700余处；编制了青藏高原地区1∶150万旅游资源图，划分出26处地质遗迹集中区，为青藏高原区域旅游资源开发提供了丰富的基础资料。

（10）在全面收集1∶20万、1∶50万、1∶100万区域重力调查成果资料的基础上，按照1∶150万比例尺的数据精度编图、1∶300万比例尺成图的要求，编制青藏高原及邻区重力异常系列图件，实现了青藏高原区域重力成果资料的综合整装。

（11）在全面综合1∶20万、1∶50万、1∶100万区域航磁调查成果资料的基础上，按照1∶150万比例尺的数据精度编图、1∶300万比例尺成图的要求，编制青藏高原及邻区航磁ΔT等值线平面系列图件，实现了青藏高原区域航磁成果资料的综合整装。

（12）在全面收集1∶20万、1∶50万区域化探调查成果资料的基础上，按照1∶150万比例尺的数据精度编图、1∶300万比例尺成图的要求，编制青藏高原及邻区单元素、组合元素和综合异常系列图件，实现了青藏高原区域地球化学成果资料的综合整装。

自然科学研究的重大突破和发现，都凝聚着先辈们艰苦卓绝的成就；地球科学的发展与观念的更新，凝结了特定时代背景的地质调查研究实践与水平。青藏高原地质调查成果的集成和综合研究，必将为深化青藏高原区域地质构造形成演化规律、成矿地质背景、资源开发、环境保护、灾害防治与国民经济发展规划，提供重要的科学依据。

该计划项目是在以中国地质调查局王学龙副局长为联系人、庄育勋主任为责任人、翟刚毅处长为项目办公室主任，以及潘桂棠、王立全、李荣社为项目负责人的组织和领导下，计划项目院士顾问委员会刘宝珺院士、李廷栋院士、肖序常院士、许志琴院士、郑绵平院士、殷鸿福院士、任纪舜院士、赵文津院士、陈毓川院士、张国伟院士、多吉院士、金振民院士的精心指导下进行；在计划项目负责单位成都地质调查中心（成都地质矿产研究所）的直接领导下，工作项目承担单位西安地质调查中心（西安地质矿产研究所）、中国地质大学（北京）、中国地质大学（武汉）、地质力学研究所的密切合作下完成。

向长期奋斗在青藏高原从事地质调查与研究的地质学家们致以崇高的敬意！

2010年9月18日

前　言

青藏高原古生代构造-岩相古地理研究是"青藏高原前寒武纪地质和古生代构造-古地理综合研究"项目（工作项目编码：1212010610102）下设"青藏高原古生代构造-岩相古地理综合研究"专题成果之一。所属计划项目为"青藏高原基础地质调查成果集成与综合研究"（计划项目编码：1212010610100）。该专题研究由西安地质调查中心承担，中国地质大学（北京）和西北大学协作完成。

西安地质调查中心负责寒武纪、奥陶纪、志留纪、早中二叠世、晚二叠世5个阶段的构造-岩相古地理综合研究及编图工作。以中国地质大学（北京）王训练教授为首的科研团队完成了泥盆纪、石炭纪两个阶段的构造-岩相古地理综合研究与编图工作。以西北大学吴汉宁教授为首的科研团队完成了冈底斯、北羌塘地块晚古生代的古地磁研究工作，并收集、甄别筛选了中国主要陆（地）块已有的古地磁数据。

研究区范围地理坐标：北纬25°—40°，东经72°—106°，第一标纬28°，第二标纬37°；中央子午线89°，投影原点纬度26°。包括西藏、新疆南部、青海、甘肃、宁夏、四川西部及云南西部等省（区），面积约280万 km^2。

东特提斯青藏高原的地质演化历程具有洋-陆转换、盆-山转换的多阶段性和多岛弧盆系时空结构的多元性，是该区构造古地理演化的主旋律。沉积岩相和岩浆岩相的多重性是构造岩相古地理时空展布的具体表现。研究特提斯洋的形成演化过程，重塑青藏高原显生宙不同历史阶段的洋陆格局、海陆分布、弧盆和盆山空间配置关系，恢复各时代构造、地层、岩石组合的构造背景和演化历史，分析研究青藏高原显生宙特提斯地质构造演化、沉积盆地格局、沉积环境和古地理变迁，可以为青藏高原成矿地质背景提供基础资料。

研究内容是在1：25万区域地质调查资料的基础上，全面收集和利用了青藏高原地区基础调查研究成果资料和国内外最新科研成果及其他相关资料，全面厘定了青藏高原古生代岩石地层单位系统，建立了区域地层单位的划分与对比系列（年代地层格架）。对沉积盆地、岩浆岛弧带、蛇绿构造混杂岩带的构造岩相古地理进行分析研究，恢复了古构造环境，反映了古生代主要沉积盆地性质、构造环境和充填序列，揭示了古大洋发生、发展、消亡和大陆裂离、拼合的过程，系统分析与总结了青藏高原古生代沉积盆地的形成演化、构造岩浆活动与成矿地质条件的关系。

综合研究的基础地质资料主要来源于新近完成的各种比例尺的区域地质调查资料与区域性综合研究成果资料，主要包括：

1999—2008年，中国地质调查局为实施新一轮基础地质大调查计划，在青藏高原空白区先后部署了112幅1：25万区域地质调查（实测）以及65幅1：25万区域地质修测资料，这是我国在21世纪初期规模最大的一项基础地质调查系统工程。经广大地质学者艰苦拼搏，基本实现了青藏高原1：25万区域地质调查工作的全覆盖，新资料、新成果的提供，为本次研究打下了坚实的基础、创造了良好的条件。

研究区内的青海、宁夏、甘肃、四川、云南绝大部分地区已完成了1：20万区域地质调查，部分地区还开展了1：5万区域地质调查。1984—1993年在全国统一部署下，新疆、青海、甘肃、宁夏、西藏、四川、云南等省（区），均以1：20万或1：100万区调资料为基础，进行了区域地质调查总结，出版发行了各省（区）的《区域地质志》以及《岩石地层》等专著。

在祁连、西秦岭和昆仑等地区，全面补充了近几年1∶25万区域地质调查和"青藏高原北部空白区基础地质综合研究""西北地区重要成矿带基础地质综合研究"项目（西安地质矿产研究所，2003—2006）最新地层剖面资料，以及区内近20年来国内外的最新科研专题成果资料。

在羌塘-三江、扬子西缘地区1∶25万区域地质调查未覆盖区，调用了1∶20万区域地质调查成果资料，羌塘地区还利用了中石油总公司青藏经理部完成的西藏羌塘地区1∶20万石油地质路线剖面以及1∶5万石油地质填图资料，全面补充了近20年来国内外的科研专题成果新资料。

在冈底斯-喜马拉雅地区，在"青藏高原南部空白区基础地质综合研究"项目（成都地质矿产研究所，2003—2006）最新地层剖面资料的基础上，参考了印度地质以及区内近20年来国内外的科研专题成果新资料。

本次研究工作系统梳理了上述资料涉及的古生代地层、沉积、岩浆岩及变质、变形资料，建立了1 600多个地层岩相卡片、16本岩浆岩相卡片；针对一些重要剖面开展了野外岩相资料补充收集、关键地层时代厘定等工作，采集了1 110多套古地磁样品，320套的岩石化学、同位素测年样品；在冈底斯带发现了寒武纪板内裂解型海相火山岩地层。为古生代构造-岩相古地理研究编图奠定了坚实的资料基础，突出反映了近10年来1∶25万区域地质调查和研究取得的新资料、新进展和新成果。

主要突出成果如下：

（1）将大地构造相定义为"陆块及其侧向增生（造山系）过程中，在特定演化阶段、特定构造部位形成的一套地质（沉积与岩浆）建造与结构特征的岩石-构造组合，是大陆岩石圈板块（及其边缘增生带）在经历离散、聚合、平移等动力学过程中，经受特定地质阶段构造作用后的综合产物"。即赋予大地构造相形成构造过程、阶段的内涵，体现了活动论、系统论的学术思想。

（2）在审查厘定青藏高原20多条蛇绿构造混杂岩带的过程中，通过对"双湖-龙木错蛇绿混杂岩带＋南羌塘＋班公湖-怒江蛇绿混杂岩带"现有地物化遥资料的系统综合分析，发现其地质体组成复杂，既有不同时代、性质的蛇绿岩，也有不同于两侧主大陆的陆壳残片；演化历史悠久，蛇绿岩组合时代从早古生代持续到早白垩世，高压变质既有二叠纪也有三叠纪；特征特殊的沉积相和生物组合混杂，既有类似于南部大陆边缘的冰水相沉积及生物组合，又有类似于华南的暖水型沉积及生物组合；现今地球物理特征显示缺乏统一的基底；以其为界，南、北是两个迥然不同的大陆边缘演化系统。据此明确提出"双湖-龙木错蛇绿混杂岩带＋南羌塘＋班公湖-怒江蛇绿混杂岩带"是古特提斯主洋盆最终消失的残迹，是区内的一级构造单元——对接带。

（3）在全球已有古地磁复原图（Scotese et al，1988）的基础上，筛选了已经发表的中国主要地块群的古地磁资料，结合本项目新获得的冈底斯、北羌塘两地块在石炭纪到晚二叠世的古地磁数据，参考古生代的沉积、生物古地理分区，裂谷（小洋盆）带、造山带的衔接等实际资料，细化了塔里木、阿拉善、柴达木等8个地（陆）块及其边缘弧-盆系统在全球洋陆分布和区域洋陆分布略图上的位置。突出了古特提斯洋与原特提斯洋的承生演化关系，提出泛华夏陆块群在晚古生代是介于古特提斯洋与泛大洋之间的古"陆链"。该系列复原图一方面丰富、完善了全球古地理复原图，另一方面刻画了各陆（地）块及其边缘系统的动态演化过程，合理体现了活动论的构造思想。

（4）以主大洋的发展演化主导其周围大陆边缘造山带的形成与演变为指导思想，提出泛华夏古陆链是分隔古亚洲构造域与特提斯构造域的合理界线。即古陆链北侧的天山-兴蒙造山带是受古亚洲洋洋中脊扩张影响，其演化过程与古亚洲洋的裂解、拼合息息相关；而古陆链南侧的秦祁昆造山带是受特提斯洋（广义的特提斯洋，包括原、古、新特提斯洋）洋中脊的扩张影响，其演化过程与特提斯洋的裂解、拼合息息相关。古陆链南、北两侧虽同为早古生代山系，但就其地球内动力学系统而言，是分属两个洋中脊扩张系统。类似于现今东南亚地区，其西南部是印度洋板块向北东俯冲形成的岛链，而东北部是太平洋板块向南西俯冲形成的岛链。

专题工作由计文化负责实施，陈守建协助完成。报告是在集体讨论的基础上分工编写完成，具体如下：李荣社负责青藏高原古生代大地构造相系统纲要的建立，编写报告前言、总结及相关问题讨论，参与第一、二章编写，指导第十一章编写和各阶段大地构造相系统建立工作，统纂全书；计文化负责建立 7 个阶段的构造相系，完成 7 个断代 14 个复原图的编制工作，编写第一、二、十一章，协助李荣社统纂全书，并在李国栋、陈守建、潘术娟、杨娟茹协助下编写第九章；潘晓萍负责、潘术娟协助编写第三章；史秉德、陈奋宁共同编写第四章；赵振明负责，潘术娟、颜玲丽协助编写第五章；王训练负责，张海军、杜兵盈、焦扬协助编写第六、七章；陈守建负责，李国栋、刘荣丽、刘银协助编写第八章；吴汉宁负责，程鑫、侯宝宁、郭强协助编写第十章；洛长义负责、刘银协助完成 7 个阶段的岩浆岩资料收集工作。

项目组是在以中国地质调查局王学龙副局长为联系人、庄育勋主任为责任人、翟刚毅处长为计划项目办公室主任的领导、组织和计划项目负责人的精心指导下完成的。项目实施过程中自始至终得到了西安地质矿产研究所、总工办、财务部等部门的关心和支持，特别是李向所长、李文渊所长、杜玉良书记、樊钧副所长和徐学义总工程师等都对项目工作给予了大力的支持和关怀，夏林圻研究员、张二朋研究员、冯益民研究员始终关心并指导项目工作，为项目顺利实施和任务圆满完成提出了很好的建议和指导性意见。此外，计划项目组织实施单位成都地质矿产研究所的领导及各部门对项目工作给予了大力支持。与计划项目其他研究团队的交流、讨论，特别是中生代构造-岩相古地理研究组、新生代构造-岩相古地理研究组、岩浆岩研究组以及前寒武纪研究组在资料共享、及时沟通与交流方面，对本项目的工作给予了极大的促进和启发，在此一并表示衷心感谢！

目　录

第一章　造山带构造-岩相古地理分析基本思路 ……………………………………… (1)
　　第一节　构造-岩相古地理研究现状与趋势 ……………………………………… (1)
　　第二节　盆地与大地构造相 ……………………………………………………… (3)
　　第三节　岩浆岩与大地构造相 …………………………………………………… (21)
　　第四节　沉积相与盆地充填序列 ………………………………………………… (23)

第二章　青藏高原地质构造特征 ……………………………………………………… (30)
　　第一节　区域地质背景概况 ……………………………………………………… (30)
　　第二节　大地构造区划及主要特征 ……………………………………………… (30)
　　第三节　地质构造演化概述 ……………………………………………………… (33)
　　第四节　古生代地层年代格架 …………………………………………………… (42)

第三章　寒武纪构造-岩相古地理 …………………………………………………… (45)
　　第一节　寒武纪大地构造相划分 ………………………………………………… (45)
　　第二节　秦祁昆地区构造-岩相古地理 ………………………………………… (45)
　　第三节　南昆仑-巴颜喀拉山地区构造-岩相古地理 …………………………… (58)
　　第四节　羌塘-三江地区构造-岩相古地理 ……………………………………… (58)
　　第五节　班公湖-双湖-怒江-昌宁地区构造-岩相古地理 ……………………… (61)
　　第六节　冈底斯-喜马拉雅地区构造-岩相古地理 ……………………………… (62)
　　第七节　周边地区构造-岩相古地理 …………………………………………… (64)

第四章　奥陶纪构造-岩相古地理 …………………………………………………… (71)
　　第一节　奥陶纪大地构造相划分 ………………………………………………… (71)
　　第二节　秦祁昆地区构造-岩相古地理 ………………………………………… (71)
　　第三节　南昆仑-巴颜喀拉山地区构造-岩相古地理 …………………………… (86)
　　第四节　羌塘-三江地区构造-岩相古地理 ……………………………………… (87)
　　第五节　班公湖-双湖-怒江-昌宁地区构造-岩相古地理 ……………………… (90)
　　第六节　冈底斯-喜马拉雅地区构造-岩相古地理 ……………………………… (91)
　　第七节　周边地区构造-岩相古地理 …………………………………………… (94)

第五章　志留纪构造-岩相古地理 …………………………………………………… (100)
　　第一节　志留纪大地构造相划分 ………………………………………………… (100)
　　第二节　秦祁昆地区构造-岩相古地理 ………………………………………… (100)
　　第三节　南昆仑-巴颜喀拉山地区构造-岩相古地理 …………………………… (110)
　　第四节　羌塘-三江地区构造-岩相古地理 ……………………………………… (112)
　　第五节　班公湖-双湖-怒江-昌宁地区构造-岩相古地理 ……………………… (117)
　　第六节　冈底斯-喜马拉雅地区构造-岩相古地理 ……………………………… (118)
　　第七节　周边地区构造-岩相古地理 …………………………………………… (120)

第六章　泥盆纪构造-岩相古地理 ······(125)
第一节　泥盆纪大地构造相划分 ······(126)
第二节　秦祁昆地区构造-岩相古地理 ······(127)
第三节　南昆仑-巴颜喀拉山地区构造-岩相古地理 ······(138)
第四节　羌塘-三江地区构造-岩相古地理 ······(139)
第五节　班公湖-双湖-怒江-昌宁地区构造-岩相古地理 ······(144)
第六节　冈底斯-喜马拉雅地区构造-岩相古地理 ······(146)
第七节　周边地区构造-岩相古地理 ······(151)

第七章　石炭纪构造-岩相古地理 ······(154)
第一节　大地构造相单元划分 ······(154)
第二节　秦祁昆地区构造-岩相古地理 ······(155)
第三节　南昆仑-巴颜喀拉山地区构造-岩相古地理 ······(162)
第四节　羌塘-三江地区构造-岩相古地理 ······(163)
第五节　班公湖-双湖-怒江-昌宁地区构造-岩相古地理 ······(170)
第六节　冈底斯-喜马拉雅地区构造-岩相古地理 ······(173)
第七节　周边地区构造-岩相古地理 ······(178)

第八章　早中二叠世构造-岩相古地理 ······(181)
第一节　大地构造相划分 ······(181)
第二节　秦祁昆地区构造-岩相古地理 ······(181)
第三节　南昆仑-巴颜喀拉山地区构造-岩相古地理 ······(194)
第四节　羌塘-三江地区构造-岩相古地理 ······(200)
第五节　班公湖-双湖-怒江-昌宁地区构造-岩相古地理 ······(213)
第六节　冈底斯-喜马拉雅地区构造-岩相古地理 ······(219)
第七节　周边地区构造-岩相古地理 ······(229)

第九章　晚二叠世构造-岩相古地理 ······(238)
第一节　大地构造相划分系统 ······(238)
第二节　秦祁昆地区构造-岩相古地理特征 ······(241)
第三节　康西瓦-南昆仑-巴颜喀拉地区构造-岩相古地理特征 ······(246)
第四节　羌塘-三江地区构造-岩相古地理特征 ······(249)
第五节　班公湖-双湖-怒江-昌宁地区构造-岩相古地理特征 ······(259)
第六节　冈底斯-喜马拉雅地区构造-岩相古地理特征 ······(264)
第七节　周边陆块区构造-岩相古地理特征 ······(270)

第十章　青藏高原及周边地区古生代古地磁 ······(274)
第一节　中国主要陆(地)块古地磁数据 ······(274)
第二节　羌北和冈底斯地块晚古生代古地磁研究 ······(277)

第十一章　古生代构造-岩相古地理演化 ······(295)
第一节　全球构造背景及洋陆分布 ······(295)
第二节　研究区早古生代构造-岩相古地理演化 ······(298)
第三节　研究区晚古生代构造-岩相古地理演化 ······(302)

总结及相关问题讨论 ······(306)

主要参考文献 ……………………………………………………………………………… (308)
附　表 …………………………………………………………………………………… (322)
　　附表1　青藏高原及邻区寒武纪构造-岩相古地理图引用剖面一览表 …………… (322)
　　附表2　青藏高原及邻区奥陶纪构造-岩相古地理图引用剖面一览表 …………… (332)
　　附表3　青藏高原及邻区志留纪构造-岩相古地理图引用剖面一览表 …………… (341)
　　附表4　青藏高原及邻区泥盆纪构造-岩相古地理图引用剖面一览表 …………… (346)
　　附表5　青藏高原及邻区石炭纪构造-岩相古地理图引用剖面一览表 …………… (354)
　　附表6　青藏高原及邻区早中二叠世构造-岩相古地理图引用剖面一览表 ……… (362)
　　附表7　青藏高原及邻区晚二叠世构造-岩相古地理图引用剖面一览表 ………… (375)

第一章　造山带构造-岩相古地理分析基本思路

第一节　构造-岩相古地理研究现状与趋势

一、研究现状

造山带构造-岩相古地理研究是一门探索性很强的学科,不同的学者对其内容、表现形式、时空划分各有不同。问题的关键在于如何将大地构造相的划分与不同时代的岩相特征和古地理环境结合起来,目前尚无十分成熟的实例可以借鉴。稳定地块区的岩相古地理研究起步较早,尤其是自 20 世纪 50 年代起,随着能源等沉积矿产勘探、开发步伐的加快,取得了长足的进步。在我国,1985 年出版的以王鸿祯院士为主编的《中国古地理图集》具有划时代的意义。从 1986 年开始,以刘宝珺院士为首的研究群体将层序地层学引入中国南方岩相古地理研究,李思田教授等对鄂尔多斯中生代沉积盆地的研究均取得了重大成果。相比较而言,大地构造相的研究起步较晚,且分歧较大,其概念是 20 世纪 90 年代开始被提出的,主要用于造山带研究。最初由许靖华(1991)提出,并针对阿尔卑斯造山带提出了 3 种基本相。许靖华认为(1991),绝大多数造山带都是弧后盆地消减、碰撞造山形成的,导致造山带主要是由阿勒曼相、摄尔特相和雷特相等三大相类构成。李继亮(1992)在《碰撞造山带的大地构造相》中,将大地构造相定义为:在相似环境中形成,经历了相似的变形和就位作用,具有类似的内部构造的岩石构造组合。潘桂棠按照多岛弧盆系的观点将青藏高原大地构造相划分为 4 个大相、14 个相单元和 39 个次相。

二、研究趋势

随着各方面资料的不断积累和研究的不断深入,目前关于区域尺度的构造-岩相古地理研究大体有两种趋势:其一是表示构造相及边界等主要内容(Burchfiel B C,1992);其二是既表示构造相及边界,又表示建造组合类型及边界。其共同特点是反映区域整个地质历史阶段的构造环境及其变迁规律,对某一地质单元而言是反映主构造期构造相环境及其地质体岩石组合的综合特征,"写实"是其基本特点。图件主要体现了作者对地质体的产出构造环境的理解,而很少涉及沉积相、古地理环境等内容。

本次青藏高原古生代构造-岩相古地理研究是在前人研究成果的基础上,力求不断综合、开拓创新,全面恢复青藏高原古生代特提斯洋的形成演化过程,重塑青藏高原古生代不同历史阶段的洋陆格局、海陆分布、弧盆和盆山空间配置关系。恢复各时代构造、地层、岩石组合的构造背景和演化历史,分析研究青藏高原显生宙特提斯地质构造演化、沉积盆地格局、沉积环境和古地理变迁。力求实现科学研究的理论创新和提高我国在青藏高原地学研究的国际竞争力,为认识、理解区域成矿地质背景与油气资源潜力,提高生态环境及灾害的防治能力等方面,提供基础地质科学依据。具体体现如下。

1. 指导思想

以板块构造学的地质历史发展过程论、大陆边缘多岛弧-盆系构造系统论及洋-陆和盆-山构造体制转换论为指导思想,立足于青藏高原 1∶25 万区域地质调查成果新资料,用大地构造单元组合分析和现代沉积学相序组合原理来分析研究恢复造山系(带)的古老多岛弧-盆系时空结构组成;以构造相、沉积岩相、混杂岩相与岩浆岩相的相互验证与约束来确定不同级别的构造-岩相古地理单元，编制完成不同时段的构造-岩相古地理图，重塑青藏高原显生宙各时期弧盆系和盆山系的古构造格局、沉积相展布规律和古地理变迁过程，精细刻画东特提斯形成演化历程。

2. 基本原则

(1) 地调与研究相结合：依托1:25万区域地质调查成果资料，广泛吸纳国内外有关青藏高原地质的最新研究成果，结合关键问题、重点地区的野外调查成果资料，发现问题，野外调研查证，深化研究。

(2) 时间与空间相结合：从新的视角总结复杂造山带构造控盆、盆地控相的规律。在时间上，依据板块构造演化的不同阶段，合理确定断代单元；在空间上，以构造单元边界分解构造单元（大地构造相单元），反映不同时限内混杂岩相、岩浆岩相、沉积岩相的时空结构及其构造环境属性。

(3) 多学科相结合：采用古地磁、古生物、地层、构造学、沉积学、岩石学、地球化学、地球物理等数据，进行各构造单元古地理复原，最终以板块构造原理为纽带，将各构造单元组合为一个动态的有机整体。构造分解、构造复原和构造组合是此次研究的基本准则。

(4) 点面相结合：重点突出，兼顾全面，以新的思维认识、理解古板块及其大陆边缘洋-陆构造体制，兼顾碰撞造山后板内盆-山构造体制的岩相古地理复原。

(5) 主辅图结合：所编图件分为主图和辅图，主图反映各编图断代的构造-建造组合、优势岩相和特征岩相，辅图以反映全球观、活动论的编图思想为重点。

(6) 继承与创新相结合：在陆块、地块等稳定区继承传统的岩相古地理研究的方法，造山带区突出大地构造相与岩浆岩相、沉积岩相、混杂岩相的有机融合。力求图件宏观、轮廓清楚、内涵丰富，达到科学性、专业性、适用性与艺术性的相结合。

(7) 科学性与实用性相结合：地质体形成、变质、变形环境高度概括的大地构造相的准确认定，瓦尔特相律的科学使用，以及二者的有机结合可充分体现编图研究的科学研究水平；同时强调区分实际相区和推测相区，服务于地质找矿工作是其实用性的体现。

3. 研究特色

青藏高原显生宙构造-岩相古地理综合研究，力求实现大地构造相图与传统的沉积-岩相古地理图的有机结合，其特色体现在以下方面：

(1) 力求获取的资料、信息和数据具备可靠性、准确性，每一断代的构造-岩相古地理图，是在统一的技术细则、标准和规程下完成的，都不仅是单一专业学科的信息，而是对主地质构造期的地质事件群、地质演化过程及其动力学地质记录信息的综合，并对其作出恰当的理解、阐述和解释。

(2) 融认识性与客观性于一体。既把握宏观，又注重细节，以构造相（二级）为框架，在大相或相级大地构造相单元内充填沉积相、岩浆岩相等内容，使图件既反映了作者对地质体所经历的构造环境的认识和理解，又有客观的沉积相、岩浆岩相（特别是侵入岩相）和混杂岩相资料支撑，实现图件融认识性与客观性于一体的理念，有效地展示构造相边界对沉积相、岩浆岩相的控制作用。

(3) 充分体现地球系统论的学术思想。赋予沉积-古地理单元构造环境和构造背景属性，将沉积相组合、古地理单元配置等地球外圈层的组合规律与导源于地球内动力的构造机制相联系，充分体现地球系统论的学术思想。在具体表现形式上有两个特点：一是在以往沉积-古地理图上叠加有大地构造相要素和深成侵入体的内容；二是造山带构造-岩相古地理图在沉积相的勾画上容许存在沉积相的突变或者构造缺失（特别是在混杂岩带、岩浆弧区）。这与传统被动大陆边缘等稳定型构造相类编图中严格遵循瓦尔特相律和标准相模式有别。

(4) 发展引申了经典大地构造相（主造山构造事件综合大相）概念，按板块构造演化阶段对每个造山事件的综合大地构造大相进行了分解，通过断代构造-岩相古地理图来剥离复合型造山带不同时期的构造-岩相古地理特征，通过系列图件来再现复合型造山带的发展演化历程。

(5) 断代构造-岩相古地理重视编图单元时间段内的构造相、古地理、沉积相和岩浆岩组合的恢复，除了客观反映构造相、古地理、沉积相和岩浆岩组合四大要素（残余相）现今的展布规律外，科学、合理恢复剥蚀区和覆盖区的四大要素属性也是一个重要特点。

第二节 盆地与大地构造相

一、大地构造相概念

大地构造相是一门探索性很强的学科，不同的学者对其内容、表现形式、时空划分上有所不同（许靖华，1991；李继亮，1992；Burchfiel B C，1992；莫宣学等，1993；Robertson，1994；邓晋福等，1996；冯益民等，2002；殷鸿福等，2003；张克信等，2004）。关于大地构造相的定义和划分方案虽不尽相同，但以岩石建造和构造环境的研究入手，探讨造山带及其相邻陆块区的形成和演化规律，是大多数地质学家都认同的可行路径。

我们的大地构造相定义是：陆块及其侧向增生（造山系）过程中的特定演化阶段、特定构造部位的大地构造环境下，形成的一套地质（沉积与岩浆）建造与结构特征的岩石-构造组合，是大陆岩石圈板块在经历离散、聚合、平移等动力学过程中地质构造作用的综合产物。我们关于大地构造相的定义和划分方案继承了前人提出的岩石构造组合的理念，同时在前人认识的基础上又进一步丰富了大地构造相的内容。第一，我们强调将大陆岩石圈板块演变和发展过程的大地构造环境作为大地构造相划分基础，比前人只强调构造变形样式作为大地构造相分类的基础更深入了一步；第二，我们不只在造山带中用大地构造相分析，也强调在大陆块中进行大地构造相的鉴别和厘定，增加了恢复与揭示陆块区和造山系（带）组成、结构及演化与成矿地质背景的功能；第三，我们强调不同的大地构造相控制着不同成矿作用和成矿类型。当代地质找矿勘查，资源评价和预测，以及成矿作用理论研究均离不开大地构造相的判别及厘定。

二、大地构造相分类体系

细致鉴别、厘定和划分大地构造相，可以揭示青藏高原及邻区陆块与造山带结构组成及其演变和发展规律。青藏高原是被周边四大古老稳定陆块（华北、塔里木、扬子、印度）围限的超级造山系统，以康西瓦-木孜塔格-玛沁-勉县-略阳结合带和班公湖-双湖-怒江-昌宁-孟连对接带为界，自北向南划分为三大构造区——泛华夏大陆早古生代秦祁昆构造区、泛华夏大陆晚古生代羌塘-三江构造区和冈瓦纳北缘晚古生代—中生代冈底斯-喜马拉雅构造区。青藏高原周边四大古老稳定陆块，均经早期陆核形成→晚太古代—元古宙的洋陆转换、增生、碰撞聚集形成稳定陆块（即基底形成阶段），其后发生碰撞后裂谷事件（华北长城纪裂谷事件，扬子、塔里木南华纪裂谷事件），尔后经"填平补齐"夷平，进入稳定的陆架碳酸盐岩台地成长阶段，完成了陆块区地壳三大发展演化阶段。青藏高原内部造山带大多为洋陆转换中的弧盆系及其被卷入的基底残块（地块）组成，而且主要由多岛弧盆系中弧后盆地（弧后洋盆）俯冲消减、弧-弧、弧-陆或陆-陆碰撞造山形成（潘桂棠等，1997），因而产生各种不同大地构造相，如果造山带由不止一个弧后盆地（弧后洋盆）的消减碰撞造山形成，则可存在多个大地构造相及构造相的转化。一般来说，陆块和造山带结构是由不同大地构造相相互叠加构成的，它们相互间是按一定序次和级别分布的。因此，我们依据青藏高原及邻区陆块区与造山带地质构造形成演化规律和基本特征，划分出三大相系，即陆块区相系、多岛弧盆系相系和对接消减带相系，三大相系分别对应一级构造单元的（稳定）陆块区、活动大陆边缘多岛弧盆造山系和大洋岩石圈板块残留——对接带。在多岛弧盆系相系中又划分出三大相：结合带大相、弧盆系大相及地块大相；进而将三大相依据造山带洋-陆构造体制和盆山构造体制时空结构转换过程的特定大地构造环境,划分为大地构造相及其亚相。由于陆块边缘部位洋陆转换的普遍性,后期陆块相的部分相单元可能是在早期岩浆弧或结合带相基底上发展起来的,其后期的沉积、岩浆、成矿作用会有别于其他具有前寒武纪基底的陆块相单元,为了区分这种"特殊"的陆块相单元,在其命名之后加注基底性质。值得注意的是在地块大相和弧盆系大相的进一步划分中实际包含了过程的概念,而结合带则强调了消减保留的最终状态(由于地质过程的差异造成前两者的发展、增生过程的建造和改造保留较多,而后者绝大多数消失),为了使上述分类更加合理,结合带的前身可称为弧间、弧后小洋盆(洋壳出现—初始碰撞前),对接带的前身可称为主洋盆。古生代构造-岩相古地理编图采用的大地构造相分类体系如表1-1。

表1-1 大地构造相单元划分系统表

大相	相	亚相
结合(对接)带大相	蛇绿混杂岩相	蛇绿岩亚相,远洋沉积亚相,洋内弧亚相,洋岛-海山亚相
	陆壳残片相	基底残块亚相,外来岩块亚相
	俯冲增生杂岩相	无蛇绿岩碎片的浊积岩亚相,含蛇绿岩碎片的浊积岩亚相,洋岛海山增生亚相
	残余盆地相	
	高压-超高压变质相	高压变质亚相,超高压变质亚相
弧盆系大相	弧前盆地相	
	岩浆弧(岛弧、陆缘弧、洋内弧)相	火山弧亚相,弧间裂谷盆地亚相,弧背盆地亚相
	弧后盆地相	近陆弧后盆地亚相,弧后裂谷盆地亚相,近弧弧后盆地亚相
	弧后前陆盆地相	楔顶盆地亚相,前渊盆地亚相,前陆隆起亚相,隆后盆地亚相
	弧-弧或弧-陆碰撞带相	亚相划分参照结合带
	碰撞后裂谷相	
陆块大相	基底杂岩相	陆核亚相,基底杂岩残块亚相
	被动陆缘相	
	陆表海盆地相	
	周缘前陆盆地相	
	陆内盆地相	
地块大相	相与亚相划分参照陆块划分	

三、大地构造相特征及其鉴别标志

(一)结合带大相

结合带指保存在会聚带中的由洋壳俯冲消减、碰撞及其经过后来的地质作用改造形成的不同时代、不同构造环境、不同变质程度和不同变形样式的各类岩石组成的岩石组合体及构造地层。通常由洋壳残片、洋岛-海山、远洋沉积物、深水浊积扇等组成。构造地层结构局部有序、总体无序(殷鸿福等,1998、2003;张克信等,2001、2003)。它们经历了强烈的动力变质作用,低绿片岩相至高压蓝闪石岩相等变质相均可出现,相内普遍有被肢解的蛇绿岩和巨大的韧性剪切带。

结合带大相可分为蛇绿混杂岩相(含蛇绿岩亚相、远洋沉积亚相、洋内弧亚相、洋岛-海山亚相)、陆壳残片相(含基底残块亚相、外来岩块亚相)、俯冲增生杂岩相(无蛇绿岩碎片的浊积岩亚相、含蛇绿岩碎片的浊积岩亚相、洋岛-海山增生亚相)、残余盆地相、高压-超高压变质相(含高压变质亚相、超高压变质亚相)。

1. 蛇绿混杂岩相

蛇绿混杂岩相指被肢解的洋壳残片,主要由远洋沉积物、洋壳残块和地幔岩组成。它可划分为不同的大地构造亚相。

1) 蛇绿岩亚相

蛇绿岩指产于扩张脊的洋壳及地幔序列的岩石组合,它是洋壳残片的一种典型代表,因构造侵位而进入大陆造山带中,与围岩呈断层接触,发育完整的蛇绿岩及鉴别标志见表1-2。

表1-2 蛇绿岩岩石组合及判别标志

环境	蛇绿岩套是洋壳残片的一种典型代表,因构造侵位而进入大陆造山带中
岩石序列	从下至上为超镁铁质岩(变形橄榄岩)→具堆晶组构的超镁-镁铁质岩→均质辉长岩→低钾拉斑玄武岩质辉绿岩岩墙群→枕状或块状拉斑玄武岩
变质橄榄岩	变质橄榄岩单元主要由方辉橄榄岩、二辉橄榄岩和少量的纯橄榄岩组成。斜长石相或尖晶石相,以变质结构区别于堆晶形成的橄榄岩。常有纯橄榄岩、异剥橄榄岩、辉石岩、辉长岩、辉绿岩、异剥钙榴岩及闪长岩等岩脉贯入
斜长花岗岩	斜长花岗岩以低K_2O(SiO_2-K_2O图中的LKCA),无实际矿物Or,TH系列(SiO_2-FeO^*/MgO图),AC(碱钙性)和A(碱性)(Peacock碱钙指数),以及Peace图解(Nb-Y图,$\times 10^{-6}$)位于ORG(洋中脊花岗岩)区别于俯冲环境有关的岛弧和大陆边缘弧中的TTG类[因为ORG与TTG中的TT均位于QAP分类中的英云闪长岩区(QAP图中的5区)]
堆晶岩	堆晶单元主要为辉长岩、镁铁质及超镁铁质岩,组合为纯橄榄岩+橄长岩+辉长岩±斜长花岗岩
席状岩墙群	由苦橄岩、辉长岩、辉长辉绿岩组成,有时有斜长花岗岩,高镁安山岩,辉绿岩岩墙和岩席以及均质辉长岩,以低K_2O,橄榄拉斑玄武质为特征。由具对称和不对称冷凝边的岩墙构成
玄武岩	典型的洋中脊玄武岩(MORB)特性: MORB为低K_2O($\leqslant 0.2\%$)的橄榄拉斑玄武岩(按玄武岩CIPW四面体分类)为Ol-norm + Hy-norm;斑晶组合为Ol(Fo=73~91)±镁铬尖晶石(Al_2O_3:12%~30%,Cr_2O_3:25%~45%),或Pl(An=88~40)+Ol±镁铬尖晶石,或Pl+Ol+普通辉石(Wo=35~40,En=50,Fs=10~15);岩相学上普通辉石是唯一的辉石(即无斜方辉石),和两个世代的Ol(即斑晶与基质中均有Ol);演化趋势为TH[SiO_2-FeO^*/MgO图,FeO^*(为全铁)=FeO+$0.8998\times Fe_2O_3$] MORB以低K_2O和斑晶组合中普通辉石为唯一的辉石,以及两个世代的Ol,区别岛弧th、洋岛th、大陆th在球粒陨石为标准的稀土元素分配图中为轻稀土亏损模式,蛛网图中为大离子亲石元素(包括LREE)亏损模式 同位素:$^{87}Sr/^{86}Sr$初始值,0.70229~0.70316,$^{143}Nd/^{144}Nd$初始值,0.5130~0.5133

参考资料:Coleman,1977;Pearce et al,1984a;周国庆,1996;张旗等,1998、1999、2001;Robinson,Malpas,2000;周国庆,2008。

蛇绿岩在以后的俯冲碰撞造山过程中已卷入到构造混杂岩带中,是复原扩张洋盆的主要组成和标志。由于构造负载埋藏的历史不同,可产生不同程度的变质,在俯冲碰撞造山过程中也发生变质变形。

蛇绿岩的分类多种多样(张旗、周国庆,2001),本书采用的是 Pearce 的分类,蛇绿岩分为洋脊型(MORS)和洋壳俯冲上盘仰冲型蛇绿岩(SSZ)(Pearce et al,1984),分别代表洋中脊扩张和俯冲消减带上的弧盆系环境,两种蛇绿岩的鉴别特征如表 1-3 所示。玻安岩的存在是鉴别 SSZ 型蛇绿岩的重要标志。

表 1-3 MORS 型蛇绿岩和 SSZ 型蛇绿岩对比表

	MORS 型蛇绿岩	SSZ 型蛇绿岩
环境	大洋中脊	洋壳俯冲上盘
源区	亏损地幔	亏损地幔+陆壳+洋壳流体
洋盆	开阔洋盆	弧后、弧间盆地、边缘海
蛇绿岩组合	完整,厚度大。从下至上为超镁铁质岩(变形橄榄岩)→具堆晶结构的超镁—镁铁质岩→均质辉长岩→低钾拉斑玄武岩质辉绿岩岩墙群→枕状或块状拉斑玄武岩	不完整,厚度小。从下至上为超镁铁质岩(变形橄榄岩)→具堆晶结构的超镁—镁铁质岩→均质辉长岩→低钾拉斑玄武岩质辉绿岩岩墙群→枕状或块状拉斑玄武岩
地幔橄榄岩	主要为二辉橄榄岩,富 Al、Ca;加弱亏损的二辉橄榄岩,斜长石相或尖晶石相,以变质结构区别于堆晶形成的橄榄岩	多为方辉橄榄岩,通常贫 Al、Ca;为明显交代作用记录的变质橄榄岩类(俯冲带上面地幔楔的标本)
堆晶岩	与之相关的堆晶岩为斜长石型,为橄长岩+辉长岩组合(PTG 组合)	与之相关的堆晶岩为单斜辉石型,为辉石岩+辉长岩组合(PPG 组合)
斜长花岗岩类	为 AC 和 A 特征的洋中脊斜长花岗岩,TTG 组合	为 C 特征的洋中脊斜长花岗岩,还出现 TTG 组合
	辉绿岩岩墙和岩席以及均质辉长岩,以低 K_2O、Ol-th 质为特征	
玄武岩	N-MORB 拉斑玄武岩	钙碱性玄武岩+岛弧火山岩,HMA(δ)为其特征岩类
Peace 的 Cr-Y 图和 Th/Yb-Nb/Yb 图	特定区域	特定区域
稀土元素	HREE 富集型或平坦型	LREE 略富集或平坦型
大离子亲石元素	相对亏损	相对富集
高场强元素	相对富集	相对亏损
Nb、Ta 含量	无 Nb、Ta 异常或不明显	Nb、Ta 显著负异常
同位素特征	同 N-MORB	N-MORB+地壳特征
沉积岩	深海沉积物	深海-浅海相沉积岩

参考资料:Pearce et al,1984a;Dick et al,1984;Elthon,1992;Casey J F,1997;张旗等,1998、1999、2001;周国庆,2008。

根据物质来源区的不同,洋脊玄武岩又分为正常型(N-MORB)、富集型(E-MORB)、过渡型(T-MORB)3 种类型,其判别标志见表 1-4。

表 1-4 洋脊玄武岩分类的判别标志

	N-MORB	E-MORB	T-MORB
源区	亏损地幔(DM)	地幔深部地幔柱源区	亏损地幔和深部地幔源的混合产物
典型岩石类型	拉斑玄武岩	碱性玄武岩	拉斑玄武系列、碱性系列等多种岩石类型
微量元素判别指标	亏损不相容元素和稀土元素。$(La/Yb)_N<1$,Th/Yb、Ta/Yb、Ba/Nb、Ba/Th、Ba/La 等较低,Zr/Nb 较高(>30),K/Ba 通常>100	富集不相容元素和稀土元素。$(La/Yb)_N>1(6.6～13.6)$,Ti≈Ta;Th/Yb、Ta/Yb、Ba/Nb、Ba/Th、Ba/La 等偏高,Zr/Nb 偏低($\leqslant 10$),K/Ba≈30	不相容元素和稀土元素为平坦型。Th/Yb、Ta/Yb、Ba/Nb、Ba/Th、Ba/La、Zr/Nb 比值介于两者之间
εNd(0)	现代值 εNd(0)介于+8～+12	εNd(0)介于+10～-2	εNd(0)值变化较大,大致介于两者之间 *注:岛弧玄武岩的 εNd(0)介于+8～-2 之间
$^{143}Nd/^{144}Nd$	0.513 0～0.513 1	0.512 99～0.513 0	数值变化大致介于两者之间
$^{87}Sr/^{86}Sr$	0.702 74～0.703 11(印度洋)	0.702 80～0.703 34	数值变化大致介于两者之间
$^{206}Pb/^{204}Pb$	17.31～18.5(印度洋)	18.50～19.69	数值变化大致介于两者之间
$^{207}Pb/^{204}Pb$	15.43～15.56(印度洋)	15.50～15.60	数值变化大致介于两者之间
$^{208}Pb/^{204}Pb$	37.1～38.7(印度洋)	38.0～39.3	数值变化大致介于两者之间

参考资料:Schilling et al,1983;LeRoex et al,1983;Zindler et al,1984;Ito et al,1987;Sun,McDonough,1989;Langmuir et al,1992;张旗、周国庆,2001;周国庆,2008。

2) 远洋沉积亚相

远洋沉积亚相是指洋壳上的沉积物,为一套覆盖于洋壳之上的硅灰泥岩系,也可为海底扩张前的深海火山沉积岩系,也有碳酸盐补偿深度之上的深海石灰岩沉积。当洋脊靠近大陆边缘时,陆源碎屑浊积岩可直接堆积在枕状玄武岩之上。在洋壳俯冲消减的过程中,常被强烈剪切带剪切破碎,成为蛇绿混杂带的重要组成部分。岩块横径几米到几千米,是判别原扩张洋盆形成时代的最重要的标志。其鉴别标志见表 1-5。

表 1-5 远洋沉积亚相特征简表

	主要特征
环境	大洋海盆沉积环境
沉积岩建造	红泥微晶碳酸盐岩建造、放射虫-硅质骨针岩建造、远洋软泥沉积岩建造、有机质泥岩建造。主要是硅泥质沉积,也有碳酸盐补偿深度之上的深海石灰岩沉积。侧向连续的远洋硅、泥质沉积物质,放射虫岩,硅质骨针岩等,是在 CCD 之下的产物
火山建造	拉斑玄武岩、细碧角斑岩等。当洋脊靠近大陆边缘时,陆源碎屑浊积岩可能直接堆积在枕状玄武岩(拉斑玄武岩)或细碧角斑岩建造之上
其他	在洋壳俯冲消减的过程中,常被强烈剪切带剪切破碎,成为蛇绿混杂带的重要组成部分。岩块横径几米到数千米

参考资料:Jenkyns,1986;Hein J R,Obradovic J,1989;Murrary,1994,张旗等,1998。

3) 洋内弧亚相

洋内弧亚相是指洋内俯冲作用形成的一套以岛弧拉斑玄武岩为主,少量钙碱性系列及高镁安山岩的火山弧产物(图 1-1)。主要为拉斑玄武岩、玄武安山岩和安山岩及浅海碳酸盐岩-深海相硅泥质复理石的一套火山沉积岩组合,如金沙江结合带内竹巴龙—羊拉—贡卡一带的弧火山岩。其鉴别标志见表 1-6。

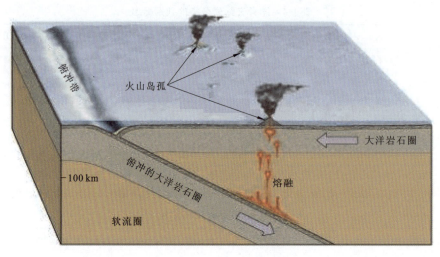

图 1-1 洋内弧立体示意图

表 1-6 洋内弧亚相特征简表

	主要特征
构造环境	洋内俯冲环境
沉积岩建造	放射虫-硅质骨针岩组合、远洋软泥沉积组合、红泥微晶碳酸盐岩组合
火山建造	岛弧拉斑玄武岩建造、岛弧钙碱性建造、高镁安山岩建造。以低钾拉斑玄武岩建造和高镁安山岩建造为主。多粒级喷出岩和火山碎屑岩、凝灰岩,局部被快速下降的碳酸盐岩台地单元所覆盖,边缘为坡麓堆积

参考资料:Dickinson,1971;Ravenne et al,1977;Cawood P A,1991;Pearce,1992;Hathway,1994。

4) 洋岛-海山亚相

海山或洋岛的类型和成因多种多样,主要指原扩张洋盆内受热点制约形成的一套产物,其以洋岛拉斑玄武岩系列为主、晚期为碱性玄武岩系列的组合,并伴有碳酸盐岩(礁、滩)建造、硅泥质岩建造,无陆源沉积夹层。通常位于俯冲洋壳一侧,也可发育于增生楔构造脊上(弧前构造高地)。洋岛-海山常被卷入俯冲增生杂岩带内,使消减带的几何形态发生剧烈变化,可能导致俯冲极性的变化。鉴别标志见表1-7、表1-8。

表 1-7 洋岛-海山亚相鉴别标志

	鉴别标志
构造环境	扩张洋盆内,受热点制约,通常位于俯冲洋壳一侧,也可见于增生楔构造脊上(弧前构造高地)
岩石组合	以洋岛拉斑玄武岩系列为主、晚期为碱性玄武岩系列的组合
洋岛拉斑玄武岩	在矿物学上,橄榄石只作为斑晶出现(基质中无橄榄石),有两种辉石(Cpx+Opx),有高的 Hy-norm,$K_2O>0.2\%$,该特征区别于 MORB 的橄榄拉斑玄武岩,TiO_2 含量较高,一般大于 1.8%,稀土含量高,富集不相容元素和稀土。富集大离子亲石元素(LILE),相对亏损高场强元素(HFSE)。同位素特点类似于 E-MORB
洋岛碱性玄武岩	包括碱性橄榄玄武岩、碧玄岩、霞石岩(玄武岩四面体分类),在矿物学上有两个世代橄榄石(斑晶和基质),只有一种辉石(Cpx),这种岩相学特征类似洋中脊橄榄拉斑玄武岩,与洋中脊的橄榄拉斑玄武岩的区别是:有 Ne-norm、Alk(K_2O+Na_2O)高、$K_2O>0.2\%$,位于 TAS 分类图中 S_1 区和 U_1 区
中性岩	以缺失或极少量中性岩为特征的双峰式岩浆岩组合,区别于岛弧和大陆边缘弧岩浆岩组合
岩石化学判别图	在 SiO_2-FeO^*/MgO 图上为拉斑玄武岩演化趋势
	在 SiO_2-Alk 图上碱性与亚碱性系列均发育

续表 1-7

	鉴别标志
痕量元素	痕量元素球粒陨石标准化图上，为轻稀土(LREE)富集型；蛛网图上为 LIL 和 LREE 富集型，并以明显的 K 谷（相对于 Nb 和 La）和 Nb、Ta 峰（相对于 K 和 La）及 Zr 谷（相对于 Sm 和 Ti）区别于 MORB
同位素	$^{87}Sr/^{86}Sr$ 初始值，0.702 72～0.706 51；$^{143}Nd/^{144}Nd$ 初始值，0.513 0～0.512 3
沉积岩建造	红泥微晶碳酸盐岩组合、礁灰岩组合、砾屑灰岩组合、礁灰岩-砾屑灰岩组合、低钾拉斑玄武岩组合、低钾拉斑玄武岩-礁灰岩组合、低钾拉斑玄武岩-红泥微晶碳酸盐岩组合。无陆源沉积夹层

参考资料：Zindler et al,1984；LeRoex et al,1983；Ito et al,1987。

表 1-8　洋岛玄武岩与其他类型玄武岩主要特征对比表

	洋岛玄武岩(OIB)	洋脊玄武岩(MORB)	大陆裂谷玄武岩(CRB)
共性	蛛网图单峰隆起型，Ti/V、Ti/Y、Zr/Y 比值高，Th≈Ta		
不同点	Nb、Ta 正异常，$TiO_2 > 2.5\%$，共生海相沉积序列	Nb、Ta 正异常，共生海相沉积序列	Nb、Ta 负异常，陆相沉积序列

参考资料：Zindler et al,1984；Staudigel et al,1984，Hamelin et al,1986。

2. 陆壳残片相

陆壳残片相指在蛇绿混杂岩带中的陆壳残块，包括原弧后扩张裂离的基底残块、外来的浅水沉积岩块，还可见从仰冲板块上逆冲过来的盖层外来体，由于它们受构造负荷下埋藏的时间和深度不一，其变质程度也有差异。

1) 基底残块亚相

基底残块亚相指结合带中存在的古老的（一般为前寒武纪）、强烈变质变形的基底岩系。岩石组合主要为各类麻粒岩-片麻岩、斜长角闪岩-变粒岩、各类片岩、石英岩、大理岩等。变质程度差异较大，一般为绿片岩相-角闪岩相，多遭受多期变质作用改造。构造变形十分复杂，受多期构造变形叠加和置换。

2) 外来岩块亚相

外来岩块亚相指结合带中的外来岩块，其岩性可以是陆源碎屑岩、灰岩，也可以是弧火山岩等。

3. 俯冲增生杂岩相

俯冲增生杂岩相指弧前斜坡的增生楔，主体是由俯冲带上盘刮削下来的后来经拼贴形成的浊流沉积物，并有一些上覆板片的外来碎块，也有俯冲消减的洋壳或弧后洋盆上的海山或洋岛混杂其中，尔后在俯冲带浅部遭受强烈剪切和变质、变形，形成叠瓦状楔形体型的俯冲增生楔体系。

1) 无蛇绿岩碎片浊积岩亚相

主体是由俯冲带上盘刮削下来的后来经拼贴形成的浊积岩，含零星外来岩块，但无蛇绿岩碎片。在俯冲带浅部遭受强烈剪切和变质、变形，形成叠瓦状楔形体（图 1-2）。其鉴别标志见表 1-9。

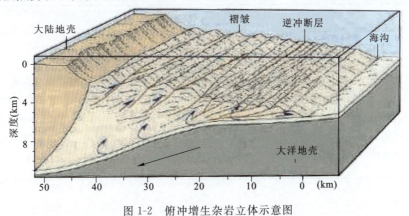

图 1-2　俯冲增生杂岩立体示意图

表 1-9　无蛇绿岩碎片浊积岩亚相鉴别标志

	鉴别标志
构造环境	弧前斜坡
沉积岩建造	主体是俯冲带上盘被刮削下来的后来经拼贴形成的浊积岩,夹滑混岩建造。含零星外来岩块,包括沉积岩(如台地相碳酸盐岩块体)、火山岩、变质岩等碎块
构造变形	在俯冲带浅部常遭受强烈剪切和变质、变形,形成叠瓦状楔形体

2) 含蛇绿岩碎片的浊积岩亚相

主体是由俯冲带上盘被刮下来的物质移到俯冲带附近的浊积岩,并有一些上覆板片的外来碎块,也有俯冲消减的洋壳或海山或洋岛混杂其中,有较多的蛇绿岩碎片,尔后在俯冲带浅部遭受强烈剪切和变质、变形,形成叠瓦状楔形体。其鉴别标志见表 1-10。

表 1-10　有蛇绿岩碎片浊积岩亚相鉴别标志

	鉴别标志
环境	海沟-斜坡盆地
沉积岩建造	主体是俯冲带上盘被刮下来的物质移到俯冲带附近的浊积岩,并有一些上覆板片的外来碎块,也有俯冲消减的洋壳或海山或洋岛混杂其中。特征为含蛇绿岩碎片的浊积岩建造、细碧角斑岩建造
火山建造	含蛇绿岩碎片
构造	在俯冲带浅部常遭受强烈剪切和变质、变形,形成叠瓦状楔形体

3) 洋岛-海山增生亚相

海山或洋岛被卷入俯冲增生杂岩带内,常发育于增生楔构造脊上(弧前构造高地)可使消减带的几何形态发生剧烈变化。

4. 残余盆地相

残余盆地相指在洋陆转换时期,位于结合带靠陆一侧并与前陆盆地同步发育的以浊积岩建造为主的盆地。其往往受不规则状大陆边缘所控制,部分接点部位已转化为早期复理石前陆盆地,而部分海湾部位仍为残留洋(海)盆所占据。同时发育大型海底浊积扇,沉积相序通常是盆地底部为深水相,向上变浅,充填消亡。其鉴别标志见表 1-11。

表 1-11　残余盆地相鉴别标志

	鉴别标志
构造环境	洋陆转换阶段的挤压构造环境
沉积特征	在洋陆转换时期,位于结合带靠陆一侧并与前陆盆地同步发育的以浊积岩建造为主的盆地。其往往受不规则状大陆边缘所控制,部分接点部位已转化为早期复理石前陆盆地,而部分海湾部位仍为残留洋(海)盆所占据。盆地内发育向上变浅的沉积序列,下部发育深水浊流和重力滑塌沉积物,上部逐渐变为滨浅海碎屑岩和碳酸盐岩建造,最后被海陆过渡相和陆相建造填满。早期发育大型海底浊积扇。与前陆盆地的区别是在盆地中存在构造挤入的洋壳碎片,如玄武岩、超基性岩、辉长岩等

续表 1-11

	鉴别标志
沉积岩建造	亮晶灰岩组合、泥晶灰岩组合、亮晶灰岩-泥晶灰岩组合、灰岩组合、生物屑灰岩组合、生物滩灰岩组合、生物屑-生物滩灰岩组合、礁灰岩组合、砾屑灰岩组合、礁灰岩-砾屑灰岩组合、生物屑-礁灰岩组合、藻纹层灰岩组合、藻团粒灰岩组合、藻纹层-藻团粒灰岩组合、颗粒灰岩组合、颗粒灰岩-砾屑灰岩组合、生物屑灰岩-砾屑灰岩组合、泥晶灰岩-砾屑灰岩组合、亮晶灰岩-砾屑灰岩组合、白云岩组合、灰岩-白云岩组合、颗粒白云岩组合、砾屑白云岩组合、亮晶白云岩组合、泥晶白云岩组合、生屑白云岩组合、亮晶白云岩-泥晶白云岩组合、藻纹层白云岩组合、泥晶白云岩-砾屑白云岩组合、泥灰岩组合、灰岩-泥灰岩组合、泥岩-泥灰岩组合、泥灰岩-白云岩组合、沥青质碳酸盐岩组合、硅质团块-条带碳酸盐岩组合、硅质灰岩组合、瘤状碳酸盐岩组合、粉砂岩-泥岩组合、灰岩-粉砂岩-泥岩组合、砂岩-泥岩组合、灰岩-砂岩-泥岩组合、砂砾岩组合、含煤碎屑岩组合、铝土质岩组合、铁质岩组合、灰岩-铝土质岩组合、灰岩-铁质岩组合、泥灰岩-铝土质岩组合、泥灰岩-铁质岩组合、含煤碎屑岩-灰岩组合、含煤碎屑岩-铝土质岩组合、泥岩-铝土质岩组合、碳酸盐岩-铝土质岩组合、磷质岩组合、碳酸盐岩-磷质岩组合、蒸发岩组合、碳酸盐岩-蒸发岩组合、陆源碎屑浊积岩组合、碳酸盐岩浊积岩组合、火山碎屑浊积岩组合

参考资料：Curray J R，Moore D G，1971；Graham et al，1975；Dickinson，1976；Pan et al，2001。

5. 高压-超高压变质相

高压-超高压变质相指洋壳/陆壳深俯冲至壳幔过渡带，或至地幔深处形成的以蓝片岩、榴辉岩等为代表的高压-超高压变质岩带。主要鉴别标志如下。

1）岩石组合及产状

有两种代表性的岩石组合及产出状态。

（1）榴辉岩石组合，主要呈大小不等的包体、透镜体，以及层状、似层状、条带状等产于超基性岩、片麻岩、表壳岩及蛇绿混杂岩中。主要岩石类型为榴辉岩、多硅白云母榴辉岩、蓝晶石榴辉岩、角闪石榴辉岩、褐帘石榴辉岩等。以含柯石英、金刚石等为超高压变质的典型标志。

（2）蓝闪片岩石组合，一般都分布于不同时代、不同陆块间的结合带内，是在低温高压条件下变质作用的产物。蓝闪片岩类主要有蓝闪片岩、硬柱石蓝闪片岩、黑硬绿泥石片岩、青铝闪石片岩、多硅白云母片岩、含蓝闪石滑石片岩等。

2）变质建造

变质建造指含榴辉岩的石英岩-云母片岩-大理岩（斜长角闪岩）变质建造、绿片岩-蓝片岩建造和其他相关的变质建造。

3）原岩建造

原岩建造指基性火山岩建造、碎屑岩-细碧角斑岩-碳酸盐岩建造，也有卷入其中的其他建造。主要依据上述岩石组合及地球化学特征判别其原岩为洋壳或陆壳。

4）变质作用

变质相常为榴辉岩相、蓝闪石片岩相，有时可形成双变质带，变质作用类型为区域低温动力变质作用。p-T-t 轨迹常为顺时针，在峰期阶段后可出现温度变化不大而压力明显降低的近等温减压（ITD）过程。变质时代多为显生宙，中—新元古代也有发现。

5）变形构造特征

以强烈的韧性剪切变形为特征。

高压-超高压变质相可划分为不同的亚相：

（1）高压变质亚相，指在岩石圈板块俯冲碰撞造山过程形成的以蓝闪石类变质岩石组合为代表的高压变质岩带。

（2）超高压变质亚相，指洋壳/陆壳深俯冲至壳幔过渡带，或至地幔深处形成的以榴辉岩类岩石组合为代表的超高压变质岩带。

（二）弧盆系大相

弧盆系大相指位于洋陆过渡地带由大洋岩石圈俯冲形成的大地构造相组合体，由一系列岛弧和弧前、弧后、弧间盆地及地块等组成，具有特定时空结构演化并通常构成造山带主体。

弧盆系大相包含弧前盆地相、岩浆弧（含岛弧、陆缘弧、洋内弧）相（含火山弧亚相、弧间裂谷盆地亚相、弧背盆地亚相）、弧后盆地相（含近陆弧后盆地亚相、弧后裂谷盆地亚相、近弧弧后盆地亚相）、弧后前陆盆地相（含楔顶盆地亚相、前渊盆地亚相、前陆隆起亚相、隆后盆地亚相）、弧-弧或弧-陆碰撞带相、碰撞后裂谷相 6 个构造相。

1. 弧前盆地相

弧前盆地相指位于岛弧与俯冲带过渡地带内的盆地，基底一般为陆壳或过渡壳，有的是因俯冲增生而圈闭的残留洋壳，或直接跨覆在岩浆弧和俯冲杂岩、残留洋壳之上。其鉴别标志见表 1-12。

表 1-12 弧前盆地亚相鉴别标志

	鉴别标志
环境	位于岛弧与俯冲带过渡地带内的盆地，基底一般为陆壳或过渡壳，有的是因俯冲增生而圈闭的残留洋壳，或直接跨覆在岩浆弧和俯冲杂岩、残留洋壳之上
沉积岩建造	火山碎屑浊积岩组合、火山碎屑沉积组合、碳酸盐岩浊积岩组合、礁灰岩组合、砾屑灰岩组合、礁灰岩-砾屑灰岩组合、放射虫-硅质骨针岩组合、复成分砾岩组合、砂砾岩组合、杂砂岩组合、复成分砾岩-杂砂岩组合、泥岩-粉砂岩组合、泥岩-粉砂岩-砂砾岩组合、滑混岩组合、泥岩-粉砂岩-砂岩组合、砂板岩组合、浊积岩-滑混岩组合、砂板岩-滑混岩组合
沉积特征	弧前盆地的层序：底部为不连续海底扇向上过渡为薄层浊积岩，上部为浊积岩和浅水砂岩互层。在弧前构造高地中常发育碳酸盐海台。当弧前构造高地将弧前盆地和残余的弧前斜坡盆地分隔时，弧前盆地常发育侵蚀切割式海底扇砾岩和披盖式复理石砂页岩、粉砂岩、泥页岩夹灰岩、中酸性火山岩。沉积作用伴随岛弧升降或扩展而发生沉积相的纵横向快速变化。在弧前构造高地中常发育碳酸盐海台
火山建造	火山碎屑浊积岩建造、火山碎屑沉积岩建造、细碧角斑岩建造、低钾拉斑玄武岩建造

参考资料：Dickinson W R, Seely D R, 1979; Dickinson W R, 1982; Ingersoll R V, 1983; Chan M A, Dott R H, 1983; Garzanti E, Van Haver T, 1988; Einsele G et al, 1994; 王成善等, 1999。

2. 岩浆弧相

岩浆弧相指位于洋陆过渡地带由大洋岩石圈俯冲而形成的火山-侵入-沉积岩组成的弧形上隆高地，通常呈弧形岛链状，规模可达几十千米、几百千米或上千千米。主要由拉斑玄武质-钙碱性火山岩和深成岩及其相关的火山-沉积岩组成。按构造背景分类，主要有陆缘上形成的陆缘火山弧、大洋岩石圈俯冲形成的前锋弧及弧后扩张近陆一侧的残余弧。根据岛弧基底的类型，可分为以陆壳为基底的陆基弧、以增生楔为基底的增生弧、以洋壳为基底的洋内弧。依据动力学状态可分为张性弧、中性弧、压性弧。岛弧上的火山沉积物或岛弧上的沉积盖层和边缘沉积物，是一套活动边缘的沉积层序，沉积物一般少有发生强烈的变质作用，沉积盖层和边缘沉积物出现逆冲构造，也可见大的位移与平缓的飞来峰，有一些推覆体延到前陆（图 1-3）。

第一章 造山带构造-岩相古地理分析基本思路

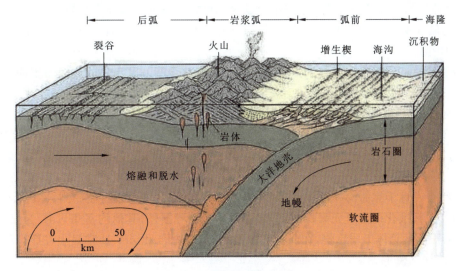

图 1-3 岩浆弧立体示意图

1) 火山弧亚相

火山弧亚相指位于洋陆过渡地带由大洋岩石圈俯冲形成的弧形火山高地。随着岛弧演化,火山岩的平均成分逐渐向长英质和高钾方向演化,火山岩逐渐由以拉斑系列为主演化为以钙碱系列为主。随着岛弧进一步演化,花岗质岩开始产出并成比例增加。侧向上火山碎屑浊积岩建造发育,上覆滨浅海碎屑岩、碳酸盐岩、海陆过渡相和陆相沉积岩建造。

变质程度为绿片岩相-低角闪岩相;发育变质变形构造和多期强烈变形作用;不同构造部位变形强度不同,褶皱构造主要发育于绿泥片岩和变质碎屑岩中,变基性火山岩变形较弱,褶皱少见。

根据不同环境和不同的岩浆岩组合,火山弧分成岛弧和陆缘弧两类。

(1) 岛弧环境的岩浆岩组合。岛弧环境的岩浆岩组合只适用于表征岛弧总环境,难以识别弧、弧前和弧后环境,它们需要结合大地构造、沉积岩建造、变质建造等综合分析才能鉴别。判别依据如下:

① 岩浆岩组合中的火山岩是以安山岩(A)为主的玄武岩(b)+安山岩(A)+英安岩(D)±流纹岩(R)组合。

② 高镁安山岩(HMA)和高镁闪长岩(HMδ)是识别岛弧环境的一种特征岩类,发育于弧、弧前和弧后,洋中脊和洋岛环境中是没有这一岩类的。

③ 不成熟的岛弧,常称为拉斑玄武岩岛弧,以玄武岩(b)+玄武安山岩(bA)为主,th 系列(SiO_2-FeO^*/MgO)>50%;以 TiO_2<1.2% 区别于洋中脊与洋岛玄武岩类。

④ 成熟的岛弧,常成为钙碱岛弧,以安山岩(A)为主,CA 系列(SiO_2-FeO^*/MgO)>50%。

⑤ 堆晶岩,以纯橄榄岩+辉石岩+辉长岩组合区别于 MORS 的堆晶岩。

⑥ QAP 分类中位于 5 区(即英云闪长岩区)的花岗岩类:在不成熟岛弧中常为洋中脊斜长花岗岩、低钾钙碱(LKCA)系列(SiO_2-K_2O 图)、拉斑系列(SiO_2-FeO^*/MgO 图)、钙性(C)系列(Peacock 碱钙指数),它以钙性(C)区别于洋中脊斜长花岗岩的碱钙性(AC)和碱性(A);在成熟岛弧中常为 TTG 组合,以中钾钙碱(MKCA)为主(SiO_2-K_2O 图),碱钙(CA)系列(SiO_2-FeO^*/MgO)。

⑦ 痕量元素判别图解:对玄武岩、玄武安山岩和相应侵入岩,在 Hf/3-Th-Ta 图上,位于 VBA 区,与大陆边缘弧一样,但区别于其他环境(Wood,1980)。

对 SiO_2≥56% 的侵入岩类(及相应的火山岩类)在 Rb-Y-Nb-Ta 系列图中,位于 VAG 区,与大陆边缘弧一样,但区别于其他环境(Peace 等,1984b)。

在 MORB 标准化的痕量元素蛛网图上,岛弧拉斑玄武岩表现为 LIL 富集,以及 HFSE(Nb、Ta、Zr、Hf、Ti)与稀土的亏损;岛弧 CA 玄武岩则表现为 LIL 富集的同时,总体上高场强元素和重稀土的亏损(为谷)和轻稀土(Ce)和中稀土(Sm)以及磷(P)的富集(为峰)。

⑧ 从近俯冲带的岛弧拉斑玄武岩亚系列→狭义钙碱性亚系列→橄榄安粗岩亚系列，K_2O 的含量增大，$^{87}Sr/^{89}Sr$ 比值减少，稀土的分配模式从富集型→亏损型→平缓型。洋壳俯冲形成的岛弧火山岩常与 I 型花岗岩伴生。

（2）陆缘弧环境的岩浆岩组合。陆缘弧环境的岩浆岩组合指发育于大陆边缘与俯冲作用有关的岩浆弧的组合。火山岩为以安山岩、英安岩和流纹岩为主的组合（少量玄武岩）；侵入岩以 TTG 和花岗岩为主，少量石英闪长岩、闪长岩和辉长岩。判别依据如下：

① CA 系列（SiO_2-FeO^*/MgO 图）占绝对优势，>80%，以 HKCA 为主（SiO_2-K_2O 图），无负 Eu 异常的石英闪长岩、石英二长岩、二长岩、闪长岩及其相应的火山岩类广泛发育，微晶闪长岩质包体广泛发育。

② TTG 组合发育于靠海沟一侧，花岗闪长岩-闪长岩组合发育于靠内陆一侧。

③ 以 MORB 标准化的痕量元素蛛网图上，除 Y 和 Yb 亏损外，其他均富集，LIL 为强富集，高场强元素的轻、中稀土元素总体上弱富集，在弱富集背景之上，Nb、Ta 和 Zr、Hf 常显示谷形。岛弧玄武岩的分类及其判别依据见表 1-13。

表 1-13 岛弧玄武岩分类及判别标志

	洋内弧（如阿留申）	大陆岛弧（如日本）	陆缘弧（安第斯）
陆壳成分	大陆成分影响很小	→	逐渐增加
高场强元素	均具有亏损 HFSE 的特点		
不相容元素和稀土	→		逐渐增加
蛛网图	→		LILE 富集程度增加
稀土模式图	→		LREE 富集程度增加
源区	亏损地幔+洋壳流体	亏损地幔+陆壳+洋壳流体	
判别图	Cr-Y；εNd-Nb/Th；εNd-La/Nb；εNd-Ba/Nb		

参考资料：Jake P，White A J R，1972；Dickinson，1975；Gill，1981；Thorpe，1982。

2）弧间裂谷盆地亚相

弧间裂谷盆地亚相指洋壳消减过程中弧体分裂扩张形成的裂谷盆地。充填堆积物为多源物质，具双峰式火山岩，沉积岩相时空变化大，早期为浅海火山碎屑岩，常有重晶石、膏盐夹层。沉积相环境纵横变化较大，序列上浅水沉积与深水沉积相间出现互层特征。复理石沉积覆盖在早期的沉积物之上，向上又被浅海陆架沉积覆盖，特别是海源物质中碳酸盐岩层呈点式分布，空间上呈斜列式塔状体或透镜体，常发现在盆地萎缩消亡过程呈大小不等的块体（图 1-4）。其鉴别标志见表 1-14。

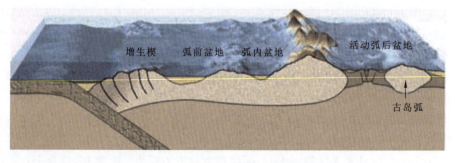

图 1-4 弧间裂谷盆地立体示意图

表 1-14　弧间裂谷盆地亚相鉴别标志

环境	鉴别标志
环境	洋壳消减过程中弧体分裂扩张环境
火山建造	火山碎屑浊积岩建造、火山碎屑沉积岩建造、拉斑玄武岩建造、钙碱系列火山岩建造(钙碱＋高镁安山岩)，具双峰式火山岩
沉积岩建造	火山碎屑沉积组合、火山碎屑浊积岩组合、双峰系列火山岩组合、礁灰岩组合、砾屑灰岩组合、礁灰岩-砾屑灰岩组合、生物屑泥晶碳酸盐岩组合、碳酸盐岩浊积岩组合、粉砂岩-泥岩组合、杂砂岩组合。充填堆积物为多源物质，沉积岩相时空变化大，早期浅海火山碎屑岩，常有重晶石、膏盐夹层
沉积特征	沉积相环境纵横变化较大，序列上浅水沉积与深水沉积相间出现互层特征。充填堆积物为多源物质，具双峰式火山岩，沉积岩相时空变化大，早期为浅海火山碎屑岩，常有重晶石、膏盐夹层。复理石沉积覆盖在早期的沉积物之上，向上又被浅海陆架沉积覆盖，特别是海源物质中碳酸盐岩层呈点式分布，空间上呈斜列式塔状体或透镜体，常发现在盆地萎缩消亡过程呈大小不等的块体

参考资料：Scholz et al,1971；Gill,1976；Mathisen,Vondra,1983；Neef et al,1985；Ricketts et al,1989。

3）弧背盆地亚相

弧背盆地亚相指发育在岛弧系之上为弧-弧或弧-陆碰撞过程相伴的盆地。一般为浅海相到海陆交互相碎屑沉积物或不连续碳酸盐岩沉积，可见火山岩或火山碎屑岩沉积的夹层，盆地通常为不对称，较陡一侧偏向前期火山弧一侧。其鉴别标志见表 1-15。

表 1-15　弧背盆地亚相鉴别标志

	鉴别标志
环境	发育在岛弧系内为弧-弧或弧-陆碰撞岛弧造山过程的相伴盆地
火山建造	火山碎屑沉积岩建造、火山碎屑浊积岩建造
沉积岩建造	粉砂岩-泥岩建造、杂砂岩建造、礁碳酸盐岩建造、生物屑泥晶碳酸盐岩建造、碳酸盐岩浊积岩建造
其他标志	一般为浅海相到海陆交互相碎屑沉积物或不连续碳酸盐岩沉积，可见火山岩或火山碎屑岩沉积的夹层，盆地通常为不对称，较陡一侧偏向前期火山弧一侧

参考资料：Dickinson W R,1976；Breitkreuz C,1991；Bell C M,Suarez M,1993；Nakayama,1996。

3. 弧后盆地相

弧后盆地相指发育在大陆和大洋过渡带以陆壳或过渡型地壳为基底的火山弧凹侧的边缘海盆地，通常用岛弧裂离后的裂谷作用和弧后扩张来解释弧后盆地的成因，并以裂离的细条块与大陆主体分隔。更多的边缘海盆地具洋壳的基底，其上为硅泥质岩或沉积岩。发育的最初阶段，弧后盆地的底部陆壳拉伸变薄，随着海底扩张，洋壳在盆地的底部深处就位，进一步拉张拓宽，弧后盆地即转为弧后洋盆。

在盆地的不同构造部位有不同的深-浅海沉积层序和组合。火山岩组分具钙碱性系列向拉斑玄武岩系列过渡的特征。造山带内的绝大多数蛇绿混杂带均是弧后洋盆俯冲消减形成的。当弧后洋盆在弧-弧或弧-陆碰撞中保存下来，一边是弧缘，或残余洋盆。在任何一种情况下，深海沉积物都出现在盆地层序底部，随后转化为残余弧后盆地，并最终以充填消亡为特征。以陆壳为基底的弧后盆地，其沉积物为陆缘浅海型，具有鲍马序列，有时可含大量的火山碎屑。盆内及盆缘断层一般为同生断层，边沉降边沉积，组成与岛弧总体走向平行的堑垒线形构造沉积相带。弧后盆地沉积呈现明显的不对称性，在靠近岛弧一侧，火山碎屑浊流沉积占优势，在靠近大陆一侧，陆缘碎屑浊流沉积占优势(图 1-5)。其鉴别标志见表 1-16。

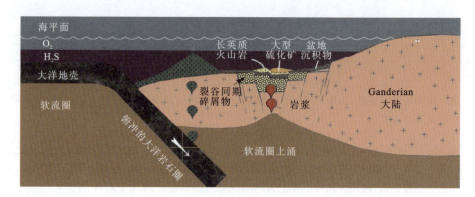

图 1-5 弧后盆地立体示意图

表 1-16 弧后盆地相鉴别标志

	鉴别标志
环境	发育在以陆壳为基底的火山弧的凹侧,是由于岛弧的裂离,其后的裂谷作用和弧后扩张,通常以裂离的岛弧细条块与大陆主体分隔而形成的盆地。近陆一侧为残余弧,另一侧成为邻接大洋岩石圈俯冲带的前锋弧
沉积岩建造	火山碎屑浊积岩组合、火山碎屑沉积岩组合、拉斑玄武岩组合、蛇绿(混杂)岩组合、钙碱系列火山岩组合、碳酸盐岩浊积岩组合、礁碳酸盐岩组合;泥岩-粉砂岩组合、杂砂岩组合
火山岩建造	拉斑玄武岩建造、钙碱系列火山岩建造,火山岩组分具钙碱性系列向拉斑玄武岩系列过渡的特征

参考资料:Dickinson,1976;Lee et al,1980;Macdonald,Ta,1983;Kimura M,1985;Letouzey,Kimura,1986。

根据火山碎屑物质的多少和区域大地构造相展布特征,可以进一步划分为:近陆弧后盆地亚相、弧后裂谷盆地亚相、近弧弧后盆地亚相。

4. 弧后前陆盆地

前陆盆地是指位于造山带与毗邻的克拉通(陆块)之间的沉积盆地,由于陆块边缘俯冲作用的牵引力、上叠陆块仰冲作用的冲断负荷力或者岩石圈挠曲形成前陆盆地(Allen,Homewood P,1986;刘和甫,1995)。根据前陆盆地所处的大地构造位置、本身的结构组成特征及对时空分布变化的规律,通常分为两类:周缘前陆盆地和弧后前陆盆地(Dickinson,1974)。在两类前陆盆地的基础上得到了进一步的发展。

前陆盆地的形成与碰撞造山同步,它们往往受仰冲板块运动前部的推挤和叠覆的影响,多数发生变形与位移,沉积楔形体发生滑脱,逆冲推覆、断裂与褶皱发育形成前陆褶冲带。常发育台阶状断层、断层传播褶皱、断层转折褶皱等,形成总体有序、局部无序破碎支解的地层层序(Dickinson,1974;Allen,Homewood P,1986;Stockwell,1986;DeCelles,1996;何登发,1996;陈发景,2007)。

从前陆褶冲带到稳定克拉通,保存完整的前陆盆地相还可划分出 4 个构造岩相带:楔顶带及其下伏前渊带、前隆带及隆后沉积带(DeCelles,1996)(图 1-6)。随着碰撞造山过程的发展,可以形成与造山带共轭有复理石-浅海磨拉石-陆相磨拉石的沉积序列,呈现由深海到浅海浊流沉积,继而向上变浅的三角洲相、河流相及冲积相沉积(Dickinson,1974;Allen,Homewood P,1986;Stockwell,1986;何登发,1996;陈发景,2007)。随着褶皱冲断带不断向克拉通推进的造山过程,前陆盆地的沉降中心亦随之向克拉通方向迁移(刘和甫,1995)。总之,前陆盆地的出现标志着盆山转换的开始,前陆盆地演化至消亡的沉积充填,记录了盆山转换的过程。

弧后前陆盆地相(图 1-7)指与洋壳俯冲消减弧-陆碰撞形成的岛弧造山带后缘弧后盆地转化的沉积盆地,其底板为弧后盆地的岩石组合,其沉积岩系与周缘前陆盆地类似(表 1-17)。岩石组合复杂多变,以火山-沉积岩组合为特征。沉积物来源有双向性,靠弧一侧以火山碎屑岩为主,火山碎屑浊积岩和岩屑流沉积物发育;靠陆一侧以陆源碎屑物为主。岩石组合与周缘前陆盆地一样,仍以陆源碎屑为主,充填序列仍具早期复理石、晚期磨拉石的双幕式沉积特点。碰撞造山期后以冲褶带的形式出现于造山带中。由于多岛弧构造区内洋盆俯冲消减,多岛弧和地块镶嵌拼合的结构特征,发育的弧后前陆盆地有特殊性,表现在:一是空间上上叠于地块区陆缘弧的后侧;二是常为上叠于地块的台地陆棚转化的盆地;三是形成机制上,系由蛇绿混杂带及陆缘弧的反向逆冲而呈现两侧双向对冲式压陷扩展形成的前陆盆地。

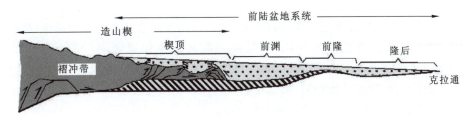

图 1-6　前陆盆地系统划分示意图

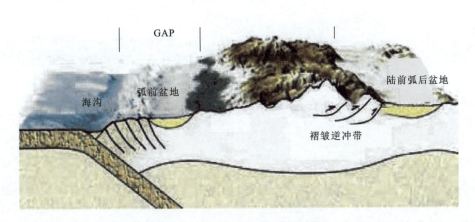

图 1-7　弧后前陆盆地立体示意图

表 1-17　弧后前陆盆地相鉴别标志

	鉴别标志
环境	发育在以陆壳为基底的火山弧的凹侧,是由于岛弧的裂离,其后的裂谷作用和海底扩张,通常以裂离的岛弧细条块与大陆主体分隔而形成的盆地。近陆一侧为残余弧,另一侧成为邻接大洋岩石圈俯冲带的前锋弧
沉积岩建造	沉积岩建造特征:以火山碎屑浊积岩建造为主,为向上变浅的沉积序列。沉积物来源有双向性,靠弧一侧以火山碎屑岩为主,火山碎屑浊积岩和岩屑流沉积物发育;靠陆一侧以陆源碎屑物为主。岩石组合与周缘前陆盆地一样,仍以陆源碎屑为主,充填序列仍具早期复理石、晚期磨拉石的双幕式沉积特点。主要的沉积岩建造为:陆源碎屑浊积岩组合、碳酸盐岩浊积岩组合、火山碎屑浊积岩组合、火山碎屑沉积岩组合、硅质泥岩-硅质岩组合、粉砂岩-泥岩组合、杂砂岩组合、复成分砾岩组合、砂砾岩组合、砂岩-泥岩组合、硅质灰岩组合、泥灰岩组合、灰岩-泥灰岩组合、泥灰岩-白云岩组合、灰岩-白云岩组合、沥青质碳酸盐岩组合、硅质团块-条带碳酸盐岩组合、瘤状碳酸盐岩组合、灰岩-粉砂岩-泥岩组合、灰岩-砂岩-泥岩组合
火山建造	少量中酸性火山岩及生物碳酸盐岩夹层

参考资料:Dickinson,1974、1976;Wilson,1991;Bjerrum,Dorsey,1995;Catuneanu et al,1998。

弧后前陆盆地在保存完整的情况下,同样也可以划分出楔顶盆地亚相、前渊盆地亚相、前陆隆起亚相及隆后盆地亚相。

弧后前陆盆地相可进一步分为：楔顶盆地亚相、前渊盆地亚相、前陆隆起亚相、隆后盆地亚相。

5. 弧-弧或弧-陆碰撞带相

这里所指的弧-弧或弧-陆碰撞带（蛇绿混杂岩带）是指弧盆系内部的次级构造相单元，其基本特征、鉴别标志及亚相划分参照结合带。

6. 碰撞后裂谷相

碰撞后裂谷相是指在岛弧碰撞造山作用过程中，在火山弧及其边缘带中重新拉张、裂陷形成的裂谷盆地。其力学性质可能为岩石圈拆沉作用，导致陆壳减薄发生伸展垮塌（Nelson，1992；钟大赉等，1998）。其时间上形成于洋盆俯冲消减、弧-陆碰撞作用之后，磨拉石建造大规模、大面积堆积之前，以发育次深海相的火山浊积岩、凝灰质浊积岩、凝灰质硅质岩及砂泥质复理石，以及玄武岩-流纹岩组合构成双峰式火山岩和辉长辉绿岩墙、岩脉群为特征（图1-8）。

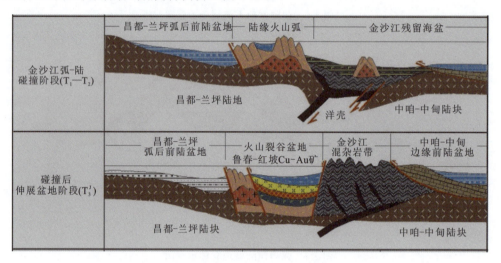

图1-8 碰撞后裂谷相立体示意图

裂谷初期为滨海相-陆棚相碎屑岩夹火山岩建造，沉积物构成由粗到细，水体由浅变深的组合序列；裂谷盆地的早期为浅海相-次深海相玄武岩、玄武质凝灰岩、砂质泥岩、凝灰质硅质岩、泥灰岩组合，发育大量的辉长辉绿岩墙、岩脉群；中期为次深海相-深海相玄武岩、玄武质凝灰岩、流纹岩、流纹质凝灰岩、硅质岩、泥灰岩组合；晚期为次深海相浅海相流纹岩、砂泥岩、泥灰岩组合；末期由拉张、裂陷转化为挤压，形成滨-浅海相具磨拉石性质的碎屑岩、火山碎屑岩建造，最后演变成陆相磨拉石，出现石膏层沉积和紫红色的碎屑岩。此类裂谷相与铜多金属成矿作用密切相关。

（三）陆块大相

陆块是地壳上相对稳定的地区，具有古老的刚性变质岩基底，多指由前寒武纪变质基底和沉积盖层所构成的大陆块体。陆块具有厚度较大、密度较小、深插软流圈的岩石圈（大陆根），其出露范围可达数十万至数百万平方千米。结构完整的陆块具有双层结构：上部为未经变质、变形或极少经受强烈变质、变形的海相或陆相的沉积盖层；下部为强烈变形和变质的前寒武纪变质基底，基底与盖层之间有一个清晰可见的角度不整合界面。双层结构不完整或规模较小，已卷入造山带的陆块则称之为地块，其规模通常小于数十万平方千米。

从板块运动的角度对陆块，特别是对构成陆块的古老变质基底进行大地构造相的划分是作者等的一次尝试和探索。尽管目前地学界对板块运动启动的时间还有不同的认识，但不少学者认为地球至少从新太古代开始已受到板块运动机制的制约。前人主要根据我国变质基底岩石构造组合和变质级别，将以太古宙为主的变质基底分为以麻粒岩相变质作用为主的高级变质区和以中—低级变质作用为主的花岗岩-绿岩带等两部分。前者的岩石构造组合以二辉麻粒岩和紫苏花岗质片麻岩为主,还包含麻粒岩相的副片麻岩;后者则包括角闪岩相-绿片岩相变质的超基性—基性火山岩-沉积岩所构成的绿岩、英云闪长岩-奥长花岗岩-花岗闪长岩形成的 TTG 质片麻岩和花岗岩-二长花岗岩-钾质花岗岩构成的 GMS 岩套。但本书并不以这种组合将变质基底简单地划分为高级变质区和花岗岩-绿岩带等两个构造相,而是以变质基底中原岩组合和变质作用在板块运动机制下所形成的构造环境来划分大地构造相。

陆块大相可分为基底杂岩相(含陆核亚相、基底杂岩残块亚相)、被动陆缘相、陆表海盆地相、周缘前陆盆地相、陆内盆地相 5 个构造相。

1. 基底杂岩相

基底杂岩是陆块区变质基底各类岩石构造组合的简称,它可能包括若干大地构造亚相,依据可鉴别构造环境的基底杂岩,均可单独划为不同的大地构造相。

书中的基底杂岩相仅包括两个亚相,即陆核亚相和基底杂岩亚相。

1) 陆核亚相

陆核亚相是变质基底中时代大于 28 亿年(前新太古代)的一套岩石构造组合,是地球上保留下来的最古老的一部分大陆地壳。在中国大陆上这一部分古老的陆壳出露范围小,且很零散,主要出露在华北东部陆块的鞍山和冀东等少数地区,很难从这些地质记录中重塑它们形成的大地构造环境,因此将这一部分古老陆壳统称为陆核,视为后来大陆地壳生长的核心和基础。随着研究程度的不断提高和认识上的深化,陆核将来有可能被细分为更多的大地构造亚相。

2) 基底杂岩亚相

基底杂岩亚相可进一步分为高级变质基底杂岩亚相和中—低级变质基底杂岩亚相,前者系前人研究界定的以太古宙为主(可包括古元古代)的变质基底部分,主要以麻粒岩相变质作用为主的高级变质区,岩石构造组合以二辉麻粒岩和紫苏花岗质片麻岩为主,还包含麻粒岩相的副片麻岩。中—低级变质基底杂岩指前人研究界定的以中—低级变质作用为主的花岗岩-绿岩带部分,岩石构造组合包括角闪岩相-绿片岩相变质的超基性—基性火山岩-沉积岩所构成的绿岩、英云闪长岩-奥长花岗岩-花岗闪长岩形成的 TTG 质片麻岩和花岗岩-二长花岗岩-钾质花岗岩构成的 GMS 岩套。其时代为中—新元古代至更晚。

2. 被动陆缘相

被动陆缘相系指显生宙期间洋陆演化阶段沉积在陆块边缘和陆块内部的海相沉积环境下形成的岩石组合,岩石类型主要为陆源碎屑岩和/或碳酸盐岩,一般不含有火山物质。

3. 陆表海盆地相

陆表海为覆盖在陆块内部变质基底之上的陆表浅海或海陆交替沉积环境。

在这一沉积环境下形成的一套沉积岩石组合,主要沉积岩建造为石英砂砾岩建造、铁质岩建造、生物屑亮晶碳酸盐岩建造、生物屑泥晶碳酸盐岩建造、生物滩碳酸盐岩建造、藻纹层-藻团粒碳酸盐岩建造、砾屑灰岩建造、蒸发岩建造(Reading,1978;Davis R A,1983;刘宝珺,1985;何起祥等,1991;Steven et al,1986;Poag,Graciansky,1992)。

大区域稳定分布的滨浅海沉积岩建造系列,沉积厚度变化小,浅水标志的层理和层面沉积构造发育,产各类滨浅海相生物化石。以高能氧化环境为主,可组成三角洲典型的逆粒序韵律层序堆积。有些地区,古生代期间海域长期存在,有些地区海进和海退相对频繁发生(李增学等,2000、2003)。在这一相形成的岩系中含有我国重要的煤炭资源,如山西煤矿等。

4. 周缘前陆盆地相

该大地构造相同弧后前陆盆地相及 A 型前陆盆地相虽在盆地分类系列上都属于前陆盆地,都反映挤压大陆动力学背景,都具有进积型沉积充填序列;但作为大地构造相它们三者是并列关系。这是因为,这三者出现的构造部位不同,成因也不完全相同。周缘前陆盆地一般出现在陆块周缘,而碰撞造山期常被卷入到由弧盆系转化而成的造山系中;弧后前陆盆地则出现在多岛弧盆系中,是弧陆俯冲碰撞的产物。周缘前陆盆地应视具体情况而定,对于卷入到以弧盆系构成的造山带中的周缘前陆盆地相,也可放在造山相系之下。对于尚未卷入造山系的,则放在陆块大相之下。无论哪种类型的前陆盆地,大致都具有共同的特征。因此,鉴别标志也大致相近。

周缘前陆盆地是陆与陆之间的洋盆关闭,陆-陆碰撞形成的造山带与克拉通之间的沉积盆地,其底板为被动陆缘沉积岩系或克拉通盆地。洋壳俯冲闭合发生陆-陆碰撞或陆-弧碰撞,在俯冲陆块侧的被动边缘转化来的盆地,早期的沉积以深水细碎屑物组成的复理石为主,晚期以浅水相粗碎屑物组成的磨拉石为主,发育向上变浅的沉积序列(Dickinson,1974;Allen,Homewood P,1986;Stockwell,1986;何登发,1996;陈发景,2007)。

主要建造类型有陆源碎屑浊积岩建造、碳酸盐岩浊积岩建造、硅质灰岩建造、硅质泥岩-硅质岩建造、粉砂岩-泥岩建造、杂砂岩建造、复成分砾岩建造(Dickinson,1974;Allen,Homewood P,1986;Stockwell,1986;何登发,1996;陈发景,2007)。

5. 陆内盆地相

陆内盆地相包含压陷盆地、断陷盆地、坳陷(凹陷)盆地和走滑盆地4个亚相。

1) 压陷盆地亚相

压陷盆地是陆内汇聚系统中一种重要挤压构造类型,是陆内复合造山带与盆地带间的边界逆冲断层作用和隆起山带的构造负荷作用,导致盆地基底向隆起山链方向弯曲下沉产生的构造坳陷,盆地边界逆冲断层控制盆地发展。盆地展布方向与隆升山链走向一致,长度比宽度大一个数量级。主要为河湖相碎屑岩磨拉石沉积,沉积厚度大,沉积体向隆升山链方向呈楔状体下陷。中国西部塔里木盆地、柴达木盆地、河西走廊盆地、库木库里盆地等均为新生代时的压陷盆地,通常没有发生火山岩浆活动;盆地边缘、盆山接合部位常常出现翻转断裂构造(早期为犁式正断层,后期翻转成逆冲或逆掩断层)。

2) 断陷盆地亚相

断陷盆地亚相指造山带或陆块内拉张型的山间盆地,有一套陆相或海相浅-深水沉积相组合;盆地边缘受断裂控制,通常为同沉积断裂;沉积厚度变化大,沉积厚度最大处位于盆缘断裂发育的一侧,不位于盆地中心部位,尤其在盆山演化阶段造山带内沿线性构造断续分布的一些小型盆地内充填的一套山麓-河湖相(含煤)沉积物,即属此相,变形微弱,仅有轻微褶皱和掀斜(李思田,1988;迈尔 A D,1991;艾伦 P A,艾伦 J R,1995;冯有良等,2006;陈发景等,2004)。基本层序为正粒序沉积韵律。

根据沉积建造的不同,分为无火山断陷盆地和有火山断陷盆地。

无火山断陷盆地的沉积建造为复成分砾岩建造、复成分粉砂岩-泥岩建造、杂砂岩建造、含煤碎屑岩建造、蒸发岩建造。

有火山断陷盆地的沉积建造为火山碎屑沉积岩建造、碱性火山岩建造、碱玄岩建造、双峰系列火山岩建造、粉砂岩-泥岩建造、复成分砂砾岩建造。

3) 坳陷盆地亚相

坳陷盆地亚相指造山带或陆块区内大范围凹陷下沉并有沉积物堆积的山间盆地,沉积厚度变化大,沉积厚度最大处位于盆地中心部位,盆地中心部位常出现低能还原环境。

建造类型有石英砂砾岩建造、铝土质岩建造、含煤碎屑岩建造、碳质泥岩-油页岩建造、泥晶灰岩-泥灰岩建造、蒸发岩建造(迈尔 A D,1991;艾伦 P A,艾伦 J R,1995;李思田等,1999;李思田,2004)。

4) 走滑盆地亚相

走滑断层作用产生的盆地总称为走滑盆地。按盆地与断裂的关系及力学性质大致可分为雁列张性、纵向松弛及走滑拉分3种盆地类型(徐嘉炜,1995)。拉分盆地是指由走滑断层系中转换拉张作用形成的断陷盆地,形似菱形,拉分盆地的规模大者长逾数百千米、宽数十千米,小者长数百米、宽仅数十米,长宽比一般为 3∶1(Aydin,Nur,1982;Eyal et al,1986)。一个大型拉分盆地内部的次级走滑断层还可形成次级拉分盆地,从而呈现"盆中盆"或"堑中堑"以及"堑中垒"构造格局。拉分盆地的特点是盆地规模不大、沉积速率快、厚度大、成熟度低、发育时间短,沉积和拉分同步,由下向上往往出现层层超覆现象,充填物多为河湖相,以粗碎屑岩为主,基本层序为正粒序沉积韵律,在发育时间较长的盆地中尚有火山活动发生(Crowell J C,1974;Aydin,Nur,1982;Mann et al,1983;Biddle,Christie-Blick,1985;Sylvester,1988;迈尔 A D,1991;艾伦 P A,艾伦 J R,1995;徐嘉炜,1995)。

建造类型有粉砂岩-泥岩建造、杂砂岩建造、复成分砾岩建造、火山碎屑沉积岩建造、火山碎屑浊积岩建造、陆源碎屑浊积岩建造、碳质泥岩-油页岩建造,偶有碱玄岩组合(Crowell J C,1974;Aydin,Nur,1982;Mann et al,1983;Biddle,Christie-Blick,1985;迈尔 A D,1991;艾伦 P A,艾伦 J R,1995)。

拉分盆地是石油、天然气或盐类矿床的良好远景区。

考虑到本报告主要研究对象为青藏高原及邻区古生代复合造山系的特点,故未作进一步区分。

第三节 岩浆岩与大地构造相

一、岩浆岩相概念

岩浆岩也是构造-岩相古地理图反映的基本"实体"要素之一,它是地球深部地质作用过程的物质表现,严格意义上包括火山岩和侵入岩。考虑到习惯,蛇绿岩也在此一并叙述。

二、岩浆岩相分类体系

前人对火山岩相(volcanic facies)的定义为:一定环境下火山活动产物特征的总称。而相模式则是对具体岩相的实际资料之概括,用以说明火山产物在侧向或垂向特征变异的纲领性图式,必须有 3 个功能:①对比较目的而言,必须起到相标准的作用;②对预测观察而言,必须起到提纲和指南的作用;③对新区工作而言,必须起到预测作用。从实际的火山岩相划分系统中可以清楚地看出,火山岩和侵入岩在空间上具有连续分布的特点,并且火山岩相可以通过岩浆岩的岩石类型和结构、构造完整体现出来,因此其实质还是岩石类型。由于在已有的岩浆岩(含蛇绿岩)分类系统中很难用统一的级别表示,故而这里暂时用岩浆岩大相、相、亚相来统一图面表示内容,划分系统如表 1-18 所示。

表 1-18 岩浆岩相划分系统表

大相	相	亚相
蛇绿岩	变质橄榄岩 超基性岩 基性杂岩 岩墙群 玄武岩 高镁安山岩	

续表 1-18

大相	相	亚相
侵入岩	酸性岩类	碱长花岗岩 花岗岩 花岗闪长岩 英云闪长岩
	中性岩类	正长岩类 二长岩类 闪长岩类
	碱性岩类	碱性花岗岩 碱性基性超基性岩
	基性—超基性岩类	基性岩类 超基性岩类
	碳酸盐岩	
火山岩	玄武质(海相、陆相) 玄武安山质(海相、陆相) 安山质(海相、陆相) 英安质(海相、陆相) 流纹质(海相、陆相) 粗面质(海相、陆相)	

三、岩浆岩相资料整理内容

由于研究区涉及面积大，不同地区岩浆岩研究程度存在显著差异，同时结合以往岩相古地理研究多将火山岩纳入沉积地层系统一并考虑等因素，本次编图不强求岩浆岩资料收集、整理的形式，但是为达到揭示岩浆演化特征及其与构造环境和成矿作用关系的目的，视具体情况开展了以下工作内容。

1. 岩浆岩的空间形态、产状

描述岩浆岩出露地理位置、构造位置，岩浆岩平面形态、形态与区域构造形迹的相互关系，岩浆岩与围岩构造的空间配置关系、接触面产状。根据上述研究综合判断岩浆定位深度，结合同侵入和侵入后周边盆地的沉积建造推测岩浆岩剥蚀深度。

2. 岩浆岩形成时代

火山岩多归入岩石地层单位，故其地层划分、对比、时代归属可参照所属地层单位划分与对比进行。侵入岩和蛇绿岩时代确定的工作是整理岩体(蛇绿岩)侵入(构造就位)地层时代和覆盖地层时代；同位素年龄，包括样品种类、测试方法、测试单位。根据上述内容，首先结合不同单元之间的接触关系确定其形成先后顺序；其次尽可能准确判定岩体侵入时代和年龄，确定岩浆岩的侵入期次；最终判定蛇绿岩构造就位时代和形成时代。

3. 岩石物质成分、结构、构造、名称和岩石组合

物质成分：矿物成分包括主要矿物、次要矿物和特征矿物，化学成分包括主元素含量及其统计特征、痕(微)量元素(含稀土元素)、同位素(包括稳定同位素和放射性同位素)和成矿元素特征。此外还包含岩石包体和矿物包裹体的矿物成分和化学成分。

岩石结构构造：组成矿物颗粒的绝对大小和相对大小，矿物颗粒间的相互关系，岩石物质的空间展布和运动学特征。

在上述整理研究工作基础上赋予相应的岩石名称，进而归并岩石组合类型，综合判断侵入岩的成因类型。

4. 岩浆演化特征

火成岩多样性取决于岩浆起源的多样性（岩浆脱离源区时的成分差别）与岩浆作用（岩浆脱离源区之后各种地质过程造成的成分差别）的多样性，因此，这里所论述的岩浆演化与传统的习惯用法有所区别，即同时强调岩浆起源和岩浆作用两个方面。前者要涉及岩浆源区的物质组成、热力学条件、部分熔融程度、岩浆分离的机制，与岩浆起源有关的流体体系，区域岩浆构造热体制，岩浆起源的深部过程。后者要识别岩浆作用类型（分异作用、混合作用和同化混染作用）及其组合，岩浆作用的详细过程和阶段划分，不同演化阶段流体类型和活动特征，岩浆演化的相约束与化学组分的亏盈。

5. 可能的构造环境及含矿性

综合前述依据，判定其产出的构造环境。此外，视具体情况可描述编图区目的时间段与岩浆作用有关的重要的矿床、矿（化）点、含矿层或蚀变等。

第四节　沉积相与盆地充填序列

沉积相是构造-岩相古地理图反映的最基本、最重要的"实体"要素之一，它是由深部地质作用控制的地球表层沉积作用过程的物质表现。沉积相是一定岩层生成时的古地理环境及其物质表现的总和，包括岩石、生物和岩石地球化学等特征。

对沉积岩进行沉积相的识别和划分要综合各种成因标志，主要有以下方面：①沉积岩岩性、岩石结构和粒度；②沉积构造；③沉积岩岩矿成分和地球化学成分；④古生物组合和古生态；⑤古水流、水动力和物质来源方向；⑥与经典的相模式对比；⑦与垂向和侧向上相邻沉积相的相互关系分析等。

一、沉积相和沉积体系类型划分

在沉积相分析的基础上，对各类沉积相在空间上、时间上的叠置特征和演变规律进行研究，进而划分沉积体系。视具体情况对赋存有沉积矿产的沉积相单元，应注明矿产的赋存层位，收集有关沉积成矿作用资料，为研究矿产的分布规律提供依据。沉积相和沉积体系类型划分方案见表1-19至表1-21。

二、沉积相综合分析及其鉴定标志

本次编图引用的地层剖面资料，以青藏高原新近完成的177幅1:25万区调成果和最新科研成果为主，同时尽可能多地收集邻区和邻国成果资料，包括已发表的论文、专著、图件等。为使沉积相分析建立在详细、扎实的基本事实基础之上，首先要系统收集、整理沉积岩、火山岩地层资料，通过填制地质剖面数据卡片以及详细的野外地质调查来实现沉积相的综合分析研究。依据沉积相分析要涉及的内容，在剖面地质信息数据卡片（表1-22）中选定了下列基本属性。各项属性填写的内容、技术要求如下。

表 1-19 大陆沉积区沉积体系、沉积相、亚相分类体系

沉积区	沉积环境	沉积体系	沉积相	沉积亚相	主要岩性	主要沉积构造	主要生物组合
大陆(C)	残坡积	残坡积(ELD)	残积相(El)	碎屑残积、钙质残积、硅铝残积、铁铝残积	碎石、高岭石、胶岭石、铝土矿-褐铁矿(风化壳)、古土壤	蜂窝状构造、针孔状构造、疏松状构造	
			坡积相(Dl)	崩塌、撒落、泥流	碎石、巨砾、砂、粉砂、黏土		
	冲积扇	冲积扇相(AF)		扇根(fr)	砂岩、含砾岩	冲刷构造、叠瓦构造、平行层理	植物碎片
				扇中(fm)	砂岩、含砾砂岩、粉砂岩	冲刷构造、叠瓦构造、平行层理、交错层理	植物
				扇端(fe)	含砾砂岩、粉砂岩、泥岩	冲刷构造、叠瓦构造、平行层理、雨痕	
	河流(FL)		曲流河相(Rb)	河床(河道滞流沉积)(rb)	含砾粗砂岩、粗—中粒砂岩	中—大型交错层理、平行层理、流水波痕	植物碎片
				曲流沙坝(边滩)(bm)	细砂岩、粉砂岩、泥岩	爬升层理、小型交错层理、流水波痕	植物
				天然堤(bs)	粉砂岩、泥岩	小型交错层理	植物碎片
				决口扇(bf)	粉砂岩、泥岩	小型交错层理	植物
				泛滥平原(河漫滩)(fp)	泥岩、粉砂岩	水平层理、植物根迹、钙质结核、泥裂、水平层理	双壳类、腹足类、植物
			辫状河相(Me)	河床(河道滞流沉积)(rb)	砾岩、含砾粗砂岩	冲刷构造、叠瓦构造、平行层理	植物碎片
				河道沙坝(心滩)(ia)	含砾粗砂岩、粗—细粒砂岩	交错层理、叠瓦构造、波状层理、流水波痕	植物
				冲积岛(ia)	泥岩、粉砂岩	水平层理	植物
			网状河相(Br)	河道沙坝(边滩)(bm)	粗—细粒砂岩、粉砂岩	槽状交错层理、变形层理	植物碎片
				天然堤(bs)	细砂岩、碳质泥岩	爬升层理、小型交错层理、植物根迹	植物
				决口扇(bf)	细砂岩、粉砂岩	小型交错层理	植物碎片
				河道间湿地(沼泽)(sw)	碳质泥岩、泥质粉砂岩	水平层理、植物根迹	植物、腹足类
	湖泊(L)		淡水湖相(La)	滨湖(kl)	砾岩、砂岩、泥岩、颗粒灰岩	冲刷构造、小型交错层理、波状层理、泥裂	双壳类、腹足类、鱼、介形虫、植物
				浅湖(sl)	粉砂岩、泥岩、泥晶灰岩	水平层理、小型交错层理、透镜状层理、浪成波痕	双壳类、腹足类、鱼、介形虫、叶肢介、轮藻、植物
				深湖(dl)	碳质泥岩、油页岩	水平层理、生物扰动构造、色带构造	鱼、介形虫、轮藻、植物
			咸水湖相(Ls)	碳酸盐湖(c-ls)、硫酸盐湖(s-ls)、氯化物湖(cl-ls)、硼酸盐湖(b-ls)	碳酸盐、石膏、芒硝、钠盐、钾盐、镁盐(硼盐)	晶体石膏、瘤状构造、叠锥构造、鸡笼网状构造、缝合线构造	
			湖泊三角洲相(Ld)	三角洲平原(dp)	砾岩、含砾砂岩、砂岩	冲刷构造、平行层理、交错层理、爬升层理	植物碎片、腹足类
				三角洲前缘(dm)	细砂岩、粉砂岩、砂岩	交错层理、粒序层理、浪成波痕	双壳类、腹足类、植物
				前三角洲(pd)	粉砂岩、泥岩	块状层理、生物扰动构造、浪成波痕	双壳类、腹足类、鱼、介形虫、叶肢介、轮藻、植物
			水下冲积扇	扇根、扇中、扇端	砾岩、含砾杂砂岩、杂砂岩	水平层理、粒序层理、小型交错层理、透镜状层理、局部具粒序层理	植物和介壳碎片
	火山盆地(VB)			火山泥石流相、破火山口—火山口湖相	火山碎屑沉积岩		
	冰川(GL)		冰川相(Gl)	冰碛、冰河、冰湖	巨大漂砾、砂岩、粉砂岩、砾岩、黏土	冰川擦痕	
	沙漠(DE)		沙漠相(De)	沙丘、丘间、戈壁	砂岩、粉砂岩、砾岩、风棱石	大型板状、楔状交错层理、风成波痕、风蚀坑	

表 1-20 海陆过渡和海洋沉积区沉积体系、沉积相、亚相分类体系

沉积区	沉积环境	沉积体系	沉积相	沉积亚相	主要岩性	主要沉积构造	主要生物组合
海陆过渡(MA)		三角洲(D)	三角洲平原(Dp)	分支河道(bwc)	中—细砂岩,粉砂岩,粉砂质泥岩	板状、楔状、槽状交错层理,波状交错层理	植物碎片
				天然堤(bs)	粉砂岩,泥岩	波状交错层理,水平层理,流水波痕	植物碎片
				决口扇(bf)	细砂岩,粉砂岩	小型交错层理	植物碎片
				沼泽(sw)	碳质泥岩,泥炭,褐煤		植物根迹,植物茎叶,腹足类
				分支间湾(bb)	泥岩,粉砂岩,细砂岩	水平层理,生物扰动构造	植物,腹足类,双壳类,鱼,介形虫
			三角洲前缘(De)	分支流河口砂坝(bbsb)	砂岩,粉砂岩	楔状交错层理,水平层理	双壳类,腹足类,遗迹化石
				远砂坝(fsb)	粉砂岩	水平层理,波状交错层理,脉状和透镜状层理,剥离线理	介形虫碎片
				前缘席状砂(pms)	砂岩	平行层理,水平层理,对称波痕,包卷层理,滑塌构造	遗迹化石
			前三角洲(Pd)	砂质重力流(sgf)	泥岩,粉砂岩	正粒序层理,平行层理,水平层理	植物,腹足类,双壳类,腕足类,鱼,介形虫
		河口湾(ES)	河口湾(Es)	海(sb)/潮lb)盆沉积	砾岩,砂岩	水平层理	介壳屑,木屑
			潮坪(Tf)	潮汐水道(tc)	砂岩,砂砾岩	槽状交错层理,羽状交错层理	半咸水动物群
				潮间沙坪(itsd)	细砂岩,粉砂岩,泥岩	潮汐交错层理,对称波痕,生物遗迹构造	植物根茎
				潮上坪(utd)	泥岩,粉砂岩	水平层理	植物根茎
				潮间带(itb)	泥岩,砂岩,石膏,岩盐	泥裂,晶体层理,板状、楔状、羽状、波状、透镜状交错层理,生物遗迹构造	双壳类,介形虫,腹足类,腕足类,遗迹化石
				潮下带(dtb)	砂岩,粉砂岩,砂岩	大型交错层理,泥裂,晶体石膏,盐等印模	双壳类,腕足类,腹足类,介形虫,遗迹化石
			潟湖(Lf)	咸化潟湖(slf)	粉砂岩,泥岩,石膏,岩盐	水平层理,泥裂,平行、交错层理,平行层理	广海和潟湖混合生物群
				淡化潟湖(flf)	粉砂—细砂岩	冲刷面构造	双壳类,腕足类,腹足类,遗迹化石
			障壁岛(Ib)	冲越(溢)扇(Of)	细砂—细砂岩	浪成交错层理,逆行沙丘	广海和潟湖混合生物群
				岛滩(ib),障壁坪(bd),障壁砂坝(bsb),风成沙丘(wsh)	中—细砂岩,粉砂岩,砂岩	槽状、羽状交错层理,风成交错层理	双壳类,腕足类,头足类
			潮汐三角洲(Td)	潮汐通道(Tc)	砾岩,砂岩	砂泥互层层理,生物扰动构造	介壳碎片,广海和潟湖混合生物群
				涨潮三角洲(rtd)退潮三角洲(wtd)	粉砂质泥岩,粉砂岩	板状交错层理,潮汐互层层理	广海和潟湖混合生物群
海洋(M)	陆源碎屑滨海(BC)	障壁海岸		海岸沙丘(Cs)	中—细砂岩	风成交错层理	介壳碎片
		无障壁海岸(OC)		后滨(Bs)	砂岩,介壳岩	平行层理,小型板状和槽状交错层理	双壳类,腕足类,腹足类
		(LIcl)		前滨(Fs)	中—细砂岩	冲洗交错层理,不对称浪成波痕,细流痕	介壳碎片
				临滨(Ns)	中—细砂岩	波状交错层理,楔状交错层理,生物扰动	双壳类,腕足类,腹足类,遗迹化石
				过渡带(Trb)	粉砂岩,细砂岩	砂泥互层层理,生物扰动构造	双壳类,腕足类,头足类,三叶虫,笔石
				远滨(Fs)	粉砂质泥岩,粉砂岩	水平层理	微古植物,遗迹化石
	冰海		半深水冰海,深水冰海		含无层理冰伐砂砾石团块的沉积岩,泥积岩中含落石构造(drop stone)		

表1-21 海洋沉积区沉积体系、沉积相、亚相分类体系

沉积环境	沉积区	沉积体系	沉积相	沉积亚相	主要岩性	主要沉积构造	主要生物组合
海洋(M)		潮汐带(潮坪)碳酸盐(CA-TF)		潮上带(Utb)	含陆屑生物砂屑灰岩、生物屑亮晶灰岩、藻纹层泥晶灰岩、白云质泥晶灰岩	藻纹层、泥裂、鸟眼构造、窗孔构造	双壳类、腕足类、泥迹化石、生物碎片
				潮间带(Itb)	藻纹层泥晶灰岩、颗粒亮晶灰岩、钙质泥岩	藻纹层、羽状交错层理、透镜状层理、泥裂、鸟眼构造、虫迹	遗迹化石、双壳类、腕足类、腹足类、珊瑚、海百合茎
				潮下带(Dtb)	球粒泥晶灰岩、生物屑灰岩、生物屑泥晶灰岩	水平层理、波状层理、生物扰动	介形虫、有孔虫、遗迹化石、腕足类
			台地蒸发岩(萨布哈)(Sa)		白云岩、石膏、硬石膏、岩盐(盐坪、盐滩中的沉积)	晶体石膏、帐篷状构造、鸟眼构造、藻席纹层	叠层石
			局限台地(Rp)	潮坪(tf)、潮道(tc)、天然堤(bs)、池沼(po)、藻席潮汐三角洲、潟湖、潮汐砂坝、灰坪丘	球粒亮晶灰岩、藻灰结核泥晶灰岩、泥晶灰岩、藻纹层泥晶灰岩、生物屑亮晶灰岩、砾粒灰岩、生物屑硅质条带灰岩	藻席纹层、羽状交错层理、透镜状层理、泥晶石膏、波状层理、藻席纹层	钙藻、有孔虫、介形虫、腕足类、腹足类、头足类、三叶虫、海百合、遗迹化石
			开阔台地(Op)	砂洲、沙丘、海滩、摩擦砂坝、潮汐通道	含贝壳泥晶灰岩、生物屑泥晶灰岩、藻灰结核泥晶团块灰岩、生物屑硅质团块灰岩	水平层理、波状层理、虫迹	钙藻、有孔虫、介形虫、珊瑚、腕足类、头足类、三叶虫、海百合、牙形石、腕足类
			台缘浅滩(Pms)		介壳亮晶灰岩、生物屑亮晶灰岩、黏结灰岩	羽状交错层理、波状层理	双壳类、有孔虫、介形虫、腕足类、腹足类、钙藻
		碳酸盐台地(CP)	生物礁(Or)	后礁(礁后潟湖)	生物屑灰岩、障积灰岩、白云质灰岩	水平层理、虫迹	有孔虫、介形虫、头足类、海百合、层孔虫、钙藻、有孔虫、遗迹化石
				礁核	骨架灰岩、黏结灰岩、障积灰岩、漂浮灰岩、生物屑灰岩	冲洗交错层理、生物骨架构造	海绵、珊瑚、层孔虫、造礁生物碎块
				前礁	礁碎块灰岩、生物屑角砾灰岩、泥粒灰岩	滑塌构造	有孔虫、介形虫、牙形石、遗迹化石
			斜坡(Ps)		生物屑灰岩、生物屑角砾灰岩、微晶生物屑泥晶灰岩、漂浮灰岩、硅质灰岩	冲刷面构造、正粒序层理、平行层理、包卷层理、滑塌层理、重荷模	有孔虫、介形虫、牙形石、头足类、三叶虫、笔石、硅质海绵、放射虫
			盆地边缘(Bm)		微细生物屑泥晶灰岩、骨针灰岩、放射虫灰岩、钙屑状灰岩、生物屑泥晶灰岩	水平层理、生物骨架构造、水平层理、生物扰动构造	笔石、漂浮类双壳类、头足类、三叶虫、浮游三叶虫
			广海陆盆-盆地(Bs)		浮游生物泥晶灰岩、骨针灰岩、放射虫灰岩、生物屑泥晶灰岩	水平层理、生物扰动构造	牙形石、漂浮类双壳类、头足类、三叶虫、硅质海绵、放射虫
	陆源碎屑浅海(cl-ss)		风暴沙波(Ssl)和陆架沙脊(Ssr)		砂岩	侵蚀面、浪成交错层理、丘状层理、丘状凹状层理	介壳碎片
			风暴沉积(Sc)		砾岩、砂岩、介壳层、粉砂质泥岩、硅质泥岩	侵蚀面、粒序层理、水平层理、丘状层理、丘状凹状层理	介壳碎片
	半深海(BA)		陆架沉积(Shm)		有机质页岩、碳质泥岩、粉砂质泥岩、硅质泥岩、骨针岩、放射虫岩	水平层理	漂浮类双壳类、头足类、浮游三叶虫、笔石、放射虫、遗迹化石
			斜坡沟谷(Sg)-斜坡扇(Sf)(耕)		浊积岩	各种鲍马序列	漂浮类双壳类、头足类、浮游三叶虫、笔石、遗迹化石
	深海(MC)		等深流沉积(LsF)		等深流沉积岩	粒序层理、交错纹层、水平纹层	遗迹化石、生物屑、头足类
			海底扇(Ap)		浊积岩	各种鲍马序列	遗迹化石、浮游类三叶虫、头足类、笔石类
	深海盆地(MB)		盆地平原(Ap)		硅质泥岩、硅质岩、放射虫岩、有机质泥岩	水平纹层	放射虫

表 1-22 引用地质剖面基本属性登记表

剖面名称：_____　　　　剖面类别：_____
剖面代号：_____　　　　剖面比例尺：_____

地理位置	交通位置				沉积相			大地构造相		
	地理坐标				相	亚相	微相	大相	相	亚相
岩石地层单位		地质时代		构造位置						
剖面岩石组合、化石、层序特征及其相标志等和同位素测年			柱状剖面示意							
			岩性	岩相						
工作程度										
资料来源										
备注										

填表人：　　　　　　　　　填表日期：　　　年　　　月　　　日

1. 岩性柱状图

根据已选定的实测剖面,在多重地层划分对比和沉积相综合分析的基础上,逐个编绘岩性岩相柱状图,柱状图表达的内容是：

(1) 岩性,主要是基本岩石名称,必要时应表示其原生色、单层厚度及其变化等。
(2) 剖面中各岩石地层单位间接触关系(整合、平行不整合、角度不整合、断层)。
(3) 岩石结构,主要是粒度变化,必要时应表示成熟度特征。
(4) 沉积构造,重点表示自下而上的沉积构造组合特征及其演变规律。
(5) 基本层序及其组合特征。
(6) 古生物组合特征,重点表示标准化石和指相化石。
(7) 各岩石地层单位厚度及编图目的层的总厚度(单位为 m)。
(8) 综合分析,并与典型的相模式对比,对剖面沉积相和所属的构造古地理单元(构造环境)进行解释。

2. 岩石类型与岩石组合

简要描述各岩石地层单位的岩石类型、岩性和岩石组合特征。

3. 岩石结构与沉积构造

简要描述各岩石地层单位岩石类型的岩石结构和沉积构造。岩石结构描述内容包括粒度、圆度、分选性、成熟度和胶结类型(表 1-23)。沉积构造描述内容包括机械成因构造、化学成因构造、生物成因构造和复合成因构造(表 1-24)。火山岩结构描述内容包括熔岩和火山碎屑岩结构,熔岩的结构主要为斑状结构,同时应描述基质的结构类型。火山碎屑岩的结构主要根据火山碎屑物的粒度进行划分。熔岩常见的构造包括流纹构造、球粒构造、珍珠构造、石泡构造、气孔和杏仁构造、块状构造、枕状构造、绳状构造、流面构造、流线构造等;火山碎屑岩常见的构造有假流动(纹)构造、平行构造、韵律层构造等。

4. 生物组合及地质年代

描述各岩石地层单位的生物组合特征,特别是重要的带化石和指相化石,指出采集层位。反映同位素测年结果时,注明采集层位、岩性和测试方法。

表 1-23　沉积岩的结构和岩层厚度描述术语表

粒度术语（单位：mm）： 　→0.03　→　0.06　→　0.25　→　0.5　→　2　→　4　→　16　→　64　→　126　→　256　→ 　　泥　　粉砂　　细砂　　中砂　　粗砂　细砾　中砾　　粗砾　　细卵　　粗卵　　漂砾
圆度术语：　　高棱角状→棱角状→次棱角状→次滚圆状→滚圆状→高滚圆状
分选性术语：　分选差→分选中等→分选好→分选很好
成熟度术语：　成熟度低→中等→高
胶结类型术语：基底式、孔隙式、接触式、镶嵌式
岩层厚度描述术语（单位：m）： 　　　　＜0.01　　　　　　　　　极薄层状 　　　　0.01～0.1　　　　　　　薄层状 　　　　0.1～0.5　　　　　　　　中层状 　　　　0.5～2　　　　　　　　　厚层状 　　　　＞2　　　　　　　　　　巨厚层状

表 1-24　沉积构造的划分及描述术语表

机械成因构造	流动成因	层理构造	①水平层理；②平行层理；③韵律层理；④交错层理（板状交错层理、楔状交错层理、槽状交错层理、羽状交错层理、冲洗交错层理、波状交错层理、浪成交错层理、潮汐交错层理、丘状层理、凹状层理）；⑤爬升层理；⑥粒序层理（正粒序层理、逆粒序层理）；⑦脉状层理；⑧透镜状层理；⑨砂泥互层层理；⑩块状层理
		上层面构造	①波痕（流水波痕、浪成波痕、风成波痕、对称波痕、不对称波痕、小波痕、大波痕、巨波痕、直线形波痕、波曲形波痕、链形波痕、舌形波痕、新月形波痕、菱形波痕、孤立波痕、干涉波痕、逆行沙丘）；②剥离线理构造；③流痕构造
		下层面构造	①槽模；②沟模；③跳模；④刷模；⑤锥模；⑥锯齿痕
		流动成因的其他构造	①冲刷面构造；②冲刷痕；③侵蚀构造；④压刻痕（工具痕）；⑤叠瓦构造
	同生形变	与重力作用有关的构造	①重荷模；②砂球和砂枕构造；③包卷层理；④滑塌构造；⑤变形层理
		液化作用形成的各种泄水构造	①包卷层理；②盘状和泄水沟构造；③碟状构造；④碎屑岩脉构造（砂岩岩墙和岩床）
		沉积介质的拖曳和牵引作用形成的构造	①变形翻卷层理；②包卷层理
	暴露	干缩作用形成的构造	①泥裂；②龟裂；③帐篷状构造
		撞击作用形成的构造	①雨痕；②冰雹痕；③泡沫痕
化学成因构造			①结核；②石膏假晶；③石盐假晶；④冰晶痕；⑤瘤状构造；⑥叠椎构造；⑦缝合线构造；⑧色带构造；⑨鸡笼网状构造
生物成因构造			①叠层石构造（藻席纹层）；②生物骨架构造；③核形石；④简单平面遗迹；⑤复杂平面遗迹；⑥潜穴；⑦钻孔；⑧生物扰动构造（弱、中、强）；⑨植物根迹
复合成因构造			①层状晶洞构造；②斑马构造；③鸟眼构造；④窗孔构造；⑤表示底构造；⑥硬底构造
表生风化成因构造			①蜂窝状构造；②针孔状构造；③疏松状构造

5. 沉积作用类型和沉积序列类型分析

根据编图区岩石地层单位的岩性、岩石组合、岩石结构、沉积构造和生物组合等特征分析,确定其形成的沉积作用类型。使用的沉积作用类型有纵向堆积作用、横向堆积作用、生物筑积作用、旋回沉积作用、风暴沉积作用、浊流沉积作用、化学沉积作用、蒸发沉淀作用、冰川沉积作用、低温热液沉积作用、表生富集作用、淋滤作用、风化作用、氧化作用、还原作用、沉积混杂作用等。

使用的沉积序列类型有退积式、进积式、加积式。

6. 沉积厚度、分布范围分析

根据不同编图目的层的实际情况以及不同的构造相区具体情况进行沉积厚度、分布范围分析。具体工作有以下两个方面:①充分收集利用工作区目的层各地层单元的沉积建造厚度资料,编制地层厚度等值线图,利用沉积厚度等值线分析盆地的沉积建造速率、沉积物补给、沉积物容纳空间与盆地沉降速率的变化;②通过对工作区目的层各地层单元的沉积厚度分布与变化趋势的分析,圈定不同类型的沉积建造的分布范围与建造体形态。

第二章 青藏高原地质构造特征

第一节 区域地质背景概况

青藏高原是被周边四大古老稳定陆块（华北、塔里木、扬子、印度）围限的超级造山系统。以康西瓦-木孜塔格-玛沁-勉县-略阳结合带和龙木错-双湖＋班公湖-丁青-碧土-昌宁-孟连对接带为界，自北向南划分为三大构造区——泛华夏大陆早古生代秦祁昆构造区（秦祁昆构造-地层大区）、泛华夏大陆晚古生代羌塘-三江构造区（羌塘-三江-扬子构造-地层大区）和冈瓦纳北缘晚古生代—中生代冈底斯-喜马拉雅构造区（冈底斯-喜马拉雅构造-地层大区）。

"泛华夏大陆群"系指新元古代初期形成的罗迪尼亚超大陆，在 820～700Ma 期间裂解形成的古亚洲洋与原特提斯洋之间的多陆块、多岛弧盆系的联合地质体。经过奥陶纪—志留纪的泛华夏造山作用（540～400Ma），在塔里木、华北、扬子三大克拉通之间形成了秦祁昆造山系，在扬子与华夏陆块之间形成了南华造山带（新近研究认为其形成于 820～700Ma），奠定了泛华夏大陆的雏形。泛华夏大陆的西南边缘在泥盆纪—石炭纪的裂解，经二叠纪—三叠纪的岛弧造山作用，最终完成了主体泛华夏大陆的定型，并成为欧亚大陆的一个组成部分。

"冈瓦纳大陆"是指新元古代末至古生代初，由东冈瓦纳（含印度、澳大利亚、南亚等）和西冈瓦纳（含南美、非洲等）几个大陆块体，经过莫桑比克洋的消亡、泛非造山作用（时限为 600～550Ma）联合组成的超大陆。

塔里木与扬子大陆块，在新元古代地质历史时期具有极大的相似性（陆松年等，2003、2006），突出表现在均经过晋宁期克拉通化［终结时间（810±10）Ma］，表现出变质基底和沉积盖层的双层结构；南华纪—震旦纪地层层序，冰成岩层位及时代（700Ma）的一致性，同时南华纪裂解型基性岩墙群、双峰式火山岩和 A 型花岗岩等岩浆活动及裂谷盆地的形成，既是塔里木与扬子陆块中新元古代的相聚成为一体，又是继造山作用后的分裂，代表了罗迪尼亚超大陆的裂解，隐含了原特提斯洋的初始扩张。也可以说青藏高原内部任何一条结合带，甚至最有大地构造区划意义的南昆仑蛇绿混杂岩带、班公湖-怒江蛇绿混杂岩带，都不能复原为原特提斯大洋的扩张带，它们只是代表洋壳俯冲消减的增生杂岩带。

第二节 大地构造区划及主要特征

现今中国地质图上，塔里木、敦煌、阿拉善、华北等陆块近东西向带状展布（本书称泛华夏古陆链），其南、北两侧都分布着新元古代—早古生代的地质构造记录，即主体为早古生代的造山带。长期以来，人们习惯于将新元古代—早古生代的地质记录归属古亚洲构造域。研究区包括东西昆仑山、阿尔金山、祁连山、秦岭等造山带，它们是否与泛华夏古陆链北侧的天山-兴蒙造山带同属古亚洲构造域值得讨论。尽管对中华古陆群在早古生代的构造格局还存在不同认识，但我们认为中国西部的古亚洲构造域与特提斯构造域的界线不能再用一条断裂去划分，或划在塔里木陆块北缘，或划在塔里木陆块南缘，或划在康西瓦-苏巴什-阿尼玛卿缝合带；更不能笼统地将早古生代构造带都归属到古亚洲构造域，应进一步寻找客观、合理的划分方案。本项目建议暂且用泛华夏古陆链分隔古亚洲构造域与特提斯构造域，即古陆链北侧的天山-兴蒙造山带是受古亚洲洋洋中脊扩张影响，其演化过程与古亚洲洋的裂解、拼合息息相关，而古陆链南侧的秦祁昆造山带是受特提斯洋（广义的特提斯洋，包括原、古、新特提斯洋）洋中脊的扩张影响，其演化过程与特提斯洋的裂解、拼合息息相关。古陆链南、北两侧虽同为早古生代山系，但就其地球内动力学系统而言，是分属两个洋中脊扩张系统的，类似于现今东南亚地区，其西南部是印度洋板块向北东俯冲形成的岛链，而东北部是太平洋板块向南西俯冲形成的岛链。

一、泛华夏大陆早古生代秦祁昆构造区

研究区包括东西昆仑山、柴达木、阿尔金山以及塔里木等构造单元。共同特点是都具有太古代—古元古代的结晶基底，中新元古代出现厚层石英岩和叠层石灰岩等稳定型沉积，有活动型的裂谷（陷）带基性—中酸性火山杂岩与其相伴，但火山活动的规模、性质有别于扬子陆块典型区的中新元古代大套面状分布的火山岩组合，南华纪冰碛岩在各陆块上又普遍存在，这又与华北板块同期沉积特征不同；各陆块上均有晋宁期的构造-热事件记录，经历了震旦纪—奥陶纪的区域伸展（原特提斯），形成了南、北祁连，阿尔金红柳沟-拉配泉以及昆中以北地区的数个陆缘多岛弧盆系，志留纪末期的加里东造山作用结束了秦祁昆地区早古生代陆缘多岛弧盆系的演化历史，进入板内构造发展阶段；晚古生代（古特提斯），昆仑山处于特提斯洋的北部活动陆缘，发育了大陆边缘裂谷构造系统-堑、垒相间的有限小洋盆沉积格局，中晚二叠世之间的汇聚（造山）作用使裂谷（有限小洋盆）闭合；中晚三叠世之交的印支运动使泛华夏陆块群及东特提斯洋域各地质块体都发生了强烈的汇聚作用，完成了秦祁昆造山带的最终定型。中新生代以来，秦祁昆造山带与南部新特提斯构造域联合为一体，进入陆内造山、高原发展阶段。

需要说明的是，项目组通过综合研究，目前仍存在两种认识：①塔里木、柴达木、昆仑、阿拉善等地体有与华北相似的前寒武纪基底（结晶基底为厚层石英岩和叠层石灰岩，具程度不同的裂谷火山活动等），前南华纪可能是华北板块的组成部分，之后（新元古代）可能游离出华北板块，并与扬子板块联合，共同接受了南华纪—寒武纪的盖层沉积，所含古生物化石组合为扬子型，属华南型古生物地理区系，与华北克拉通同时代沉积差别明显；②塔里木、柴达木、昆仑、阿拉善等地体有与华北相似的前寒武纪基底，南华纪发育冰碛岩，具扬子板块的盖层特征，这种基底亲华北与盖层亲扬子的组合特征说明这些地体是处在华北与扬子两大陆间的过渡地带，属两者之间的转换构造域，晋宁运动使它们与扬子板块联合成为罗迪尼亚超大陆的一部分。

康西瓦-木孜塔格-玛沁-勉县-略阳结合带是青藏高原北部地区一条重要的巨型结合带。带内广泛出露早古生代、晚古生代的蛇绿岩、蛇绿混杂岩和可延续到三叠纪的增生楔杂岩，以及元古宇基底岩系"构造岩块"和大量古生代"构造岩块"，为一巨型的构造混杂岩带。该带不仅记录了特提斯洋长期俯冲、消减的活动历史，同时也是秦祁昆构造区地质演化的主导动力来源。

二、泛华夏大陆晚古生代—早中生代羌塘-三江构造区

北以康西瓦-木孜塔格-玛沁-勉县-略阳结合带为界，南以班公湖-双湖-怒江-昌宁对接带为界，包括扬子陆块西缘、玉龙塔格-巴颜喀拉双向周缘前陆盆地褶皱带、歇武-甘孜-理塘结合带、德格-中甸地块、羊湖-金沙江-哀牢山结合带、昌都-芒康-思茅地块、乌兰乌拉湖-北澜沧江结合带、塔什库尔干-甜水海-北羌塘地块、乔尔天山-红山湖-双湖结合带、喀喇昆仑地块等次级构造单元。该地区晚古生代—早中生代的地质记录保留齐全。其中北羌塘、喀喇昆仑及昌都地块上保留有早古生代末期（原特提斯）构造作用的遗迹——泥盆系与下伏不同层位间的角度不整合关系。而该区最主要的地质事件是经历了从晚泥盆世开始的裂解，石炭纪—二叠纪裂解达到顶峰（最重要、最典型多岛弧盆系的成弧期），出现了小洋盆与地块间列的陆缘多岛弧盆系构造格局，从中二叠世开始小洋盆转入俯冲消减阶段（多岛弧的汇聚期），在俯冲增生楔上保存有中上二叠统之间的不整合，晚二叠世—三叠纪多数地块边缘发育了陆缘弧、增生弧，在义敦及甘孜—理塘等地发育晚三叠世弧盆系，巴颜喀拉残留洋盆晚三叠世转化为前陆盆地，

三叠纪末结束了弧-弧碰撞、弧-陆碰撞的地质演化历史。碰撞之后该区的大部分地区于晚三叠世—侏罗纪转化为陆地，在江达-德钦陆缘弧上形成碰撞后地壳伸展背景下的裂陷或裂谷盆地。

出露最老地层为中新元古代，主要为一套结晶片岩、片麻岩、变粒岩、大理岩、绿片岩等组合。在扬子区的青川-平武地区，震旦系不整合在下伏变质岩系之上，见冰水相砾岩。下古生界，除扬子西部边缘和中咱-中甸地区发育较完整外，其他地区发育不全。主要为一套海相稳定—次稳定台地相碳酸盐岩和碎屑岩组合。在中咱-中甸地区见寒武系不整合在下伏变质岩系之上。晚古生代地层分布较广，泥盆系碎屑岩区域上不整合沉积在下古生界之上，局部缺失早泥盆世地层。上古生界主要为一套海相碳酸盐岩与碎屑岩组合，超基性岩、基性—中基性火山岩大量分布。中—新生代地层尤其是三叠系分布最广泛，岩相和岩石组合区域变化最强烈。三叠系主体为一套以次稳定—活动型的海相碎屑岩为主，夹有少量碳酸盐岩和基性—中基性火山岩。在昌都江达岛弧上，早三叠世地层不整合在下伏地层之上；兰坪地区缺失早—中三叠世地层。晚三叠世地层在羌塘-三江地区广泛不整合在下伏地层之上，主体为一套陆相-海陆交互相碎屑岩夹碳酸盐岩组合，局部地区发育基性和中酸性火山岩。侏罗系主体分布在羌北-昌都区、兰坪区及羌南-左贡区内，为一套海相-海陆交互相碳酸盐岩和碎屑岩组合；白垩系除羌塘地区西部发育海相沉积之外，大部分地区为一套陆相碎屑岩沉积。古新近系主要在内陆盆地内分布，一般范围不大，但羌塘地区新近系较多，西部尚有始新世海陆交互相沉积。

三、冈瓦纳北缘晚古生代—中生代冈底斯-喜马拉雅构造区

位于班公湖-怒江结合带以南，包括昂龙岗日-班戈-伯舒拉岭火山岩浆弧、狮泉河-拉果错-永珠-嘉黎结合带、拉达克-冈底斯-念青唐古拉复合火山岩浆弧、印度河-雅鲁藏布江结合带（内含扎达、甘高、库门岭微陆块）、特提斯喜马拉雅褶冲带、印度陆块北缘等次级构造单元。该构造区大面积分布中生代以来的地质体，古生代及其之前的地质体出露较少。近年的区域地质调查工作在冈底斯带发现了一些石炭纪—二叠纪的火山-沉积岩建造和前石炭纪地质体。其中，伯舒拉岭-高黎贡山属于冈瓦纳晚古生代—中生代前锋弧，聂荣隆起是前锋弧的残块。在前锋弧的后面（南侧）是晚古生代—中生代冈底斯-喜马拉雅弧后扩张、多岛弧盆系发育、弧-弧碰撞、弧-陆碰撞的地质演化场所。该区三叠纪—早白垩世的雅鲁藏布江蛇绿岩，是目前青藏高原乃至中国大陆内，保存最好、最完整的蛇绿岩"三位一体"组合，多数研究者认为它代表了特提斯大洋岩石圈向南俯冲诱导出的一系列中生代弧后扩张盆地。

出露的最老地层为元古宇，分布于冈底斯-腾冲区和喜马拉雅区中，主体为一套中深变质的片麻岩、大理岩、石英岩和片岩等，含高压、超高压变质岩——麻粒岩、榴辉岩、榴闪岩等暗色"包体"。其上覆盖层主要为奥陶纪稳定型沉积盖层。古生界在区内广泛分布，古生物化石门类多、数量丰富。下古生界主要为一套较稳定的台型海相碳酸盐岩与碎屑岩沉积。上古生界在喜马拉雅区内主体为一套稳定—次稳定型的海相碎屑岩和碳酸盐岩组合，二叠系中发育基性火山岩夹层和冰水杂砾岩；在冈底斯-腾冲区内主体为一套次稳定型—活动型的海相碎屑岩和碳酸盐岩沉积，石炭系—二叠系中发育基性、中性、中酸性火山岩。中生代地层亦较广泛分布，古生物化石非常丰富。喜马拉雅区内的中生代地层基本为一连续沉积，主体为一套稳定型—次稳定型海相碳酸盐岩组合，夹层有基性、中基性火山岩；冈底斯-腾冲区内的中生代地层发育不全，大部分地区缺失中、下三叠统和下侏罗统，表现为晚三叠世或中晚侏罗世地层尤其是晚白垩世地层区域广泛不整合在下伏地层之上，主体为一套海相-海陆交互相碎屑岩夹碳酸盐岩组合，发育大量中酸性弧火山岩。古、新近系在区内分布较广，除在喜马拉雅区古近系下部分布有滨浅海相的碎屑岩夹碳酸盐岩沉积外，其余大部分地区为一套内陆盆地陆相碎屑岩系。新生代亦发育大量的高钾钙碱性火山岩系。

班公湖-双湖-怒江-昌宁对接带包括龙木错-双湖混杂岩带、南羌塘地块和班公湖-怒江结合带三个单元，是青藏高原中部地区一条重要巨型结合带。带内广泛出露古生代—中生代的蛇绿岩、蛇绿混杂岩、俯冲增生杂岩，以及零星元古宇基底岩系和大量古生代—中生代的"构造岩块"，其组成结构复杂、活动历史悠久、缺乏统一基底，既是特提斯洋最终消亡的残迹所在，同时也是冈瓦纳大陆与劳亚-泛华夏大

陆的分界线。

青藏高原周边的四大古老稳定陆块是塔里木陆块、中朝陆块、扬子陆块和印度陆块。大陆块有高级变质、强变形的基底和稳定型、有序、未变质（或浅变质）的沉积盖层，两者之间表现为鲜明的造山角度不整合。而青藏高原本不存在统一的前寒武纪基底，其岩石圈结构独特，地壳组成复杂，厚度巨大，地质构造变动历史漫长。

第三节 地质构造演化概述

青藏高原地处华北、塔里木、扬子与印度四大陆块之间，其区域构造演化史与四大陆块的发展有着密切的关系。构造演化的主要阶段有：中—新元古代裂解（晋宁），早古生代（原特提斯洋）秦祁昆大陆边缘多岛弧盆系的裂解与汇聚，晚古生代—中生代的一个特提斯大洋和南、北两个大陆及其陆缘多岛弧盆系的发展演化过程，中晚三叠世之交的印支运动使中国主体大陆最终形成。研究区中，由四大陆块和两条重要结合带围限的三大构造区演化历史各不相同，分述如下。

一、泛华夏大陆秦祁昆构造区

该区主体是中央造山带西段，地处塔里木与扬子之间，其区域构造演化史与两大陆块的发展有着密切的关系，构造演化主要体现在中—新元古代裂解（原特提斯洋），早古生代秦祁昆陆（地）块边缘多岛弧盆系的裂解与汇聚，中晚三叠世之交的印支运动使秦祁昆地区进入陆内演化。依据地层、构造、岩浆岩和变质热事件信息等资料，至少经历了5个发展阶段。

1. 太古宙—古元古代古陆核及陆块形成阶段

青藏高原北部太古宙地质记录保存较少，到目前为止，太古宙初始陆核形成的年龄信息仅出现在塔里木盆地东南缘阿尔金山和铁克里克山以及东昆仑祁漫塔格山等地区。阿尔金山北部阿克塔什塔格花岗片麻岩获单颗粒锆石 U-Pb 年龄$(3\,605\pm43)$Ma（李惠民，2001），同时 Sm-Nd 同位素测定也获得 $3\,528$Ma 和 $2\,978$Ma 钕模式年龄，εNd 为 $+2.227$，是目前为止在我国西部地区获得的最老年龄，表明存在始太古宙的初始陆核。在塔里木盆地西南缘铁克里克克里阳发现有中、新太古代古老变质侵入体，赫罗斯坦岩群的古侵入体获得$(2\,977\pm140)$Ma 的岩浆结晶年龄；在祁漫塔格山，辉长岩获 $3\,383$Ma，斜长角闪岩获 $2\,753$Ma 钕模式年龄；东昆仑格尔木东白日其利也发现有 Sm-Nd 年龄为 $3\,282$Ma 的表壳岩系；据 1:25 万阿拉克湖幅区调成果资料显示，东昆仑小庙岩组碎屑锆石 SHRIMP U-Pb 测定获$(3\,206\pm14)$Ma 的 Pb^{207}/Pb^{206} 年龄信息，反映小庙岩组的源区存在太古宙陆核的可能。

除上述同位素年代学信息之外，太古宙地层也有其特征的变质建造组合。目前，地学界所认同的地球早期大陆地壳的变质建造组合共性特征，是它们都有英云闪长岩-奥长花岗岩-花岗闪长岩（TTG）岩套，高铝硅酸岩（孔兹岩），条带状磁铁石英岩（BIF），含金建造、灰色片麻岩（古侵入体）和高级变质麻粒岩组合等。在阿尔金地区若羌河上游的喀拉乔喀片麻岩、亚干布阳片麻岩、盖里克片麻岩等具有 TTG 岩套的岩石地球化学特征，其中获$(2\,679\pm142)$Ma 的同位素年龄（崔军文等，1999）；阿尔金岩群、库浪那古岩群、布伦阔勒岩群中发育有（纹层）磁铁石英岩；白沙河岩组在天台山地区出露有二辉麻粒岩、角闪麻粒岩，在金水口至加鲁河出露有二辉麻粒岩、浅粒岩，阿尔金岩群在不同区段也出现有麻粒岩；白沙河岩组、阿尔金岩群发育的石榴矽线黑云片麻岩和矽线红柱黑云斜长片麻岩等都是太古宙大陆地壳组成的标志性特征。因此，昆中构造混杂岩带以北的地区肯定存在太古宙的初始陆核，这与华北、塔里木地块（或克拉通）是一致的，但尚未发现划分新太古代与古元古代界线的阜平运动界面，目前在本区还难以准确划分太古宇与古元古界。

古元古代阶段：以昆中构造混杂岩带为界，青藏高原北部的地层结构及组成南北差异悬殊，北部以结晶基底岩系——白沙河岩组为代表，固结较早，规模大，其上覆中新元古代为厚层石英岩、叠层石灰岩等稳定型沉积，并不同程度具有裂陷火山活动，反映地壳克拉通化的特征；南部以苦海岩群为代表（可能还包括宁多岩群一部分），分布零星，固结相对较晚，一般均以构造岩块残存，其上未见中、新元古代地层出露。因此，可以推断古元古代时期至少研究区南北并不统一。在祁漫塔格山南侧零星见到的2 119～1 913Ma的镁铁质—超镁铁质岩石，如断边山-横笛梁岩体群[(1 913.80±34)Ma]具有绿岩系特征；东昆仑苦海周边和年莫、沙乃亥一带的变质基性岩墙群[Sm-Nd等时年龄为(2 213±10.1)Ma, εNd 值为(4.0±0.009)]稀土特征类似于大陆拉斑玄武岩；阿尔金岩群、白沙河岩组中火山岩也具有大陆玄武岩的特征。岩浆事件显示研究区北部经历过初始陆核形成后的陆壳垂向增生过程，结合上覆中元古代早期为稳定型沉积的特点及阿尔金、昆仑、塔里木等地存在中新元古界与古元古界之间的角度不整合接触关系，说明古元古代末期研究区和中国北方古陆块群一样，有过相当于中条（吕梁、新疆称为兴地）运动的构造事件使其成陆，接受之后的盖层沉积。这期构造热事件在研究区太古宙—古元古代地质体变质特征上也有记录，那就是东昆北、昆中的白沙河岩组，昆南的苦海岩群，西昆仑的库浪那古岩群（可能还包括赛图拉岩群大部分），喀拉昆仑的布伦阔勒岩群，柴南缘的沙柳河岩群，柴北缘欧龙布鲁克的达肯大坂岩群等角闪岩相（局部麻粒岩相）的变质，而其后的变质程度显著偏低。因此，研究区古元古代地质演化特点是以昆中构造混杂岩带为界，南北陆壳成熟度有一定差异，但都经历了陆核形成后的陆壳增长过程，并在古元古代末期的构造事件中成长为比较稳定的大陆地块。

2. 长城纪—青白口纪古大陆裂解与超大陆汇聚阶段

邓晋福等（1998）将该阶段地质演化概括为古大陆裂解与元古宙岩石圈形成，并依据全球玄武质岩浆活动规律（GSC等，1980；Carmichael et al，1974；Middlemost，1985）认为它是地球演化历史上第二次长期放热-冷却大事件。其过程大致可概括为早期古大陆裂解，玄武质岩浆喷发，同时伴随典型的被动大陆边缘沉积（Polet et al，1995；Wang et al，1995）；晋宁期大陆边缘普遍的造山作用可能把分裂开的大陆组装在一起，形成Pangea-N（Wang et al，1995），也就是全球尺度的罗迪尼亚超大陆。

研究区显然也经历了裂解和再次拼合的过程。初始裂解作用的物质记录包含了长城纪的火山岩和同时期的浅海-滨浅海相被动大陆边缘沉积。典型的火山岩有塔里木南缘铁克里克山的塞拉加兹塔格岩群细碧角斑岩建造（1 764Ma，Rb-Sr等时线）、阿尔金长城纪巴什库尔干岩群碎屑岩夹层中的板内玄武岩、昆仑山北部的小庙岩组（Chx）大陆板内玄武岩等，代表了初始裂解的岩浆事件。阿尔金地区的巴什库尔干岩群（ChB）b组为滨、浅海相成熟度较高的碎屑岩；昆仑山东部小庙岩组以石英质岩石为主，有石英岩、云母石英片岩、变长石石英岩夹大理岩等，原岩成熟度高，为浅海陆缘碎屑岩沉积；喀喇昆仑地区的甜水海岩群（ChT）同样为成熟度较高的石英质岩石。上述均代表了裂解初期与岩浆作用同时或稍后阶段在比较稳定地区的沉积响应。此外，巴什库尔干岩群上部产叠层石 *Kussiella*，与喀喇昆仑地区的甜水海群所产者一致，它是新疆目前发现最早的叠层石组合，与华北同时代的叠层石组合完全可以对比，反映研究区沉积气候与地理环境的相似性。

研究区在蓟县纪依然处于拉张裂解作用阶段。随着裂解作用的进一步加剧，在阿尔金地区出现了1 400～1 100Ma的镁铁质—超镁铁质层状杂岩体，在昆仑地区（特别是昆中地区）出现了1 550～1 200Ma的镁铁质—超镁铁质层状杂岩体及类蛇绿岩的岩石组合。阿尔金地区的代表性杂岩体有英格里克岩体群（1 379Ma，1:25万瓦石峡幅）和木纳布拉克岩体（1 118Ma，1:25万且末一级电站幅）。其中英格里克岩体中榴闪岩、石榴蓝晶斜长片麻岩包体与阿尔金岩群、白沙河岩组的岩性有某些相似或可对比性，特别是榴闪岩同阿尔金岩群A岩组中基性火山岩的成分十分近似，表明深部硅铝壳层基底可能由新太古—古元古界古老变质岩系构成。昆中地区的代表性岩体有清水泉岩体群（1 279Ma，郑健康等，1989；1 331Ma，解玉月等，1998；1 372Ma，冬给措纳湖幅，2002）和扎那合惹岩体群（1 480Ma，谢玉月，1998）等。这些基性—超基性岩体群，大多具有层状杂岩的岩石组合、包体和岩石地球化学、含矿性等特征，反映其是长城纪裂解作用进一步加剧的产物。除此之外，昆仑、阿尔金地区还存在1 300～1 000Ma的以大陆板内玄武岩为主的火山岩,在东昆仑邻近昆中断裂带发育裂谷玄武岩。与之相伴的沉积响应是,在阿尔金、昆仑、喀喇昆仑等地区发育了大量蓟县系被动大陆边缘浅海至碳酸盐岩台地沉积,如铁克里克的博查特塔格组(Jxb)和苏玛兰组(Jxs)的碎屑岩、碳酸盐岩,阿尔金地区的塔昔达坂群(JxT)下部以石英岩为主、上部为碳酸盐岩,东昆仑的狼牙山组(Jxl)碳酸盐岩,西昆仑的桑株塔格岩群(JxS)下部为碳酸盐岩、上部为碎屑岩等。除沉积响应外,昆仑山南部苦海地区还识别出一期区域动力热流变质事件(1 454～1 132Ma),据苦海岩群二云石英片岩中白云母 bo＝8.991×10^{-10},确认区域动力热流变质为低压变质作用,这与研究区处于伸展减薄、热流值升高的地质背景相一致。

青白口纪为汇聚阶段,尽管研究区晋宁期造山带遗迹残缺不全,无法恢复主要结合带的位置,但仍保留有该期汇聚作用的物质和变形、变质记录。其中时限集中于1 000～800Ma 的碰撞型中酸性侵入岩沿阿尔金硝鲁克·布拉克、柴北缘沙柳河、昆仑库鲁克-那陵格勒河和东昆中万保沟-兴海等呈多条带状分布,代表性岩体有阿尔金的巴什瓦克石棉矿花岗质片麻岩[(856±12)Ma]、硝鲁克·布拉克片麻岩套(1 034.6Ma)、库如克萨依片麻岩套(871Ma)、昆仑山地区的阿喀及滩北山变质侵入体[(831±51)Ma]、库地南岩体[(815±5.7)Ma]等;阿尔金南部青白口纪地层中出现岛弧拉斑玄武岩;除此之外,仍有少量基性—超基性杂岩分布于祁漫塔格山南部与木孜塔格山之北地区。据沉积响应记录,在中昆仑及其以北地区均见有青白口系与下伏蓟县系间的不整合现象,代表有塔里木盆地南缘的苏库罗克组(Qbs)与下伏苏玛兰组不整合接触,接触界面为一古铁质风化壳,阿尔金区乱石山组(Qbl)超覆不整合于蓟县纪金雁山组或更老地层之上,底部并有紫红色砾岩;昆仑山北部地区丘吉东沟组(Qbq)平行不整合于蓟县纪狼牙山组之上。据变质热事件信息,无论是昆中构造混杂岩带以北的小庙岩组,还是南部的苦海岩群均具有 915～746Ma 的变质年龄,而且小庙岩组变质岩经历了晋宁早期随温度、压力缓慢上升以及后期温度基本不变、压力迅速降低的变质过程,这也与该阶段的汇聚、俯冲、造山以及造山后快速抬升的地质过程相吻合。总之,昆仑、阿尔金以及塔里木南缘的铁克里克均经历了青白口纪的汇聚事件,其与全球罗迪尼亚超大陆的聚合在时限上比较一致,应是罗迪尼亚超大陆汇聚在我国西部的响应。

值得指出的是,上述的岩浆建造,沉积地层结构、组成,变质、变形特征等均与华北、塔里木等典型克拉通有显著差异,一方面反映二者该阶段地壳成熟度不同;另一方面结合大区域秦岭、祁连、昆仑(均有太古宙—古元古代基底)围绕稳定克拉通边缘分布的事实,可能也反映了包含有微小结晶基底块体的显生宙造山带在中元古代阶段是陆壳增长的主要地段。同时由于其成熟度偏低,导致后期的裂解作用容易再次发生,这也可能是我国中央造山带(西部)具有多期、多阶段裂解和拼合演化历史的真正原因。

研究区的昆中微陆块、昆北及其邻域的塔里木、阿尔金、柴达木、阿拉善等地,青白口纪时期的沉积为浅海相的碎屑岩-含叠层石和微古植物的碳酸盐岩组合,其沉积环境与叠层石组合,均与华北陆块同期特征类似;罗迪尼亚汇聚事件之后,南华纪—震旦纪塔里木南缘恰克马克里克组、北缘库鲁克塔格群、柴北缘欧龙布鲁克全吉群以及阿拉善西南缘的韩母山群都发育有可以和扬子板块相对比的南沱期冰碛层、灯影期硅质白云岩及晚震旦世—早寒武世的含磷层(昆中北、阿尔金地区目前仍不清楚)。这种基底亲华北与盖层亲扬子的组合特征的形成有两种可能,一种解说是这些地体处在华北与扬子两大陆间的过渡地带,属两者之间的转换构造域;第二种解说是这些地体在前南华纪是华北板块的组成部分,之后(新元古代)很快游离出华北板块,并与扬子板块联合,共同接受了南华纪—寒武纪的盖层沉积,最终都是晋宁运动使它们联合成为罗迪尼亚超大陆的一部分。

3. 南华纪—早古生代研究区北部洋陆转换阶段

以铁克里克一带沉积的恰克马克里克组(相当于南沱期)的冰水沉积岩、西昆北阿拉叫依岩群中的(可能有)南沱期沉积和阿尔金山长沙沟段岩体(群)、几里阔勒岩体群等基性—超基性层状杂岩(800～600Ma)以及东昆仑南部万宝沟岩群的晚期[(670±15)Ma]火山岩[万宝沟群还有 Sm－Nd 等时线

1 441Ma、SHRIMP U－Pb（1 343±25）Ma 的火山岩]等标志着南华纪—震旦纪开始进入又一期的裂解。

区域上震旦纪末裂解范围更广,如秦岭、祁连、库鲁克塔格等地在震旦纪均发育双峰式火山岩,代表了陆内裂谷火山-沉积建造。塔里木和贺兰山则出现深入板内的裂陷活动（车自成,1998）。早寒武世中晚期—早奥陶世裂解达到鼎盛时期,形成极为复杂的、弥散性的、多级别的小陆块-小洋盆（或陆间裂谷）间列体系的多陆块洋陆格局。仅就青藏高原北部尺度来看,这种格局自北向南包括阿拉善微陆块、北祁连洋盆或裂谷（蛇绿岩495Ma、521Ma;夏林圻等,1996）、中祁连微陆块、南祁连和柴北缘洋盆（南祁连蛇绿岩,柴北缘蛇绿岩,500～470Ma;辛后田,2003）、柴达木地块、阿北红柳沟-拉配泉裂谷小洋盆（阿尔金蛇绿岩和贝壳滩洋岛玄武岩,508Ma、524Ma;刘良,1998、1997）、阿中陆块、库地-其曼于特洋盆[库地蛇绿岩,512～503Ma;肖序常等,2004;其曼于特蛇绿岩（526±31）Ma;韩芳林等,2003]、祁漫塔格山嘎勒赛-十字沟弧后盆地、昆中微陆块、柳什塔格-朝阳沟-诺木洪-得力斯坦沟小洋盆,反映了当时古亚洲洋的复杂洋陆格局。

研究区内的裂谷、小洋盆的发展是不均一的,其中大体沿柳什塔格—朝阳沟—诺木洪—得力斯坦沟一线的洋盆规模较大,发育时限也较长。标准的 MORB 型蛇绿岩零星见于诺木洪等地,在西昆仑的苏巴什以北一带发育典型的柳什塔格洋岛沉积组合。早寒武世晚期该洋盆可能已经开始了向北的消减俯冲,在昆中微陆块上出现了少量的寒武纪俯冲型花岗岩。大规模的俯冲消减发生在奥陶纪,东昆仑、祁漫塔格、西昆仑发育了大量 481～440Ma 岛弧型侵入岩,在东昆仑南部堆积了同时代的纳赤台群岛弧-弧前盆地碎屑岩夹岛弧火山岩沉积。同时,在祁漫塔格山地区由于弧后拉展作用形成了滩间山群、祁漫塔格群碎屑岩夹板内-岛弧-洋脊型火山岩组合,以及以十字沟岩体群[（466±33）Ma]、嘎勒赛岩体群、朝阳沟岩体和鸭子泉岩体群为代表的基性—超基性岩体,它们共同组成了弧后盆地沉积-岩浆系列。

西昆仑库地—其曼于特一线也可能存在寒武—奥陶纪末期的小洋盆,发育库地蛇绿岩（502～512Ma）、其曼于特基性—超基性杂岩。洋盆可能在早寒武世已经出现,与祁漫塔格山一带的弧后盆地发育时限显著不同。因此,库地洋盆可能与祁连洋、秦岭洋、昆中洋相同,发源于早期的区域伸展裂解作用,并非弧后伸展的结果,只是在汇聚阶段又叠加了昆中洋壳向北俯冲阶段引起的弧后盆地效应。

大体沿阿尔金南缘断裂断续发育了一套基性—超基性岩体,形成时代主要为 500～400Ma。与之相伴有基性—中性—酸性复式侵入体（491.3 Ma;崔军文等,1999;（449.7±5.8）Ma;1:25 万苏吾什杰幅）,中性—酸性的复式岩体（460～440Ma）多数具 S 型和 I 型花岗岩的成因特点,演化晚期往往又具有 A 型花岗岩的普遍特征。岩浆组合反映伸展的地质背景。结合阿尔金中部沿江尕勒萨依—巴什瓦克—茫崖北一线发育高压-超高压变质带,高压变质时代为（500±10）Ma 和（503.3±5.3）Ma（张建新,1999）的基本事实,说明阿尔金造山带在 500Ma 之前已经完成了与两侧陆块的碰撞（榴辉岩及麻粒岩相岩石常常被认为是陆-陆碰撞造山带的巨厚山根）,类似的现象也出现在柴北缘地区,这与昆仑、祁连等地的构造背景不同。因此,阿尔金在晚寒武世—奥陶纪应属于造山后的伸展崩塌阶段。

志留纪时期基本继承了奥陶纪的构造格局,祁漫塔格山一带堆积鸭子泉火山岩、白干湖组深色碎屑岩等弧后盆地沉积系统。志留纪末期,昆中洋盆两侧的陆块主体完成了拼合,弧后盆地在其之前相继关闭。主要标志有:①发育了晚志留世—早泥盆世的同碰撞侵入岩[仅在少数地方仍有残留洋盆,如诺木洪蛇绿岩,其中玄武岩（401±6）Ma,SHRIMP];②昆中韧性逆冲[（426.5±3.8）Ma～（408±1.6）Ma]变形及前泥盆纪地层的绿片岩相变质;③由于陆内俯冲作用的持续,在昆南奥陶纪—志留纪的增生楔杂岩带之上堆积有中泥盆世（包含有少量早泥盆世）布拉克巴什组前陆盆地沉积。至此,研究区北部的东、西昆仑,塔里木乃至阿尔金连为一体,结束了洋的演化历程。

4. 晚古生代—早中生代研究区南部的洋陆转换

1) 泥盆纪—中二叠世阶段

加里东期的碰撞造山之后,昆仑地区的泥盆系为不同性质的前陆盆地磨拉石沉积,代表了东西昆仑早古生代造山后的统一盖层。大体沿昆中蛇绿构造混杂岩带南侧展布的中泥盆世布拉克巴什组产

Osteolepidae indet 等淡水鱼，与祁连和我国南方特有的泥盆纪淡水胴胛类——沟鳞鱼、浆鳞鱼、拟辨鱼等相类似，表明此时的昆仑已与中国大陆拼合为统一整体。晚泥盆世东昆仑牦牛山组伸展磨拉石、双峰式火山碎屑岩建造及发育的基性岩墙群[$(348.51\pm0.62)\sim(345.69\pm0.9)$Ma,Ar-Ar]，标志着晚古生代裂解的开始。除上述地区外，羌塘地区的可可西里湖一带也发育晚泥盆世移山湖辉绿岩墙，玉树也有晚泥盆世岩墙群的报道。因此，其裂解的起始时限在区域上是比较一致的。

晚古生代裂解中心位于昆南-羌北缝合系，出现了小洋盆与微陆块相间的构造格局；同时伸展裂解作用也波及到北昆仑、塔里木地区，形成了石炭纪—中二叠世堑、垒相间的古沉积构造格局。

石炭纪，昆仑地区的裂解已经达到一定规模，初步形成了堑垒相间的格局。沉积记录清楚，从北向南依次发育了塔里木南缘台地相以碳酸盐岩为主的沉积，他龙—库尔良直到东昆仑西部的托库孜达坂山一带的大陆边缘裂谷有碎屑岩、火山岩沉积，昆中陆块上有浅海相碎屑岩、碳酸盐岩、火山岩沉积，以及昆南一线的斜坡相有碎屑复理石夹硅质岩沉积。羌塘地区此时的裂解作用与昆仑相比，发育尚弱，其沉积记录是一些浅海相碎屑岩、碳酸盐岩。如芒康-思茅地区的杂多群，仅在下部的海陆交互相碎屑岩、煤层中夹有火山岩，至晚石炭世的加麦弄群下部才夹较厚的中酸性火山岩；北羌塘西延的喀喇昆仑地区帕斯群（C_1P）浅海碳酸盐岩、碎屑岩，局部夹有薄层中基性火山岩；恰提尔群浅滩-潮坪相碳酸盐岩以夹细粒碎屑岩沉积为主，向北则为棘屑灰岩夹大量中酸性火山岩。

古生代昆仑山地区继承和发展了石炭纪的沉积格局，西昆仑于田南部堆积了以裂谷玄武岩为主夹放射虫硅质岩的裂谷沉积组合，东昆仑清水泉-塔妥裂谷发育了弧火山-沉积组合；昆南一线的苏巴什-木孜塔格峰-阿尼玛卿带发育小洋盆性质的蛇绿岩、放射虫硅质岩、碎屑复理石沉积，说明拉伸、裂解作用一直在持续。沿昆南东西向带状展布的树维门可组和马尔争组部分是该小洋盆北部陆块边缘上的沉积，空间上与马尔争组伴生的下部玄武岩、上部碳酸盐岩沉积组合（如阿拉克湖一带、鲸鱼湖组等）代表了逐渐增生、拼贴的洋岛型沉积。石炭纪—二叠纪中酸性侵入岩主要发育在昆仑山地区，岩石地球化学特征显示岛弧型特点，反映昆仑山地区的裂解背景类似于现今太平洋西岸的活动大陆边缘环境。

羌塘地区古生代进入裂解高峰期，形成了金沙江-西金乌兰、乌兰乌拉-澜沧江以及双湖-龙木错等多个小洋盆。沿西金乌兰-金沙江构造混杂岩带保留有拜若布错-小长岭基性—超基性岩体群、碎石山岩体群、蛇行沟岩体群、巴音查乌马岩体群、多彩-当江岩体群、隆宝岩体群等，其中部分岩体中变质橄榄岩、堆积岩、基性火山岩发育齐全，火山岩具有洋脊型和岛弧型特征，同时伴生有含放射虫硅质岩等，反映裂解-拉伸规模较大，出现了洋壳或过渡壳。沿乌兰乌拉-澜沧江构造混杂岩带有长湖-尖头湖岩体群、镇湖岭野驴沟镁铁质—基性火山岩、左支-失多莫卜岩体群等，与浅海-半深海环境下沉积的碎屑岩夹中基性火山岩建造相伴产出，反映大陆边缘裂谷构造背景。在芒康-思茅陆块上也同样发育加麦弄群、扎日根组、开心岭群等碳酸盐岩、碎屑岩夹中基—中酸性火山岩沉积，代表了该区相应的裂谷边缘构造背景。双湖一带的二叠纪火山岩也有从早期大陆板内玄武岩向后期大洋玄武岩过渡的趋势，它向西经龙木错、神仙湾、克勒青河上游延伸出境。喀喇昆仑一带的神仙湾组碎屑岩，红山组碳酸盐岩，克勒青土布拉克组、加温达坂组碳酸盐岩分别代表了双湖-龙木错小洋盆两侧陆块上的边缘沉积。

需要指出的是昆仑地区石炭纪—二叠纪的生物组合与羌塘地区一致，主体属于特提斯暖水型动物群，局部有冷水动物混生，与华南地区的同期生物群可以对比，说明它们是相通和毗邻的，其间的洋盆规模不大，不具有分割生物区系的作用。

中晚二叠世之交发生了一次重要的构造汇聚事件，昆仑山和羌塘地区均有显示。昆仑山地区表现为裂谷系的闭合。沉积响应是东、西昆仑中晚二叠世之间的角度不整合现象和晚二叠世沉积相的突变。如西昆仑地区晚二叠世苏克塔亚克组下部为砾岩，上部为碳酸盐岩夹碎屑岩，与下伏的早中二叠世阿羌组裂谷盆地相火山岩地层角度不整合接触；塔里木南缘的叶城县一带，晚二叠世突变为陆相沉积。东昆仑晚二叠世格曲组下部为紫红色磨拉石沉积，上部为碳酸盐岩沉积，与早中二叠世马尔争组、树维门科组为角度不整合接触。羌塘地区该期汇聚作用的表现是，包括金沙江-西金乌兰、乌兰乌拉-北澜沧江在内的多数小洋盆闭合。沉积响应有芒康-思茅区的那益雄组（P_3n）含煤碎屑岩系夹少量灰岩及火山岩地层平行不整合于九十道班组碳酸盐岩地层之上；晚二叠世火山岩组（P_3h）以紫色复成分砾岩平行不整合于诺日尕日保组滨海相碎屑岩地层之上;可可西里一带的晚二叠世—早三叠世汉台山群2～5m厚的砾岩层角度不整合在隆宝蛇绿混杂岩之上。总之,以上所述都说明中晚二叠世之交的构造汇聚事件在青藏高原北部的影响是非常广泛的,有比较重要的区域地质意义。

2) 晚二叠世—中三叠世阶段

此阶段区域性伸展构造背景(主洋盆)已经南移,可能在龙木错-双湖及其以南地区。研究区的昆南-羌北多数洋盆、裂谷在中晚二叠世之交完成闭合后,成为北部陆缘的一部分,仅在歇武—甘孜一带尚有洋的残迹,北羌塘和昆仑之间的巴颜喀拉地区转化为残留海盆。中晚三叠世之交的印支运动完成了全区乃至泛华夏陆块群的最终拼合、碰撞和褶皱成山,进入陆内演化阶段。

昆仑地区(昆北、昆中)早中三叠世地层角度不整合于前三叠纪地层之上,沉积层序特点反映由滨浅海-半深海斜坡相演变的震荡变化,并于中三叠世末期结束了海相沉积。其中西昆仑的赛力亚克达坂组碎屑沉积为山间磨拉石建造。昆仑、秦岭之间的洪水川组、闹仓坚沟组沉积序列记录的水体变化是由浅变深、再由深变浅,火山岩主体显示为岛弧-碰撞构造环境的产物,反映前陆盆地沉积的特征。

巴颜喀拉山三叠纪盆地的基底目前仍然存在以华力西期褶皱带为基底和残留海盆的两种观点。近年来的空白区1∶25万区域地质调查进一步证实和肯定了巴颜喀拉山群是以碎屑复理石沉积为主体,其沉积相序组合是早期为浅海相、中期为斜坡相-深水盆地相、诺利期开始出现大量的海陆交互相的沉积序列。1∶25万羊湖幅区调在半岛湖获得的生物资料显示下三叠统与上二叠统为整合接触,在南部的若拉岗日、玉帽山、萨玛绥加日等地也发现有下三叠统与上二叠统连续沉积的剖面,联系到巴颜喀拉盆地内已完成的1∶25万区调项目均未发现早三叠世—晚三叠世蛇绿岩(洋壳残片),以及二叠纪黄羊岭群中火山岩和巴颜喀拉山群中的火山岩具有岛弧型地球化学特征的事实。认为巴颜喀拉浊积岩盆地是挤压构造背景下的具继承性残留海盆,而非新生的裂解盆地,但不排除局部有伸展构造背景的显示,如玉帽山地区发育(249.5±4.7)～(228.9±4.9)Ma的基性岩脉(墙)。

歇武-甘孜带是研究区唯一尚有三叠纪洋残迹的地区,以查涌-康巴让赛岩体群和立新-歇武岩体群等基性—超基性岩与中三叠世放射虫硅质岩相伴产出的岩石组合代表残留洋盆。但是,与该岩石组合配套的同时代沉积地层柯南群为岛弧火山岩,巴塘群为弧后盆地沉积体系,苟鲁山克错组是具有前陆盆地的双幕式沉积组合,都说明总体仍处在收缩构造体制之中,歇武-甘孜带即便是有三叠纪的洋,也是从石炭纪—二叠纪洋盆残留而来的一个衰退洋,全然没有洋盆发展早中期伸展阶段的物质记录。芒康-思茅区苟鲁山克错组与下伏地层的不整合,结扎群与下伏乌丽群的角度不整合关系,晚三叠世晚期—早侏罗世同碰撞型-陆内俯冲型花岗岩侵入和陆相火山岩喷发,广泛的低级—极低级区域动力变质作用都是中晚三叠世之交的印支构造事件的产物。至此,羌塘地块、可可西里-巴颜喀拉与昆仑陆块完成最终拼接。

研究区上三叠统与下伏地层间的角度不整合,昆仑构造带中大量发育的三叠纪碰撞型中酸性侵入岩等充分体现了印支运动的广度和强度,它不仅使整个研究区结束了洋的演化历程,而且也完成了中国大陆陆块群的主体拼合。同时,瓦卡-麻扎-康西瓦-木孜塔格-玛沁断裂(向东与塔藏-勉县断裂、镇平断裂、襄樊-广济断裂相连)——中国大陆上一条东西向陆内巨型断裂构造带诞生。

秦昆结合部位、巴颜喀拉三叠纪盆地充填序列反映的水体由浅→深→浅变化。歇武一带仍有残留洋盆的原因可能来自3个方面:其一是汇聚作用的间歇;其二是晚二叠世全球海平面的上升;其三是前期俯冲作用在前陆位置的负载使前陆盆地压陷。三者共同造就了研究区晚二叠世到中三叠世的构造格局。

5. 陆内后造山期

晚三叠世的印支运动使整个研究区结束了洋的演化历程,从而进入板内演化阶段。此后,沉积、岩浆作用的主要动力来自于高原南部的班公湖-怒江洋盆、印度河-雅鲁藏布江洋盆的裂解、拼合,以及拼合后的整体隆升、调整。

晚三叠世的差异沉积、缺失是印支运动的滞后沉积响应。侏罗纪,受班公湖-怒江洋盆打开的影响,在昆仑山及其以南地区广泛发育有早、中侏罗世基性岩墙群。其影响程度随着距离的增大而逐渐减弱，南北沉积差异明显。芒康-思茅和羌塘区，早侏罗世沉积为粗粒碎屑岩与中酸性火山岩；中晚侏罗世为稳定浅海环境的碎屑岩与碳酸盐沉积，实际是班公湖-怒江洋的北部大陆边缘。巴颜喀拉以北地区主要表现为差异块断作用，沉积了陆相含煤建造。其中塔里木、阿尔金为山前盆地，陆相沉积稳定，厚度较大；而在昆仑、巴颜喀拉地区则为山间或断陷盆地沉积，侧向延伸性差，厚度较小。该时期的岩浆作用为：在阿尔金、昆仑零星出露造山后伸展期的 A 型或碱性花岗岩；巴颜喀拉山发育碰撞后的钙碱性系列侵入岩；羌塘北部发育中侏罗世岛弧火山岩等。

晚侏罗世末期—早白垩世班公湖-怒江洋盆关闭，冈底斯带向北拼贴，造成白垩系与下伏地层的广泛角度不整合。除喀喇昆仑地区的铁龙滩群有少量海相碳酸盐岩沉积外，绝大多数地区发育杂色碎屑岩夹膏盐沉积。晚白垩世，雅鲁藏布江洋盆向北俯冲，喀喇昆仑地区发育 95～74Ma 的俯冲型花岗岩组合。

目前大多数研究者认为印度板块与亚洲板块的碰撞时间在 65～45Ma（西藏设兴镇设兴组与林子宗组间的不整合），至此，青藏高原完成了诸块体的拼合。在班公湖-怒江洋盆、印度河-雅鲁藏布江洋盆的裂解、拼合到印度板块与亚洲板块的碰撞过程中，瓦卡-麻扎-康西瓦-木孜塔格-玛沁断裂多次活动，相继对两侧的前侏罗纪和前白垩纪地层、构造线、沉积盆地进行消减破坏和截切，如松潘甘孜-巴颜喀拉褶皱带被其直接截切。印度板块与亚洲板块碰撞之后，除在塔里木南缘局部有古近系与白垩系的连续海相沉积外，高原北部主体表现为古近系与下伏不同层位的广泛角度不整合。同样由于应力和变形的远程效应，不同地区对于该区构造事件的反映方式和时间有差异，总体上距离越远，反映程度越弱，时间更加滞后。即在塔里木区古近系与上白垩统为连续海相沉积。其他地区为不整合接触，其中昆北地层区为河湖相沉积，含膏盐及含油建造；昆中地层区为紫红色粗碎屑沉积，含膏盐和沉积型铜；巴颜喀拉及其南部多为陆相的紫红色富含膏盐的碎屑岩，并有大量的中基性、中酸性火山喷发岩。

新近纪，在塔里木南缘沉积环境变化较大，海相沉积在新近纪早期逐渐退出，沉积粒度向上在山前一带显著变粗，反映其紧邻的昆仑山开始隆起。昆北地层区（柴南缘）由早期的油砂山组含油建造转为以山麓冲洪积相为主的狮子沟组，并见二者间的不整合关系。昆中区虽然沉积物反映的沉积环境变化不大，但其中的植物孢粉组合表现有：中新世早期气候温暖潮湿，属中亚热带湿润型；中新世晚期气候较寒冷干燥，属温带半干旱型；上新世早期气候炎热干燥，属温带干旱型；上新世晚期气候寒冷干燥，属北亚热带干旱型。而在昆南及其以南地区，新近纪早期主要为湖相夹多层膏盐沉积，反映干燥-炎热的气候条件；晚期主要为山间盆地的山麓、河流沉积，同样为炎热-干燥的气候环境。这种气候、沉积环境的变化可能正是高原差异隆升的沉积响应。新生代火山岩是高原北部的一大地质景观，在空间上和时间上有下述规律：北羌塘地区火山岩时限早，有始新世—渐新世早期、中新世早期；巴颜喀拉山地区东部从渐新世—中新世—上新世—更新世，西部从中新世晚期—上新世—更新世—全新世；昆北山前地区仅有更新世火山岩，中新世—上新世是火山活动的鼎盛期。据沉积环境变化、岩浆岩活动等特征，可以推断中新世—上新世阶段可能是高原隆升过程中的重要转折期。新生代构造表现在隆升中产生了大量古近纪—新近纪拉分盆地，伴生南北向、北东向、南西向浅表层次断裂，全区重要的构造带、混杂带和结合带均有复活。前述瓦卡-麻扎-康西瓦-木孜塔格-玛沁断裂对两侧的地层、构造线、沉积盆地等消减破坏、截切作用进一步加剧，受印度板块向北穿刺（西构造结）、北西向喀喇昆仑走滑断裂作用的复合，沿该带的大型逆冲推覆-陆内消减作用造成昆仑（早）古生代造山带构造单元在地表的消失或尖灭。如康西瓦断裂对昆南残弧带的截切及对巴颜喀拉浊积盆地的消减殆尽、瓦卡-麻扎断裂对西昆仑中带的截切等都是新生代的重要构造形迹。

前人的研究显示青藏高原北部地壳加厚、快速隆升过程大致开始于上新世初期 5.0Ma，在上新世末期（3.0Ma）前后达高峰，进入第四纪以后为持续快速隆升的时期。青藏高原自 0.01Ma 至现今仍在不断隆起上升，气候条件发生了明显变化，交替出现冰期、间冰期，岩溶地区发现多层洞穴堆积，高原北部和东部有岩浆喷发。总之，青藏高原的现今外貌和高原北部的盆岭格局是在该阶段最终形成的。

二、泛华夏大陆羌塘-三江构造区

西部的甜水海地块具有确切的古元古界变质地层[布伦阔勒岩群,其中变质流纹岩 LA-ICP-MS 法锆石 U-Pb 年龄为(2 481±14)Ma],其上长城系到清白口系为稳定的碎屑岩、碳酸盐岩沉积。其他地块零星出露的变质地层绝大多数为中新元古界变质达角闪岩相,多数原岩为碎屑岩夹火山岩沉积。其中义敦岛弧、中咱地块出露有南华系到震旦系,前者为较稳定的碎屑岩、碳酸盐岩,后者为绿片岩相变质的碎屑岩夹变基性火山岩,反映东西向的变化。采自他年他翁、玉树—昌都一带的前寒武系,锆石 U-Pb年代学谱系表现为 900~1 000Ma、500~600Ma 两个明显的峰期,可分别对应于晋宁运动和泛非运动。此外,在甜水海地块、昌都地块有零星的 850Ma、(1 025.9±7.3)Ma 的中酸性侵入岩。上述比较中零星的地质体及热年代学信息尚不足以反映羌塘-三江构造区前寒武纪的构造属性和演化历史。

下古生界,中咱地块主体为碳酸盐岩-碎屑岩-碳酸盐岩的沉积序列,显示被动边缘盆地中的滨岸-陆棚相沉积;昌都地块上主要为被动边缘盆地中的一套深水陆棚-斜坡相复理石夹薄层灰岩沉积;甜水海地块寒武系、奥陶系为一套浅海相碳酸盐岩-碎屑岩沉积组合,志留系主体为斜坡相复理石沉积。因此,早古生代的羌塘-三江地区主体为被动大陆边缘发展演化阶段。泥盆系与下伏不同层位间的角度不整合在北羌塘、甜水海及昌都地块上有所表现,但是它所代表的地质意义尚不明确。

本区最主要的地质事件是经历了从晚泥盆世开始的裂解,石炭纪—二叠纪裂解达到顶峰(最重要、最典型多岛弧盆系的成弧期),出现了小洋盆与陆块间列的陆缘多岛弧盆系构造格局。从中二叠世开始,小洋盆转入俯冲消减阶段(多岛弧的汇聚期),在俯冲增生楔上保存有中上二叠统之间的不整合,晚二叠世—三叠纪多数陆(地)块边缘发育了陆缘弧、增生弧,在义敦及甘孜—理塘等地发育晚三叠世弧盆系,巴颜喀拉残留洋盆晚三叠世转化为前陆盆地,三叠纪末结束了弧-弧碰撞、弧-陆碰撞的地质演化历史。碰撞之后该区的大部分地区为晚三叠世—侏罗纪转化为陆地或浅海陆架,并成为泛华夏大陆西南缘的一部分。至此,泛华夏大陆及其大陆边缘造山带基本定型,主体进入陆内造山过程。

侏罗纪,受班公湖-怒江洋盆岩石圈向北俯冲控制,羌塘-三江南缘转化为陆缘弧,而主体为弧后前陆盆地,在北羌塘盆地内表现为早期稳定浅海碳酸盐岩到晚期海陆交互相碎屑岩沉积。昌都-兰坪在晚侏罗世受东、西两侧造山带的双向逆冲作用控制,形成了双向前陆盆地,盆地内以陆相红色碎屑岩沉积为特征。这种沉积格局可持续到白垩纪中晚期。因此,侏罗纪—白垩纪,羌塘-三江地区主体为活动大陆边缘演化阶段。

新生代以来,随着雅鲁藏布江洋盆的关闭,受印度与欧亚大陆碰撞作用控制,地壳深部发生岩石圈地幔加厚、拆沉作用,乃至地壳尺度的大南北向裂谷化作用,形成近东西向带状展布的新生代火山岩;地壳浅部,西部羌塘地区主要表现为幕式的逆冲作用形成的压陷型盆地,而在东部的三江地区主要表现为走滑作用形成的拉分盆地。地貌上由早期的东高西低、后期的西高东低,并整体隆升。因此,新生代羌塘-三江地区为高原隆升过程中的挤压、走滑及陆内调整演化阶段。

三、冈底斯-喜马拉雅构造区

班公湖-怒江缝合带内古特提斯洋壳残余的发现,表明班公湖-怒江缝合带所代表的特提斯洋在晚古生代至中生代可能是一个连续演化发展的大洋。古生代晚期到三叠纪,冈底斯古岛弧不可能与雅鲁藏布新特提斯洋向北的俯冲有关,因为那时还没有出现雅鲁藏布新特提斯洋。至于班公湖-怒江特提斯洋最终的关闭时间,目前看来不能以局部观察点如东巧晚侏罗-早白垩莎木罗组与蛇绿岩的不整合、丁青中侏罗统与蛇绿岩的不整合、觉翁晚三叠世确哈拉组与蛇绿岩的不整合等来推论,而应以洋陆转换过程中大区域弧盆系演化、弧-弧碰撞、弧-陆碰撞的岩石学记录以及是否发育大区域的前陆磨拉石盖层确定。最近区域地质调查研究在扎加藏布下游塔仁本发现的早白垩世(大约110Ma)近百余平方千米的洋岛(王忠恒等,2005),表明班公湖-怒江特提斯洋在早白垩世中晚期并没有如早期认为的已经消亡,那时一定还存在洋壳。我们认为，班公湖-怒江特提斯洋的彻底关闭很可能是以遍布全区的晚白垩世竟柱山组磨拉石和冈底斯弧-弧、弧-陆碰撞的岛弧造山作用最终定型为标志。

地学界的广泛共识是冈底斯带的陆壳基底和古生代盖层具有与喜马拉雅相似的结构特征，它们都是冈瓦纳大陆北缘的一部分。我们结合班公湖-双湖-昌宁-怒江缝合带内古特提斯洋壳残余的发现、冈底斯古岛弧的发育和雅鲁藏布新特提斯开启的时代以及相关的多岛弧盆系的形成，来解释冈底斯带晚古生代—中生代的构造演化历史。

通过对区域地质调查成果的综合分析与专题深入研究，认为冈底斯带和喜马拉雅带不仅具有 5.5 亿年左右形成的统一的泛非基底，而且在早古生代（可能包括泥盆纪—早石炭世）时期亦具有统一的沉积盖层（奥陶系底界不整合在"基底岩系"之上），构造位置属于冈瓦纳大陆北缘的被动大陆边缘沉积。在早古生代较稳定的被动大陆边缘的基础上，晚古生代冈瓦纳大陆北缘（即冈底斯-喜马拉雅地区）开始由被动大陆边缘转化为活动大陆边缘，并进入长期的特提斯演化历程。

晚石炭世到二叠纪，以班公湖-怒江缝合带为代表的特提斯大洋向南俯冲，使隶属于冈瓦纳大陆群的印度陆块北缘的构造体制发生从被动大陆边缘到活动大陆边缘的重大转换。冈底斯大致在甲岗—雷拉普冈日一线以东发生来姑-洛巴堆陆缘岛弧火山作用，发育晚石炭世—二叠纪岛弧钙碱性系列火山岩，该线以西则以发育双峰式火山岩为特征的隆、凹相间的伸展裂陷盆地，同时在其南侧雅鲁藏布江形成弧后裂陷-裂谷盆地，发育裂陷-裂谷型拉斑玄武岩。印度陆块北缘不同构造部位表现出的不同构造环境可能受控于特提斯大洋岩石圈向南斜向俯冲作用。

早中三叠世时，冈底斯带继承了晚古生代构造演化趋势，但大部分区域隆升，表现为陆缘弧上的查曲浦弧火山活动，并在南侧的雅鲁藏布江带形成弧后裂谷-初始洋盆（T_1）→弧后扩张洋盆（T_{2-3}）；在喜马拉雅带发育陆缘裂谷盆地，并分别形成弧后伸展-陆缘裂离环境下的基性火山岩系。那曲北西一带中三叠世放射虫硅质岩、玄武岩及海底滑塌碳酸盐岩重力流沉积，可能代表与特提斯大洋向南俯冲系统相关的弧前岩石组合。

晚三叠世时，羌塘-三江多岛弧造山带增生到扬子大陆边缘构成亚洲大陆板块的一部分，与印度板块发生相互作用，同时由于受特提斯大洋向南俯冲的制约，在冈底斯-喜马拉雅带发生了一系列地质事件群，包括冈底斯陆块与印度陆块的分离、亚洲大陆板块（含羌塘-三江）与冈底斯东段嘉玉桥弧-陆碰撞、左贡等前陆盆地的形成、隆格尔-工布江达岩浆弧的成型、伯舒拉岭火山岩浆弧的发育、嘉黎-波密弧间裂谷盆地、确哈拉弧前盆地的发育、雅鲁藏布江洋盆的扩张等，均代表了特提斯洋向南俯冲诱导出的一系列藕断丝连的弧后扩张盆地、陆缘火山弧的多岛弧盆系。

早中侏罗世时，冈底斯带东段南侧发育具有双峰式火山活动特征的叶巴火山弧，暗示雅鲁藏布江洋盆东段初始向北的低角度俯冲，而拉贡塘弧火山岩浆活动可能是受班公湖-怒江特提斯洋向南低角度俯冲制约的张性弧构造背景下的产物。雅鲁藏布江洋盆进入主体鼎盛扩张时期，南侧的喜马拉雅地区仍然处于陆缘裂陷-裂谷盆地的发育阶段。另外，可能受特提斯洋向南俯冲的影响，嘉黎-波密弧间裂谷盆地扩张成洋，伯舒拉岭岛弧成型。

晚侏罗世时，冈底斯地区呈现出复杂的多岛弧盆系格局。冈底斯南缘桑日增生弧与冈底斯北部同时代的则弄火山岩浆弧、班戈火山岩浆弧及其间的 Slainajap 弧间裂谷盆地进一步扩张成有限小洋盆，揭示了班公湖-怒江特提斯洋向南与雅鲁藏布新特提斯洋向北的双向俯冲。这种动力学背景与东南亚马来西亚半岛-沙捞越-加里曼丹西部及苏门答腊中北部发育的二叠纪火山岩浆弧系统具有相似性：如在苏门答腊地区与朝向亚洲的俯冲系统有关，而在加里曼丹地区则与朝向印度洋的俯冲系统有关（Simandjuntak, Barber, 1996）。这种双向俯冲的地球动力学系统在多岛弧盆系构造区内可能是一种普遍现象，并延续到弧后洋盆俯冲、萎缩消亡、弧-弧或弧-陆碰撞全过程，岛弧型的钙碱性火山岩非常发育。南侧的喜马拉雅地区仍然处于陆缘裂陷-裂谷盆地的发育阶段。

早白垩世时，冈底斯带存在同样的双向俯冲系统，Slainajap 弧间洋盆双向俯冲消亡，班公湖-怒江特提斯洋后退式俯冲导致东恰错增生弧的形成，沿隆格尔-念青唐古拉复合古岛弧带东部出现了与地壳增厚事件有关的淡色花岗岩的侵位。该时期的双向俯冲作用制约着冈底斯火山岩浆弧的发育，岛弧型的钙碱性火山岩同样非常发育;同时,永珠-纳木错-嘉黎弧间(弧后)洋盆发生双向俯冲作用,叠加于火山弧之上,使得冈底斯岛弧带的弧火山岩浆岩更为广泛和复杂。南侧的喜马拉雅地区已出现陆缘裂谷盆地中的双峰式火山岩(如晚侏罗世—早白垩世桑秀组火山岩等)。

晚白垩世时,班公湖-怒江特提斯洋最终消亡,亚洲大陆与冈底斯复合岛弧发生强烈的弧-陆碰撞,在弧后前陆区发育狭窄但巨厚的磨拉石沉积。雅鲁藏布江洋盆进一步向北俯冲,南冈底斯火山岩浆弧增生在隆格尔-念青唐古拉复合古岛弧带南侧,并叠置于叶巴火山弧和桑日火山弧之上,地壳开始发生强烈的横向增生造弧作用。相应地在其弧后位置则发育设兴组海陆交互相沉积,在其弧前位置发育日喀则深海浊积岩、海底扇沉积及与浊积岩建隆过程有关的弧前陆棚碳酸盐岩沉积。

白垩纪末—始新世时期发生的大陆碰撞事件,表现为南冈底斯大陆边缘俯冲造弧的科迪勒拉型造山作用,后陆褶皱-逆冲带、班公湖-怒江走滑拉分带的形成,特提斯残余海的彻底消亡以及横断山走滑转换造山带的再生。

第四节　古生代地层年代格架

一、早古生代地层年代格架

青藏高原早古生代地层出露广泛,根据沉积类型、生物群特征、地质发展史及现今的地理位置,将其分为下列几个地层大区(表2-1):

(1) 华北地层大区。
(2) 塔里木-南疆地层大区。
(3) 秦祁昆地层大区。
(4) 羌塘-三江地层大区。
(5) 冈底斯-喜马拉雅地层大区。

华北地层大区包括阿拉善和鄂尔多斯西缘的贺兰山地区,仅出露有寒武纪、奥陶纪沉积,缺失志留系。这一地区的早古生代地层均为稳定型的以碳酸盐岩为主的沉积,地层之间多为连续沉积,厚度不大。在这一地区广泛出露的寒武纪地层香山群,即本表中所列的徐家圈组、狼嘴子组和磨盘进组,其时代目前分歧很大,有全归奥陶纪的,也有划归寒武纪—奥陶纪等。根据西安地质矿产研究所(2009)野外实际考察的结果认为,目前建立的层序还有问题,其下部的徐家圈组部分层位可能包括有奥陶纪地层在内,其余则主要以寒武纪地层为主。鉴于目前这种认识,本次编图过程中均按寒武纪处理,其层序及时代问题有待以后解决。

塔里木地层区大部分地区为浩瀚的大沙漠所覆盖。根据钻孔和部分地区的露头资料显示,早古生代地层发育齐全,属稳定类型沉积,没有火山活动及构造变形变质现象,地层连续性好,化石门类多而丰富,研究程度也高,尤其对年代地层的界线研究有较大的进展。

秦祁昆地层大区,其中的寒武纪和志留纪地层出露较为零星,奥陶纪地层分布广泛,以祁连地区最具代表性,地层总体属活动类型,火山活动和构造运动十分强烈,地层厚度巨大,层间多有不整合存在,岩层普遍变质,褶皱、断裂均较发育,岩性、岩相纵横向变化较大,化石较少,属典型的活动大陆边缘沉积环境。

柴北缘及昆北区出露的滩间山群,目前其时代包括整个早古生代,自下而上分为变火山岩组、变碎屑岩组和碳酸盐岩组。目前有划归寒武纪—奥陶纪的,也有认为全属奥陶纪—志留纪的。由于在上部碳酸盐岩中前人曾采到珊瑚、角石及微古植物化石,其时代以奥陶纪为主,但也有志留纪分子出现。基于这种情况,本次编图中将其下面两个组划为寒武纪,上部含化石层位属奥陶纪,其中可能包括有部分志留纪地层在内,因此其时代为整个早古生代。东昆仑西段木孜塔格峰一带的志留系在秦祁昆地层大区内没有可以对比的地层,故暂时沿用1:25万区调的温泉沟群和达坂沟群(甜水海地块的岩石地层单位名称)。

羌塘-三江地层(含扬子区)大区,分布范围较广,沉积类型复杂。有稳定型沉积,以碎屑、碳酸盐岩为主;有活动类型沉积,为碎屑岩夹灰岩及火山岩沉积;也有过渡类型的沉积。其中扬子区是我国早古生代地层最发育的地区之一,并且地层发育较全,以浅海相的砂岩、页岩和灰岩为主,纵横向上岩性、岩相变化不大,厚度小,地层连续性好,化石丰富,研究程度较高,是我国研究早古生代生物地层的重要理想地区之一。

在若拉岗日一带出露的早古生代地层玛依岗日组,为一套浅变质的沉积岩。碎屑锆石SHRIMP年龄值,最大为3 217Ma(^{207}Pb/^{206}Pb年龄),最小为524Ma(^{206}Pb/^{238}U年龄),说明锆石具有广泛的物源和复杂的演化历史。根据区域地层对比、岩石组合特征、变质程度、原岩组合、构造变形等特征分析,其时代要早于有化石依据的泥盆纪,其中最小年龄值524Ma应是这套浅变质沉积时代的下限。因此将这一套浅变质地层的形成时代置于早古生代。

冈底斯-喜马拉雅地层(含印缅区)大区,分布于青藏高原南部班公湖-怒江结合带以南的广大地区。区内寒武纪地层出露零星,大部分是由更老的地层上延而来的,区域很难划分出来,或者是跨越时代较长地层单位的一部分。奥陶纪、志留纪地层分布较广,划分比较详细。由于地处南亚大陆的北部边缘地区,其沉积均为稳定型,以滨浅海相的碎屑岩夹碳酸盐岩沉积为主,岩层有轻微变质现象,局部地段可能变质较深。地层连续性好,化石丰富。

嘉玉桥岩群,目前有几种划分方案,有属古生代(未分)(西藏区域地质志,1993),有属前石炭纪(潘桂棠等,2006),有划志留纪—泥盆纪(昆仑山及邻区地质图,2009)等。前人曾在本岩群的不同层位中采有牙形刺、腕足类、古孢子等化石,其时代有奥陶纪—泥盆纪、石炭纪—二叠纪之分,U-Pb法锆石测年为1 334Ma,时代属中新元古代。本次编图认为,目前尚无可靠的资料说明嘉玉桥岩群下部存在与元古宙相当的地层,目前的化石资料均有力地证明嘉玉桥岩群的时代属于古生代。

二、晚古生代地层年代格架

青藏高原晚古生代地层十分发育,沉积类型多种多样,其地层分区与早古生代地层分区相同(表2-2)。

华北地层大区的阿拉善地区泥盆纪地层出露零星,石炭纪—二叠纪地层为一套海陆交互相-陆相的砂岩、粉砂岩、砾岩夹碳质页岩及煤层(线),局部地段夹英安质凝灰岩,为典型的陆表海沉积环境。

塔里木-南疆地层大区出露的晚古生代地层发育齐全,地层之间多为连续沉积,仅中晚二叠世之间有一沉积间断。以浅海相沉积为主,下中二叠统中夹有大量基性火山岩,基本没有构造变动和变质现象。化石丰富,且保存完整,尤其是微体化石的采集与研究有很大的进展。晚泥盆世早期为陆相沉积,晚泥盆世晚期(库山河组)海侵,至中二叠世海水退却,中晚二叠世全为陆相沉积。

在塔里木地区阿克陶县库山河一带出露的晚泥盆世库山河组,为一套巨厚层状长石石英砂岩,上部夹生物碎屑灰岩,整合于晚泥盆世奇自拉夫组之上。前人将其所产珊瑚化石组合与川北长滩子组的珊瑚组合及湖南邵东组、湖北袁家沟组的腕足类组合对比,将其置于早石炭世。根据现今泥盆纪—石炭纪界线划分方案,川北的长滩子组、湘中的邵东组和其上的孟公坳组均属晚泥盆世。因此将库山河组置于晚泥盆世比较合适。

秦祁昆地层大区晚古生代地层以西秦岭迭部一带出露最好,从早泥盆世至晚二叠世地层均有出露,剖面连续,化石丰富,研究程度高。祁连地区的晚古生代地层中,早泥盆世地层缺失,中晚泥盆世地层为陆相沉积,早石炭世海侵,晚石炭世为海陆交互相沉积,二叠纪有海相及陆相沉积,但以陆相为主。在陆相地层中,均产丰富的植物化石。昆仑地区的晚古生代地层有下列几个问题值得说明。

(1)昆仑地区唯一出露有早泥盆世卡拉楚卡组的地方,是在木孜塔格地区阿其克库勒湖南岸卡拉楚卡山一带,这仅仅是一个点上的剖面资料。区域上的展布情况还不清楚,但这一重要信息必须引起以后工作的注意。

(2) 昆南地区晚二叠世格曲组与下伏中二叠世树维门科组为不整合接触,在兴海地区与下伏中二叠世马尔争组中基性火山岩组亦为不整合接触,虽然对这一接触关系目前认识还不一致,但已从不少实际资料中证实了这一关系的存在。

(3) 广泛分布于南大陆(冈瓦纳大陆)的冷水型单通道䗴类动物群 *Monodiexodina* 组合,目前已知分布最北的地域为昆南地区鲸鱼湖西北贝力克库勒、布喀达坂峰地区的哈夏—克里克—得亚及哈尔瓦以东地区。由于这一类类动物组合的出现而建立起来的中二叠世鲸鱼湖组,目前在区域上的展布情况还不十分清楚。这一重要信息有待以后工作中加以注意。

羌塘-三江地层大区晚古生代地层出露完整,尤其是上扬子区更为突出。上扬子地区表中所列的晚二叠世地层卡以头组,是由原"卡以头页岩"演变而来。这一岩石地层单位目前按晚二叠世的时代处理还存在疑问。据云南省区域地质志(1982)在滇东宣威一带的早三叠世飞仙关组之下与晚二叠世地层之间有一过渡层称"卡以头页岩"。该页岩与下伏地层为连续沉积。"卡以头页岩"中产双壳类化石 *Claraia* Wangi(王氏克氏蛤),这一双壳类化石是我国华南广大地区早三叠世的重要化石,其位置基本上是在二叠与三叠纪界线处,是一个非常重要的化石。目前尚不清楚卡以头组的厚度及化石产出的具体部位,但至少应当认为含化石的岩层以上应属早三叠世。

第三章　寒武纪构造-岩相古地理

研究区大体以班公湖-双湖-怒江-昌宁对接带所代表的特提斯主大洋为界，分为泛华夏陆块群及其边缘、原特提斯主洋盆和冈瓦纳大陆及其边缘3个大的构造-岩相古地理系统。前者以巴颜喀拉-昆南原特提斯洋盆消减带分为塔里木、阿拉善、柴达木地块（泛华夏西部陆块群）及其边缘系统和扬子陆块及其西部边缘地块系统。

泛华夏西部陆块群及其间的秦祁昆地区，总体处于伸展构造背景，呈现陆表海-陆缘海与初始洋盆相间的复杂古地理格局。各陆（地）块边缘是陆缘海的浅海到斜坡沉积，祁连山的北祁连、中祁连、拉脊山、欧龙布鲁克、柴北缘为初始洋盆的斜坡-深海与水下隆起的台地-浅海甚至古隆起相间的堑垒格局。昆仑和秦岭地区古地理格局与祁连类似，沿柳什塔格—朝阳沟—诺木洪—得力斯坦沟—线分布的昆中蛇绿混杂岩带，代表了寒武纪原特提斯洋的残留，也是秦祁昆构造古地理区的南界。

扬子陆块及其边缘三江地块群系统，组成泛华夏南部陆块群，总体处于稳定盖层发展阶段，以陆表海-边缘海沉积为主体。

寒武纪是冈瓦纳大陆最终形成时期。研究区印度陆块和冈底斯-喜马拉雅属于冈瓦纳本部，处于造山后的伸展阶段，在申扎一带发育了海相双峰式火山岩沉积，但由于分布零星，古地理总体面貌不清。

第一节　寒武纪大地构造相划分

综合沉积、岩浆、变质变形事件，结合古地磁、古生物区系等，对青藏高原不同构造单元寒武纪的构造属性进行分析，划分、厘定的大地构造相系统见表3-1和图3-1，分为16个大相、17个相，归并为5个组合、3大系统。对应的古地理单元名称及其隶属关系如表3-1所示。各构造相特征的具体说明参见本章中每节的"构造特征"部分，对应的岩相古地理面貌见图3-2。

第二节　秦祁昆地区构造-岩相古地理

秦祁昆地区为一系列裂谷-初始洋盆与浅海台地复杂间列的沉积古地理格局，包括了北祁连初始洋盆、中南祁连裂谷盆地、赛什腾山-锡铁山初始洋盆、柴达木地块、昆仑-西秦岭弧盆系、阿尔金弧盆系6个构造相单元。分述如下。

一、北祁连初始洋盆（Ⅳ）

1. 构造特征

初始洋盆位于祁连山北缘，西端被阿尔金山南缘断裂截切，主体向东经托莱山、大通北山、达坂山、白银、陇县等地，呈北西-北西西向延伸，长度大于800km。图面表示范围包括了北祁连岩浆弧。总体处于伸展、裂解构造背景。

2. 岩相特征

北祁连初始洋盆区包括了隆起区、滨岸相、浅海碳酸盐岩-碎屑岩-火山岩相、半深海硅泥质-灰质火山岩相以及深海相、岩浆岩相(参考剖面20条)。

表 3-1 青藏高原寒武纪古地理单元与大地构造相单元对应表

古地理单元名称		大地构造相单元名称		备注	
一级、二级	三级、四级	大相	相		
Ⅰ 阿拉善陆块	Ⅰ₁ 阿拉善古陆 Ⅰ₂ 走廊边缘海	Ⅰ 阿拉善陆块大相			泛华夏西部陆块群及边缘裂谷系
Ⅱ 敦煌古陆		Ⅱ 敦煌陆块大相			
Ⅲ 塔里木陆块	Ⅲ₁ 塔东南古陆 Ⅲ₂ 塔里木陆内裂谷	Ⅲ 塔里木陆块大相			
Ⅳ 北祁连初始洋盆		Ⅳ 北祁连初始洋盆大相			
Ⅴ 中南祁连裂谷		Ⅴ 中南祁连裂谷盆地相			
Ⅵ 阿尔金多岛洋	Ⅵ₁ 红柳沟-拉配泉俯冲洋盆 Ⅵ₂ 阿中岛弧 Ⅵ₃ 阿帕-茫崖初始洋盆	Ⅵ 阿尔金弧盆系大相	Ⅵ₁ 红柳沟-拉配泉俯冲洋盆 Ⅵ₂ 阿中岩浆弧 Ⅵ₃ 阿帕-茫崖初始洋盆		
Ⅶ 赛什腾山-锡铁山初始洋盆		Ⅶ 赛什腾山-锡铁山初始洋盆大相			泛华夏陆块群及其边缘系统
Ⅷ 柴达木地块	Ⅷ₁ 柴达木古陆 Ⅷ₂ 柴达木边缘海	Ⅷ 柴达木地块大相			
Ⅸ 昆仑-西秦岭活动陆缘	Ⅸ₁ 西秦岭地块 Ⅸ₂ 库地-其曼于特-祁漫塔格弧后盆地 Ⅸ₃ 昆中岛弧	Ⅸ 昆仑-西秦岭弧盆系大相	Ⅸ₁ 西秦岭地块相 Ⅸ₂ 库地-其曼于特-祁漫塔格弧后盆地相 Ⅸ₃ 昆中岩浆弧相		
Ⅹ 巴颜喀拉-昆南俯冲洋盆	Ⅹ₁ 南昆仑增生杂岩楔 Ⅹ₂ 巴颜喀拉洋盆	Ⅹ 巴颜喀拉-昆南俯冲洋盆大相	Ⅹ₁ 南昆仑增生杂岩相 Ⅹ₂ 巴颜喀拉洋盆相		原特提斯洋盆消减带
Ⅺ 扬子陆块	Ⅺ₁ 川中-滇西陆表海 Ⅺ₂ 川滇古陆 Ⅺ₃ 牛首山古陆	Ⅺ 扬子陆块大相			扬子陆块及西部边缘微地块系统
Ⅻ 若尔盖-松潘地块	Ⅻ₁ 若尔盖古隆起 Ⅻ₂ 摩天岭古隆起 Ⅻ₃ 班玛-九龙边缘海	Ⅻ 若尔盖-松潘地块大相			
ⅩⅢ 三江-北羌塘被动陆缘	ⅩⅢ₁ 中咱-中甸浅海 ⅩⅢ₂ 昌都-兰坪浅海 ⅩⅢ₃ 北羌塘浅海 ⅩⅢ₄ 甜水海浅海	ⅩⅢ 三江-北羌塘地块群大相	ⅩⅢ₁ 中咱-中甸地块相 ⅩⅢ₂ 昌都-兰坪地块相 ⅩⅢ₃ 北羌塘地块相 ⅩⅢ₄ 甜水海地块相		
ⅩⅣ 班公湖-双湖-怒江-昌宁扩张洋盆	ⅩⅣ₁ 扩张洋盆 ⅩⅣ₂ 南羌塘西部浅海	ⅩⅣ 班公湖-双湖-怒江-昌宁扩张洋盆大相	ⅩⅣ₁ 扩张洋盆相 ⅩⅣ₂ 南羌塘西部地块相		原特提斯洋盆
ⅩⅤ 冈底斯-喜马拉雅边缘裂谷盆地	ⅩⅤ₁ 冈底斯裂谷 ⅩⅤ₂ 喜马拉雅边缘海 ⅩⅤ₃ 保山浅海	ⅩⅤ 冈底斯-喜马拉雅地块大相	ⅩⅤ₁ 冈底斯裂谷盆地相 ⅩⅤ₂ 喜马拉雅边缘海盆地相 ⅩⅤ₃ 保山地块相		印度陆块及北部边缘	冈瓦纳大陆及其边缘系统
ⅩⅥ 印度古陆		ⅩⅥ 印度陆块大相			

第三章 寒武纪构造-岩相古地理

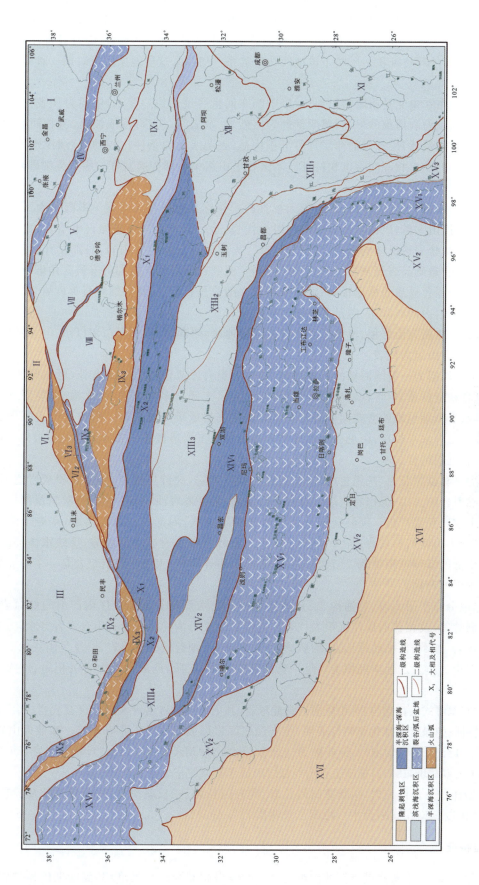

图 3-1 青藏高原及邻区寒武纪大地构造相划分图
注：构造相代号见表3-1

南华山古隆起：分布于宁夏海原县南。确定古陆存在的依据是南华山东段志留系旱峡组对长城系海原群园河组的超覆不整合和西华山西端旱峡组对海原群西华山组的不整合,以墩墩梁剖面为代表。

旱峡组底部为厚10~15m之灰色厚层—块状钙质细—中砾岩、粗—巨砾岩,砾石具叠瓦状排列,应属海侵滞留砾岩属滨外环境沉积。反映了该地区在蓟县系—奥陶系这段地质历史时期一直处于隆起遭受剥蚀。

滨岸相：主要分布在肃北县南鹰嘴山地区,以中晚寒武世香毛山组（$\in_{2-3}x$）中段为代表。主要岩性有灰绿色绢云板岩、长石岩屑细砂岩、石英质细砾岩夹砂岩、灰岩等。发育浪成波痕、沉积间断面、冲刷面构造、潮汐（脉状、透镜状）层理及韵律层理等沉积构造,表明水动力条件比较动荡,潮汐作用、风暴和浪作用频繁,具典型的滨岸相潮间带沉积特征。本区香毛山组中上部普遍发育一层石英细砾岩,说明曾一度处于浅滩环境。

浅海碳酸盐岩-碎屑岩-火山岩相：分布于天祝县西—祁连县峨堡乡天盆河—肃南县南野牛沟—祁连县—石包城—祁连山一带,以中寒武世黑茨沟组为代表,是一套基性—中酸性火山熔岩、火山碎屑岩及陆源碎屑岩夹碳酸盐岩透镜体的火山-沉积岩建造。火山岩有灰绿色安山岩,局部发育杏仁状构造；火山碎屑岩为安山质角砾晶屑凝灰岩、安山质凝灰熔岩、流纹质岩屑凝灰岩和英安质含角砾岩屑凝灰岩等；正常沉积岩有灰绿色砂质粉砂质板岩、泥硅质板岩夹细粒长石石英砂岩、细粒石英砂岩、浅灰色硅质岩及微晶灰岩等,灰岩内产三叶虫、腕足类和微古植物化石。

半深海硅泥质-灰质火山岩相：覆盖了北祁连大部分地区,西起酒泉,东至白银以东。主要以白银地区的黑茨沟组及香毛山组为代表。

白银地区黑茨沟组为一裂陷海槽的沉积环境,其岩石组合除具前述岩石组合外,所不同的是,下部有灰色、褐红色含铁锰硅质岩,含铁锰硅质千枚岩,玄武岩。玄武岩多具块状、枕状构造,局部见淬碎现象,并常伴有具水平微细层理的含铁锰硅质岩及少量的英安岩或英安凝灰岩。基性火山角砾集块岩发育,大理岩透镜中发育水平纹层,可见少量的硅质岩条带及碧玉岩透镜体。总体为硅泥质岩夹少量中基性火山岩的火山-沉积组合。

香毛山组为一套以深灰色、灰黑色板岩,长石岩屑砂岩为主,夹硅质板岩、硅质岩和灰岩透镜体,局部夹少量火山碎屑岩的火山-沉积岩建造。发育平行层理,局部发育浊积岩。微晶石英岩呈薄层状发育水平纹层常与千枚岩互层产出。碳酸盐岩呈薄层或条带透镜状,局部具有水平纹层,常夹于微晶石英岩、千枚岩之中。火山碎屑岩发育广泛。纵向上自下而上碎屑粒度有减小的趋势,反映水体逐渐加深、介质能量由高变低的海侵退积型地层结构。总之,香毛山组碎屑岩-火山碎屑岩组合是一个陆壳裂解形成裂陷海盆过程中的产物。

深海相：零散分布于吊大坂、熬油沟、二只哈拉、玉石沟、水洞峡等地。以区内产出的蛇绿岩（熬油沟、玉石沟、水洞峡等）及相伴的远洋沉积为代表。蛇绿岩以玉石沟蛇绿岩岩石组合发育齐全,主要岩石组合为斜辉橄榄岩、纯橄岩、堆晶辉长岩、均质辉长岩、角斑岩、细碧质枕状熔岩,以及呈团块状产出于枕状熔岩中的放射虫硅质岩。远洋沉积主要是一套深海砂泥质、灰质、硅质及火山岩沉积组合,为一套深海盆地沉积。

岩浆岩相：有双峰式火山熔岩、火山碎屑岩和蛇绿岩,其中玄武岩属富钾大陆拉斑玄武岩；火山岩具有双峰式火山岩特征；蛇绿岩地球化学特征表明,玉石沟蛇绿岩形成于大洋扩张脊环境。基性火山岩Sm-Nb年龄为(495.11 ± 13.78)Ma,Rb-Sr年龄为(521.48 ± 23.97)Ma（夏林圻,1996）,基性熔岩Sm-Nd年龄为522~499Ma（夏林圻,1995）,推断玉石沟蛇绿岩形成于寒武纪末—早奥陶世。

北祁连初始洋盆发育侵入岩,包括花岗闪长岩、英云闪长岩、二长花岗岩,岩石属过铝质—次铝质、钙碱性岩系,总体以S型花岗岩为主。拉碉二长花岗岩为495Ma。

3. 古地理特征

北祁连初始洋盆早、中寒武世以黑茨沟组为代表的浅海相裂隙式喷发堆积,到晚期碎屑岩发育,为浅海潮坪低能环境产物。黑茨沟组多以中寒武世为主,但在北祁连西段的酒泉、昌马和东段的兰州、静宁地区黑茨沟组层位较低,跨到了早寒武世。反映了该地区在早寒武世时,其东、西两端接受沉积早,而中部大多数地区此时可能还是隆起区,遭受剥蚀。

黑茨沟组自东向西的厚度变化是东部会宁库河—大湾厚2 208m、白银地区厚1 267.08m、永登石青硐厚度1 734m、天祝厚362.47m、青海互助厚632.22m、祁连县峨堡天盆河厚2 157.09m、肃北县锅底坑山、鹰嘴山南坡一带厚8 121m,不难看出北祁连地区东、西两端沉积厚度明显较中部地区大,说明东、西两端为沉积中心。中晚寒武世以香毛山组为代表的碎屑岩夹碳酸盐岩沉积,火山岩不发育,生物以浮游的三叶虫为主,属深水温暖的海湾环境,沉积具明显的复理石特征。自下而上碎屑粒度逐渐变细的趋势,反映水体逐渐加深的海侵退积型沉积。

早-中寒武世(黑茨沟组)双峰式火山岩是继震旦纪后陆壳进一步拉张裂解的产物,代表了裂谷发展的初期阶段;中-晚寒武世(香毛山组)随着陆壳进一步拉张裂解,裂谷边缘地带陆壳渐渐拉薄向洋壳过渡,形成了裂谷型火山岩及碎屑岩建造,为微洋盆陆坡火山沉积的产物。

二、中南祁连裂谷盆地(Ⅴ)

1. 构造特征

中南祁连裂谷盆地分布于北祁连与赛什腾-锡铁山-都兰-共和-临夏混杂岩带之间的长条状地带,包括了现今的中祁连岩浆弧、拉脊山结合带以及南祁连等构造单元,处于伸展构造背景。

2. 岩相特征

中南祁连裂谷盆地包括了中南祁连古隆起、滨海相、浅海相、半深海相及深海相和岩浆岩相(参考剖面9条)。

中南祁连古隆起:位于野马南山—托来南山南坡与疏勒南山北坡一带。出露地层为前寒武纪变质地层,依据泥盆系阿木尼克组不整合在元古宙地层之上,缺失寒武纪地层,推测本区为古隆起。

滨岸碎屑岩相:在党河南山和疏勒南山南坡一带围绕古陆南缘呈带状分布。以皱节山组和欧龙布鲁克组下段为代表。皱节山组自下而上由含砾白云岩、白云岩、粉砂岩、细砂岩组成。早期呈紫红色,后期呈灰绿色,表明气候由比较干燥变为湿润温暖。该组是在南华纪—震旦纪晚期冰川消融,海平面大幅度上升后沉积环境比较动荡的过程中形成的碎屑岩,砂岩发育水平层理,层面上有遗迹化石表明其处于波浪影响的潮间带。

欧龙布鲁克组下段早期为浅海相白云岩建造,底部含磷。晚期为一套紫红色碎屑岩堆积,见波痕、泥裂沉积构造,含食盐假晶。显示为滨海相燥热气候的氧化环境。

浅海相:分布于花海子—德令哈—天竣一线的广阔地带。包括了开阔台地相和浅海碳酸盐岩-碎屑岩-火山岩相。开阔台地相以中晚寒武世欧龙布鲁克组中、上部为代表。岩性以碳酸盐岩为主,夹碎屑岩,主要岩石有含磷砾岩、砂砾岩、白云岩、砂岩、页岩、灰岩。该时期气候温暖,海水含氧量、含盐度适宜动物的生存与繁殖,反映浅海台地沉积的碎屑岩-碳酸盐岩建造。浅海碳酸盐-碎屑岩-火山岩相以滩间山群(230剖面)变火山岩组和黑茨沟组(099剖面)为代表。滩间山群变火山岩组为一套浅海碎屑岩-碳酸盐岩建造,沉积厚度大,伴随中基性火山喷发活动,并有基性—超基性—中酸性岩浆侵入,反映了该区处于地壳活动相对强烈的环境。黑茨沟组下部海相火山岩以裂隙型喷溢为主,基性熔岩沿断裂喷溢形成百余米厚的火山岩层;晚期地壳一度趋于稳定,沉积了薄层状泥质灰岩夹层。中部灰岩形成了以碳酸盐岩为主的沉积,显示了以浅海潮坪低能带为主的沉积环境。上部以板岩为主的沉积表明了本区为浅海沉积环境。总厚632.22m。

半深海相:主要分布于达肯大坂—全吉山以南—牦牛山—共和—西宁—兰州—定西一带,分布范围的西部为狭长地带,愈往东分布愈宽,拉脊山两侧达到最宽。本区因资料缺乏,按瓦尔特相律,结合两侧相邻沉积相推测为半深海。

深海相：分布于拉脊山及刚察东地区，为一套火山岩-碎屑岩建造。以六道沟组和深沟组为代表。六道沟组下部为基性火山岩，向上逐渐变为中基性火山碎屑岩及安山岩；上部以硅质岩类为主。深沟组下段的主要岩性为灰绿色玄武岩、安山玄武质角砾熔岩、粗玄岩-集块岩、玄武岩-中基性熔岩凝灰岩、浅灰绿色安山岩夹凝灰岩板岩及灰岩透镜体；上段为砾岩、砂岩、粉砂岩夹紫红色凝灰岩、安山岩和灰绿色玄武岩。为陆缘裂谷深海相沉积的基性—中基性火山岩-碎屑岩建造。

岩浆岩相：以基性岩类为主。拉脊山一带下部为陆相火山岩（苏明才，1982）向上变成海相火山岩，火山岩以偏碱性的基性岩为主。蛇绿岩以甘肃武山、甘谷一带鸳鸯镇-关子镇蛇绿岩为代表。其组成主要有基性火山岩、辉长岩、辉石岩及墨绿色蛇纹岩，著名的鸳鸯玉就是以该蛇纹岩岩体为原材料。其中基性火山岩出露最多，为最主要的岩石类型。其岩石地球化学特征显示为 N-MORB 型，是洋脊型蛇绿岩的重要组成部分。变质基性火山岩（斜长角闪片岩）全岩 Sm-Nd 等时线年龄为 (544 ± 47) Ma（长安大学，2004）。

花岗岩类侵入岩体零星分布，主要有花岗闪长岩、石英闪长岩、碱性花岗岩、钾长花岗岩、正长岩、二长花岗岩等。属过铝质、钙碱性-碱性系列，成因类型总体以 I 型为主体（有 S 型、A 型）。

3. 古地理特征

寒武纪中南祁连为一北西高、南东低的古地理格局，古隆起分布在中南祁连的北西部，深海小洋盆分布于南东部拉脊山一带。期间是广阔的浅海台地。纵向上，本区早寒武世为一套滨岸相的碎屑岩沉积，主要分布在西部地区；中晚寒武世东、西地区明显不同。西部以浅海台地相沉积为主，而东部主要以火山岩-碎屑岩沉积组合为主。反映了西部为一套稳定环境的沉积，东部地区活动性增强。

三、阿尔金弧盆系（Ⅵ）

阿尔金弧盆系俯冲时间和超高压变质带时限明显早于秦祁昆其他地区，表明其有相对独立的构造背景和演化历程。北以红柳沟-拉配泉结合带北缘断裂为界，南以阿帕-茫崖构造带南界断裂为界，可进一步分为以下 3 个构造相单元。

（一）红柳沟-拉配泉消减洋盆（Ⅵ$_1$）

1. 构造特征

红柳沟-拉配泉消减洋盆，早寒武世已经处于洋盆发展阶段，代表洋盆的枕状玄武岩、超镁铁岩等蛇绿岩岩石组合和远洋硅质岩的形成时代不晚于早寒武世。中寒武世—早奥陶世时期，阿北洋盆汇聚，在蛇绿混杂岩南侧形成了洋岛玄武岩、岛弧玄武岩、岛弧中酸性火山岩和大陆边缘的碎屑沉积等，表明大洋俯冲削减的方向由北向南（天津地质矿产研究所，2008）。

2. 岩相特征

1) 沉积岩相

浅海碎屑岩相：分布于结合带东、西部，靠近北部边界处。以陆源碎屑沉积岩为代表，岩性主要由石英片岩、白云母片岩和绢云母板岩组成。该套岩石构成拉配泉岩群变碎屑岩组，空间展布与构造线方向一致，与其他岩块均为构造接触关系。

深海相：分布于结合带内的广大地区。常见于蛇绿岩片的上覆岩系中，并与蛇绿岩密切相伴。岩石组合有放射虫硅质岩、硅质灰岩和大理岩、千枚岩及洋岛基性火山岩等，反映了区内古洋盆的存在。

2) 岩浆岩相

岩浆岩相以蛇绿岩为主。蛇绿岩分布于红柳沟—拉配泉一带，呈带状近东西向展布。主要有超镁铁质杂岩、辉长质杂岩和镁铁质火山岩等。根据常量元素、稀土元素和微量元素特征，红柳沟-拉配泉蛇绿岩为 MORB 型，反映了其形成于洋脊环境。贝克滩洋岛玄武岩的 Sm-Nd 全岩年龄为 (524.4 ± 43.9)Ma（刘良，1999）；流纹英安岩的锆石 U-Pb 同位素年龄为 (503 ± 14)Ma；侵入于拉配泉岩群火山岩岩组的岛弧闪长岩-花岗闪长岩和后造山似斑状二长花岗岩年龄分别为 (470 ± 14)Ma 和 (437.9 ± 0.8)Ma，表明碰撞造山的时代应至少大于 (437.9 ± 0.8)Ma（天津地质矿产研究所，2008）。因此，蛇绿岩就位年龄应大于 (437.9 ± 0.8)Ma。

（二）阿中岩浆弧（Ⅵ$_2$）

1. 构造特征

阿中岩浆弧分布于阿羌—苏吾什杰一带，呈带状北东-南西向沿区域构造线方向展布，寒武纪处于俯冲带之上的岛弧构造背景，南缘的高压变质带暗示存在陆壳的深俯冲和折返。

2. 岩相特征

1）沉积岩相

区内沉积相有古隆起和浅海两种（参考剖面3条）。

环形山古隆起：分布于阿尔金岩浆弧的北段环形山地区，呈月牙形展布。在阿尔金地区的亚普恰萨依（剖面38）和环形山（剖面39）地区，下奥陶统额兰塔格组与新元古界青白口系呈角度不整合接触（新疆地质志，1993）。在拉配泉（剖面37）地区，上寒武统与中元古界蓟县系呈角度不整合接触（冯增昭，2005）。由此说明至少早中寒武世时环形山地区是隆起，为遭受剥蚀区，直至晚寒武世才接受了一套细碎屑岩沉积。

浅海碎屑岩相：分布于苏吾什杰以西至阿羌的广大地区。以拉配泉地区的上寒武统及区内广泛发育的拉配泉岩群的中、下段为代表。上寒武统主要为一套浅水细碎屑岩，含三叶虫和腕足类化石，厚118m。其岩性为泥岩、粉砂岩夹灰岩透镜体，为碎屑岩台地沉积。拉配泉岩群为一套火山岩—沉积岩，中部碎屑岩岩组，以灰色变质钙质石英砂岩、板岩、灰黑色千枚岩为主，夹石英岩、泥灰岩，产腕足类化石。表现出浅海环境的沉积特征。

塔什达坂西一带，发育有寒武纪—奥陶纪为基性—酸性的各类侵入岩。推测应该有寒武纪的沉积，结合其东部地区为浅海碎屑岩，判断侵入岩分布区亦为浅海碎屑岩。西段为推测区，无详细资料。

2）岩浆岩相

区内岩浆岩发育，以侵入岩为主，从基性—酸性均有。分别为苏吾什杰岩体群、其昂里克岩体群和黄土泉岩体。岩石组合为辉长-辉绿岩、二长闪长岩、闪长岩、石英闪长岩、英云闪长岩、花岗闪长岩及二长花岗岩。其中基性端元为I型花岗岩类，酸性端元为S型花岗岩类。其微量元素及稀土元素特征表明，属消减区的活动陆缘或者岛弧环境的产物。其同位素年龄为 $^{40}Ar-^{39}Ar(413.8\pm8)$Ma；Rb-Sr 等时线年龄为 (491.3 ± 4.6)Ma（崔军文，1999）；U-Pb 年龄为 529.8Ma，555Ma；U-Pb 年龄为 486.343Ma（广西壮族自治区地质调查院，2003）。

拉配泉岩群下部的火山岩岩组，主要为安山岩、英安岩和流纹英安岩等中酸性火山熔岩-火山碎屑岩，局部夹变安山玄武岩、变玄武岩。火山岩成分既有碱性的，又有非碱性的。微量元素和稀土元素特征表明以陆缘弧环境为主，部分变基性火山岩可能产生于洋岛环境。

3. 古地理特征

阿尔金岩浆弧是阿北洋盆向南俯冲发生汇聚的产物，在早寒武世主体为隆起剥蚀区，直至晚寒武世才开始局部接受沉积，晚寒武世末—奥陶纪的大范围海侵，使全区被海水淹没，在不同类型的盆地环境中沉积有碎屑岩-碳酸盐岩。

(三)阿帕-茫崖初始洋盆(VI_3)

1. 构造特征

阿帕-茫崖初始洋盆出露于阿尔金山南坡,东起青海茫崖镇,西至新疆阿帕,呈北东-南西向展布,断续延伸约700km,现今构造单元被称为阿帕-茫崖蛇绿岩带或者阿南构造混杂岩带。

2. 岩相特征

沉积相与岩浆岩相同等发育。

1)沉积岩相

沉积岩相包括浅海、半深海和深海3种相区。

浅海碳酸盐相:分布于结合带中西部,靠近北部边界处。以下古生界(Pz_1)碳酸盐岩岩片为代表。岩性主要由中厚层状灰色结晶灰岩、浅灰绿色劈理化绿帘石化大理岩、灰黑色含碳大理岩夹薄层状灰黑色含碳钙质板岩、含碳质绢云石英千枚岩、绢云千枚岩组成。岩石受变形变质作用较弱,原有的层理仍然比较清楚,代表了一种碳酸盐岩台地沉积。

半深海斜坡相:紧邻浅海碳酸盐岩相分布,呈带状北东-南西向展布。主要由劈理化石英岩、劈理化变质细—粉砂岩、绢云(石英)千枚岩、云母石英片岩、白云母片岩夹含碳质绢云千枚岩组成。岩石受变形作用改造强烈,劈理、片理或千枚理、糜棱面理发育。恢复原岩为由砂岩与泥岩(劈理化砂岩、石英岩与绢云千枚岩)互层构成的复理石,复理石韵律非常清楚。

深海相:分布于结合带内的广大地区。常见于蛇绿岩的上覆岩系中,并与蛇绿岩密切相伴。岩性组合为硅质岩、凝灰岩、基性火山岩及碳酸盐质泥球状沉凝灰岩。基性火山岩的岩石地球化学特征表明为大洋碱性玄武岩,形成于大洋环境。反映了大洋板内岩浆产物和远洋深海沉积环境。

2)岩浆岩相

蛇绿岩:由超镁铁质堆晶杂岩、超镁铁质—镁铁质堆晶杂岩、(中)基性火山岩及基性岩岩墙组成。超镁铁质—镁铁质堆晶杂岩主要是变辉橄岩、变橄辉岩、变辉石岩及变辉长岩。中基性火山岩主要有阳起石片岩、斜长阳起石片岩、绿泥斜长阳起石片岩、阳起石岩、透闪绿泥石片岩、透闪片岩及中基性火山岩。

侵入岩:主要岩石类型为二长花岗岩、钾长花岗岩、石英二长岩及辉长岩。U-Pb同位素年龄为486~329Ma,Rb-Sr年龄为529.8Ma(广西壮族自治区地质调查院,2003)。其岩石化学、微量元素地球化学特征表现为消减区的活动陆缘或岛弧环境。

3. 古地理特征

该带基性—超基性岩带具有层状杂岩和SSZ型蛇绿岩伴生的特征,层状杂岩是重要的铜、镍、钛磁铁矿成矿母岩。基性岩形成时代晚于红柳沟-拉配泉,表明其总体处于裂谷演化阶段。

四、赛什腾山-锡铁山初始洋盆(VII)

1. 构造特征

赛什腾山-锡铁山初始洋盆分布于柴达木北缘赛什腾山、锡铁山、阿木尼克山、牦牛山、沙柳河一带。向西北被阿尔金南缘断裂截切,向东被瓦洪山断裂截切。寒武纪处于伸展构造背景。

2. 岩相特征

该带保留规模小,相序不完整。沉积相和岩浆岩相同等发育。

1) 沉积岩相

涉及地层单位为滩间山群,多呈岩片产出(参考剖面3条)。

深海盆地(深海平原)相:分布范围与蛇绿岩相同,以蛇绿岩中深水沉积物为代表。呈透镜状产于滩间山岩群变火山岩岩组中,岩性以青灰色含黏土和放射虫玉髓-石英质的硅质岩、薄层状钙质细粒海绿石砂岩为主,属于深海平原沉积。

浅海碎屑岩-火山岩相:分布于冷湖北、赛什腾山及乌岩兰南部地区(279—281剖面),以滩间山群为代表。自下而上分为变火山岩岩组、变碎屑岩组和碳酸岩组。浅海碎屑岩-火山岩相主要见于下面两个岩组。其中变火山岩岩组为基性—中基性的钙碱性火山岩类和火山碎屑岩类;少量偏酸性岩中夹有含火山碎屑的沉积碎屑岩类和碳酸盐岩类,即以大量的火山岩中夹正常碎屑岩类为特征。变碎屑岩岩组主要为灰色变石英粉砂岩、变质海绿石砂岩、变长石石英细砂岩、变长石石英砂岩、石英岩、绢云母石英片岩、绢云母千枚岩、千枚状板岩、变质硅质岩(含锰矿层)和大理岩、糜棱岩化硅质岩、含石榴黑云石英岩及石榴黑云变粒岩等。硅质岩含放射虫化石。总体属浅海-陆棚相喷发沉积,沉积厚度大,伴随中基性火山喷发活动和基性—超基性—中酸性岩浆侵入,中浅变质。反映了该区处于地壳活动强烈的扩张环境中。

2) 岩浆岩相

岩浆岩相以蛇绿岩为主,以不同规模的构造岩块(片)被夹裹于滩间山群中,为洋壳残块与岛弧火山岩的混杂沉积。蛇绿岩岩石组合有变质橄榄岩类、超镁铁质—镁铁质岩类、基性岩席、喷出岩、斜长花岗岩和深水沉积岩。

五、柴达木地块(Ⅷ)

1. 构造特征

北起赛什腾山-锡铁山-瓦洪山断裂,南至昆仑山前断裂。寒武纪处于周缘裂陷背景。

2. 岩相特征

以沉积相为主体,中酸性侵入岩零星出露。

1) 沉积岩相

沉积岩相主要为柴达木古陆和滨、浅海相沉积(参考剖面1条)。

柴达木古陆:分布于柴达木盆地腹地索尔库里—大风山——里坪一带。区内多为新生代地层所覆盖,在其边缘部位可见早古生代地层不同程度超覆不整合于古元古代中、高级变质岩系之上。主要岩石有片麻岩、大理岩、角闪岩及混合岩。由此推测本区在寒武纪时是一个隆起剥蚀区。

滨海相:尚未发现有寒武纪沉积出露。根据相序展布规律在古陆和浅海之间的地带推测为滨海相。

浅海碎屑岩-火山岩相:见于滩间山群。自下而上为变火山岩岩组、变碎屑岩组和碳酸岩组。浅海碎屑岩-火山岩相主要见于下面两个岩组。其中变火山岩岩组为基性—中基性的钙碱性火山岩类和火山碎屑岩类;变碎屑岩岩组主要为灰色变石英粉砂岩、变质海绿石砂岩、变长石石英细砂岩、变长石石英砂岩、石英岩、绢云母石英片岩、绢云母千枚岩、千枚状板岩、变质硅质岩(含锰矿层)和大理岩、糜棱岩化硅质岩、含石榴黑云石英岩及石榴黑云变粒岩等。硅质岩含放射虫化石。属浅海-陆棚相沉积,沉积厚度大。

2) 岩浆岩相

有中基性火山岩和基性—超基性—中酸性岩浆侵入岩。柴达木地块还出露有英云闪长岩及石英闪长岩等侵入岩。

3. 古地理特征

南华纪—震旦纪,塔里木陆块经历了初始拉张,在全吉山一带出现了被动陆缘裂陷盆地,形成稳定陆源碎屑岩、碳酸盐岩沉积建造——全吉群。随着拉张作用的不断增强,在乌兰以北出现了具有洋壳特点的蛇绿岩,形成了初始的小洋盆。寒武纪至早奥陶世,在陆棚至浅海环境下形成了一套稳定的沉积建造。总体具有中部隆起,周缘为滨、浅海相的古地理格局。

六、昆仑-西秦岭弧盆系（Ⅸ）

昆仑地区的寒武系总体上属于活动类型的沉积,地层出露大都不全,剖面多不连续,构造变动和岩浆活动频繁。岩石大多数变质,化石稀少,研究程度略低。岩性、岩相变化较大,有些沉积是以构造混杂岩的形式产出,表现出活动陆缘型的沉积特征。可进一步分为3个次级大地构造相单元。

（一）西秦岭地块（Ⅸ$_1$）

1. 构造特征

西秦岭地块分布于同德、碌曲、岷县、西和一带的地区。北起宗务隆山晚古生代裂谷带南缘断裂,南至略阳-勉县结合带北界断裂。该时期构造背景依据不足,推测为弧后盆地环境。

2. 岩相特征

以沉积相为主,岩浆岩相零星。

1) 沉积岩相

沉积岩相主要为浅海相沉积,但因地域不同岩相变化较大(参考剖面3条)。

浅海碎屑岩:分布于武山南东一带,以早古生代李子园群和太阳寺组为代表(286剖面),是一套浅海相碎屑岩沉积。李子园群为一套中浅变质的沉积-火山岩系。以变质碎屑岩夹碳酸盐岩为主,局部夹变质中基性火山岩。太阳寺组以浅灰色—灰色中薄—中厚层状变质石英(砂)岩、石英片岩为主,夹绢云母石英片岩、浅灰绿色含绿泥绢云石英片岩等,向西部延伸逐渐以绢云母石英片岩为主夹石英片岩。原岩应为成熟度较高的石英砂岩、石英细砂岩和泥质石英粉砂岩等。含微古化石及牙形石 *Teridonlas* sp.(圆柱牙形石属,未定种)。

浅海—半深海缺氧障壁海湾沉积:分布于迭部—陇南一带。以深灰色—灰黑色厚层—块状硅质岩与黑色碳硅质板岩互层为特征,以太阳顶组为代表(96剖面),厚度大于831.72m。是祁秦海域白龙江裂陷槽的早期阶段沉积,属于富含有机质、含磷的浅海—半深海缺氧障壁海湾环境沉积。沉积物以硅质、碳泥质为主。未发现浮游和底栖生物,仅有层纹藻和球粒藻。下部有机质局部富集可构成石煤或炭化沥青透镜体。硅质岩在一个沉积阶段厚度可达200m左右。黑色板岩中含软舌螺化石。下部碳质板岩中获得铷-锶同位素等时线年龄(535.5±11.4)Ma及黄铁矿铅同位素年龄545.42Ma,时代为早寒武世无疑。

2) 岩浆岩相

岩浆岩相有基性—超基性杂岩(辉长岩、二辉岩)、辉长闪长岩、闪长岩等。岩石属于低钾拉斑玄武岩系列,是拉张型侵入岩。关子镇流水沟岩浆杂岩体 ^{206}Pb/^{238}U 表面年龄加权平均值为(507.5±3.0)Ma;阿什贡基性—超基性杂岩体 Rb-Sr 年龄为(490.14±64.37)Ma。李子园群火山岩为中基性火山岩,岩石地球化学特征表明为岛弧构造环境。

3. 古地理特征

西秦岭地块以浅海碎屑岩、浅海—半深海缺氧障壁海湾沉积为主。其余地方因缺乏资料,推测为浅海相。

（二）库地-其曼于特-祁漫塔格弧后盆地（Ⅸ$_2$）

1. 构造特征

库地-其曼于特-祁漫塔格弧后盆地分为东、西、中3段。东段西起土拉牧场,经索尔库里南至骆驼峰以北的地区,呈楔状体近东西向展布。西段西起公格尔山,经库地北阿喀孜达坂至喀什塔什,呈带状北西-南东向展布。中段西起于田东至奥依亚依拉克,呈带状北东向展布。可能为断续相连的弧后洋盆,处于伸展、裂解构造背景。

2. 岩相特征

沉积相和岩浆岩相同等发育。

1) 沉积相

除在西段有古隆起存在外,3段的沉积相组合基本相似,包括滨海、浅海、半深海及深海4类沉积(参考剖面6条)。

东段 主要包括后3类沉积,其特征如下。

浅海火山-碎屑岩:分布于东段大部分地区,以滩间山群的下岩组火山岩组和中岩组碎屑岩组为代表(本书暂将火山岩组和碎屑岩组归为寒武纪,273、277剖面)。火山岩为深灰色熔岩角砾岩、蚀变熔岩角砾岩、灰紫色眼球状流纹岩、蚀变凝灰角砾岩、蚀变流纹岩、硅化流纹英安岩、流纹质熔结凝灰岩。厚度大于520.38m。碎屑岩为绿泥绢云长石变砂岩、绿泥绢云长石片岩、含凝灰质绢云母长石变砂岩、浅灰色含凝灰质长石绢云母片岩。为一套低绿片岩相的浅变质陆源碎屑岩,叠置厚度为4 019.57m,应为浅海碎屑岩沉积。

半深海相:围绕深海盆地在向陆一侧呈带状分布。区内没有寒武纪地层出露,仅根据浅海和深海相,推测有半深海相存在。

深海盆地相:分布于阿牙克库木湖北黑山地区,以黑山蛇绿混杂岩(Nh—O)为代表。

中段 与东段沉积相组合相同,但其沉积特征有所区别。

浅海火山-碎屑岩相:分布于中段的广大地区,以早古生代上其汗岩组火山-碎屑岩-碳酸盐岩建造为代表,火山岩为多次喷发的细碧角斑岩系,岩石有玄武岩(细碧岩)、安山岩(角斑岩)、英安岩、流纹岩(石英角斑岩),钙碱性系列。沉积岩有碎屑岩、泥质岩、碳酸盐岩。火山岩的岩石组合特征和地球化学特征,表明其形成于弧后环境,与火山岩同沉积的碎屑岩及碳酸盐岩为浅海相。总体为弧后环境下一套浅海沉积岩系。视厚度大于4 669m。

半深海斜坡相:分布于于田—阿羌一带,以阿拉叫依岩群中浅变质的陆源碎屑复理石建造为代表,原岩碎屑成分以石英为主,长石较少,泥质含量较高。据原岩的沉积建造、岩石组合特征将该岩群分为上、下两个岩组。上岩组主要为灰色—灰绿色变石英杂砂岩、深灰色绢云石英千枚岩、灰色黑云母白云石变粒岩、含粉砂质绢云母板岩、白云质灰岩、微晶灰岩、结晶灰岩等,为碎屑岩夹薄层碳酸盐岩建造。叠置厚度为2 167.79m。由砂岩-粉砂岩、粉砂岩-泥质岩或泥质岩-灰岩组成的沉积韵律较为清楚,沉积旋回发育,单个旋回下部均为碎屑岩,上部为灰岩,反映了沉积序列是由陆源碎屑岩向碳酸盐岩过渡的沉积演化。在库拉甫河一带,上岩组中未见碳酸盐岩,以变细砂岩、粉砂岩、泥质岩为主,沉积韵律清楚。碎屑岩不活泼元素特征,表明其应为被动大陆边缘复理石沉积建造。

深海盆地灰质—硅质岩相:分布于其曼于特一带,以其曼于特蛇绿岩为代表。

西段 沉积相组合较全,包括古陆、滨海、浅海、半深海和深海沉积。

坎地里克古隆起:分布于西昆仑恰尔隆,面积不大。区内可见下奥陶统与中元古界蓟县系拉斯克木群的不整合接触,中间缺失寒武纪沉积。一般来说,中国寒武纪与奥陶纪地层基本上是连续沉积的,如果寒武纪至奥陶纪的早期地层缺失(非断层所致),说明寒武纪时应为古隆起。

滨海相:围绕古隆起带状分布,区内无寒武纪沉积地层出露。根据其相邻相区,推测其为围绕古隆起分布的滨海相沉积区。

浅海相:分布于库地-其曼于特-祁漫塔格弧后盆地西段的大部分地区。区内无寒武纪地层出露,根据区域上的对比研究及瓦尔特相律,认为寒武纪时这里应为浅海相沉积。

半深海相:分布于深海盆地向陆一边,呈带状北西向展布。区内无寒武纪地层出露,根据区域上的对比研究及瓦尔特相律,认为寒武纪时这里应为半深海相沉积。

深海盆地火山碎屑-硅质岩相：沿库地-其曼于特-祁漫塔格弧后盆地南部边界呈扁豆状断续展布。分布面积不大，主要是库地蛇绿岩与一套同时期形成的深海相硅质岩，表明其形成于深海相沉积环境。

2) 岩浆岩相

蛇绿岩是其主要类型，侵入岩也有分布。从东向西有黑山蛇绿岩、其曼于特蛇绿岩以及库地蛇绿岩。黑山蛇绿混杂岩（Nh—O）由超基性、基性岩——堆晶辉橄岩、堆晶辉石岩、堆晶辉长岩和枕状玄武岩等组成。以发育堆晶结构的超镁铁质堆晶岩、镁铁质堆晶岩为显著特色。为 ROMB 型（为大洋中脊低钾拉斑玄武岩系列岩石组合），形成的环境为洋中脊扩张环境。

其曼于特蛇绿岩岩石组合比较齐全，夹少量深水沉积岩。其规模不大，除未见纯橄岩外，其他岩石单元均有出露。岩石组合为超基性岩（蛇纹岩、辉石岩）、基性杂岩（辉长岩、辉绿岩）和基性火山岩（玄武岩）等。与其相伴的沉积岩为远洋沉积硅质岩及洋岛-海山灰岩。蛇绿岩属于陆缘小洋盆的 E-MORB 型。其细粒辉长岩锆石 U-Pb 年龄为（432±15）Ma（蛇绿岩构造就位年龄），表面年龄为（526±1.0）Ma（岩体结晶年龄）。根据于田幅区调成果资料显示，配套的俯冲型花岗岩的时代为晚寒武世到早中奥陶世，说明了蛇绿岩带形成于早古生代。

库地蛇绿岩由下而上分为变质橄榄岩、深成杂岩（堆晶岩）、席状岩墙群、基性火山岩。堆晶杂岩主要有辉石岩和辉长岩，可能属 PPG（橄榄岩-辉石岩-辉长岩）系列，指示了岩浆是在含水条件下熔融，是一种消减带的环境。基性火山岩包括玄武岩、碧玄岩及安山玄武岩，其微量元素特征显示为洋内岛弧拉斑玄武岩特征，具有洋脊及岛弧的过渡性质。玻安玄武岩（袁超，2000）是弧前 SSZ 型蛇绿岩的一个特征岩石，指示库地蛇绿岩形成于岛弧构造环境。与其共生的是硅质岩及火山碎屑岩。硅质岩（石英岩）呈透镜状夹于火山熔岩之中。火山碎屑岩为阳起片岩、绿泥绿帘片岩。综合分析认为，库地蛇绿岩形成于消减带之上的弧间盆地或弧后盆地的扩张区。蛇绿岩中堆晶岩的锆石 SHRIMP-II 年龄为 512～502Ma，代表了蛇绿岩的形成时代为早古生代早期。

侵入岩包括二长花岗岩、石英闪长岩、英云闪长岩、花岗闪长岩、石英二长闪长岩以及辉绿岩、辉长岩等。辉绿岩、辉长岩为碱性系列，成因类型属于 I 型，是地幔岩浆分异产物，其余岩石属低铝型钙碱性系列，其成因为以幔源为主的壳幔混合源。具有 I 型和 S 型花岗岩的成因特点，总体属 I 型花岗岩，形成于板块碰撞前活动大陆边缘的火山弧。岩体中角闪石 K-Ar 年龄为 527.6Ma（新疆第一区调队，1982）、单颗粒锆石 Pb-Pb 蒸发年龄为（495±18）Ma（李永安等，1993），以及 SHRIMP 法获地质年龄值为（502.3±9.1）Ma。

需要说明的是该构造相单元虽然延伸超过 400 千米，但出露面积小，古地理总体轮廓不清，可能为一系列断续相连的弧后小洋盆。

（三）昆中岩浆弧（IX$_3$）

1. 构造特征

北起库地-其曼于特-黑山-十字沟混杂岩带南界，南至昆中构造混杂岩带北界。昆中岩浆弧分为东、西两段，东段西起阿羌以西，经阿牙克库木湖、沙松乌拉山，至兴海以东，呈带状北西西向展布；西段西起库地，经慕士山至其曼于特，呈弓状展布。其基底为地块，西昆仑赛图拉一带可能包括有增生楔杂岩。前寒武纪地质体广泛出露，寒武纪地层零星，残留的沉积特征显示弧间裂谷背景。

2. 岩相特征

沉积相、岩浆岩相均有。

1) 沉积相

沉积相包括了浅海、半深海及深海 3 种沉积。东、西段虽然沉积相组合相同，但其沉积特征有所不同。下面就东、西两段分别叙述（参考剖面 12 条）。

西昆中 岩浆弧内小洋盆比较发育,并且火山岩也较东段发育。

浅海火山-碎屑岩相:分布于昆中岩浆弧的北部及南部的大部分地区,以区内出露的库拉甫河岩群低绿片岩相浅变质的火山-沉积建造为代表。自下而上可分为砂岩组、玄武岩组和大理岩组3个岩组,叠置厚度分别为862.65m、779.56m和73.76m,目前将砂岩组、玄武岩组暂归寒武纪。砂岩组主要为长英质糜棱岩夹少量绢云母千枚岩、糜棱岩化硅质岩等,原岩为泥质长石石英砂岩夹硅质岩,碎屑岩微量元素特征接近于大陆岛弧环境,为一套浅海陆棚相碎屑沉积;火山岩组以灰绿色块状蚀变玄武岩为主,主要为一套钙碱性系列英安岩及玄武岩,岩石地球化学特征表明主要来源于上地幔,并明显有地壳物质的加入,亦形成于岛弧环境。

半深海斜坡相:分布于西昆中岩浆弧的中部,围绕洋盆两侧展布,以区内未分早古生代地层为代表。为一套变质碎屑岩夹火山岩建造,主要岩石为变质粗面流纹岩、玄武岩、薄层灰岩、白云岩、凝灰质变细砂岩。原岩总体为变质碎屑岩夹火山岩,火山岩-含凝灰质变细砂岩或凝灰岩构成的韵律清楚,底部含砾大理岩系深水滑塌成因。总体沉积厚度巨大,厚达3 080~3 230m。火山岩具双峰式特征,沉积环境为裂陷盆地。主体表现为活动陆缘盆地相沉积。

分布于北部的半深海,因无详细资料,是根据相律推测出的。

深海盆地灰质—硅质岩:分布面积不大,呈透镜体雁行式北西西向展布。

东昆中 岩浆弧内主要包括浅海、半深海及深海3种沉积。以浅海沉积为主,洋盆规模明显较西部小而少。

浅海火山-碎屑岩相:分布于东昆中岩浆弧的绝大部分地区,以滩间山群变火山岩岩组和变碎屑岩组为代表。其中变火山岩岩组为基性—中基性的钙碱性火山岩类和火山碎屑岩类;变碎屑岩岩组主要为灰色变石英粉砂岩、变质海绿石砂岩、变长石石英细砂岩、变长石石英砂岩、石英岩、绢云石英片岩、绢云母千枚岩、千枚状板岩、变质硅质岩(含锰矿层)和大理岩、糜棱岩化硅质岩、含石榴黑云石英岩及石榴黑云变粒岩等。硅质岩含放射虫化石。属浅海-陆棚相喷发沉积,沉积厚度大。伴随中基性火山喷发活动和基性—超基性—中酸性岩浆侵入。

浅海碎屑岩相:主要分布于纳赤台一带,见于早寒武世沙松乌拉组中。自下而上为岩屑砂岩夹硅质岩、厚层灰岩及变粉砂岩、紫红色硅质岩及板岩,含华南型小壳动物群化石,厚度大于536.08m。由中粒砂岩、细砂岩、粉砂质砂岩构成下粗上细的退积型沉积层序,局部显示正粒序层理,反映了海侵过程的特征。层内发育水平层理、斜层理。应为近岸浅海环境沉积。

深海盆地:分布于阿牙克库木湖以北地区,规模不大,以黑山蛇绿混杂岩为代表(Nh—O)。

半深海相:分布在阿牙克库木湖一带,围绕深海盆地环带状展布,为推测区。

2) 岩浆岩相

蛇绿岩、中酸性侵入岩、火山岩均有。

蛇绿岩见于西昆仑蒙古包一带,由超基性、基性杂岩和基性火山岩组成。超基性岩包括蛇纹石化纯橄岩、云母二辉岩、含斜辉岩;基性岩包括辉长岩、辉石闪长岩及辉绿岩;基性火山岩为已变质的钠长绿泥片岩;与其相伴的沉积岩为远洋硅质岩沉积和洋岛-海山灰岩(已变质成大理岩)。岩石地球化学特征表明其并非典型的大洋蛇绿岩,应为规模不大的陆缘小洋盆。

火山岩分布于东昆中岩浆弧的绝大部分地区,赋存于滩间山群中,以变火山岩为主。其中变火山岩岩组为基性—中基性的钙碱性火山岩类和火山碎屑岩类。

侵入岩包括闪长岩、石英闪长岩、英云闪长岩、花岗闪长岩-二长花岗岩组合等。岩石为铝饱和-偏铝质、钙碱性系列,岩石大致接近于巴尔巴林的"含角闪石钙碱性花岗岩(ACG)",属I型花岗岩。根据1:5万万保沟幅区调成果资料显示,妥拉海沟西英云闪长岩U-Pb年龄分别为510Ma、530Ma、616Ma。祁漫塔格一带滩间山群中有层状的基性岩床。

3. 古地理特征

南北方向上具有中部浅,向北、南变深,东西走向上存在高低起伏的古地理特征。目前的资料显示,昆仑岩浆弧东、西两端中酸性侵入岩较为发育,而中段的木孜塔格峰一带未见报道。

第三节 南昆仑-巴颜喀拉山地区构造-岩相古地理

一、南昆仑增生杂岩相(X_1)

范围大于现今的昆中蛇绿构造混杂岩带,包括了康西瓦-木孜塔格峰-阿尼玛卿蛇绿构造混杂岩带中西昆仑的蒙古包-普守混杂岩、柳什塔格玄武岩,东昆仑的苦海杂岩、万宝沟群等早古生代地质体分布区,是原特提斯洋的大洋岩石圈板块消减位置所在。根据其北侧昆中岩浆弧上零星发育的寒武纪石英闪长岩、英云闪长岩、二长花岗岩等中酸性侵入岩,判断寒武纪时期,南昆仑一带存在着向北的俯冲作用。

柳什塔格玄武岩 分布在于田县南部的柳什塔格山主脉,东西带状延伸,北部与下古生界、蓟县系、石炭系断层接触,局部有早古生代中酸性岩侵入其中,南与晚古生代的苏巴什蛇绿构造混杂岩带呈断层接触。主要由块状、枕状玄武岩、玄武玢岩组成,伴生硅质岩和薄层灰岩。绿片岩相变质。以高的稀土总量、轻重稀土分馏明显、富集大离子亲石和高场强元素为特征。具洋岛型沉积岩组合和岩石地球化学特征。玄武岩 Rb - Sr 等时线年龄为(563±48)Ma(韩芳林等,2002),侵入其中的花岗岩年龄为(460.8±5.2Ma(许荣华等,2000)。推测可能延伸到寒武纪。

得力斯坦沟一带蛇绿构造混杂岩也存在寒武纪的同位素年龄。

昆中蛇绿构造混杂岩带及其以南的南昆仑地区未发现确切的寒武纪的沉积。到晚奥陶世时,大洋板块俯冲时被上盘刮削下来的沉积盖层,即昆南的中新元古代万宝沟岩群中的玄武岩、玄武安山岩、绿泥石绿帘石岩、大理岩、板岩、硅质岩及洋壳碎片连同原地深海沉积物堆积到海沟向陆一侧,形成增生杂岩。由于削减过程的不断进行,增生杂岩也以一系列倾向大陆的叠瓦状逆冲岩片依次堆积加宽,形成增生楔状体。按照这一增生杂岩的形成规律,增生杂岩从南向北依次为深海相、半深海相及浅海相,即北浅南深。

二、巴颜喀拉推测洋盆(X_2)

巴颜喀拉大部分地区目前未发现有二叠纪以前的沉积物出现,出露最老的底层为中、晚二叠世黄羊岭群。根据冬给措纳湖幅以及阿拉克湖幅区调成果资料显示,鄂陵湖、扎陵湖一带呈构造岩片产出的二叠纪马尔争组碳酸盐岩、玄武岩属于洋岛组合,推测巴颜喀拉山群的基底为二叠纪洋壳残片,没有地块基底。结合寒武纪时古地磁分析,推测其为深海沉积。

第四节 羌塘-三江地区构造-岩相古地理

羌塘-三江地区,主体为三江-北羌塘地块群大相,包括了中咱-中甸地块、昌都-兰坪地块、北羌塘地块、甜水海地块 4 个相区。此外,将若尔盖-松潘地块大相一并叙述。寒武纪主体为被动大陆边缘浅海沉积。

一、中咱-中甸地块(XIII_1)

1. 构造特征

中咱-中甸地块北东起于甘孜-理塘构造带,南西至于金沙江构造带。在玉树—巴塘—香格里拉一带呈弯月状展布。寒武纪的构造属性不清,暂以地块称之。

2. 岩相特征

1) 沉积岩相

从滨岸到半深海相沉积均有发育(参考剖面 22 条)。

滨岸碎屑岩:分布于甘孜南新龙以西的地区,主要见于小坝冲组一段。以滨海相泥质碎屑岩组合为主夹少量中基性火山岩,并夹碳质板岩、千枚岩,局部出现滨岸沼泽相。自下而上为滨岸泥、砂质碎屑岩,岸后沼泽含碳质碎屑岩,滨海-浅海砂泥质碎屑岩。总体表现为海进过程,反映了该区此时处于相对稳定的构造背景。

浅海碳酸盐岩-碎屑岩-火山岩:分布于德格—稻城—香格里拉以南的地区,地层出露为查马贡群、小坝冲组二段。查马贡群下部主要为一套浅海碳酸盐岩,岩石具条带状构造;中上部主要为基性火山岩。根据岩石化学、地球化学特征、区域大地构造背景综合分析,属浅海环境火山沉积。小坝冲组二段是以中基性火山岩为主,夹浅海相碳酸盐岩、泥质碎屑岩,应属浅海台地前缘斜坡相。总体表现为活动环境的近岸浅海沉积特征。

浅海碳酸盐岩-碎屑岩:分布于德荣—香格里拉一带的楔型地带,见于额顶组、颂达沟组中。下部额顶组以碳酸盐岩组合为主,含腕足类和三叶虫化石,为开阔台地-局限台地灰岩相夹浅海泥质碎屑岩相沉积。颂达沟组上部以碎屑岩组合为主,含腕足类和三叶虫化石;下部表现出碳酸盐岩碎屑流沉积;中部表现出细粒陆源碎屑浊流的漫滩相沉积或风暴沉积,但仍为浅海陆棚相环境;顶部表现出细粒沉积特征。总体表现为一种水动力动荡的沉积环境。

潟湖:分布于木里西的吉呷地区,呈椭圆状展布,见于早寒武世呷里降组中。主要为白云岩、硅质条带白云岩及泥质白云岩。发育微细水平层理、平行板状层理、微型斜层理、板状斜层理,似有透镜状层理。含硅泥质岩石颜色以浅灰色—灰白色为主,亦有灰绿色、紫红色、灰黑色。表明下寒武统部分承袭了晚震旦世的潮坪环境。主要是潮间带-潮间潟湖环境的沉积。

斜坡相(复理石):分布于丽江以西的金江、石鼓一带,呈豆荚状展布。常见于洋坡组、陇巴组、银厂沟组中。下部是一套含底栖生物的泥质粉砂岩夹微薄层细砂岩条带以及泥质粉砂和含碳质泥岩互层的半深海-深海还原环境的沉积;上部是一套具水平层理的泥质粉砂岩、粉砂质黏土岩夹硅质岩的半深海相复理石沉积。沉积韵律发育,厚度巨大,达数千米。

3. 古地理特征

具有北东浅、向南西变深的总体特征。垂向上相变不明显。

二、昌都-兰坪地块(XIII_2)

昌都-兰坪地块分布于西金乌兰湖—唐古拉山口—杂多—德钦—兰坪一带,呈带状北西-南东向展布。构造相属性不清。

区内发育有寒武纪无量山群,主要出露于南涧以南的无量山地区(参考剖面 3 条)。其北部的梅里雪山一带出露有前泥盆纪的沉积,编图中给予参考,包括浅海及半深海相沉积。

浅海碎屑岩-碳酸盐岩:分布于兰坪以北的地区。区内未见寒武纪地层出露。根据前泥盆纪地层(033、034 剖面)以泥质、砂质碎屑岩、中基性火山岩为主,夹少量碳酸盐岩,结合南部沉积相的展布特征,推测寒武纪为浅海陆棚碎屑岩-碳酸盐岩沉积。北部岩石组合中出现火山岩,反映了北部有火山活动。

半深海斜坡相:分布于永坪—无量山一带,见于寒武纪无量山群(068 剖面)中。地层自下而上为变粒岩、片岩夹砂岩、板岩、碳酸盐岩,厚度为 3 474.1m。由较粗的碎屑—砂质—泥质—碳酸盐类构成一个完整的沉积旋回,含牙形刺化石,表现出斜坡相的沉积特征。

该构造相单元地层出露零星,推测相区面积大。主体为浅海相,空间变化及垂向序列不清。

三、北羌塘地块相（XIII_3）

北羌塘地块相分布于拉竹龙—温泉兵站一带，呈扁豆状展布。地层出露零星，构造属性不清。主体为浅海碎屑岩沉积。

见于亚恰组中，主要由绢云绿泥石板岩夹变石英细砂岩、变岩屑石英细砂岩组成，局部夹大理岩透镜体。含海绿石，少量残余棘皮类碎屑。原岩主要为泥岩、粉砂质泥岩夹少量细砂岩。地层厚度大，为4 450m。岩性单一，与复理石建造相似，但其中变砂岩分选好、无杂基，偶含海绿石，系浅水高能环境下的产物。应为沉降速度较快的浅水陆棚环境。

区内的早古生代玛依岗日组，为一套浅变质的沉积岩。据玉帽山幅区调成果资料，碎屑锆石 SHRIMP 年龄值，最大为3 217Ma（$^{207}Pb/^{206}Pb$ 年龄），最小为524 Ma（$^{206}Pb/^{238}U$ 年龄），说明锆石具有广泛的物源和复杂的演化历史。该套浅变质岩附近出露的泥盆纪地层基本未变质，据此认为浅变质地层的时代应早于泥盆纪，其形成时代为早古生代。其下部应包含寒武纪沉积地层。其原岩为石英砂岩夹泥岩、粉砂岩。原岩石英砂岩的成分成熟度和结构成熟度均极高，石英砂岩中石英含量可达97％以上，这套成熟度极高的、以石英砂岩为主的碎屑岩地层，属大陆经过长期夷平剥蚀、沉积物经过长期风化搬运的结果，形成的沉积体系为滨岸相石英砂岩-浅海相碎屑岩沉积。

四、甜水海地块相（XIII_4）

甜水海地块相西起阿克拜塔尔山口，经塔什库尔干、喀喇昆仑山口，东至界山达坂，呈西窄东宽的带状北西向展布。区内包括古隆起和浅海两种相（参考剖面4条）。

天神达坂古隆起：分布于神仙弯北天神达坂，面积不大。区内天神达坂一带可见下奥陶世冬瓜山群不整合在中元古代长城系之上，其间缺失寒武纪沉积。推测寒武纪时天神达坂应为古隆起。

滨浅海陆棚碎屑岩相：分布于阿克拜塔尔山口，经塔什库尔干、喀喇昆仑山口，东至界山达坂的广大地区。区内出露地层为甜水湖组，其下部以深灰色岩屑长石细沙质板岩、深灰色岩屑长石粉砂质板岩为主，局部夹少量含泥粉砂质板岩；中部以深灰色含泥粉砂质板岩，或深灰色含泥粉砂质板岩与粉砂质泥质板岩不等厚互层为主；上部主要为土黄色长石石英细砂板岩夹粉砂质板岩、深灰色岩屑长石细砂质板岩；顶部见十几米厚的红色岩屑长石中—粗粒砂岩夹含砾岩屑砂岩。总之是以细砂岩、粉砂岩、粉砂质板岩、泥质板岩细碎屑岩为主，顶部见含砾粗砂岩等。平行层理、水平层理发育。克什米尔东部地区出露地层有早古生代，为一套碎屑岩夹灰岩、火山岩。应属于滨-浅海相。

浅海碳酸盐台地相：分布于天神达坂古陆及慕士塔格山西侧，为一面积不大的碳酸盐台地。中厚状灰岩和鲕粒灰岩，含三叶虫化石，厚674.6m。为稳定型碳酸盐岩沉积。

五、若尔盖-松潘地块（XII）

1. 构造特征

范围包括了松潘地块、若尔盖地块、摩天岭地块以及龙门山西缘。地层出露零星，构造属性有待进一步工作。

2. 岩相特征

若尔盖-松潘地块岩相包括古隆起、滨浅海相、半深海以及推测浅海相4类相区。

摩天岭古隆起：主要分布于黄龙—摩天岭北坡一带。区内早古生代志留系茂县群平行不整合在新元古界碧口群、震旦系水晶组（或元吉组）之上。中间缺失寒武纪及奥陶系地层。推测寒武纪时为隆起剥蚀区。

若尔盖一带缺少资料,参考中国地质大学(武汉)编制的南方岩相古地理图,推测存在古隆起。

滨、浅海碎屑岩、硅质岩相:主要分布于摩天岭古陆周边。地层为下寒武统太阳顶组,不整合在震旦纪之上。其下部为滨海、浅海碳泥质碎屑岩及硅质岩,中上部为滨海、浅海泥质碎屑岩、硅质岩夹含煤碳泥质岩。

滨、浅海碎屑岩:主要分布在北川以南,都江堰以北,呈带状北东向展布。为一套滨、浅海相碎屑岩沉积,常见于油房组、长江沟组(清平组)中,为一套浅变质碎屑岩系。主要由变质岩屑砂岩、石英砂岩、粉砂岩所组成,其底部沉积有碳酸盐磷块岩,含有软舌螺、太阳女神螺等化石。

滨、浅海碎屑岩、碳酸盐岩、硅质岩:主要分布于南坝—茂县一带。为一套滨、浅海碎屑岩、碳酸盐岩、硅质岩沉积,常见于邱家河组中。主要由碳硅质板岩夹硅质岩、结晶灰岩及铁锰矿层组成,总厚349m。底部常见角砾岩沉积,韵律发育。有"平溪式"铁锰矿和石煤,局部地段含磷较高或成磷块岩结核。

半深海火山-碎屑岩、硅质岩:分布于理县—康定—木理一带。为一套半深海碎屑岩、硅质岩沉积,见于渭门组中。以火山碎屑岩与变质碎屑岩互层为特征,包括凝灰质砂岩、火山质砾岩、凝灰岩、火山角砾岩、碳质千枚岩及含碳质硅质岩。总厚度大于1 377m。

推测浅海相区:分布于若尔盖古隆起以西地区。

3. 古地理特征

总体具有北部隆起,东部、东南部存在海水加深的古地理特征。摩天岭一带的太阳顶组表现出早期海侵、晚期海退的垂向变化规律。

第五节 班公湖-双湖-怒江-昌宁地区构造-岩相古地理

其南、北分别以班公湖-怒江结合带和龙木错-双湖-查乌拉结合带为界,还包括了整个南羌塘地区。除龙木错-双湖混杂岩带外,广大范围被中新生代地层覆盖,古生代地层极为零星。现有地球物理资料表明,班公湖-怒江至龙木错-双湖带之间的广大地区,低速层数量、埋深和冷岩石圈下插深度等与北羌塘和冈底斯均有很大差异;其内部浅层和深部存在近于垂直相交的异常走向,缺乏统一的基底;此外,其组成结构复杂,蛇绿岩时代悠久,沉积混生,并分隔了两个迥然不同的大陆边缘系统,综合分析认为其是原特提斯洋主洋域所在。

寒武纪的确切记录不多,区域分析属于扩展洋盆。包括有洋壳残片相、南羌塘西部陆壳残片相。各构造相单元构造属性以及沉积古地理环境多属推断。

一、扩张洋盆相(XIV_1)

缺少确切的寒武纪地质记录。根据1:25万玛依岗日幅区调成果资料显示,果干加年山一带发现有一套变质的早古生代蛇绿岩,由堆晶结构的辉长岩和枕状玄武岩等组成,其形成时代可为中奥陶世,地球化学特征分析形成于大洋中脊环境,表明中奥陶世原特提斯洋已颇具规模,据此推断寒武纪时期为伸展、扩张的洋盆。

双湖以东,分布有前奥陶纪变质地层,自下而上依次为阿木岗岩组、齐陇乌如岩组、嘎错岩组。随着羌塘地质研究程度的提高,据1:25万江爱达日幅区调成果资料,在这套地层中陆续解体出未变质或微变质的志留纪和奥陶纪含化石地层,另外在嘎错岩组中发现微体鱼类之鱼牙化石,故将其余变形强、变质深的地层时代置于前奥陶纪。其中上部嘎错岩组可能含有寒武纪沉积,主要为中—厚层状变质含砾中粗粒石英砂岩、变质细粒石英砂岩夹绢云石英千枚岩、石英二云母千枚岩、绢云母千枚岩等,局部夹少量钙质千枚岩。视厚度大于757m。其原岩为一套滨海-陆棚碎屑岩,其砂岩中可见变余交错层理、楔状层理、板状层理,总体表现为自下而上粒度变细的退积型特征。可能属于洋内陆壳残片孤岛或洋岛之上的沉积。

二、南羌塘西部地块（XIV_2）

分布于班公错以北,龙木错以南,向南东方向延伸经布拉错、热那错至拉丁错一带,呈北西南东向展布。寒武纪时为浅海沉积。

区内未见寒武纪地层出露,但在1:25万玛依岗日幅区调中在玛依岗日山南坡塔石山地区首次发现了早奥陶世下古拉组,未见底,并与中晚奥陶世塔石山组及志留系地层连续沉积。下古拉组为一套变质细碎屑岩夹结晶灰岩,为一套浅海陆棚相沉积,由此推断,寒武纪时应为浅海沉积。

第六节 冈底斯-喜马拉雅地区构造-岩相古地理

冈底斯-喜马拉雅地区隶属印度陆块及北部边缘,大地构造相有冈底斯裂谷盆地相、喜马拉雅边缘海盆地等两个次级构造相单元,主体为浅海相沉积。区内寒武纪的地层及侵入岩极为零星,构造特征及古地理总体面貌不清。各构造相内沉积相介绍如下。

一、冈底斯裂谷盆地（XV_1）

1. 构造特征

地域上包括了冈底斯和雅鲁藏布混杂岩带出露区,寒武纪时期为冈瓦纳大陆边缘裂谷。

2. 岩相特征

沉积相:有冈底斯古隆起、三角洲平原、滨岸碎屑岩、浅海碎屑岩-碳酸盐岩-火山岩及半深海斜坡相（参考剖面15条）。

冈底斯古隆起:分布于念青唐古拉山麦嘎—南木林一带。区内未出露古生代—泥盆纪地层,石炭系—二叠系直接覆盖于中新元古界念青唐古拉岩群之上。前震旦系结晶基底念青唐古拉岩群呈零星状分布在冈底斯-念青唐古拉地区,多呈捕房体、残留体形式出现。主要岩石组合为一套富铝硅酸盐的片岩、片麻岩、变粒岩、混合岩和大理岩,其原岩为火山-沉积建造。说明了本区为古隆起状态并,长期处于隆起状态并遭受剥蚀。

三角洲平原:分布于印度古陆的北侧金巴沃德及那加丘陵一带。寒武纪时,区内地形总趋势是南高北低,古陆上的河流携带了大量陆源碎屑物质注入海洋,在河流入海处形成三角洲平原沉积。

滨岸碎屑岩:围绕古陆呈一环带状展布。区内未见寒武纪地层出露,根据其相邻区（浅海）大量发育碎屑岩,推测靠近古陆边缘应存在滨岸碎屑岩相。

台地相:分布于聂荣至同卡的哑铃型地带,以浅海台地边缘相为主,以嘉玉桥岩群的一岩组为代表。为块状结晶灰岩夹变质砂岩及白云石英片岩,灰岩中部分片理化,厚度大于2 012.6m。其原岩以块状灰岩为主,夹少量白云石英砂岩或变质砂岩,可能属于台地边缘相碳酸盐岩夹碎屑岩建造。

浅海碎屑岩-碳酸盐岩-火山岩:分布于阿富汗的西部—印度拉达克山—西藏的狮泉河—冈底斯山两侧—当雄—边坝的带状地域。区内申扎县东南约40km的扎扛乡一带及西藏尼玛县木纠错和控错南帮勒村有寒武纪火山-沉积地层出露,锆石U-Pb年龄为(536 ± 4)Ma、(503.3 ± 4.3)Ma,是本项目组首次发现。申扎一带岩石组合为流纹岩、流纹质熔结火山碎屑岩、粉砂岩夹大理岩,总厚大于598.81m。向西到尼玛一带变基性、酸性火山岩,火山角砾岩-凝灰岩,具有双峰式火山岩的特征,说明寒武纪时区内处于一种拉张的环境,沉积了一套浅海碎屑岩-碳酸盐岩并伴有火山活动。火山岩有从东以酸性为主向西变为双峰式火山岩的特点。似乎有向西正常沉积的碎屑岩和碳酸盐岩有所减少的趋势。

半深海斜坡相:分布于拉萨—察隅一带,以松多岩群(雷龙库岩组)及波密群的上部为代表。松多岩群主要分布于工布江达至墨竹工卡一带,为一套厚度巨大以陆源碎屑岩为主的岩系,中间夹有中基性火山岩、火山碎屑岩及少量碳酸盐岩。其上部雷龙库岩组(AnOl)以灰白—浅灰色中厚层状石英岩夹石英片岩、黑云-二云片岩为主,厚度巨大,达1 059.36m。其原岩可能为一套碎屑岩、泥质岩。波密群主要分布于波密至察隅一带,为一套沉积-火山岩组合,厚2 000m以上。其中含丰富的微古植物化石。总体岩石组合为变质英安岩、云母石英片岩、绢云千糜岩、千糜岩化岩屑砂砾岩、绢云千枚岩等夹薄层大理岩。自下而上具从粗变细的退积型特征。砾石成分复杂,分选性及磨圆度差,砂岩中发育正向粒序层理,成分和结构成熟度低,为悬浮式低动力条件下的浊流沉积。其火山岩为中酸性,有岛弧-弧后盆地火山岩的岩石学及微量元素特征。横向上从西向东有火山岩愈发育,沉积物粒度愈粗的趋势。

3. 古地理特征

总体具有西部浅、东部变深,以浅海相沉积为主的古地理特征。受地层划分精度所限,垂向序列不清。

二、喜马拉雅边缘海盆地(XV_2)

主要指低喜马拉雅和高喜马拉雅地区。其沉积可分为滨海、浅海和半深海相(参考剖面8条)。

滨岸碎屑岩:主要指围绕印度古陆的环状分布地带。区内以早寒武世Tal组为主,为一套滨海碎屑岩沉积。岩石组合为细粒长石石英砂岩、黑色钙质杂砂岩、碳质云母质页岩。其厚度为3 000m,巨厚的滨岸碎屑岩沉积说明了本区在早寒武世时沉降幅度大,物源充足。

半闭塞海湾相(潟湖相):分布于印度西北部的穆里、本杰一带,出露地层为中寒武世Karsha组。下段为细粒砂岩和云母质粉砂岩,中、上段为瘤状叠层石灰岩和泥灰岩、白云岩与黑色片岩互层。具早寒武世特征遗迹化石、生物扰动构造、板状半圆状叠层石及磷灰质壳。厚700m,显示出海湾潟湖相的沉积特征。

浅海陆棚碎屑岩、碳酸盐岩:主要分布于境外,西起印度西部的嫩贡山、伯德里纳特峰—尼泊尔的鲁古姆果德—加德满都到不丹的廷布—尼乌木—阿帕龙以及缅甸境内的欣见延—密支那的带状地区。出露地层为晚寒武世Kurgiakh组、米林南尼乌木的肉切村岩群及境外与该肉切村岩群层位相当的Pt_3—∈的沉积地层,为一套以粉砂质岩石为主,次为深灰色浅变质的云母质钙质石英片岩、板岩及千枚岩夹灰岩、结晶灰岩、变质砂岩,含丰富微古植物化石和三叶虫化石。表现为浅海陆棚的沉积特征。

半深海斜坡浊积相:位于浅海陆棚相的北部,主要分布于高喜马拉雅地区。以聂拉木、定结县一带的肉切村岩群及比较零星出露于亚东的北坳组为代表。在亚东地区,岩石组合为黑云石英片岩、钙质黑云片岩、钙质绢云母片岩等,韵律层发育,原岩组合属浊流沉积。聂拉木、定结以西地区,岩石组合为钙质板岩、粉砂质板岩、千枚状板岩夹薄层灰岩、细砂岩及粉砂质千枚岩,为黏泥-砂质黏土岩、杂砂岩、硅质岩与碳酸盐岩的交互沉积。变质程度明显低于下伏基底岩系。含微古植物、少量海百合茎和可疑的"小壳"化石。岩石组合特征表明本区为砂泥质及钙质泥岩组成的复理石夹硅质岩建造沉积。属斜坡浊流沉积。

半深海斜坡火山岩-浊积相:主要分布在雅江大拐弯附近的隆子及林芝一带。以隆子、林芝的肉切村岩群及曲德贡岩组的上部为代表。岩石组合以灰绿色斜长角闪片岩、角闪绿泥片岩、斜长方解绿泥片岩、方解绿泥片岩为主,次为含碳质石榴二云片岩、含榴二云石英片岩。其原岩建造为副变质火山-沉积岩,属大陆边缘斜坡相含火山复理石建造,厚度大于1 794m。表现出斜坡浊积相的沉积特征。

三、保山地块（ⅩⅤ₃）

该构造相单元以浅海相沉积为主，未见岩浆岩（参考剖面7条）。

浅海陆棚相：广泛分布于保山陆表海盆地内。主要为浅海陆棚相碎屑岩。早中寒武世为斜坡相过渡型沉积，常见于公养河群上段，为一套以砂、泥质为主的沉积夹少量硅质岩及泥岩，具复理石韵律，岩石以灰黑色为主，砂岩成熟度较低，厚度大于2 300m。含海绵骨针、三叶虫碎片。晚寒武世为正常浅海陆棚潮下低能环境，见于晚寒武世核桃坪组、沙河厂组、保山组三组的下段，以泥质岩、粉砂泥质岩、粉砂岩、页岩为主，夹泥质灰岩、灰岩，厚度为875～1 277m。普遍发育水平、微波状层理。富含底栖及浮游型三叶虫和腕足类化石。

碳酸盐台地相：分布于保山市—泸水之间，常见于核桃坪组、沙河厂组（柳水沟组）的上段。为微晶灰岩、鲕粒灰岩、结晶灰岩夹泥质粉砂岩。含三叶虫、腕足类化石，为一浅海碳酸盐台地相。

第七节　周边地区构造-岩相古地理

周边地区包括阿拉善、塔里木、扬子及印度陆块大相4个相区。除印度陆块主体隆升、剥蚀外，其他相区以浅海相沉积为主。

一、阿拉善陆块（Ⅰ）

1. 构造特征

阿拉善陆块主要指阿拉善走廊南山，属于陆缘海盆地相。分布在张掖、武威和银川一带，处于伸展-裂解构造背景，在阿拉善南缘发育深入大陆的三叉谷。

2. 岩相特征

1) 沉积相

阿拉善陆块沉积相包括了阿拉善古陆、滨海相、浅海相、半深海相、深海相。自北向南从古陆—深海依次展布（参考剖面26条）。

阿拉善古陆：主要分布在阿拉善左旗—民勤—阿拉善右旗一带。区内缺失寒武纪—泥盆纪地层。在民勤、金昌市南可以看到早石炭世臭牛沟组和中石炭世羊虎沟组分别不整合在南华—震旦纪韩母山群及晚太古代-早元古代龙首山岩群之上。反映了本区在寒武纪—泥盆纪之间为一长期隆起区。

滨海相：主要分布在银川以西，呈南北向展布，阿拉善左旗—昌宁—阿拉善右旗以西地区环绕着阿拉善古陆展布。

本区由滨海浅滩碎屑岩相，滨海浅滩碎屑岩、页岩（板岩）及碳酸盐岩相组成。

滨海浅滩碎屑岩相：以辛集组为代表。以含磷碎屑岩为主要特征，底部发育砾岩（含磷砾岩）—砂岩—粉砂岩，具向上变细层序，为前滨沉积。中上部发育含砾砂岩—粉砂质白云岩（灰质白云岩）—石英砂岩—白云质砂岩层序，属后滨沉积。

滨海浅滩碎屑岩、页岩（板岩）及碳酸盐岩相：以陶思沟组为代表。以碳酸盐岩和陆源碎屑岩为特征，下部以砂岩、页岩、白云岩、灰岩组合为主；中、上部砂岩层数渐减，递变为以少量砂岩、页岩、白云岩、灰岩组成的韵律层；顶部白云岩消失，出现以灰绿色页岩、薄层灰岩、鲕粒灰岩为主的岩石组合。发育有两种层序：①砾岩、砂砾岩—含砾砂岩—泥板岩，为向上变细层序，发育于陶思沟组下部。层序底部为灰色砾岩、砂砾岩夹含砾粗粒石英砂岩,向上为灰紫色、橙红色,含细砾中粒石英砂岩顶部为杂色(绿灰色、灰黄色、灰紫色)泥板岩。砾岩、砂砾岩多呈透镜状产出。发育平行层理,显示了海进式滨岸相沉积特征。下部砾岩、砂砾岩属海侵初期滞留沉积,含砾砂岩属滨岸沙滩。②砂岩—页板岩—碳酸盐岩,为向上水体变深层序,发育于中上部,层序厚2.5~20m。层序下部为灰红色、橙红色厚—中层钙质粗—中粒石英砂岩、白云质中—细粒石英砂岩及石英岩状砂岩,常含石英小砾石,发育平行层理及沙纹层理,具对称波痕和不规则波痕;上部为灰紫间夹黄绿色页板岩夹灰紫色薄层白云质微晶鲕粒灰岩,泥板岩具泥裂;顶部为深灰色中层含灰质粉晶白云岩。

本区分布于阿拉善左旗—昌宁—阿拉善右旗以西地区的滨海相因缺乏资料推测而来。

浅海相:主要由潮坪相碳酸盐岩、台地边缘浅滩相、浅海陆棚相-台地边缘浅滩相碳酸盐岩、浅海陆棚碎屑岩组成。

潮坪相碳酸盐岩(云坪):主要分布于贺兰山中段地区(以朱砂洞组为代表)。主体为厚层—块状白云岩、灰质白云岩偶夹薄层灰岩,厚度稳定在48~61m。纵、横向岩性无明显变化。发育有两种基本层序:①白云岩—灰岩—白云岩层序。层序底部为深灰色厚—块状粉砂质灰质白云岩,向上为乳白色薄层灰岩,顶部为灰白色中厚层灰质白云岩及少量页岩。白云岩主要为泥晶或微晶白云岩,二者相间分布构成纹层状构造。属水体较浅的潮间低能环境沉积。②白云岩—灰质白云岩层序,厚44m。层序底部为浅紫灰色块状含灰质粉晶—泥晶白云岩,向上为灰白色块状泥晶质白云岩,具纹层构造,为干热气候下的潮上带沉积。

台地边缘浅滩相:主要分布于贺兰山中段地区,紧邻潮坪相碳酸盐岩(以胡鲁斯台组为代表)。由灰绿色、紫红色页岩与薄—中厚层灰岩,砂质灰岩,泥质条带灰岩,生物碎屑灰岩,鲕粒灰岩不等厚互层,间夹竹叶状灰岩(风暴砾岩)组成。发育两种层序:①砾屑灰岩(风暴砾岩)—页板岩夹鲕粒灰岩层序,发育于下部。层序底部为一层砾屑灰岩,竹叶状构造、砾屑结构,具典型的风暴砾岩特征。主体由灰紫色、黄绿色页板岩及少量浅灰色—灰色薄—中层白云质微晶鲕粒灰岩、薄层微晶灰岩组成。普遍发育大型直脊状对称波痕。②鲕粒灰岩—页板岩夹薄层灰岩层序,发育于中—上部。层序下部为灰—深灰色中层—块状(白云质)微晶鲕粒灰岩,普遍含三叶虫化石及碎片;上部由灰紫色、黄绿色、灰绿色页板岩及灰色中—薄层微晶灰岩组成,含三叶虫化石。

浅海陆棚相-台地边缘浅滩相碳酸盐岩:分布于东青山以东—贺兰山以西地区(以阿不切亥组为代表)。岩性为灰色中—薄层泥质条带灰岩夹灰色—深灰色中厚层鲕粒灰岩、竹叶状灰岩(风暴砾岩),下部夹灰色、灰绿色板岩,顶部为深灰色厚层—块状灰质白云岩,具竹叶状构造、砾屑结构,显示了风暴砾岩特征。层面偶见大型对称波痕。

浅海陆棚碎屑岩:分布于平川—金昌—武威一带(以武威北大黄山组为代表)。以砂岩夹板岩的碎屑岩建造为特征。常见砂岩—粉砂岩—砂质板岩韵律层,发育微斜层理,含大量海绵化石。

半深海相:主要分布在民乐—永昌及景泰北—中卫一带,为半深海相浊流沉积。包括了斜坡-陆隆和浊积扇-中扇两个沉积相。

斜坡-陆隆(斜坡沟谷-斜坡扇)沉积:以大黄山组为代表。分布在武威市西的莲花山和永昌西的大黄山地区,厚度巨大,最厚为5 971.22m。由灰绿色变质细粒长石石英杂砂岩夹浅灰色—浅灰绿色砂质板岩及绢云千枚岩组成的一套厚度巨大的浅变质碎屑岩建造,其内发育灰色、浅灰色中粒变砂岩—中细粒变砂岩—细粒变砂岩—粉砂质板岩构成的不完整韵律层及平行层理,复理石沉积特点明显,水流标志明显。为一套浊积岩相沉积,属半深海相大陆斜坡沉积。从山丹南大黄山向东经永昌南、金昌到武威莲花山,沉积厚度有变厚的趋势,反映了古地理地貌可能为西部较高而东部较低的趋势。

浊积扇(斜坡沟谷-斜坡扇)-中扇沉积:分布于古浪以西—中卫—青铜峡一带。以香山群徐家圈组一段和磨盘井组为代表。徐家圈组为灰绿色中—厚层浅变质中—细粒长石石英(杂)砂岩夹黄绿—灰绿色板岩、粉砂质板岩,偶夹灰色薄层粉砂质灰岩和灰—灰绿色砾岩透镜体。可见重力流沉积砾岩和深切水道砾岩,与下伏岩层呈截切侵蚀接触,具明显的底冲刷特征。从浊流相组合看徐家圈组一段为中扇沉积。

磨盘井组为以深水陆源浊积沉积组合为主的复理石建造。由砂岩和泥岩组成的韵律层,厚度巨大、韵律层理发育。横向上延伸基本稳定(向东变细变薄),岩性变化甚微。纵向上为向上变粗变厚的进积—加积型结构沉积层序,体现了深海浊积扇的沉积特点。属浊积扇的中扇沉积。

深海相:分布于嘉峪关—肃南—峨堡—景泰—海源一带,主要有浊积扇(外扇-远洋-半远洋沉积)相和深海平原盆地相。

浊积扇(外扇-远洋-半远洋沉积)相:以香山群狼嘴子组一段、二段和徐家圈组二段为代表。主要为浅变质碎屑岩和泥质岩组合,是大陆斜坡环境中以陆源浊积岩为主体,夹少量碳酸盐岩,为斜坡环境的灰岩浊积岩沉积组合。根据1:25万吴忠市幅区调成果资料显示,从浊流相组合看狼嘴子组一段、二段应属以外扇为主的沉积。

徐家圈组二段为外扇沉积,以浅变质碎屑岩和泥质岩为主,夹有碳酸盐岩。

深海盆地平原相:以狼嘴子组黄河井段和徐家圈组三段为代表,为远洋及半远洋沉积。狼嘴子组黄河井段以发育硅质岩和碳酸盐岩为特征,属于深海平原环境内的沉积物,深海硅质岩、拉斑玄武质火山岩和韵律较薄的浊积岩广泛发育。常见毫米级纹理。

徐家圈组三段主要以碳酸盐岩发育为特征。岩石组合为灰—深灰色中—薄层微晶灰岩夹灰绿—黄绿色板岩、千枚状板岩和灰绿色中层浅变质中粒长石石英砂岩。与远洋、半远洋的泥质岩及浊积岩中的泥质岩共生。

3. 古地理特征

贺兰山—香山—大黄山地区寒武纪地层是贺兰拗拉槽发育时期的物质记录,其沉积相、沉积环境演化与贺兰拗拉槽的构造演化具内在联系。早寒武世武威—大黄山—张掖一带为长期隆起的古陆,而贺兰山—香山一带与广阔的华北地台浅海区相连,形成了与华北腹地相似的台地碳酸盐岩沉积,但地层厚度比华北腹地明显增大,显示了沉陷地带的沉积特征。中、晚寒武世由于插入鄂尔多斯和阿拉善两地块间的三叉裂谷的贺兰拗拉槽尚处于早期裂陷阶段,此时于阿拉善地块东侧发育一坡度较大的大陆斜坡。

随着拗拉槽进一步扩张成一相当宽的近南北向深水海槽,与秦祁海槽相通,形成了巨厚的以浊流为主的香山群、大黄山组深海浊积扇沉积,显示了拗拉槽扩展过程的沉积相组合,表明扇顶位于贺兰山南段,阿拉善地块和鄂尔多斯地块为物源供给区。

二、敦煌陆块(Ⅱ)

分布于红柳沟—拉配泉—阿克塞以北地区。区内新生代地层直接覆盖在太古宙至元古宙敦煌岩群之上。敦煌岩群由变质较深、变质较强的岩石组成一套有层无序的地质体。下部为斜长片麻岩、眼球状混合岩(糜棱岩类)、黑云石英片岩;中部为片麻岩、花岗片麻岩;上部为角闪斜长片岩、条带状或均质混合岩;顶部为流纹岩、中性火山岩、石英岩及云母石英片岩等。厚度为1 145～2 882m。同位素年龄均说明其时代应早于中元古代,有可能为早元古代以前的沉积。推测该区为隆起区。

三、塔里木陆块(Ⅲ)

1. 构造特征

南至柯岗断裂、北至中天山南缘断裂,东至阿尔金西北侧断裂,西延出国界。寒武纪时期处于伸展裂解背景,编图区主要为浅海环境,北东角可能是半深海盆地。塔里木寒武纪的构造属性有陆内裂陷和三叉裂谷(葛肖虹等,2006)。

2. 岩相特征

塔里木陆块岩相以沉积相为主,可分为古陆、浅海、半深海、深海盆地4种沉积环境(参考剖面6条)。

塔东南古陆：分布于民丰—若羌一带，呈北东-南西向带状展布。区内未见寒武纪地层沉积。民参1井中中生代地层不整合在前寒武纪地层之上。一般来说，中国寒武纪地层和奥陶纪地层基本上是连续沉积的，如果寒武纪至奥陶纪的早期地层缺失（非断层所致），推测寒武纪时塔东南应为古陆（因资料缺乏，只能推断）。

蒸发台地（膏盐岩）相：分布于阿拉格尔—大河沿—且末以北的地区，呈北西-南东向展布。在和4井、康2井及塔参1井所在地沉积了准同生白云岩和膏盐岩，其外围为环带状分布的云坪。中寒武世阿瓦塔格组为一套膏盐岩地层即"含膏盐白云岩段"。上部为潟湖相深灰色、褐灰色白云岩，含膏白云岩夹紫红色白云质泥岩，黑色页岩；下部为潟湖相灰色、灰褐色白云岩，含泥白云岩夹灰色、褐色白云质膏岩，含膏白云岩。厚度为238~500m。含底栖生物（棘皮、三叶虫），推测在和4井、康2井及塔参1井处分别存在一个膏盐湖。

局限台地相：分布于阿拉格尔—大河沿—且末以北的地区，呈北西-南东向展布。在和4井、康2井及塔参1井中均见到自下而上以肖尔布拉克组和下丘里塔格组为代表的局限台地相沉积组合，产底栖生物（藻类、棘皮）化石。肖尔布拉克组顶部为灰色、褐灰色白云岩夹黑色页岩条带；中、下部为薄层状褐灰色、浅褐灰色白云岩夹黑色页岩。厚度为81~87m。下丘里塔格组上部主要为浅灰色、褐灰色白云岩夹砂屑白云岩、含灰质白云岩、燧石结核白云岩；下部主要为深灰色、褐灰色白云岩夹含泥白云岩含灰白云岩。厚度为1 491~1 783m。

开阔台地相：主要分布于塔里木中、西部地区，是一个面积很大的浅水碳酸盐岩台地。该相见于塔中1井晚寒武世丘里塔格组中，岩石主要为白云岩，除去部分准同生的以外，大多数为准同生后白云岩化作用的产物。浅水碳酸盐岩含量高达100%，具灰泥质充填的颗粒含量高达59%。以藻类-牙形石组合为特征。说明塔中、塔西广大地区为开阔碳酸盐台地。

浅海陆棚相：主要分布于克孜勒陶—霍什拉甫及桑株—铁克里克山一带，呈北西向带状展布。以∈—O的阿其克片岩为代表，主要是一套厚度大于840.83m的含绿泥石的各种片岩。主要岩石有灰绿色黑云绿泥方解石英片岩、浅绿色斜长石英绢云母片岩、浅绿色绿泥绢云斜长石英片岩、绿色绿泥绢云石英片岩夹浅灰色长石石英变砂岩、浅灰色绢云方解石片岩、千枚岩等。其原岩为含基性凝灰质的砂岩、杂砂岩或基性凝灰岩，变质程度属低绿片岩相。其岩石化学及岩石组构特征反映其可能为活动大陆边缘或岛弧环境中的浅海陆棚碎屑岩-基性火山岩沉积。

斜坡相：分布于塔东1井—库木恰克马一带，围绕着半深海盆地的是广海陆棚-斜坡，形状为一个向西凸出的马蹄形东倾斜坡带，属塔里木台地东缘斜坡。该相见于塔东1井中的雅尔当山组、莫合尔山组及突尔沙克塔格组。岩性以黑色硅质、钙质泥岩及黑灰色粉晶灰岩为主，夹泥质灰岩、钙质页岩，具水平层理，厚100~600m，含微古植物、放射虫化石。由东向西增厚，生物组合为球节子-底栖三叶虫。

另外，地震剖面上显示出塔里木台地东缘与塔里木盆地的过渡处存在一个明显的宽约60km的向西凸出的斜坡带，推测为碳酸盐重力流沉积。这更进一步说明了塔里木台地东缘斜坡的存在。

深海盆地相：分布于塔东1井以北的广大地区，自下而上为西大山组（包括西山布拉克组）、莫合尔山组、突尔沙克塔格组，主要为灰黑色薄层硅质岩、碳质页岩和灰岩，以浮游生物为特征，说明此盆地应为一个欠补偿的深水沉积区，寒武纪可能与北天山深水沉积区相连。

3. 古地理特征

寒武纪时塔里木盆地构造活动相对稳定，地形平缓，气候以干燥为主，形成了以碳酸盐岩为主的一套沉积。早中寒武世盆地中部和西部海水浅而清澈，陆源碎屑贫乏而发育为典型的碳酸盐台地，其中包括蒸发台地、局限台地、开阔台地和台地边缘（图3-3）。向东逐渐被斜坡、盆地相所代替，水深逐渐加大，陆源碎屑物增多。晚寒武世随着海平面的持续上升，盆地不同相区，特别是斜坡带的结构形式和沉积格局又有了明显的变化。台地斜坡向西部快速迁移，其中下部由于沉积速度降低和水动力条件增强，与台地相区的厚度差异加大，从而使台地斜坡变陡，奠定了奥陶纪古地理格局的基础。

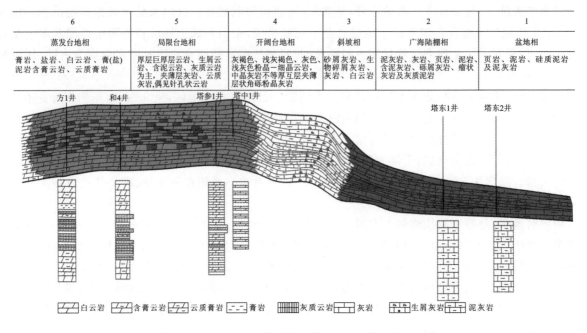

图 3-3 塔里木西部中-下寒武统缓坡型台地层序-模式(据高志前,2006)

四、扬子陆块(XI)

扬子陆块的西缘以龙门山-三江口-虎跳峡断裂为界。该陆块形成于晋宁期,具有扬子型的结晶基底和褶皱基底,寒武纪总体处于稳定盖层发展阶段。

1. 构造特征

范围涵盖了丽江、康定-西昌、成都 3 个地层分区。总体为向西倾斜的大陆边缘,寒武纪处于稳定发展阶段。

2. 岩相特征

沉积岩相主要包括古陆、滨海、浅海相沉积(参考剖面 77 条)。总体具有东西为陆、中部为滨浅海相沉积格局,中部海相沉积垂向变化及横向对比如图 3-4 所示。

古陆:区内为西部康滇古陆和东部牛首山古陆。

康滇古陆:位于川西的康定地区和滇西的下关地区,呈带状分布。均缺失寒武纪沉积,中奥陶统或志留系直接覆盖在震旦系或古元古界之上。其外围地区碎屑岩发育,主要是细碎屑岩的潮坪相沉积。沉积厚度向这两个地区逐渐变薄以至为零。潮坪沉积的细碎屑岩发育,表明康滇古陆是一个长期隆起但已被夷平化,为地形起伏不大的准平原化的陆地剥蚀区。

牛首山古陆:位于云南开远至贵州兴义一带,研究区仅见于乌蒙山等地,呈耳状展布的小岛面积不大。在云南曲靖,志留系平行不整合于沧浪铺组之上,缺失龙王庙组、中寒武统、上寒武统和奥陶系等大套地层。陆地外围有潮坪碎屑岩沉积,且沉积厚度向古陆方向逐渐变薄,以至为零。

由此可见,龙王庙期以前康滇古陆已经形成。而牛首山古陆形成于龙王庙期以后。晚寒武世时两个古陆联合成了广义的康滇古陆。云南曲靖剖面证明,牛首山古陆是从龙王庙期开始出现的。

滨岸碎屑岩:分布于康滇古陆以东边缘地带,川西攀枝花一带呈带状南北向展布。常见于下寒武统石牌组。主要是紫红色、灰紫色石英细砂岩,泥质粉砂岩,泥岩夹含砾砂岩。含三叶虫化石碎片,底部有铁赭色土和黏土的风化壳。与上震旦统灯影组呈平行不整合接触,接触处常见砾岩或砂砾岩,砾岩成分为震旦纪灯影组白云质灰岩。

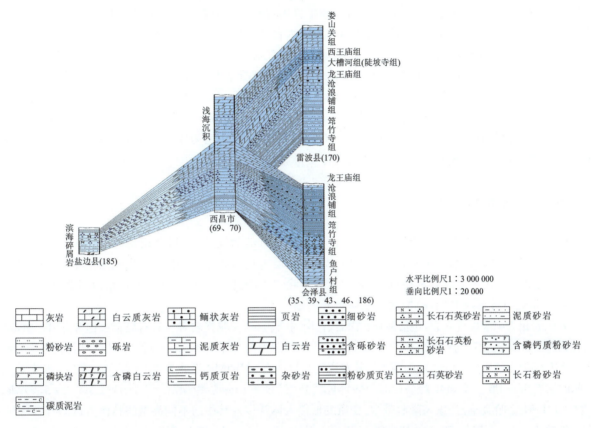

图 3-4 川中-滇西边缘海盆地中部沉积相剖面对比图

碎屑岩潮坪相：分布于古陆以东的广阔地带。为一套陆源碎屑岩组合。常见于扬子陆块下寒武统筇竹寺组（九老洞组）、沧浪铺组（遇仙寺组），中寒武统西王庙组、陡坡寺组（大槽河组），上寒武统娄山关组（洗象池群）中。主要为紫红色细砂岩、石英粉砂岩、泥质粉砂岩、泥岩和黑色页岩磷块岩。有些地方夹有泥质灰岩、泥质白云岩。普遍含三叶虫、介形虫、腕足类化石，局部含软舌螺。发育有平行层理、波状层理、交错层理、虫管、波痕、瘤状构造。总体特征反映了燥热气候条件下障壁海岸沉积。

碳酸盐潮坪相：以形态各异的卵圆形散布于碎屑岩潮坪之中。主要集中分布在荣县-盐津、峨边-甘洛、昭通西炎山、会泽-东川、昆明-玉溪5个地带。常见于下寒武统梅树村组、龙王庙组，中寒武统西王庙组、双龙潭组、陡坡寺组，上寒武统娄山关组（二道水组）中。为一套碳酸盐岩沉积组合，主要为白云岩、硅质岩、白云质灰岩夹紫红色粉砂岩、泥岩及石膏层。发育有瘤状构造、平缓斜层理、波状层理。含三叶虫、软舌螺、小壳动物化石。

浅海碎屑岩-碳酸盐岩：分布于马边—昭觉—会理—武定及永宁—鹤庆一带，呈带状南北向展布。常见于下寒武统沧浪铺组，中寒武统西王庙组、双龙潭组、陡坡寺组（大槽河组），上寒武统娄山关组（二道水组）中。为一套浅海碎屑岩、碳酸盐岩沉积组合。主要岩性为灰色、深灰色中厚层状灰岩，白云质灰岩，泥灰岩夹灰绿色、黄紫色砂质页岩，石英细砂岩和粉砂岩。含三叶虫化石。为一套燥热气候下沉积的浅海相碎屑岩及碳酸盐岩。厚度为70～216m。

3. 古地理特征

扬子陆块寒武纪岩相古地理有两个相当明显的演化阶段。第一个阶段为早寒武世早期和中期，即梅树村期至沧浪铺期。古地理可概括为两陆、一海。陆为康滇古陆（川西康定古陆和滇西下关地古陆）；海暂称扬子台地。康滇古陆是一个古老的低缓的陆地，向扬子台地提供有限的碎屑物质。古陆面积不大，而且还不是一个统一的陆地，呈岛链状一直延伸至滇西地区。扬子台地以碎屑岩沉积为主，局部有碳酸盐岩沉积。早寒武世晚期——龙王庙期，康滇古陆面积增大而且连为一体。扬子台地从前期以碎屑岩沉积为主转变成以碳酸盐岩沉积为主,但和牛首山古陆仍然分离。在康滇古陆的西侧,出现了一个滇西台地。以康滇古陆为中轴,其西、东两侧均为浅水台地,靠近康滇古陆的狭长地带分布有碎屑岩,是浅水碳酸盐岩台地靠近陆地的边缘相带,远陆地区为碳酸盐岩沉积。

第二个阶段为龙王庙期至晚寒武世。康滇古陆扩大,其标志是扬子台地的西部出现了局限台地及含膏盐湖环境;与此同时,泥坪和云坪等潮坪环境的范围也扩大了,表明扬子台地的水体变浅。晚寒武世继承了中寒武世岩相古地理的格局。康滇古陆进一步扩大,形成一个统一的陆地。扬子台地仍主要是浅水碳酸盐岩台地,靠近康滇古陆的地区仍是以碎屑岩潮坪环境为主的碎屑岩沉积,但膏盐湖消失了。表明晚寒武世又一次海侵,扬子台地的水体变得更开阔了一些。

五、印度陆块(XVI)

印度陆块为主边界断裂以南的印度陆块区。寒武纪可能为同造山-后造山阶段。编图区印度境内石炭纪—二叠纪含冈瓦纳冷水动植物群的塔奇尔冰碛层直接覆盖于早-中元古代地层之上。其间缺失新元古代、早古生代—泥盆纪地层沉积,断续见有寒武纪中酸性侵入岩。加之正是东西冈瓦纳碰撞、莫桑比克泛非造山带形成时期,故推测其总体隆升剥蚀。

岩浆岩相为中酸性侵入岩,包括钾长花岗岩、花岗闪长岩、二长花岗岩等。岩石属铝过饱和、高钾钙碱系列。成因类型以A型花岗岩为主(含I型花岗岩),应为后造山构造环境(POG)。通巴寺岩体钾长花岗岩锆石SHRIMP年龄为(513 ± 10)Ma;汤嘎西木岩体花岗闪长岩锆石SHRIMP年龄为(502 ± 9)Ma;康马二长花岗岩岩脉的锆石U-Pb上交点年龄为(486 ± 49)Ma,^{206}Pb/^{238}U表面年龄为(471.1 ± 1.0)Ma、(736 ± 136)Ma、(766 ± 131)Ma。哈金桑惹-康马隆起带中,变质变形侵入体及侵入其中的不同类型的脉体锆石U-Pb法上交点年龄为558~490Ma、锆石^{206}Pb/^{238}U表面年龄为478~461Ma、锆石^{207}Pb/^{206}Pb比年龄为451Ma、全岩Rb-Sr等时线测得年龄为484Ma。

第四章 奥陶纪构造-岩相古地理

奥陶纪与寒武纪类似,大体以班公湖-双湖-怒江-昌宁所代表的原特提斯主大洋为界,分为北部泛华夏陆块群陆缘系统、原特提斯主洋盆和南部冈瓦纳陆缘系统 3 个大的构造-岩相古地理相区。北部的泛华夏西部陆块群及其间的秦祁昆造山区进入弧盆系发展阶段,呈现俯冲洋盆-岛弧-弧(间)后盆地-陆缘海相间的复杂古地理格局。阿拉善、柴达木、塔里木等陆(地)块边缘以浅海到斜坡的陆缘海沉积为主,祁连山地区的北祁连、中祁连、拉脊山、欧龙布鲁克、柴北缘则表现出俯冲洋盆的斜坡-深海与岛弧(水下隆起)的浅海-局限台地到古隆起相间的沟-弧体系。昆仑和秦岭地区古地理格局类似于祁连。其中昆中蛇绿混杂岩带大体沿柳什塔格—朝阳沟—诺木洪—得力斯坦沟—一线东西延伸,代表了奥陶纪时期原特提斯洋大洋岩石圈板块向北消减的残留。中昆仑大量形成于 481~440Ma 的中酸性侵入岩也是洋壳俯冲的标志(西昆仑中带零星见有寒武纪),代表了岛弧所在,主体为浅海-斜坡沉积。库地-其漫于特-祁漫塔格基性—超基性岩带和伴生的滩间山群、祁漫塔格群碎屑岩夹板内岛弧-洋脊型火山岩组合代表了弧后盆地环境。

扬子陆块及其边缘三江地块群系统已经与冈瓦纳大陆分离,总体处于稳定盖层发展阶段,以陆表海-边缘海沉积为主体。冈底斯-喜马拉雅属于冈瓦纳边缘,为向北变深的被动大陆边缘,以浅海相碳酸盐岩、碎屑岩沉积为主体。

第一节 奥陶纪大地构造相划分

综合沉积、岩浆、变质变形事件,结合古地磁、古生物区系等,对青藏高原不同构造单元奥陶纪的构造属性进行分析、划分、厘定的大地构造相系统见表 4-1、图 4-1,分为 16 个大相、23 个相,归并为 5 个组合、三大系统。对应的古地理单元名称及其隶属关系如表 4-1。各构造相特征的具体说明参见本章中每节的"构造特征"部分,对应的岩相古地理面貌见图 4-2。

第二节 秦祁昆地区构造-岩相古地理

南界为昆中蛇绿构造混杂岩带,北界为龙首山南缘断裂,向西越过阿尔金山缘断裂接柯岗断裂,东接同心-固原断裂。包括了工作区内北祁连弧盆系、北祁连消减洋盆、中南祁弧盆系、赛什腾-锡铁山消减洋盆、柴达木地块、昆仑-西秦岭弧盆系、阿尔金弧盆系 7 个构造相单元。奥陶纪是秦祁昆地区弧盆系发育的鼎盛时期,代表地块或岛弧的浅海-半深海碎屑岩-碳酸盐岩沉积与代表洋盆的硅泥质、蛇绿岩、洋岛沉积序列是最大特点。分构造相叙述如下。

一、北祁连弧盆系(Ⅳ)

(一)走廊弧后盆地(Ⅳ$_1$)

1. 构造特征

北祁连洋盆大洋岩石圈板块向北俯冲,引发弧后拉张。奥陶纪河西走廊地区总体处于伸展构造背景。

表 4-1 青藏高原奥陶纪古地理单元与大地构造相单元对应表

古地理单元名称		大地构造相单元名称		备注	
一级、二级	三级、四级	大相	相		
Ⅰ 阿拉善陆块	Ⅰ₁ 阿拉善古陆 Ⅰ₂ 走廊边缘海	Ⅰ 阿拉善陆块大相		泛华夏西部陆块群及边缘弧盆系	泛华夏陆块群及其边缘弧盆系统
Ⅱ 敦煌古陆		Ⅱ 敦煌陆块大相			
Ⅲ 塔里木陆块	Ⅲ₁ 塔东南古陆 Ⅲ₂ 塔里木陆内裂谷	Ⅲ 塔里木陆块大相			
Ⅳ 北祁连活动陆缘	Ⅳ₁ 走廊弧后盆地 Ⅳ₂ 走廊南山岛弧	Ⅳ 北祁连弧盆系大相	Ⅳ₁ 走廊弧后盆地相 Ⅳ₂ 走廊南山岩浆弧相		
Ⅴ 北祁连消减洋盆		Ⅴ 北祁连消减洋盆大相			
Ⅵ 中南祁连活动陆缘	Ⅵ₁ 中祁连岛弧 Ⅵ₂ 党河南山-拉脊山弧间洋盆 Ⅵ₃ 南祁连岛弧	Ⅵ 中南祁连弧盆系大相	Ⅵ₁ 中祁连岩浆弧相 Ⅵ₂ 党河南山-拉脊山弧间洋盆相 Ⅵ₃ 南祁连岩浆弧相		
Ⅶ 阿尔金多岛洋	Ⅶ₁ 红柳沟-拉配泉消减洋盆 Ⅶ₂ 阿尔金岛弧 Ⅶ₃ 阿帕-茫崖弧后盆地	Ⅶ 阿尔金弧盆系大相	Ⅶ₁ 红柳沟-拉配泉消减洋盆相 Ⅶ₂ 阿尔金岩浆弧相 Ⅶ₃ 阿帕-茫崖弧后盆地相		
Ⅷ 赛什腾山-锡铁山消减洋盆		Ⅷ 赛什腾山-锡铁山消减洋盆大相			
Ⅸ 柴达木古陆		Ⅸ 柴达木地块大相			
Ⅹ 昆仑-西秦岭活动陆缘	Ⅹ₁ 西秦岭地块 Ⅹ₂ 库地-其曼于特-祁漫塔格弧后盆地 Ⅹ₃ 昆中岛弧	Ⅹ 昆仑-西秦岭弧盆系大相	Ⅹ₁ 西秦岭地块相 Ⅹ₂ 库地-其曼于特-祁漫塔格弧后盆地相 Ⅹ₃ 昆中岩浆弧相		
Ⅺ 巴颜喀拉-昆南俯冲洋盆	Ⅺ₁ 南昆仑增生杂岩楔 Ⅺ₂ 巴颜喀拉洋	Ⅺ 巴颜喀拉-昆南俯冲洋盆大相	Ⅺ₁ 南昆仑增生杂岩相 Ⅺ₂ 巴颜喀拉洋盆相	原特提斯洋盆消减带	
Ⅻ 扬子陆块	Ⅻ₁ 川滇陆表海 Ⅻ₂ 康滇古陆 Ⅻ₃ 盐源-丽江边缘海	Ⅻ 扬子陆块大相	Ⅻ₁ 川滇陆表海盆地相 Ⅻ₂ 盐源-丽江被动边缘盆地相	扬子陆块及西部被动边缘	
ⅩⅢ 若尔盖-松潘地块	ⅩⅢ₁ 若尔盖古隆起 ⅩⅢ₂ 摩天岭古隆起 ⅩⅢ₃ 班玛-九龙边缘海	ⅩⅢ 若尔盖-松潘地块大相			
ⅩⅣ 三江-北羌塘被动边缘	ⅩⅣ₁ 中咱-中甸边缘海 ⅩⅣ₂ 昌都-兰坪边缘海 ⅩⅣ₃ 北羌塘浅海盆地 ⅩⅣ₄ 甜水海浅海盆地	ⅩⅣ 三江-北羌塘地块群大相	ⅩⅣ₁ 中咱-中甸地块相 ⅩⅣ₂ 昌都-兰坪地块相 ⅩⅣ₃ 北羌塘地块相 ⅩⅣ₄ 甜水海地块相		
ⅩⅤ 班公湖-双湖-怒江-昌宁扩张洋盆	ⅩⅤ₁ 扩张洋盆 ⅩⅤ₂ 南羌塘西部浅海	ⅩⅤ 班公湖-双湖-怒江-昌宁扩张洋盆大相	ⅩⅤ₁ 扩张洋盆相 ⅩⅤ₂ 南羌塘西部地块相	原特提斯洋盆	
ⅩⅥ 冈底斯-喜马拉雅边缘海盆地	ⅩⅥ₁ 冈底斯-喜马拉雅边缘海 ⅩⅥ₂ 保山浅海	ⅩⅥ 冈底斯-喜马拉雅地块大相	ⅩⅥ₁ 冈底斯-喜马拉雅边缘海盆地相 ⅩⅥ₂ 保山地块相	印度陆块及北部被动陆缘	冈瓦纳大陆及其边缘系统
ⅩⅦ 印度古陆		ⅩⅦ 印度陆块大相			

第四章 奥陶纪构造-岩相古地理

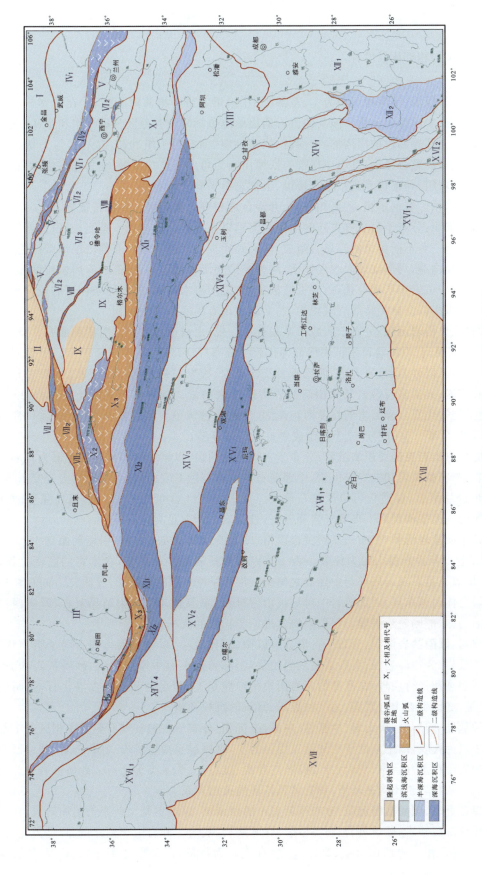

图 4-1 青藏高原及邻区奥陶纪大地构造相划分图
注：构造相代号见表4-1

2. 岩相特征

沉积岩相与岩浆岩相都比较发育。

1) 沉积岩相

总体为海相沉积，以滨-浅海相沉积为主，东部中卫、银川一带为半深海相沉积，在景泰—古浪一带分布范围较小的深海-半深海相沉积。涉及的岩石地层单位包括阿拉善地区马家沟组和米钵山组，与下伏寒武系整合接触；北祁连西段的阴沟群、中堡群、妖魔山组、南石门子组和扣门子组，与下伏寒武系整合接触，与上覆下志留统整合接触，其中中堡群与妖魔山组为角度不整合接触；北祁连东段车轮沟群、斯家沟组、天祝组和斜壕组，与下伏寒武系整合接触，上被志留系整合覆盖。

引用剖面13条，该区有滨岸相、浅海相沉积、开阔台地相等8类相区。各自特征如下。

滨岸相碎屑岩沉积：分布于阿拉善古陆的西侧和安远以东地区。前者为一推测相区；后者层位属中晚奥陶世天祝组。为一套不同粒级的碎屑岩组成，偶夹钙质页岩及硅质岩。底部岩层呈紫红色，下部砂岩中见有虫迹及波纹构造，局部细砂岩中含铁质，均为滨岸相沉积的证据；上部的碎屑岩粒度逐渐变细，颜色变深，出现页岩。页岩中产笔石化石，未见底栖生物，说明海水变深，属还原条件下的较深水闭塞海湾相沉积。总体沉积相以滨岸相碎屑岩沉积为主，上部出现有闭塞海湾相沉积。

浅海相碎屑岩、火山岩沉积：分布于武威市至张掖市一带，出露面积较广。引用剖面有9条(42,43,59,44,66,90~94剖面)。以中晚奥陶世中堡群为代表。分布广泛，东西延伸千余千米。由碎屑岩及火山碎屑岩组成，碎屑岩以砂岩、板岩为主，偶见砾岩及砂砾岩；板岩与砂岩常呈互层状，夹灰岩与火山岩透镜体及少量硅质岩；火山岩有熔岩及火山碎屑岩夹碱性火山岩。板岩中产笔石化石，灰岩中产三叶虫、牙形刺及腕足类等化石。碎屑岩的粒度西粗东细，当时的物源主要来自西部，其中靖远一带为沉积中心，厚度为3 300余米。火山岩形成于陆源成熟火山岛弧环境。

浅海相中酸性火山岩夹硅泥质岩沉积：分布于古浪县的西边，以早中奥陶世车轮沟群为代表。下部为变晶屑凝灰岩、英安凝灰岩和蚀变安山岩，中部变石英斑岩与蚀变安山岩互层，上部为变安山岩、变英安岩夹少量黑色硅质板岩，硅质板岩中产笔石化石。火山岩SiO_2含量为72.81%，属岛弧型酸性火山岩。在天祝车轮沟—大牛沟剖面上夹有灰岩和砂岩，且灰岩中产腕足类化石等。

开阔台地相碳酸盐岩沉积：分布于嘉峪关市以南，冷龙岭以北及安远等地，引用剖面有4条(40,41,46,61剖面)。以晚奥陶世妖魔山组为代表。为一套以碳酸盐岩为主的沉积，含丰富的底栖生物，指示当时气候温暖，供氧充足。灰岩底部与中堡群之间夹一层1~50m厚的砾岩层，反映二者间存在短暂的沉积间断。砾岩总体西薄东厚，西部砾岩中可见火山岩砾石，东部则几乎全为结晶灰岩，说明西部此时仍有弱的火山活动，东部则趋于平静。是裂陷海盆进一步扩张的沉积环境。

浅海相碎屑岩、碳酸盐岩沉积：分布于古浪县城以南，面积较小，以晚奥陶世南石门子组为代表，岩石组合是粉砂质板岩、变粉砂岩、石英砂岩夹灰岩团块，上部普遍夹有中厚层灰岩、砂质灰岩和泥灰岩。岩层中发育水平层理和平行层理，在底部的灰岩团块中产腕足类、腹足类和三叶虫等化石，说明当时海水较浅，阳光充足，底栖生物十分繁盛，为一种近岸、富氧的沉积环境。

浅海相碳酸盐岩、碎屑岩、火山岩(中基性、中酸性)沉积：分布于古浪县城西侧及本相区的中部。以晚奥陶世扣门子组为代表，以中基性至中酸性火山岩为主，夹厚层至薄层灰岩、砾状灰岩、硅质岩及各类碎屑岩。灰岩多集中在下部层位，灰岩中产珊瑚、三叶虫、腕足类、头足类等化石。砂质板岩中产笔石化石。火山岩代表了陆源岩浆弧构造环境，具有岛弧特征的火山岩系。

深海盆地相砂页岩、碳酸盐岩沉积：分布于武威市的西南部，以晚奥陶世斯家沟组和斜壕组为代表。岩石组合是灰褐色薄层砂岩、砂质页岩、石英砂岩、含砾灰岩、灰岩。砂岩中产三叶虫、腕足类化石，页岩中产笔石化石，为混合相。岩层以富硫、高碳、多含有机质为特征，以盆地相为主，局部地方水体可能较浅。

深海相火山盆地(基性、中性、中酸性)沉积：仅分布于古浪县的东边，发育在早中奥陶世阴沟群中，是北祁连地区阴沟群出露的最东边地区之一。以黑色杏仁状玄武岩、玄武质火山角砾岩为主，夹薄层凝灰质板岩、薄层硅质岩，局部地方尚有中性—中酸性火山岩。其中火山岩以玄武岩为主，发育枕状构造、绳状构造和气孔状构造，常呈巨大的透镜体产出。板岩中产微古植物化石和笔石化石，底栖生物基本未见踪迹。火山岩岩石学、岩石化学及微量元素特征表明，阴沟群玄武岩属拉斑玄武岩系列，介于大洋拉斑玄武岩和大陆溢流拉斑玄武岩之间的过渡类型。因此，环境应为深海相活动弧后盆地（或活动边缘盆地）环境，局部有火山海山露出水面。

2）岩浆岩相

火山岩：分布广泛，中基性至中酸性火山岩都有，但以玄武岩为主。

蛇绿岩：发育有走廊南山弧后盆地蛇绿岩，主要包括马氏河-香毛山蛇绿混杂岩、塔洞沟蛇绿岩、大岔大坂蛇绿岩、桦木沟-拉硐-三岔蛇绿混杂岩带、冷龙岭蛇绿岩带、乌鞘岭-东岔沟蛇绿混杂岩、西岔沟蛇绿岩、乌鞘岭蛇绿岩、银洞沟蛇绿杂岩等。

侵入岩：有闪长岩、石英闪长岩、花岗闪长岩、英云闪长岩等，属钙碱性系列，次铝质—过铝质类型，成因类型为I型花岗岩。其中晚奥陶世的岩石常为钾质钙碱性系列、钙碱性系列、过铝质类型。另外，前人在白石头沟莲花山岩体中获锆石U-Pb年龄为(426±15)Ma，在毛藏寺一带获488~443Ma和锆石U-Pb年龄为554.1~452.1Ma。

3. 古地理特征

走廊弧后盆地奥陶纪时主体为浅海环境，在古浪东边小范围区域及武威市的西南部为深海环境，在本相区的西北边部及安远以南分布小范围的滨浅海碳酸盐岩台地沉积。

（二）走廊南山岩浆弧（IV_2）

1. 构造特征

北祁连洋盆大洋岩石圈板块向北俯冲，在阿拉善南缘前寒武纪地块基底之上发育岩浆弧。奥陶纪总体处于挤压构造背景，局部存在弧间裂谷伸展背景。

2. 岩相特征

沉积岩相与岩浆岩相都比较发育。

1）沉积岩相

以海相沉积为主，该区东北角为南华山古隆起。涉及岩石地层单位包括阿拉善地区的马家沟组和米钵山组，与下伏寒武系整合接触；北祁连西段的阴沟群、中堡群、妖魔山组、南石门子组和扣门子组，与下伏寒武系整合接触，其上被下志留统整合接触，其中中堡群与妖魔山组为角度不整合接触；北祁连东段的车轮沟群、斯家沟组、天祝组和斜壕组，与下伏寒武系整合接触，上被志留系整合覆盖。

引用剖面17条，该区有古隆起、浅海相沉积、半深海相、开阔台地相等6类相区。各自特征如下。

南华山古隆起：图区仅出露一小块，分布于北祁连区最东边。出露地层为前奥陶纪长城纪海原群，为高绿片岩相的变质岩系，是一个局部无序、整体有序的变质地层。下部未见底，其岩石组合为：下部以绿片岩（原岩为基性火山岩）、浅色石英片岩（原岩为沉积碎屑岩）为主夹大理岩，厚2 963.7m；中部碳酸盐岩与碎屑岩不等厚互层，厚1 806.7m；上部以片岩为主，厚3 269.7m。该群被志留纪旱峡群不整合覆盖，缺失寒武纪、奥陶纪沉积。寒武纪—奥陶纪为隆起的陆源剥蚀区。

浅海相碳酸盐岩、碎屑岩、火山岩沉积：分布于本相区的北侧和永登北边等地，引用剖面4条（43、44、53、59剖面），以中晚奥陶世中堡群为代表。在永登中堡石灰沟剖面有硅质岩、板岩、沉凝灰岩、安山质凝灰岩、块状结晶灰岩、安山质晶屑凝灰岩、火山角砾岩、安山岩、碱性粗面岩和集块岩，顶部为薄—中层状硅质岩和砂质板岩、结晶灰岩。局部地段产微古植物化石。本剖面以浅海相为主，但在剖面的底部和顶部均有硅质岩出现。产笔石化石，应为斜坡相（半深海）沉积。其中火山岩为陆源成熟火山岛弧沉积。

半深海相砂岩、泥岩、碳酸盐岩沉积：分布于门源大梁地区及其以东，发育在中晚奥陶世大梁组和相变(在靖远一带)的中堡群中。引用剖面10条(38、39、47、53、54、62、63、66、115、116剖面)。以灰黑色、黑色调为主。上部为灰岩及条带状灰岩；中部为千枚岩、板岩、页岩、砂岩及砾岩；下部为砂岩、板岩、千枚岩及条带状结晶灰岩。产笔石化石，发育多种浊流沉积构造。鲍马序列a、b、c、d段发育较多，未见e段。为典型的高密度浊流沉积。根据水流方向判断，下部水流方向为NW352°，上部为NW330°，浊积岩向上变粗，说明水体向上变浅(周志强等，1995)。

开阔台地相碳酸盐岩沉积：分布于玉门市以南和肃南县以南地区，引用剖面两条(42、60剖面)。以晚奥陶世妖魔山组为代表，为一套致密灰岩、不纯灰岩及结晶灰岩，上部为厚层灰岩，产三叶虫化石。在肃南木龙沟剖面以板岩、长石石英砂岩、中基性火山岩为主夹灰岩透镜体，未见顶、底，灰岩透镜体中产腕足类化石。木龙沟一带灰岩较少的原因可能是洋盆初始闭合阶段沉积环境不稳定，导致各地沉积组合中有所差异。

浅海相碳酸盐岩、碎屑岩沉积：分布于肃南以西，以晚奥陶世南石门子组为代表，为灰色灰岩、粉砂质板岩、硅质板岩及长石硬砂岩互层，未见顶、底。底部产珊瑚、腹足类化石。

台地边缘浅滩相沉积：分布于门源西北部，以晚奥陶世扣门子组为代表。在门源大梁附近，以生物碎屑粉晶灰岩为主，局部出现小型的珊瑚礁体，底部有一层内碎屑砾屑灰岩，亮晶方解石胶结，可能属浅海风暴沉积。其上仍以生物碎屑粉晶灰岩为主，为粉晶方解石胶结，含较多腕足类、藻类、海绵骨针及介形虫壳体及碎屑，是一种动荡的沉积环境。顶部含少量泥晶灰岩，水体可能略有变深，属潮下低能环境。

深海相火山盆地沉积：分布于本相区西北边部及东南一角，引用剖面两条(50、57剖面)。以早中奥陶世阴沟群为代表。阴沟群在北祁连地区分布广泛，各地岩性和沉积相均有不同程度变化。在玉门东大窑以南的层型剖面上，主要由玄武岩、安山玄武岩、安山岩、英安岩、各类集块岩-角砾岩、凝灰岩、各类岩屑砂岩、层状硅质岩及板岩、灰岩等组成，常见块状与枕状熔岩。火山岩以喷溢相为主，厚度大于5 000m，富含笔石、三叶虫及头足类化石。在东部靖远、白银一带，火山岩、火山碎屑岩显著增多，所夹的细晶灰岩中产三叶虫、腕足类、牙形刺等化石。

2) 岩浆岩相

火山岩：分布广泛，中基性至中酸性火山岩都有，但以玄武岩为主。

蛇绿岩：发育有边麻沟-清水沟-百经寺弧间蛇绿岩。

侵入岩：花岗岩、二长花岗岩、花岗闪长岩、英云闪长岩、石英闪长岩、闪长岩等，属铝过饱和、钙碱性系列，成因类型为I型花岗岩。前人在南沟山石英闪长岩中获得锆石U-Pb年龄为(473.5 ± 0.9)Ma；在泉沟英云闪长岩中获得Rb-Sr年龄为(518.9 ± 64.0)Ma。

3. 古地理特征

奥陶纪，本相区东北高，以南华山古隆起为标志，向西南地势变低，在西北边部及东南角的白银及以东地区形成范围较广的深海沉积，其余广泛地区为浅海沉积环境。

二、北祁连消减洋盆(Ⅴ)

北祁连消减洋盆与现今北祁连结合带范围一致。西起吊大阪—朱龙关，经玉石沟—穿刺沟，东至大阪山一带。主要有蛇纹石化斜辉橄榄岩、橄榄斜辉岩、蛇纹石化橄榄二辉岩、蛇纹石化纯橄岩和蛇纹岩、方辉橄榄岩、堆晶斜长岩、角斑岩、细碧质枕状熔岩及硅质岩等。属洋脊-洋岛型，时代归属为寒武纪—奥陶纪。从两侧配套的岩浆弧分析，奥陶纪该洋盆大洋岩石圈板块具有南北双向俯冲的特点。总体为深海盆地沉积，局部有洋岛型浅海碳酸盐岩沉积。早奥陶世洋盆规模最大，为2 300km，晚奥陶世几近关闭，宽度仅剩270km。

三、中南祁连弧盆系（Ⅵ）

（一）中祁连岩浆弧（Ⅵ$_1$）

1. 构造特征

范围对应现今的中祁连-湟源地块，奥陶纪受北祁连洋盆大洋岩石圈板块向南俯冲控制，总体处于挤压构造背景。

2. 岩相特征

沉积岩相与岩浆岩相都比较发育。

1）沉积岩相

为单一的海相沉积，涉及岩石地层单位有中南祁连区吾力沟群、盐池湾组、多索曲组及兰州至永靖一带的雾宿山群，与下伏寒武系整合接触。引用剖面17条，沉积相垂向变化及横向对比如图4-3。有深海相、浅海相、半深海相、开阔台地相4类相区。各自特征如下。

开阔台地相碳酸盐岩沉积：出露于党河南山北坡，呈北西-南东向长条状展布，引用剖面两条（74、83剖面）。以早中奥陶世吾力沟群为代表，为一套厚达300余米的灰岩，局部地方夹少量砂岩（原划分的下部中基性火山岩和中部中酸性火山岩，现已证明属于震旦纪）。产腕足类等化石，岩性稳定，横向上变化不大。

浅海相碎屑岩沉积：分布于党河南山北坡的大部分地区（55、56、76、79剖面）及西宁一带，分布面积较广，以相变的盐池湾组为代表。岩石组合为含砾细粒硬砂岩、含砾白云质硬砂岩、中细粒石英长石砂岩、钙质砂岩、板岩、千枚状板岩、粉砂岩，局部地方夹有灰岩、大理岩等。由于分布广，各地岩性、岩相有所变化。在吾力沟至黑刺沟一带，下部常见波痕、斜层理，产腕足类和三叶虫化石，剖面中含砾岩较多，属滨、浅海相沉积；在天峻县克克宙剖面，主要为陆源碎屑岩夹碳酸盐岩；在肃北县钓鱼沟脑，砂岩中可见黄铁矿晶体，为还原环境下的产物，但总的来看，仍以浅海碎屑岩沉积为主。

半深海斜坡碎屑岩沉积：分布于肃北县吾力沟一带，引用剖面3条（85、86、87剖面），以盐池湾组为代表。岩石组合为厚层砾岩、巨砾岩、硬砂岩、粉砂质板岩夹灰岩，纵向上构成两个巨大的沉积旋回，自下而上，碎屑物的粒度由粗变细，产笔石、三叶虫、头足类化石。

深海相砂泥质、灰岩、硅质岩及火山岩（安山质）沉积：分布于兰州至永靖一带，引用剖面12条（106、111~114、118、124~129剖面），以中晚奥陶世雾宿山群为代表。下部为变质细砂岩、粉砂岩、粉砂质板岩、变质安山岩、变安山质凝灰岩、变安山质火山角砾岩夹千枚岩，产三叶虫、笔石等化石；上部为变安山岩、变玄武岩、变安山质火山角砾岩、板岩、变砂岩，夹大理岩及硅质条带、硅质板岩、碳质板岩、千枚岩等。厚度大于6 000m。火山岩属碱性系列，具壳源和幔源双重性，为陆内裂谷型产物。在永靖县盐锅峡剖面（106剖面），板岩、硅质岩和泥岩增多，且发育水平层理，是在相对平静环境下形成的产物。在兰州市新城乡剖面（112剖面）主要为玄武岩、凝灰岩及砂泥质、硅质岩等，地层出露不全，顶、底界线不清。

2）岩浆岩相

各类侵入岩极为发育为其特色。

火山岩：分布地层之中，以安山质为主。

侵入岩：主要为辉长岩、辉绿岩、闪长岩、石英闪长岩、石英二长闪长岩、花岗闪长岩、英云闪长岩、二长花岗岩、花岗岩、正长花岗岩、正长岩-石英闪长岩。另有出露于积石山北一带的橄榄岩。侵入岩多属次铝质、过铝—次铝质、铝过饱和类型，钙碱性岩系（部分碱性系列）。成因类型以I型花岗岩为主。

黑沟梁子花岗岩 U-Pb 年龄为 444.38Ma；扎子沟花岗闪长岩 Rb-Sr 同位素年龄为 (510.85 ± 14)Ma；

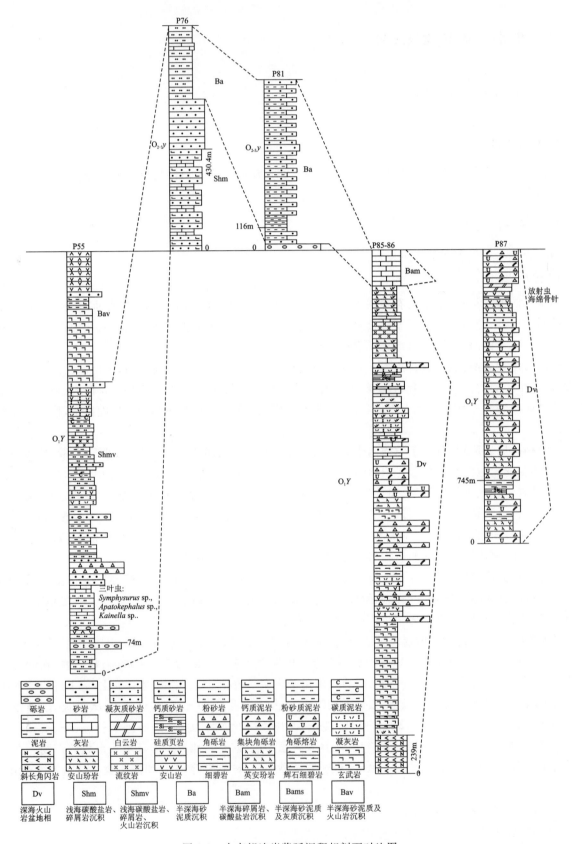

图 4-3 中南祁连岩浆弧沉积相剖面对比图

钓鱼沟沟口花岗闪长岩 K-Ar 年龄为 502Ma；在白河套附近的辉长伟晶岩年龄为 487Ma；黑大坂附近花岗岩年龄为 480Ma。哈曼大坂花岗闪长岩 Rb-Sr 年龄在 476～462Ma 之间。1:25 万定西县幅西北部寺沟花岗闪长岩的 U-Pb 年龄为 (461.6 ± 3.5)～(485.8 ± 2.6)Ma；1:25 万西宁市幅窑洞庄石英闪长岩中全岩

K-Ar 法年龄分别为(421±21)Ma、(449±22)Ma、(459±23)Ma；南沟山一带石英闪长岩中锆石 U-Pb 年龄为(473.5±0.9)Ma。水峡上游一带白崖村花岗闪长岩锆石 U-Pb 年龄为：①(534±3)Ma，②(417±3)Ma；$^{207}Pb/^{235}U$ 年龄为：①539±52 Ma，②444±47 Ma；$^{207}Pb/^{206}Pb$ 年龄为：①(560±54)Ma，②(590±63)Ma。

3. 古地理特征

该相区古地理格局为东北低、西南高，相区东南部广泛分布半深海相沉积，在野马南山及以东地区、西宁周缘为浅海环境，而在党河南山北坡则为水体更浅的滨海环境，在相区的东南角为深海环境。

（二）党河南山-拉脊山弧间洋盆（$Ⅵ_2$）

对应于党河南山-拉脊山结合带，西起萨木萨克、青崖子，向东经肃北县大道儿吉、小道儿吉、拉脊山及雾宿山一带，引用剖面 4 条（107～110 剖面）。奥陶纪早期处于弧间拉张构造背景，后期向南俯冲。

西段：位于野马南山—木里，由于洋壳板块向南西方向俯冲，形成由榴闪岩岩片、岛弧火山岩岩片、超镁铁质岩岩片等组成的俯冲杂岩带。其基性、超基性岩组合有：纯橄榄岩-辉石岩；纯橄榄岩-斜辉橄榄岩；纯橄榄岩-斜辉橄榄岩-单辉橄榄岩；角闪橄榄岩等。基性岩全为辉长岩。中东段：拉脊山裂谷型蛇绿岩，应与野马南山-木里裂谷型蛇绿岩具有相同的构造环境，其蛇绿岩是大洋中脊的产物，也应是陆壳拉张裂谷带中的陆间裂谷小洋盆蛇绿岩。拉脊山带向东可能与兰州西南的雾宿山构造带相接（晚寒武世—早奥陶世）。

（三）南祁连岩浆弧（$Ⅵ_3$）

1. 构造特征

对应于现今的南祁连岩浆弧，受党河南山-拉脊山弧间洋盆大洋岩石圈板块向南俯冲，早期为伸展、晚期为挤压构造背景。

2. 岩相特征

沉积岩相与岩浆岩相都比较发育。

1）沉积岩相

该相为单一的海相沉积，涉及的岩石地层单位：拉脊山地区为花抱山组、阿夷山组、茶铺组和药水泉组，与下伏寒武系整合接触，上被下志留统整合覆盖；南祁连北部的广大地区，以晚奥陶世至早志留世的多索曲组为代表；柴北缘地区为多泉山组、石灰沟组和大头羊沟组，与下伏寒武系整合接触（引用剖面17条）。为台地边缘相、滨浅海相、深海相、开阔台地相等 7 类相区。各自特征如下。

滨、浅海相碎屑岩沉积：分布于民和以北地区（99、100 剖面），面积不大，以早奥陶世花抱山组为代表。为复成分中粗粒碎屑岩组成的地层，下部为砾岩、上部为杂砂岩夹砾岩。在乐都斜沟层型剖面上，为含砾粗粒长石杂砂岩、长石-杂砂质石英砂岩、复成分砾岩，局部夹粉砂质绿泥石板岩。碎屑物质粒度稍细一些，显示水体稍深一些。局部地区本组尚有中基性沉凝灰岩、火山岩屑砂砾岩、火山砾岩、安山岩及中性熔岩。这一带由于靠近拉脊山裂谷型蛇绿岩带，因而碎屑物质粗粒者较多，且丰富。

浅海相火山岩、泥硅质岩沉积：分布于南祁连北部的广大地区（73、75、77、78、80、81、88、89 剖面），以晚奥陶世至早志留世的多索曲组为代表。以一套中性到中酸性火山岩为主体，夹火山熔岩及少量板岩及硅质板岩，以灰绿色为主，间有火红色。在乌兰县哈尔浑迪剖面（69 剖面）上部夹凝灰质砾岩、砂砾岩、粉砂岩和砂质灰岩及白云质灰岩透镜体。说明在这一带水体较浅，有大量陆源碎屑物质供给，接近于滨岸环境。未见化石可能系大量火山活动，有毒气体充满水体之中，生物难以生存所致。其中火山岩为活动陆源岛弧火山岩。在尖扎、循化一带（103、104、105、109 剖面），以晚奥陶世药水泉组为代表，为一套火山角砾岩、火山砾岩，其中夹有砂质板岩、钙质板岩、杏仁状安山质凝灰熔岩、杏仁状安山岩、安山质英安岩、辉石安山岩及砂质页岩等。

浅海相火山岩夹灰、泥质岩沉积：分布于湟中以东地区（103、104、105、109 剖面），以中奥陶世阿夷山组为代表。为一套中酸性—中基性火山岩，夹板岩、凝灰质板岩、千枚岩和结晶灰岩透镜体，结晶灰岩透镜体中产三叶虫化石。火山岩形成于俯冲碰撞的岛弧构造环境。

台地边缘盆地相沉积：分布于湟源以东地区，另在化隆一带也有少量出露，以中奥陶世茶铺组为代表。为一套灰绿色、灰紫色变玄武岩，变安山岩，变安山-玄武岩及变安山-玄武质火山角砾岩，夹有硅质岩、变砂岩、硅质灰岩、灰质板岩、千枚岩等，变砂岩中发育正粒序层理、水平层理，硅质岩中也见水平层理。在化隆茶铺一带，下部为紫红色复成分砾岩，所夹灰岩中产腕足类化石，板岩中产笔石化石。

开阔台地相碳酸盐岩沉积：分布于牦牛山一带（69、101 剖面），以多泉山组为代表。为一套灰白色白云岩、灰色燧石条带灰岩及豹皮灰岩，上部有少量灰黑色板岩。灰岩中产头足类、三叶虫化石，板岩中产笔石化石。豹皮灰岩的出现，说明碳酸盐岩台地相沉积并不十分稳定，是在水动力条件活动较强的环境下形成的。上部灰黑色板岩出现，且含有笔石，说明后期由开阔台地相转变为较闭塞型的海湾相沉积。

浅海陆棚相碎屑岩-碳酸盐岩沉积：分布于德令哈以东和以西方向（99、100 剖面），以中奥陶世大头羊沟组为代表。在大柴旦塔塔楞河剖面，岩石组合下部为砾状灰岩、杂色厚层角砾状灰岩，上部为杂色厚层砾岩夹紫色粉砂岩、砂岩、薄层灰岩。灰岩中产腕足类、头足类化石，砾岩中砾石以石英片麻岩居多，以砂质胶结，其中所夹砂岩厚约 85m。在大头羊沟剖面，砾岩中砾石以灰岩为主，以钙质胶结，有圆度好的，也有棱角状的；有外来的，也有内碎屑成因的。其中角砾状灰岩可能是风暴成因引起的破碎而后又胶结成岩，其中的片麻岩砾石，可能来自北侧局部出露的古老岩系。

深海盆地相细碎屑岩、泥质沉积：分布于安南坝南东方向，以早奥陶世石灰沟组为代表。在乌兰县大煤沟南剖面，岩石组合为灰黑色板岩、灰绿色页岩、浅黄绿色岩屑砂岩与页岩互层，富含笔石化石。在大头羊沟剖面，岩性以碳质页岩为主，向东至欧龙布鲁克，以绿色页岩为主夹薄层灰岩。总之，该沉积在区域上变化不大，均以笔石页岩相为主。

2）岩浆岩相

火山岩：发育海相中酸性—中基性火山岩。

侵入岩：英云闪长岩、花岗闪长岩、石英闪长岩、闪长岩等。岩石属于中低钾偏铝质、钙碱性系列（属于 ACG 型花岗岩类），以 I 型花岗岩为主。

多罗尔什东 K-Ar 年龄为 460Ma；大柴旦地区花岗闪长岩中锆石 U-Pb 年龄为（446±17）Ma；1∶25 万都兰县幅泉水沟的闪长岩中 Rb-Sr 年龄为（463.78±20.6）Ma；乌日嘎豁花岗闪长岩锆石 U-Pb 年龄为 445Ma 左右；1∶5 万沃日格达瓦幅区调在石英闪长岩和英云闪长岩获得的 Rb-Sr 年龄为（446±4）Ma、K-Ar 年龄为（416±10）Ma。

3. 古地理特征

该相区内广大地区为浅海环境，在相区北部边缘水体较浅，为滨海环境，在南部边缘的鱼卡一带为深海盆地。

四、阿尔金弧盆系（Ⅶ）

北以红柳沟-拉配泉结合带北缘断裂为界，南以阿帕-茫崖构造带南界断裂为界，可进一步分为以下 3 个构造相单元。阿尔金弧盆系俯冲时间和超高压变质带时限明显早于秦祁昆其他地区，表明其有相对独立的构造背景和演化历程。

（一）红柳沟-拉配泉消减洋盆（Ⅶ$_1$）

1. 构造特征

奥陶纪，洋盆板片向南俯冲。

2. 岩相特征

1) 沉积岩相

深海沉积：与蛇绿岩相伴，分布零星。岩石组合为放射虫硅质岩、硅质板岩，夹薄层状硅质灰岩、洋岛基性火山岩等。

2) 岩浆岩相

蛇绿岩：蛇绿岩残片主要有超镁铁质岩、辉长质杂岩和镁铁质火山岩等。根据常量元素、稀土元素和微量元素特征，反映其形成于正常洋脊环境，但也不能排除向火山弧过渡的环境。

侵入岩：有闪长岩、花岗闪长岩和似斑状二长花岗岩等。侵入拉配泉岩群火山岩岩组的岛弧闪长岩-花岗闪长岩和后造山似斑状二长花岗岩的形成年龄分别为(470 ± 14)Ma和(437.9 ± 0.8)Ma，表明碰撞造山的时代应至少大于(437.9 ± 0.8)Ma。因此，蛇绿岩年龄应大于(437.9 ± 0.8)Ma。

（二）阿尔金岩浆弧（Ⅷ_2）

1. 构造特征

阿尔金岩浆弧分布于阿羌—苏吾什杰一带，呈带状北东-南西向沿区域构造线方向展布，奥陶纪处于俯冲带之上的岛弧构造背景，南缘的高压变质带形成时间主要在510～490Ma，表明奥陶纪是陆壳深俯冲和折返的主要时期。

2. 岩相特征

沉积岩相与岩浆岩相都比较发育。

1) 沉积岩相

该相区为单一的海相沉积，涉及的岩石地层单位有早奥陶世额兰塔格组和中、晚奥陶世环形山组，二者之间为整合接触，未见顶、底。

该相区包括浅海陆棚相、台地相、半深海相3类相区。各自特征如下。

浅海陆棚相碎屑岩、碳酸盐岩沉积：分布于本相区的东部和西部两小块。以早奥陶世额兰塔格组沉积为代表，主要为灰绿色、深灰色钙质岩屑长石砂岩，粉砂质泥岩，粉砂岩，泥岩夹少量灰岩。产三叶虫、头足类、腕足类、双壳类等化石。属浅海富氧环境，底部仅见少量紫红色岩层，其余均为灰色到深灰色。

台地-台地边缘浅滩相：分布于本相区的中部及西部广大地区，以中、晚奥陶世环形山组为代表。下部为灰色厚层至块状砂屑、生屑灰岩夹泥岩；上部为黄绿色、灰色薄层碎屑白云质灰岩，灰岩夹砂质鲕粒灰岩及少量石英粉砂岩。下部灰岩组成向上变薄变细的基本层序；上部薄层灰岩与钙质泥岩组成向上变厚变粗的基本层序。砂屑灰岩和鲕粒灰岩中发育平行层理和交错层理。本组富含生物碎屑和鲕粒、砂屑等，多为亮晶胶结，总体反映高能动荡的沉积环境。所产腕足类和角石具明显的华北型色彩。

半深海相碎屑岩、碳酸盐岩沉积：分布于本相区的东部，以中、晚奥陶世环形山组的下部沉积为代表。为灰—深灰色薄—中厚层灰岩、泥灰岩夹粉砂岩，泥灰岩中产丰富的笔石化石及牙形刺化石，而出现在西部的那些高能动荡环境下形成的沉积物基本消失，属半深海或者半深海至盆地相沉积。

2) 岩浆岩相

侵入岩：有辉长岩、辉长-辉绿岩、石英闪长岩、英云闪长岩、浆混花岗岩组合（辉石-辉长岩、英云闪长岩和二长花岗岩）、英云闪长岩-二长花岗岩组合、辉长岩-闪长岩-花岗闪长岩-二长花岗岩组合、花岗闪长岩、正长花岗岩等，以次铝质—过铝质钙碱性系列为主，部分（辉长岩类）是碱性系列。总体是Ⅰ型花岗岩类。苏勒克萨依基性岩体U-Pb年龄为(474.9 ± 1.7)Ma；帕夏拉依档岩体$^{40}Ar-^{39}Ar$年龄为(453.4 ± 8.7)Ma，U-Pb年龄为(465.0 ± 2.9)Ma。

3. 古地理特征

奥陶纪,阿尔金地区具有西高东低的古地理面貌。东部为半深海相环境,中西部广大地区为台地-台地边缘浅滩相环境。

(三) 阿帕-茫崖弧后盆地相(VII_3)

阿帕-茫崖弧后盆地相为早古生代蛇绿岩带,出露于阿尔金山南坡,东起青海茫崖镇,西至新疆阿帕,断续延伸约700km,被称为阿帕-茫崖蛇绿岩带或阿南构造混杂岩带。由几克里阔勒蛇绿混杂岩和茫崖奥陶纪蛇绿混杂岩组合而成:前者位于阿尔金断裂东段几克里阔勒附近,时代归于加里东期—海西早期($O—D_2$);后者位于阿中地块和柴达木地块之间,是一个规模巨大的区域性构造带。与分布于其北的俯冲-碰撞型花岗岩带、阿尔金超高压变质带南亚带共同组成上述两个地块之间的奥陶纪地壳拼接缝合带。玄武岩中获得 Sm-Nd 等时限年龄为$(481.3±53)$Ma。

五、赛什腾山-锡铁山消减洋盆(VIII)

赛什腾山-锡铁山消减洋盆对应于赛什腾山-锡铁山结合带。由锆石山、绿梁山基性—超基性侵入岩、沙柳河蛇绿岩、柴北缘托莫尔日特蛇绿岩以及断续延伸达350km的柴北缘超高压变质带组成。托莫尔日特蛇绿岩片中的斜长花岗岩 Rb-Sr 等时线年龄值为$(447±22)$Ma,鱼卡河地区蛇绿岩片中的辉长岩体中获得单颗粒锆石 U-Pb 同位素年龄值为496Ma。可见蛇绿岩形成时代应为晚寒武世—奥陶纪。

赛什腾山-锡铁山消减洋盆早奥陶世规模为1 300km,晚奥陶世初期达到最大,约为2 700km,奥陶纪末期缩减至约2 000km。

六、柴达木地块大相(IX)

1. 构造特征

北起赛什腾山-锡铁山-瓦洪山断裂,南至昆仑山前断裂。早奥陶世处于周缘裂陷背景之中,中晚奥陶世转为挤压构造背景。

2. 岩相特征

1) 沉积岩相

该岩相由柴达木古陆和海相沉积组成,涉及的岩石地层单位是柴北缘寒武纪—奥陶纪滩间山群,下未见底,上与志留系接触关系不清。

引用剖面两条,有古陆、滨岸相、浅海相、半深海-深海相4类相区。各自特征如下。

柴达木古陆:分布于柴达木盆地的核心地带,以晚泥盆世牦牛山组对古元古代达肯大阪岩群的不整合覆盖关系和没有奥陶纪沉积为依据,确定奥陶纪这一地区为一上升剥蚀区,暴露的基地杂岩为中、高级变质岩系,主要有片麻岩、片岩、大理岩、角闪岩及混合岩,顶底界不明。牦牛山组下部为灰绿色、紫红色砾岩,砂砾岩组成的磨拉石建造;上部为火山岩、火山碎屑岩组成的地层。

滨岸相碎屑岩沉积:为一推测的相区,围绕柴达木古陆周围,奥陶纪海侵应有一个滨岸相的碎屑岩沉积。

浅海相碳酸盐岩、碎屑岩、火山岩(中基性)沉积:分布于柴达木古陆的周围(28剖面),为一套中、基性火山岩,碳酸盐化的岩石及少量的石英片岩及石英岩。火山岩为岛弧火山岩,但不排除有拉张环境。

半深海-深海相硅泥质、灰质、火山盐(中基性)沉积:推测相区(67剖面)在赛什腾山-锡铁山结合带的周围应有一些半深海-深海相的沉积。

2) 岩浆岩相

侵入岩:零星分布有石英闪长岩等。

3. 古地理特征

柴达木地块大相古地理格局以柴达木盆地的核心地带为中央隆起,古陆周缘主要为一套浅海沉积,在该相区东北角小面积分布半深海-深海相沉积。

七、昆仑-西秦岭弧盆系（X）

（一）西秦岭地块（X_1）

1. 构造特征

该地块分布于同德、碌曲、岷县、西和一带的地区。北起宗务隆山晚古生代裂谷带南缘断裂,南至略阳-勉县结合带北界断裂。该时期构造背景有待进一步研究。

2. 岩相特征

沉积岩相与岩浆岩相都比较发育。

沉积岩相为单一海相沉积,未见岩浆岩发育,所涉及的岩石地层单位苏里木塘组,下与寒武系、上与志留系接触关系不明。西秦岭地块有古隆起、滨岸相、浅海相、半深海相4类相区。各自特征如下。

共和-同仁古隆起:分布于西秦岭共和—同仁一带。古隆起上未见晚古生代以前的沉积,基底情况目前还不了解,缺失早古生代沉积记录,处于隆升、剥蚀阶段。

滨岸相碎屑岩沉积:分布于古隆起的南侧,推测在漫长的地质历程中沿古隆起边缘应存在一个滨岸相碎屑岩沉积。

浅海相砂、泥岩沉积:分布于滨岸相的南侧,发育在奥陶纪苏里木塘组的下部层位中。岩石组合为深灰色、灰黑色薄—中厚层状变质细,粉砂岩夹粉砂质板岩,向上为灰黑色石墨化千枚状板岩和千枚状绢云母板岩夹粉砂质板岩。产珊瑚化石,其中灰黑色岩层可能是还原条件下的产物。

半深海-深海相泥、硅质沉积:分布于本区的最南端,发育在奥陶纪苏里木塘组的下部层位中。岩石组合为深灰色、灰黑色厚层至薄层状含碳质泥晶硅质岩与透镜粉砂质晶粒白云岩,具条带状水平层理。其中硅质岩发育、颜色深是半深海至深海相的重要标志。

3. 古地理特征

西秦岭地块,奥陶纪时北高南低,以浅海环境和半深海-深海环境为主。

（二）库地-其曼于特-祁漫塔格弧后盆地（X_2）

1. 构造特征

西起西合休,向东经库地北阿喀孜达坂、喀什塔什、于田东、奥依亚依拉克,越过阿尔金断裂,与黑山、十字沟盆地相连,总体呈带状近东西向展布,为断续相连的陆缘洋盆。早奥陶世伸展、裂离,中晚奥陶世便转入俯冲、消减阶段。

2. 岩相特征

沉积岩相与岩浆岩相都比较发育。

1) 沉积岩相

该岩相为单一的海相沉积,涉及的岩石地层单位主要有滩间山群、玛列兹肯群和上其汗岩组,与上下地层接触关系不清。其中滩间山群自下而上分为基性火山岩组、变碎屑岩组和碳酸盐岩组。根据所产化石层位对比,下部基性火山岩组和变碎屑岩组属寒武纪,仅上部碳酸盐岩组属奥陶纪,但顶部不排除存在志留纪沉积的可能。

引用剖面7条,有开阔台地相、滨岸相、浅海陆棚相、浅海相、半深海、深海相6类相区。各自特征如下。

开阔台地相碳酸盐岩沉积:分布于阿牙克库木湖以东和以西的广大地区(29剖面),以滩间山群碳酸盐岩组为代表。为一套浅灰色、灰白色细粒结晶灰岩,白云质结晶灰岩,硅质白云岩,局部为大理岩夹少量板岩或粉砂岩,产珊瑚、角石、藻类等化石,为陆棚扩张期间裂谷(或裂陷槽)扩张晚期的产物。

浅海相碳酸盐岩、碎屑岩、火山岩(基性)沉积:分布于昆北地区的东部和西部地区,引用剖面4条(29、31、35、36剖面)。在东部的野马泉至香日德一带,出露有相变的滩间山群的碳酸盐岩组,为碳酸盐岩夹碎屑岩及少量基性火山岩。所夹碎屑岩为成熟度较高的陆源碎屑岩,少量玄武岩说明其具有一定的活动性。在西部叶亦克南,出露有早古生代上其汗岩组,其中—上部可能包括部分奥陶纪地层,有大理岩、千枚岩、片岩及英安斑岩等。在西部坎地里克北侧至叶尔羌河以南的玛列兹肯山地区出露的早、中奥陶世玛列兹肯群,为一套深灰色、灰黑色下粗上细的砂砾岩,石英砂岩,生物碎屑灰岩,白云质灰岩,细晶灰岩夹少量硅质岩和粉砂岩,蚀变英安岩,安山岩等,砂岩中局部见平行层理、粒序层理。产腕足类、头足类、层孔虫及大量海百合茎化石,均为底栖类生物,是浅海环境的重要标志之一。在西部喀什塔什山至北西方向的公格尔山一带出露的一套原岩为碎屑岩、碳酸盐岩及基性火山岩,研究程度低,划分比较混乱,有早古生代、奥陶纪—志留纪、奥陶纪之分。岩石普遍变质,前人曾在大理岩中采获海百合茎和扭月贝类化石,因此准确的时代还难以确定。目前统一按奥陶纪时代处理。这套地层应为浅海沉积环境,与区域上的沉积环境一致。

2) 岩浆岩相

蛇绿岩:发育有库地-其曼于特和祁漫塔格蛇绿混杂岩,主要为弧后盆地环境的蛇绿岩。

侵入岩:有西昆北的辉石岩、闪长岩、二长闪长岩、石英闪长岩、花岗闪长岩、英云闪长岩、二长花岗岩、花岗岩、钾长花岗岩、正长花岗岩以及石英二长岩等,主要为次铝的钙碱性岩石系列,成因类型属于I型花岗岩,属含角闪石钙碱性花岗岩类(ACG),部分钾长花岗岩属次铝的碱性系列,属A型花岗岩。东昆北祁漫塔格的辉长岩、辉绿岩、闪长岩、花岗闪长岩、英云闪长岩、二长花岗岩、钾长花岗岩等,岩石属偏铝型或弱过铝型,碱性、钙碱性系列,为I型花岗岩。晚期钾长花岗岩属钾质型弱偏铝型或弱过铝型,碱性岩或钙碱性与碱性过渡系列,为A型花岗岩。

他龙花岗闪长岩中U-Pb年龄为475.6~444.7Ma,权重平均值为475.5Ma;开克入木达坂二长白岗岩U-Pb年龄为473Ma;流水岩体中Rb-Sr等时线(470±59)Ma;格子布拉克闪长岩类U-Pb年龄为(444.9±2.1)Ma;十字沟花岗闪长岩U-Pb年龄为(439.2±1.2)Ma、(445±0.9)Ma;巴格托喀依岩体U-Pb年龄为(452±1.0)Ma;台支龙岩石系列闪长岩锆石U-Pb年龄为(472.4±2.4)Ma;水草沟粗粒钾长花岗岩中U-Pb为年龄(432.3±0.8)Ma。

3. 古地理特征

昆仑地区奥陶纪沉积古地理格局总体上为北高南低,北部以浅海环境为主,南边以深海沉积为主。岩性、岩相纵向和横向上变化较大,是一种活动陆缘型的沉积环境。

(三) 昆中岩浆弧(X_3)

1. 构造特征

北起库地-其曼于特-黑山-十字沟混杂岩带南界,南至昆中构造混杂岩带北界。昆中岩浆弧分为东、西两段。东段西起阿羌以西,经阿牙克库木湖、沙松乌拉山,至兴海以东,呈带状北西西展布;西段西起库地,经慕士山至其曼于特,呈弓状展布。其基底为地块,西昆仑赛图拉一带可能包括有增生楔杂岩。早期为伸展,晚期为挤压构造背景。

2. 岩相特征

沉积岩相与岩浆岩相都比较发育。

1)沉积岩相

该区为单一海相沉积,所涉及的岩石地层单位有寒武纪—奥陶纪的库拉甫河岩群与纳赤台群,均呈岩片状产出,上下接触关系不清。前者下部为砂岩组,中部为玄武岩组,上部为大理岩组。目前将上部的大理岩组划归奥陶纪,下部的两个岩组暂归寒武纪。另外纳赤台群目前也三分明显。下部为碳酸盐岩,中部为火山碎屑岩泥质岩及碳酸盐岩,上部为砾岩、砂岩及板岩。时代为晚奥陶世,其顶部地层可能包括部分志留纪地层(?)。

引用剖面5条,有开阔台地相、浅海相、半深海相、深海相4类相区。各自特征如下。

开阔台地碳酸盐岩沉积:分布于西昆仑喀什塔什山南侧及东昆仑纳赤台附近(98剖面)。西昆仑以库拉甫河岩群的大理岩组为代表,为一套灰白色片理化透辉大理岩夹灰白色变细砂岩。东昆仑以纳赤台附近出露的纳赤台群下部碳酸盐岩为代表,为灰黑色厚层块状灰岩、条带状灰岩,顶部有一层厚7m紫红色竹叶状灰岩。含丰富的珊瑚、腹足类、头足类等化石。区域展布情况尚不清楚,目前仅在纳赤台附近有分布。

浅海相碳酸盐岩、碎屑岩、火山岩(基性、中酸性)沉积:分布于东昆仑的北部,以纳赤台群的中、上部层位为代表。主要岩石类型有变玄武岩、变凝灰岩、变安山岩、变流纹岩、变砂岩、板岩、片岩及碳酸盐岩等,其中火山岩为岛弧型火山岩,碳酸盐岩中产珊瑚等化石,属浅海欠稳定的沉积环境。

半深海相砂、泥质、硅质、灰质及火山岩(中—基性)沉积:分布于东昆仑的中部(32~34,70剖面),以纳赤台群上部沉积为代表。下部以变质岩屑长石杂砂岩为主,部分长石石英砂岩夹粉砂质板岩,局部夹玄武岩、碱性橄榄玄武岩,偶夹不稳定硅质岩、灰岩;上部以绢云母千枚岩为主,夹少量粗碎屑岩、硅质岩、石英安山岩等。千枚岩、板岩中均发育变余层理,细砂岩中发育平行层理,粗碎屑岩具正粒序层理,粉砂岩中见包卷层理,中、细砂岩中发育斜层理,并见楔状交错层理,另外见重荷模、槽模及泥砾构造。发育鲍马层序。总体面貌具有复理石建造特征,为大陆斜坡相沉积环境。

深海相砂、泥质及硅质沉积:分布于东昆仑诺木洪河三岔口两岸—埃肯得一带,另外在那仁郭勒河附近也有出露,多为小块状分布。属纳赤台群上部层位的构造岩片,为中—基性火山岩、变砂岩、板岩、蛇纹岩、碳酸盐岩化蛇纹岩、蚀变辉绿岩、辉石岩及放射虫硅质岩等。

2)岩浆岩相

侵入岩:闪长岩、石英闪长岩、石英二长闪长岩、花岗闪长岩、英云闪长岩、二长花岗岩、花岗岩、石英二长岩,石英闪长岩-石英二长岩组合。岩石主要属次铝钙碱性岩系(属角闪石钙碱性岩石(ACG),为Ⅰ型花岗岩。其中早期基性岩类以次铝质碱性系列岩石为主,中酸性岩类为次铝钙碱性岩系,属Ⅰ型花岗岩。晚期中酸性岩类主要为铝饱和钙碱性系列岩石,为含角闪石钙碱性花岗岩类(ACG),以Ⅰ型花岗岩为主,出现有Ⅰ型与S型过渡系列花岗岩和S型花岗岩类。

白石岭闪长岩类锆石U-Pb年龄446~445Ma;埃里斯特花岗闪长岩锆石U-Pb年龄500~470Ma;喀拉科勒石英闪长岩锆石U-Pb年龄为(481.8 ± 3.6)Ma;新疆卡尔苏河阿克塞因二长花岗岩中锆石U-Pb年龄为(442 ± 4.8)Ma;1:25万康西瓦幅出露的早期闪长岩锆石U-Pb年龄为(467.8 ± 3.2)Ma;大同乡西的石英闪长岩中锆石U-Pb年龄(480.43 ± 5)Ma(方锡廉、汪玉珍等,1987);于田县南早期年龄为452.6Ma,晚期年龄为442.6Ma;其曼于特蛇绿混杂岩带南侧二长花岗岩年龄为(442.3 ± 4.8)Ma。

3. 古地理特征

昆仑岩浆弧相区奥陶纪古地理格局为北高南低,北部以浅海沉积环境为主,南部为半深海-深海环境。

第三节 南昆仑-巴颜喀拉山地区构造-岩相古地理

一、南昆仑增生杂岩（XI$_1$）

1. 构造特征

范围大于现今的昆中蛇绿构造混杂岩带,包括了康西瓦-木孜塔格峰-阿尼玛卿蛇绿构造混杂岩带中的西昆仑蒙古包-普守混杂岩、柳什塔格玄武岩,东昆仑西段的畅流沟-向阳泉混杂岩、吐木勒克混杂岩,东昆仑中东段的布尔汗布达一带的苦海杂岩、万宝沟-清水泉混杂岩、东昆南混杂岩、没草沟混杂岩等早古生代地质体分布区。是原特提斯洋的大洋岩石圈板块消减位置所在。根据北侧昆仑岩浆弧上大量发育的奥陶纪中酸性侵入岩,判断奥陶纪是主要的俯冲消减阶段。

2. 岩相特征

1) 沉积岩相

零星分布的沉积岩地层属于纳赤台岩群,可以 98 剖面为代表。岩性组合包括英安质凝灰岩、含凝灰质含砾粗砂岩、砂岩、中酸性火山角砾岩、细粒长石砂岩、粉砂岩及灰白色灰岩等。为浅海相沉积,属卷入混杂岩带中的岛弧岩块。

2) 岩浆岩相

主要属于蛇绿混杂岩相。

吐木勒克混杂岩：由玄武岩、辉长岩、碳酸盐岩、碎屑岩、硅质岩组成,混杂岩中产出有蓝闪钠长片岩。根据 1:25 万布喀达坂峰幅区调成果资料显示,玄武岩单颗粒锆石 U-Pb 年龄为 (466 ± 1.8) Ma,糜棱岩化辉长辉绿岩中剪切变质成因角闪石类矿物 Ar-Ar 年龄为 (444.5 ± 1.5) Ma。

乌妥混杂岩：出露于清水泉岩体群西北的可月沟—巴隆乡一带,北西西-南东东展布,由 4 个岩片构成,围岩为奥陶纪—志留纪纳赤台岩群。由蛇纹岩、辉石岩和辉长岩构成。蛇纹岩属于变橄榄岩,辉石岩和辉长岩属于镁铁堆积岩。其稀土和微量元素特征基本与清水泉岩体群相似或可对比,产状上似乎应属西部哈拉郭勒岩带的东延部分。属于岩浆成因的堆积层状杂岩体。曾获 518Ma 年龄(杨经绥等,1995)。

布青山得力斯坦沟蛇绿构造混杂岩：出露于冬给措纳湖西的得力斯坦沟一带,呈岩片状,北西-南东向产出。围岩为古元古代苦海岩群的石英片岩、云母片岩、斜长角闪岩和二叠纪马尔争组的复理石、碳酸盐岩、生物礁灰岩和火山岩、硅质岩等,各岩石单元间均为断层或韧性剪切接触,并共同构成得力斯坦沟的蛇绿构造混杂岩带。由蛇纹岩、方辉橄榄岩、橄榄岩、纯橄榄岩、辉石橄榄岩、辉长岩、玄武岩和辉绿岩墙构成,未见硅质岩和远洋沉积物。按蛇绿岩套层序,主要属下部变橄榄岩,中部镁铁堆积岩和上部玄武岩、辉绿岩墙群的部分层序。玄武岩属于拉斑玄武岩系列,稀土、微量元素特征类似于正常洋脊拉斑玄武岩。该蛇绿岩同 Troodos 蛇绿岩十分相似,部分玄武岩为 N-MORB 型,部分为 P-MORB 型,为洋脊蛇绿岩套组合。得力斯坦沟玄武岩、辉长辉绿岩分获 480.41Ma、495.32Ma 的等时线年龄,玄武岩和辉长辉绿岩 Pb-Pb 法等时线年龄 491.25Ma(边千韬等,1999、1998)。

3. 古地理特征

总体具有南部深、北部变浅,以深海沉积为主的沉积古地理格局。局部浅海沉积可能归因于两类：一类是以增生楔为基底的碎屑岩、火山岩沉积,另一类是以碳酸盐岩为主的洋岛沉积。

二、巴颜喀拉洋盆（XI_2）

巴颜喀拉大部分地区目前未发现有二叠纪以前的沉积物出现，出露最老的地层为中、晚二叠世黄羊岭群。根据冬给措纳湖幅以及阿拉克湖幅区调成果资料显示，鄂陵湖、扎陵湖一带呈构造岩片产出的二叠纪马尔争组碳酸盐岩、玄武岩属于洋岛组合，推测巴颜喀拉山群的基底为二叠纪洋壳残片，没有地块基底。结合奥陶纪时古地磁分析，推测其为深海环境。

第四节 羌塘-三江地区构造-岩相古地理

羌塘-三江地区，主体为三江-北羌塘地块群大相，包括了中咱-中甸地块相、昌都-兰坪地块相、北羌塘地块相、甜水海地块相4个相区。此外，将若尔盖-松潘地块大相一并叙述。奥陶纪主体为被动大陆边缘浅海沉积。

一、中咱-中甸地块（XIV_1）

1. 构造特征

中咱-中甸地块北东起于甘孜-理塘构造带，南西止于金沙江构造带，在玉树—巴塘—香格里拉一带呈弯月状展布。奥陶纪构造属性不清，暂以地块称之。

2. 岩相特征

该岩相为单一海相沉积，未见岩浆岩。

沉积岩相涉及岩石地层单位为人公组、瓦厂组和物洛吃普组，与下伏寒武系整合接触，上被下志留统不整合覆盖。引用10条剖面，本相区有滨岸相、碳酸盐岩台地相、蒸发岩台地相、浅海相、半深海-深海相5类相区，各自特征如下。

滨岸相沉积：分布于四川木里西部及喇嘛垭西部两处。前者出露早奥陶世瓦厂组，为一套中细粒砂岩和板岩，上部板岩出现紫红色，反映其处于氧化环境。后者出露有奥陶纪物洛吃普组，本组上部出现紫红色瘤状泥灰岩，是一种近岸富氧、水动力条件较强的滨岸环境。

碳酸盐岩台地相沉积：分布面积较大（248、249、254、257～261、266、267剖面），主要分布在四川乡城至玉满香格里拉一带。出露的地层主要为奥陶纪物洛吃普组。巴塘县的物洛吃普（259剖面）为一套碳酸盐岩夹火山岩，顶部有泥质疙瘩状结晶灰岩。产钙藻类、头足类等化石。局限台地相沉积分布于中咱以南地区（261、266剖面），以早中奥陶世邦归组为代表。为一套厚层状灰岩、泥灰岩、白云岩、白云质灰岩、泥灰岩夹板岩，产腕足类、三叶虫、头足类、笔石、海百合茎、腹足类等化石。

蒸发岩台地相沉积：分布于木里以北（251～253剖面），出露有早奥陶世瓦厂组，其上部为浅灰色微晶白云岩与粉砂质绢云板岩不等厚互层，夹硅质白云岩，白云岩中夹石膏层。

浅海相碎屑岩沉积：分布面积很广，是该区的主要沉积相。在海子山以北地区目前缺乏资料，为推测部分。海子山以南地区出露有早奥陶世人公组、瓦厂组，奥陶纪物洛吃普组等，为一套中细粒砂岩、长石石英砂岩、粉砂岩、砂质板岩、千枚岩。产腕足类、三叶虫、双壳类等化石。部分砂岩中具有波状、脉状及透镜状层理。在四川木里唐映剖面（264剖面）的人公组中，砂岩成分以石英为主，表明其是在水动力较强的滨海环境中形成的。

半深海-深海相泥砂质沉积：分布于四川木里的西部。在木里唐映剖面（264剖面）出露的人公组为一套细砂岩与板岩不等厚互层。其中细砂岩为浅海相沉积,而板岩以灰黑色为主,应为还原条件下形成的,可能是水下障壁,致使局部地段水体较深,可能为半深海或深海相沉积。

3. 古地理特征

本相区奥陶纪时,广大地区水体较浅,以滨浅海环境为主。深海-半深海环境仅见于相区西部。

二、昌都-兰坪地块(XIV_2)

昌都-兰坪地块分布于西金乌兰湖—唐古拉山口—杂多—德钦—兰坪一带,呈带状北西-南东向展布。构造相属性不清。

沉积岩相为单一海相沉积,未见岩浆岩发育。仅出露早中奥陶世青泥洞组,下与寒武系无量山群断层接触,上未见顶。引用5条剖面,有滨岸相、浅海陆棚相、半深海斜坡相3类相区,各自特征如下。

滨岸相沉积:分布于芒康山的东侧(142剖面),呈南北狭长状展布。出露下奥陶统(相当于青泥洞组下部层位)以陆源碎屑岩为主的沉积,碎屑岩具水平层理,发育豹皮状、网纹状构造,局部呈紫红色。沉积特征说明气候炎热、水浅,且常露出水面,属滨海相为主的沉积。

浅海陆棚相碎屑岩、碳酸盐岩沉积:分布于西藏江达县青泥洞、芒康以南地区(140,141剖面),青泥洞北西虽无资料佐证,但从有关文献资料的综合分析中得知仍属该相区。出露有早中奥陶世青泥洞组及芒康山东侧相当于青泥洞组的上部层位,以青泥洞剖面为代表。为一套陆源碎屑岩、碳酸盐岩与泥质岩的沉积。板岩中产笔石化石,且发育微细水平层理。砂岩、粉砂岩层面上爬行虫迹呈弯曲状,产海百合茎、藻类及腕足类、头足类等化石。碎屑岩的颜色较杂,碎屑成分以石英为主。碳酸盐岩中局部夹陆源碎屑岩,具后期的白云岩化作用。

半深海斜坡相沉积:分布于西藏贡觉县至冬布里山的东侧(143~145剖面),呈北西-南东向条带状展布。早中奥陶世青泥洞组在青泥洞以东地区的巴拉寺剖面,砂岩具水平层理、沙纹层理,砂岩和灰岩具大型缓坡斜层理,灰岩层面上见浪成波痕。上部砂岩中有双向倾斜交错层理、波痕,偶见冲刷构造和粒序递变层理。

总体具有北深南浅的古地理格局。

三、北羌塘地块(XIV_3)

该地块分布于拉竹龙—温泉兵站一带,呈矛状展布。地层出露零星,未见岩浆岩发育,构造属性不清。

沉积岩相为单一海相沉积。仅出露晚奥陶世饮水河组。引用4条剖面,包括局限台地相、浅海相两类相区,各自特征如下。

局限台地相沉积:分布于拉竹龙东西一带(148剖面),出露晚奥陶世饮水河组。为黑色、灰黑色薄层不等粒泥质长石岩屑砂岩,黑色页岩,粉砂质泥岩。生物稀少,砂岩中含微晶黄铁矿,发育水平层理。在靠近相区的边缘地区有大量植物生长,往往形成泥炭沉积,是在一种潮湿气候条件下,淡水注入量大大超过其蒸发量的环境下形成的。

浅海相碎屑岩沉积:分布于整个北羌塘地区(146~149剖面),出露有晚奥陶世饮水河组。下部为一套暗灰绿色、深灰色中厚层状石英砂岩夹岩屑砂岩,粉砂岩,页岩;上部为粉砂质板岩、粉砂岩夹千枚岩。产腕足类、三叶虫等化石。为浅海相碎屑岩沉积。

总之,北羌塘广大地区主要为浅海环境,仅在西部拉竹龙一带发育局限台地。

四、甜水海地块(XIV_4)

西起阿克拜塔尔山口,经塔什库尔干、喀喇昆仑山口,东至界山达坂,呈西窄东宽的带状北西向展布。主体为浅海相沉积,未见岩浆岩,构造相属性不清。

该区为单一海相沉积。所涉岩石地层单位为早奥陶世三岔口组和中晚奥陶世冬瓜山群,下未见底,上被下志留统整合覆盖。

引用3条剖面,包括局限台地相、浅海相和浅海陆棚相3类相区,各自特征如下。

局部台地相沉积:为高能环境下的局限台地相沉积,主要分布于甜水海周围,面积较小(12剖面)。出露中、晚奥陶世冬瓜山群的灰黑色粗粒亮晶含棘屑砂屑白云岩、细—粉晶白云岩、硅质角砾状白云岩夹鲕粒灰岩。所夹灰岩中产三叶虫、头足类等化石。

浅海陆棚碎屑岩、碳酸盐岩相沉积:分布于整个甜水海地块广大地区(9、11剖面)。为中晚奥陶世冬瓜山群在不同地区的相变。在新疆皮山县阿克塔河剖面为泥灰岩、灰岩、粉砂质板岩、变细砂岩、细粒石英砂岩等。阿克塔河剖面由5个不完整的沉积旋回组成,旋回顶部不同程度表现为暴露或浅水环境,岩石呈氧化的紫红色,含头足类及海百合茎等化石。在和田市克孜勒吉勒一带,冬瓜山群上部以泥质灰岩、泥质板岩、含粉砂质板岩为主,夹有含砾内碎屑岩,粉砂质板岩中发育水平层理,局部见小型沙纹层理。总体表现为水体相对稍深、沉积速率较慢的特征,应为靠近陆棚边缘的沉积环境。

浅海相碎屑岩沉积:分布于该相区的东南角,面积较小。以早奥陶世三岔口组为代表,为一套细碎屑泥岩及碳质页岩。岩层中发育水平层理、平行层理、冲洗层理等。沉积物颗粒较细,颜色较深,层理较薄,是一种欠补偿沉积类型。为一种远离物源区、碎屑物供应少、沉积速率较慢的广海中水体较深的环境。

总之,甜水海地块广大地区主要为浅海环境,仅在东部甜水海一带为滨海环境。

五、若尔盖-松潘地块(XIII)

1. 构造特征

范围包括了松潘地块、若尔盖地块、摩天岭地块以及龙门山西缘。地层出露零星,构造属性有待进一步工作。

2. 岩相特征

该岩相由海相和古隆起组成,未见岩浆岩。仅出露早奥陶世人公组和瓦厂组,与寒武系整合接触。引用4条剖面,包括古隆起、滨岸相、局限台地相和开阔台地相4类相区,各自特征如下。

若尔盖古隆起:为一推测相区,主要以前人在本相区的一些地球物理资料为依据推测的。

摩天岭古隆起:奥陶纪时,摩天岭地区出露了扬子陆块边缘的基底杂岩,称中新元古代的黄水河群。黄水河群为一套高绿片岩相变质地层,下未见底,上被震旦纪地层不整合超覆。下部为干河坝组,由灰绿色变酸性火山岩、绿泥阳起片岩、次闪斜长岩组成,厚度大于1 000m;中部为黄铜尖子组,以灰色、灰绿色、褐灰等色的各种片岩为主及绿帘角闪岩和斜长角闪岩夹少量碳酸盐岩,厚300~1 724m;上部为关防山组,为灰色、灰绿色、浅黄绿色石英岩,石英片岩,大理岩夹少量变火山碎屑岩组成,厚455~2 612m。其年龄值有:铜矿区的方铅同位素年龄值为1 440~1 045Ma(U-Pb法),闪长岩年龄值为1 043Ma(U-Pb法),上部关防山组的疑源类化石组合可与华北地区的蓟县、青白口纪地层对比,时代属中、新元古代。奥陶纪时处于隆起剥蚀阶段。

滨岸相碎屑岩沉积:分布于若尔盖古陆周缘和本相区西南角(264、265剖面)。前者为一推测相区,后者面积较小,层位属早奥陶世瓦厂组。为一套石英岩、长石石英岩、浅粒岩、变粒岩、石英片岩、少量斜长角闪岩,厚4 000余米。产腕足类化石 *Lingulella*(小舌形贝),此化石是典型的滨岸环境的指相化石。

局限台地相沉积:分布于木里以北,呈近南北向长条状展布,层位属早奥陶世人公组。岩石组合为片岩、石英岩、千枚岩、细砂岩、粉砂岩等。碎屑岩具变余斜层理、波痕构造,岩层中高硫、高碳,表明该区当时处于还原环境,为半封闭的局限台地相沉积。

开阔台地相沉积：分布于康定、小金、理县、汶川一带（217、262 剖面），层位属奥陶纪大河边组。为一套灰白色白云岩、大理岩、结晶灰岩，夹片岩、千枚岩、石英岩等，产海百合茎。

3. 古地理特征

奥陶纪，本相区存在若尔盖和摩天岭古隆起，在相区的东南部地势略高，形成了一套台地相沉积，其他部分以浅海环境为主。

第五节　班公湖-双湖-怒江-昌宁地区构造-岩相古地理

该大相范围南北分别以班公湖-怒江结合带和龙木错-双湖-查吾拉结合带为界，包括整个南羌塘地区。本大相包括有扩张洋盆、南羌塘西部地块。

一、扩张洋盆（XV$_1$）

1. 构造特征

除龙木错-双湖混杂岩带外，广大范围被中新生代地层覆盖，古生代地层极为零星。现有地球物理资料表明，班公湖—怒江至龙木错—双湖一带之间的广大地区的低速层数量、埋深、冷岩石圈下插深度等与北羌塘和冈底斯均有很大差异；浅层和深部存在近于垂直相交的异常走向，缺乏统一的基底。玛依岗日一带存在早古生代、晚古生代蛇绿岩。果干加年山一带的早古生代堆晶岩，主要由辉石橄榄岩、堆晶辉石岩、堆晶辉长岩、斜长岩等岩石类型组成，堆晶辉长岩中锆石 SHRIMP 锆石 U-Pb 谐和年龄为（461±7）Ma。结合区域构造分析，认为其代表了原特提斯主洋盆所在，奥陶纪处于扩展阶段。

2. 岩相特征

1) 沉积岩相

该岩相为单一的海相沉积，未见岩浆岩发育。所涉岩石地层单位为早奥陶世的下古拉组和中晚奥陶世塔石山组。呈孤岛状分布在尼玛县塔石山、依布茶卡西。引用 4 条剖面，包括开阔台地相和浅海碎屑岩相两类相区，各自特征如下。

开阔台地相沉积：分布于西藏尼玛县塔石山一带（241、243 剖面），出露中、晚奥陶世塔石山组。下部为厚层状结晶灰岩，砂屑灰岩；上部为中—厚层状结晶灰岩、厚层状大理岩化灰岩。结晶灰岩中产鹦鹉螺等化石。

浅海相碎屑岩沉积：分布于西藏尼玛县塔石山及依布茶卡西（242、244 剖面），出露有早奥陶世的下古拉组和相变的中晚奥陶世塔石山组。下古拉组为一套杂色的中薄层状变质碎屑岩夹少量结晶灰岩；其上的塔石山组为一套砂质板岩、变质石英砂岩、含砾变质石英细砂岩、变质粉砂岩。在所夹砂屑灰岩、板岩及粉砂岩中产鹦鹉螺化石。其中含砾石英细砂岩及砂屑灰岩均说明距物源区不远，是近岸富氧的浅海环境。

2) 岩浆岩相

据 1:25 万玛依岗日幅区域地质调查报告，在羌塘中部的果干加年山一带，发现有一套变质的早古生代蛇绿岩，由堆晶结构的辉长岩和枕状玄武岩等组成。地球化学特征分析蛇绿岩形成于大洋中脊环境。

3. 古地理特征

奥陶纪，龙木错-双湖-南澜沧江结合带与班公湖-怒江结合带之间为特提斯洋的主洋域。在主大洋中分布零星孤岛，浅海相沉积可能是洋内陆壳残片孤岛或洋岛之上的沉积。

二、南羌塘西部地块相（XV_2）

分布于班公错以北，龙木错以南，向南东方向延伸，经布拉错、热那错至拉丁错一带，呈北西-南东向展布。出露最古老的地层为中新元古代的戈木日组，缺失早古生代到泥盆纪地层，石炭纪为冰水杂砾岩沉积。推测为浅海沉积。

第六节　冈底斯-喜马拉雅地区构造-岩相古地理

位于班公湖-双湖-怒江-昌宁对接带南缘断裂与喜马拉雅主边界断裂之间，奥陶纪涉及冈底斯-喜马拉雅边缘海盆地及保山地块两个大地构造相单元，以浅海相沉积为主。

一、冈底斯-喜马拉雅边缘海盆地（XVI_1）

1. 构造特征

该大区位于班公湖-怒江结合带以南，印缅陆块以北地区。构造位置上相当于冈瓦纳北缘晚古生代—中生代冈底斯-喜马拉雅构造区。可进一步分为措勤-申扎、拉萨-察隅、雅鲁藏布江、康马-隆子和北喜马拉雅5个沉积区。奥陶纪为稳定盖层发展阶段，未见岩浆岩。

2. 岩相特征

该区为单一海相沉积。涉及岩石地层单位：措勤-申扎地区有早奥陶世扎扛组、拉塞组，中奥陶世柯尔多组、刚木桑组及晚奥陶世的申扎组，与下伏寒武系不整合接触，与上覆志留系整合接触。拉萨-察隅地区有早奥陶世桑曲组、中奥陶世古玉组和晚奥陶世拉久弄巴组，雅江地区的幕霞群。引用59条剖面，本相区包括开阔台地相、浅海相和浅海陆棚相等18类相区，各自特征如下。

1）措勤-申扎地区岩相特征

滨岸相：分布于西藏申扎县扎扛—木纠错一带（161、168～171剖面），分布面积较小，以早奥陶世扎扛组为代表。早奥陶世时，扎扛组超覆于前震旦纪念青唐古拉群之上，其底部为厚约1m的石英砾岩，为一层底砾岩，是由于靠近剥蚀区的滨岸环境形成的。

开阔台地相沉积：大致分布于康巴多钦山一带（150、152～158、161～163、165～174剖面），呈北西-南东向延伸。出露的地层有早奥陶世拉塞组，为一套含生物碎屑白云石化团粒灰岩、泥晶灰岩、粉晶灰岩、砂屑灰岩、砾状灰岩，产头足类、海绵、苔藓虫等化石，其中出现的生物碎屑灰岩和砂屑灰岩系风暴沉积造成的。另有中奥陶世柯尔多组，为结晶灰岩、粉晶灰岩、生物碎屑泥晶灰岩，产底栖类生物化石，厚度较小，横向上岩性岩相及厚度均较稳定。均属开阔台地相沉积。

浅海陆棚相碎屑岩-碳酸盐岩沉积：分布于开阔台地相的两侧（157、160剖面），出露有早奥陶世扎扛组的中、上部沉积，总体为一套浅变质的中薄层细碎屑岩夹结晶灰岩，细碎屑岩中产笔石化石。另有中奥陶世刚木桑组，以钙质细砂岩、粉砂质页岩及灰岩为特征，产头足类化石；奥陶纪顶部的申扎组，下部为笔石相，中部为混合相，上部为壳相。均为浅海陆棚相碎屑岩-碳酸盐岩沉积。

目前在措勤-申扎地区的其他广大范围内，尚未搜集到相关奥陶纪的古地理资料，但根据区域资料分析，推测为浅海陆棚相碎屑岩-碳酸盐岩沉积。

2）拉萨-察隅地区岩相特征

滨-浅海相碎屑岩-碳酸盐岩沉积：分布于西藏八宿县然乌乡等（175～179剖面），层位属早奥陶世桑曲组，为一套粗粒碎屑岩与砂质生物碎屑岩互层。砂岩中见小型交错层理、水平层理，产腹足类化石。砂岩成分及结构成熟度较高，分选性好。底栖生物丰富，且多破碎，具浅海陆棚-滨海过渡相特征，反映地壳稳定发展阶段陆表海沉积环境。

台地边缘浅滩相沉积：分布于西藏察隅县古琴一带（182剖面），层位属早中奥陶世桑曲组。为生物碎屑角砾状灰岩、瘤状灰岩、豹皮状网纹灰岩等，产底栖型腕足类化石。其上的中奥陶世古玉组，其岩性组合与桑曲组大致相同。但出现紫色、紫红色岩层，产底栖型腕足类、珊瑚等化石。紫红色岩层的出现以及向上变粗变浅的进积型基本层序，显示了喀斯特化暴露相迹。

台地边缘斜坡相沉积：分布于察隅古玉一带，层位属晚奥陶世拉久弄巴组。为一套含燧石结核及燧石条带灰岩、白云岩。晚奥陶世时，这一地区水体逐渐加深，沉积了一套潮下具进积型基本层序的中厚层状含燧石结核的灰岩、白云岩。

3）雅鲁藏布江地区岩相特征

该区相当于雅鲁藏布江结合带的分布范围，除仲巴-札达地块发育有奥陶纪沉积外，其余多为蛇绿混杂岩和混合岩。

开阔台地相沉积：分布于西藏普兰—札达一带（185、203、204剖面），层位属奥陶纪幕霞群。以结晶白云岩、结晶灰岩为主体，白云岩与灰岩共同显示了不均匀的浅水白云岩化作用的特点。古生物组合为正常浅海相海百合茎、腕足类、腹足类及双壳类。岩石中常含有陆源砂颗粒，说明其主体形成于开阔台地环境。局部地段发育有氧化环境的紫红色细—粉砂岩，为近岸富氧的沉积环境。

冈底斯古隆起：西始于帕龙错，向东经罗食，东止于南木林一带，呈近东西长条状展布。奥陶纪时为一隆起区，经风化、剥蚀，供给周围地区大量的陆源碎屑物质。这一隆起区的基底被称为念青唐古拉岩群（$Pt_{2-3}N$）。下部以各种片麻岩为主，为黑云二长片麻岩、黑云斜长片麻岩、花岗片麻岩夹片岩、斜长角闪岩、变粒岩及大理岩；上部以片岩为主，夹斜长角闪岩、变粒岩、石英岩及大理岩、板岩和千枚岩，未见顶、底，最大叠覆厚度大于7 639m。经恢复原岩为砂泥质复理石沉积、碳酸盐岩沉积、深成岩浆侵入和中基性火山岩组合。

4）康马-隆子地区岩相特征

本区的范围西起普兰，向东经仲巴、拉轨岗日、康马，东至隆子以东地区。奥陶纪沉积仅出露于康马岩体西南侧。

三角洲平原相：分布于印缅古陆的北侧靠近海洋一边。目前没有获得这方面的资料，但实际上一个隆起区必然有河流携带大量泥砂流向海洋，在海洋一侧形成三角洲平原相沉积。

滨岸相：这一沉积相目前在康马-隆子地区有记录，但实际在靠近印缅古陆处，经风化剥蚀含有大量粗—细碎屑物质，在奥陶纪海侵到来后，应沿着古陆方向形成滨岸相沉积。

浅海陆棚相碎屑岩-碳酸盐岩沉积：分布于康马-隆子的广大地区（182剖面），仅出露顶部一部分属于奥陶纪沉积的曲德贡岩组，主要由含石榴石二云石英片岩组成，夹变粒岩和大理岩等。产头足类和海百合茎化石。

5）北喜马拉雅地区岩相特征

该地区位于喜马拉雅山脉北坡，南以喜马拉雅主拆离断裂，北以吉隆—定日—岗巴—洛扎一线为界。

三角洲平原相沉积：分布于印缅古陆的北侧，当时地形总趋势是南高北低，古陆上的河流会携带大量陆源碎屑物质注入海洋，在河流入海口以后应形成三角洲平原相沉积。

滨岸相沉积：在印缅古陆的北侧为一推测相区，沿着海岸线分布范围，一般都应存在一个滨岸相沉积。

滨-浅海相碎屑岩沉积：分布于札达至姜叶马以东地区，层位属早奥陶世达巴劳组。为一套灰色、暗紫色石英砂岩，粉砂岩及页岩，夹少量生物碎屑灰岩、泥质灰岩。下部岩层中发育交错层理、波痕、泥裂，产头足类、三叶虫等化石。

浅海陆棚相碎屑岩-碳酸盐岩沉积：分布于普兰—札达以西及北西的广大地区（132、135～139、183、184、186、189、202剖面），大部分位于印度境内。层位属中-晚奥陶世下拉孜组。为浅灰色长石石英砂岩、钙质长石石英砂岩、生物灰岩、泥灰岩、砂质或白云质灰岩，上部灰岩增多，产珊瑚、腕足类化石等。上部灰岩中含有正常海相的多种生物碎屑，显示向上变粗、变浅增厚的特点。顶部岩石中内碎屑褐铁矿化明显，来源于氧化环境。亮晶胶结物和颗粒指示高能水体的存在。

开阔台地相沉积：分布于定结—岗巴—洛扎一带（133、187、188、191～198、200剖面），层位属早中奥陶世甲村组，以碳酸盐岩为主夹少量碎屑岩。综合分析得出，甲村组整体属开阔台地相沉积，局部发育浅滩相、潮坪相，代表了浅海碳酸盐岩缓坡沉积环境。

浅海陆棚低能相沉积：分布于聂拉木亚里一带（187、190、199剖面），层位属晚奥陶世的红山头组。由浅褐色薄层泥灰岩夹薄层粉砂质泥页岩及泥灰岩组成。局部出现褐黄色，代表极浅水环境，泥灰岩中发育水平层理，见水平虫孔，是一种水体能量较低、较稳定环境的外陆棚相沉积。本组岩性、岩相特征，显示了一个明显的海退过程，这与晚奥陶世比较大规模的海退是息息相关的。

3. 古地理特征

寒武纪末，西藏受泛非运动的影响，大部分地区隆起成陆，海水仅残存于藏南一带和冈底斯中部申扎等地。

早奥陶世初期，全球性海侵，西部海水经克什米尔进入藏南地区，首先进入喜马拉雅西部地区，由于靠近冈瓦纳大陆附近的札达、地雅、达巴劳、下拉孜山等地区地势比较高，形成一套以滨岸相碎屑岩为主的沉积，而与之相邻的幕霞山、曲松、香孜、门土及拉昂错西岸地区为浅海陆棚环境，沉积了一套含白云质长石石英砂岩。中晚奥陶世，喜马拉雅中东部的吉隆、聂拉木、定日可德、亚东地区同属于开阔台地环境，沉积了以碳酸盐岩为主的夹少量细碎屑岩的沉积。康马郎达乡新发现的奥陶纪地层，表明藏南的奥陶纪沉积向北仍有分布，根据岩性组合推测为滨海及浅海环境。

申扎地区新发现的早奥陶世地层，当时海水可能从东西侵入，在扎扛-木纠错地区开始为滨岸沉积，沉积了粗碎屑物质，随着海侵进一步扩大，随后沉积了一套富含碳质的砂泥岩地层，分布笔石化石，显示浅海盆地环境。申扎北部雄梅地区早奥陶世沉积明显不同于南部扎扛地区，显示陆棚边缘环境。总之，早奥陶世申扎地区地势南高北低，南侧靠近滨岸，北侧为浅海陆棚（成都地质矿产研究所，2006）。

二、保山地块（XVI_2）

1. 构造特征

该构造相单元以浅海相沉积为主，未见岩浆岩，推测属稳定的陆表海。

2. 岩相特征

该区为单一海相沉积，所涉岩石地层单位为早奥陶世岩箐组，早奥陶世漫塘组、老尖山组，中奥陶世施甸组，中晚奥陶世蒲缥组，与下伏寒武系、上覆志留系为整合接触。

共引用6条剖面，包括滨岸相、浅海相和浅海陆棚相3类相区，各自特征如下。

滨岸相碎屑岩沉积：分布于保山市以西（235剖面）及相区东部角，呈南北长条状分布。出露早奥陶世岩箐组，为石英砂岩夹长石砂岩、板岩、条带状灰岩，局部偶夹紫红色砂页岩层。条带状灰岩中产腕足类 *Lingula* sp. 海林檎，石英砂岩中发育波状层理，见虫迹。因含有 *Lingula*，指示其为滨岸相沉积环境。

浅海相碎屑岩沉积：分布于保山地区的东部（230～234剖面）发育在早奥陶世漫塘组、老尖山组及早中奥陶世施甸组之中。为一套长石石英细砂岩、细粒杂砂岩、粉砂岩、粉砂质杂砂岩夹页岩、泥岩。砂岩中发育波状层理、交错层理、钙质结核等。产三叶虫、腕足类、海林檎、软舌螺，局部地方尚保存笔石化石。显示早中奥陶世时，海水相对平静，日照适度，营养充足，适宜生物生长，为正常的浅海相沉积。

浅海陆棚相碎屑岩、碳酸盐岩沉积：分布于宝山地区的西部，面积较小，以中晚奥陶世蒲缥组为代表。以钙质、泥质粉砂岩、灰岩为主，此外为粉砂质板岩、页岩、泥岩夹细砂岩、石英砂岩。岩层中发育斜层理和波状交错层理。产笔石、三叶虫、头足类、海百合茎等化石。本组于保山市瓦房一带有大量的紫红色、暗紫色岩层，反映了晚奥陶世晚期气候干燥情况下的浅海沉积特征。

3. 古地理特征

总之，保山地区早奥陶世至中奥陶世早期以滨海相碎屑岩为主；中奥陶世晚期至晚奥陶世早期过渡为浅海陆棚相，以砂泥质-碳酸盐岩与泥质碳酸盐岩为代表；晚期（五峰期沉积，本图区未出露）发育台地边缘较深水，以粉砂质为主的沉积。总体表现为海侵，海域水体逐渐加深的过程（罗建宁等，1999）。

第七节 周边地区构造-岩相古地理

一、阿拉善陆块（Ⅰ）

1. 构造特征

该陆块位于龙首山南缘断裂以北地区，奥陶纪受祁连弧后扩展作用影响，处于伸展构造背景。

2. 岩相特征

1）沉积岩相

该岩相以海相沉积为主，北部为阿拉善古陆。涉及岩石地层单位包括阿拉善地区马家沟组和米钵山组，与下伏寒武系整合接触。

阿拉善古陆：主要分布在金昌以北地区。出露前寒武纪地层，有古元古代的龙首山岩群、蓟县纪的墩子沟群和寒武纪的韩母山群。缺失奥陶纪—三叠纪沉积，陆相的早侏罗世芨芨沟组不整合覆于龙首山岩群或其他地层之上，推测奥陶纪时，阿拉善已成为古陆，处于风化、剥蚀阶段。

滨岸相碎屑岩沉积：分布于阿拉善古陆的周缘，为一推测相区。奥陶纪时，阿拉善古陆为剥蚀区，供给其大量的陆源碎屑物质，在这一带形成滨岸相碎屑岩沉积是完全可能的。

开阔台地相沉积：分布于阿拉善古陆的东侧，引用剖面4条（90、91、93、94剖面）。出露早中奥陶世马家沟组中、上部层位。灰岩多以泥晶、微晶为主，缺乏各种颗粒灰岩，基质一般为泥晶方解石。岩石中常见泥云质网纹，岩层薄至厚层，普遍发育水平纹层，偶夹叠层石。头足类、腹足类、三叶虫和牙形刺等化石丰富，均为底栖类型。

半深海相泥砂质、灰质浊流沉积：分布于编图区东北角一隅，出露奥陶世米钵山组，为一套泥质岩、碎屑岩和碳酸盐岩组成的浊流沉积。泥质岩有板岩、钙质板岩、粉砂质板岩、含砾板岩；碎屑岩主要有中—细粒岩屑石英砂岩、长石石英砂岩、角砾岩、砾岩；碳酸盐岩主要有粉—微晶灰岩、砂屑灰岩、砾屑灰岩和鲕粒灰岩。重力流和浊流沉积十分发育，岩相变化急骤，厚度变化大，产笔石、三叶虫和牙形刺化石，属半深海大陆斜坡坡脚地带的海底扇沉积。

2）岩浆岩相

主要在阿拉善隆起南缘部分有花岗闪长岩等。

3. 古地理特征

本相区奥陶纪时的古地理面貌总体为西高东低，相区最西部为古陆，向东变为滨海-浅海环境，相区最东部过渡为半深海沉积环境。

二、敦煌地块（Ⅱ）

该地块分布于红柳沟—拉配泉—阿克塞以北地区。区内新生代地层直接覆盖在太古宙至元古宙敦煌岩群之上。仅有少量侵入岩，构造相属性不清，主体可能为隆起剥蚀区。

该区岩浆岩相为侵入岩相。岩石类型有辉长岩、闪长岩、石英闪长岩、花岗闪长岩、二长花岗岩、花岗岩等。岩石属铝过饱和、钙碱性系列，成因类型为Ⅰ型花岗岩。

编图区位于敦煌地块的南部，奥陶纪时期主体为隆起剥蚀区。

三、塔里木陆块（Ⅲ）

1. 构造特征

塔里木陆块介于昆仑山与南天山之间，包括整个塔里木盆地，本次编图仅涉及其南半部。早奥陶世处于伸展构造背景，中奥陶世后期转化为挤压构造背景。

2. 岩相特征

该陆块以海相沉积为主，中酸性侵入岩相零星分布于铁克里克一带。

1）沉积岩相

该岩相由古陆和海相沉积组成。所涉及的岩石地层单位有早中奥陶世上丘里塔格组，黑土凹组和却尔却克组，晚奥陶世良里塔格组和桑塔木组，与下伏寒武系整合接触，上被下志留统整合覆盖。引用9条钻井剖面和4条实测剖面，沉积相垂向变化及横向对比如图4-4。该相区包括古陆、滨岸相、台地相、浅海相、半深海相等7类相区，各自特征如下。

铁克里克古陆：出露于铁克里克地区的新太古-古元古代地层为赫罗斯坦岩群和埃连卡特岩群，是一套高角闪岩相（局部有麻粒岩相）-低角闪岩相变质的片岩、片麻岩、混合岩，以及磁铁石英岩、大理岩、变质火山岩，厚度大。经受了多期变形变质作用的改造，总体呈层状无序，其原岩整体组合属活动型沉积，构成塔里木地区的结晶基底。其上的长城纪至青白口纪地层有：塞拉加兹塔格岩群、博查特塔格组、苏玛兰组和苏库罗克组，主要为碎屑岩和碳酸盐岩沉积，其次为安山岩和火山碎屑岩夹硅质岩。构成了塔里木地区的褶皱基底，其上不整合覆盖石炭系。推测奥陶纪时期为隆起剥蚀。

滨岸相碎屑岩沉积：分布于铁克里克基底杂岩相的北侧，为一推测相区。由于基底杂岩相当时处于隆起剥蚀区，而且古地貌是向北（盆地中心）倾斜的地势，因此，奥陶纪海侵到来后，沿着剥蚀区一边有大量的陆源碎屑物质，形成滨岸相的粗碎屑岩沉积。

开阔台地相沉积：分布于塔里木盆地的广大地区，引用剖面：实测剖面有6、7、10剖面；钻井剖面有方1井、玛2井、玛5井、和4井、马参1井，共8条剖面。其中玛5井及和4井剖面均为晚奥陶世良里塔格组和桑塔木组；其余地区均为早中奥陶世上丘里塔格组。前者为灰岩、泥灰岩、泥岩、钙质泥岩，后者为褐色灰岩、砂屑灰岩、白云岩、白云质灰岩等，前者产几丁虫化石，后者产牙形刺化石。

局限台地相沉积：引用剖面为塔参1井剖面，分布于开阔台地相区的北侧。在塔参1井剖面，早中奥陶世上丘里塔格组相变为局限台地相沉积，为一套灰色、褐灰色泥晶灰岩，亮晶、泥晶砂屑灰岩，燧石结核灰岩，白云质灰岩与厚层状褐灰色泥晶、粉晶白云岩，产牙形刺化石。

台地相碎屑岩沉积：分布于塔里木盆地的东部，为一推测相区。晚奥陶世晚期，发生大规模的海退，

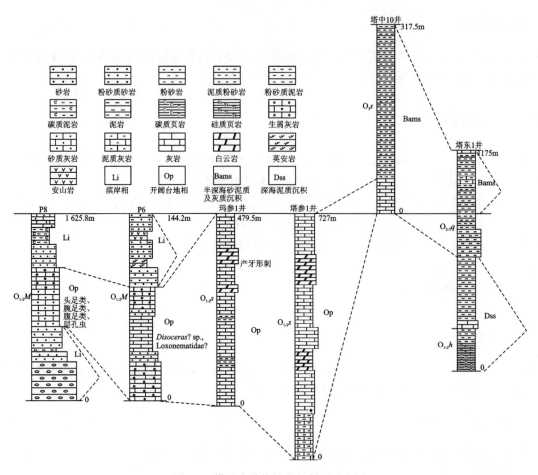

图 4-4 塔里木陆块沉积相剖面对比图

在东部靠近敦煌古陆,供给大量碎屑物质,盆地内的台地相碳酸盐岩沉积逐渐被台地相碎屑岩沉积代替,推测这一带应为台地相碎屑岩沉积。

半深海(斜坡)相砂泥质沉积:引用剖面为塘参 1 井、塔中 10 井和塔东 1 井剖面,分布于盆地东侧。钻井资料揭示,塘参 1 井中、晚奥陶世却尔却克组和塔中 10 井晚奥陶世桑塔木组均属于斜坡相。为一套砂泥质复理石沉积,产牙形刺、几丁虫、三叶虫化石。

深海盆地硅、泥质沉积:引用剖面为塔参 1 井、塔中 10 井和塔东 1 井剖面。分布于盆地的最东部,面积较大,引用剖面为塔东 1 井剖面。塔东 1 井所揭示的早中奥陶世黑土凹组为黑灰色、灰黑色碳质页岩,硅质页岩和泥岩,含硅质团块,产笔石化石,厚度仅为 48m,为欠补偿沉积,属深海盆地相。

浅海相碎屑岩、碳酸盐岩沉积:分布于塔里木盆地的东部,引用剖面 3 条(4、5、8 剖面)。

2) 岩浆岩相

侵入岩:角闪辉石岩、闪长岩、英云闪长岩、二长花岗岩、钾长花岗岩侵入体等。总体为钙碱性岩和碱性岩的过渡岩类,属 I 型或非典型的 A 型花岗岩类,位于塔里木板块南缘铁克里克断隆区内,属碰撞后抬升期花岗岩类。侵位时间主体应为晚奥陶世。

3. 古地理特征

塔里木地区从早寒武世开始海侵,塔东盆地和塔里木碳酸盐岩台地基本形成(冯增昭等,2005)。早奥陶世时,塔里木盆地基本上继承了晚寒武世的古地理格局,台地范围明显扩大。当时塔东地区为欠补偿型深水盆地,塔东 1 井剖面早、中奥陶世黑土凹组为一套黑灰色碳质页岩、硅质页岩及泥岩,含硅质团块。产笔石化石及薄壳腕足类化石(何登发等,2007),浮游性笔石及薄壳生物说明海水深、水动力条件弱。在塔东盆地的西侧,为台地前缘斜坡相的砂、泥质复理石沉积,产牙形刺、几丁虫及三叶虫等化石。

塔参1井岩层即为这种沉积环境的产物。在斜坡相带以西的广大范围内,发育碳酸盐岩台地环境,局部地域尚出现局限台地相沉积,发育褐色泥晶灰岩、砂屑灰岩、白云质灰岩等。

中奥陶世,海侵达到最大期,塔东盆地的面积和海水的深度都空前增大,盆地范围向西可达民丰以西,从寒武纪以来形成的塔东南古陆供给大量的陆源碎屑物质,使得若羌以西至民丰一带沉积了一套南北宽 200 余千米的厚度巨大的海底扇陆源碎屑浊积岩和平原亚相的泥页岩(何登发等,2007)。但碳酸盐岩台地的面积向西、向北均有不同程度的缩小,由于南天山盆地范围扩大,致使碳酸盐岩台地面积由柯坪以北扩展到巴楚以南。

晚奥陶世晚期,塔里木盆地的性质发生了根本性的变化。在碳酸盐岩台地的边部,出现了不少水下隆起,并有大面积的局限台地相沉积,表明此时水体已经变浅,逐渐变为以碎屑岩沉积为主,碳酸盐岩台地逐渐被碎屑岩台地所代替,标志着塔里木地区的海退已成事实。这个从早寒武世开始到晚奥陶世晚期为止的一个完整的海侵—海退旋回宣告结束。

四、扬子陆块（Ⅻ）

扬子陆块的西缘以龙门山-三江口-虎跳峡断裂为界。该陆块形成于晋宁期,具有扬子型的结晶基地和褶皱基地,奥陶纪为稳定盖层发展阶段。包括两个次级构造相单元。

(一) 川滇陆表海盆地（Ⅻ$_1$）

1. 构造特征

范围涵盖了丽江、康定-西昌、成都 3 个地层分区。总体为向东倾斜的陆表海盆地,奥陶纪处于稳定发展阶段。

2. 岩相特征

该区沉积岩相由海相沉积和古陆组成,未见岩浆岩。所涉的岩石地层单位为康滇地区早奥陶世汤池组,早中奥陶世红石崖组,中奥陶世巧家组,中晚奥陶世大箐组,下与寒武系整合接触,上被下志留统整合覆盖。龙门山地区的早奥陶世陈家坝组和中、晚奥陶世的宝塔组,其下与前奥陶纪地层不整合接触,上被下志留统整合覆盖。引用剖面 34 条,有康滇古陆、滨岸相、浅海相、局限台地相等 7 类相区。各自特征如下。

康滇古陆:继承了寒武纪的基本形态,奥陶纪以来略有变化。该古陆较大范围出露扬子地台基底地层,由太古宙—古元古代康定岩群和古元古代的哀牢山岩群构成结晶基底。为一套以混合片麻岩、斜长片麻岩、花岗片麻岩及石英云母片岩为主的组合。元古宙的河口岩群、下林岩群等为褶皱基底的组成部分,变质达高绿片岩-低角闪岩相。中、新元古代的沉积则为绿片岩相的千枚岩、板岩、砂岩、结晶灰岩夹火山岩。上述岩群构成了康滇古陆的主体,它们供给周围沉积区大量陆源碎屑岩物质。

滨岸相碎屑岩沉积:分布于富民天马山及康滇古陆南端边缘(274、275、288 剖面),层位属早奥陶世汤池组。下部以砂岩为主,碎屑物粒度较粗,向上为页岩与砂岩互层。砂岩中普遍发育斜层理、波痕并富含介壳碎片等,说明本组主要在水流较为动荡的滨岸环境下沉积。

浅海相碎屑岩与较深水相泥页岩沉积:分布于康滇古陆的东侧,呈近南北向展布(206、211～213、216、220、221、286、287 剖面)。层位属早中奥陶世红石崖组。岩石组合为石英砂岩、粉砂岩与页岩、泥岩互层。砂岩中发育斜层理;页岩呈黑色或深灰色,其中发育水平层理,且产笔石化石;粉砂岩中产三叶虫、腕足类等化石。其中页岩为欠补偿沉积,为较深水港湾环境沉积。

浅海陆棚相碎屑岩、碳酸盐岩沉积:分布于美姑向南至曲靖一带(206、207、215、280～286、289～291、293、294、296、297 剖面),层位属中奥陶世巧家组。为一套石英砂岩、细粒长石石英砂岩、长石粉砂岩、泥页岩、生物碎屑灰岩、白云岩等。砂岩中发育板状交错层理，灰岩中产三叶虫、腕足类、双壳类、苔藓虫、海百合茎。主体为陆棚相，局部地方水体较浅，可见直立虫管、泥裂、薄席纹层及波痕，应为滨岸环境。

局限台地相沉积：分布于峨边至昭通市一带（213、289、290剖面），层位属中晚奥陶世大箐组。为一套薄层至块状细晶至中晶白云岩、不等晶白云岩、白云质灰岩、结晶灰岩等。产笔石、三叶虫，可能为一种潮湿气候条件下的淡化潟湖环境。

浅海相碎屑岩沉积：分布于九顶山以东地区，略成北东-南西向展布（214、218、219、224、225剖面），层位属早奥陶世陈家坝组。岩石组合为灰色、灰黑色中厚层含硅质岩屑石英长石砂岩，碳质板岩，砂质板岩，板岩与细砂岩互层。砂岩中发育斜层理，底部产三叶虫及笔石化石。在广元陈家坝剖面，发育炭质千枚岩、硅质灰岩，产笔石化石，显示海水较深，可能为还原条件下的港湾环境。

台地边缘浅滩相沉积：分布于陆表海盆地相的东侧，层位属中晚奥陶世的宝塔组。以灰色中厚层状石灰岩为主，具泥质网纹（龟裂纹）构造或瘤状构造。局部地方有白云岩或白云质灰岩，或夹有黑色页岩。产头足类化石及少量三叶虫化石，是一种近岸的浅滩环境。

3. 古地理特征

奥陶纪时，西部为狭长带状的康滇古陆，东部为川中陆表海，总体具有西高东低的古地理地貌特征。康滇古陆以东的川中陆表海的古地理面貌具有东西高、中间低的特征，即紧邻康滇古陆为滨岸相；中部水体较深，以浅海环境为主；东部则以台地沉积环境为主。

（二）盐源-丽江被动边缘盆地（Ⅻ₂）

1. 构造特征

该盆地对应于青藏高原及邻区地质图（成都地质矿产研究所，2004）丽江地层分区。总体显示向西缓倾的边缘海盆地，奥陶纪为稳定构造环境。

2. 岩相特征

该区沉积岩相为单一海相沉积环境，未见岩浆岩发育。所涉岩石地层单位为早中奥陶世红石崖组，中奥陶世宝塔组或大槽组和晚奥陶世五峰组。未见奥陶系底部，上被下志留统整合覆盖。引用剖面8条，沉积相垂向变化及横向对比如图4-5所示，包括滨岸相、开阔台地相、深海笔石页岩相4类相区。各自特征如下。

滨岸相碎屑岩沉积：分布于本区东部靠近康滇古陆的西侧（276～279剖面），层位属早中奥陶世红石崖组。为灰色厚层状细—中粒石英砂岩、页岩及粉砂质页岩不等厚互层，夹紫红色粉砂岩。下部石英砂岩中发育波痕及斜层理，产三叶虫及腕足类化石，属滨海相沉积环境。

开阔台地相碳酸盐岩沉积：分布于本区中部的广大地区（229、246～269、279剖面），层位属中奥陶世宝塔组或大槽组。在区内厚度小而较稳定，岩性变化不大。在丽江阿净冷剖面（272、273剖面），为泥质灰岩、硅质灰岩，下部夹页岩。在永胜文祥东剖面（268、269剖面），为灰质白云岩、白云岩夹页岩。灰岩中发育水平层理、波状层理。产角石、三叶虫、腕足类、海百合茎等化石。

深海笔石页岩相沉积：分布于本区西部，面积较小（270剖面），层位属晚奥陶世五峰组。为灰色页岩，厚3.4m，产笔石化石，为深海笔石页岩相沉积。与上覆早志留世地层间有一沉积间断，由于上下岩性相似，因此间断面不明显。

半深海斜坡相沉积：分布于深海笔石页岩相东部，面积较小，为推测相区。

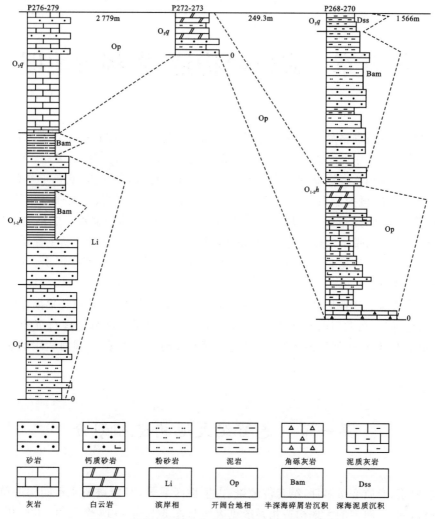

图 4-5 盐源-丽江被动边缘盆地沉积相剖面对比图

3. 古地理特征

综上所述,晚奥陶世时,该区沉积地层厚度、岩性均有变化,从东往西厚度变薄,沉积环境也各不相同。东部水浅,西部较深,推测当时的海水是由西向东侵入。

五、印度陆块构造岩相古地理(XⅦ)

印度陆块,主边界断裂以南的印度陆块区。编图区印度境内石炭纪—二叠纪含冈瓦纳冷水动植物群的塔奇尔冰碛层直接覆盖于早-中元古代地层之上。其间缺失新元古代、早古生代—泥盆纪地层沉积,零星见有寒武纪—奥陶纪中酸性侵入岩。推测主体为隆起剥蚀区。

侵入岩:花岗闪长岩、二长花岗岩、钾长花岗岩等。

二长花岗岩、钾长花岗岩属铝过饱和中钾、高钾钙碱系列,为 A 型花岗岩。花岗闪长岩属铝过饱和高钾钙碱系列,为 I 型花岗岩。具改造型花岗岩的特征。汤嘎西木片麻状花岗闪长岩年龄为$(502±9)$Ma;康马岩体西侧二云二长花岗岩岩脉的锆石 U-Pb 上交点年龄为$(486±49)$Ma,误差较大,可作为参考。波东拉弱片麻状黑云二长花岗岩、哈金桑惹片麻状黑云二长花岗岩、哈金桑惹-康马侵入体及侵入其中的不同类型的脉体,锆石 U-Pb 上交点年龄为 $558\sim490$Ma,锆石^{206}Pb/^{238}U 表面年龄为 $478\sim461$Ma,锆石^{207}Pb/^{206}Pb 比年龄为 451Ma。

第五章　志留纪构造-岩相古地理

志留纪是研究区古地理格局重大变化时期，位于巴颜喀拉洋盆（原特提斯洋盆）北部的秦祁昆地区进入陆（地）块碰撞阶段。中昆仑以北地区形成一系列山链与前陆盆地相间且复杂、多变的古地理格局。中昆仑向南为弧前盆地到深海洋盆的总体古地理特征。祁连地区，柴达木、欧龙布鲁克、中祁连、阿拉善等地块（岛弧）相继碰撞（碰撞造山带）。北祁连、拉脊山、柴北缘等蛇绿混杂岩带及中祁连形成带状隆起的山链，在阿拉善南缘、欧龙布鲁克地块上形成不同性质的半深海前陆盆地。中昆仑与塔里木、柴达木发生弧-陆碰撞（增生造山带），主体隆起，仅在祁漫塔格一带早期为具有走滑新生性质的弧后小洋盆，主体为弧后前陆盆地沉积。南昆仑一带主体转化为弧前盆地，为半深海复理石沉积。其南的巴颜喀拉山是原特提斯洋盆所在位置。

扬子陆块及其边缘三江地块群系统完全脱离冈瓦纳大陆，呈"孤岛"被原特提斯洋环绕，边缘有指状深入陆块的半深海海湾，在龙门山西北缘、甜水海地块北缘发育了半深海复理石沉积。冈底斯-喜马拉雅地区与奥陶纪类似，仍属于冈瓦纳边缘，为向北变深的被动大陆边缘，以浅海相碳酸盐岩、碎屑岩沉积为主体。

第一节　志留纪大地构造相划分

综合沉积、岩浆、变质变形事件，结合古地磁、古生物区系等，对青藏高原不同构造单元志留纪的构造属性进行分析，划分、厘定的大地构造相系统见表 5-1、图 5-1，分为 14 个大相、16 个相，归并为 5 个组合、三大系统。对应的古地理单元名称及其隶属关系如表 5-1。各构造相特征的具体说明参见本章中每节的"构造特征"部分，对应的岩相古地理面貌见图 5-2。

第二节　秦祁昆地区构造-岩相古地理

南界为昆中蛇绿构造混杂岩带，北界为龙首山南缘断裂，向西越过阿尔金山缘断裂接柯岗断裂，东接同心-固原断裂，包括了阿尔金碰撞后造山带、昆仑陆缘弧、祁连-柴达木碰撞造山带 3 个大地构造相单元。晚奥陶世—早志留世，秦祁昆地区的诸多陆缘洋盆相继闭合，发生弧-弧、弧-陆和陆-陆碰撞，以塔里木、阿拉善、柴达木为主的西部统一陆块基本形成。总体具有山链与前陆盆地或山间盆地相间的沉积古地理格局。

一、祁连碰撞弧盆系（Ⅳ）

范围包括北祁连岩浆弧、北祁连构造混杂岩、中南祁连岩浆弧。晚奥陶世，北祁连洋盆、党河南山-拉脊山弧间洋盆相继关闭，志留纪进入碰撞造山阶段，为造山带与前陆盆地相间的古地理格局。

表 5-1 青藏高原志留纪古地理单元与大地构造相单元对应表

古地理单元名称		大地构造相单元名称		备注	
一级、二级	三级、四级	大相	相		
Ⅰ 阿拉善陆块	Ⅰ$_1$ 阿拉善古陆 Ⅰ$_2$ 走廊弧后前陆盆地	Ⅰ 阿拉善陆块大相		泛华夏西部陆块群及边缘造山系	泛华夏陆块群及其边缘系统
Ⅱ 敦煌古陆		Ⅱ 敦煌陆块大相			
Ⅲ 塔里木陆块	Ⅲ$_1$ 塔北残留海 Ⅲ$_2$ 塔中南古陆	Ⅲ 塔里木陆块大相			
Ⅳ 祁连造山系	Ⅳ$_1$ 中北祁连造山剥蚀区 Ⅳ$_2$ 南祁连前陆盆地 Ⅳ$_3$ 赛什腾山-锡铁山残留海盆	Ⅳ 祁连碰撞弧盆系大相	Ⅳ$_1$ 中北祁连弧-弧碰撞带相 Ⅳ$_2$ 南祁连前陆盆地相 Ⅳ$_3$ 赛什腾山-锡铁山高压变质杂岩相		
Ⅴ 阿尔金造山剥蚀区		Ⅴ 阿尔金后碰撞弧盆系大相			
Ⅵ 柴达木古陆		Ⅵ 柴达木地块大相			
Ⅶ 昆仑-西秦岭活动陆缘	Ⅶ$_1$ 西秦岭活动边缘 Ⅶ$_2$ 祁漫塔格弧后前陆盆地 Ⅶ$_3$ 昆中岛弧	Ⅶ 昆仑-西秦岭碰撞弧盆系大相	Ⅶ$_1$ 西秦岭活动边缘相 Ⅶ$_2$ 祁漫塔格弧后前陆盆地相 Ⅶ$_3$ 昆中岩浆弧相		
Ⅷ 巴颜喀拉-昆南俯冲洋盆	Ⅷ$_1$ 南昆仑增生杂岩楔 Ⅷ$_2$ 巴颜喀拉洋盆	Ⅷ 巴颜喀拉-昆南俯冲洋盆大相	Ⅷ$_1$ 南昆仑增生杂岩相 Ⅷ$_2$ 巴颜喀拉洋盆相	原特提斯洋盆消减带	
Ⅸ 扬子陆块	Ⅸ$_1$ 川滇陆表海 Ⅸ$_2$ 康滇古陆 Ⅸ$_3$ 盐源-丽江边缘海	Ⅸ 扬子陆块大相		扬子陆块及西部被动边缘	
Ⅹ 若尔盖-松潘地块	Ⅹ$_1$ 若尔盖古隆起 Ⅹ$_2$ 班玛-九龙边缘海	Ⅹ 若尔盖-松潘地块大相			
Ⅺ 三江-北羌塘被动边缘	Ⅺ$_1$ 中咱-中甸边缘海 Ⅺ$_2$ 昌都-兰坪边缘海 Ⅺ$_3$ 北羌塘浅海 Ⅺ$_4$ 甜水海边缘海	Ⅺ 三江-北羌塘地块群大相	Ⅺ$_1$ 中咱-中甸地块相 Ⅺ$_2$ 昌都-兰坪地块相 Ⅺ$_3$ 北羌塘地块相 Ⅺ$_4$ 甜水海地块相		
Ⅻ 班公湖-双湖-怒江-昌宁扩张洋盆	Ⅻ$_1$ 扩张洋盆 Ⅻ$_2$ 南羌塘西部边缘海	Ⅻ 班公湖-双湖-怒江-昌宁扩张洋盆大相	Ⅻ$_1$ 扩张洋盆 Ⅻ$_2$ 南羌塘西部地块相	原特提斯洋盆	
ⅩⅢ 冈底斯-喜马拉雅边缘海盆地	ⅩⅢ$_{1-1}$ 念青唐古拉古隆起 ⅩⅢ$_{1-2}$ 喜马拉雅边缘海 ⅩⅢ$_2$ 保山浅海	ⅩⅢ 冈底斯-喜马拉雅地块大相	ⅩⅢ$_1$ 冈底斯-喜马拉雅边缘海盆地相 ⅩⅢ$_2$ 保山地块相	印度陆块及北部被动边缘	冈瓦纳大陆及其边缘系统
ⅩⅣ 印度古陆		ⅩⅣ 印度陆块大相			

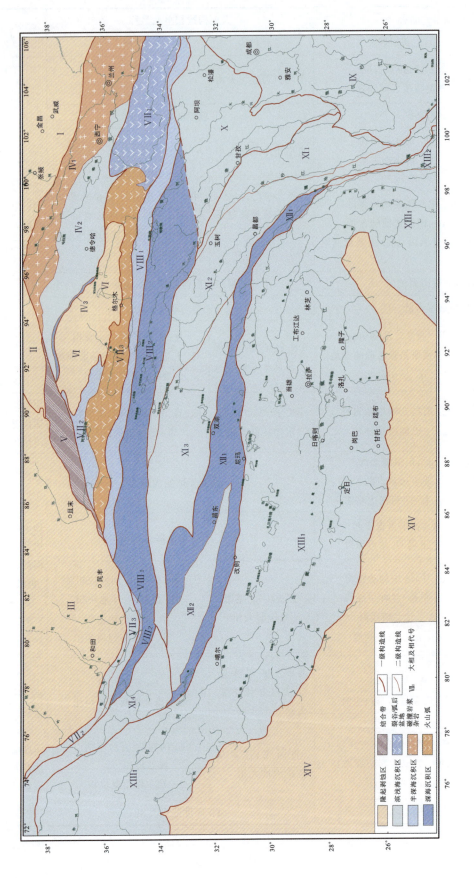

图 5-1 青藏高原及邻区志留纪大地构造相划分图

注：构造相代号见表5-1

（一）中、北祁连弧-弧碰撞带（Ⅳ₁）

1. 构造特征

北起走廊南山断裂，南至党河南山-拉脊山蛇绿构造混杂岩带南缘断裂，西抵阿尔金南缘走滑断裂，东延伸出图。范围涵盖北祁连弧后盆地、北祁连岩浆弧、北祁连蛇绿构造混杂岩带以及中祁连岩浆弧。志留纪北祁连岩浆弧与中祁连岩浆弧碰撞，总体隆升剥蚀，零星有山麓冲积扇到浅海沉积，中酸性侵入岩相发育。

2. 岩相特征

沉积岩相与岩浆岩相均较为零星。

1）沉积岩相

主要为隆起区，在西段南部的党河南山和东段的永登分别有小面积海相沉积。岩石地层单位西段志留系未划分，东段为肮脏沟组，引用地层剖面8条。

西部相区：分布于党河南山到岗则吾吉一带，呈近东西向带状展布，从北向南依次为滨海相、浅海相，推测有少量半深海相。滨海相狭长带状分布（41～43剖面），属下中志留统。以41剖面为代表，下部以黑云石英片岩为主夹少量变砂岩，上部以二云石英片岩为主夹少量变质砂岩和石英砂岩，厚3 101m。向东在42剖面处厚1 547m，含大量黄铁矿；43剖面上部夹有玄武岩，总厚4 104m。浅海相（碎屑岩）以青海省乌兰县骆驼沟下志留统实测剖面（46剖面）为代表，上部主要为千枚岩、板岩，夹少量变质砂岩，厚397.2m；下部主要为变质砂岩、片理化钙质砂岩、硅质岩、大理岩、绢云石英片岩、变质含砾砂岩、细砾岩、黑云石英片岩。

东部相区：分布于永登县城一带，从南向北依次为滨海、浅海和少量半深海。滨海相以甘肃省永登县下志留统肮脏沟组（130剖面）为代表。下段（S_1a^1）主要为灰绿色粉砂质板岩、粉砂岩、长石石英砂岩，偶夹结晶灰岩、钙质板岩、硅质岩等，粉砂质板岩中含笔石，总厚3 051.37m。上段（S_1a^2）主要为长石石英砂岩、千枚岩、硅质岩，偶夹安山质凝灰岩、石膏层，总厚1 786.76m，富含笔石。浅海-半深海分布于永登县城以北地区（131～133剖面），属肮脏沟组。上段岩石粒度相对较粗，主要以灰色厚层—中厚层变质中细粒长石岩屑砂岩、灰色厚—中层细粒变岩屑砂岩为主，夹灰色含砾中—粗粒变岩屑砂岩、粉砂岩，少量粉砂质板岩及千枚岩、结晶灰岩、泥灰岩透镜体，以浅海环境为主；下段岩石粒度相对较细，岩石组合以深灰色泥质粉砂质板岩、深灰色泥板岩、浅灰色中层状变细—粉砂岩、浅灰色中—厚层状变细长石砂岩、浅灰褐色中—厚层状变细粒岩屑长石砂岩为主，夹变质中粗粒岩屑杂砂岩、变中粒石英砂岩、含砾粗砂岩、硅质岩及粉砂质千枚岩、绢云千枚岩，以半深海相为主。沉积厚度从南向北依次增厚，133剖面厚1 888.90m，132剖面厚2 139.30m，131剖面厚2 842.00m。

2）岩浆岩相

火山岩、侵入岩均有发育。

火山岩：分布于东部民和县一带，赋存于泉脑沟组、巴龙贡噶尔组（S_1b）中，以中酸性火山岩为主。以巴龙贡噶尔组（S_1b）火山岩为代表：下部为安山质火山碎屑岩夹同质熔岩、玄武岩及玄武质凝灰岩，少许英安质、粗面质凝灰岩，为中心式喷发，属钙碱性、碱性系列；上部为安山质、粗面质凝灰岩，属钙碱性—弱碱性系列。

侵入岩：分布广泛，集中出露于西部的野马南山和东部兰州以北的皋兰两地，总体呈北西西向带状展布。

东段典型岩体有兰州北部的晚志留世什川超单元、化子沟序列，中志留世文山序列，早志留世乌金峡序列，侵入于皋兰岩群之中，上覆白垩纪河口群。

据1:25万兰州幅区调报告，乌金峡序列，K-Ar同位素年龄值为419.7Ma、402.4Ma。从早期单元到晚期单元,岩石类型由闪长岩→石英闪长岩→花岗闪长岩→斜长花岗岩,为I型和S型过渡,或具双重特征。δEu 值介于 0.61~2.08 之间,属下地壳岩石的部分熔融形成的。微量元素洋脊花岗岩(ORG)标准化模式图与同碰撞花岗岩相似,不同类型的花岗岩在 Rb-(Y+Nb) 和 Nb-Y 图解上,反映出火山弧花岗岩的特征。

文山序列在平面上呈不规则的椭圆形。从早期单元向晚期单元,岩石序列为闪长岩→石英闪长岩→花岗闪长岩→二长花岗岩。从早到晚岩浆向富钾、富钠方向演化,碱度率 AR 由 1.36→1.65→2.18→2.37→2.61。各单元稀土总量具总体减少的趋势,球粒陨石标准化图式相关性较好,有轻微的负 Eu 异常(δEu 值介于 0.52~0.81),曲线均为右倾型。微量元素球粒陨石标准化蛛网图中各单元曲线相关性较好。主体具有 I 型花岗岩的特征,个别单元部分参数具 S 型花岗岩的特征,显示有上地壳物质的部分熔融,也有基性岩浆分异形成的特点。

晚志留世什川超单元,呈不规则的椭圆形,规模大。Rb-Sr 全岩等时线年龄为 (423.2±11.3)Ma、(419±11)Ma。岩石组合为斜长花岗岩→花岗闪长岩→二长花岗岩,同位素 $^{87}Sr/^{86}Sr$ 初始比为 0.708,显示异源于下地壳的岩浆受上地壳物质的混染特征,δEu 为 0.28~0.99。以 A 型花岗岩(非造山带及造山期后)为主,兼具 S 型花岗岩特征,部分显示 H 型花岗岩(壳幔混合型)特征。

中段的野牛台、门源县一带以中酸性侵入岩为主,呈岩基状、不规则条带状分布,侵入于前寒武系及寒武系—奥陶系火山岩中,被下石炭统不整合覆盖其上,总体呈北西西-南东东向带状分布。主要岩体有泽里山闪长岩体、扎麻什克西沟闪长岩体、大石墩英云闪长岩、二郎山掌二长花岗岩等。岩石类型包括辉石闪长岩、正长闪长岩、英云闪长岩、二长花岗岩等。岩石主体属于高钾强过铝质钙碱性系列,为 IAG+CAG+CCG 组合,形成于同碰撞构造环境之中。

西段集中分布在盐池湾、月牙湖一带,以中酸性侵入岩为主,基性岩零星出露。呈岩基状、岩枝状侵入于下奥陶统阴沟群中,被下石炭统臭牛沟组不整合覆盖,缺少同位素测年数据。中酸性侵入岩岩石类型有钾长花岗岩、二长花岗岩、黑云花岗岩、黑云角闪花岗闪长岩、石英闪长岩等。基性岩石类型有蛇纹石化橄榄辉石岩、辉橄岩、辉长辉绿岩、二辉辉长岩、角闪辉长岩等。

3. 古地理特征

总体具有中部高、南北低的古地理格局。垂向上早志留世以半深海相为主,中志留世以浅海相沉积为主,具有向上变浅的充填规律。平面上,早志留世海水分布较广,中志留世海水向南、北逐渐退出,海相沉积范围进一步缩小。

(二)南祁连前陆盆地($Ⅳ_2$)

1. 构造特征

北起党河南山-拉脊山构造混杂岩带南界,南至赛什腾-锡铁山构造混杂岩带北界,西抵阿尔金南缘断裂,东延伸出图。范围涵盖南祁连岩浆弧、宗务隆山裂谷和全吉地块。志留纪受中北祁连弧-弧碰撞造山带和柴达木陆缘造山带相向对冲作用控制,处于挤压构造背景,具有双前陆盆地的特点。

2. 岩相特征

沉积岩相、岩浆岩相均有发育。

1) 沉积岩相

该岩相为单一海相沉积。涉及地层单位有未分志留系、中志留统、赛什腾组(S_s),下与奥陶系、震旦系断层接触,上被石炭系不整合覆盖其上。引用地层剖面 10 条,可分为浅海相碎屑岩,浅海相碎屑岩、火山岩,半深海相火山岩、碎屑岩等 7 个相区。

浅海相碎屑岩:分布在月牙湖一带(51 剖面),属上志留统。下部为一套碎屑岩,主要为硬砂岩,夹较多的紫红色粉砂岩及绿色砂岩。绿色砂岩中斜层理发育，并含有排列成层状或条带状的绿帘石团块。厚度为1 100.0m。上部以粗粒碎屑岩为主，夹有紫红色泥质页岩及绿色粉砂岩，厚度为2 093.0m。

浅海相碎屑岩、火山岩：小面积分布于当金山口一带（45、47剖面），属中志留统，与长城系党河群为断层接触关系。以青海省乌兰县切尔甘德下志留统剖面（47剖面）为代表，以长石石英片岩、二云石英片岩、黑云石英片岩、钙质砂岩、长石石英砂岩为主，夹少量大理岩，厚4 320.8m。在45号剖面中以绿泥石片岩为主，厚974m。

半深海相火山岩、碎屑岩：分布于南、北两个相区。北部相区紧邻上述相区南侧，近东西向带状展布（44、48～50剖面），以肃北县清水沟中志留统剖面为代表（48剖面）。由中基性火山岩组成，夹有砂岩、千枚岩及结晶灰岩，个别地段见砾岩，厚度为3 074.0m。49号剖面的下部以长石质硬砂岩为主，夹少量钙质砂岩、板岩，厚2 411m；中部为凝灰熔岩、火山角砾岩、结晶灰岩、千枚岩，厚820.7m；上部以长石英砂岩为主夹板岩和千枚岩，厚3041.6m。南部相区位于达肯大坂山—牦牛山一带（40、61剖面）。以冷湖小赛什腾山赛什腾组（Ss）剖面为代表：下部以中、细粒砂岩为主，分选较好，夹有数层薄层—中厚层泥灰岩透镜体；下部颜色变化大，以浅灰色为主，常变为浅黄色、紫红色。碎屑岩上层位韵律性比较明显，具类复理石建造特征；上部以玄武岩、安山岩为主，夹少量长石石英砂岩、砾岩，砾岩中夹砂质大理岩及细砂岩，含海百合茎化石。为一套浅变质的砂岩和板岩。

半深海相火山岩：分布于乌兰县—青海湖以西地区（62剖面），以乌兰县红庙沟-甘肃省桃湖沟志留系中部层序为代表。主要岩性为凝灰质熔岩、火山角砾岩，夹少量结晶灰岩、千枚岩，主体为一套中基性火山岩组，厚820.7m。

滨海相碎屑岩：为推测相区，分布在南祁连的北部边界。

2）岩浆岩相

以中酸性侵入岩为主，基性岩较少。分布在锡铁山、铅石山、苦水泉南山、达肯大坂山以及宗务隆山一带，呈带状北西西向展布。西部多侵入于达肯大坂群变质岩中，东部1:20万快日玛乡幅岩体多侵入于下志留统中，可见二叠系沉积不整合其上。中酸性岩体多呈岩基状，基性岩体呈岩珠、岩枝状。岩石类型有黑云母花岗岩、花岗闪长岩、闪长岩、辉石岩、辉长岩以及含角闪石苏长辉长岩。

花岗岩属正常系列和铝过饱和系列，为弱碱性到过碱性；花岗闪长岩、闪长岩属铝过饱和系列到正常系列，为属弱碱性及极弱碱性；辉石岩、辉长岩属扎氏正常系列，为弱碱性—极弱碱性。形成于同碰撞、后碰撞构造环境。

3. 古地理特征

总体具有南部半深海、北部浅海的沉积古地理格局，垂向上总体表现为向上水体变浅的退积充填序列。

（三）赛什腾山-锡铁山高压变质杂岩相（Ⅳ₃）

其范围大致对应于赛什腾山-锡铁山构造混杂岩带。西起大柴旦西，向东经锡铁山至都兰北沙柳河，长度超过350km。以出露大量的榴辉岩、橄榄岩、石榴石橄榄岩、蛇绿岩和花岗岩类为特征，呈构造岩块产在达肯大坂群中（Yang et al,2000）。

从东向西依次出露大柴旦-鱼卡榴辉岩带、锡铁山榴辉岩、都兰县北榴辉岩带。榴辉岩呈大小不一的透镜状分布于片麻岩、含石榴石白云母花岗片麻岩、含矽线石的副片麻岩或白云母石英片岩中。其峰期变质的压力达到2.8GPa以上，应属于超高压变质作用的产物（宋述光、杨经绥，2001）。榴辉岩及其围岩变质年龄多在430Ma左右（陈丹玲等，2006；马旭东等，2004；孟繁聪等，2005；Yang et al,2002；宋述光等，2006），表明陆壳深俯冲的变质时代为志留纪。

因此，赛什腾山-锡铁山大型高压变质杂岩带是以大规模的陆壳深俯冲与折返为主要变形行为，不排除大规模的走滑作用。

古地理特征不清。

二、阿尔金后碰撞弧盆系（Ⅴ）

北以红柳沟-拉配泉结合带北缘断裂为界，南以阿帕-茫崖构造带南界断裂为界。奥陶纪红柳沟-拉配泉洋盆关闭，阿中地块-敦煌地块发生碰撞造山作用，志留纪进入造山后伸展阶段。整体为继续隆升的山链，地表以剥蚀作用为主。零星分布有志留纪侵入岩。需要说明的是，秦祁昆地区于奥陶纪末期洋盆关闭，志留纪进入同碰撞造山阶段。阿尔金在奥陶纪中晚期已进入同碰撞阶段，志留纪主体为碰撞后造山阶段。

岩浆岩相

该相集中分布于若羌县南和巴什库尔干以东等地，呈岩基状侵入于前奥陶纪地层中，岩石受强弱不等的韧性变形作用改造，具片麻状构造。伊涅克阿干岩体的二长花岗岩 Rb-Sr 等时线年龄为 435.7Ma；阿尔金南缘玉苏普阿勒克塔格岩体的环斑花岗岩单颗粒锆石 U-Pb 年龄为 406Ma、424Ma；1:25 万石棉矿幅属于阿尔金带的花岗岩锆石 U-Pb 年龄为 (425 ± 29)Ma、(424.9 ± 0.9)Ma；斑状花岗岩锆石 U-Pb 年龄为 (437.9 ± 0.8)Ma、(430.2 ± 0.7)Ma（刘永顺等，2009）。

根据 1:25 万古尔尕幅区调报告资料显示，伊涅克阿干花岗岩岩石组合为含斑状细中粒黑云二长花岗岩、斑状细中粒黑云二长-钾花岗岩、斑状粗中粒黑云钾长花岗岩，属高钾钙碱性系列，为 I 型花岗岩、S 型花岗岩，晚期又具有 A 型花岗岩的特征。

玉苏普阿勒克塔格岩体的主要岩石组合有环斑花岗岩、花岗细晶岩，内有大量暗色包体。暗色包体和寄主岩石具有显著不同的岩石地球化学特征，浆混花岗岩特征明显，为 A 型花岗岩（王超等，2008）。

值得注意的是，正在进行的 1:25 万巴什库尔干幅区调在红柳沟-拉配泉构造混杂岩带中识别出志留纪的基性—超基性侵入岩，并在阿中岩浆弧上识别出同期的碳酸盐岩侵入体。

三、柴达木地块（Ⅵ）

柴达木地块北起赛什腾山-锡铁山构造混杂岩带南缘断裂，南至昆仑山前断裂，大体对应于现今的柴达木盆地。据石油钻探和盆地周边地质资料显示，柴达木盆地基底主要由元古宙变质结晶岩系组成，上覆新生代盖层沉积。在其边缘有少量泥盆系、石炭系分布面积较广。推测受弧-陆碰撞造山作用控制，志留纪总体为隆升剥蚀状态。

四、昆仑-西秦岭碰撞弧盆系（Ⅶ）

北界从西向东依次为柯岗断裂、阿尔金南缘断裂、东昆仑山前断裂；南界为昆中构造混杂岩带，向西延伸出国境，东至瓦洪山断裂。志留纪，中昆仑岩浆弧与塔里木、柴达木碰撞形成陆缘增生造山带，从奥陶纪的岛弧转化为陆缘弧，祁漫塔格弧后盆地向弧后前陆盆地转化。总体南部具有隆起或浅海沉积，北部具有半深海沉积的古地理格局。

（一）西秦岭活动大陆边缘（Ⅶ$_1$）

1. 构造特征

北起宗务隆山晚古生代裂谷带南缘断裂，南至阿尼玛卿构造混杂岩带北界断裂，西抵瓦洪山断裂，向东延伸出图。志留纪地质体出露零星，构造相属性不清。从区域地质背景分析，推测其为弧后盆地。

2. 岩相特征

仅见海相。涉及地层单位包括下志留统（S_1）、中上志留统白龙江群（$S_{2+3}BL$）和白水江群（$S_{2+3}BS$）。

区域上可见白龙江群与下伏奥陶系平行不整合接触,上未见顶。参考地层剖面3条,可分为浅海碎屑岩、碳酸盐岩和半深海碎屑岩、硅质岩两个相区。

浅海碎屑岩、碳酸盐岩:分布在泽库以北的共和、同仁、合作等地,以下志留统上部、白龙江群(94、95剖面)和白水江群(96剖面)的第三至第六岩性段为代表。前者上部为块状灰岩、微含碳硅质灰岩夹少量千枚岩、板岩、粉砂岩等,白龙江群下部获得大量中晚志留世的珊瑚化石,总厚3 900m。后者由下向上依次为砂岩、板岩夹透镜体灰岩,厚大于970m。碳酸盐岩为主夹碎屑岩,灰岩中产大量珊瑚等化石,厚1 721～4 500m;碎屑岩为主夹少量砂质灰岩及硅质岩,厚约1 140m;碳酸盐岩为主夹变质粉砂岩、板岩,厚度大于470m。具有碎屑岩为主与碳酸盐岩为主交替形成两个大的旋回型层序。

半深海相碎屑岩、硅质岩:分布于泽库、舟曲一带,以白水江群(96剖面)下部层序为代表。下部岩性以碳质千枚岩、碳质板岩为主,夹薄层变质粉砂岩、扁豆体钙质砂岩等。碳质板岩中含黄铁矿,其与粉砂岩以1～10cm的单层相互重复,形成类复理石式。自下而上碎屑颗粒由粗变细,厚度约为2 825m。上部以细砂岩为主,夹较多的碳质千枚岩、含碳板岩以及砂质灰岩,与下部岩性段整合过渡,厚2 785m。舟曲一带下志留统碳质板岩中含锯笔石(*Pristiograptus sandersoni* Lapworth)、玉门奥氏笔石[*Demirastrites*(Oktavites) *yumenensis* Lee]、希氏锯笔石(*Pristiograptus hisingeri* Carruthers)以及蜂巢珊瑚(*Favosites* sp.)、链珊瑚(*Halysites* sp.)和慧星虫(*Encrinurus* sp.)等。

3. 古地理特征

志留系出露于本构造相区东南部,垂向上具有下部为半深海斜坡、上部以浅海为主的充填序列。古地理格局不清,推测北部浅、南部深。

(二) 祁漫塔格弧后前陆盆地(Ⅶ$_2$)

1. 构造特征

北为阿尔金南缘断裂,南为祁漫塔格-十字沟构造混杂岩带南界断裂。志留纪,中昆仑岩浆弧与塔里木、柴达木碰撞,该区由弧后盆地向前陆盆地转化,总体处于挤压构造背景。

2. 岩相特征

沉积岩相、岩浆岩相同等发育。

1) 沉积岩相

该区沉积岩相以半深海相沉积为主。涉及地层单位包括白干湖组(S_1b)、鸭子泉火山岩组(Sy)以及十字沟一带的滩间山群(OST),各岩石地层单位与下伏地层为断层接触,上被上泥盆统不整合覆盖,引用剖面7条。主体为半深海相沉积,可进一步分为玄武岩,碎屑岩,碎屑岩、碳酸盐岩夹玄武岩3个相区。

半深海相浊积岩相区:分布于鸭子达坂以西,构成主体相区(20、24剖面)。岩石地层单位属白干湖组(S_1b)。下部岩性主要为灰黑色—灰绿色中—厚层状岩屑粉砂岩、灰绿色中厚层状泥质粉砂岩、灰绿色中层状凝灰质长石石英细砂岩、灰绿薄层状粉砂质泥岩、灰绿色绿泥绢云石英片岩;上部岩性主要为灰黑—绿色中层状岩屑砂岩、灰绿色薄层粉砂岩、灰绿色粉砂质板岩、灰绿色含凝灰质板岩的一套浊积岩组合。为韵律型层序,层厚度一般为10～80cm。含 *Monoclimacis griestoniensis* (Nicol), *Monograptus priodon* (Bronn), *Monograptus* sp., *Streptograptus* cf. *becki* (Barrande)等笔石类浮游生物化石。

从下到上碎屑粒度逐渐由粗变细,层厚逐渐变薄,砂岩逐渐减少,板岩(页岩)逐渐增加,反映水体逐渐变深。古流向50°～320°,总体向北,没有优势方位,呈扇形分布。

深海相细碎屑岩相区:紧邻上述相区南侧小面积分布,以20号剖面上部层位为代表。以粉砂岩、泥岩为主,以发育鲍马序列的d、e段为特征,e段泥岩具水平层理,其上层面可见重荷模现象。该地层中含笔石化石,泥岩中可见立方体黄铁矿,反映低能滞流深水环境。

深海相玄武岩相区：小面积分布于鸭子达坂一带（25剖面），属鸭子泉火山岩组。以弱变形的块体存在于构造混杂岩的基质之中，由变玄武岩、角闪安山玄武岩、玄武安山岩组成，其中夹有较多顺层侵入的辉长岩、辉石岩、辉长闪长岩、闪长玢岩脉等，与含放射虫硅质岩伴生。厚度为1659.1m。

2）岩浆岩相

火山岩、侵入岩均有发育，前者以玄武岩为主，后者以中酸性为主、基岩较少。

火山岩、次火山岩：以鸭子达坂玄武岩及侵入其中的基性岩床为代表、赋存于鸭子泉组中。玄武岩单颗粒锆石 U-Pb 测年为 (405.3 ± 1.0) Ma。

岩石组合由变玄武岩、角闪安山玄武岩、玄武安山岩组成，其中夹有较多顺层侵入辉长岩、辉石岩、辉长闪长岩、闪长玢岩脉等。火山岩与侵入其中的基性岩床、脉岩石地球化学特征相似。常量元素表明其属钙碱性系列。大离子亲石元素 Sr、K、Rb、Ba 等明显富集，Sr、Ba 具较强的负异常；高场强元素 Th、Ta 中等富集，Zr、Ti、Y、Yb 等亏损，Nb、Zr 为负异常；相容元素 Cr、Ni 为亏损型。稀土元素总量较低，轻稀土相对弱富集型，δEu 为微弱负异常，轻稀土分馏明显，重稀土分馏弱。

侵入岩相：其岩相发育，总体呈带状近东西向展布，多呈岩基状侵入于志留系、奥陶系—志留系中。主要有阿木巴勒阿土坎岩体群、库木拉格岩体群、伊涅克阿干岩体群等。库木拉格岩体似斑状二长花岗岩单颗粒锆石 TIMS 法 U-Pb 年龄为 (418 ± 8.6) Ma（黎敦明，2013）、Rb-Sr 等时线年龄为 (425.92 ± 41) Ma（李继亮等，2003）。伊涅克阿干岩体 Rb-Sr 全岩等时线年龄为 435.7Ma。

阿木巴勒阿土坎岩体群：岩石组合有角闪闪长岩、石英闪长岩、二长花岗岩、英云闪长岩和钾长花岗岩。以钙碱性系列为主，属次铝型，显示同熔型或I型花岗岩成分特征。微量元素和稀土元素特征与库木拉格岩体类似。

库木拉格岩体：岩石组合有石英闪长岩、二长花岗岩、英云闪长岩和钾长花岗岩。$\sigma 1.24\sim 2.32$，碱度率介于1.8~2.89之间，属钙碱性、铝饱和型，为I型花岗岩。微量元素中大离子亲石元素 K、Rb、Ba 为中等到强富集，高场强元素 Th、Ta 富集，Y、Yb 亏损，Nb 为弱负异常。稀土元素总量较大，变化范围窄，δEu 介于 0.40~0.79 之间，δCe 介于 0.74~0.93 之间，不同岩石类型的球粒陨石模式配分曲线相似，曲线右倾，为轻稀土显著富集型，轻稀土元素之间分馏大、重稀土元素之间分馏小。形成于大陆碰撞-大陆弧构造环境，相当于邓晋福等所划的陆间大陆碰撞造山阶段—陆内碰撞造山阶段初期。

伊涅克阿干岩体由二长花岗岩、钾长花岗岩组成，为高钾钙碱性岩系列。稀土元素 $\Sigma REE=(60.78\sim 424.90)\times 10^{-6}$，$\delta Eu$ 值为 0.26~0.72，球粒陨石标准化配分曲线为右倾轻稀土富集型，轻稀土分馏程度高，重稀土分馏较弱。总体具有I型和S型花岗岩成因特点，演化晚期又具有A型花岗岩的普遍特征。

3. 古地理特征

保留地层单位主体为下志留统。总体具有北部斜坡、南部趋向深海盆地的沉积古地理格局，鸭子达坂一带可能有弧后洋盆残留。垂向上具有向上粒度变细的充填序列。

（三）昆中岩浆弧（VII_3）

1. 构造特征

北起库地-其曼于特-祁漫塔格构造混杂岩带南界断裂，南至昆中构造混杂岩带北界断裂，向西延伸出国境，东抵共和盆地，呈狭长带状近东西向展布。受昆南洋壳板片低角度俯冲作用制约，总体为挤压构造背景，属边缘增生造山带。现今前寒武纪地质体以中酸性侵入岩广泛出露，志留纪地质体保留较少。

2. 岩相特征

沉积岩相与岩浆岩相均有出露。

1) 沉积岩相

西昆仑以隆起剥蚀为主,东昆仑以滨浅海沉积为主。涉及地层单位包括西昆仑西部的未分奥陶—志留系,东端的上其汗岩组(Pz_1s)。东昆仑西段鲸鱼湖一带的温泉沟组和达坂沟组,东昆仑东段的纳赤台群(OSN)和赛什腾组(Ss),各岩石地层单位与下伏、上覆地层多为构造接触。引用剖面10条,可进一步分为隆起区,滨岸相碎屑岩,浅海相碎屑岩、碳酸盐岩台地,半深海相碎屑岩、火山岩等相区。

隆起区:主要分布在西昆仑柳什塔格山一带,依据石炭系不整合于广泛分布的元古宙地层之上,缺失下古生界,推测志留纪为隆起剥蚀区。此外,在阿牙克库木湖南部可能也存在小范围的隆起。

滨海相碎屑岩:小面积分布于塔什库尔干县以东的地区(5剖面),为一套以石英片岩为主的岩石,夹有透镜状铁矿。该地层单位时代跨度较大,具糜棱岩化,相标志无保留,仅根据主要为石英片岩和黑云石英岩组合,推断原岩为石英砂岩,故归为滨海相沉积。

浅海相碎屑岩、碳酸盐岩、火山岩相区:分为东、西两个相区。西昆仑与上述滨海相碎屑岩紧邻(6、7剖面),岩石组合有石英片岩夹薄层灰岩、石英砂岩、杏仁状安山岩、厚层大理岩夹石英砂岩等。层序不清,变形较强。东昆仑带状展布,贯通东西(32、33、37~39剖面),岩石地层单位属于纳赤台群。布喀达坂峰一带为一套以石灰岩、含泥质灰岩为主,夹长英质砂岩(包括石英岩)、砾岩及基性火山岩的岩石组合,结构上显示以碳酸盐岩为主体,夹成熟度较高的陆源沉积碎屑岩及少量基性火山岩沉积。阿拉克湖北部为变碎屑岩、变火山岩碎屑岩组合,前者由变砂岩、板岩及片岩组成;后者由变凝灰岩夹变安山岩、变流纹岩等组成。

台地相碳酸盐岩相区:分布局限。在布喀达坂峰一带以32号剖面下部层序为代表,以灰岩为主夹少量火山岩。阿拉克湖北以38号剖面上部层序为代表,以灰岩为主夹硅质条带灰岩、玄武岩。二者均为构造活动的孤立台地型沉积。

半深海碎屑岩、火山岩相区:狭长带状近东西向展布于格尔木南部(37、39剖面),紧邻南昆仑-巴颜喀拉洋盆构造相区,岩石地层单位属于纳赤台群和赛什腾组(Ss)。前者为变中基性火山熔岩,岩石组合为安山岩、玄武岩夹流纹岩,发育枕状构造及气孔杏仁构造。后者下部为含砾变砂岩、变细粉砂岩与板岩。砾岩成分为大理岩、变砂岩、花岗岩,砾石大小为0.2~5cm,磨圆度为次棱角状—次圆状。变砂岩内部发育鲍马c、e段组合和序列、条带状层理、水平层理、韵律层理。上部为板岩夹变砂岩与变碳酸盐岩,碳酸盐岩地层中产有海百合茎、核形石、藻类以及石英岩砾石,砾石含量为2%,磨圆度为次圆状,厚度大于7 000m。

除上述主要相区外,在西昆仑的东段小面积分布有浅海到半深海碎屑岩、碳酸盐岩、火山岩相区(19剖面),所属地层单位为上其汗岩组Pz_1s。为一套火山岩-碎屑岩和碳酸盐岩,普遍遭受了低绿片岩相变质,层序不清。

2) 岩浆岩相

侵入岩与火山岩均有发育。

火山岩:除了赛什腾组(Ss)外,其他地层单位不同程度地夹有火山岩。上其汗岩组(Pz_1s)火山岩岩石类型主要为玄武岩(细碧岩)、安山岩(角斑岩)、英安岩、流纹岩(石英角斑岩)组成的钙碱性系列。滩间山群(OST)火山岩以变中基性火山岩为主,有安山岩、玄武岩夹少量流纹岩,发育枕状构造及气孔杏仁构造。基性火山岩为高铁、镁、钙而低碱,属亚碱性拉斑玄武岩到钙碱性玄武岩系列;地球化学具有P-MORB和岛弧拉斑玄武岩、板内拉斑玄武岩的特点。

侵入岩:西昆仑主要出露于中段的康西瓦—麻扎一带,呈岩基状侵入于前寒武系中。根据1:25万麻扎、神仙湾幅区调报告显示,侵入岩主要有苏盖特力克岩体、克里洋河岩体、库地北岩体、乌鲁克乌斯塘岩体等。单颗粒锆石U-Pb年龄介于451.5~405.1Ma之间。岩石类型主要为二长花岗岩,次为花岗闪长岩。其A/CNK=0.92~1.01,δ值为2.26~2.30,普遍小于3.3,为过铝的钙碱性岩石系列,显示为S型花岗岩,部分具有A型花岗岩的特点。微量元素MORB标准化蛛网图为左高右低的形态,其中Rb、Th等元素强烈富集,而Ba、Sr等元素明显亏损,曲线形态与S型花岗岩微量元素曲线相似。稀土元素ΣREE值为(224.39~289.21)×

10^{-6},δEu 值在 0.42～0.82 之间,$(La/Yb)_N$ 值为 6.38～18.01,$(La/Sm)_N$ 值为 1.60～6.41,$(Gd/Yb)_N$ 值为 1.30～1.67。形成于同碰撞构造环境。

东昆仑亦断续出露,呈岩基状侵入于滩间山群 OST 及元古宇中。主要有库朗米其提一带的东沟岩体、双石峡岩体,冬给措纳湖幅的塔妥片麻状花岗闪长岩侵入体以及阿拉克湖幅的乌拉斯太那岩体等。花岗岩单颗粒锆石 U-Pb 年龄分别为(410.2±1.9)Ma、(419.1±2.8)Ma、(437.5±7.1)Ma 和 430Ma。岩石组合有黑云花岗闪长岩、黑云二长花岗岩组合,二长花岗岩-正长花岗岩组合,英云闪长岩-花岗闪长岩-闪长岩组合。岩石属准过铝质-过铝质的钙碱性系列,成因类型为 MPG 型,岩浆源于地壳上部的重熔,部分岩石具下地壳或上地幔物质混染特征。属于火山弧和同碰撞构造环境。

3. 古地理特征

志留纪,昆仑岩浆弧属于塔里木-柴达木-阿拉善陆块群的南部陆缘弧,总体以浅海相沉积为主。南北方向具有中部海水浅或隆起并向南北渐趋变深,东西向地形高低起伏的古地理格局。

第三节 南昆仑-巴颜喀拉山地区构造-岩相古地理

一、南昆仑增生杂岩相($Ⅷ_1$)

1. 构造特征

范围大于现今的昆中蛇绿构造混杂岩带,包括了康西瓦-木孜塔格峰-阿尼玛卿蛇绿构造混杂岩带中的苦海杂岩、万宝沟群等早古生代地质体分布区,是原特提斯洋的大洋岩石圈板块消减位置所在。志留纪阶段为挤压构造背景。

2. 岩相特征

沉积岩相、岩浆岩相均较为发育。

1) 沉积岩相

以半深海至深海盆地沉积为主。涉及岩石地层单位有木孜塔格峰一带的温泉沟群(S_1W)、达坂沟群($S_{2-3}D$)、赛什腾组(Ss)以及纳赤台岩群(OSN)。引用剖面 11 条,可进一步分为以下相区。

浅海相沉积:分布局限,仅在阿其克库勒湖南部一带小面积分布(21～23 剖面)。可进一步分为两个以下相区。孤立台地相灰岩:小面积分布于阿其克库勒湖北东一带(23 剖面),以达坂沟群中部层序为代表。岩性以灰色、深灰色灰岩为主,夹砂岩、千枚岩和板岩。灰岩中产 *Hedstroemphyllum* sp.,*Amplexoides* sp.,*Microplasma* sp.,*Clathrostroma* sp.,*Favosites* sp.,*Marginofistula* sp. 等珊瑚。浅海相碎屑岩、灰岩:紧邻台地相灰岩西南侧分布,以温泉沟群上部和达坂沟群下部层序为代表。岩性以灰色—深灰色变质砂岩、砂岩与粉砂质板岩、粉砂质泥岩不均匀互层,夹有海百合茎化石、菱铁矿及灰岩层或灰岩透镜体等。视厚度为 1 357.85m。局部地区夹有火山岩。此外,在格尔木南一带有小面积分布。

半深海相:可进一步分为两个相区。

碎屑岩相区,分布于布喀达坂峰北(34、35 剖面),以纳赤台群哈拉巴依沟组千枚岩段、砂岩段为代表。千枚岩段:下层位由千枚岩与砂岩互层构成下粗上细的韵律性层序;中部由含砾粗砂岩→中细粒砂岩→千枚岩构成下粗上细的自旋回性层序;上部由砂岩与千枚岩互层构成韵律性层序。在每个层序中粗砂岩或砂岩厚度向上逐渐减薄,而细砂岩或千枚岩厚度向上增大,与鲍马序列 b、d 段,b、e 段及 a、b、e

段相似。厚度大于3 089.34m。砂岩段：砂岩单层以中厚层状为主；粉砂岩及泥质岩以中薄—薄层为主。其下层位发育中细粒砂岩→粉砂岩（或含粉砂细砂岩）→绿泥绢云千枚岩（或板岩）为主的非对称自旋回性沉积层序，局部发育中细粒砂岩→千枚岩（或板岩）组成的韵律性层序，与鲍马层序b、c、e段，b、e段相对应。中部发育中细粒砂岩→含粉砂细砂岩→粉砂质泥质板岩、中细粒砂岩→粉砂岩→板岩和粉砂质板岩→泥质板岩、中细粒砂岩→粉砂质泥质板岩的自旋回或韵律性层序，与b、c、d段，b、c、e段或d、e段，b、d段相对应。上层位发育由中粗粒（或不等粒）砂岩→中细粒砂岩→（粉砂质）板岩（或粉砂岩）和中细粒砂岩→粉砂质板岩（或绢云母千枚岩）组成的下粗上细的非对称自旋回性层序，局部由中细粒砂岩→板岩组成韵律性层序，发育鲍马层序a、b、e段，a、b、c段或a、b、d段和b、d段，局部见b、e段。

碎屑岩、火山岩沉积相区，分布于木孜塔格峰以北地区，东与碎屑岩相区过渡，以温泉沟群第一亚群（S_1w^1）为代表。岩性以灰色—深灰色变质砂岩、砂岩与粉砂质板岩、粉砂质泥岩不均匀互层，不同程度夹有基性火山岩，视厚度为1 357.85m。

深海碎屑岩沉积：呈透镜状分布于该构造相的南部边缘，紧邻巴颜喀拉山推测洋盆。属于赛什腾组（Ss）下部层位。既有重力流的浊流、碎屑流，又有等深流和正常的静水沉积。下部发育递变层理，由鲍马序列c、e组成，垂向上频繁出现；中、上部大量发育条带状层理、纹层状层理、条带状层理由砂岩组成，层很薄，厚0.5~2.7cm。纹层状层理是大陆斜坡之下的一种正常沉积，它是缓慢而又静水沉积的标志。总体为以等深岩、半远洋沉积和远源浊积岩为代表的深海盆地沉积。

深海碎屑岩、火山岩沉积：分布零星，呈构造岩片产于昆中构造混杂岩带中，具强烈的劈理化和片理化。岩石组合包括变碎屑岩组合，内部发育重力流序列；玄武岩组合，岩性为灰绿色变玄武岩、绿帘绿泥阳起石岩、硅质岩；变超镁铁岩组合，岩性为强蚀变成的菱镁滑石片岩、菱镁方解绿泥片岩、辉橄岩等，保留具有洋壳特征的残留体。

2）岩浆岩相

火山岩与侵入岩、蛇绿岩均有发育。

蛇绿岩：出露于诺木洪郭勒河东、西两侧及胡晓钦乌拉一带，呈构造岩片状产于奥陶—志留系纳赤台岩群火山岩（玄武岩）组中，部分以残留体形式产出在泥盆纪二长花岗岩（414Ma）内和以构造岩片形式产出于白沙河岩组变质岩系中。由蛇纹岩、辉石岩、辉绿岩、玄武岩和放射虫硅质岩等组成。硅质岩产早古生代放射虫化石。蛇纹岩在Al_2O_3-CaO-MgO图中落入变橄榄区，在Mg/Fe—$(Fe+Mg)/Si$图中属于镁铁质—铁镁质成分区；稀土与球粒陨石标准化曲线为平坦型分配模式；微量元素富集Th、Ta、Sr。辉石岩在Al_2O_3-CaO-MgO图中位于超镁铁堆积岩成分区内，稀土元素稍具Eu正异常，其模式和微量元素特征基本和蛇纹岩相近。辉绿岩在Al_2O_3-CaO-MgO图中落入镁铁堆晶岩成分区内，稀土和微量元素与蛇纹岩和辉石岩相比更具富集型模式。玄武岩在硅碱图中落入玄武岩区，在AFM图中属拉斑玄武岩系列。稀土元素为具Eu正异常的LREE富集型模式。微量元素富集Rb、Ba、Th，其他与MORB接近。

火山岩相：主要出露于诺木洪郭勒、哈图一带，呈构造岩片产出。据1:25万阿拉克湖幅区调报告，纳赤台群玄武岩组合中玄武岩锆石U-Pb其$^{206}Pb/^{238}U$年龄的加权平均值为(419 ± 5)Ma。岩石类型主要为玄武岩，少量火山碎屑岩，火山碎屑岩的岩性主要为凝灰岩。为典型的拉斑玄武岩，形成于拉张的洋中脊环境。

侵入岩相：断续分布于不冻泉、阿拉克湖幅，呈小的岩株侵入于下古生界纳赤台群和早期镁铁质岩中。阿拉克湖幅被称为胡晓钦独立单元，岩石类型为中细粒辉长闪长岩，含暗色闪长质深源包体，属碱性系列。ΣREE明显高于同类岩石平均值，轻稀土富集，具明显的Eu负异常，总体具I型花岗岩特点。Rb-Sr等时线年龄为(426.5 ± 2.9)Ma（潘裕生、周伟明等，1996）。不冻泉一带为二长花岗岩，该期侵入岩的7件二长花岗岩的锆石U-Pb年龄值变化在(423 ± 16)~(400 ± 15)Ma之间。

3. 古地理特征

南昆仑为早古生代到晚古生代洋壳长期消减的增生杂岩带，经历了大规模的消减、走滑作用，古地理格局复杂。从目前残存现状分析，既有发育在苦海杂岩基底上的浅海沉积、洋岛组合的碳酸盐岩，又有半深海到深海盆地沉积，古地理单元变化突然（图5-3），显然是一个洋域的消减汇聚残留区。

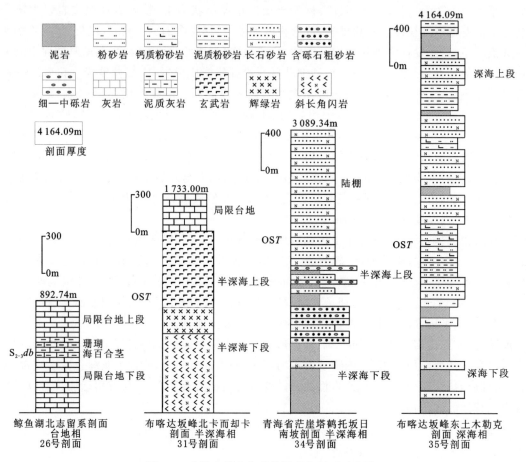

图 5-3 南昆仑增生杂岩带沉积相剖面对比图

二、巴颜喀拉洋盆（Ⅷ₂）

巴颜喀拉目前未发现有二叠纪以前的沉积物，出露最老的地层为中晚二叠世黄羊岭群。根据冬给措纳湖幅以及阿拉克湖幅区调成果资料显示，鄂陵湖、扎陵湖一带呈构造岩片产出的二叠纪马尔争组碳酸盐岩、玄武岩属于洋岛组合，推测巴颜喀拉山群的基底为二叠纪洋壳残片，没有地块基底。结合奥陶纪时古地磁分析，推测其为深海沉积。

第四节 羌塘-三江地区构造-岩相古地理

羌塘-三江地区主体为三江-北羌塘地块群大相，包括了中咱-中甸地块相、昌都-兰坪地块相、北羌塘地块、甜水海地块 4 个相区。此外，将若尔盖-松潘地块大相一并叙述。志留纪主体为被动大陆边缘浅海沉积。

一、中咱-中甸地块（XI₁）

1. 构造特征

该相区西邻金沙江-哀牢山结合带，东接巴颜喀拉洋盆和盐源-丽江边缘海裂谷盆地，沿玉树—巴塘—香格里拉一带呈弯月状展布,构造相对稳定。

2. 岩相特征

沉积岩相、岩浆岩相均较为发育。

1) 沉积岩相

引用前人主要地层剖面 5 条,主要为浅海相、开阔台地相、半深海相及深海相。

浅海碎屑岩、碳酸盐岩和火山岩相:分布于德格、香城、香格里拉等广大地区,属志留系然西组,其下与雄松群为滑脱断层接触,上未见顶。四川省白玉县山岩乡(89 剖面)然西组分为两段:一段主要为一套结晶灰岩夹少量片岩、千枚岩及石英岩,产珊瑚、腕足类化石,出露总厚大于 1 313.7m。二段下部主要为一套蚀变基性火山角砾岩夹薄层灰岩;上部主要为一套薄层状碳质结晶灰岩、千枚岩;顶部为一套团块结晶灰岩。产珊瑚、层孔虫等,出露总厚大于 1 175.1m。巴塘县热拱向北至白玉县山岩乡一带,然西组火山岩数量呈渐增趋势,南面热拱、桶底卡一带基本无火山岩出现,以一套碳酸盐岩、碎屑岩为主。

开阔台地相:分布于巴塘南部。涉及岩石地层单位包括下志留统格扎底组、中志留统散则组及上志留统雍忍组,与下伏奥陶系、上覆泥盆系均呈整合接触。以四川省得荣县中咱乡剖面(90 剖面)为代表。除下志留统局部地段夹有少许碎屑岩外,中、上志留统几乎全为碳酸盐岩沉积。格扎底组由介壳-珊瑚灰岩及条纹灰岩组成,厚 142.8m,产珊瑚、腕足类、层孔虫等化石,该统底部局部夹白云质砾岩(砾石成分为白云质灰岩及火山岩);散则组为一套角砾状白云质灰岩、伟晶灰岩、大理岩、白云质大理岩等组成的碳酸盐岩沉积,厚 489.4m,产珊瑚、腕足类、瓣鳃、三叶虫等化石;上志留统雍忍组与下伏中志留统和上覆泥盆系均呈整合接触,主要为一套碳酸盐岩沉积,岩性为结晶灰岩、白云岩、含白云质结晶灰岩夹一层生物灰岩,厚 1 150.6m,产珊瑚、腹足、螺类等化石。

半深海相:分布于玉树、德格、稻城一线北部和东部,以四川省木里县水洛乡邛依(91、92 剖面)早志留统剖面为代表。上与下石炭统、下与下奥陶统为假整合关系,以灰岩、硅质岩为主,产笔石化石。四川省木里县四合乡三家垄早志留统以硅质岩、板岩、白云岩为主,厚 1 438.3m,上未见顶,下与下奥陶统为假整合关系。

深海相:分布于玉树、德格、稻城一线北部和东部相区边缘,以四川省盐源县西秋乡志留系米黑沟组剖面为代表(93 剖面),以硅质岩为主,夹板岩、粉砂岩、白云岩,含少量玄武岩,产笔石化石,厚 803m。与下伏下奥陶统和上覆石炭系或中上石炭统呈平行不整合关系。

2) 岩浆岩相

以基性火山岩为主,主要分布于德格县玉隆、热如柯、马达社、绒岔社等地,呈夹层或透镜状岩块产于热如柯岩组内,其他则以外来岩块形式夹于玉隆岩组之中。强片理化玄武岩的 Rb - Sr 同位素年龄值为 (436 ± 66.5) Ma。主要岩石类型为蚀变玄武岩及变基性凝灰岩。岩石属钠质拉斑玄武岩系列,为"富集源区",形成于大陆环境。

3. 古地理特征

该相区古地理环境较简单,主要为浅海环境,其次为深海、半深海环境,局部为开阔台地。总体表现为西浅东深、东部翘起、西部倾伏的古地理特点。海侵方向为自东向西。

二、昌都-兰坪地块(XI_2)

1. 构造特征

昌都-兰坪地块分布于西金乌兰湖—唐古拉山口—杂多—德钦—兰坪一带,呈带状北西-南东向展布。构造属性不清。

2. 岩相特征

只发育沉积岩相,岩浆岩相不发育。主体为浅海陆棚相,西南部边缘发育半深海相。

浅海陆棚相:分布于杂多、江达、贡觉、德钦等广大地区,以西藏芒康县纳西民族乡(盐井)察共-多吉版志留系剖面为代表(88剖面)。察共组下部为细粒石英砂岩,上部为碳酸盐岩。西藏江达县青泥洞乡奥陶系—志留系青泥洞组(68剖面)为一套杂色砂岩、板岩和灰岩组合,灰岩中含浅海相的海百合茎、藻及腕足类化石,主体为浅海陆棚沉积,推测上部志留系仍为浅海陆棚沉积。

半深海相:分布于昌都—芒康一线。以西藏芒康县纳西民族乡(盐井)察共-多吉版志留系恰拉卡组(88剖面)为代表,上部为深灰色笔石页岩。察共组中部含漂浮生物的笔石及含牙形刺的页岩也应归属该相区。

3. 古地理特征

由北向南海水变深的古地理格局。

三、北羌塘地块(XI_3)

1. 构造特征

分布于拉竹龙—温泉兵站一带,呈矛状展布。地层出露零星,未见岩浆岩发育,构造属性不清。

2. 岩相特征

只发育沉积岩相,岩浆岩相不发育。

滨岸相:位于区内北部和南部边缘,以早古生代玛依岗日组剖面下部层位为代表(64剖面),为成熟度极高的碎屑岩地层,出露厚约4 881m,未见顶、底。

开阔台地相:分布于凌云山周围的打狼沟—车道山一带,以早古生代玛依岗日组剖面上部层位为代表(64剖面),为碳酸盐岩,属稳定环境陆表海沉积。

浅海碎屑岩、碳酸盐岩相:分布于鲤鱼山—唐古拉山广大地区。岩石地层属志留系普尔错群(63剖面),与下伏奥陶系饮水河组为平行不整合接触,该群总厚度大于732.34m,包括两个岩性组。下砂岩组:下部为紫红色薄层白云质细粒石英砂岩、灰白色薄层细粒石英岩状砂岩、紫红色薄层粉砂质泥岩、粉砂质页岩;中部夹灰红色薄层泥晶灰岩、介屑泥晶灰岩、微晶灰岩;上部为暗紫红色泥质氧化铁质岩、灰黄绿色内碎屑铝质岩夹灰黑色泥页岩、薄层粉晶灰岩;顶部为青灰色角砾状灰岩。砂岩中发育板状层理、低角度交错层理、斜层理。泥晶灰岩以水平层理、波状纹层理为主,且含丰富的角石类、牙形刺等动物化石。上灰岩组:下部以灰白色薄层钙质细粒石英砂岩,灰红色、黄绿色薄层钙质细粒岩屑石英砂岩为主,夹灰紫红色薄层钙质粗粒石英粉砂岩、含生物碎屑粉砂质泥晶灰岩;上部为灰黑色薄层泥晶灰岩、深灰色薄层含生物屑(竹节石)砂屑微晶灰岩、砂屑生物屑灰岩、灰黑色粉砂质微晶白云岩,夹灰色薄层钙质细粒岩屑石英砂岩、粗粒石英粉砂岩及黑色泥岩。平行层理、交错层理及水平纹层发育。常见生物遗迹(爬行迹为主)、生物扰动等构造。含丰富的头足类、腕足类、珊瑚、牙形刺等古生物化石。

3. 古地理特征

该相区古地理环境较简单,主要为滨浅海和开阔台地环境。总体表现为北浅南深、南部倾伏、北部翘起的古地理特点。海侵方向为自南向北。

四、甜水海地块（XI₄）

1. 构造特征

西起阿克拜塔尔山口,经塔什库尔干、喀喇昆仑山口,东至界山达坂,呈西窄东宽的带状北西向展布,从南向北表现为浅海相、半深海相和深海相。岩浆岩发育,达布达尔-哈尼沙里地蛇绿岩具洋中脊玄武岩的特点,可能是在硅铝质大陆边缘形成,类似于大陆边缘盆地的岩石组合。

2. 岩相特征

沉积岩相、岩浆岩相均较为发育。

1) 沉积岩相

浅海相:分布于西部和南部广大地区。新疆阿克陶县木吉乡铁克塔希未分志留系剖面(1 剖面)下部主要岩性为石英片岩,少量绢云片岩;上部岩性为变粒岩、板岩、片岩和大理岩,总厚约 5 298m。新疆阿克陶县怎旦约待克北未分志留系剖面(2 剖面)岩性为灰白色薄层大理岩、灰黑色含碳质绢云石英千枚岩,少量灰黑色条带状泥钙质石英千枚岩及菱铁矿体,厚约 728m。该套地层在木吉北卡拉敦一带含菱铁矿体,矿体呈红褐色,似层状、透镜状,出露长度为 1 000m,矿体宽约 300m,菱铁矿含量在 40% 左右。在英吉莎县西志留系温泉沟群剖面(3 剖面),下部岩性为长石板岩、长石砂岩,少量长石石英砂岩、白云岩、灰岩;中部为长石板岩、砂屑灰岩,少量长石砂岩、微晶灰岩、白云质长石石英砂岩;上部主要为灰色细粒长石石英岩夹深灰色含磁铁矿绢云千枚岩,厚度大于 1 878.24m。

半深海碎屑岩、碳酸岩相:分布于塔什库尔干县罗布盖孜河和达布达尔乡沙依地库拉沟地区。岩石地层单位属下志留统温泉沟群(8、9 剖面),上被泥盆系或上石炭统不整合覆盖,叶尔羌河上游可见其与上覆中上志留统达坂沟群整合接触,其下与奥陶系不整合接触。主体为笔石相碎屑岩沉积,岩性有粉砂质泥(板)岩、钙泥质粉砂岩、石英砂岩、结晶灰岩,少量硅质岩等。该组颜色以灰黑色为主,呈薄层—薄板—页片状,水平层理发育,局部砂岩中发育波痕构造。含笔石、几丁虫等化石。

半深海碎屑岩、火山岩相:分布于叶尔羌河两侧及库拉那古河一带,属下志留统温泉沟群,可分为 A、B 两个组。A 组(10 剖面)岩性以细碎屑岩为主,主要有长石石英砂岩、石英绢云千枚岩、变砂岩、粉砂质板岩等。在东部地层中可见到少量火山岩,即强绢云母化英安岩、片理化安山质角砾熔岩、片理化蚀变安山岩等。B 组(11 剖面)为长石石英砂岩、变质长石石英粉砂岩、细粒长石砂岩、细粒长石杂砂岩、粉砂质板岩、砂质绢云母板岩等。横向上在东部可见到少量的薄层硅质岩。沉积构造以水平层理为主,偶见平行层理。乔戈里峰北部温泉沟群 A 组(12 剖面)以细碎屑岩为主,夹大理岩。

半深海碎屑岩、硅质岩相:分布于乔戈里峰东北一带,层位属志留温泉沟群(13 剖面),岩性组合为细粒长石石英砂岩、变质长石石英粉砂岩、细粒长石砂岩、细粒长石杂砂岩、粉砂质板岩、砂质绢云母板岩等。岩石以细粒碎屑岩为主,内部保存有大量的由 5～10mm 细砂岩、10～20mm 粉砂质绢云母板岩组成的沉积韵律。沉积构造以水平层理为主,偶见平行层理。横向上岩性变化不大,仅在黑卡达坂南部一带见有少量的薄层状硅质岩。沉积总厚度大于 6 977.7m。

深海沙泥岩、硅质岩相:分布于塔什库尔干—团结峰一线北部、乔戈里峰东北一带,层位属志留系温泉沟群(14、15 剖面)。上部以板岩为主,横向上在西部靠近断层部位出露少量斑点状板岩,精尼克盖曼附近可见到大量的硅质岩及少量的变质英安岩。团结峰北温泉沟群(16、17、18 剖面)板岩组为泥质板岩、石英粉砂岩、硅质石英粉砂岩,夹有硅质砾岩透镜体。硅质砾岩在地层中总体为透镜状,为深水浊积岩。

2) 岩浆岩相

加里东晚期达布达尔-哈尼沙里地蛇绿岩带位于塔阿西-色克布拉克结合带,包括哈尼沙里地东橄榄岩-辉橄岩-辉长岩体（4km²）和达布达尔东零星出露的数个橄榄岩-辉石岩（共 1.5km²）小岩体，以及羊种场—西若大坂南一带与前述岩体共生的志留系温泉沟群的基性—中性火山岩（面积近 100km²），共同构成达布达尔-哈尼沙里地蛇绿岩带。达布达尔-哈尼沙里地蛇绿岩具洋中脊玄武岩的特点，可能是因陆内岩石圈减薄而形成（或裂陷），也可能是在硅铝质大陆边缘形成，类似于大陆边缘裂谷型盆地的岩石组合。在哈尼沙里地北的玄武岩样品锆石 U－Pb 离子探针 SHRIMP 定年显示的三组年龄分别为（860±44）Ma、（433±20）Ma 和（314±23）Ma。

哈尼沙里地东侵入岩，岩体为北西向延伸的透镜状岩株，其主体岩性为细—中粒辉长岩，东部边缘有少量辉石岩及橄辉岩-橄榄岩出现。岩体与南西侧的玄武岩呈过渡关系，与北东侧的英安岩多呈断层接触。达布达尔东的小岩体多呈不规则块状零星分布，以中粒辉石岩为主，底部（边部）有很窄的橄榄岩产出，其呈断块状漂浮在志留系温泉沟群组碎屑之中。该处的绿柱石（祖母绿）矿与这些岩体关系密切。

3. 古地理特征

该相区古地理环境总体表现为北深南浅、东部倾伏、南部翘起的古地理特点。海侵方向为自南向北。

五、若尔盖-松潘地块（Ⅹ）

1. 构造特征

该相区位于研究区东部边缘，为扬子陆块裂离出的一部分，北为南昆仑增生杂岩相，西部、西南部为巴颜喀拉大洋盆地相，东、东南部为川滇陆表海盆地。东北部为隆起区，主要出露新元古界碧口群变质碎屑岩、变基性火山岩、火山碎屑岩；南华系白依沟群变质砾岩、砂岩、粉砂岩和粉砂质板岩；寒武系仅局部出露，称太阳顶组，为灰黑色硅质岩、硅质板岩互层，夹石煤；奥陶系大堡群为板岩、硅质板岩及粉砂岩，上部夹酸性火山岩及灰岩，板岩中富含笔石化石。

2. 岩相特征

1) 沉积岩相

引用前人主要地层剖面 9 条，根据地层剖面，结合区内岩石地层展布特征及其他前人资料分析可以看出，该相区主体为浅海相碎屑岩、碳酸盐岩沉积。若尔盖、马尔康、松潘一带古隆起的边缘为滨岸相碎屑岩沉积。西南部、东南部沉降，为半深海、深海相碎屑岩，碳酸盐岩及硅质岩沉积。

滨浅海相：围绕古隆起分布，涉及的岩石地层单位有通化组和茂县群。丹巴县东部志留系通化组剖面（104、105 剖面），岩性为灰绿色泥页岩与泥灰岩或泥质灰岩，大体上呈不等厚互层组成小的韵律层，下部以灰色、灰绿色板岩，黄绿色粉砂质板岩为主，夹少量灰色薄层或厚层状灰岩及薄层粉砂岩或条带；上部灰岩增多。产有少量腕足类、笔石、双壳类等动物化石，岩性主要为一套滨海-浅海相碳酸盐岩夹细屑岩建造，厚 150 余米。丹巴县西北部通化组剖面（102、103 剖面）整合或平行不整合于大河边组上，整合于危关组之下，岩性以灰色、灰绿色千枚岩，片岩，变质石英砂岩为主，夹灰岩。康定县金汤区捧达茂县群剖面（106 剖面），整合伏于捧达组之下，平行不整合覆于宝塔组之上，为以千枚岩、板岩为主，夹变质砂岩、泥灰岩及生物碎屑灰岩组成的一套碎屑岩、碳酸盐岩地层。下部岩性为灰黑色、灰绿色绢云千枚岩，绢云石英千枚岩，钙质千枚岩夹灰色中—厚层条带状变质石英粉砂岩及少量薄层泥灰岩；中上部为浅灰色、灰白色中—厚层状细—微晶白云岩，灰岩与灰色千枚岩、粉砂质板岩不等厚韵律互层，夹少量浅黄色薄层状、不规则状硅质岩；顶部白云岩增多，并夹石膏层。四川省平武县豆叩志留系茂县群剖面（99 剖面），上亚群厚 2 901m，以千枚岩为主，夹灰岩，在灰岩中产珊瑚、腕足类、三叶虫、双壳类及海百合茎化石。

深海、半深海相：分布于西南部、东南部边缘，涉及的岩石地层单位有茂县群。四川省平武县豆叩志留系茂县群剖面（99 剖面），下亚群以千枚岩、板岩为主，沉积厚度为 205m。四川省九龙县踏卡乡志留系剖面(110剖面),以硅质岩为主,夹板岩、片岩、大理岩,与下伏下奥陶统和上覆下石炭统呈平行不整合关系。四川省木里县四合乡瓦板沟下志留统剖面(111剖面)以硅质岩为主,夹少量板岩和千枚岩,厚度为382.8m,上与中、上石炭统平行不整合,下与下奥陶统平行不整合。

2) 岩浆岩相

东部的海船石梁子、双岩窝、独狼沟等地的通化组(原称为"茂县群")中见变基性火山岩,出露总厚达240余米。通化组中的变基性火山岩已经随着地层一起发生了变质,岩石已变为斜长角闪岩、斜长角闪片岩、绿泥绿帘阳起片岩、绿帘次闪片岩、绿帘阳起绿泥钠长片岩。志留纪火山岩既具洋脊玄武岩特征,又具板内玄武岩特征。结合稀土配分形式判别,志留纪火山岩属大陆玄武岩,具裂谷性质。

发育于宝兴锅巴岩—赶羊沟一带的晚志留世火山岩,呈透镜状、似层状产于通化组上部,向西于天全白沙河急剧变薄甚至尖灭,并于西北部丹巴一带再次大面积出露。火山岩以基性熔岩为主,夹中酸性火山熔岩和火山碎屑岩,主要岩石类型有玄武岩、玄武质凝灰岩。火山岩与海相沉积碎屑岩伴生,属海相火山岩,岩石组合以基性熔岩为主。形成于大陆裂谷环境。

3. 古地理特征

该相区为扬子陆块陆表海盆地的一部分,地势平坦,古地理环境简单,主体表现出东北高、西南低,东北部翘起、西南部倾伏的古地理特征。围绕古隆起分别发育滨岸、台地和浅海环境,西南部和东南部为半深海、深海环境。

第五节 班公湖-双湖-怒江-昌宁地区构造-岩相古地理

特提斯主洋域大相,南、北分别以班公湖-怒江结合带和龙木错-双湖-昌宁结合带为界,包括整个南羌塘地区。本大相包括有扩张洋盆和南羌塘西部地块相,向东消失于保山地块东部边界,向西消失于塔什库尔干以西。

一、扩张洋盆(XII_1)

1. 构造特征

现有地球物理资料表明,班公湖-怒江至龙木错-双湖带之间的广大地区,其低速层数量、埋深和冷岩石圈下插深度等,与北羌塘和冈底斯均有很大差异;其浅层和深部存在近于垂直相交的异常走向,缺乏统一的基底。玛依岗日一带存在早古生代、晚古生代蛇绿岩。结合区域构造分析,认为其代表了原特提斯洋盆所在,志留纪处于扩张阶段。

2. 岩相特征

仅保留少量蛇绿岩相。分布在羌塘中部果干加年山西段一带。蛇绿岩组合由变质橄榄岩、堆晶辉长岩、辉长岩岩墙群、玄武岩、硅质岩等组成。其中堆晶岩主要由辉石橄榄岩、堆晶辉石岩、堆晶辉长岩、斜长岩等岩石类型组成。对堆晶辉长岩中锆石的矿物学与年代学研究表明,堆晶辉长岩中发育3种内部结构特征的锆石晶体,锆石Th、U含量和Th/U值揭示了同一岩浆系统中结晶形成的岩浆锆石。获得堆晶辉长岩SHRIMP锆石U-Pb谐和年龄为$(461±7)$Ma、$(431.7±6.9)$Ma,分别代表了青藏高原中部地区原古特提斯洋扩张过程中早期(中奥陶世Darriwilian阶晚期)、晚期(早志留世Telychian阶中期)的岩浆作用事件。果干加年山早古生代堆晶岩具有MORB的特征(李才等,2008;王立全等,2008)。

3. 古地理特征

主体为深海盆地环境。

二、南羌塘西部地块（XII₂）

1. 构造特征

位于班公湖与龙木错之间，向东延伸呈半岛状，为古特提斯主洋域中的陆壳残块，志留纪构造属性不清。

2. 岩相特征

露头极少，以推测相为主。主体为浅海相碎屑岩、碳酸盐岩沉积，西北部局部发育滨岸相，东北部局部为半深海相。

滨岸相：分布于南羌塘西部地块西北部边缘，以西藏自治区日土县东汝乡龙木错北志留系龙木错组上组剖面为代表（65 剖面）。岩石组合下段为灰黄色砾岩、石英砂岩、粉砂质泥岩、碳质页岩及煤层，厚 1 424.63m。具平行层理、水平层理、板状交错层理、槽状交错层理。为滨岸-海陆过渡相沉积。

浅海相：分布范围广大。以西藏自治区日土县东汝乡龙木错北志留系龙木错组（65 剖面）为代表。其下未见底，上被泥盆系不整合覆盖，由上、下组构成。下组为生物屑灰岩、细晶白云岩夹石英砂岩及钙质页岩，具水平层理、平行层理，厚度大于 511.08m。上组上段为灰黄色、灰色、青灰色砾岩，岩屑石英砂岩，钙质泥岩，亮晶鲕粒灰岩，生物屑灰岩，泥晶灰岩，具平行层理、水平层理，含腕足类、海百合茎、腹足类等碎片，厚 1 450.36m。尼玛县荣玛乡温泉志留系三岔沟组（67 剖面），为紫灰色、粉灰色中薄层含砂屑灰岩，产小型鹦鹉螺化石。深红色薄层钙质细砂岩、粉砂岩和粉灰色薄层泥灰岩韵律性互层，泥灰岩中产丰富海百合茎化石，厚 60.05m。

半深海相：分布于都古尔山地区，以尼玛县荣玛乡塔石山志留系三岔沟组剖面为代表（66 剖面），岩性为灰岩、砂岩，厚度为 70.87m。产大量笔石化石 *Glyptograptus*? *lunshanensis*（？昆仑雕笔石），*G.* sp.（雕笔石未定种），*Climacograptus transgrediens*（过渡栅笔石），*C.* sp.（栅笔石未定种），*Orthograptus* sp.（直笔石未定种），*Pristiograptus* sp.（锯笔石未定种），*Monograptus* sp.（单笔石未定种）等。与上覆泥盆系和下伏中上奥陶统塔石山组整合接触。

3. 古地理特征

该地块为广阔的特提斯主洋域中的残余地块，古地理环境较复杂，主要为滨岸、浅海及半深海环境。总体表现为西北翘起、东南倾伏的状态，随着海平面的升降陆地部分时隐（部分）时现（部分）。

第六节　冈底斯-喜马拉雅地区构造-岩相古地理

一、冈底斯-喜马拉雅边缘海盆地相（XIII₁）

1. 构造特征

该相区位于班公湖-怒江结合带以南，印缅陆块以北地区，构造位置相当于冈瓦纳北缘晚古生代—

中生代冈底斯-喜马拉雅构造区。志留纪属被动大陆边缘，为稳定盖层发展阶段。

2. 岩相特征

沉积岩相

引用剖面19条，主要为滨浅海相，局部为开阔台地相和半深海相，在念青唐古拉山地区局部为隆起剥蚀区。

滨浅海相：面积大，引用剖面13条（69～72、75～80、82～84剖面）。涉及地层单位包括措勤分区的申扎组、德悟卡下组、扎弄俄玛组，喜马拉雅分区的石器坡组、普鲁组，它们与下伏奥陶系、上覆泥盆系多为整合接触。申扎组为青灰色中薄层状钙质粉砂岩与粉灰色钙质细砂岩不等厚互层，平行层理发育，具韵律性沉积特点，含笔石化石断枝及腕足类化石。德悟卡下组主要为一套灰岩夹碎屑岩沉积，与下伏申扎组、上覆扎弄俄玛组整合接触。其中上部以深灰色中层状砂质灰岩为主，夹薄层状细砂岩、粉砂岩和浅灰色泥晶白云质灰岩；中部为粉、细砂岩，平行层理发育，风化面呈条纹状；下部为深灰色中层状泥晶灰岩、泥质条带灰岩。扎弄俄玛组为中厚层状微晶灰岩夹生物碎屑灰岩、砂屑灰岩，粒序层理发育，粉砂岩中含笔石化石断枝，与上覆、下伏地层均为整合接触。

札达县石器坡组剖面岩性组合以灰色—深灰色粉砂质板岩夹薄层变质细粒岩屑石英砂岩为主，局部夹钙质细砂岩、细粒岩屑长石砂岩、生物碎屑细晶灰岩等，含小型双壳类和笔石化石及碎片，与下伏下拉孜组、上覆普鲁组均呈整合接触，厚467.26m。纳木那尼峰西南石器坡组岩性组合以浅灰色变质细粒钙质砂岩、粉砂质板岩、变质砂质灰岩为主，间夹绢云钙质板岩，含珊瑚等化石。普鲁组下部为中厚层变质细粉晶白云岩夹钙质板岩，上部为条纹状变质泥晶灰岩、变质砾屑砂屑泥晶灰岩。含少量海百合茎碎片及珊瑚、腕足类化石。与下伏石器坡组整合接触，出露厚度为96.25m。

希夏邦马峰东志留系地层出露齐全，下与上奥陶统红山头组整合接触，上与下泥盆统凉泉组整合接触，区内志留系地层厚度为112.39m左右。石器坡组为粉砂质泥灰岩夹薄层状泥质粉砂岩层或透镜体。

开阔台地相：分布于那曲西北、冈仁波齐峰东南及聂拉木等地（73、74、81、85剖面）。涉及的岩石地层单位有下志留统东卡组、中上志留统江木弄组和普鲁组。班戈县东卡错则布理下志留统东卡组未见底，与上覆三叠统确哈拉群为平行不整合接触，厚度大于1 141.49m。岩性为生物碎屑灰岩、细晶灰岩，产珊瑚、腕足类等，具少量砂岩、白云岩，未见底。班戈县东卡错爬给那不拉下志留统东卡组主要岩性为灰岩、白云岩、白云质灰岩等，间夹生物碎屑灰岩及少量灰绿色薄层状变泥质粉砂岩，厚度大于795m，产珊瑚等化石。冈仁波齐峰东南江木弄组呈北西西向带状展布于仲巴县5435高地—郭布一带，出露面积为32km²，岩性以大理岩为主，夹有千枚岩、片岩，含有珊瑚化石等，时代为中志留世至晚志留世，出露厚度为951.56m，未见底，地层出露相对齐全，具有代表性，为该组建组剖面。聂拉木县亚里西山志留系实测地层剖面普鲁组由一套浅灰色薄层状泥灰岩、泥质灰岩组成，由下至上泥质减少，产丰富的头足类（角石）以及珊瑚、海百合茎等。厚度、岩性较稳定，变化不大，属开阔台地相沉积环境。

半深海相：仅分布于定结一带（86、87剖面），为局部裂陷的产物。涉及的岩石地层单位是石器坡组、普鲁组。定日县帕卓乡可德志留系石器坡组岩性组合下部为灰色石英杂砂岩；中上部由2个大的旋回组成，旋回下部为深灰色粉砂质页岩夹极多的粉砂岩条带，旋回上部为灰黑色页岩，含少量碳质，水平层理发育，产笔石化石；顶部为薄—中层细砂岩，向上砂岩变厚，地层厚度为88m。普鲁组下部为灰色中层网纹状泥质灰岩，含大量角石和海百合茎化石；中部为灰色中—薄层含生物碎屑灰岩，含大量角石化石；上部为微晶灰岩，地层厚78.8m。自下而上为浅海→半深海→开阔台地的海进至海退序列。

定结县萨尔普鲁村东山志留系石器坡组顶部为灰色钙质泥岩、泥岩（或页岩），厚15.9m，产笔石化石 *Streptograptus lobiferus*，*S.* sp.，*Climacograptus* sp.，*Diplograptus* cf. *tortithecatus.*，仅夹一层灰色薄层细砂岩，含遗迹化石 *Palaeophycus* sp.，*Chondrites* sp.。普鲁组下部为泥质条带灰岩，产大量角石化石，其底面有一海侵面，与下伏石器坡组为突变接触；中部为网纹状泥质条带灰岩；上部为灰色、灰黄色中层含生物碎屑微晶灰岩，含大量角石和海百合茎化石，最大的角石长可达30cm；顶部为灰色、灰黄色中—厚层网纹状泥质条带灰岩，含少量角石和海百合茎化石；顶部与上覆凉泉组之间具一层厚

0.5m的灰黄色古岩溶角砾岩,二者之间曾有一次短暂的暴露,沉积厚度为91.8m。自下而上为半深海→开阔台地的海退的序列。

3. 古地理特征

古地理环境较为简单,主体为环绕印度古陆的滨浅海环境。为南部的印度古陆伸入北部古特提斯洋的被动陆缘斜坡环境,具有南陆北海、南浅北深的古地理特征。纵向序列上总体表现为海进→海退的旋回性变化。

二、保山地块相(XIII_2)

该相区位于研究区东南部边缘,内呈北窄南宽的喇叭口状,为班公湖-双湖-怒江-昌宁特提斯主洋域中的陆壳残块,构造活动较剧烈,总体呈西断东超箕状断陷结构。

保参1井主要为碎屑岩和碳酸盐岩沉积,为浅海相。根据其西断东超的特点,推测东部发育有滨岸相沉积。

总体为滨浅海环境,西深东浅,呈西部倾伏、东部翘起的状态。

第七节 周边地区构造-岩相古地理

一、阿拉善陆块(I)

1. 构造特征

南以北祁连岩浆弧北界断裂为界,北、东、西延伸出编图区。志留纪受中、北祁连弧-弧碰撞造山作用制约,总体处于挤压-坳陷构造背景,南部走廊地区为前陆盆地,北部阿拉善本部为隆起剥蚀区。

2. 岩相特征

沉积岩相与岩浆岩相发育。

1) 沉积岩相

北部隆起、南部为海相,涉及地层单位有半截沟组(S_1b)、肮脏沟组(S_1a)、泉脑沟组(S_2q)和旱峡群(S_3hn)。半截沟组(S_1b)与下伏奥陶系角度不整合接触,肮脏沟组、泉脑沟组以及旱峡组之间为整合接触,顶部被中下泥盆统不整合覆盖。引用剖面9条,从北向南依次为滨海相、浅海相和半深海相。

阿拉善古陆:主要分布在阿拉善左旗—民勤—阿拉善右旗一带。区内缺失寒武纪—泥盆纪地层。在民勤、金昌市南可以看到,早石炭世臭牛沟组和中石炭世羊虎沟组分别不整合在南华纪—震旦纪韩母山群及晚太古代—古元古代龙首山岩群之上。反映了本区在寒武纪—泥盆纪之间为一长期隆起区。

滨海相:紧邻阿拉善古陆南缘,近东西向带状分布(52、53剖面)。下部属半截沟组,以灰色—灰绿色粉砂质板岩为主夹少量砂岩、砾岩,厚791m。上部属肮脏沟组下段,为以砾岩、砂岩为主夹粉砂质板岩的韵律层。

浅海相:紧邻滨海相沉积,大体沿走廊北西西向展布(53、54剖面)。下部属肮脏沟组上段,为砂岩与板岩互层,厚1 392m。上部为泉脑沟组,由绿色钙质板岩、泥岩及钙质砂岩组成。含珊瑚、腕足类、腹足类、双壳类化石等,厚531m。

半深海相:分布于走廊南山,北西西向带状延伸(56~60剖面)。可进一步分为碎屑岩、火山岩相区和碎屑岩相区。碎屑岩、火山岩相区：以祁连县幅走廊南山北侧志留系上部层位为代表(59剖面)，与下伏碎屑岩组整合或断层接触。下部为灰绿色凝灰质砂岩、凝灰岩、安山熔岩、橄榄玄武岩，厚200～400m；上部为灰色及灰绿色粉砂岩、硬砂质长石砂岩夹板岩，产 *Pristiograptus* sp.，*Demirastrites* sp. 等笔石化石，总厚约1 706.51m。在香沟附近，下部为灰绿色块层状安山质含砾凝灰熔岩、安山质凝灰岩及安山岩夹灰色及绿灰色千枚岩、硬砂岩、薄层硅质岩；上部为灰绿色中厚—块层状中粒变砾岩夹少量千枚岩及一层厚约20m的细砾岩。千枚岩中产 *Demirastrites* sp. 等笔石化石。碎屑岩相区：以祁连县幅走廊南山北侧志留系中部层位为代表(58剖面)，属小石户沟组(S_1)，与下伏砂岩组断层接触。为灰绿及黄绿色中厚层状砂岩与板岩互层，以砂岩占多，中夹灰绿或棕黄色中及厚层状粗砾岩3～4层，每层厚约数米至数十米，板岩中富产笔石化石，总厚为600～900m。本组以砂质碎屑岩为主，砾岩呈透镜状夹层出现，泥质岩很少。一般具有由粗到细、由细到粗的韵律性沉积特征，大致有4～5个韵律层，每个韵律厚约百余米。在微观上，砂岩由中粗—粉砂结构均有，粒度上具有递变性，成分以石英为主，泥质次之，层面常见波痕构造。粉砂岩和板岩中，常见饼状的泥灰质结核。砾岩的砾石成分复杂，滚圆度较好，砾径一般为3cm左右，砂质胶结，在大理岩的砾石中见有时代可能属中奥陶世的腹足类化石，具有浊沉积特征。

2) 岩浆岩相

以中酸性侵入岩为主，火山岩零星。

侵入岩：集中分布于武威西部、金昌南部的大黄山、冷龙岭一带，呈大小不一的岩基状侵入于寒武系、奥陶系和下志留统中。

北大坂岩体群：分布于武威西恒绪大坂一带，由九条岭、北大坂、恒绪大坂、牛头沟4个岩体组成，面积为126km²。其中前3个岩体为一个相连的岩基，单个岩体呈岩株产出。侵入于中堡群(O_2Z)、大黄山组(ϵd)等地层中，局部被泥盆系不整合覆盖。大五沟一带的斑状二长花岗岩中获锆石U-Pb年龄为(414 ± 4)Ma。岩石属富钾钙碱性花岗岩(KCG)，成因类型属S型，形成于同碰撞构造环境。

直沟岩体群：主要分布于雷公山、柳条河、毛毛山一带，沿毛毛山-老虎山蛇绿混杂岩带展布，有15个侵入体，面积为37.7km²，侵入于肮脏沟组(S_1a)、阴沟群(OY)等地层中。闪长岩中获锆石U-Pb年龄为423Ma。岩石类型为闪长岩、石英闪长岩，属钠质过铝钙碱性系列，为含角闪石钙碱性花岗岩类(ACG)，Na_2O含量高反映源区较深，成因类型为I型，为造山后抬升构造环境。

围场沟岩体群：分布于直沟岩体群东部，构造位置、侵入围岩与其类似。其中黑云石英闪长岩锆石U-Pb年龄为(423.5 ± 2.8)Ma。岩石组合为闪长岩、石英闪长岩、花岗闪长岩，为钠质过铝质钙碱性系列。挤压构造环境，主要属火山弧花岗岩及同碰撞花岗岩。

此外，在昌马、酒泉一带分布有少量中酸性侵入岩。

火山岩：仅在走廊南山北缘零星出露，赋存于下志留统泉脑沟组和肮脏沟组中。岩石自然共生组合为：玄武岩-安山岩与细碧岩-角斑岩组合，主要由玄武岩、安山岩，少量细碧岩、角斑岩及同质火山碎屑岩组成。中酸性火山碎屑岩和安山岩类主要见于玉门市以西，火山岩主要赋存于粒度较粗的陆源碎屑岩中。而在祁连主峰以北肃南松大坂—大海子一带，则主要以玄武岩、安山岩及少量细碧岩、角斑岩为主，火山岩则主要赋存于半深海浊积扇-浅海陆棚相碳酸盐岩、泥页岩及砂板岩中。为钙碱性系列，形成于同碰撞构造环境。

3. 古地理特征

志留纪，阿拉善陆块总体具有北部隆起，向南依次为滨岸、浅海、半深海的古地理格局。垂向上具有下志留统底部水体较浅，向上水体加深、变浅，再加深、再变浅的充填序列。这种快速震荡的沉积特征在中志留统泉脑沟组中依然存在(图5-4)。上志留统旱峡群总体表现为浅海相红色细碎屑沉积。这种旋回型层序反映了祁连造山带幕式隆升、前陆盆地向阿拉善扩展的构造过程。

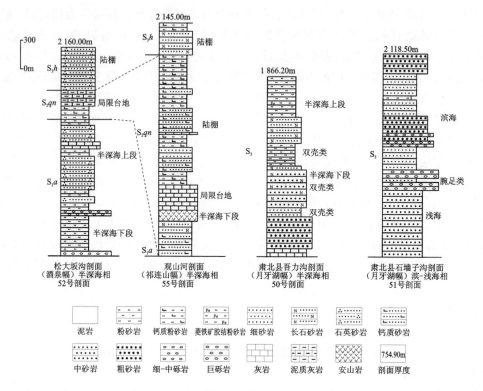

图 5-4 走廊弧后前陆盆地沉积相剖面对比图

二、敦煌陆块（Ⅱ）

分布于阿尔金构造带东北边缘塔里木东南缘，主要由敦煌岩群和米兰岩群角闪岩相-麻粒岩相的变质杂岩所组成，其形成时代为 2 789～2 460Ma，这套岩石被认为是塔里木地块古老变质基底的一部分（许志琴等，1999）。志留纪，推测主体为隆起剥蚀区。

三、塔里木陆块（Ⅲ）

塔里木盆地外缘地层广泛出露，长期以来不少地质学家在生物地层学与岩石地层学详细研究的基础上，对塔里木盆地的岩相进行了大量研究工作。20 世纪 80 年代以来，随着油气勘探形势的发展，石油勘探工作者在盆地内广大覆盖区，完成了 30 多条斜穿盆地的反射地震大剖面、几十口 5 000m 以上的探井，取得了大量资料，尤其是地震地层学的应用，给研究全盆地各层系的沉积相提供了有利的条件。志留纪沉积范围远小于寒武纪—奥陶纪时的范围，仅限于盆地北部一个东西向的狭窄地带，沉降中心在盆地东部，沉积厚达 2 000m 以上。根据地震资料，塔中 1 井以北最厚可达 3 600m，研究区内仅发育滨浅海相碎屑岩沉积。其他绝大部分地区为古陆隆起区。

志留系由下至上发育有柯坪塔格组上段、塔塔埃尔塔格组和依木干他乌组。主要岩石类型为灰色、灰白色中细粒砂岩，粉砂岩，泥质粉砂岩与绿灰色、浅灰色、灰色粉砂质泥岩，泥岩，总体上为滨岸（海滩、潮坪）-浅海陆棚沉积，发育有滨岸海滩、潮坪、浅海砂坝、陆棚砂等砂体类型，其中滨岸海滩、浅海砂坝、陆棚砂等砂体主要发育于柯坪塔格组上段下部，潮坪砂体主要发育于柯坪塔格组上段上部及塔塔埃尔塔格组和依木干他乌组。层序对比分析表明志留纪海侵是由西北向东南方向逐步上超的（朱如凯等，2006）。

四、扬子陆块(Ⅸ)

以康滇古陆为界,东部主体为陆表海沉积,西部具有从东向西、由浅海向半深海过渡的特征。

1. 构造特征

该相区位于研究区东南部边缘、扬子陆块西部,为扬子陆块一部分,该相区西部边缘构造活动较强烈。

2. 岩相特征

1) 沉积岩相

该相区为扬子陆块陆表海盆地的一部分,主体为浅海相,西昌—楚雄、昆明一带为古陆剥蚀区,围绕古陆隆起剥蚀区发育滨岸相沉积,西南、西北发育深海相、半深海相,局部地区为开阔台地相。

滨岸相:围绕康滇古陆发育,涉及的岩石地层单位有菜地湾组、大路寨组和马龙群。云南省巧家县蒙姑乡十里坪志留系菜地湾组剖面(128剖面),岩性为泥岩夹长石砂岩、石英砂岩。大路寨组下部为细粒长石砂岩夹砂岩。云南省宜良县青山村志留系马龙群剖面(129剖面),局部具底砾岩,发育交错层理。

开阔台地相:小面积分布于西昌西部和少同时东北一带,涉及的岩石地层单位有石门坎组、罗惹坪组和龙马溪组。四川省木里县四合乡菜子地志留系石门坎组剖面(112剖面),岩性以灰岩为主,夹少量板岩,产腕足类化石。四川省长宁县双河乡志留系罗惹坪组剖面(121、122剖面),岩性以灰岩为主,夹少量砂岩、泥岩,厚度为559.27m。龙马溪组岩性以灰岩为主,夹少量砂岩、页岩,沉积厚度为221.72m。

浅海相:分布范围广,涉及的岩石地层单位有茂县群、罗惹坪组、纱帽组、龙马溪组、菜地湾组、嘶风崖组和大陆寨组。平武县跃进桥志留系茂县群剖面(100剖面),以千枚岩为主,夹灰岩,在灰岩中产珊瑚、腕足类、三叶虫、双壳类及海百合茎化石,总厚3 385m,上亚群厚2 865m。四川省广元志留系罗惹坪组剖面(101剖面),岩性是灰岩及页岩组成的介壳相沉积,为黄绿色、紫红色页岩,粉砂质页岩与生物灰岩,石灰岩的互层,局部夹细砂岩,富产珊瑚、腕足类化石。纱帽组下部岩性为灰色泥质灰岩及石灰岩;中部岩性为灰绿与紫红色砂质页岩的互层,间夹石英细砂岩;上部岩性为灰绿色砂质页岩与石英细砂岩的互层。下部灰岩中产晚志留世珊瑚、腕足类化石,为浅海相碳酸盐台地亚相。云南省大关县黄葛溪乡志留系龙马溪组剖面(123、124剖面),上部及顶部为灰黑色页岩、粉砂质页岩与薄层灰岩的不等厚互层,中及下部为灰黑色中薄层状钙质、粉砂质页岩与泥质钙质粉砂岩不等厚互层,底部为黑色石英钙屑粉砂岩。中、下部及底部见有水平层理、波痕与分散的黄铁矿星点,沉积厚度为144.7m。云南省巧家县小河乡羊崖洞志留系菜地湾组剖面(125剖面),岩性为一套以紫红色泥、页岩,粉砂质页岩为主体的浅海相沉积。嘶风崖组下部为深灰色、灰黑色白云岩与灰绿色白云质页岩互层夹少量砂岩,中上部为两层紫红色泥岩间夹灰绿色泥岩和灰黑色白云岩。云南省巧家县蒙姑乡大包厂志留系菜地湾组剖面(126剖面),岩性以粉砂质泥岩为主,夹砂岩和少量白云岩。大陆寨组下部为灰岩及少量粉砂质页岩,上部以粉砂质页岩、泥岩为主。嘶风崖组底部为生物碎屑砾状灰岩,下部为细砂岩夹灰岩,中上部为粉砂岩、粉砂质泥岩。

深海、半深海相:分布于西南、西北边缘地带,涉及的岩石地层单位有龙马溪组、纱帽组、罗惹坪组。天全一带龙马溪组剖面(107剖面),为一套深海滞流相黑色页岩夹硅质岩建造,岩性以灰色、灰黑色碳质页岩夹少量薄层状粉砂岩为特征,下部为灰黑色薄层含碳质粉砂质页岩及含粉砂质白云质碳质页岩,产极丰富的笔石动物化石,笔石多呈聚合式保存;中上部为黄绿色、绿灰色中薄层页岩和粉砂质泥岩夹白云石化泥岩,产笔石、腕足类、双壳类、软舌螺等生物化石,但数量较少且多呈分散状保存。厚度稳定,与下伏灯影组呈平行不整合接触,与上覆石牛栏组整合接触,厚87m。天全县二郎山志留系剖面分为纱帽组、罗惹坪组、龙马溪组(109剖面),发育一套半深海相笔石页岩间夹粉砂岩、泥灰岩,整合于奥陶系五峰组之上,产丰富的笔石。云南省宁蒗县白草坪乡志留系剖面(118剖面)发育灰黑色、深灰色粉砂质页岩、板状硅质岩、碳硅质笔石页岩,产笔石等化石,平行不整合于中奥陶统巧家组之上。四川省犍为县志留系龙马溪组剖面(119剖面),岩性下部为黑色钙质粉砂岩、页岩夹黑色薄层至中层泥灰岩,常夹灰岩团块,往上钙质减少,为黑色页岩,产笔石化石。四川省雷波县志留系龙马溪组剖面(120剖面),岩性下部以黑色笔石页岩为主,夹黄灰至灰黑色粉砂岩、云母质粉砂岩及粉砂质页岩,笔石化石极其丰富;上部为灰色至深灰色页岩夹砂质页岩,风化后多呈灰绿、黄绿色,产尖笔石等。

2)岩浆岩相

偶见变基性火山岩夹层。

3. 古地理特征

该相区为扬子陆块陆表海盆地的一部分,主体为滨浅海环境,西昌—楚雄、昆明一带为古陆剥蚀区,西南、西北为深海相、半深海相环境,局部地区为开阔台地环境。地势总体表现为开阔陆表海盆地环境下的中部隆起、西部倾伏的特征。垂向上具有向上变浅的充填序列(图5-5)。

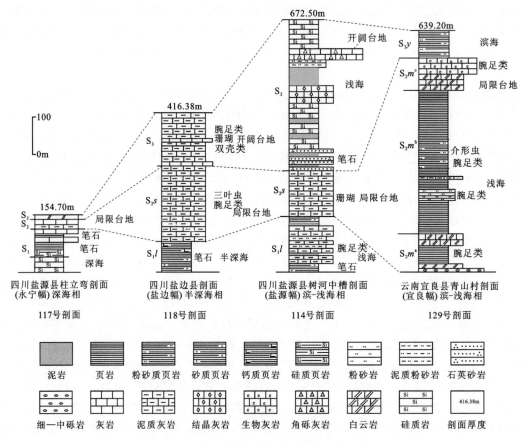

图 5-5 扬子陆块西缘沉积相剖面对比图

五、印度陆块大相(XIV)

位于主边界断裂(MBT)以南的印度地盾区北部,现区内大部分地区为中新生代及晚古生代地层覆盖。部分地区出露古元古界 Naga 变质岩和中元古界 Kaimur 群,主要为云母片岩、角闪片岩、绿泥片岩及变粒岩,顶部为基性熔岩覆盖,其下可能发育太古宇深变质岩系。志留纪,推测为古陆剥蚀区。

第六章 泥盆纪构造-岩相古地理

泥盆纪时期泛华夏陆块群呈"陆链"介于古特提斯洋和泛大洋之间,华北、塔里木、扬子三大体系独立发展(图6-1)。以塔里木为主的西部陆(地)块群,继志留纪碰撞造山和增生造山后,泥盆纪已合为一体,中、晚泥盆世堆积了不同性质的前陆盆地磨拉石建造。在其南侧沿康西瓦—南昆仑—玛沁一线依然存在向北的俯冲作用,昆仑一带为该陆块群的南部陆缘弧。晚泥盆世,昆仑造山带发生去山根作用,导致祁漫塔格、东昆仑、布喀达坂峰一带发育了具有浆混花岗岩特征的中酸性岩浆侵入事件以及以晚泥盆世牦牛山组为代表的伸展型沉积。

泛华夏南部陆块群漂浮于古特提斯洋中,位于环状俯冲带的内侧,特殊的构造位置使其处于伸展、裂解构造背景,在其西缘北羌塘-三江地区地块与裂谷(初始洋盆)相间的格局初步形成。在地块内部发育稳定的滨浅海碳酸盐岩夹碎屑岩沉积建造,地块间为半深海-深海盆地沉积环境。

泥盆纪时期古特提斯洋规模巨大,其北侧表现为活动大陆边缘,南侧为被动大陆边缘。冈底斯-喜马拉雅地区属于古特提斯洋南岸的冈瓦纳大陆的被动边缘。其总体为陆缘浅海环境,南部以滨浅海碎屑岩沉积为主,北部以碳酸盐岩台地沉积为主。

图6-1 泥盆纪(390Ma)泛华夏陆块群构造格局

第一节 泥盆纪大地构造相划分

综合沉积、岩浆、变质变形事件,结合古地磁、古生物区系等,对青藏高原不同构造单元泥盆纪的构造属性进行分析,划分、厘定的大地构造相系统见表 6-1 和图 6-2,分为 11 个大相、23 个相,归并为 5 个组合、三大系统。对应的古地理单元名称及其隶属关系如表 6-1。各构造相特征的具体说明参见本章中每节的"构造特征"部分,对应的岩相古地理面貌见图 6-3。

表 6-1 青藏高原泥盆纪古地理单元与大地构造相单元对应表

古地理单元名称		大地构造相单元名称		备注
一级、二级	三级、四级	大相	相	
Ⅰ阿拉善古陆		Ⅰ阿拉善陆块大相		泛华夏西部联合古陆及陆缘弧
Ⅱ塔里木-敦煌陆块	Ⅱ$_{1-1}$塔东南古陆 Ⅱ$_{1-2}$塔西南浅海 Ⅱ$_2$敦煌-阿尔金古隆起	Ⅱ塔里木-敦煌陆块大相	Ⅱ$_1$塔里木陆块相 Ⅱ$_2$敦煌-阿尔金地块相	
Ⅲ祁连-柴达木盆山区	Ⅲ$_1$祁连山间盆地 Ⅲ$_2$宗务隆山-西秦岭陆缘裂谷 Ⅲ$_3$柴达木古陆	Ⅲ祁连-柴达木陆块大相	Ⅲ$_1$祁连陆内盆地相 Ⅲ$_2$宗务隆山-西秦岭陆缘裂谷盆地相 Ⅲ$_3$柴达木地块相	
Ⅳ昆仑活动陆缘	Ⅳ$_1$西昆仑陆缘弧 Ⅳ$_2$东昆仑陆缘弧	Ⅳ昆仑弧盆系大相	Ⅳ$_1$西昆仑陆缘弧相 Ⅳ$_2$东昆仑陆缘弧相	
Ⅴ南昆仑-巴颜喀拉-甘孜-理塘洋盆	Ⅴ$_1$康西瓦-南昆仑-玛沁俯冲增生杂岩楔 Ⅴ$_2$玉龙塔格洋盆 Ⅴ$_3$巴颜喀拉-可可西里-甘孜-理塘洋盆	Ⅴ南昆仑-巴颜喀拉-甘孜-理塘洋盆大相	Ⅴ$_1$康西瓦-南昆仑-玛沁俯冲增生杂岩相 Ⅴ$_2$玉龙塔格洋盆相 Ⅴ$_3$巴颜喀拉-可可西里-甘孜-理塘洋盆相	古特提斯洋盆消减带 古特提斯大洋北部陆缘系统
Ⅵ扬子陆块	Ⅵ$_1$川滇陆表海 Ⅵ$_2$康滇古陆 Ⅵ$_3$盐源-丽江边缘海	Ⅵ扬子陆块大相		扬子陆块及西部边缘裂谷系
Ⅶ若尔盖-松潘地块	Ⅶ$_1$若尔盖古隆起 Ⅶ$_2$班玛-九龙边缘海	Ⅶ若尔盖-松潘地块大相		
Ⅷ北羌塘-三江多岛洋	Ⅷ$_1$中咱-中甸边缘海 Ⅷ$_2$金沙江-哀牢山(初始)洋盆 Ⅷ$_3$昌都-兰坪边缘海 Ⅷ$_4$乌兰乌拉湖-北澜沧江(初始)洋盆 Ⅷ$_5$北羌塘浅海 Ⅷ$_6$甜水海边缘海	Ⅷ北羌塘-三江弧盆系大相	Ⅷ$_1$中咱-中甸地块相 Ⅷ$_2$金沙江-哀牢山(初始)洋盆相 Ⅷ$_3$昌都-兰坪地块相 Ⅷ$_4$乌兰乌拉湖-北澜沧江(初始)洋盆相 Ⅷ$_5$北羌塘地块相 Ⅷ$_6$甜水海地块相	

续表 6-1

古地理单元名称		大地构造相单元名称		备注	
一级、二级	三级、四级	大相	相		
Ⅸ 班公湖-双湖-怒江-昌宁洋盆	Ⅸ₁ 双湖-托和平错-查多冈日洋盆 Ⅸ₂ 南羌塘西部浅海 Ⅸ₃ 左贡浅海 Ⅸ₄ 班公湖-怒江洋盆	Ⅸ 班公湖-双湖-怒江-昌宁洋盆大相	Ⅸ₁ 双湖-托和平错-查多冈日洋盆相 Ⅸ₂ 南羌塘西部地块相 Ⅸ₃ 左贡地块相 Ⅸ₄ 班公湖-怒江洋盆相	古特提斯主洋盆	
Ⅹ 喜马拉雅-冈底斯被动大陆边缘	Ⅹ₁₋₁ 冈底斯边缘海 Ⅹ₁₋₂ 喜马拉雅古隆起 Ⅹ₂ 聂荣台地 Ⅹ₃ 保山浅海	Ⅹ 喜马拉雅-冈底斯地块大相	Ⅹ₁ 喜马拉雅-冈底斯边缘海相 Ⅹ₂ 聂荣地块相 Ⅹ₃ 保山地块相	印度陆块及北部被动边缘	古特提斯洋南部陆缘系统
Ⅺ 印度古陆		Ⅺ 印度陆块大相			

第二节 秦祁昆地区构造-岩相古地理

秦祁昆地区位于编图区东北部,南抵康西瓦-木孜塔格-玛沁-勉县-略阳结合带,北界为龙首山南缘断裂,西经阿尔金山西缘走滑断裂与库尔良-他龙断裂相连,向西、东延伸出编图区。泥盆纪该区总体上属于阿拉善-塔里木-柴达木陆(地)块群、造山系及其边缘弧的一部分,其大地构造相单元可划分为祁连陆内盆地相、宗务隆山-西秦岭陆缘裂谷盆地相、柴达木地块、西昆仑陆缘弧和东昆仑陆缘弧 5 个相单元,分属祁连-柴达木地块(Ⅲ)和昆仑弧盆系(Ⅳ)两个一级大地构造相单元。

加里东期末碰撞造山之后,早古生代的洋盆闭合,泥盆纪时期昆仑及其以北的阿拉善、祁连和柴达木连为一体,并整体抬升为陆。大洋盆地位于本区以南,并沿康西瓦—南昆仑—玛沁一线依然存在向北的俯冲作用。位于洋陆之间的昆仑山地区,具有陆缘弧的属性。上述大地构造格局决定了沉积盆地的性质,进而控制了沉积岩相的特征和展布。

一、祁连-柴达木地块大相(Ⅲ)

该相区可进一步分为祁连陆内盆地相(Ⅲ₁)、宗务隆山-西秦岭陆缘裂谷盆地相(Ⅲ₂)以及柴达木地块(Ⅲ₃)3 个次级构造相单元。分述如下。

(一)祁连陆内盆地(Ⅲ₁)

1. 构造特征

中、北祁连陆内盆地以龙首山断裂为界,北邻阿拉善陆块(Ⅰ₁),南部接宗务隆山-西秦岭裂谷盆地,西北隔阿尔金断裂为阿尔金-敦煌地块(Ⅱ₂),东南延出编图区。祁连山地区主体为加里东造山系,志留纪—早中泥盆世是该区的重要构造转换时期,沉积盆地属性也由弧后残余盆地转化为前陆盆地。志留纪末期为北祁连的主造山期,泥盆纪初形成高峻的古祁连山。区域古地理格局主要受北祁连加里东—早海西期不规则造山作用控制(杜远生等,2002)。早中泥盆世形成山前和山间盆地的粗碎屑磨拉石建造(图 6-4)。晚泥盆世山带西段构造作用剧烈,形成剥蚀区;东段造山作用微弱,山地被剥蚀,山前形成湖泊相的晚泥盆世沉积。

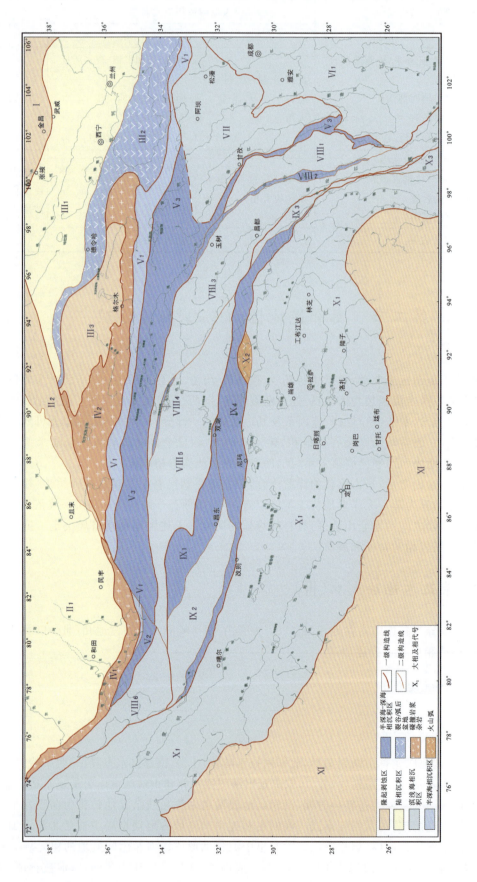

图6-2 青藏高原及邻区泥盆纪大地构造相划分图

注：构造相代号见表6-1

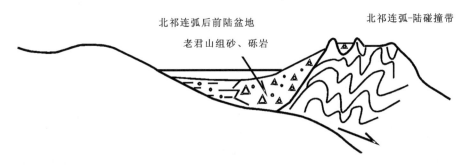

图 6-4　早中泥盆世祁连陆内盆地构造沉积示意图(杜远生等,2004)

2. 岩相特征

1) 沉积相

总体上中、北祁连陆内盆地区泥盆系包括中泥盆统老君山组和上泥盆统沙流水组。老君山组分布于古祁连山山前和山间盆地,为粗碎屑磨拉石沉积。沙流水组分布于河西走廊东段,为湖相沉积。该区引用地层剖面 24 条(1~22、28、206 剖面)。

该岩相在北祁连—河西走廊山前及山间地区老君山组广泛分布。主要岩性为紫红色厚层—巨厚层的砾岩、砂砾岩、含砾砂岩及砂岩,局部夹中基性火山岩。砂岩中含植物化石。砾石成分复杂,包括花岗岩、火山岩、硅质岩、大理岩等不稳定物源的砾石。砾石圆度以次圆形到次棱角形为主。砾岩中主要发育块状层理或递变层理。砂岩中可见平行层理,反映老君山组以山前和山间盆地冲积扇沉积为主。

沙流水组主要分布于靖远—景泰地区,在肃南—玉门地区仅局部出露。在靖远、景泰一带,沙流水组底部主要岩性为砾岩和含砾砂岩,向上为砂岩和粉砂岩、页岩互层。砾岩和含砾砂岩以块状层理为主。砂岩中具浪成波痕和浪成交错层理、泥裂等浅水沉积构造,并夹有渠模、丘状交错层理等风暴沉积构造。粉砂岩、页岩中主要为水平层理。沙流水组主要为湖泊相沉积,夹有湖相风暴岩事件沉积。

2) 岩浆岩相

在走廊南山野牛沟西北、党河南山南坡等地出露泥盆纪中酸性侵入体,未见地球化学数据和同位素年龄资料。

3. 古地理特征

泥盆纪时期总体古地理面貌为:北祁连南侧为古祁连山山地,河西走廊北侧为阿拉善古陆。北祁连—河西走廊是主要的沉积区,接受了主体来自南侧造山带的陆相磨拉石沉积。

中泥盆统老君山组与下伏的志留系之间为角度不整合接触,代表北祁连的加里东主造山运动。山前盆地的老君山组以紫红色冲积扇砾岩、砂砾岩、砂岩为主,由古祁连山地自南向北岩性变细,反映距离造山带物源区逐渐变远。

由于古祁连山西段的进一步隆升,北祁连—河西走廊晚泥盆世的沉积仅限于东部武威、景泰和中宁一带。除了南侧靠近古祁连山的天祝、靖远和景泰一带沙流水组夹有砾岩以外,其他地区该组主要岩性为湖相砂岩与泥岩互层。因此,晚泥盆世北祁连-河西走廊东段为大型山前湖泊沉积环境(图 6-5)。

(二) 宗务隆山-西秦岭陆缘裂谷盆地(Ⅲ₂)

1. 构造特征

宗务隆山-西秦岭陆缘裂谷盆地北以宗务隆山北缘断裂为界,南界西接柴达木盆地,东以阿尼玛卿构造混杂岩带为界,两者通过兴海蛇绿混杂岩带相连,整体呈西窄东宽的喇叭口状。泥盆纪宗务隆山-西秦岭陆缘裂谷盆地北靠阿拉善-祁连山陆块,南侧西部由南向北依次为向北俯冲的昆南-巴颜喀拉洋、

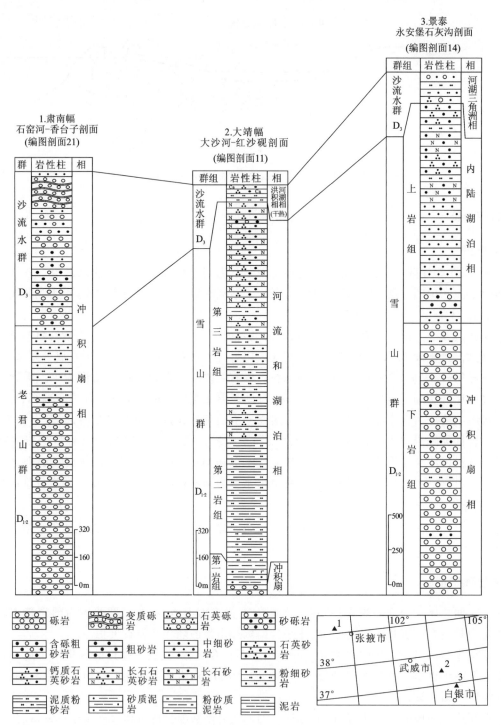

图 6-5 祁连陆内盆地区沉积相剖面对比图

昆仑弧、柴达木地块，东部直接濒临昆南-巴颜喀拉洋。总体上来看，宗务隆山-西秦岭裂谷盆地介于洋陆过渡的大地构造背景。

宗务隆山-西秦岭陆缘裂谷盆地内部大致以共和—兴海一线为界，可分为东、西两段。总体上，西段为陆，东段为海。西段即柴北缘地区，早中泥盆世受加里东构造运动影响，以挤压背景为主，沉积缺失。晚泥盆世受特提斯海西构造运动影响更为显著，表现为局部拉张构造环境，形成了以牦牛山组为代表的伸展磨拉石建造。东段即西秦岭地区，在滨浅海沉积区内发育较深水裂陷槽沉积。

2. 岩相特征

该区引用地层剖面 21 条(29、30、23、47~64 剖面)。按宗务隆山-西秦岭陆缘裂谷盆地东、西两段分别描述。

1) 宗务隆山-西秦岭陆缘裂谷盆地西段

(1) **沉积岩相**:泥盆系主要分布在柴北缘一带,仅见上泥盆统牦牛山组,总体为一套含火山岩的红色陆相粗碎屑岩。牦牛山组角度不整合在早古生代、元古宙不同地层和侵入体之上,组内分下段和上段,下段由碎屑岩组成,上段由火山岩组成,二者为整合接触关系。

宗务隆山-西秦岭陆缘裂谷盆地西段缺失早、中泥盆世地层,牦牛山组角度不整合在早古生代、元古宙不同地层和侵入体之上,底砾岩较发育。牦牛山组下段由粗碎屑岩组成,厚度巨大,砾岩多为灰紫色、紫红色复成分砾岩,砾石局部呈浑圆状,分选较好;砂岩以岩屑砂岩为主,碎屑成分复杂,磨圆度不好,分选性差。上段火山岩以紫红色色调为主,具红顶绿底现象,氧化指数较高。碎屑岩和火山岩纵横向变化甚大,特别是在横向上,相隔距离不远,岩石组合和地层厚度迅速改变。牦牛山组地层特征表明晚泥盆世该区为陆相环境。加里东晚期地壳迅速抬升后,地势高差悬殊,形成复杂的高山和峡谷,大面积的剥蚀区提供了丰富的陆源物质。晚泥盆世早期,经近距离搬运在山麓斜坡或山前平原发生快速近源堆积,形成巨厚的成分复杂的砂砾岩磨拉石建造;晚泥盆世晚期,火山强烈喷发,形成范围不广但厚度巨大的陆相中酸性火山岩,以爆发相为主,间夹火山熔岩。

在陆相环境中,不同地段具体沉积环境不尽相同(图 6-6)。牦牛山地区牦牛山组下段碎屑岩基本层序从底层界面开始自下而上为砾岩(2.2m)—含砾粗砂岩(3.4m)—岩屑砂岩(4.3m)—泥质粉砂岩(1.4m)—粉砂质泥岩(0.3m)构成的下粗上细的基本层序,顶面见有粉砂质泥岩同生角砾岩。颜色以灰紫色、紫红色为主。砾石成分复杂,磨圆分选不好,层理不发育,具滞留砾岩,属河道相;岩屑层理不发育,具滞留砾岩,属河道相;含砾砂岩具有大型槽状交错层理,具河流边滩相特点;岩屑砂岩板状斜层理发育,粉砂岩见沙纹层理,有不对称波痕,属冲积扇相-河滩相。顶部粉砂质泥岩具有干裂纹,顶面有同生角砾,说明顶面有暴露标志,经短暂的剥蚀形成侵蚀面,之后开始第二个层序,整个剖面不含化石。基本层序特征反映了牦牛山组下段主要为冲积扇相和河流相沉积环境的产物。

都兰夏日哈山地区牦牛山组下段碎屑岩与牦牛山地区相比,颜色为灰绿色,砾岩比例减少,砾石砾径较小,分选较好,粒径均匀,磨圆度好,以次圆为主,砾石成分较简单,基本不含岩屑砂岩,被长石石英砂岩代替。除粗—中粒碎屑岩外,出现了较多的含粉砂质板岩,少量粉砂岩和钙质绢云母千枚岩,这是牦牛山地区所没有的。板岩、千枚岩主要为泥质,含少量粉砂质,为深灰色—灰黑色,含木本植物及鱼类化石。上述地层特征说明夏日哈地区远离物源区,地势较平缓,沉积特征反映沉积环境为河流相、淡水三角洲相和湖泊环境的滨湖相-浅湖相,当时气候温暖潮湿,植物繁盛。

(2) **岩浆岩相**:晚泥盆世晚期,地壳活动强烈,诱发火山喷发。根据该区不同地区火山岩的发育程度和岩相特征推测为中心式陆相喷发,喷发中心位于牦牛山主脊附近,形成巨厚安山质集块岩、角砾岩和熔岩;远离中心火山岩变为中酸性和酸性,以熔岩和凝灰岩为主,火山角砾岩较少。依据岩石化学和地球化学分析成果,用图解法对构造环境进行判定。在 lgσ - lgτ 图解中样品均投在板内稳定区内;在 Hf/3 - Th - Ta 图解中样品集中分布在大陆裂谷性质的碱性玄武岩区,同时试用 Cr - Y 图解投点也落在碱性玄武岩区。结合牦牛山组下岩段红色陆相磨拉石建造分析,该火山岩可能经历了加里东期造山作用后的地壳稳定阶段的板内裂解过程的陆相火山喷发,表明在晚泥盆世陆块的再次活化和一个新构造旋回的开始。

2) 宗务隆山-西秦岭陆缘裂谷盆地东段

沉积岩相:泥盆系主要分布在西秦岭地区,包括西倾山地区南秦岭分区的泥盆系和礼县—合作一带的北秦岭分区的泥盆系。西倾山地区的泥盆系划分为下泥盆统石坊组、普通沟组和当多组,中泥盆统下吾那组,上泥盆统铁山群,总体为一套滨浅海相碎屑岩及碳酸盐岩沉积,富含海相生物化石。礼县—合作一带的泥盆系划分为中泥盆统舒家坝群、中上泥盆统西汉水群和上泥盆统大草滩群。岷县一带的舒

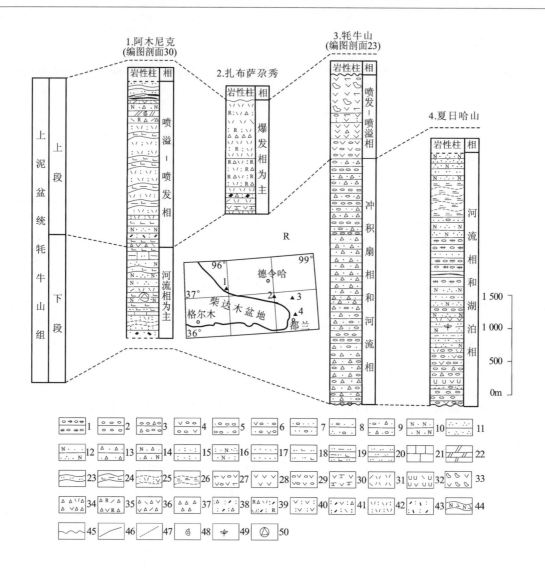

图 6-6 柴达木盆地北缘上泥盆统牦牛山组（D_3m）沉积相对比图

1.复成分砾岩；2.变砾岩；3.碎裂岩化砾岩；4.火山质砾岩；5.砂砾岩；6.火山质砂砾岩；7.含砾砂岩；8.含砾石英砂岩；9.含砾岩屑砂岩；10.长石砂岩；11.石英砂岩；12.长石石英砂岩；13.岩屑砂岩；14.长石岩屑砂岩；15.凝灰质砂岩；16.凝灰质长石石英砂岩；17.砂岩；18.钙质粉砂岩；19.泥钙质粉砂岩；20.粉砂岩；21.灰岩；22.白云岩；23.粉砂质板岩；24.钙质黏板岩；25.凝灰质千枚岩；26.绢云母千枚岩；27.杏仁状辉石安山岩；28.安山岩；29.杏仁状安山岩；30.粗安岩；31.流纹岩；32.英安质熔岩；33.安山质集块岩；34.安山质角砾岩；35.中酸性熔岩角砾岩；36.中酸性火山角砾岩；37.火山角砾岩；38.含角砾晶屑凝灰岩；39.含角砾流纹岩晶屑熔结凝灰岩；40.安山质凝灰岩；41.英安质晶屑凝灰岩；42.流纹质凝灰岩；43.晶屑凝灰岩；44.斜长角闪片岩；45.角度不整合界线；46.整合接触界线；47.未见顶、底；48.动物化石；49.植物化石；50.微古化石

家坝群具有次稳定型属性，为一套浅变质的具类复理石沉积特征的细碎屑岩及少量碳酸盐岩，局部产珊瑚、腕足类、植物、古孢子及凝源类化石，总体上属深海-半深海浊积岩相碎屑岩系沉积。

综合分析沉积物特征（颜色、结构、沉积构造及生物类型等），表明西秦岭地区中、上泥盆统形成于气候温暖潮湿的滨、浅海环境，包括陆源碎屑岩滨岸、浅海陆棚环境和碳酸盐台地环境（开阔台地、浅滩、台缘斜坡及生物礁等）。分述如下。

陆源碎屑岩滨岸环境：主要表现在西汉水群黄家沟组砂岩段中，自下而上可以识别出潮坪环境和无障壁海岸环境等。潮坪环境中潮下带以块状、楔状交错层理砂岩沉积为主；潮间带以层状、脉状、波状及透镜状层理的粉砂岩-粉砂质泥岩为特征，偶夹风暴介壳层或潮道含砾砂岩层；潮上带以泥岩构成潮上泥坪。整个层序显示了向上变细、变薄的沉积特征。局部见以潮道为主的潮坪沉积的基本层序。无障壁海岸环境底部以滨外带深色页岩为代表，其上为交错层理砂岩和泥质砂岩，夹有风暴介壳层，组成了临滨带的沉积,上部以板状斜层理、低角度交错层理、平行层理和槽状交错层理的砂岩为特征,显示了较强的水动力学条件,构成了前滨带的沉积。整个层序表现出了一个向上变粗的沉积序列。

浅海陆棚沉积环境:主要表现在西汉水群黄家沟组板岩段和红岭山组中部。其基本层序是以具有水平层理的泥岩、粉砂质泥岩为主,夹有脉状、透镜状层理的细砂岩。显示了较低的水力学条件。其中的脉状、透镜状层理的细砂岩又表明潮汐作用还可以偶尔影响到此地区。

深水陆棚环境:其基本层序有3种。第一种是以页岩、碳质页岩、钙质页岩为主,间夹少量生物泥灰岩薄层组成;第二种是以钙质页岩为主,间夹薄层粉砂岩;第三种是以碳质页岩为主,夹有含少量黄铁矿的泥岩。3种基本层序都显示出了很低的水动能条件。前两者是在正常的深水陆棚环境下沉积的,而后者则是在水流不畅通的深水陆棚上沉积的,即封闭—半封闭深水陆棚环境。

开阔碳酸盐台地环境:主要发育在西汉水群红岭山组顶部和底部。主要岩性为青灰—深灰色厚层—块状生物屑粉晶—细晶灰岩,层孔虫、珊瑚生物灰岩(不显层理),粉砂质粉晶灰岩,含砂屑、生屑生物亮晶灰岩等。基本层序显示的主要环境有近岸开阔碳酸盐岩台地环境和开阔碳酸盐岩台地环境两种类型。西汉水群红岭山组下部可见台地相灰岩中夹碳酸盐岩浅滩相沉积。

3. 古地理特征

泥盆纪时期该区地势总体上呈北西高、南东低的格局。北西为高原或山地,南东为海域,物源来自北西和北部,古流注入南东。南东海域以滨浅海为主,在内部发育较深水海槽。

北西高原或山地内部零星保存山间盆地沉积。南东海域深海槽中发育重力流碎屑岩沉积,在其两侧出现滨浅海沉积。北侧靠近古陆出现碎屑岩海岸及滨浅海碎屑岩碳酸盐岩沉积;南侧为稳定的碳酸盐岩台地环境,间夹碎屑岩,浅海生物繁盛。

需要说明的是兴海-同仁地区被三叠系广泛覆盖,未见可靠的泥盆纪沉积记录,其沉积环境及其两侧南、北秦岭的沉积地层关系多为推测。

(三)柴达木地块($Ⅲ_3$)

1. 构造特征

柴达木地块位于现今柴达木盆地内。石油钻探和盆地周边地质资料显示,柴达木盆地基底主要由元古宙变质结晶岩系组成,上覆盖层沉积。泥盆纪时期柴达木为一稳定地块,受加里东构造运动影响,总体处于剥蚀状态,只在其边缘形成少量冲洪积沉积物。

2. 岩相特征

柴达木盆地内未见泥盆系露头,在盆地北缘出露上泥盆统牦牛山组,为这一时期的典型沉积。牦牛山组下部是由灰绿色、紫红色砾岩和砂砾岩组成的磨拉石沉积,上部由火山岩、火山碎屑岩组成,产植物及鱼化石。其上为上泥盆统—下石炭统阿木尼克组不整合覆盖。阿木尼克组主要以砾岩、砂岩为主,夹白云岩及灰岩,含腕足类及植物化石组合。引用该区及周边地层剖面9条(27~29,31~36剖面)。

柴达木盆地北缘上泥盆统牦牛山组为一套典型的陆相火山碎屑岩系,主要由砾岩、砂岩、安山岩、安山集块岩及流纹岩组成,夹钙质粉砂岩,含植物 *Leptophloeum rhombicum*, *Sublepidodendron mirabile*, *Cyclostigma riltorkense* 及鱼类化石 *Bothriolepinae* sp. 等,厚940~4 995m。上泥盆—下石炭统阿木尼克组不整合于牦牛山组之上,主要以砾岩、砂岩为主,夹白云岩及灰岩,含腕足类 *Megachonetes* sp., *Eochoristites leei*, *Camarotoechia rinlingensis* 及 *Leptophloeum rhombicum* - *Sublepidodendron mirabile* 植物化石组合,厚120~345m。

3. 古地理特征

泥盆纪本区受北侧加里东造山运动影响,总体处于隆起剥蚀状态,只在其边缘形成少量冲洪积沉积物。根据沉积物推测,古水系向东南流出,古气候以干热为主。

二、昆仑弧盆系(Ⅳ)

潘桂棠等研究认为,原古特提斯大洋扩张源于罗迪尼亚超大陆解体。康西瓦-南昆仑-玛多-玛沁结合带和班公湖-双湖-怒江-昌宁对接带是特提斯大洋双向俯冲残存的消减增生杂岩带。昆仑弧盆系是古特提斯洋盆向北俯冲形成的活动陆缘系统,以阿尔金断裂为界可分为西昆仑陆缘弧和东昆仑陆缘弧两个次级构造相单元。

最近,陈守建等(2007、2008),李荣社等(2008)等依托丰富的地质大调查资料对昆仑山及邻区的晚古生构造古地理进行了详细研究。本次编图引用了其最新研究成果。

(一) 西昆仑陆缘弧(Ⅳ$_1$)

1. 构造特征

该区位于研究区西北部,呈北西-南东向弧形带状展布,其东北侧为塔里木陆块,西南侧为玉龙塔格洋盆,西北部延出编图区,东南止于阿尔金断裂。泥盆纪,本区南部沿康西瓦—麻扎—瓦恰一线依然存在向北的俯冲作用,西昆仑陆缘弧即为与之相匹配的岩浆弧。

2. 岩相特征

该区缺少下泥盆统,地层划分为中泥盆统布拉克巴什组(D_2b)和上泥盆统奇自拉夫组(D_3q)及库山河组(D_3k)。该区引用地层剖面4条(40、42~43、45剖面)。

布拉克巴什组分布于昆北区布伦口、库地一线以北,呈北西向展布。北部为灰岩夹碎屑岩,含丰富的化石,沉积基本层序清楚。每个层序由砂质灰岩向灰岩或由砂岩向灰岩过渡。灰岩中产丰富的珊瑚、腕足类、层孔虫及头足类和腹足类等化石。纵向和横向上岩石组合面貌及岩相特征变化不大,反映当时处在一个稳定的沉积环境。南部为深水复理石沉积。

根据刘训等(1997)的研究,在南部的西昆仑山塔里木以北,下泥盆统岩石组合为石英砂岩、粉砂岩、细砾岩及少量的粉砂质泥岩,向上钙质增加,构成了粗细变化频繁的韵律性层序。其中粒序层理发育,见有完整和不完整的鲍马序列及沟模、槽模的底模构造,并见有重荷模和滑塌变形构造,遗迹化石多为水平觅食迹,为一套深水重力流沉积。其中的沟模、锥模等指示其物源来自北西方向。其上过渡为浅海陆棚沉积,为一套稳定的碎屑岩和碳酸盐岩沉积,生物化石丰富。在阿克陶县科克亚一带,下泥盆统表现为一个连续海进—海退的沉积旋回,沉积相是从浪控陆棚-浪控三角洲进积体系过渡到河流冲积体系的,古水流为从北东向南西方向。

中泥盆世的沉积特点是:南部的昆仑山及昆仑山前为深水盆地沉积,北部的塔里木南部边缘为滨浅海台地相沉积,即沉积物在三维空间上具有楔状体的特点,不含火山岩,早期为海相、深水沉积,晚期过渡为陆相、浅水的充填序列,反映沉积盆地向上变浅的规律。该套地层发育于早古生代昆仑洋盆闭合后的岩浆弧后地区,具有弧后前陆盆地沉积的总体特征。

奇自拉夫组主要为一套紫红色碎屑岩,岩性有砂岩、粉砂岩、粉砂质板岩等,剖面上该组上、下均为断层,未见顶、底,总体为一套陆相碎屑岩,以紫红色为其外观特征,韵律性极明显,砂岩中可见大型板状斜层理及明显冲刷现象。砂岩之上为紫红色粉砂岩,一般为含钙长石石英粉砂岩,呈薄层状。基本层序顶部为粉砂质板岩,自下而上显示由粗到细的正粒序。

奇自拉夫组岩相较为稳定，砂岩中发育大型板状斜层理，有明显的冲刷现象，砂岩普遍含钙，且结构、成分成熟度较低，反映了近源快速堆积的特点。结合大地构造演化特征，该组应为气候炎热、氧化作用强烈的河湖相碰撞磨拉石沉积。

2) 岩浆岩相

到目前为止，西昆仑陆缘弧未见泥盆纪中酸性侵入岩体。泥盆系中也很少见火山岩。

3. 古地理特征

包括西昆仑在内的昆仑造山带基本构造-地层格架是早古生代和晚古生代洋陆转换、碰撞造山的结果。早古生代末的加里东碰撞造山运动，使早古生代洋盆闭合，昆仑地区整体抬升为陆，作为造山运动的沉积响应，在结合带的山前地区形成早中泥盆世前陆盆地沉积。

西昆仑只在昆北区发育中泥盆统，西南部主要为深海、次深海盆地沉积，上部发育滨浅海沉积，北部及塔里木南部边缘为滨浅海沉积。沉积物在三维空间上具有西南厚、东北薄的楔状体特点，时间序列上表现为深海、半深海—浅海—海陆交互—陆相沉积特点，亦表现为沉积盆地向上变浅的规律。物源主要来源于西南造山带，东北部塔里木古陆为次要物源区。结合该套地层发育于奥陶纪末库地洋盆闭合后的中昆仑岩浆弧后的昆北地区，反映其具有弧后前陆盆地沉积的总体特征。

晚泥盆世是加里东造山旋回和华力西造山旋回转换的关键阶段，加里东碰撞造山和其后的伸展裂陷等记录均存在于晚泥盆世沉积地层中。西昆仑上泥盆统奇自拉夫组为一套紫红色碎屑岩沉积，属典型的碰撞造山型磨拉石建造，为加里东碰撞造山的产物。

（二）东昆仑陆缘弧（$Ⅳ_2$）

1. 构造特征

该区呈东西向条带状展布，其南为南昆仑-巴颜喀拉-玛沁洋盆，其北为柴达木盆地，东部为宗务隆山-西秦岭裂谷盆地，西侧止于阿尔金断裂，向东延至兴海蛇绿混杂岩带。泥盆纪本区南部沿南昆仑—玛沁一线依然存在向北的俯冲作用，东昆仑陆缘弧即为与之匹配的岩浆弧。

2. 岩相特征

该区泥盆系划分为下泥盆统卡拉楚卡组（D_1k）、中泥盆统布拉克巴什组（D_2b）和上泥盆统牦牛山组（D_3m）。该区引用地层剖面11条（24～27、31～34、36、37、46剖面）。

东昆仑中西部 月牙沙、阿其克库勒湖一带布拉克巴什组多以正常沉积为主，横向上岩性变化不大。月牙沙一带呈构造窗出露，被白沙河岩组推覆逆掩其上，岩性为灰色、浅灰色、灰白色白云岩，角砾状白云岩，含珊瑚化石。阿其克库勒湖东、线狭沟上游、兔子湖—寒凝泉等地布拉克巴什组岩性主要为一套碳酸盐岩，夹少量的碎屑岩。南部岩性主要为碳酸盐岩和火山碎屑岩，夹少量的碎屑岩。在剖面上布拉克巴什组反映出火山物质与碳酸盐岩互层结构，为含火山物质的碳酸盐岩台地相。小熊滩—甘泉、卡拉楚卡山一带布拉克巴什组分布在布喀达坂峰幅北部，总体属周缘前陆盆地滨岸-浅海陆棚及台地相碳酸盐岩沉积。

东昆仑中西部 库鲁·彼得勒克·得亚南岸、喀尔瓦山南北坡中泥盆统布拉克巴什组呈北西西条块状断续展布，南侧被布青山群树维门科组碳酸盐岩推覆块体呈断层叠覆，北侧大部被第四系覆盖，局部呈断层逆冲于马尔争组碎屑岩之上。分上、下岩段。

下岩段下部以灰—烟灰色（含放射虫）玉髓（黏土）石英质硅质岩为主，灰色岩屑长石质中碎屑岩和灰绿色、灰色、少量紫红色长石石英质或长石质细碎屑岩次之，夹火山碎屑岩，少量泥质板岩。该岩段总体上具有由下向上变粗的复理石及海底喷发特征，上部以浅海相固着及底栖生物为标志，下部以出露较多含放射虫硅质岩层为标志，由下至上具有从深海、次深海盆-浅海陆棚相沉积的特征。

上岩段下部主要以灰色(少量灰紫色、灰绿色)泥质岩-长石岩屑质中粒碎屑岩为主,硅质岩质粗碎屑岩次之的陆源碎屑岩组成,间夹内源沉积灰岩透镜体和玄武岩及其变种透镜体;上部主要以灰紫色或紫红色中碎屑岩为主,夹细碎屑岩的陆源碎屑岩,间夹粗碎屑岩,底部出现泥质岩。岩石普遍具低级绿片岩相变质。该岩段地层皆为海陆过渡沉积环境的产物,其中下部具有海洋三角洲前缘亚相的特征,上部具有潮坪相的特征。三角洲和潮坪构成一个不甚完整的岸进海退的进积型连续沉积层序,总体上具有海盆地收缩阶段沉积的磨拉石建造特征。

东昆仑西部昆南区 上泥盆统零星分布于刀峰山附近,属四岔雪峰地层区,产于昆中缝合带内部,以构造岩片的形式分布零星。其下部为深灰色厚层硅质岩夹中厚层含砾细—粗砂岩、粉砂岩及薄层泥灰岩等,上部为灰色、深灰色块状角砾状灰岩,砾屑灰岩夹黑灰色薄层泥灰岩、页岩及中厚层石英砂岩、硅质岩等,产牙形石、珊瑚、层孔虫等化石,为一套裂陷盆地斜坡相的陆源碎屑岩沉积。

祁漫塔格山东部地区 上泥盆统分布局限,只在红柳泉(柴南缘)一带有少量出露,角度不整合于滩间山群火山岩组之上。下部碎屑岩,从下至上为滨海相砾岩、粗砂岩相,滨浅海砂岩粉砂岩、泥灰岩相,滨海砂岩粉砂岩相,表现出一个从海进到海退的完整沉积旋回,为盆地初始裂陷早期沉积。上部主要为一套中酸性凝灰岩、集块岩、砾岩、英安岩、流纹岩、霏细岩夹复成分砾岩、粉砂岩、板岩的岩石组合,属滨浅海相喷发的沉积环境,为盆地初始裂陷晚期沉积。

牦牛山组为分布在中、南祁连山及柴达木盆地周缘,下部为灰绿色、紫红色砾岩和砂砾岩组成的磨拉石建造,上部为火山岩、火山碎屑岩组成的地层,产植物及鱼化石。上被阿木尼克组不整合覆盖,底部不整合于早古生代地层之上。

东昆仑东部昆北区 该区内未被破坏、层序较完整的牦牛山组主要分布在波洛斯太—哈图、那更滩南部一带。波洛斯太—哈图为大理岩质的砾岩、复成分砾岩、泥质板岩等,砾石之间常充填胶结火山质或火山熔岩质。那更滩南部牦牛山组底部岩性为灰紫色、灰黄色石英砾岩,复成分砾岩与含砾粗—中细粒石英砂岩和复成分砂岩互层,底部砾岩分选较差,但磨圆度好,成分较单一,以石英砾为主,具底砾岩特征,向上砾岩层逐渐减少,但砾石成分复杂,分选和磨圆变差。上部为中酸性火山岩、火山碎屑岩,主要为安山岩、流纹岩、流纹质晶屑凝灰岩等。区内牦牛山组部分见底,角度不整合于下伏的元古宇中深变质岩地层之上,顶部多以断层与其他地质体接触,部分牦牛山组顶底均被断层围限,呈断片出现。牦牛山组中产晚泥盆世植物化石 *Lepidodendropsis* sp.,*Leptophloeum rhombicum*,*Sublepidodendron mirabile*,*Cyclostigma kiltorkense* 等。

根据上述特征,可以判断东昆仑东部牦牛山组属河流相陆源碎屑岩和火山岩组合,为伸展型磨拉石(类磨拉石)建造,是晚古生代盆地演化开始的标志。

综上所述,东昆仑陆缘弧区早泥盆世沉积极为零星。中泥盆统布拉克巴什组($D_2 b$)分布广泛,上部为海陆交互相碎屑岩,下部为海相复理石夹中酸性火山岩组合,总体表现为前陆盆地沉积。东昆仑东部上泥盆统牦牛山组($D_3 m$)为陆源碎屑岩和火山岩组合,为伸展型磨拉石(类磨拉石)建造,是晚古生代盆地演化开始的标志。东昆仑北部红柳泉地区上泥盆统黑山沟组($D_3 h$)和哈尔扎组($D_3 he$)沉积环境为滨、浅海碎屑岩相,碳酸盐岩相和火山岩相沉积,为盆地发展幼年阶段的产物;东昆仑西部刀锋山地区晚泥盆世发育一套陆源碎屑岩和海相硅质岩沉积,为裂陷盆地斜坡相产物。

东昆仑陆缘弧是泥盆纪时期岩浆岩最为发育的地区。岩浆岩沿昆中断裂带南北均有出露。北部规模较大,分布于祁漫塔格南部地区,有喀雅、宽沟、喀雅克登塔格及阿木巴勒阿尔土坎等岩体(群)。南部为规模较小的岩株,有东昆仑肯得乌拉岩体群、布喀达坂峰北的库鲁克彼捷里克塔格岩体及木孜塔格峰北岩体。典型岩体描述如下。

早泥盆世喀雅岩体群呈不规则带状,受近东西向、北西向断裂控制,侵位于古元古界金水口岩群,被上三叠统鄂拉山组不整合接触。为斑状二长花岗岩,属过铝高钾的钙碱性系列,轻稀土富集,Eu 中强亏损,微量元素 ORG 标准化蛛网图类似于同碰撞花岗岩。早泥盆世侵入岩构造环境属同碰撞期的晚期阶段。

晚泥盆世宽沟岩体群呈带状、不规则椭圆状岩株,小型岩基状北西向展布于祁漫塔格山主脊一带,侵入于奥陶系—志留系滩间山群及变质地层中,偶见闪长质岩石包体。岩石组合为细粒角闪闪长岩-中细粒石英闪长岩-中细粒二长花岗岩。闪长岩属次过铝高钙低钾的钙碱性系列,轻稀土富集,$\delta Eu=0.92 \sim 1.08$,$\delta Ce=0.98 \sim 1.05$,微量元素中 Ti,P 丰度值高,$^{87}Sr/^{86}Sr$ 初始值为 0.711 656。石英闪长岩和二长花岗岩属次—过铝的高钙钠低钾钙碱性系列,轻稀土富集,Eu 中等亏损,Ce 弱亏损或不亏损,微量元素 P 丰度值较高。二长花岗岩中单颗粒锆石 U-Pb 下交点年龄为 (357 ± 91)Ma,Rb-Sr 等时线年龄为 (366 ± 9.2)Ma。结合本区的区域构造背景,构造环境应属陆内造山环境,构造体制主要处于加里东造山晚期的构造松弛阶段,稍后有陆内俯冲事件发生。

木孜塔格峰泥盆纪花岗岩分布在昆中断裂南侧,呈小岩株状,与志留纪赛什腾组上段、长城系小庙岩组侵入接触。岩石类型有花岗闪长岩和石英闪长岩,铝不饱和,属钙碱系列。花岗闪长岩与石英闪长岩均属轻稀土富集型,但前者富集程度高、Eu 明显负异常,后者轻稀土富集程度较差,无 Eu 异常。微量元素 Sr、P、Nb、Ti 等元素亏损,Zr 富集,Th 弱亏损。花岗闪长岩蚀变白云母 K-Ar 年龄为 366Ma。昆中构造混杂岩带南、北两侧泥盆纪花岗岩岩石组成和地球化学相似,主体为同碰撞或碰撞后构造环境,代表造山后的山根崩塌事件。

泥盆纪火山岩赋存于中泥盆统布拉克巴什组、上泥盆统牦牛山组和哈尔扎组中,主要出露于东昆仑格玛龙,祁漫塔格山北部红柳泉、四道沟,祁漫塔格山南部喀尔瓦山、阿尔格山和线峡沟等地。格玛龙地区的上泥盆统牦牛山组火山岩分布在古缝合带两侧和混杂岩带之上的上叠盆地内,为陆内喷发产物。喀尔瓦格山北坡中泥盆统布拉克巴什组火山岩出露较多,出露总厚度大于500m,以爆发相为主,具明显的喷发韵律;线狭沟一带含火山岩的布拉克巴什组呈叠瓦状分布于黑顶山缝合带中,火山岩主要集中在顶部的火山岩段。红柳泉地区上泥盆统哈尔扎组火山岩产于该组的下部层位,火山岩整合于上泥盆统黑山沟组海相地层之上。熔岩层理清楚,凝灰岩成层性和分选性较好,具水下沉积特点,同时凝灰岩又具不同程度的熔结性,具陆上喷发特点,总体为滨海相喷发环境。

泥盆纪火山岩依据岩石组合及地球化学特征分为岛弧、陆内裂谷及板内陆相3种类型。岛弧型火山岩紧邻昆中结合带南侧线状展布。板内陆相火山岩主要有东昆仑格玛龙一带的牦牛山组火山岩。裂谷型火山岩主要有祁漫塔格山北部红柳泉、四道沟的哈尔扎组火山岩。

上述的泥盆纪火山岩形成背景显示中泥盆统布拉克巴什组火山岩是加里东期造山作用末期挤压环境下火山活动产物;上泥盆统牦牛山组火山岩是与磨拉石建造相伴生的板内陆相火山岩,为加里东期构造旋回造山后陆内火山活动产物;更晚的哈尔扎组火山岩可能是后续构造旋回(海西期)伸展构造环境下的火山岩。

3. 古地理特征

昆仑造山带基本构造-地层格架是早古生代和晚古生代洋陆转换、碰撞造山的结果。早古生代末的加里东碰撞造山运动,使早古生代洋盆闭合,昆仑地区整体抬升为陆,作为造山运动的沉积响应,在结合带的山前地区形成早—中泥盆世前陆盆地沉积。东昆仑下—中泥盆统分布于昆中、昆南区,北部为深海、次深海盆地沉积和浅海陆棚及海陆过渡相沉积,南部为滨浅海沉积。沉积物在空间上具有北厚南薄的楔状体特点,时间序列上表现为深海、次深海—浅海陆棚—海陆交互相特征,反映沉积盆地向上变浅的规律。物源主要来源于北部北昆仑早古生代造山带,南部为次要物源区。由于其发育于志留纪末祁漫塔格洋盆闭合后的俯冲地块之上,反映其具有周缘前陆盆地沉积的总体特征。

晚泥盆世是加里东造山旋回和华力西造山旋回转换的关键阶段,加里东碰撞造山和其后的伸展裂陷等记录均存在于晚泥盆世沉积地层中。东昆仑上泥盆统黑山沟组和哈尔扎组岩性组合特征与牦牛山组极为相似,均为一套陆相、滨浅海相的碎屑岩、碳酸盐岩和中酸性火山岩组合,为典型的裂陷伸展型磨拉石建造,是晚古生代裂陷伸展盆地演化开始的标志。

第三节　南昆仑-巴颜喀拉山地区构造-岩相古地理

南昆仑-巴颜喀拉山结合带呈近东西向延伸的长楔状展布。其北界为康西瓦-木孜塔格-玛沁-勉县-略阳结合带北缘断裂,南界西部为泉水沟断裂,东部为歇武-甘孜-理塘结合带南缘断裂。该区是一重要的泥盆纪古地理分隔带。在南侧是广袤的海域,其间散布着零星的岛屿;在北侧是大陆区,有高峻的古祁连山,也有平缓的塔里木平原区。

该区泥盆纪大地构造相单元为南昆仑-巴颜喀拉-可可西里-甘孜-理塘(消减)洋盆(V)大相。内部可划分为3个次级构造相单元,包括康西瓦-南昆仑-玛沁俯冲增生杂岩相(V_1)、玉龙塔格洋盆(V_2)、巴颜喀拉-可可西里-甘孜-理塘洋盆(V_3)。

康西瓦-南昆仑-玛沁俯冲增生杂岩相位置相当于现今的康西瓦-南昆仑-玛多-玛沁结合带。其南侧为玉龙塔格洋盆和巴颜喀拉-可可西里-甘孜-理塘洋盆,两者属性一致。

1. 构造特征

特提斯洋从早古生代以来持续俯冲,康西瓦-南昆仑-玛沁俯冲增生杂岩相(V_1)所在位置是其消减的场所之一,在此形成复杂的俯冲增生杂岩带。带内组成复杂,有前寒武纪变质岩块,中新元古代镁铁质—超镁铁质岩块,早古生代蛇绿岩残块,主体为石炭-二叠系碎屑岩、复理石及其间所夹的蛇绿岩块体(李荣社等,2008)。该带中的布青山蛇绿岩形成于大洋中脊的构造环境,获得辉长岩中辉石的$^{40}Ar/^{39}Ar$法坪年龄为$(368.6±1.4)Ma(D_3)$。

玉龙塔格洋盆(V_2)和巴颜喀拉-可可西里-甘孜-理塘洋盆(V_3)位于康西瓦-南昆仑-玛沁俯冲增生杂岩相向洋一侧。到目前为止,在可可西里-巴颜喀拉地区内未见泥盆纪物质纪录。甘孜-理塘带内,在竹庆乡获得了早石炭—晚三叠世放射虫。早石炭世有明确的洋壳记录,推测其演化历史可追溯到泥盆纪晚期。很可能泥盆纪时期可可西里-巴颜喀拉和甘孜-理塘为一个洋,属收缩的古特提斯洋的一部分。

2. 岩相特征

康西瓦-南昆仑-玛沁俯冲增生杂岩相内有少量泥盆纪地层剖面(38、39、41剖面)。沉积相类型包括台地相、陆棚相以及少量的斜坡相。上述相区主体位于东昆仑西段,呈小面积分布。

据其他文献资料,泥盆纪及相关蛇绿岩记录包括:布青山蛇绿岩形成于大洋中脊的构造环境,获得辉长岩中辉石的$^{40}Ar/^{39}Ar$法坪年龄为$(368.6±1.4)Ma$和$(278.3±0.9)Ma$,在拉玛托洛湖段测得堆晶辉长岩K-Ar年龄为245.8Ma。硅质岩中含石炭—二叠纪放射虫 *Pseudoalbaillella scalprata scalprata*, *Ps. scalprata postscalprata* 等。

甘孜-理塘蛇绿混杂岩带中于竹庆乡获得早石炭-晚三叠世放射虫,多处蓝片岩发育。

岩浆岩相

该区泥盆纪岩浆岩仅分布在昆仑山口—西大滩西侧一带。岩体分布集中、规模巨大,多呈大型岩基出现,其围岩主要为志留系赛什腾组(S_s)的砂板岩,且围岩地层多遭受了强烈的角岩化,更为醒目的是赛什腾组的砂板岩围岩多呈顶垂体"漂浮"在加里东晚期(S_3—D_1)的侵入岩之上。加里东晚期侵入岩的岩石类型多样,主要为黑云二长花岗岩和花岗闪长岩,亦有少量的钾长花岗岩及超基性岩出现,暗示该区加里东晚期酸性侵入岩在整个东昆仑加里东晚期造山过程中均已形成,但其主要形成于同碰撞时期,即该区加里东晚期酸性侵入岩主要形成于同碰撞构造背景之下,为在同碰撞动力学机制下引发下地壳物质发生部分熔融所形成的同造山花岗岩。

3. 古地理特征

泥盆纪该区处于大洋体制下,背景是一宽广的大洋,其向北侧俯冲,俯冲消减带向北为一活动大陆边缘,发育沟-弧-盆体系。在其北部的康西瓦-南昆仑-玛沁俯冲增生杂岩带内,少量的浅海相、斜坡相可能奠基在早古生代增生楔之上,此外大洋中可能点缀洋岛、海山。后期洋壳消减殆尽,泥盆纪的这一古地理面貌被浓缩在现今的结合带内。

第四节 羌塘-三江地区构造-岩相古地理

羌塘-三江地区北界西部为泉水沟断裂,东部为歇武-甘孜-理塘结合带南缘断裂;南界为龙木错-双湖-澜沧江-昌宁对接消减带北界。包括中咱-中甸-义敦地块、金沙江-哀牢山(初始)洋盆、昌都-兰坪地块、乌兰乌拉湖-北澜沧江(初始)洋盆及甜水海地块、北羌塘地块6个泥盆纪二级大地构造相单元。

晚古生代时期羌塘-三江地区是扬子陆块的一部分,位于其西缘,并随之漂浮于古特提斯洋中。泥盆纪该区整体处于伸展、裂解构造背景,各地块处于早期离散状态,其间为裂谷或初始洋盆分隔。地块内部发育稳定的滨浅海碳酸盐岩夹碎屑岩沉积建造,地块间为半深海-深海盆地沉积环境(图6-5)。按照习惯,将若尔盖-松潘地块大相一并叙述。

一、中咱-中甸地块($Ⅷ_1$)

1. 构造特征

中咱-中甸-义敦地块位于金沙江构造混杂岩带与甘孜-理塘构造混杂岩带之间,呈近南北向延伸。泥盆纪末期,其东侧甘孜-理塘洋盆和西侧的金沙江洋盆可能都已打开,出现了这一时期的放射虫动物群。两侧大洋均处于初始大洋阶段,中咱-中甸-义敦地块内部构造相对稳定,类似克拉通背景,边缘受两侧大洋影响,初步具有被动大陆边缘特征。构造上主体表现为伸展背景,古地势总体向南东缓倾,内部沉积相带呈近南北向延伸。

2. 岩相特征

该区引用地层剖面14条(155~163,166~169,217剖面),集中分布在金沙江沿岸东侧地区。中咱-中甸-义敦地块泥盆系可分为稳定型和次稳定型-活动型两类(图6-7)。稳定型泥盆系主要分布在金沙江东岸的巴塘—中咱一带,自下而上分为格绒组(D_1)、穹错组(D_{1-2})、苍纳组(D_2)和塔利坡组(D_3)。该套地层除下部格绒组为碳酸盐岩和碎屑岩沉积外,其余各组均为浅水台地碳酸盐岩组成。次稳定型-活动型沉积主要分布在木里县水洛河下游依吉村—三江口一带,自下而上分为依吉组(D_1)、蚕多组(D_2)和崖子沟组(D_{2-3}),由厚度巨大的变质碎屑岩和变质基性、中酸性火山岩组成,属陆缘海深水沉积。

3. 古地理特征

泥盆纪后期中咱-中甸-义敦地块位于金沙江初始洋盆与甘孜-理塘初始洋盆之间。地块内部构造稳定,浅水覆盖,形成广泛的碳酸盐岩台地沉积。其边缘受两侧大洋影响,具有被动大陆边缘特征,以木里县水洛河下游依吉村—三江口一带最具代表性。

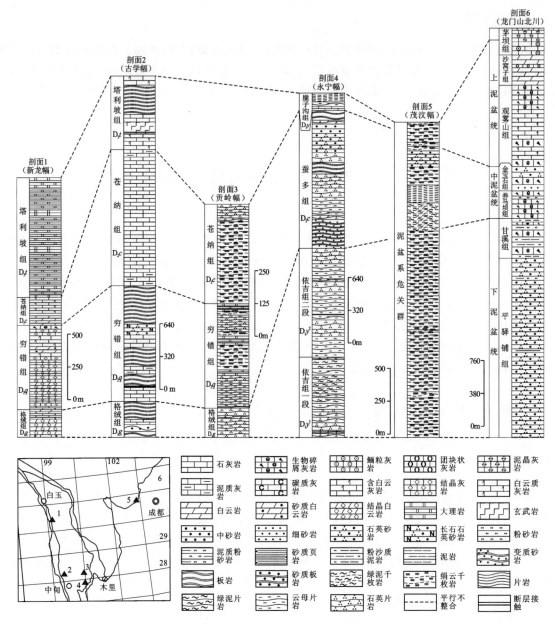

图 6-7 义敦-中甸-扬子西缘泥盆系剖面对比图

二、金沙江-哀牢山（初始）洋盆（Ⅷ₂）

1. 构造特征

金沙江-哀牢山（初始）洋盆仅包括传统的可可西里-金沙江-哀牢山带的东南段，其北西段并入巴颜喀拉洋盆，两者分界大致在玉树附近。金沙江-哀牢山（初始）洋盆呈近南北延伸，洋盆西侧为昌都-兰坪-思茅地块，东侧为中咱-中甸-义敦地块。已有研究表明（王立全等，1999）金沙江洋盆形成时代为早石炭世—早二叠世，晚泥盆世具有洋盆的雏型，早二叠世是洋盆扩展的鼎盛时期，早二叠世晚期—晚二叠世俯冲消减，三叠纪弧-陆碰撞，晚三叠世闭合，其标志是蛇绿岩的定位和石钟山组（T_3s）磨拉石的不整合覆盖。

2. 岩相特征

金沙江-哀牢山（初始）洋盆泥盆纪的物质记录较少，零星包含于金沙江蛇绿混杂岩群（D—T）中，以构造混杂岩的形式产出（212～213剖面）。主要岩石组合包括火山岩、火山碎屑岩、变质碎屑岩夹少量薄层灰岩等（罗建宁等，1992）。

重要的年代信息包括晚泥盆世—早石炭世放射虫 *Entactinia* sp.，*Entactinosphera* sp.，*Entactinia parva* Won，*E. tortispina* Ormiston et Lane，*Entactinosphera foremanae* Ormiston et Lane，*En. cometes* Foreman，*En. deqinensis* Feng，*Belowea varibilis*（Ormiston et Lane），*Astroentactinia multispiosa*（Won）。雪压央口-羊拉地段洋脊型玄武岩锆石 U-Pb 年龄为（361.6±8.5）Ma，地质时代相当于晚泥盆世晚期。

3. 古地理特征

金沙江带在晚泥盆世已经出现洋壳记录，该洋盆很可能处于初始洋盆阶段或早期扩张阶段。生物古地理研究表明其两侧的生物区系较为一致，没有构成生物古地理分隔。这时的金沙江洋可能类似于现今的红海。

三、昌都-兰坪地块（Ⅷ$_3$）

1. 构造特征

昌都地块位于金沙江构造混杂岩带与澜沧江构造混杂岩带之间。泥盆纪晚期南西侧的澜沧江洋和北东侧的金沙江洋可能均处于早期扩张阶段，昌都地块为介于其间的稳定地块，其内部处于相对稳定的沉积背景，边缘受到两侧大洋的影响。

2. 岩相特征

昌都地块内部未出露下古生界，上古生界分布较广。下泥盆统海通组岩性为浅海相含碳质板岩夹砂岩、含砾砂岩、泥灰岩、白云岩，底部砾岩，含腕足类化石；中泥盆统丁宗隆组以浅海相泥质灰岩为主，含有孔虫化石；上泥盆统卓戈洞组为浅海相厚块状灰岩、白云质灰岩、泥灰岩，含腕足类化石。总体上泥盆系沉积岩相是在加里东期造山作用的基础上，由早泥盆世的河流、滨岸带碎屑岩沉积演变至中晚泥盆世的碳酸盐岩沉积，构成一完整的向上变深的沉积序列。

该区引用地层剖面7条（215～216,218,147,154、170～171剖面）。典型沉积岩描述如下。

滨海相：见于海通组中、上部，滨海相沉积分为滨岸平原亚相和滨岸砂堤亚相。前者以细碎屑的砂、泥间互层产出，发育小型浪成层理、水平层理，具钙质结核与团块、干裂；后者以粗碎屑的砾、砂岩互层状产出。

局限台地相：主要见于海通组，由一套灰绿色、黄灰色中厚层状砂质页岩，钙质页岩和细砂岩组成，向上渐变为灰色中厚层状生物碎屑泥晶灰岩、介壳泥晶灰岩与薄层状具层纹泥晶灰岩和细碎屑、钙质页岩间互产出。

开阔碳酸盐台地相：见于卓戈洞组，由一套灰色中厚层状生物碎屑泥晶灰岩夹中薄层状泥晶灰岩、泥灰岩所组成，具层纹藻与水平层理，平行层面产出的虫迹泥灰岩呈中薄层状出现数层，总厚2m左右（杜德勋等，1997），含珊瑚、腕足类及丰富的层孔虫化石及其碎屑，并构成层孔虫礁。

3. 古地理特征

区域上，昌都-兰坪地块夹持于金沙江洋和澜沧江洋之间，南澜沧江洋代表主洋盆的位置，金沙江洋刚刚开始发育。古地貌的差异及海平面的波动，使得其内部的具体沉积环境有所差异。昌都地块上总体表现为西南侧海水较浅，北东侧海水较深。

西南侧有岛链分布,环绕岛发育海陆过渡相沉积,向外侧依次出现滨海相和碳酸盐台地相沉积,碳酸盐台地内部和边缘有零星小型生物礁发育。总体上沉积相带沿北西-南东向展布。

四、乌兰乌拉湖-北澜沧江(初始)洋盆(VIII_4)

乌兰乌拉湖-北澜沧江(初始)洋盆位于图幅中部,呈北北西向转北西向展布,介于北羌塘地块和昌都地块之间。北延向西弧弯,大致于若拉岗日南西交接于金沙江结合带上,向南东经吉塘残余弧东侧,在左贡县扎玉一带交汇于扎玉-碧土结合带,继而即是南澜沧江带。大部分地段被东侧杂多-类乌齐-东达山二叠纪—中晚三叠世火山弧向西逆冲掩盖,尚未见蛇绿混杂岩/混杂岩出露。

区域资料显示北澜沧江带中发育洋岛或洋脊型火山岩,硅质岩中含有泥盆-石炭纪放射虫组合。本次工作中没有获得该区泥盆纪剖面。根据区域资料及洋盆演化历史,推测晚泥盆世该区为分开了北羌塘和昌都地块的初始洋盆,可能类似于现今的红海。

五、北羌塘地块(VIII_5)

1. 构造特征

北羌塘地块东西向展布,呈中部宽,东、西窄的近似透镜状,南、北边界分别为龙木错-双湖-北澜沧江结合带和可可西里-金沙江结合带,西止于阿尔金断裂,北东以北澜沧江断裂与昌都陆块相邻。泥盆纪时期北羌塘地块是青藏高原内部最大的稳定块体之一,整体上具有类似克拉通陆表海盆地的属性。

2. 岩相特征

北羌塘地块泥盆系露头零星,集中分布在西部的拉竹龙、玉帽山一带,在藏色岗日东南也见少量分布。此外,在查桑地区的泥盆系也具有北羌塘的地层属性。该区引用地层剖面8条(72～75、77～79、195剖面)。

北羌塘地块泥盆系在西部的拉竹龙一带由下至上可划分为早泥盆世兽形湖组(D_1s)和中晚泥盆世拉竹龙组($D_{2-3}l$)。

在兽形湖北岸,兽形湖组未见底,岩性主要为灰黄绿色薄层—页片状泥质粉砂岩,灰色、灰白色薄—中薄层细粒长石石英砂岩。该组横向上岩性变化较大,向东至双点达坂一带,主要为一套黑色、灰绿色的碎屑岩组合,岩性为灰黑色泥岩、页岩与深灰色、灰绿色薄层中—细粒长石钙屑砂岩,细粒长石岩屑砂岩,不等粒岩屑砂岩不均一互层,局部夹深灰色泥质粉砂岩、中细粒岩屑石英砂岩,平行层理、斜层理、沙纹层理发育。总体上,兽形湖组是一套以碎屑岩组合为主,所含化石较少,而且多保存为外膜,是滨海相的产物,属于一套陆源碎屑供应充足的潮坪(潮间—潮下交替)沉积的碎屑岩建造。

中、上泥盆统拉竹龙组以浅红色、灰白色碳酸盐岩为主。一段(白云岩段)主要组成岩性为灰白色薄层粉晶白云岩、厚层微晶白云岩、细晶白云岩夹灰白色薄层砾屑白云岩及厚层微粉晶白云岩,水平层理、藻纹层理、鸟眼构造发育,属于碳酸盐局限台地或台地蒸发沉积。二段(灰岩段)主要岩性为灰色、深灰色、灰黑色中厚层砂屑微晶,泥晶灰岩,砂质砂屑亮晶灰岩,叠层石含云粉晶灰岩,生物骨架泥晶灰岩,含生物屑球粒微晶灰岩等,中部夹有4层叠层石礁灰岩及1～2层灰白色薄层—中层细粒石英砂岩,最厚一层叠层石礁灰岩厚度为12m左右,并见有珊瑚礁灰岩。灰岩以水平层理为主,石英砂岩发育大型交错层理,常见虫孔、生物遗迹等层面构造。生物骨架灰岩、生物屑球粒灰岩中含极丰富的动物化石,主要为珊瑚、腹足类及腕足类等。属礁间高能浅滩沉积的产物,具典型的开阔碳酸盐岩台地-点礁组合特征。

综上所述,泥盆系拉竹龙组总体特点是:沉积相由局限台地→开阔台地→礁相,与兽形湖组一起反映一个较完整的海侵过程。早期的海侵以带入大量的陆源碎屑沉积为特征,水体浑浊度略高且较动荡,生物种类相对较少,所见化石大都是延续时代较长的分子,因此海侵碎屑岩中只含少量保存完整的腕足类化石,中期逐渐由海侵碎屑岩过渡为局限台地,最终形成开阔碳酸盐岩台地,同时出现了大量的腕足类、腹足类及单体珊瑚等生物群,并发育了较多的点礁。这个成礁期就是海侵范围最广的时期,是海侵的高潮,同时也是海退的起点。拉竹龙组总体为一套局限台地→开阔碳酸盐岩台地加点礁的碳酸盐岩建造。

在马尔盖茶卡、玉帽山一带,泥盆系由下至上可划分为中泥盆世雅西尔群($D_{1-2}Y$)和中晚泥盆世拉竹龙组($D_{2-3}l$)。

雅西尔群岩性为灰—灰白色薄—厚层状中细粒长石石英砂岩、岩屑石英砂岩、石英砂岩、不等粒石英砂岩夹粉砂岩、泥质粉砂岩和少量灰岩和板岩,其横向岩性岩相变化不大,为一套滨浅海相碎屑岩夹少量碳酸盐岩沉积。以滨岸相沉积为主,其间发生一定规模的海侵(这一现象在区域上体现比较明显),沉积了厚度不大的浅海陆棚相细碎屑岩-碳酸盐岩沉积。地层结构总体表现为退积→加积→退积,沉积环境变化于滨岸-浅海陆棚之间,也从另一个侧面反映沉积环境地形平坦开阔。

上泥盆统拉竹龙组为一套浅海相碳酸盐岩建造,岩性为灰色、灰白色中—厚层细—巨晶灰岩。其风化面为粉红色。含层孔虫、珊瑚等,为浅海相碳酸盐岩台地沉积。在玛依岗日幅的藏色岗日山东南出露的少量泥盆系为平沙沟组(D_1p),总体岩性为一大套细碎岩夹碳酸盐岩类,产双壳类化石。

在查桑地区的泥盆系划分为查桑组(D_2ch)和拉竹龙组(D_3l)。中泥盆统查桑组岩石组合为浅灰、浅紫红色中厚层状生物碎屑细晶灰岩,浅紫红色中层状粉屑生物细晶灰岩,浅紫红色薄—中层状含生物碎屑砂屑灰岩,生物碎屑砂砾屑细—中晶灰岩,以富含中泥盆世腕足类、珊瑚为特征。查桑组产丰富生物化石,主要有腕足类、珊瑚、层孔虫、海百合茎、苔藓虫等。查桑组下未见底,上与拉竹龙组整合接触。其沉积相应为开阔台地相。

上泥盆统拉竹龙组下部为浅紫红色中层状含生物碎屑砂砾屑中晶灰岩、浅灰色薄层—中层状泥灰岩和泥晶灰岩;中、上部由浅紫、浅灰色中至厚层状(含)生物碎屑中—粗晶灰岩,块状含生物碎屑细晶灰岩,生物碎(棘)屑灰岩,浅紫红色中厚层状生物碎屑球粒灰岩,淡紫红色厚块状层孔虫礁灰岩组成。岩石普遍已重结晶,含珊瑚、腕足类、层孔虫、海百合茎、苔藓虫、腹足类等。拉竹龙组下与中泥盆统查桑组整合接触,上被断层所截,未见顶。拉竹龙组沉积相为碳酸盐岩台地点礁相-浅滩相-开阔台地相。

3. 古地理特征

泥盆纪时期北羌塘地块南面为古特提斯主洋盆,北面的可可西里-巴颜喀拉地区可能也具有大洋属性。两侧大洋均未见明显的俯冲证据,即可能为被动陆缘的特征。北羌塘地块整体上具有类似克拉通的属性。在其中部偏北有古隆起存在,古隆起四周向下倾斜没入海下形成沉积区,具有克拉通边缘盆地的属性。盆内以碳酸盐岩台地沉积为主。北羌塘地块的南部边缘发育典型的台地边缘相礁滩沉积。在古隆起的北部边缘环隆起发育碎屑岩滨岸沉积。

在北部的马尔盖茶卡和玉帽山一带,缺乏早泥盆世沉积,中泥盆统雅西尔群以滨岸相碎屑岩沉积为主,指示古隆起存在。而在北羌塘南部玛依岗日和江爱达日那一带,下泥盆统沉积平沙沟组为细碎岩夹碳酸盐岩沉积,中、上泥盆统查桑组和拉竹龙组为碳酸盐岩台地点礁相-浅滩相-开阔台地相沉积。南北沉积对比指示,古隆起更可能出现在北羌塘地块的偏北侧而非中央部位,古隆起北侧可能地势相对较陡,以发育碎屑岩滨岸为特征;古隆起南侧可能地势相对平缓,碎屑岩注入少,以发育宽阔的碳酸盐岩镶边台地为特色。碳酸盐岩台地边缘相为礁滩沉积,两者在横向上互相过渡,且以生物礁为主,显著的生物礁发育亦为本区的特色沉积之一。生物礁以北羌塘西部拉竹龙地区最具代表性,造礁生物主要为珊瑚和层孔虫。在生物礁后发育潟湖潮坪沉积,局部表现为台地蒸发岩环境。

需要特别指出的是,北羌塘地块上泥盆系发育少且不均匀,在其东部被广泛发育的中生代地层覆盖,缺少泥盆系露头。相带发育和展布情况是根据北羌塘的构造盆地属性及西侧沉积发育特征进行推测的。

六、甜水海地块($Ⅷ_6$)

1. 构造特征

塔什库尔干-甜水海地块位于编图区西北部,呈不规则长条状北西-南东向展布。西南隔深大断裂与北冈底斯岩浆弧相邻,东北以康西瓦结合带与西昆仑火山岩浆弧为界,以大红柳滩-郭扎错断裂带与玉龙塔格洋盆为界,南以阿尔金断裂南段为界,西北延出研究区。通常被认为是北羌塘地块在阿尔金断裂以西延伸部分。泥盆纪其沉积盆地在属性上接近于一个被动大陆边缘的一部分。

2. 岩相特征

塔什库尔干-甜水海地块泥盆系零星分布,可划分为下中泥盆统落石沟组和上泥盆统天神达坂组。该区引用地层剖面5条(80～84剖面)。落石沟组为碳酸盐岩夹碎屑岩沉积,形成于浅海-潮下带环境,局部为暴露的氧化环境。碳酸盐岩岩性包括生屑灰岩、砂屑灰岩、条纹条带状灰岩、泥质灰岩、白云岩、块状礁灰岩、中厚层状亮晶藻团粒灰岩等,上部有硅质条带灰岩、白云岩化生屑灰岩、砾屑灰岩、角砾状灰岩等。其中礁灰岩造礁生物有珊瑚、层孔虫、苔藓虫等,不整合于冬瓜山群或达坂沟群之上。天神达坂组总体为陆源碎屑岩沉积,中下部由砾岩、含砾砂岩、细砾石英砂岩构成;上部由细碎屑岩、泥岩夹少量砾岩、泥灰岩组成。与下伏落石沟组为平行不整合接触。

3. 古地理特征

塔什库尔干-甜水海地块泥盆纪沉积相对稳定,类似于一个被动边缘盆地,总体地势表现为北东侧高、南西侧低,即水体由北东向南西逐渐加深。沉积相带呈北西-南东向展布。在北东侧存在古隆起,环古隆起发育河流、三角洲相和碎屑岩滨岸相沉积。向西南方向,依次出现碎屑岩碳酸盐岩混积陆棚、碳酸盐岩台地。

七、若尔盖-松潘地块(Ⅶ)

该大地构造相单元目前缺少剖面控制。根据前人研究成果(内部资料)和南部地区空间展布规律,同时参考地球物理揭示的地壳结构特征,推测存在若尔盖古隆起,其周围属于滨浅海沉积区。很可能类似于现今北美东岸大西洋中的巴哈马台地。推测其沉积格局与摩天岭地块、西倾山地块类似,为滨浅海碎屑岩和碳酸盐岩沉积。参考剖面7条(87～90、96、97、103剖面)。

第五节 班公湖-双湖-怒江-昌宁地区构造-岩相古地理

班公湖-双湖-怒江-昌宁地区是现今班公湖-怒江结合带和龙木错-双湖-澜沧江-昌宁结合带围限的地区,称为班公湖-双湖-怒江-昌宁-孟连对接带。最新研究认为班公湖-怒江结合带所代表的大洋与龙木错-双湖结合带所代表的大洋是一个大洋,即特提斯大洋,推测当时其规模可与现今太平洋比拟。而班公湖-双湖-怒江-昌宁-孟连对接带是特提斯大洋盆地在青藏高原最终闭合消亡的场所。

班公湖-双湖-怒江-昌宁地区位于研究区中部,呈北西-南东向带状延伸。北界为班公湖-双湖-怒江-昌宁构造混杂岩带北界断裂,南界为班公湖-怒江结合带南界断裂。一级大地构造相称班公湖-双湖-怒江-昌宁洋盆,包括双湖-托和平错-查多冈日洋盆、南羌塘西部地块、左贡微地块及班公湖-怒江洋盆4个次级大地构造相单元。

一、双湖-托和平错-查多冈日洋盆($Ⅸ_1$)

1. 构造特征

双湖-托和平错-查多冈日洋盆位于班公湖-双湖-怒江-昌宁洋盆的北缘。现今这一区域为石炭纪—中三叠世的洋岛海山增生杂岩和志留纪—中三叠世蛇绿混杂岩所踞。据其构造属性和地质演化历程，推断该区在泥盆纪时期为一洋域，内有洋岛海山等。

2. 岩相特征

带内引用剖面4条（192～194，196剖面）。发育的泥盆系有猫耳山岩组（D_1m）、长蛇山组（Dch）、查桑组（D_2ch）和拉竹龙组（D_3l）等。

长蛇山组仅分布在尼玛县荣玛乡长蛇山-蓝岭断块区。下部以黄灰色中厚层状大理岩化灰岩和砂屑结晶灰岩为主，夹角砾状结晶灰岩及变质钙质粉砂岩，产丰富的竹节石。上部为黄灰色、褐灰色中薄层状变质粉砂岩，变质岩屑长石砂岩，变质长石石英细砂岩，粉砂岩夹中薄层状大理岩化砂屑灰岩，结晶灰岩及变质钙质粉砂岩等。在变质钙质粉砂岩中产丰富的保存欠佳的腕足类化石。

值得指出的是，长蛇山组是近期区域地质大调查中首次在羌南发现的泥盆系岩石地层单元。虽古生物化石保存欠佳，其生物群面貌与申扎地区泥盆纪相似，而岩性岩相也有相似处，只是本区较申扎地区碎屑岩稍多，相对碳酸盐岩类略少，变质程度较高（申扎几乎不变质）。

查桑一带的泥盆系查桑组和拉竹龙组为一套富含化石的浅水碳酸盐岩沉积，生物化石属扬子型。具体沉积相为碳酸盐岩台地点礁相-浅滩相-开阔台地相。

其中"猫耳山岩组实测剖面"最能反映该构造古地理单元的特征，叙述如下。

1∶25万查多岗日幅区域地质调查在红脊山构造混杂岩带内实测了"西藏尼玛县猫耳山下泥盆统猫耳山岩组剖面"，并对其进行了详细的研究。猫耳山岩组总体上为一套强变质、变形岩石，可进一步分为变质碎屑岩段、变质火山岩段和大理岩段3个岩性段。猫耳山岩组时代为早泥盆世。年代依据为："在基性火山岩岩段取得角闪片岩全岩 Sm-Nd 等时线年龄值为 (401 ± 18) Ma，可能代表火山岩的成岩年龄。以此说明，猫耳山岩组的原岩时代可能是早泥盆世"。根据岩石矿物成分及含量和一些残余结构特征恢复其原岩，该岩组主要为石英杂砂岩、石英砂岩夹泥岩、灰岩-玄武岩-灰岩组合。

砂岩、泥岩及灰岩可能是陆棚边缘、台地碳酸盐沉积的产物，主要形成于活动大陆边缘及弧后盆地的大地构造环境下。斜长角闪（片）岩及变质玄武岩的主要成分表明以大洋中脊拉斑玄武岩为主，还可能存在古洋内岛弧或海山的拉斑玄武岩，可能形成于大洋中脊及洋内岛弧等环境。

就宏观而言，猫耳山岩组相当于红脊山构造混杂岩带中的一个外来的构造岩片（块）。

对岩组中的玄武岩岩石地球化学特征进行构造环境判别，显示以洋中脊型玄武岩为主，少量为洋岛、岛弧型玄武岩。反映该岩组中的变质基性火山岩可能是蛇绿岩残块，相对变质碎屑岩而言，可能是由于构造混杂作用混杂堆积的"外来岩块"。此外，在香桃湖之北猫耳山岩组中也偶见有变质的辉长岩、辉绿岩"岩块"分布，岩性为（堆晶）辉长岩、辉绿岩等，岩石具蛇纹石化、透闪石化。岩石地球化学特征显示具有洋中脊型和洋岛、岛弧型玄武岩的性质，可能是蛇绿岩残块。从这个意义上说，猫耳山岩组本身也具有构造蛇绿混杂岩的特征。

猫耳山岩组中有泥盆纪的岩石记录。但是作为"红脊山构造混杂岩带中的一个外来的构造岩片"，整体就位的时代不一定是泥盆纪，就象砾石与砾岩的年龄关系。进一步分析表明，猫耳山蛇绿混杂岩包含了正常型洋中脊（N-MORB）、过渡型洋中脊（T-MORB）等蛇绿岩残块，以及共（伴）生的火山岛弧型（VAB）、洋岛型（OIB）等不同构造环境成因的岩浆岩块体，具有典型的蛇绿构造混杂岩特征。其可能代表了该区曾经存在的古洋壳从洋脊扩张→俯冲消减、消亡等不同演化阶段的物质记录。

3. 古地理特征

泥盆纪该区总体为一洋域环境。

长蛇山组所在的长蛇山-蓝岭断块被解释为大洋南侧陆棚的一部分，后期就位于此。查桑一带的查桑组和拉竹龙组在泥盆纪位于大洋北侧，可能是孤立台地，也可能与北羌塘地块相连，后期就位于此。

猫耳山岩组中变质火山岩段形成于大洋中脊及洋内弧等环境。猫耳山岩组中变质碎屑岩段如为泥盆纪沉积,形成于弧后盆地;猫耳山岩组中大理岩段如为泥盆纪沉积,则沉积于碳酸盐台地。两者均位于活动大陆边缘背景。3个岩性段现在叠置在一起,系后期构造作用的结果。

二、南羌塘西部地块(IX_2)

该区位于研究区中西部多玛地区,呈不规则四边形,北西西-南东东向展布。据目前所知,该区出露最老的地层是上石炭统—下二叠统的霍尔巴错群。这是一套次稳定型冰水沉积,含冷水动物群。根据该区地质构造特征和演化,推测泥盆纪该区为班公湖-双湖-怒江-昌宁特提斯主洋域中的残余陆壳,其沉积环境可能为浅海-半深海。

目前所知的来自1:25万喀纳幅区调报告中泥盆纪的物质记录为:中泥盆世斑状黑云石英闪长岩中获得锆石U-Pb年龄为(381 ± 39)Ma,可能属于岛弧型花岗岩。

三、左贡地块(IX_3)

该区位于研究区东南部,呈北西-南东向宽窄不一的条带状展布,为班公湖-双湖-怒江-昌宁特提斯主洋域中的残余地壳,构造活动剧烈。该区地层单元较少,东部出露前寒武系吉塘岩群和下古生界酉西群,西部出露大片上三叠统及少量侏罗系,未见泥盆纪地层出露。由于其为广阔的特提斯主洋域中的古老陆壳残片,地势起伏不大,多数时间为海水覆盖,推测沉积环境为与周围洋盆深水相比的相对浅水沉积区。

在左贡地块东侧存在石炭-二叠纪构造混杂岩带——称类乌齐-曲登结合带。出露于类乌齐县岗孜乡日阿则弄、曲登乡、脚巴山西侧等地,主要由基性熔岩-凝灰岩-硅质岩-砂板岩组成,夹有变质砂岩、硅质岩、灰岩等构造岩块。火山岩系中深海复理石浊积岩发育表明为深海洋盆环境。火山岩地球化学特征属于初始大洋玄武岩或洋岛拉斑玄武岩。类乌齐-曲登蛇绿混杂岩带最新获得玄武岩SHRIMP锆石U-Pb年龄为361.4Ma,形成于(弧后)盆地之初始洋壳环境(王立全等,2008)。表明泥盆纪时期,左贡地块可能已"漂浮"于古特提斯洋中。

四、班公湖-怒江洋盆(IX_4)

该区位于研究区中部,呈近东西向宽窄不一的条带状展布,为班公湖-双湖-怒江-昌宁特提斯主洋域残余盆地。该区无泥盆纪物质纪录,根据构造演化推测为深海大洋区。

第六节 冈底斯-喜马拉雅地区构造-岩相古地理

冈底斯-喜马拉雅地区位于编图区南部,北界为班公湖-怒江结合带南界断裂,南界为喜马拉雅主边界断裂。雅鲁藏布江结合带所代表的洋盆在泥盆纪尚未打开,喜马拉雅和冈底斯地块连为一体,其南靠印度大陆,北濒特提斯大洋。研究表明特提斯大洋在石炭—二叠纪才出现向南的俯冲迹象。

该区泥盆纪大地构造相单元为喜马拉雅-冈底斯地块,可进一步划分为喜马拉雅-冈底斯边缘海、保山地块两个次级大地构造相,前者可进一步分为喜马拉雅滨浅海碎屑岩区和冈底斯浅海碳酸盐岩台地两个沉积古地理单元。现今的雅鲁藏布江结合带介于两者之间,这里并入喜马拉雅滨浅海碎屑岩区叙述。此外,聂荣地块也作为该带边缘的一部分处理。

一、喜马拉雅-冈底斯边缘海(X_1)

1. 构造特征

区内以大面积出露前寒武系变质岩和发育从奥陶纪至新近纪基本连续的海相地层为特色,显生宙沉积地层总厚达万余米(Brookfield,1993)。前寒武系与奥陶系之间发育不整合,代表泛非运动。泥盆纪总体处于伸展构造背景,主要包括喜马拉雅滨浅海碎屑岩区和冈底斯浅海碳酸盐岩台地两个沉积区。它们共同构成冈瓦纳大陆北部被动大陆边缘,前者处于近陆一侧,后者为近洋一侧。区内未见该时期岩浆活动的物质记录。

2. 岩相特征

1) 喜马拉雅滨浅海碎屑岩区

该区引用地层剖面13条(172、180~191、85剖面)。泥盆纪喜马拉雅地区总体表现为滨浅海碎屑岩相,局部出现碳酸盐岩沉积(图6-8)。

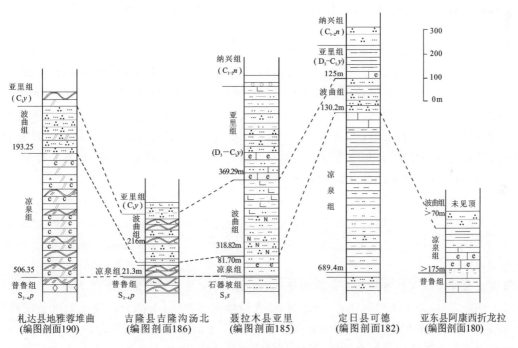

图6-8 喜马拉雅地层区泥盆系柱状对比图(图例同前)

低喜马拉雅带全区缺失奥陶系、志留系和泥盆系,泥盆纪为剥蚀区。高喜马拉雅带西段泥盆纪地层为Muth组白色石英砂岩;中泥盆世—早石炭世地层称Lipak组,为钙质砂岩和灰岩及蒸发盐岩(石膏),含牙形石。两组总体上沉积于滨海环境。Muth组形成于砂质海岸,Lipak组沉积于低能台地和潟湖环境。高喜马拉雅带东段未见泥盆纪地层。

综上所述,高喜马拉雅带泥盆系仅发育于境外的喜马拉雅山西段,文献中经常看到的克什米尔、斯皮提、库毛恩等古生代盆地中,在我国境内的喜马拉雅山东段,未见泥盆系,与之可对比的地层出现在北喜马拉雅带南带。

北喜马拉雅南带泥盆系从东亚东向西经定结、定日、聂拉木、吉隆至札达的底雅,大致呈东西向沿喜马拉雅山脉北坡呈很窄的断续条带状分布,包括凉泉组(D_1l)、波曲组($D_{2-3}b$)和亚里组(D_3C_1y)。亚里组包括了部分下石炭统地层。凉泉组为一套浅灰—灰色的砂页岩与薄层灰岩、泥灰岩互层的地层体,含丰富笔石、牙形石、腕足类、双壳类化石,指示为陆棚相沉积环境。波曲组主体为一套浅灰色中至厚层状石英砂岩,形成于(无障壁)滨岸环境。亚里组下部以页岩为主,上部以灰岩为主,夹有页岩。北喜马拉雅带北亚带未见泥盆纪沉积。

仲巴-扎达地块内泥盆系分布在曲门夏拉—打昌(松布达若)一带,呈北西-南东向断续展布。可划分为下泥盆统先钦组(D_1x)和中、上泥盆统曲门夏拉组($D_{2-3}q$)。先钦组为一套结晶灰岩、生物碎屑灰岩、薄层泥质灰岩,含竹节石等化石。该套变质的碳酸盐岩的形成环境以开阔台地的低能海和浅滩为主。曲门夏拉组主要以灰白色变质中粗粒—细粒石英砂岩、变质中细粒白云质石英砂岩、变质中—细粒含长石石英砂岩为主,局部夹灰绿色变质细粒钙质砂岩。该组总体为一套分选性和磨圆度良好的碎屑岩沉积,发育平行层理、中—小型板状交错层理、小角度板状交错层理,垂直生物潜穴常见,形成环境主要为过渡带-前滨环境。

2. 冈底斯浅海碳酸盐岩台地沉积区

该区引用地层剖面6条(174~179剖面)。泥盆系分布于措勤-申扎地层分区和班戈-八宿地层分区。措勤-申扎地层分区主要分布在申扎县城以东、纳木错以西、色林错以南的大致三角形地区内,呈大体东西向条带状展布。还有一大块是在尼玛县的孜桂错地区。班戈-八宿地层分区仅出露于班戈幅。

本区泥盆系划分为下泥盆统达尔东组(D_1d),中、上泥盆统查果罗玛组($D_{2-3}c$)。二者均为碳酸盐岩台地环境沉积产物。

达尔东组主要为中薄层状生物碎屑灰岩、泥晶灰岩、浅灰—灰色中层状角砾状灰岩和土黄色紫红色中薄层状砂屑灰岩、生物碎屑灰岩,夹少量石英砂岩,产珊瑚、头足类、竹节石、海绵骨针、海百合茎、介形类和牙形石等。与下伏地层扎弄俄玛组呈平行不整合接触,与上覆地层查果罗玛组呈整合接触。

查果罗玛组下部为厚层块状白云质灰岩;中部为浅灰—灰色厚层—块状鲕粒灰岩,含砂屑鲕粒页岩夹粒屑灰岩、微晶灰岩、粉晶灰岩;上部为灰色厚层—块状含生物碎屑灰岩,含丰富的牙形石和珊瑚化石,在德日昂玛一带有似竹叶状灰岩分布。上与永珠组($C_{1-2}y$)、下与达尔东组均呈整合接触。

冈底斯-腾冲地区东部泥盆系分布于拉萨-察隅分区。

该区泥盆系分布于松宗县东南,经然乌来姑至察隅县的春节桥一带,呈北西-南东向展布,其上与下石炭统整合接触,其下与下奥陶统平行不整合接触。下泥盆统称作春节桥组(D_1c),为黏土岩、碎屑岩沉积;中上泥盆统松宗组($D_{2-3}s$)为碳酸盐岩沉积。其总体特征反映了海侵不断发展的历程,所含生物化石以底栖型为特征。

春节桥组仅见于察隅县古琴和八宿县然乌雅则两地,厚度及岩性稳定。下部为浅变质紫红色砾岩、含砾砂岩夹细砂岩;中部为浅黑色板岩、砂质板岩,含植物化石碎片;上部为浅变质紫红色泥质砂岩、砂质泥岩、泥岩夹砾岩。沉积物粒度自下而上由粗变细,显示了海侵初期的沉积序列。

松宗组主要分布于八宿县然乌雅则、松宗和察隅古琴等地,岩性以浅灰色、灰白色灰岩为主,夹白云质灰岩及硅质岩。该组在松宗厚3 206m,在古琴整合于春节桥组紫红色碎屑岩之上,顶部出露不全,厚900m。在雅则该群整合伏于诺错组之下,覆于春节桥组之上,厚700m。化石产于该群上部,下部未见化石。根据其基本岩性及生物化石组成特征可以确定该群为碳酸盐岩台地环境产物。

腾冲分区仅见下泥盆统,可分为两部分,下部狮子山组(段新华,1981)为海陆交互相岩屑石英砂岩及含砾杂砂岩和粉砂岩组成,厚62m,含腕足类、鱼类(大瓣鱼科)及介形类和轮藻。上部关上组(云南区调队,1982)由粉砂质板岩及粉晶灰岩、白云岩组成,在杨家寨一带下部偶夹褐铁矿、软锰矿,厚大于331m,含竹节石。

日喀则分区、隆格尔-南木林地层分区、科希斯坦-拉达克地层分区等未见泥盆纪地层。

3. 古地理特征

早古生代末期,西藏境内有一次广泛的海退。海水向南退至雅鲁藏布江以南,形成一条东西向的狭长海盆。喜马拉雅区早泥盆世早期继承晚志留世的海盆,在定结、聂拉木一带沉积物多为泥钙质、砂泥质,生物以漂浮生活的竹节石、牙形石为主,其面貌似欧洲"波希米亚相"动物群(江新胜等,2006)。在仲巴曲门夏拉等地则接受了浅海相碳酸盐岩沉积。

早泥盆世中、晚期,北喜马拉雅地区海水加深,沉积以粉砂质与泥钙质交替出现,富含竹节石、头足类及笔石,组合面貌类似于欧洲、北美同期动物群,显示了海水加深的远岸、缺氧、较为平静的浅海环境。往西至普兰强拉地区,海水稍浅,以底栖固着类的珊瑚为主。

在尼玛-申扎地区,早泥盆世海水比喜马拉雅区稍浅,生物群有腕足类、珊瑚和竹节石。其中底栖生物面貌与乌拉尔生物分区的动物群类似。在察隅地区则于奥陶系的侵蚀面上沉积了一套紫红色的碎屑岩,由下而上粒度由粗而细,显示了正常的海进沉积序列。

中泥盆世早期,该区的环境有显著的变化,喜马拉雅地区海水变浅,上升为滨岸区,沉积物以碎屑为主,生物稀少。在普兰强拉海水时有升降,碎屑物中多夹钙质层,以底栖生物为主。申扎地区则处于相对封闭的咸化海域,沉积物中镁质碳酸盐岩含量较高,生物稀少。

晚泥盆世是西藏海侵鼎盛时期,喜马拉雅地区出现近岸浅水沉积环境,有泥、钙质沉积物,含丰富的孢子及牙形石,化石组合面貌类似于欧洲同期同门类生物群。尼玛、申扎地区多接受了浅海碳酸盐岩沉积(图6-9)。仅在然物、冬拉等地由于地壳的局部拉张,有较强烈的岩浆活动,在这两地形成中基性和中酸性火山岩。

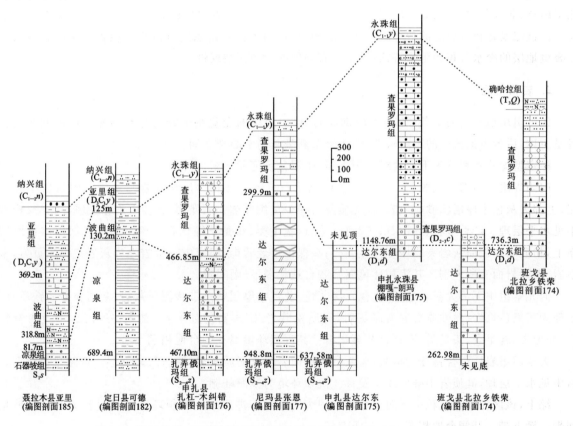

图6-9 喜马拉雅-冈底斯地区泥盆系柱状对比图(据江新胜等,2006)(图例同前)

泥盆纪喜马拉雅地区总体具有南浅北深的沉积古地理格局,沉积相带呈近东西向展布。由南至北相继出现三角洲相、碎屑岩滨岸相、碎屑岩陆棚相、碎屑岩碳酸盐岩混积陆棚相。

三角洲沉积主要出现在聂拉木及其以北地区,其外侧直接过渡到陆棚相。

碎屑岩滨岸相在横向上又可区分出无障壁和有障壁两种类型。无障壁滨岸以前滨和临滨纯净的石英砂岩发育为特色,环印度古陆分布;有障壁海岸以发育潮坪沉积为特色,出现在相对闭塞的环境中,其外侧障壁为砂质沉积,代表性区域如吉隆及其以南地区。

二、聂荣地块（X_2）

聂荣地块为后期就位于班公湖-怒江结合带中段的陆壳残片。也有学者认为是冈瓦纳大陆的东北陆缘弧残块（潘桂棠等，1995）。聂荣地块主要出露地层为中新元古代聂荣岩群和前石炭系。

根据 1:20 万左贡幅区调报告显示，前石炭系变质岩包括嘉玉桥岩群和变质辉绿岩墙，均遭受绿片岩相变质作用。嘉玉桥岩群经历了较强的褶皱和变形，局部可见层孔虫、珊瑚等化石。在昌都邦达一带嘉玉桥岩群变质灰岩中含牙形刺 *Palmatadella delicatula* 和 *Palmatolepis gracilis* Sigmvidalis，时代为晚泥盆世。鉴于此，认为聂荣地块上存在泥盆纪的海相沉积记录。推测在泥盆纪的大部分时期内，聂荣地块应为一个台地，随着海平面的波动，不同程度地时而露出水面、时而没入水下。

三、保山地块（X_3）

1. 构造特征

该区位于研究区东南部边缘，被夹持于澜沧江断裂和班公湖-怒江结合带（东段）之间，研究区内呈北窄南宽、北部收敛、向南撒开的三角形状展布，为班公湖-双湖-怒江-昌宁特提斯主洋域中的残余陆壳。泥盆纪发育相对稳定的台地碳酸盐岩沉积建造，与下伏志留系连续沉积。根据上覆晚石炭世—早二叠世地层的冷水沉积和生物特征，保山具有强烈的亲冈瓦纳属性。

2. 岩相特征

该区引用地层剖面 7 条（202～208 剖面）。保山地块的泥盆系可分为稳定型和次稳定型两类。前者是主体，后者占据该区的东南一隅，位于繁荣断裂与湾头断裂之间。

稳定型泥盆系划分为下泥盆统向阳寺组、中泥盆统何元寨组、上泥盆统大寨门组。

向阳寺组下中部为灰黄色、浅灰色、灰色钙质石英砂岩，细砂岩，粉砂岩与条带状泥灰岩不等厚互层；上部为灰色中厚层状砂质灰岩、含泥质灰岩夹少量细砂岩。石英砂岩中见平行层理，灰岩及粉砂岩中见水平层理。产竹节石、牙形石、三叶虫、笔石、腕足类、双壳类等化石。该组向南在保山市杨柳坝剖面上，粉砂岩及泥质灰岩夹层增多而显差异；在保山市老营街、郭家山一带岩性为灰岩夹钙质页岩，未见砂岩、粉砂岩而有所差别。其沉积环境属开阔台地相潮下-潮间带。

何元寨组中下部为灰黄色（风化色）、深灰色、灰色中厚层状条带状泥质灰岩，灰岩夹砂质铁质页岩；上部为灰黑色页岩、粉砂质页岩夹泥灰岩、泥质粉砂岩，产丰富的牙形石、珊瑚、三叶虫，以及少量竹节石、介形类、腕足类、头足类、海百合茎等化石。其沉积环境属开阔台地相潮下带。

大寨门组岩性组合特征为深灰色、灰白色硅质岩与含泥质灰岩，燧石灰岩互层。产腕足类化石。灰岩中见水平层理，硅质岩中硅质纹层发育。沉积环境为浅海陆棚。

综上，该区泥盆纪沉积由下向上总体表现为明显的海进序列。沉积环境变迁过程为开阔台地相潮间带—潮下带—开阔台地相潮下带—浅海相。

该区次稳定型称为温泉组（Dw），岩性组合特征为黑灰色、深灰色、灰色薄层状绢云板岩，绢云钙质板岩，薄—厚层状变质（钙质）砂岩，砂质板岩夹砂质灰岩及泥灰岩透镜体，产竹节石、有孔虫化石。向南在永平县新房子—亮洞一带见硅质岩，未见结晶灰岩透镜体而显差异，岩性为变质（长石）石英砂岩、泥质板岩夹硅质岩，局部可见由（长石）石英砂岩与泥岩组成韵律式的复理石沉积，（长石）石英砂岩中见平行层理，硅质岩中见水平纹层。其沉积环境以斜坡相为主。

3. 古地理特征

保山地块总体上为主洋域中的残余陆壳,内部稳定,沉积滨浅海碳酸盐岩及少量碎屑岩。东南侧出现不含火山物质的复理石沉积,具有被动大陆边缘的属性。古地势总体上呈北西高、南东低的格局,沉积相带展布受此控制。

第七节 周边地区构造-岩相古地理

一、阿拉善陆块(Ⅰ)

1. 构造特征

阿拉善陆块位于编图区东北角,以龙首山南缘断裂为界,南部为祁连陆内盆地。该区主体为稳定的隆起区,以前寒武系广泛出露为特色。区内太古宙—古元古界北大山岩群和古元古界龙首山岩群分布广泛,其上被中元古界蓟县系墩子沟群不整合覆盖。南华-震旦系韩母山群发育冰碛砾岩及含砾板岩。泥盆纪阿拉善陆块总体上为一隆起的古陆剥蚀区。

2. 岩相特征

泥盆系在南部边缘出露零星,主要岩性为紫红色砾岩及砂岩夹杏仁状玄武岩和安山质凝灰岩,多属山麓堆积,为南侧祁连陆内盆地区沉积的向北自然延伸。该区引用地层剖面3条(8、15、16剖面)。沉积岩相特征参见"祁连陆内盆地"部分。

该区中部民勤以北见少量中酸性侵入岩体。尚未查获该岩体的地球化学数据和同位素年龄资料。

3. 古地理特征

泥盆纪阿拉善陆块总体上为一地势低缓的长期隆起区,而其南侧为高峻的古祁连山,两者之间为相对低地,堆积了大量山前磨拉石建造。大量红色磨拉石建造指示当时可能为干热气候。

二、塔里木-敦煌陆块(Ⅱ)

(一)塔里木陆块(Ⅱ₁)

1. 构造特征

塔里木陆块位于研究编图区西北部,编图仅涉及其南部。塔里木陆块是青藏高原北部的稳定陆块。泥盆纪是塔里木陆块的海退时期,海水从西部退出,沉积作用发生在西部,盆地具克拉通边缘盆地属性。

2. 岩相特征

塔里木盆地的泥盆系可划分为下中泥盆统克孜尔塔格组和上泥盆统东河塘组。克孜尔塔格组岩性以中、细砂岩为主夹粉砂岩和粉砂质泥岩,塔中地区该组顶部常为粗砂岩、含砾不等粒砂岩与泥岩互层,颜色以红色与棕红色为主。东河塘组以细砂岩、粉砂岩为主,夹粉砂质泥岩、细砾岩,颜色以灰色、灰白色、浅灰色为主,夹灰绿色和紫红色。

塔里木西南缘泥盆纪地层缺失下泥盆统,中泥盆统为克孜勒陶组,上泥盆统为奇自拉夫组。克孜勒陶组为一海退层序,由浅海碳酸盐岩、细碎屑岩向粗碎屑岩过渡。奇自拉夫组为中、细粒石英砂岩、钙质石英砂岩、长石石英砂岩及少量薄层状粉砂岩和泥岩,底部有砾岩,中、下部以紫红色为主,上部以灰绿色为主,局部夹薄层粉晶灰岩,厚度较大。

该区引用地层剖面2条(44、201剖面),钻孔4个(197~200剖面)。代表性沉积类型及特征描述如下。

浅海陆棚相:分布于海盆中部,主要为悬浮状黏土沉积。盆地西南阿克陶考库亚剖面之中泥盆统是此类沉积的代表。岩性以灰绿色泥岩为主,夹粉砂岩与石灰岩,化石丰富,主要为水平层理。

砂坝相(障壁岛沉积):位于浅海陆棚向陆一侧,见于区外柯坪克兹塔格组(D_3k)下部,由紫红色厚层粉—细砂岩组成,以粉砂岩为主,平行层理与低角度交错层理发育。

潟湖相:位于砂坝相向陆一侧,水流不畅,形成潟湖。见于区外柯坪衣木干他乌组(D_2y)。为紫红色泥岩夹灰绿色薄层粉砂岩,以水平层理为主,局部夹有石膏。

三角洲相:河流入海处发育此类沉积相。由于波浪作用较强,可改造为浪控三角洲,以海岸砂堤和前缘席状砂为特征。岩性为粉砂岩与砂岩互层。

河流相:晚泥盆世海平面下降,如柯坪地区的原滨岸带(砂坝与滨湖相区)逐渐露出海面,发育河流沉积。另一类河流沉积发育在山前准平原化地带,如和田地区的上泥盆统。河流相序主要是向上变细的沉积序列。一个完整的曲流河剖面,从下往上可划分出滞流河床沉积、点砂坝沉积与堤岸沉积,组成一个下粗上细的正粒序沉积旋回。

冲积扇相:在山麓地带常发育冲积扇,如和田河阿其克剖面的上泥盆统,岩性为紫红色块状砾岩与砾状砂岩。

3. 古地理特征

泥盆纪时期塔里木陆块总体地势呈东高西低。东部、东南部为古陆剥蚀区,西部陆块周缘为沉积区,向西与外海相通。

塔里木地区泥盆纪海盆缩小,早-中泥盆世西南被海水侵入,沉积范围稍有扩大,海水淹没处为海相沉积陆源碎屑岩,未淹没处则发育河流沉积。晚泥盆世广泛发育河流相,沉积范围扩展至和田一带。石油地质资料揭示泥盆纪南部的沉降中心在和田及叶城一带,厚达8 000m。

2. 敦煌-阿尔金地块(II₂)

敦煌-阿尔金地块出露深变质新太古界—古元古界阿尔金岩群、敦煌岩群、米兰岩群,中新元古界巴什库尔干群、木孜萨依组、金雁山组、乱石山组、冰沟南组、平洼沟组、小泉达坂组等中—浅变质碎屑岩、碳酸盐岩和火山岩,未变质—浅变质下古生界零星出露,早古生代中酸性侵入岩发育。泥盆纪时期,推测为古隆起区。

三、扬子陆块(Ⅵ)

1. 构造特征

研究区属于上扬子,分布于编图区东南角,编图区仅涉及其西缘。上扬子陆块以略阳结合带的南界断层与昆仑和秦岭区分界,西以龙门山-三江口-虎跳峡断裂为界与巴颜喀拉区为邻。上扬子陆块形成于晋宁期,具有扬子型的结晶基底和褶皱基底,发育稳定型震旦系—中三叠统海相沉积,晚三叠世结束海相历史,形成川滇陆相红色盆地,侏罗系至新近系沉积物巨厚。

上扬子陆块内部泥盆纪具有克拉通陆表海盆地属性,上扬子陆块西缘为被动大陆边缘性质。泥盆系主体属于稳定型滨浅海沉积组合,含化石丰富。

2. 岩相特征

上扬子陆块泥盆纪沉积分布广泛。扬子陆块西缘以龙门山分区为代表。由下向上划分为平驿铺组和甘溪组(D_1)、养马坝组和观雾山组(D_2)、沙窝子组和茅坝组(D_3)。收集地层剖面54条(98~146,148~152剖面)。

3. 古地理特征

上扬子陆块泥盆纪为一个陆表海盆地,在其内部出现近南北向的康滇古陆,将海域一分为二。东侧为克拉通内陆表海,西侧为克拉通边缘陆表海。上扬子西缘由陆渐次过渡为滨浅海碳酸盐岩和碎屑岩沉积、碳酸盐岩台地相及半深海次稳定沉积(危关群)。

四、印度陆块(XI)

印度陆块位于喜马拉雅主边界断裂(MBT)以南。编图区涉及的印度陆块部分普遍存在前寒武纪基底,缺乏寒武纪—泥盆纪的沉积,石炭纪—二叠纪发育冰碛层(冈瓦纳相地层)。在其北侧喜马拉雅地区广泛发育泥盆系滨岸相沉积。联系到印度的地盾属性及其区域地质发展史,无疑泥盆纪时期编图区的印度陆块北缘为古陆剥蚀区。考虑到其北侧喜马拉雅地区为稳定而宽阔的滨海细碎屑岩相沉积,该古陆剥蚀区应具有构造稳定、地势低平的特征。

第七章 石炭纪构造-岩相古地理

从石炭纪开始，古特提斯洋由早期的单向俯冲转化为南北双向俯冲。昆仑山及其以北地区受古特提斯洋向北俯冲作用控制，陆缘裂解作用增强，出现陆缘裂谷和弧后盆地。石炭纪海侵范围扩大，除阿尔金、塔东南和阿拉善为剥蚀区外，该区主体为海陆交互相及滨浅海相碎屑岩和碳酸盐岩沉积。在青海宗务隆山和西昆仑库尔良—恰尔隆一带出现半深海碎屑岩、基性火山岩沉积。昆仑弧上岩浆作用显著，中酸性侵入岩断续分布。

由于泛华夏南部陆块群位于环古特提斯洋俯冲带的内侧，始于泥盆纪晚期的裂解作用石炭纪达到鼎盛，在扬子西缘北羌塘-三江地区形成了典型的地块-小洋盆间列格局。地块内部主体发育稳定的滨浅海碳酸盐岩夹碎屑岩沉积建造，地块间为扩张型小洋盆。扬子陆块本部和若尔盖-阿坝地块总体为稳定的浅海相碳酸盐岩和碎屑岩沉积。

冈底斯-喜马拉雅地区受古特提斯洋向南俯冲作用控制，石炭纪其东部地区已转换为岩浆弧，冈底斯岛弧→雅鲁藏布江弧后裂谷盆地→喜马拉雅陆缘裂陷盆地的古地理格局雏形显现。南冈底斯-喜马拉雅总体具有中部为半深海沉积、向南北水体变浅、以碎屑岩为主的沉积特征，间夹有少量火山岩，表明构造环境渐趋活动。

第一节 大地构造相单元划分

综合沉积、岩浆、变质变形事件，结合古地磁、古生物区系等，对青藏高原不同构造单元石炭纪的构造属性进行分析，划分、厘定的大地构造相系统见表7-1、图7-1，分为11个大相、26个相，归并为5个组合、三大系统。对应的古地理单元名称及其隶属关系如表7-1。各构造相特征的具体说明参见本章中每节的"构造特征"部分，对应的岩相古地理面貌见图7-2。

表7-1 青藏高原石炭纪构造古地理单元与大地构造相单元对应表

古地理单元名称		大地构造相单元名称		备注	
一级、二级	三级、四级	大相	相		
Ⅰ阿拉善古陆		Ⅰ阿拉善陆块大相			
Ⅱ塔里木-敦煌陆块	Ⅱ$_{1-1}$塔里木陆表海	Ⅱ塔里木-敦煌陆块大相	Ⅱ$_1$塔里木陆块相		
	Ⅱ$_{1-2}$塔东南古陆				
	Ⅱ$_2$敦煌-阿尔金古隆起		Ⅱ$_2$敦煌-阿尔金地块相		
Ⅲ祁连-柴达木盆山区	Ⅲ$_{1-1}$走廊陆内盆地	Ⅲ祁连-柴达木地块大相	Ⅲ$_1$祁连陆内盆地相	泛华夏西部联合古陆及边缘弧盆系	古特提斯大洋北部陆缘系统
	Ⅲ$_{1-2}$南祁连边缘海				
	Ⅲ$_2$宗务隆山-西秦岭裂谷		Ⅲ$_2$宗务隆山-西秦岭裂谷盆地相		
	Ⅲ$_3$柴达木陆缘海		Ⅲ$_3$柴达木地块相		
Ⅳ昆仑活动陆缘	Ⅳ$_1$恰尔隆-库尔良弧后裂谷	Ⅳ昆仑弧盆系大相	Ⅳ$_1$恰尔隆-库尔良弧后裂谷盆地相		
	Ⅳ$_2$西昆中岛弧		Ⅳ$_2$西昆仑岩浆弧相		
	Ⅳ$_3$东昆仑岛弧		Ⅳ$_3$东昆仑岩浆弧相		

续表 7-1

古地理单元名称		大地构造相单元名称		备注	
一级、二级	三级、四级	大相	相		
Ⅴ 南昆仑-巴颜喀拉-甘孜-理塘消减洋盆	V_1 康西瓦-南昆仑-玛沁俯冲增生杂岩楔 V_2 玉龙塔格洋 V_3 巴颜喀拉-可可西里-甘孜-理塘洋	Ⅴ 南昆仑-巴颜喀拉-甘孜-理塘消减洋盆大相	V_1 康西瓦-南昆仑-玛沁俯冲增生杂岩相 V_2 玉龙塔格洋盆相 V_3 巴颜喀拉-可可西里-甘孜-理塘洋盆相	古特提斯洋盆消减带	古特提斯大洋北部陆缘系统
Ⅵ 扬子陆块	$Ⅵ_1$ 川滇陆表海 $Ⅵ_2$ 康滇古陆 $Ⅵ_3$ 盐源-丽江边缘海	Ⅵ 扬子陆块大相		扬子陆块及西部边缘弧盆系	
Ⅶ 若尔盖-松潘地块	$Ⅶ_1$ 若尔盖古隆起 $Ⅶ_2$ 班玛-九龙边缘海	Ⅶ 若尔盖-松潘地块大相			
Ⅷ 北羌塘-三江多岛洋	$Ⅷ_1$ 中咱-中甸浅海 $Ⅷ_2$ 金沙江-哀牢山扩张洋盆 $Ⅷ_3$ 昌都-兰坪浅海 $Ⅷ_4$ 乌兰乌拉湖-北澜沧江扩张洋盆 $Ⅷ_5$ 北羌塘浅海 $Ⅷ_6$ 甜水海边缘海	Ⅷ 北羌塘-三江弧盆系大相	$Ⅷ_1$ 中咱-中甸地块相 $Ⅷ_2$ 金沙江-哀牢山扩张洋盆相 $Ⅷ_3$ 昌都-兰坪地块相 $Ⅷ_4$ 乌兰乌拉湖-北澜沧江扩张洋盆相 $Ⅷ_5$ 北羌塘地块相 $Ⅷ_6$ 甜水海被动边缘相		
Ⅸ 班公湖-双湖-怒江-昌宁消减洋盆	$Ⅸ_1$ 双湖-托和平错-查多冈日洋盆 $Ⅸ_2$ 南羌塘西部边缘海 $Ⅸ_3$ 左贡边缘海 $Ⅸ_4$ 班公湖-怒江洋	Ⅸ 班公湖-双湖-怒江-昌宁消减洋盆大相	$Ⅸ_1$ 双湖-托和平错-查多冈日洋盆相 $Ⅸ_2$ 南羌塘西部地块相 $Ⅸ_3$ 左贡地块相 $Ⅸ_4$ 班公湖-怒江洋盆相	古特提斯主洋盆	
Ⅹ 冈底斯-喜马拉雅活动陆缘	X_1 聂荣古隆起 X_2 北冈底斯岛弧 X_3 南冈底斯弧后盆地近弧带 X_4 喜马拉雅弧后盆地近陆带 X_5 保山浅海	Ⅹ 冈底斯-喜马拉雅弧盆系大相	X_1 聂荣陆壳残片相 X_2 北冈底斯浆弧相 X_3 南冈底斯弧后盆地近弧相 X_4 喜马拉雅弧后盆地近陆相 X_5 保山地块相	印度陆块及北部边缘	古特提斯大洋南部陆缘系统
	Ⅺ 印度古陆	Ⅺ 印度陆块大相			

第二节　秦祁昆地区构造-岩相古地理

秦祁昆地区位于编图区东北部,南抵康西瓦-木孜塔格-玛沁-勉县-略阳结合带,北界为龙首山南缘断裂,西经阿尔金山西缘走滑断裂接库尔良-柯岗断裂,东接同心-固原断裂。这一地区石炭纪大地构造相单元可划分为祁连陆内盆地($Ⅲ_1$)、宗务隆山-西秦岭陆缘裂谷盆地($Ⅲ_2$)、柴达木地块($Ⅲ_3$)、恰尔隆-库尔良弧后裂谷盆地($Ⅳ_1$)、西昆仑岩浆弧($Ⅳ_2$)、东昆仑岩浆弧($Ⅳ_3$)等次级单元,分属祁连-柴达木地块(Ⅲ)和昆仑弧盆系(Ⅳ)两个构造大相单元。

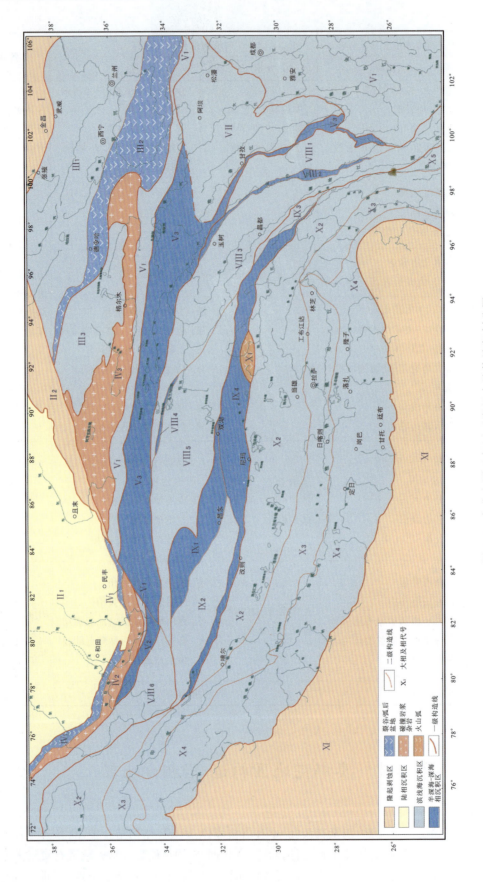

图 7-1 青藏高原及邻区石炭纪大地构造相划分图

注：构造相代号见表7-1

早古生代末加里东碰撞造山之后,昆仑及其以北地区连为一体。此后在编图区大洋盆地仅存在于本区以南,并沿康西瓦—南昆仑—玛沁一线继续向北俯冲,位于洋陆之间的昆仑山地区为其火山岩浆弧。受南侧大洋俯冲作用影响,从泥盆纪晚期开始在北部大陆南缘发生陆缘裂陷作用,石炭纪陆缘裂解作用加强,出现陆缘裂谷和弧后盆地。上述大地构造格局决定了沉积盆地的性质,进而控制了沉积岩相的特征和展布(图7-3)。

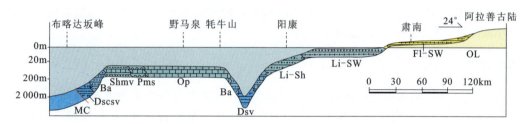

图7-3 石炭纪秦祁昆地区沉积岩相展布示意剖面(图例见图7-2)

一、祁连-柴达木地块(Ⅲ)

祁连-柴达木地块包括祁连陆内盆地(Ⅲ$_1$)、宗务隆山-西秦岭裂谷盆地(Ⅲ$_2$)和柴达木地块(Ⅲ$_3$)3个二级大地构造相单元。

(一)祁连陆内盆地(Ⅲ$_1$)

1. 构造特征

祁连陆内盆地以龙首山断裂为界,北邻阿拉善陆块(Ⅰ),南部接宗务隆山-西秦岭裂谷盆地(西段接宗务隆山裂谷,东段接西秦岭陆缘盆地),西北为阿尔金-敦煌地块(Ⅱ$_2$),东南延出研究区。祁连山地区为早古生代造山系。泥盆纪该区造山运动结束,进入造山后阶段。石炭纪初已完成削高补低,进入广泛海侵时期。构造上处于伸展背景,表现为相对稳定的陆内近海盆地。

2. 岩相特征

祁连陆内盆地石炭系发育齐全,分布广泛,自下而上包括下石炭统前黑山组、臭牛沟组及上石炭统羊虎沟组和太原组下部。前黑山组常超覆于下伏泥盆系或更老地层之上,其余各组之间多为整合接触。

区内石炭系总体上为一套海陆交互相含煤岩系,属以障壁海岸环境的碎屑岩、泥质岩为主的沉积,碳酸盐岩主要产于下石炭统。该区引用地层剖面30条(1~30剖面)。由于资料来源不一,研究程度不同,编图时限跨度长,在图上仅合并表现出近海平原内陆湖沼相、滨海沼泽相、潟湖相、滨浅海相等。可以红水堡下石炭统前黑山组剖面(11剖面)为代表。简述如下。

前黑山组与下伏地层上泥盆统沙流水组断层接触,自下而上可进一步划分为6个岩段,即下碎屑岩段、下石膏岩段、下灰岩段、上石膏岩段、上灰岩段、上碎屑岩泥质岩段。

下碎屑岩段:主要由砂岩或钙质砂岩组成,局部偶夹灰岩或团块状灰岩,在有些地段底部尚见有一层厚约数厘米的含砾中粒钙质砂岩或细砂岩。下石膏岩段:主要由白色、灰白色、灰绿色、灰黄色、紫红色石膏,泥质石膏,石膏质泥岩,泥岩,泥灰岩,含砂质泥岩,粉砂质泥岩,泥质粉砂岩组成,局部夹少许白云岩或泥质白云岩。下灰岩段:岩性单调,几乎全由灰黑色灰岩组成,部分地段尚见有少许角砾状灰岩或白云岩。上石膏岩段岩性与下石膏岩段基本相同。上灰岩段:主要由灰色、灰黑色、青灰色、灰褐色灰岩组成,夹砂岩、粉砂岩、页岩、泥灰岩、砂质灰岩和生物灰岩。上碎屑岩泥质岩段:岩性主要有灰色、青灰色、灰褐色、灰黑色砂岩,泥质粉砂岩,页岩,泥岩组成,局部夹少许薄—中厚层灰岩,并偶夹煤线,产植物化石。

本组自上而下构成了一个海进—海退的比较完整的沉积旋回,是一套在较湿润-干燥炎热气候条件下形成的、以含石膏为其主要特征的海陆交互相(自下而上为滨海相—潟湖相—浅海相—潟湖相—浅海及滨海沼泽相—近海湖沼相)的含盐碎屑岩夹碳酸盐岩建造。

区内石炭系纵向变化为:早石炭世前黑山组沉积时期,以咸化潟湖相、滨浅海相沉积为主。臭牛沟组沉积时期,海侵进一步扩大,以滨浅海相碎屑岩、碳酸盐岩沉积为主。晚石炭世海平面升降幅度加大,海侵次数增多,形成了多个以碎屑岩为主夹灰岩沉积的海侵海退旋回,晚石炭世晚期太原组沉积时期,海水向东与华北海相连,成为广阔的陆表海沉积。

3. 古地理特征

石炭纪大部分时期,该区为一具海湾性质的陆表海域,古地形总体表现为北高南低,由北向南依次为近海平原内陆湖沼—障壁海岸—滨浅海。在海域中部存在岛链状古隆起,对盆地起到了南北分隔的作用。海水由古隆起之间向北进入陆内,海侵方向主体来自西南洋域,在祁连东部地区后期可能来自东南的古秦岭洋(佟再三等,1994)。

早石炭世含石膏,韦宪期、纳缪尔期及维斯发期具欧美生物区系特征,地层沉积类型为祁连型。太原组具早期华夏植物群,为华北沉积特征,属华北型。根据古地磁及古生态资料,本区石炭纪地处低纬度地区。前黑山期沉积早期为干旱气候,此后整个石炭纪转为雨量充沛的热带气候。

(二) 宗务隆山-西秦岭裂谷盆地(III_2)

1. 构造特征

宗务隆山-西秦岭裂谷盆地北以宗务隆山北缘断裂为界,南界西接柴达木盆地,东以阿尼玛卿构造混杂岩带为界,两者通过兴海蛇绿混杂岩带相连,整体呈西窄东宽的喇叭口状。该区北靠阿拉善-祁连山地块,南侧西部由南向北依次为向北俯冲的昆南-巴颜喀拉洋、昆仑弧、柴达木地块,而东部直接濒临昆南-巴颜喀拉洋。总体上看,宗务隆山-西秦岭裂谷盆地介于洋陆过渡地带,表现为俯冲背景下的局部拉张构造环境。其内部构造复杂,沉积环境分异显著,总体上表现为不均一的中间深、两侧浅的海域环境。

2. 岩相特征

区内石炭纪沉积可分为稳定型和次稳定型-活动型两种类型。

稳定型沉积包括西倾山地区南秦岭分区的石炭系和礼县—合作一带的北秦岭分区石炭系。西倾山地区的石炭系划分为下石炭统益哇沟组和上石炭统岷河组,为一套含化石丰富的碳酸盐岩台地沉积。礼县—合作一带的石炭系划分为下石炭统巴都组和上石炭统下加岭组,为一套含化石的滨浅海碎屑岩和碳酸盐岩沉积。下石炭统巴都组不整合于上泥盆统及更老地层之上。

次稳定型-活动型的石炭系分布在宗务隆山和兴海-同仁地区。宗务隆山地区出露地层主要为石炭系—二叠系中吾农山群、土尔根大坂组及果可山组。其中,中吾农山群普遍遭受轻微变质作用,下部以板岩、千枚岩、变质砂岩为主夹灰岩及中基性火山岩,上部为白云岩、结晶灰岩夹少量碎屑岩,含腕足类、珊瑚及䗴类等化石。土尔根大坂组较集中分布于西段的土尔根大坂等地,主要为千枚岩、板岩、变长石石英砂岩夹灰岩,含珊瑚及䗴类等,未见底,厚大于1 220m。果可山组与下伏土尔根大坂组呈整合或断层接触,主要由白云岩、结晶灰岩、灰岩组成,夹少量变砂岩及火山岩,含珊瑚及腕足类等化石,未见顶,厚大于1 030m。

兴海-同仁地区上古生界称为甘家组,时代为晚石炭世—二叠纪,主要为砂质板岩、砂岩、粉砂岩夹灰岩及砾状灰岩。对其属性有不同看法,有人认为该套地层为正常沉积,也有人认为其属于混杂堆积产物。

该区引用地层剖面19条(31~49剖面),出现的沉积相类型包括深海相、半深海相和碳酸盐岩台地相等。

深海相主要出现在果可山组下部火山岩-碎屑岩组。该组为一套中基性火山岩系,岩性包括玄武安山岩,少量玄武岩、细碧岩,并夹凝灰质千枚岩、石英岩等。碎屑岩组为灰绿色钠长绿帘角闪片岩或绿帘角闪片岩。

半深海沉积出现在中吾农山群中,其浅变质岩系纵向上由粗到细变化明显,韵律性强,沉积旋回明显,每个组在纵向上都由若干个小的韵律组成,具有复理石建造特征。

岩浆岩相

在牛鼻子梁以西和阿哈提山南坡出露石炭纪侵入体,岩性为花岗岩、花岗闪长岩和石英闪长岩侵入体。未见地球化学数据和同位素年龄资料。

3. 古地理特征

该区古地理格局总体上为一海域环境,内部发育一条北西-南东向的深海槽,可能与南侧大洋相连通。海槽两侧依次出现半深海和滨浅海环境。

在柴达木盆地北部地区,深海-半深海沉积发育在北侧,向南逐渐变浅,地形上具有北陡南缓的特点。推测柴达木盆地北界断裂当时不具有分隔意义,构成由柴达木内部隆起区向宗务隆海槽连续过渡的环境。

在东部地区,推测宗务隆海槽向南通过兴海-赛什塘洋与昆南大洋相连。局部古地理格局表现为西深东浅,由西向东依次为深海、半深海、滨浅海环境。滨浅海中,北侧邻近中祁连古隆起,陆源物质注入多时形成碎屑岩海岸,海侵时则沉积碳酸盐岩。南部为稳定的碳酸盐岩台地环境,浅海生物繁盛。

需要说明的是兴海-同仁地区被三叠系广泛覆盖,可靠的石炭纪沉积记录极少,其沉积环境及其两侧南北秦岭的沉积地层关系多系推测。

(三)柴达木地块($Ⅲ_3$)

1. 构造特征

该区位于现今柴达木盆地区。据石油钻探和盆地边缘地质资料显示,柴达木盆地基底主要由元古宙变质结晶岩系组成,上覆盖层沉积。石炭纪柴达木为一稳定地块,在其内部和边缘形成的沉积具有类似克拉通盆地沉积的属性。

石炭纪是柴达木盆地地史上的最大海侵时期之一。根据主要地层剖面,结合区内岩石地层展布特征及其他前人资料推断,柴达木盆地中的石炭纪沉积相围绕柴达木古陆展开,形成广阔的陆表海盆地。纵向序列上,自下而上总体表现为滨岸相→开阔台地相的海进变化。

2. 岩相特征

如前所述,柴达木盆地北界断裂当时可能不具有分隔意义,由柴达木内部隆起区向周边依次出现滨岸相→开阔台地相沉积,岩性以碳酸盐岩为主,间夹少量碎屑岩。该区引用地层剖面1条(64剖面),钻孔10个(钻孔编号为1~10)。

3. 古地理特征

石炭纪是柴达木盆地地史上的最大海侵时期之一,出现了陆表海沉积格局,形成一套稳定型滨岸-浅海陆棚相沉积。在柴达木盆地内部,牛鼻子梁—达布逊湖一线地势高于周边地区,表现为一系列串珠状分布的隆起或水下隆起。随着海平面波动时大时小,环绕它们出现滨岸相沉积,在其外侧为碳酸盐岩台地沉积,在台地边缘可能出现高能浅滩沉积。

二、昆仑弧盆系(Ⅳ)

(一)恰尔隆-库尔良弧后裂谷盆地($Ⅳ_1$)

1. 构造特征

该区位于研究区西北部,呈北西-南东向弧形带状展布,其东北为塔里木陆块,西南为西昆仑岩浆弧。沉积盆地属性为康西瓦-南昆仑-玛沁洋盆向北部塔里木陆块俯冲引起的弧后裂谷盆地。上述构造格局决定了沉积岩相的多样性和展布的复杂性(图7-4)。

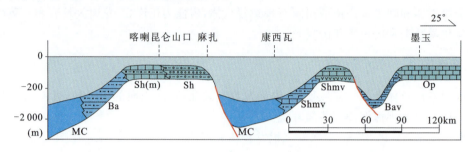

图 7-4　石炭纪西昆仑地区沉积岩相展布示意剖面(图例见图7-2)

2. 岩相特征

该区石炭系划分为下石炭统他龙群和上石炭统库尔良群。他龙群为细碎屑岩夹碳酸盐岩,粉砂岩泥碳质含量高,底栖生物发育,为滨浅海相沉积,局部可能为近海沼泽相沉积。库尔良群为环境比较动荡的浅海至较深海碎屑岩夹碳酸盐岩,局部夹火山岩。主要有砾岩、含砾砂岩、粉砂岩、泥岩、板岩、千枚岩、片岩和灰岩,局部有英安岩和英安质角砾熔岩,为西昆仑晚古生代裂谷盆地典型沉积。

该区引用地层剖面2条(61、62剖面),出现的沉积相类型包括半深海泥灰质及火山岩沉积、浅海相碎屑岩、碳酸盐岩和火山岩沉积以及碳酸盐岩台地等。

岩浆岩相

该区石炭纪中酸性侵入岩较为发育,主要出露于恰尔隆和公格尔山北坡地区。岩性为闪长岩、石英闪长岩(δo_{C-P})、花岗闪长岩($\gamma\delta_{C-P}$)—二长花岗岩($\eta\gamma_{C-P}$)组合。岩石为近于过铝质和过铝质、钙碱性岩系列,主体为I型花岗岩。

该区石炭纪火山岩十分发育,遍布全区,主要产出于他龙群和库尔良群中,岩性包括玄武安山岩、石英安山岩、安山岩、安山质凝灰熔岩、晶屑凝灰熔岩、玄武安山质集块熔岩和英安岩等。于田县普鲁、阿羌、土木牙一带玄武岩和英安岩组成双峰式火山岩,为典型裂谷盆地产物。

3. 古地理特征

该区为弧后裂陷盆地,古地理环境十分复杂,在狭窄的盆地中既有半深海相又有滨浅海相,既有碎屑岩、碳酸盐岩又有火山岩沉积。大体上表现为东北深、西南浅的宏观格局。恰尔隆—库尔良一线东北部主要发育半深海火山盆地沉积,半深海泥灰质及火山岩沉积。恰尔隆—库尔良一线西南部为浅海相碎屑岩、碳酸盐岩沉积。

(二) 西昆仑岩浆弧(IV_2)

1. 构造特征

位于研究区西北部,呈北西-南东向、南凸的弧形带状展布,东北为恰尔隆-库尔良弧后裂谷盆地,西南为康西瓦-南昆仑-玛沁结合带,西北部延出研究区,东南止于阿尔金断裂。石炭纪本区南部沿康西瓦—麻扎—瓦恰一线依然存在向北的俯冲作用,该区即为俯冲作用产生的岩浆弧。

2. 岩相特征

该区石炭系包括托库孜达坂群(C_1T)、哈拉米兰河群($C_{1-2}H$)和提热艾力克组(C_2t)。引用地层剖面5条(56～59、62剖面)。总体上,区内石炭系分布零星,面貌差异较大,沉积环境多样。

托库孜达坂群主要为海相碎屑岩、火山碎屑岩、火山岩夹灰岩。下部以钙质粉砂岩、细砂岩为主;中部主要为一套火山碎屑岩,为变安山质晶屑岩屑凝灰岩、变英安岩、钙质片岩、绿泥钠长片岩夹少量灰岩、砾岩、硅质岩等,砾岩中砾石成分复杂、大小混杂,应为滑塌砾岩;上部主要为碳酸盐岩沉积。其中,绿泥钠长片岩的原岩应为中—基性火山岩与变质英安岩共生,为岛弧或活动大陆边缘;沉积岩形成于深海-半深海-碳酸盐岩台地环境。

哈拉米兰河群为一套碎屑岩、碳酸盐岩和中酸性火山岩建造。上部砂砾屑灰岩呈中厚层,砂砾屑磨圆度较好,常含浅海相生物碎屑和鲕粒,亮晶胶结,沉积于浅海潮间-潮下带上部高能浅滩;下部粉砂岩呈薄层状,成分成熟度、结构成熟度较低,常呈韵律产出,沉积于半深海环境。因此下石炭统为从下部的次深海、中部浅海、上部滨海—海陆交互的三角洲沉积,显示一套海退沉积序列。所夹火山岩为岛弧型火山岩。

提热艾力克组为一套沉积韵律明显的碎屑岩,总体表现为下粗上细的特点。下部岩石中砾岩相对较多,砾石磨圆度较好,砂岩中长石含量高,总体由中—厚层状的含砾长石石英粗砂岩、长石石英砂岩、石英细砂岩、细砂岩与中—厚层状灰色长石石英砂岩、灰褐色石英细砂岩组成沉积韵律。地层中下部多见粒序层理、冲刷面等沉积构造,上部主要发育粒序层理及平行层理构造,总体显示快速堆积的重力流特征,为活动陆缘环境斜坡相浊流沉积。

岩浆岩相

该区侵入岩和火山岩均有发育。侵入岩在本区东部断续分布,以中酸性侵入体为主。岩性主要有花岗岩(γ_{C-P})、花岗闪长岩($\gamma\delta_C$)及石英闪长岩(δo_C)等。主体为钙碱性系列,I型、S型均有。火山岩分布于西北公格尔山东南部和东南部玉龙喀什河东南及黄羊滩南等地,主要为安山岩、凝灰岩、岩屑晶屑凝灰岩、钙质岩屑晶屑凝灰岩及玄武岩等,玄武岩为岛弧玄武岩。此外,在慕士山以东出露大量基性、超基性侵入岩,应为南侧大洋消减增生的产物。

3. 古地理特征

该区古地理环境复杂,既有沉积区又有隆起剥蚀区,沉积区既有半深海相又有滨浅海相;既有碎屑岩、碳酸盐岩,又有火山岩沉积。

沿岛弧延伸方向,断续分布隆起和水下隆起。围绕岛弧隆起区发育滨岸相碎屑岩沉积。在其外侧为浅海相碎屑岩、碳酸盐岩和火山岩沉积。浅海相沉积狭窄,很快进入半深海-深海区,形成碎屑岩、碳酸盐岩、硅质岩和火山岩沉积等。总体上半深海、深海盆地多数出现在靠近洋域的一侧。半深海、深海盆地中也可能出现孤立台地沉积(图7-4)。

(三) 东昆仑岩浆弧(IV_3)

1. 构造特征

该区呈东西向条带状展布,其南为南昆仑-巴颜喀拉-玛沁洋盆,其北为柴达木盆地,东部为宗务隆山-西秦岭裂谷盆地,西侧止于阿尔金断裂,向东延至兴海蛇绿混杂岩带。石炭纪时期本区南部沿南昆仑—玛沁一线依然存在向北的俯冲作用,该区即为与之相匹配的岩浆弧。

2. 岩相特征

东昆仑岩浆弧区石炭系沉积相类型十分复杂,具有典型的岛弧区特征。东昆仑西部地区石炭系大面积出露,火山岩、碎屑岩、碳酸盐岩均发育,地层厚度3 697.2~6 722.8m。以滨浅海相为主,半深海、深海相亦较发育。据其岩石组合特征、基本层序、沉积环境及古生物组合,将其划分为托库孜达坂群(C_1T)和哈拉米兰河群(C_2H)。向东至阿牙克库木湖地区发育下石炭统托库孜达坂群(C_1T),缺失晚石炭世沉积。再向东至库朗米其提北祁漫塔格山北坡地区发育的石炭纪地层为石拐子组(C_1sh)、大干沟组(C_1d)和缔敖苏组(C_2d)。

最近陈守建等(2008)对昆仑山地区石炭纪古地理进行了系统的研究,本次编图中采纳了该项研究的最新成果。限于篇幅,该区的古地理详细论述读者可参阅陈守建等(2008)的论著。该区引用地层剖面14条(63、65、67~69、71、72、74~78、82、83剖面)。

石炭纪侵入岩十分发育,构成岩浆弧主体。侵入岩集中出露于东西昆仑交界的四岔雪峰、奥依亚依拉克,祁漫塔格的库郎米其提、乌鲁克苏河以南等地,以巨大的岩基状产出。东昆仑格尔木以南地区、银石山横笛梁一带岩浆岩也有出露。主体为钙碱性系列,碱性系列仅在阿拉克湖一带少量出露。岩石组合多属于花岗闪长岩-二长花岗岩类,石英闪长岩和钾长花岗岩较少。获得锆石U-Pb一致年龄为(316±12)Ma,锆石U-Pb年龄多在351~325Ma,Rb-Sr等时线年龄为(316.64±63.79)Ma。

石炭纪火山岩是本区分布最广泛的火山岩之一,赋存于石炭系哈拉郭勒组、托库孜达坂群以及上石炭—下二叠统跨系岩石地层中,广泛出露于昆仑山的各个构造带中。依据岩石组合及地球化学特征可分为陆内裂谷、弧后拉张、岛弧及洋壳型4种类型,以岛弧型为主,少量为裂谷-弧后盆地、洋壳型。其中洋壳型位于最南部,向北依次出现岛弧型、弧后盆地和裂谷型,总体具活动大陆边缘火山岩的空间分布形式。在纵向上,昆仑北部还显示出下部裂谷、上部岛弧型演化趋势。

3. 古地理特征

东昆仑岩浆弧区石炭纪总体处于伸展裂陷的大地构造背景,昆北为活动边缘裂谷。北部主体为碳酸盐岩台地沉积环境,南部碎屑岩发育,沉积环境变为碎屑岩-碳酸盐岩滨浅海沉积,并夹有安山质的火山岩。康西瓦—木孜塔格—阿尼玛卿一线为有限洋盆(昆南洋),昆南大部及昆中部分地区为深海-半深海相沉积,昆南部分地区为滨浅海相沉积。整体表现为堑垒相间、南深北浅的构造古地理格局(图7-1)。

第三节 南昆仑-巴颜喀拉山地区构造-岩相古地理

南昆仑-巴颜喀拉山地区位于图幅中部,呈近东西向延伸的长楔状展布。其北界为康西瓦-木孜塔格-玛沁-勉县-略阳结合带北缘断裂,南界西部为泉水沟断裂,东部为歇武-甘孜-理塘结合带南缘断裂。该区石炭纪大地构造相属性为南昆仑-巴颜喀拉-甘孜-理塘(消减)洋盆(V)大相。内部可分为3个次级大地构造相单元,包括康西瓦-南昆仑-玛沁俯冲增生杂岩相(V_1)、玉龙塔格洋盆(V_2)和巴颜喀拉-可可西里-甘孜-理塘洋盆(V_3)。康西瓦-南昆仑-玛沁俯冲增生杂岩相位置相当于现今的康西瓦-南昆仑-玛多-玛沁结合带。南侧为玉龙塔格洋盆和巴颜喀拉-可可西里-甘孜-理塘洋盆,两者属性一致,后期被阿尔金断裂错开。

1. 构造特征

潘桂棠等研究认为,原古特提斯大洋扩张源于罗迪尼亚超大陆解体。康西瓦-南昆仑-玛多-玛沁对接带和班公湖-双湖-怒江-昌宁对接带是特提斯大洋双向俯冲残存的消减增生杂岩带。原古特提斯洋从早古生代以来持续俯冲,康西瓦-南昆仑-玛沁俯冲增生杂岩相是其消减的场所之一,在此形成复杂的俯冲增生杂岩带。带内组成复杂,有前寒武纪变质岩块体,中新元古代镁铁质—超镁铁质岩块,早古生代蛇绿岩残块,主体为石炭系—二叠系碎屑岩、复理石及其间所夹的蛇绿岩块体。

玉龙塔格洋盆和巴颜喀拉-可可西里-甘孜-理塘洋盆位于康西瓦-南昆仑-玛沁俯冲增生杂岩相向洋一侧。到目前为止,在可可西里-巴颜喀拉地层区内未见石炭纪物质纪录。甘孜-理塘带内,在竹庆乡获得了早石炭系—晚三叠世放射虫。推测石炭纪时期可可西里-巴颜喀拉和甘孜-理塘为一个洋,属收缩的古特提斯洋的一部分。

2. 岩相特征

康西瓦-南昆仑-玛沁俯冲增生杂岩相内引用剖面14条(66、70、73、79~81、84~87、152、155、156、159剖面)。康西瓦-南昆仑-玛沁俯冲增生杂岩相的物质组成以晚古生代蛇绿岩、洋岛等洋盆沉积及相关的边缘沉积建造为主体,后者中有弧前相、岛弧相、弧后盆地相及浅海陆棚相等,充分反映了该结合带的复杂性。

晚古生代蛇绿岩(或蛇绿混杂岩)主要发育在西昆仑苏巴什、东昆仑可支塔格、木孜塔格、库赛湖、阿拉克湖-冬给措拉湖、阿尼玛卿等地,呈透镜状产出,同位素年龄(340.3±11.6)~(265±15)Ma;镁铁质—超镁铁质岩岩块,具有亏损的稀土元素配分模式,显示了不同类型洋壳特点。此外,在得力斯坦沟早古生代蛇绿岩块体的牧羊山蛇绿混杂带的浅紫灰色硅质岩中分离出大量早石炭世放射虫,得力斯坦沟和牧羊山枕状玄武岩获(340.3±11.6)Ma Rb-Sr 等时年龄和(310±15)Ma 普通 Pb 等时年龄(边千韬,1999)。

木孜塔格蛇绿混杂岩中蛇绿岩呈大小不等的块体产在剪切变形的复理石"基质"岩系中,玄武岩多为轻稀土亏损型拉斑玄武岩,显示 N-MORB 型的配分曲线型式,形成于大洋中脊构造环境。获得玄武岩全岩 K-Ar 年龄值(297.71±37.8)Ma,全岩 Ar-Ar 坪年龄值(279.60±2.34)Ma。

布青山蛇绿岩形成于大洋中脊的构造环境,获得辉长岩中辉石的 $^{40}Ar/^{39}Ar$ 法坪年龄为(368.6±1.4)Ma 和(278.3±0.9)Ma,在拉玛托谷胡段测得堆晶辉长岩 K-Ar 年龄为 245.8Ma。硅质岩中含石炭纪—二叠纪放射虫 *Pseudoalbaillella scalprata scalprata*,*Ps. scalprata postscalprata* 等。

甘孜-理塘蛇绿混杂岩带中于竹庆乡获得早石炭世—晚三叠世放射虫,多处蓝片岩发育。

此外,近年来 1:25 万区域地质调查发现,下石炭统托库孜达坂群或塔斯坎萨依组(C_1)、上石炭统提热艾力克组或龙门沟组(C_2)可能为洋岛或海山沉积建造。

石炭系碎屑岩在各地段的组成及形成背景不同。西昆仑苏巴什构造混杂带中石炭系—二叠系发育比较齐全。上石炭统哈拉米兰河群,下部为陆相碎屑岩,上部为潮坪相碳酸盐岩。向东在岩碧山-可支塔格,下石炭统托库孜达坂群为陆棚相碎屑岩,上石炭统哈拉米兰河群仍以碳酸盐陆棚为主体,为陆缘环境。木孜塔格托库孜达坂群在北部月牙山为陆棚相碎屑岩夹含珊瑚、层孔虫、海百合灰岩和玄武岩;中部黄沙河-雁头山为斜坡相碎屑岩夹硅质岩,底部硅质岩含早石炭世放射虫;而在雁头山以南的木孜塔格为深水碎屑岩夹含大量含放射虫硅质岩、玄武岩及蛇绿岩残块,玄武岩为拉斑系列,稀土分配曲线为 N-MORB 型。

康西瓦-南昆仑-玛沁俯冲增生杂岩相内侵入岩较为发育,主要沿该带的北部产出,与其北侧的中酸性侵入岩共同组成昆仑岩浆弧。具体特征见前述"东昆仑岩浆弧"部分。

石炭纪火山岩是本区分布广泛的火山岩之一,赋存于石炭系哈拉郭勒组、托库孜达坂群以及上石炭统—下二叠统浩特洛哇组中,产出于弧后拉张、岛弧、洋岛等多种构造环境。地球化学分析表明祁漫塔格山南部关水沟-飞云山的托库孜达坂群主要为弧后拉张型火山岩,东昆仑恰当、埃肯雅玛托沟、哈夏·克里克·得亚-克其克孜苏南等地的浩特洛哇组主要显示岛弧火山岩岩石组合和地球化学特点。

3. 古地理特征

现今的结合带当时为大洋,大洋的规模目前几乎无法准确恢复。把宽广大洋内的古地理面貌复原在狭窄的结合带内,目前还没有成熟的方法。

石炭纪该区处于收缩大洋体制下,背景是一宽广的大洋,其向北侧俯冲,俯冲消减带向北为一活动大陆边缘,发育沟-弧-盆体系。整体古地理格局具有南深北浅的特点,北部出现多处滨浅海沉积。

第四节 羌塘-三江地区构造-岩相古地理

羌塘-三江地区北界西部为泉水沟断裂,东部为歇武-甘孜-理塘结合带南缘断裂,南界为龙木错-双湖-澜沧江-昌宁对接消减带北界。石炭纪包括中咱-中甸地块、金沙江-哀牢山扩张洋盆、昌都-兰坪地块、乌兰乌拉湖-北澜沧江扩张洋盆、北羌塘地块、甜水海被动边缘 6 个二级大地构造相单元,按照习惯将若尔盖-松潘地块一并叙述。

石炭纪羌塘-三江地区仍位于扬子陆块的西缘,并随之漂浮于古特提斯洋中。始于泥盆纪晚期的裂解石炭纪到达鼎盛期,在该区形成了典型的地块-小洋盆间列格局。地块内部主体发育稳定的滨浅海碳酸盐岩沉积建造,地块间为扩张型小洋盆。

一、中咱-中甸地块($Ⅷ_1$)

1. 构造特征

中咱-中甸-义敦地块位于金沙江构造混杂岩带与甘孜-理塘构造混杂岩带之间,呈近南北向延伸。石炭纪其东侧为甘孜-理塘洋盆,西侧为金沙江洋盆,两侧大洋均处于扩张时期。中咱-中甸-义敦地块内部构造稳定,类似克拉通背景,边缘受两侧大洋影响,具有被动大陆边缘特征。构造上主体表现为伸展背景。

2. 岩相特征

中咱-中甸地块稳定型石炭系主要分布在金沙江东岸的巴塘—中咱一带,总体由碳酸盐岩组成,称为顶坡组。次稳定型石炭纪沉积主要分布在木里—水洛河西岸,称为邛依组。顶坡组为整合覆于塔利坡组之上、伏于冰峰组之下的一套碳酸盐岩地层体,以鲕粒灰岩和含鲕粒灰岩为特征区别于上、下岩石地层单位,含䗴、珊瑚及腕足类化石。邛依组岩性以灰色厚层状含硅质条带、团块中细晶大理岩为主,夹薄层状大理岩、硅质岩及少量泥质板岩。

该区引用剖面 4 条(115~118 剖面)。典型沉积岩相分述如下。

局限台地相:以中甸县大羊场—么郎一带的石炭系下部(大羊场组,贡山县、中甸县幅)为代表,以灰岩为主,具水平纹层、底冲刷构造,含核形石,产珊瑚、䗴、腕足类化石,包括半局限台地、潟湖、潮坪沉积,出现于该区西侧南部。

开阔台地相:早石炭世沉积了灰色灰岩、鲕状灰岩夹紫红色生物碎屑灰岩、灰岩,产较丰富的珊瑚、腕足类及䗴,厚数百米,为开阔台地相,包括温暖的潮坪-上部浅海环境。

在白玉县盖玉乡一带,下石炭统为杂色晶屑沉凝灰岩、灰黑色千枚岩、变质细砂岩、基性火山岩、安山岩等夹大理岩,产少量藻及䗴,厚千米,似为斜坡次稳定型的沉积环境;至晚石炭世,岩石组合变为灰—深灰色千枚岩、碳质千枚岩、石英千枚岩,夹条带大理岩、大理岩,厚千米以上,为斜坡复理石碎屑堆积。

3. 古地理特征

古地理总体表现为东深西浅格局,内部沉积相带呈南北向延伸。由西向东依次为局限台地相、开阔台地相、台地边缘浅滩相和台缘斜坡相等。

二、金沙江-哀牢山扩张洋盆($Ⅷ_2$)

1. 构造特征

金沙江-哀牢山扩张洋盆仅包括传统的可可西里-金沙江-哀牢山带的东南段,其北西段并入巴颜喀拉洋盆,两者分界大致在玉树附近。洋盆西侧为昌都-兰坪-思茅地块,东侧为义敦-中甸地块。已有研究(王立全等,1999)表明金沙江洋盆形成时代为早石炭世—早二叠世,晚泥盆世具有洋盆的雏型,早二叠世是洋盆扩展的鼎盛时期,早二叠世晚期—晚二叠世俯冲消减,三叠纪弧-陆碰撞,晚三叠世闭合,其标志是蛇绿岩的定位和石钟山组(T_3s)磨拉石的不整合覆盖。

2. 岩相特征

金沙江-哀牢山洋盆石炭纪物质记录较少,零星包含于金沙江蛇绿混杂岩群(D—T)中,以构造混杂岩的形式产出,主要岩石组合包括泥质灰岩、泥灰岩、杂砂岩、粉砂岩、页岩、放射虫硅质岩、中基性火山岩等,往往形成低密度浊积岩,形成于深海-次深海环境。重要而可靠的年代信息如下。

在可可西里-金沙江结合带中段蛇绿构造混杂岩中,获得与洋脊型玄武岩相伴的硅质岩中的早石炭世放射虫 *Albaillella paradoxa defladree*, *Astroentactinia multispinisa* Won;早二叠世放射虫 *Albaillella* sp.,*Pseudoalbailla* sp.等;晚泥盆世—早石炭世放射虫 *Entactinia* sp.,*Entactinosphera* sp.,*Entactinia parva* Won,*E. tortispina* Ormiston et Lane,*Entactinosphera foremanae* Ormiston et Lane,*En. cometes* Foreman,*En. deqinensis* Feng,*Belowea varibilis* (Ormiston et Lane),*Astroentactinia multispiosa* (Won)。雪压央口-羊拉地段洋脊型玄武岩锆石 U-Pb 年龄为 (361.6±8.5) Ma,相当于晚泥盆世。最新获得东竹林堆晶辉长岩 SHRIMP 年龄为 353.9 Ma,时代为早石炭世。

3. 古地理特征

金沙江洋盆在整个石炭纪均处于扩张阶段。生物古地理研究表明其两侧的生物区系较为一致,均为亲扬子型,表明当时金沙江洋盆为一有限小洋盆。

三、昌都-兰坪地块(Ⅷ$_3$)

1. 构造特征

昌都地块位于金沙江构造混杂岩带与澜沧江构造混杂岩带之间。石炭纪其南西侧的澜沧江洋盆可能已经开始收缩,而北东侧的金沙江洋盆可能仍处于扩张阶段。昌都地块为介于其间的稳定地块,其内部处于相对稳定的沉积背景,边缘受到两侧大洋的影响。昌都地块本部出现第一个稳定盖层沉积,总体为一套稳定的浅海台地-过渡相碳酸盐岩和碎屑岩沉积。

2. 岩相特征

昌都地块内部石炭系分布广泛(图 7-5),主要出现在唐古拉和妥坝-江达-芒康等地区。

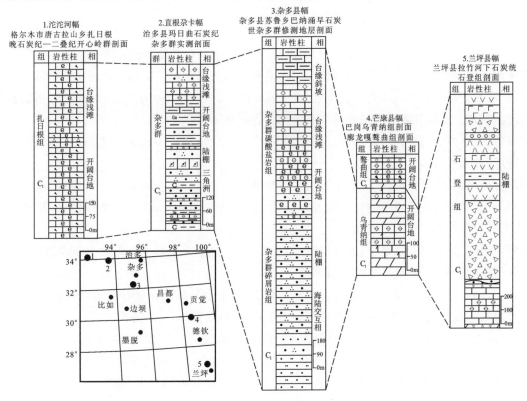

图 7-5 昌都地块内部石炭系剖面对比图(图例见前述相关章节)

唐古拉一带的石炭系为一套泥质碎屑岩、碳酸盐岩及含煤碎屑岩。下石炭统称杂多群(C_1Z)，分为两组：含煤碎屑岩组和碳酸盐岩组。上石炭统称加麦弄组(C_2J)，其中下部称碎屑岩夹石灰岩组，上部称石灰岩组。

杂多群下部含煤碎屑岩组主要为灰黑色、灰绿色粉砂质钙泥质粉砂岩（或板岩），长石石英砂岩，石英砂岩，夹灰岩及煤层、煤线，局部还夹火山碎屑岩。在他念他翁山北坡变为富含煤的碎屑岩，偶夹灰岩透镜体。由杂多向东灰岩成分增加。杂多群上部碳酸盐岩组合主要为灰色、深灰色结晶灰岩，生物灰岩和泥灰岩，局部夹含海绿石硅质岩，岩性与厚度横向变化不大，整合于杂多群下部含煤碎屑岩组之上，产珊瑚和腕足类化石。

加麦弄组下部碎屑岩夹灰岩组，主要为灰黑色、灰绿色板岩，粉砂岩夹泥灰岩，灰岩及煤线，局部夹凝灰岩，岩性横向分布稳定。上部石灰岩组岩性为灰色结晶灰岩、角砾状灰岩、生物灰岩，整合于下部碎屑岩夹灰岩组之上。

昌都分区的妥坝—江达—芒康一带石炭系在类乌齐、妥坝、江达、芒康等地广泛分布，地层发育齐全。其中除下石炭统部分层位为海陆交互相含煤碎屑岩，其余均为浅海碳酸盐岩，岩相稳定，分布广泛，生物化石丰富。石炭系由下往上可划分为下石炭统乌青纳组(C_1w)、马查拉组(C_1m)和上石炭统骛曲组(C_2a)。

乌青纳组在区内较为稳定，为一套灰色、灰黑色中层—块状灰岩夹泥质灰岩，上部含燧石条带，含大量珊瑚、腕足类、双壳类、菊石、腹足类等，整合覆于晚泥盆世卓戈洞组之上，厚度790～981m。从上述所含丰富低盐度生物和灰岩中夹燧石条带等特征分析，乌青纳组的沉积环境应属较为平静的而有利于底栖生物繁茂的浅海陆棚沉积。马查拉组为一套由灰色、深灰色、灰黑色砂岩，板岩，灰岩，生物碎屑灰岩，泥灰岩，夹含海绿石硅质岩、煤线及煤层组成的海陆交互相煤系地层，厚1 216～1 690m。上石炭统骛曲组由灰色、深灰色、灰黑色灰岩，生物灰岩，泥质灰岩，结晶灰岩，泥岩，页岩，板岩，砂岩，夹白云岩、灰绿色晶屑凝灰岩等组成，产腕足类、珊瑚、䗴类、苔藓虫、介形虫、腹足类等，总厚度287.5m～566.5m。据岩石组合、沉积构造与古生物等特征，本区骛曲组为浅海陆棚泥质岩、碳酸盐岩夹火山碎屑岩沉积环境。

该区引用地层剖面20条(119～122，126，133～138，132，146～151，153，154剖面)。沉积岩相主要为辫状河流相、滨岸沼泽相、滨岸砂堤海湾-潟湖相、局限台地相和开阔台地相等。

滨岸沼泽相：位于下石炭统马查拉组下部，主要岩性为灰黑色薄—中厚层状石英砂岩、钙质砂岩、泥质砂岩、泥岩与碳质页岩和碳质粉砂岩互层，含菱铁矿结核，局部小型斜层理和波痕发育，含腹足类化石及植物化石碎片。下部有数层可采煤层，中、上部含煤线及多层薄煤。

滨岸砂堤相：位于马查拉组底部，主要为灰黄色中—厚层块状石英砂岩夹碳质砂质粉砂岩及泥、砂质灰岩薄层，具水平层理。

局限台地相：见于马查拉组上部，下石炭统与骛曲组下部，以灰色、深灰色中厚层—块状泥晶灰岩、泥质灰岩为主，含生物碎屑或生物碎屑泥晶灰岩次之，少量白云质灰岩，产珊瑚、腕足类和苔藓虫等化石，并在下石炭统上部发育有海绵礁。

开阔台地相：见于马查拉组中、上部，骛曲组上部，以灰色中薄层状—厚层块状泥晶灰岩、泥质灰岩与浅灰色、灰黑色中厚层—块状生物碎屑泥晶灰岩间互产出为特征，偶见黄色或黑色薄层状钙质页岩、粉砂岩或细砂岩，产丰富的䗴类、珊瑚、腕足类、腹足类、介形虫及海百合化石和大量的生物碎屑。

昌都地块下石炭统沉积岩相垂向上自下而上为辫状河流-滨岸砂堤-海湾—潟湖-局限台地-开阔台地；晚石炭世为开阔台地沉积。总体格局是泥盆纪末昌都地块抬升为陆，石炭纪早期接受海侵，由于构造升降的小幅变化，引起海侵与海退的相应调整，直至晚石炭世才发展为浅海。

在区域上，马查拉组沉积早期在类乌齐马查拉地区为局限台地相沉积，马查拉组沉积中晚期发育有潮坪沉积。上石炭统骛曲组为一局限台地相沉积。在江达地区，石炭系出露有相当于马查拉组、骛曲组地层,沉积岩相主要为晚石炭世开阔台地相和早、晚石炭世局限台地相沉积。

3. 古地理特征

区域上昌都地块位于金沙江洋和澜沧江洋之间,澜沧江洋代表主洋盆的位置,金沙江洋刚刚开始发育。正是由于金沙江洋的发育将昌都地块从扬子板块上裂解出来,昌都地块内部总体上发育了一套稳定的浅海台地-过渡相碳酸盐岩和碎屑岩沉积。

古地貌的差异及海平面的波动,使昌都地块内部的具体沉积环境有所差异。在杂多西边很可能发育一个古隆起,延伸方向大体为北东-南西向。该隆起的地形起伏不大,河流沉积发育较差,表现为一近海平原,在其外侧发育近海沼泽。由于碎屑物供应稀少,向广海方向发育碳酸盐岩沉积。近陆侧表现为相对低能局限台地,外侧演化为开阔台地环境,台地远端局部沉积了高能的礁滩体。

四、乌兰乌拉湖-北澜沧江扩张洋盆($Ⅷ_4$)

1. 构造特征

乌兰乌拉湖-北澜沧江扩张洋盆介于北羌塘地块和昌都地块之间,其北西端在乌兰乌拉湖西北交接于金沙江结合带,向南东经吉塘残余弧东侧,在左贡县扎玉-带交汇于扎玉-碧土结合带,继而为南澜沧江带。该带大部分地段被东侧杂多-类乌齐-东达山二叠纪—中晚三叠世火山弧向西逆冲掩盖,尚未见蛇绿混杂岩/混杂岩出露。

2. 岩相特征

乌兰乌拉湖-北澜沧江扩张洋盆区出露的石炭系为西金乌兰群(CP_1X)下部,可分两个组,碎屑岩组(CP_1X^a)和火山岩组(CP_1X^b)。西金乌兰群碎屑岩组主要岩性为浅灰色中—厚层石英砂岩、长石石英砂岩夹粉砂岩、灰岩、硅质岩和玄武岩等。砂岩中有粒序层和小型交错层。硅质岩为灰白色、青灰色、紫红色中—薄层状泥质硅质岩与放射虫硅质岩,两者可形成递变纹层,发育水平层理。火山岩组,岩性为灰绿色、灰色玄武岩,安山岩,火山角砾岩,凝灰岩夹碎屑岩,总体具有蛇绿混杂岩的特征,表现为镁铁质—超镁铁质岩呈断续分布的残块,被混杂基质围绕。岩石类型有斜辉橄榄岩、滑石化橄榄变角闪岩、辉长岩、蚀变辉长岩、蚀变辉长辉绿岩、枕状玄武岩、块状玄武岩、放射虫硅质岩、泥质灰岩、千糜岩等。形成于半深海-深海环境(依据剖面157)。

此外,在东段梅里雪山一带有洋中脊玄武岩和辉绿岩(雷德俊,1987),其余大部分地段被东侧火山弧和地块向西的逆冲掩盖,部分地段的韧性剪切带具有相当的规模。在维西白济汛—兰坪营盘一带见有保存完好的洋脊型蛇绿岩,由蛇纹岩、堆晶杂岩(橄榄单辉岩-辉长岩-钠长花岗岩)、变基性火山岩、放射虫硅质岩组成。时代为石炭纪—早中二叠世。

3. 古地理特征

乌兰乌拉湖-北澜沧江洋盆石炭纪为扩张阶段的大洋,向南东与主洋盆相连,本身为一有限小洋盆。在类乌齐、吉塘地区,日阿泽弄组玄武岩岩石化学资料表明其具有 E-MORB 特点,应是弧后扩张出现的洋壳的产物(王建平,2003)。

五、北羌塘地块($Ⅷ_5$)

1. 构造特征

北羌塘地块东西向展布,呈中部宽,东、西窄的近似透镜状,其南北边界分别为龙木错-双湖-北澜沧江结合带和可可西里-金沙江结合带,西止于阿尔金断裂,北东以北澜沧江断裂与昌都地块相邻。石炭纪北羌塘是青藏高原内部最大的稳定块体之一。区内石炭系主要为一套正常浅海相碳酸盐岩-碎屑岩建造,整体上具有类似克拉通盆地的属性,受区域构造的影响局部可能出现伸展裂陷背景。

2. 岩相特征

北羌塘地块石炭系露头零星,集中分布在西部的拉竹龙和玉帽山一带,此外在藏色岗日东南也见少量分布(图7-6)。该区引用地层剖面9条(160～168剖面)。北羌塘地块石炭系在西部的拉竹龙一带由下自上分别是月牙湖组(C_1y)和冈玛错组(C_2g)。

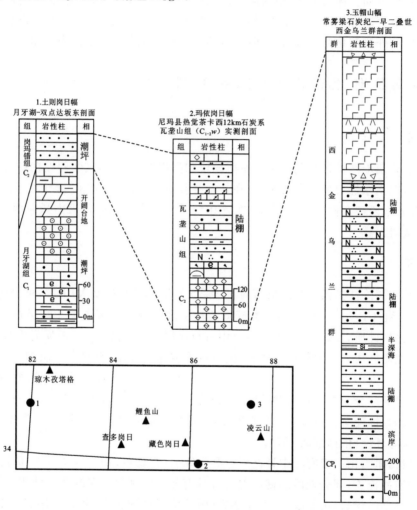

图7-6 北羌塘地块内部石炭系剖面对比图(图例见前述相关章节)

月牙湖组砂岩段岩性以石英砂岩夹少量灰岩为主;灰岩段主要为细晶灰岩、结晶灰岩、白云质灰岩等,含丰富的腕足类、腹足类、珊瑚等化石。砂岩段出露较广,以石英砂岩为主,横向常相变为板岩夹砂岩,砂岩局部见交错层理,具(滨岸浅水沉积环境,局部有水道)潮坪相沉积特征。灰岩段仅在东部零星出露,以生物灰岩、泥灰岩为主,上部出现砾屑灰岩、板岩等,为浅海碳酸盐台地相。该组横向变化较大,总体由西向东泥、砂质增多,地层厚度加大。拉竹龙附近该组以碎屑岩为主,灰岩段较薄。在月牙湖附近灰岩段以碳酸盐岩为主,为生物灰岩、泥灰岩间夹钙质页岩、钙质粉砂岩、粉砂岩,厚度大于1 150m;向东至日湾茶卡附近,灰岩段岩性以泥质灰岩为主夹砂质灰岩、页岩、石英砂岩等。日湾茶卡东山碎屑岩几乎占整个地层厚度的1/2,且夹较多复成分砾岩、含砾粗砂岩。

冈玛错组与下伏月牙湖组整合接触,未见顶,岩性为浅灰—灰黄色石英砂岩、长石石英砂岩、灰绿色粉砂岩夹灰岩透镜体,产珊瑚、腕足类及棘皮类化石。总体属一套陆源碎屑滨岸相碎屑岩建造。

在马尔盖茶卡、玉帽山一带,石炭纪—早二叠世地层称西金乌兰群(CP_1X)。下部层位为碎屑岩夹灰岩、硅质岩和火山岩，出露厚为948~1 900m；上部层位为中—基性火山岩夹极少量泥晶内碎屑灰岩，灰岩中产少量腹足类化石，出露厚为726~1 896m。下部碎屑岩组岩性为浅灰色、灰色中层状岩屑砂岩，长石石英砂岩，长石砂岩夹粉砂岩，千枚状板岩（原岩为泥岩、泥质粉砂岩），灰岩，玄武岩，硅质岩。上部火山岩组岩性为灰绿色、褐色杏仁状、块状、枕状玄武岩，橄榄玄武岩，辉石玄武岩，安山岩，粒玄岩及褐色、浅绿色火山角砾岩，玄武质凝灰熔岩，辉绿玢岩，岩石普遍强烈绿泥石化。西金乌兰群沉积早期，陆源碎屑多为石英碎屑，说明其沉积-构造环境相对稳定。后期由于地壳活动性加强，沉积相的变化亦较大，总体以滨岸-浅海陆棚相沉积为主，局部地区出现了半深海的沉积。

在玛依岗日幅瓦垄山组（C_2w）下部以灰岩为主夹少量粉砂岩，具体岩性为黑灰色中厚层状微晶灰岩、灰色中层状灰岩、泥晶灰岩、碎裂灰岩、深灰色中厚层状微晶灰岩、深灰色中厚层状结晶灰岩、中薄层状泥质条纹灰岩、生物碎屑灰岩及褐灰色薄层粉砂岩，普遍产珊瑚（横板珊瑚、皱纹珊瑚）、腕足类、海百合茎、䗴及非䗴有孔虫化石，未见底。上部以细碎屑岩为主夹灰岩，具体岩性为黄灰色中层状中粒长石石英砂岩、细砂岩、褐灰色粉砂岩、含碳质粉砂岩、深灰色中层状微晶灰岩、砂屑灰岩及生物碎屑灰岩，具韵律型沉积，由若干厚薄不等的韵律层组成，灰岩中普遍产珊瑚、䗴、层孔虫、苔藓虫等，粉细砂岩普遍产保存欠佳的腕足类、双壳类化石，未见顶。

在羌塘中部查布查桑地区日湾察卡组（C_1r）零星呈断块出露，岩性为浅紫红色中—厚层状砂砾屑细晶灰岩、含砂砾屑生物碎屑灰岩、灰色中层状含生物碎屑藻球灰岩、藻屑灰岩、（含）生物碎屑泥晶灰岩、浅灰色厚—块状珊瑚礁灰岩夹薄—中层状介壳生物灰岩，含珊瑚、腕足类、菊石、角石、海百合茎、苔藓虫等化石，以丰富的珊瑚和腕足类化石为突出特征，厚大于210.32m。日湾察卡组与周围岩石皆为断层接触，未见顶、底。日湾察卡组沉积相应为开阔台地相、台地浅滩相、台地点礁相。

北羌塘石炭纪—早二叠世火山岩以中西部的西金乌兰群为代表，分布于花石山、向东沙河及朝阳湖一带，主要由一套基性火山岩组成。岩性为枕状玄武岩、橄榄玄武岩、辉石玄武岩、安山岩、粒玄岩及火山角砾岩、玄武质凝灰熔岩、辉绿玢岩。岩石化学特征表明西金乌兰群火山岩具有裂谷碱性系列火山岩的特征，为大陆板内构造环境。

3. 古地理特征

石炭纪北羌塘地块南面为古特提斯主洋盆，北面的巴颜喀拉-可可西里可能也具有大洋属性。石炭纪—二叠纪古特提斯由扩张转为收缩，受巴颜喀拉-可可西里洋影响，其北侧局部发育裂陷拉张作用。在此背景下，北羌塘地块总体上具有被动陆缘沉积特征，其中部发育碳酸盐岩台地沉积，向南北两侧进入陆棚环境。南侧稳定而单调，形成碳酸盐岩和碎屑岩的混合沉积；北侧总体上是碎屑岩陆棚沉积，在其靠近羊湖-金沙江带出现复理石沉积和基性火山岩，表明进入拉张裂陷背景，进入半深海环境。在绥加日一带可能发育一小型古隆起。碳酸盐岩台地向西延伸至拉竹龙一带，其南侧出现明显的台地边缘相带，似乎与泥盆纪的生物礁相台地边缘有一定继承关系。

六、塔什库尔干-甜水海被动边缘（$Ⅷ_6$）

1. 构造特征

该区位于编图区西北部，西南以深大断裂与北冈底斯岩浆弧相邻，东北以康西瓦结合带与西昆仑火山岩浆弧为界，以大红柳滩-郭扎错断裂带与玉龙塔格为界，南以阿尔金断裂南段为界，西北延出研究区。该区通常被认为是北羌塘地块在阿尔金断裂以西的延伸部分，沉积盆地属性接近于一个被动边缘。

2. 岩相特征

石炭系在本区较零星，主要在西克罗宗山至阿克赛钦湖一带。下石炭统称帕斯群，上石炭统称恰提尔群,二者之间为整合接触,下与泥盆系断层接触,上与下二叠统整合接触。

帕斯群出露于叶尔羌河上游大黄山—卡帕朗沟、向阳峰一带,为碳酸盐岩与碎屑岩沉积。下部为粉晶灰岩、生物微晶灰岩,局部见珊瑚礁体,有微晶白云岩;上部为长石石英砂岩、粉砂岩、灰岩、石英安山岩、玄武质火山角砾岩、杏仁状玄武岩。未见底,厚大于9 211m。下部为碳酸盐岩,其中有紫红色灰岩,代表浅水氧化环境,且有纯净白云岩,因此下部形成于碳酸盐岩台地边缘生物礁-盆地边缘相至半封闭海湾环境。上部以碎屑岩为主,并伴有火山岩,形成于不稳定的浅海环境。下部碳酸盐岩中产珊瑚化石 *Dinophyllum irregulare*,*Lithostrotion yaolingense*,为早石炭世早期。另有 *Syringopora* sp.,*Caninia* sp.,*Thamnopora* sp.;腕足类 *Dielasma* sp. 等。

恰提尔群出露于伊力克以东、卡帕浪沟以西、红山湖和多坦塔格山一带,乃扎塔什克尔、琼塔什阔勒、卡拉其古一带也有出露,为细粒碎屑岩夹少量碳酸盐岩。下部灰色中厚层状细粒石英杂砂岩夹细粒钙质石英砂岩,灰色厚层状石英粉砂岩夹细粒石英砂岩;上部为生物灰岩、砂质灰岩夹钙质砂岩。与下伏帕斯群整合接触,与温泉沟群不整合接触,厚度大于4 500m。横向上变化较大,卡拉其古一带,为碳酸盐岩,属海滩及滩后台地沉积;伊力克东侧一带,出现大套砾岩、粉砂质板岩夹不纯灰岩以及蚀变安山岩、蚀变流纹岩等。灰岩中产有䗴 *Fusulinella*,*Pseudostaffella*;非䗴有孔虫 *Hemigordius* sp.,*Palaeotextularia* sp.;腕足类 *Choristites* 等。本群以细碎屑岩为主,其中砾岩为水下扇道沉积物;火山岩的出现代表环境不太稳定;碳酸盐岩代表浅海环境。恰提尔群的沉积环境为陆缘斜坡相。本区引用地层剖面5条(88~92剖面)。

3. 古地理特征

塔什库尔干-甜水海地块石炭系沉积相对稳定,类似于一个被动边缘盆地,总体地势表现为北东高、南西低,即水体由北东向南西逐渐加深。在北东部发育三角洲相和碎屑岩滨岸相沉积,推测在其周围存在一些古隆起岛屿,为其提供物源。向西南方向,依次出现细碎屑岩陆棚、碎屑岩碳酸盐岩混积陆棚、半深海大陆斜坡盆地等相带(图7-4),这些相带总体呈北西-南东向展布。推测广海大洋位于其西南侧。

七、若尔盖-松潘地块(Ⅶ)

该大地构造相单元目前缺少剖面控制。根据南方岩相古地理图、南部大地构造相空间规律,同时参考地球物理揭示的地壳结构,分析存在若尔盖古隆起,其周围属于滨浅海沉积区。很可能类似于现今北美东岸大西洋中的巴哈马台地。推测其沉积格局与黄龙碳酸盐岩台地、西倾山地块类似。

第五节 班公湖-双湖-怒江-昌宁地区构造-岩相古地理

班公湖-双湖-怒江-昌宁地区是现今班公湖-怒江结合带和龙木错-双湖-澜沧江-昌宁结合带围限的地区,称为班公湖-双湖-怒江-昌宁-孟连对接带。最新研究认为班公湖-怒江结合带所代表的大洋与龙木错-双湖结合带所代表的大洋是同一个大洋,即特提斯大洋,推测当时其规模可与现今太平洋比拟。而班公湖-双湖-怒江-昌宁-孟连对接带是特提斯大洋盆地在青藏高原最终闭合消亡的场所。

石炭纪该区为特提斯大洋所据,其大地构造相单元可称为班公湖-双湖-怒江-昌宁(消减)洋盆(Ⅸ)。包括双湖-托和平错-查多冈日洋盆、南羌塘西部地块、左贡地块以及班公湖-怒江洋壳4个次级大地构造相单元。该区石炭纪时期总体处于大洋体制下,构造和沉积环境复杂多变(图7-7)。

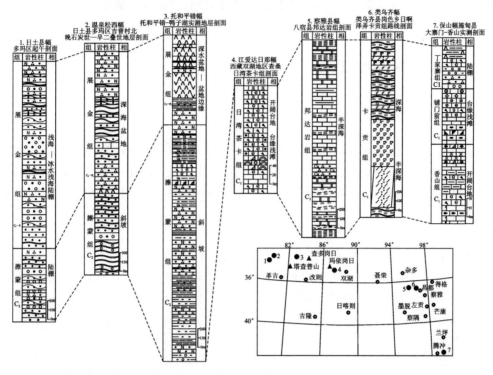

图 7-7 班公湖-双湖-怒江-昌宁地区石炭系剖面对比图（图例见前述相关章节）

一、双湖-托和平错-查多冈日洋盆（IX_1）

1. 构造特征

位于班公湖-双湖-怒江-昌宁（消减）洋盆北部，呈透镜状北西西向展布。包括现今的龙木错-双湖蛇绿混杂岩带和托和平错-查多冈日洋岛海山增生杂岩带。两者都表明石炭纪时期该区为洋域背景。

2. 岩相特征

该区石炭系包括上石炭统擦蒙组和上石炭统—下二叠统展金组。

擦蒙组岩性以含砾砂质板岩为主，夹含砾粉砂岩、砂砾岩、板岩，局部夹薄层基性火山岩，未见底。展金组岩性主要为石英砂岩、粉砂岩、砂质板岩夹多层中—酸性火山碎屑岩和少量基性熔岩。带内引用地层剖面 14 条（170、173~181、184~187 剖面）。主要的沉积环境为深海、半深海，岩相包括碳酸盐岩、碎屑岩和火山岩。

深海-半深海相以 185 剖面的展金组最为典型。其主要特征：宏观沉积层序上，该组下部由泥质粉砂岩和含粉砂质泥岩构成韵律性层理，砂泥比 1:2 或 1:4，纵向上表现为深水浊流沉积的扇叶叠覆岩相组合。岩相组合为薄层硅质岩、黑色泥岩、火山喷发岩、含砂屑生物灰岩、含介形虫泥晶灰岩及深水浊流沉积的碎屑岩相伴产出，硅质岩与黑色泥岩互层，并夹有薄层砂屑生物屑灰岩。岩性变化较大、岩相组合复杂。

3. 古地理特征

石炭纪该区为洋域环境，古地理环境复杂多变。在大洋体制下存在多种环境，包括深海、半深海、滨浅海等，深海可能存在洋岛海山。

需要说明的是，现今的结合带当时为大洋，大洋的规模目前几乎无法准确恢复。大洋内部也具有复杂的次级单元。把宽广大洋内复杂的古地理面貌复原在狭窄的结合带内，目前还没有成熟的表示方法。本次编图中对结合带内的地层露头当做孤立的点来处理，而不是按照瓦尔特相律大面积铺开。在没有物质记录的区域,只推定其大概的环境,而不确定其具体岩相,在图面上表示为面色。这一点与相对稳定的地块上的作图方法有所不同。

二、南羌塘西部地块（IX_2）

1. 构造特征

该区位于研究区中西部多玛地区,呈北西西略宽、南东东略窄的近平行四边形带状,北西西-南东东向展布。石炭纪该区为班公湖-双湖-怒江-昌宁特提斯主洋域中的残余陆壳。沉积建造为次稳定型,含冷水动物群。缺失早石炭世沉积。石炭纪很可能该区为一从亲冈瓦纳陆块上裂入大洋中的上陆棚-陆坡残片。

2. 岩相特征

该区缺失下石炭统,上石炭统—下二叠统为冰水沉积,包括擦蒙组（C_2）和展金组（C_2-P_1）。擦蒙组为以冰水沉积为特征的含砾板岩夹含砾砂岩、砂砾岩、板岩及基性火山岩组合,厚逾500m。展金组以火山岩与砂板互层或互为夹层为特征,其中火山岩以中酸性火山碎屑岩为主,其次有基-酸性熔岩,厚3 254m,富含 *Ambikella* 等典型冷水腕足类、*Eurydesma* 等典型冷水双壳类、冷水型小单体珊瑚等化石及暖水型动物化石。

该区引用地层剖面8条（182、183、188～193剖面）。根据主要地层剖面,结合区内岩石地层展布特征及其他前人资料可知,区内沉积相发育复杂,包括半深海碎屑岩相和浅海陆棚环境等,后者可进一步划为冰水沉积和碎屑岩、火山岩沉积相。

3. 古地理特征

南羌塘西部地块为广阔的特提斯主洋域中的陆壳残余,表现为东北倾伏、西南翘起的地势特点,即水体东北深、西南浅的格局,由西南的浅海碎屑岩沉积过渡为半深海沉积,从而进入深海大洋区。

三、左贡地块（IX_3）

1. 构造特征

该区位于研究区东南部,呈北西-南东向宽窄不一的条带状展布。其北为属于北澜沧江结合带南段的类乌齐-曲登结合带,南为属于班公湖-怒江结合带东段的丁青-八宿-碧土结合带,属于古提斯主洋域中的残余陆壳,构造活动剧烈。

2. 岩相特征

该区地层单元较少,东部出露前寒武系吉塘岩群和下古生界酉西群,西部出露大片上三叠统及少量侏罗系,石炭纪地层零星出露。引用剖面2条（123、139剖面）。

出露石炭系为卡贡组。在类乌齐、昌都一带,其岩性为一套变质较浅、变形强烈、岩性单一、化石稀少的暗色碎屑岩夹灰岩和火山岩。整体特征上表现为砂岩与板岩呈不等厚互层,具复理石韵律,且生物化石罕见,显示浊流沉积特点,属半深海-深海相沉积环境。往南在金多一带岩性为灰绿、灰色变质石英砂岩,局部夹大理岩、帘石岩和斜长角闪岩。在玉龙一带卡贡组上部岩性为灰色中厚层结晶生物碎屑灰岩及大理岩夹砂板岩,以及灰色薄层结晶灰岩夹板岩。东达村一带下部为浅灰色变质石英砂岩、片理化石英岩及白云母石英片岩;上部岩性为灰色厚层块状结晶灰岩、中晶白云岩夹灰绿色绿泥片岩;靠顶部为灰黑色含碳质红柱石板岩,灰绿色硅化白云石绢云绿泥片岩夹灰紫色变质砾砂岩和变质石英砂岩。总体上为一套半深海的碎屑岩-碳酸盐岩沉积。

3. 古地理特征

由于其为广阔的特提斯主洋域中的古老陆壳残片,地势起伏不大,多数时间为古陆剥蚀区,但在石炭纪特提斯洋剧烈扩张期应广泛为海水覆盖,以发育半深海沉积为主。左贡地区古地理格局总体上具有北深南浅的特点,北部为发育大量基性岩的深海碎屑岩沉积环境,南部则变为了一套以碎屑岩和碳酸盐岩为主体的半深海沉积环境。

四、班公湖-怒江洋盆(IX_4)

该区位于研究区中部,呈近东西向、宽窄不一的条带状展布,为班公湖-双湖-怒江-昌宁特提斯主洋域残余盆地。广阔的特提斯主洋域在晚石炭—早中二叠世达到鼎盛期,西起中东,东到太平洋泛大洋,自西向东呈西部收敛、东部撒开的喇叭口状。洋盆中洋岛与海山遍布,构造十分复杂。

石炭纪具有确切记录的是班公湖-怒江结合带的东段——丁青-碧土蛇绿岩带。目前共有28个超基性岩体,一般长数百米至至十几千米,宽数米至1km。总体呈透镜状、扁豆状、似脉状沿北西、北西西向断续展布。丁青色扎区的加弄沟、宗白-亚宗一带可见完整的蛇绿岩层序,自下而上为橄榄岩(厚度大于7 500m)→堆晶岩(厚260m)→辉绿岩和辉长辉绿岩墙群→玄武质熔岩→放射虫硅质岩。在日隆山、娃日拉一带,由下部纯橄岩与二辉橄榄岩→中上部辉石岩与辉长岩互层组成的堆晶杂岩,总厚度大于1 200m(郑海翔等,1983;潘桂棠等,1983;张旗等,1985)。上述蛇绿岩与下石炭统古米组、左巴组深水复理石沉积伴生,区域上,上侏罗—下白垩统不整合覆盖,已知蛇绿岩形成时代为石炭纪—侏罗纪。

总体而言,该区石炭纪物质纪录少,时代可靠性差,引用剖面7条(124、125、140~142、169、171剖面)。该区地层零星出露,其显示的沉积环境多为半深海,总体从构造属性上推测区域沉积背景为深海洋盆。

第六节 冈底斯-喜马拉雅地区构造-岩相古地理

冈底斯-喜马拉雅地区位于编图区南部,北界为班公湖-怒江结合带南界断裂,南界为喜马拉雅主边界断裂。王立全等(2008)对冈底斯带石炭纪—二叠纪火山岩研究表明,该带的火山岩形成于活动大陆边缘的岛弧构造环境,岛弧造山作用经历了初始岛弧→早期岛弧→成熟岛弧的发展演变过程。综合分析冈底斯带及其邻区近年来的最新调查与研究成果后,建立了从北向南具有石炭纪—二叠纪冈底斯岛弧→雅鲁藏布江弧后裂谷盆地→喜马拉雅陆缘裂陷盆地的弧盆系时空结构演化模式。据此,该区石炭纪大地构造相单元包括北冈底斯岩浆弧(X_2)、南冈底斯弧后盆地近弧带(X_3)、喜马拉雅弧后盆地近陆带(X_4)、保山地块(X_5)等次级大地构造相单元,此外在北冈底斯岩浆弧中包含聂荣陆壳残片相(X_1)。上述大地构造格局决定了沉积盆地的性质,进而控制了沉积岩相的特征和展布(图7-8)。

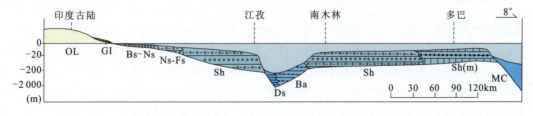

图7-8 冈底斯-喜马拉雅地区石炭纪沉积岩相展布示意剖面(图例见图7-2)

一、聂荣陆壳残片相（X_1）

聂荣陆壳残片相（X_1）夹持于班公湖-怒江结合带中段南、北两条蛇绿混杂岩亚带之间，被认为是冈瓦纳大陆的东北陆缘弧残块（潘桂棠等，1995），主要出露地层为中新元古代聂荣岩群和前石炭系。石炭纪，推测为隆起剥蚀区。

二、北冈底斯岩浆弧（X_2）

1. 构造特征

该区位于研究区中南部，为一呈北西-南东向、宽窄不一的带状展布，北为班公湖-双湖-怒江-昌宁特提斯主洋域，南为南冈底斯弧后裂陷盆地，西北、东南延出研究区，面积广大。

冈底斯带火山岩研究（王立全等，2008）表明冈底斯带石炭纪—二叠纪火山岩形成于活动大陆边缘的岛弧构造环境，造弧作用经历了初始岛弧→早期岛弧→成熟岛弧的发展演变过程。区域分析认为，该岛弧是班公湖-怒江洋盆向南西俯冲作用所致，石炭纪为初始造弧阶段，岛弧岩浆岩主要分布于冈底斯东部地区。

2. 岩相特征

该区石炭系划分为下石炭统永珠组和上石炭统拉嘎组，引用地层剖面21条（131、143～145、194、202、205～208、211、215～216、220～226、228剖面）。

通过各剖面描述可以得出该区石炭系有以下几个共同特点：①以砂、泥交替的厚层互层层理或薄层互层层理为主要特征；②砂岩结构、成分成熟度极高，多以长石石英砂岩或石英砂岩为主；③砂岩普遍存在平行层理，泥岩普遍存在水平层理；④见有脉状、透镜状和波状层理；⑤见薄层生物碎屑灰岩及大量正常浅海底栖生物化石。表明与其南部的南冈底斯弧后盆地区相比，该区内石炭系碳酸盐岩和生物化石增加，属正常的海洋环境。

该区的沉积环境主要为浅海相沉积环境。沉积上具有碳酸岩-碎屑岩-火山岩、碎屑岩、碎屑岩-碳酸岩等的组合特点。东侧石炭系下与泥盆系松宗组、上与上二叠统洛巴堆组整合接触。该分区的岩性以变质程度较高和含有多层玄武岩、安山岩、流纹英安岩为特色。永珠组岩性以石英砂岩和长石石英砂岩为主，与泥岩呈韵律性互层，夹透镜状灰岩及泥灰岩，并组成韵律结构明显的沉积岩系，砂岩成分和结构成熟度均较高，自下而上，有碎屑岩组分增多、灰岩减少的变化趋势，整体显示具滨海、浅海碎屑陆棚相的沉积环境的特点。

岩浆岩相

该区侵入岩仅见于扎西则-三缅村侵入岩带，即查卡闪长岩体，面积出露为1.13km²，呈岩基产出。岩体北东缘与上三叠统目本组呈断层接触，南西缘有侏罗纪黑云母花岗闪长岩与其呈侵入接触。在岩体内部有后期的辉绿岩、花岗岩呈脉体侵入。查卡岩体所获全岩等时线年龄为（335±14）Ma，形成于岛弧环境的钙碱系列岩石，具有地壳同熔型特征，属I型花岗岩类岩石。

3. 古地理特征

永珠组沉积环境是以波浪作用和潮汐作用为主要沉积作用的滨-浅海环境，局部可以存在碳酸盐岩台地缓坡，与南部地区相比，离海岸线更远。岩石中含有火山夹层，具有重要构造演化意义，王立全等（2008）对此进行了深入研究，结果表明这套火山岩形成于活动大陆边缘构造环境。结合沉积相分析，该区可能为岛弧带的远陆一侧，即初始的岛弧背景。而在其南侧的深水区可能为岛弧向陆一侧，即初始弧后盆地。

古地理格局整体上东部火山岩发育，西部未见。往西部和北部方向灰岩组分增加，从东部的浅海碎屑岩-碳酸盐岩-火山岩沉积环境，逐渐过渡到浅海碎屑岩沉积环境和碎屑岩-碳酸盐岩沉积环境。在西部发育两个古隆起，为申扎古隆起和改则古隆起，东部不发育。

三、南冈底斯弧后盆地近弧带(X_3)

1. 构造特征

火山岩研究表明(王立全等,2008)冈底斯带石炭纪—二叠纪火山岩形成于活动大陆边缘的岛弧构造环境,从早到晚岛弧造山作用经历了初始岛弧→早期岛弧→成熟岛弧的发展演变过程。石炭纪,受班公湖-怒江洋盆向南俯冲作用控制,形成了冈底斯岩浆弧以及南侧的弧后盆地,本区处于弧后盆地靠弧一侧,构造及岩浆活动强烈,总体处于伸展构造背景。

2. 岩相特征

南冈底斯弧后盆地近弧带引用地层剖面18条(196~202、204、209、210、212~214、217~219、227剖面)。该区东、西两侧的地层发育不同,两者以当雄断裂-羊八井断裂为界。西侧石炭系下部为永珠组,上部为拉嘎组,后者上部包含了二叠系;东侧石炭系划分为下石炭统诺错组(C_1n)和上石炭统来姑组(C_2P_1l),后者包括了部分下二叠统。

诺错组整合于下伏泥盆系松宗组灰岩与上覆来姑组之间,为上石炭统含砾板岩之下的一套板岩和碳酸盐岩,岩性以灰色粉砂质板岩为主夹细砂岩。顶部以灰色泥质灰岩及灰色、紫色瘤状灰岩为主,产丰富的腕足类。横向上该组厚度及岩性变化大。

诺错组沉积环境变化较大。横向上,有些地区为稳定的滨浅海沉积,而有些地区则为不稳定的较深水浊流沉积。1:25万当雄县幅对其沉积环境作了较为全面的研究,认为诺错组沉积环境为碎屑岩半深海-深海体系,其中半深海环境主要为大陆斜坡分布区,深海环境则为盆地沉积区。林芝县幅诺错组的沉积环境则比较简单,构成了两个由滨海→浅海的沉积旋回。墨脱县一带的沉积环境变化强烈而迅速。早期的沉积环境以滨、浅海相为主,并伴有强烈的火山喷发活动;晚期则为较深水的斜坡-盆地环境,强烈的火山喷发活动与石炭纪早期开始的沉积盆地拉张背景密切相关,并导致区域性相对海平面的大幅上升。垂向上,诺错组沉积前为稳定的碳酸盐岩台地,进入诺错组沉积期,发生了强烈的火山活动,因而从稳定的滨浅海沉积迅速变深。

来姑组与下伏诺错组和上覆洛巴堆组为整合接触,为一套以含砾板岩为特征的地层体,含双壳类、珊瑚、腕足类化石,厚度400~4 849m。来姑组的岩性为板岩、砂质板岩、含砾砂质板岩或含砾砂岩组成的不等厚互层,夹石英砂岩、细砾岩、中—基性火山岩,间夹少量薄层灰岩或凹镜体。由于含砾板岩和火山岩本身的不稳定性和变质程度的差异,来姑组在区域上有一定的变化。

含砾砂质板岩的岩性特征为块状无层理,偶见下部泥质和粉砂质基质中稀散分布的砾石数量及砾径明显地向上部递减而显递变性,但不具底模构造和韵律性。砾石成分复杂,有石英砂岩、板岩、片岩、灰岩、脉石英、片麻岩、花岗岩、闪长岩、火山岩、辉绿岩及辉长岩等。磨圆度差,常见三角、多角等棱面体。砾径一般2~5cm,小者0.5~1cm,最大可达2.4m×1.3m×0.4m。少数砾石具擦痕、擦面,有的具新鲜的未经磨蚀过的断面,反映其堆集过程中部分未经底流搬运,可能是浮冰环境直接坠入到正常浅海相砂泥质沉积物中。由于砾石分布的不均匀性,往往在走向上变为砾岩或具层纹构造的板岩,其与含砾板岩之间无明显的分界线。林周县乌鲁龙尚见滑塌浊积构造及具载荷构造的假落石。尹集祥等(1997)对含砾板岩的基质做了镜下观察及粒度统计,碎屑物粒度较细、形状不规则,原始颗粒形态没有经过改造,其平均圆度、分选系数、主要粒度系数、主要结构系数等与一般已知各冰碛岩类型均难对比,但与新疆库鲁克塔克震旦纪冰碛层中含砾板岩的统计数据十分一致。

来姑组主体沉积环境应为滨浅海,由滨岸碎屑岩相、潟湖含膏盐细屑岩夹碳酸盐岩相、浅水陆棚含砾碎屑岩相、细碎屑岩夹少量碳酸盐岩相,以及活动性较强的岛弧碎屑岩类中基性火山岩相构成。其中"含砾板岩相"或"杂砾岩相"主要为浅海重力流成因,不排除具有冰川或冰筏沉积成因的可能。

西侧石炭系下部永珠组,为整合于中、上泥盆统查果罗玛组灰岩之上的一套浅海相碎屑岩,主要岩性为细粒石英砂岩、页岩、少量粉砂岩,夹多层灰岩或钙质砂岩,韵律明显,产珊瑚、腕足类和少量双壳类、三叶虫等化石,时代属早石炭世,之上为拉嘎组整合覆盖。拉嘎组为一套以含砾为特征的碎屑岩,主要岩性为灰白色、灰黄色、灰绿色石英砂岩,含砾砂岩,含砾板岩,粉砂岩,页岩及少量薄层砾岩,含冷、暖水相珊瑚及腕足类化石。底部与下伏地层永珠组石英砂岩,顶部与上覆地层昂杰组灰岩或页岩整合接触。

总体上看,拉嘎组在该区分布极为稳定,但化石较为稀少,且多产于滑塌岩块中。冰筏落石和滑塌砾石普遍存在,同时也兼有成熟度极高的沉积岩如石英砂岩,更为特别的是局部地区出现了杂砂岩。

区内拉嘎组具有结构、成分成熟度极高的石英砂岩,见有交错层理、平行层理,同时又具有分选磨圆较好的细砾岩透镜体,并夹有具水平层理的板岩,因此总体上应属滨浅海的滨岸、潮坪、陆棚环境。但同时还普遍存在复成分砾石与单成分滑塌岩块,向上砾石和岩块有变多的趋势,表明当时基底地形变化突然,可能发生在引张背景下的堑垒构造,造成局布重力流发育。根据当时的水深较小的情况分析,可能存在冲积扇、扇三角洲及水下扇沉积。当然,也不排除冰筏落石的存在。细砾岩透镜体应为水道沉积。

3. 古地理特征

沉积相展布表明,该区总体具有南深北浅的总体格局。由南至北依次为深海相、半深海相、滨浅海相,沉积物以陆源碎屑为主,碳酸盐岩和火山岩均占少数。其中深海系推测,并未发现放射虫硅质岩等可靠证据。

晚石炭世地层中发育大量与冰水作用相关的沉积物,指示该区当时为寒冷气候,可能地处高纬度区。

四、喜马拉雅弧后盆地近陆带(X_4)

喜马拉雅弧后盆地近陆带位于主边界断裂以北、雅鲁藏布江碰撞结合带以南。区内以大面积出露前寒武系变质岩和发育从奥陶纪至新近纪基本连续的海相地层为特色(Brookfield,1993),显生宙沉积地层总厚达万余米。前寒武系与奥陶系之间发育不整合,代表泛非运动。

1. 构造特征

其构造特征与南冈底斯类似,总体处于弧后伸展构造背景。盆地属性具有被动大陆边缘盆地向大陆边缘裂谷盆地过渡特征。区内未见该时期岩浆活动的物质记录。随着晚石炭—早二叠世时期Panjal岩浆事件的发生,冈瓦纳大陆边缘发生裂解。分析表明,现今雅鲁藏布江结合带石炭纪晚期已可能开始具有弧后裂谷盆地的属性。

2. 岩相特征

该区引用地层剖面16条(229~244剖面)。喜马拉雅地区石炭系岩相特征总体表现为滨浅海细碎屑岩相,局部出现少量碳酸盐岩沉积。

低喜马拉雅带最具特征的古生界是石炭-二叠系,为具冷水动植物群的冰水相和河流相杂砾岩、页岩/板岩、砂岩和粉砂岩,集中分布于主边界断层的北侧。在尼泊尔境内统称为石炭—二叠系(Amatya, Jnawali,1994),在不丹境内称为Damudas组(Gansser,1983),厚度变化极大。

高喜马拉雅带石炭系仅发育于境外的喜马拉雅山西段的克什米尔、斯皮提、库毛恩等古生代盆地中,在我国境内的喜马拉雅山东段,未见石炭系,与之可对比的地层出现在北喜马拉雅带南带。高喜马拉雅带西段中泥盆统—下石炭统称Lipak组,为钙质砂岩和灰岩及蒸发盐岩(石膏),含牙形石;上石炭统为Po组,岩性为砂岩、粉砂岩和黑色页岩,见双壳类和植物化石。两组总体上沉积于过渡相-滨海环境。高喜马拉雅带东段未见石炭纪地层。

北喜马拉雅带南亚带内石炭系自下而上分为亚里组(D_3C_1y)和纳兴组($C_{1-2}n$)。其中亚里组包括了部分上泥盆统。亚里组为一套以灰黑色灰岩或白云岩、页岩为主夹砂岩的地层体,产菊石、双壳类、腕足类、珊瑚、牙形石和孢粉化石,其底部以灰黑色页岩或灰岩与下伏泥盆系波曲组整合接触,顶部以灰岩或白云岩与上覆纳新组整合接触。纳兴组顶部与上覆二叠系基隆组整合接触,为一套碎屑岩,以页岩和石英砂岩为主，粉砂岩和钙质页岩次之。含丰富的双壳类、腕足类及少量的方锥石、腹足类等化石。沉积环境为近岸滨-浅海环境，局部有河流注入，呈现出三角洲环境特征。

北喜马拉雅带北亚带内石炭系称少岗群(C_1S)或雇孜组(C_1g)，主要分布于康马、苦玛、拉轨岗日和拉孜长所一带，底部与奥陶系断层接触，顶部与二叠系断层接触。该套地层已经变质，但"西藏岩石地层"认为与未变质的亚里组和纳兴组为同一套岩石地层。

现今雅鲁藏布江结合带中石炭纪的地层仅出露在仲巴-扎达地块上，称为打昌群。经1:25万札达县幅近年工作（河北省地质调查院，2004），进一步解体为下石炭统哲弄组($C_1\check{z}$)和上石炭统滚江浦组(C_2g)。哲弄组为一套轻度变质的滨-浅海相细碎屑岩、泥岩夹碳酸盐岩，与下伏中上泥盆统曲门夏拉组、上覆上石炭统滚江浦组整合接触。滚江浦组为一套整合于下二叠统普次丁组(P_1p)之下，为滨-浅海碎屑岩夹少量碳酸盐岩沉积。滚江浦组碎屑岩分选性较好，以中—细粒石英、长石及岩屑砂岩为主，磨圆度较差—中等，显示以碎屑滨岸沉积为主，局部具与台地相碳酸盐混积的特点。

石炭纪喜马拉雅地区总体具有南浅北深的沉积古地理格局。由南至北依次出现陆相冰水河湖沉积、三角洲相、碎屑岩滨岸相、碳酸盐岩台地、碎屑岩和碳酸盐岩混积陆棚相等相带。

陆相冰水河湖沉积：主要沿着印度古陆北部边缘分布，在印度古陆内部低洼地带也有分布。代表性地层集中分布于主边界断层北侧的低喜马拉雅带。在尼泊尔境内统称为石炭—二叠系（Amatya，Jnawali，1994），在不丹境内称为Damudas组（Gansser，1983），厚度变化极大。为具冷水动植物群的冰水相和河流相杂砾岩、页岩/板岩、砂岩和粉砂岩。未获得实测剖面。

碎屑岩滨岸相：分布在陆相冰水河湖沉积外侧，主体为无障壁海岸环境，发育以前滨和临滨纯净的石英砂岩为特色，后滨相不明显。代表性剖面为札达县地雅乡热尼村南的纳兴组剖面，在其中可识别出如下基本层序：下部岩相单元以砂质千枚岩、粉砂质板岩为主，夹薄层变质中粒石英砂岩，局部含黄铁矿斑点，厚小于40cm；上部岩相单元为变质中粒长石石英砂岩、变质中细粒钙质石英砂岩，厚小于135cm，具小型板状交错层理、波状层理，形成于下临滨-上临滨环境。

三角洲环境：聂拉木、吉隆一带的石炭系纳兴组具典型的三角洲沉积特征。可从中识别出如下基本层序。基本层序A：底部为灰紫色厚层状粗中粒长石石英砂岩夹含砾砂岩，含砾砂岩呈透镜体状或似层状产出，其规模不等；向上由深灰色千枚状粉砂岩与黄褐色泥质灰岩互层，过渡为深灰色千枚状粉砂岩为主，厚度100余米；顶部为厚约10m黄褐色巨厚层中粗粒含白云质石英砂岩组成；反映了浅海陆棚-前三角洲-砂坝环境。基本层序B：由3个基本单元组成，下部为深灰色千枚状含碳质砂质泥岩，厚度达90余米；向上为灰色层块状碳质砂质泥岩含少量黄铁矿和厚层含砂质泥岩组成；上部为灰色中厚层细粒石英砂岩夹中薄层细粒长石岩屑石英砂岩、粉砂岩，砂岩层面波痕及虫迹发育。该层序反映了前三角洲-三角洲前缘砂坝环境。基本层序C：由4个基本单元组成，下部为深灰色厚层粉砂质泥岩，中薄层泥质粉砂岩向上过渡为中层细粒长石石英砂岩，中厚层细粒长石砂岩。本组上段下部垂向上共有3个相同韵律层组成，每个韵律层均反映了由细变粗反序特征，代表了三角洲前缘远端砂坝—河口沙坝沉积序列。基本层序D：由3个基本单元组成，下部为浅灰色中薄层细砂岩夹薄层泥质粉砂岩；中部为中薄层细粒长石石英砂岩、灰色巨厚层细粒石英砂岩，具交错层理；上部为深色中厚层状白云质粉砂质泥岩夹褐铁矿生屑砂屑泥岩，产丰富苔藓虫、双壳类及腕足类。该层序反映了前三角洲前缘远沙坝—河口沙坝—分支间湾沉积层序特点。

碳酸盐岩台地：分布在聂拉木-吉隆三角洲西侧的碎屑岩滨岸外侧，以日新、札达和姜叶马地区最为典型。其基本层序和沉积环境为较浅水碳酸盐岩台地，可进一步划分出开阔台地亚相和局限台地亚相。

开阔台地亚相发育于亚里组中下部，岩性为钙质板岩、粉砂质板岩、浅灰—灰色中—薄层大理岩、中—厚层细粉晶白云岩、灰质白云岩。板岩中见水平纹层，大理岩、白云岩中见腕足类等化石碎屑，发育小型沙纹层理。局限台地亚相发育于亚里组中上部，可划分为潮下带、潮间带和潮上带及潟湖4个微相。潮下带由变质含砾粗砂岩、砾屑细晶灰岩、变质中—细粒石英砂岩组成。潮间带由中—薄层白云岩、白云质大理岩、变质砂质灰岩、含碳质粉—细晶白云岩、含石英大理岩、变质含钙质石英砂岩等组成，见水平纹层和板状交错层理，局部含腕足类、腹足类等化石。潮上带主要发育碳质钙质板岩、钙质千枚岩、含角砾粉砂大理岩等，见水平虫迹。潟湖相主要发育碳质千枚岩夹粉砂质板岩。

陆棚相：分布于广海一侧，相带宽阔，岩相稳定。东部为碎屑岩陆棚，西部则表现为碳酸盐岩和碎屑岩的混积陆棚。纵向上代表高海平面时期沉积。

3. 古地理特征

石炭纪喜马拉雅地区总体具有南浅北深的沉积古地理格局。南侧是印度古陆，向北逐渐变为沉积区。沉积相带呈近东西向展布。由南至北依次出现陆相冰水河湖沉积、三角洲相、碎屑岩滨岸相、碳酸盐岩台地、碎屑岩和碳酸盐岩混积陆棚相等相带。

陆相冰水河湖沉积主要沿着印度古陆北部边缘分布，在印度古陆内部低洼地带也有分布。在其外侧为碎屑岩滨岸相，局部有河流注入，呈现出三角洲环境特征。如聂拉木、吉隆一带的石炭系。碎屑岩滨岸相主体为无障壁海岸环境，发育以前滨和临滨纯净的石英砂岩发育为特色，后滨相不明显。碎屑岩滨岸相外侧，沉积环境出现明显东西向分异。大体以聂拉木-吉隆三角洲为界，在东部为碎屑岩陆棚环境，西部出现碳酸盐岩台地。在碳酸盐岩台地则为碳酸盐岩碎屑岩混积陆棚。

五、保山地块（X_5）

1. 构造特征

该区位于研究区东南部边缘，夹持于澜沧江断裂和班公湖-怒江结合带（东段）之间，在研究区内呈北窄南宽、北部收敛、向南撒开的三角形状展布，为班公湖-双湖-怒江-昌宁特提斯主洋域中的残余陆壳。石炭系发育相对稳定的沉积建造。下二叠统具冈瓦纳相含砾沉积和以 *Stepanoviella* 和 *Eurydesma* 为代表的冷水动物分子，表明其强烈的亲冈瓦纳特征。

2. 岩相特征

下石炭统为香山组和铺门前组，缺失上石炭统。香山组和铺门前组为稳定的台地碳酸盐岩。该区引用地层剖面4条（127～130剖面）。碳酸盐岩台地可分出局限台地相，开阔台相，台地边缘浅滩相。

3. 古地理特征

保山地块总体上为主洋域中的残余陆壳，内部沉积稳定，类似一小型陆表海环境，形成碳酸盐岩台地。东南边缘发育活动型沉积，具被动大陆边缘属性。碳酸盐岩台地内部表现为西部相对局限，东部相对开阔。

第七节　周边地区构造-岩相古地理

一、阿拉善陆块（Ⅰ）

1. 构造特征

阿拉善陆块位于编图区东北角，南以龙首山南缘断裂为界。该区主体为稳定的隆起区，以前寒武系广泛出露为特色。区内太古宙—古元古界北大山岩群和古元古界龙首山岩群分布广泛，其上被中元古界蓟县系墩子沟群不整合覆盖。南华—震旦系韩母山群发育冰碛砾岩及含砾板岩。

2. 岩相特征

石炭系未变质-浅变质碎屑岩、碳酸盐岩和火山岩零星出露，也见少量中酸性侵入岩体。

石炭纪该区以隆起剥蚀为主,在其南部边缘出现海陆过渡相沉积环境。在其东南角受到海侵影响,形成滨海沼泽和低能浅海环境。

本区南部龙首山北坡山丹西北出露石炭纪的花岗岩体,未查获该岩体的地球化学数据和同位素年龄资料。

3. 古地理特征

石炭纪阿拉善陆块总体上为一地势低缓的长期隆起区,呈北高南低,其南缘距海不远,偶尔受到海侵波及。

阿拉善陆块区内的海陆过渡相沉积实际上是其南侧祁连陆内盆地区沉积的向北自然延伸。表明当时两者可能连为一体。

海陆交互相含煤沉积指示当时为温暖潮湿气候。

二、塔里木-敦煌陆块(Ⅱ)

(一)塔里木陆块(Ⅱ₁)

1. 构造特征

塔里木陆块位于研究编图区西北部,编图中仅涉及其南部。塔里木陆块是青藏高原北部的稳定陆块。塔里木陆块早石炭世海侵是奥陶纪以后最大的一次海侵。石炭纪塔里木陆块总体表现为克拉通陆表海性质的沉积盆地。

2. 岩相特征

塔里木陆块区石炭系分布广泛,盆地内部石炭系可与盆地周缘露头进行对比。盆地内部石炭系自下而上包括下石炭统巴楚组、卡拉沙依组和上石炭统小海子组。岩石类型丰富多样,岩性有碎屑岩、碳酸盐岩和蒸发岩。碳酸盐岩主要发育于巴楚组、卡拉沙依组和小海子组。碎屑岩主要分布于巴楚组和卡拉沙依组。膏盐岩则主要发育于巴楚地区的卡拉沙依组。

该区引用剖面6条(50~55剖面)、钻孔15个(10~24剖面)。岩相复杂,沉积相主要为海陆过渡相三角洲、滨岸、浅海、碳酸盐岩台地、台地边缘等类型。台地相区分布最广,以开阔台地相与局限台地相为主。

三角洲相:分布于塔里木中部地区的卡拉沙依组砂泥岩段地层中。岩性为灰色粉砂岩(前缘席状砂)和浅灰色厚层泥岩夹薄层粉砂岩。

滨岸相:出现在层序的下部,分布古陆或岛屿的边缘。

浅海相:比较普遍,主要分布于塔西南的东河塘组和巴楚组下泥岩段,岩石为灰色、灰白色、深灰色泥岩,泥质粉砂岩或粉砂质泥岩,夹薄层粉砂岩或砂质粉砂岩。沉积构造主要为水平层理,见波状层理及小型沙纹层理,具生物扰动构造及潜穴、钻孔,常与碳酸盐岩共生或互层。

碳酸盐岩台地:在塔里木盆地分布广泛,主要发育于巴楚组生屑灰岩段、卡拉沙依组标准灰岩段及小海子组,并且常见细粒陆源碎屑与碳酸盐岩互层的现象。根据水体深度、含盐度、沉积特征、生物丰度等将台地分为蒸发台地亚相、局限台地亚相、开阔台地亚相。

台地边缘:礁滩主要在柯坪露头奥依布拉克、孔乌腊奇及克孜里奇曼等上石炭统见到,由亮晶藻黏结灰岩组成。由于沉积界面在浪基面上,长期受潮汐和波浪的簸洗,发育颗粒灰岩,颗粒主要为生物屑和鲕粒。

3. 古地理特征

石炭纪塔里木陆块总体地势呈东高西低,东部为古陆剥蚀区,西部为陆表海。陆表海内沉积相带大致呈南北相展布,向西依次为过渡相三角洲、滨岸、浅海、碳酸盐岩台地、台地边缘等类型。海域内局部有岛或水下隆起,随海平面升降时隐时现,如铁克里克岛。

(二) 敦煌-阿尔金地块(II_2)

阿尔金-敦煌地块为古隆起区,由于长期的隆起剥蚀,地势渐趋平坦,出露深变质新太古界—古元古界阿尔金岩群、敦煌岩群、米兰岩群,中新元古界巴什库尔干群、木孜萨依组、金雁山组、乱石山组、冰沟南组、平洼沟组、小泉达坂组等中—浅变质碎屑岩、碳酸盐岩和火山岩,未变质-浅变质下古生界零星出露,早古生代中酸性侵入岩发育。

三、扬子陆块(Ⅵ)

1. 构造特征

属于上扬子陆块,编图区仅涉及其西缘。上扬子陆块以略阳结合带的南界断层与昆仑和秦岭区分界,西以龙门山-三江口-虎跳峡断裂为界与巴颜喀拉区为邻。上扬子陆块形成于晋宁期,具有扬子型的结晶基底和褶皱基底,发育稳定型震旦纪—中三叠世的海相沉积,晚三叠世结束海相历史,形成川滇陆相红色盆地,侏罗系至新近系沉积物巨厚。

上扬子陆块石炭纪具有克拉通陆表海盆地属性。石炭系主体属于稳定型滨浅海沉积组合,含化石丰富。

2. 岩相特征

上扬子陆块石炭纪沉积分布广泛,在丽江分区石炭系岩石地层单位有岩关组和大塘组或老龙洞组(C_1)、威宁组或滑石板组和达拉组(C_2)以及马平组(C_2—P_1)。在康定-西昌分区石炭系缺失。在龙门山分区石炭系划分为长岩窝组(C_1)和石喇嘛组(C_2—P_1)。成都分区石炭系—下二叠统由下往上划分为汤粑沟组、万寿山组、旧司组、上司组、摆佐组,滑石板组、达拉组和马平组(C_2—P_1)。

该区引用地层剖面13条(93~105剖面)。沉积相以碳酸盐岩台地相为主。扬子区沉积古地理研究历史悠久,程度高,沉积相分析从略。

3. 古地理特征

上扬子陆块石炭纪为一个陆表海盆地,在其内部出现近南北向的康滇古陆,将海域一分为二。东侧为克拉通内陆表海,西侧为克拉通边缘陆表海。扬子西缘由陆渐次过渡为滨浅海碳酸盐岩和局限台地、开阔台地相。

四、印度陆块(Ⅺ)

印度陆块位于喜马拉雅主边界断裂(MBT)以南。图区涉及的印度陆块部分普遍存在前寒武纪基底,缺乏寒武纪—泥盆纪的沉积,石炭—二叠纪冈瓦纳相地层零星出露。未见石炭纪岩浆岩。构造稳定,属于印度地盾的北部边缘,石炭纪其盆地属性为陆内盆地。

石炭—二叠纪发育冰碛层,即塔奇尔冰碛层。现今地层出露零星,主要分布在西隆南部(E91.5°,N25°)、萨希布根杰西部(E87°,N25°)及巴基斯坦盐岭等地。其主要岩性为陆相沉积的板岩和冰碛岩,含冈瓦纳植物群。

印度陆块北部石炭纪早期继承了泥盆纪的古地理面貌,即为构造稳定、地势平缓的古陆剥蚀区。石炭纪中后期,随着古气候的转冷,开始发育冰川作用,该区古地理面貌表现主体为剥蚀区,局部出现陆相沉积环境,发育河湖沉积和陆相冰川沉积。

第八章　早中二叠世构造-岩相古地理

早中二叠世，青藏高原涉及范围包括班公湖-双湖-怒江-昌宁消减洋盆（古特提斯主洋盆）、冈瓦纳大陆北缘和欧亚大陆南部边缘三大构造-古地理单元。古特提斯主洋盆具有向南、北双向俯冲的特点，大洋岩石圈板块向北俯冲的地质记录保留较多，最具特征的是断续延伸长达2 000多千米的高压低温变质带。欧亚大陆南部大陆边缘以巴颜喀拉洋盆为界进一步分为秦祁昆陆缘弧、扬子本部及西缘多岛弧盆系。秦祁昆地区总体具有北部堑垒相间、以浅海为主、向南变深的古地理格局。扬子西缘是多岛弧盆系发育的鼎盛时期，形成深海洋盆与中间地块基底之上的浅海沉积相间的复杂多变的古地理格局。

冈瓦纳大陆北部边缘受大洋岩石圈板块沿班公湖—双湖—怒江—昌宁一带向南俯冲作用的控制，北冈底斯岛弧基底上以浅海为主，南冈底斯弧后基底之上以半深海沉积为主，喜马拉雅陆缘海，总体具有中间深、南北浅的沉积古地理格局。

第一节　大地构造相划分

综合沉积、岩浆、变质变形事件，结合古地磁、古生物区系等，对青藏高原不同构造单元早中二叠世的构造属性进行分析，划分、厘定的大地构造相系统见表8-1、图8-1，分为15个大相、30个相，归并为5个组合、三大系统。对应的古地理单元名称及其隶属关系如表8-1所示。各构造相特征的具体说明参见本章中每节的"构造特征"部分，对应的岩相古地理面貌见图8-2。

第二节　秦祁昆地区构造-岩相古地理

秦祁昆地区隶属于古特提斯大洋北部活动陆缘带，可进一步划分为祁连陆内盆地相、宗务隆山-西秦岭裂谷盆地相、柴达木地块相、恰尔隆-库尔良-阿羌弧后裂谷盆地相、西昆中岩浆弧相、东昆仑岩浆弧相，总体具有堑垒相间的沉积古地理格局（图8-3、图8-4）。

一、祁连-柴达木地块（Ⅲ）

（一）祁连陆内盆地（Ⅲ$_1$）

1. 构造特征

南界为宗务隆山北缘断裂，北与阿拉善古陆隆起区过渡，早中二叠世受宗务隆山-西秦岭弧后裂谷盆地演化作用的控制，早中期主要表现为伸展环境（图8-3），晚期转化为挤压构造背景。

表 8-1 青藏高原早中二叠世构造古地理单元与大地构造相单元对应表

古地理单元名称		大地构造相单元名称		备注	
一级、二级	三级、四级	大相	相		
Ⅰ 阿拉善古陆		Ⅰ 阿拉善陆块大相			
Ⅱ 塔里木-敦煌陆块	Ⅱ₁ 敦煌-阿尔金古隆起	Ⅱ 塔里木-敦煌陆块大相	Ⅱ₁ 敦煌-阿尔金基底杂岩相	泛华夏西部联合古陆及陆缘弧	
	Ⅱ₂₋₁ 塔中陆内盆地		Ⅱ₂ 塔里木陆内盆地相		
	Ⅱ₂₋₂ 塔东南古陆				
	Ⅱ₃ 铁克里克边缘海		Ⅱ₃ 铁克里克弧后盆地近陆相		
	Ⅱ₄ 塔西南缘陆表海		Ⅱ₄ 塔西南陆表海盆地相		
Ⅲ 祁连-柴达木盆山区	Ⅲ₁₋₁ 祁连-中卫陆内盆地	Ⅲ 祁连-柴达木地块大相	Ⅲ₁ 祁连陆内盆地相		
	Ⅲ₁₋₂ 西宁-兰州古隆起				
	Ⅲ₁₋₃ 刚察边缘海		Ⅲ₂ 宗务隆山-西秦岭裂谷盆地相		
	Ⅲ₂ 宗务隆山-西秦岭裂谷				
	Ⅲ₃₋₁ 柴达木古陆		Ⅲ₃ 柴达木地块相		
	Ⅲ₃₋₂ 柴周缘陆表海				
Ⅳ 昆仑活动陆缘	Ⅳ₁ 恰尔隆-库尔良-阿羌弧后裂谷	Ⅳ 昆仑弧盆系大相	Ⅳ₁ 恰尔隆-库尔良-阿羌弧后裂谷盆地相		古特提斯大洋北部陆缘系统
	Ⅳ₂ 西昆中岛弧		Ⅳ₂ 西昆中岩浆弧相		
	Ⅳ₃ 东昆仑岛弧		Ⅳ₃ 东昆仑岩浆弧相		
Ⅴ 南昆仑-巴颜喀拉-甘孜-理塘消减洋盆	Ⅴ₁ 南昆仑俯冲增生杂岩楔	Ⅴ 南昆仑-巴颜喀拉-甘孜-理塘消减洋盆大相	Ⅴ₁ 南昆仑俯冲增生杂岩相	古特提斯洋盆消减带	
	Ⅴ₂ 巴颜喀拉洋盆		Ⅴ₂ 巴颜喀拉洋盆相		
Ⅵ 扬子陆块	Ⅵ₁₋₁ 川滇陆表海盆地	Ⅵ 扬子陆块大相	Ⅵ₁ 川滇陆表海盆地相	扬子陆块及西部边缘弧盆系	
	Ⅵ₁₋₂ 康滇古陆		Ⅵ₂ 盐源-丽江边缘海裂谷盆地相		
	Ⅵ₂ 盐源-丽江边缘裂谷				
Ⅶ 若尔盖-松潘地块	Ⅶ₁ 马尔康古隆起	Ⅶ 若尔盖-松潘地块大相			
	Ⅶ₂ 班玛-九龙边缘海				
Ⅷ 中咱-中甸边缘海		Ⅷ 中咱-中甸地块大相			
Ⅸ 金沙江-哀牢山消减洋盆		Ⅸ 金沙江-哀牢山消减洋盆大相			
Ⅹ 昌都-兰坪活动陆缘	Ⅹ₁ 治多-江达-维西-墨江火山弧	Ⅹ 昌都-兰坪弧盆系大相	Ⅹ₁ 治多-江达-维西-墨江火山弧相		
	Ⅹ₂ 昌都-兰坪弧后盆地		Ⅹ₂ 昌都-兰坪弧后盆地相		
	Ⅹ₃ 开心岭-杂多-维登-临沧火山弧		Ⅹ₃ 开心岭-杂多-维登-临沧火山弧相		
Ⅺ 乌兰乌拉湖-北澜沧江消减洋盆		Ⅺ 乌兰乌拉湖-北澜沧江消减洋盆大相			
Ⅻ 甜水海-北羌塘地块	Ⅻ₁ 甜水海被动陆缘	Ⅻ 甜水海-北羌塘地块大相	Ⅻ₁ 甜水海被动边缘盆地相		
	Ⅻ₂ 北羌塘边缘海		Ⅻ₂ 北羌塘地块相		
ⅩⅢ 班公湖-双湖-怒江-昌宁(消减)洋盆	ⅩⅢ₁ 双湖洋盆	ⅩⅢ 班公湖-双湖-怒江-昌宁(消减)洋盆大相	ⅩⅢ₁ 双湖蛇绿混杂岩相	古特提斯主洋盆	
	ⅩⅢ₂ 托和平错-查多冈日海山		ⅩⅢ₂ 托和平错-查多冈日海山增生杂岩相		
	ⅩⅢ₃ 南羌塘西部边缘海		ⅩⅢ₃ 南羌塘西部地块相		
	ⅩⅢ₄ 左贡浅海		ⅩⅢ₄ 左贡陆壳残片相		
	ⅩⅢ₅ 班公湖-南羌塘东部-唐古拉洋盆		ⅩⅢ₅ 班公湖-南羌塘东部-唐古拉洋盆相		
	ⅩⅢ₆ 嘉玉桥洋内弧		ⅩⅢ₆ 嘉玉桥蛇绿混杂岩相		
ⅩⅣ 冈底斯-喜马拉雅活动陆缘	ⅩⅣ₁ 聂荣古隆起	ⅩⅣ 冈底斯-喜马拉雅弧盆系大相	ⅩⅣ₁ 聂荣陆壳残片相	印度陆块及北部边缘弧盆系	古特提斯大洋南部陆缘系统
	ⅩⅣ₂ 北冈底斯岛弧		ⅩⅣ₂ 北冈底斯岩浆弧相		
	ⅩⅣ₃ 南冈底斯弧后盆地近弧带		ⅩⅣ₃ 南冈底斯弧后盆地近弧相		
	ⅩⅣ₄ 喜马拉雅弧后盆地近陆带		ⅩⅣ₄ 喜马拉雅弧后盆地近陆相		
	ⅩⅣ₅ 保山边缘海		ⅩⅣ₅ 保山地块相		
ⅩⅤ 印度陆块	ⅩⅤ₁ 印度古陆	ⅩⅤ 印度陆块大相			
	ⅩⅤ₂ 西里古里海湾				

第八章 早中二叠世构造-岩相古地理

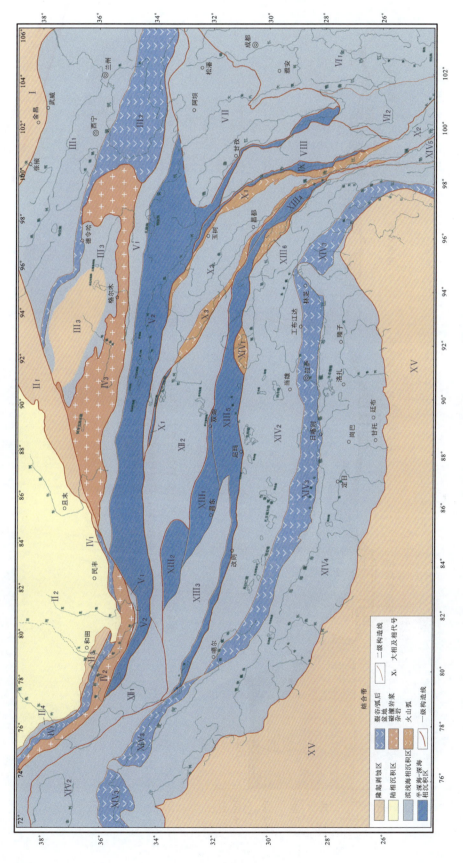

图 8-1 青藏高原及邻区早中二叠世大地构造相划分图

注：构造相代号见表 8-1

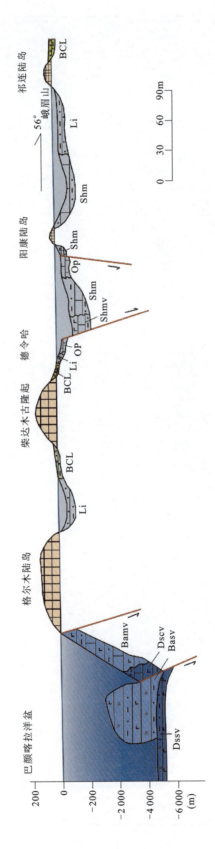

图 8-3 柴达木地块及其边缘裂谷和弧盆系早中二叠世岩相-古地理剖面展布示意图

BCL.陆缘盐岩沉积;Li.滨海相碎屑岩沉积; Op.开阔台地相沉积;Shm.浅海相碎屑岩、碳酸盐岩沉积;Shmv.浅海相河湖相沉积;Shmv.浅海相岩和火山岩沉积、碳酸盐岩和火山岩沉积;Bamv.半深海相灰质泥灰质、硅质及火山岩沉积;Dscv.深海相泥质砂泥质、硅质及火山岩沉积;Dssv.深海相泥质灰质及火山岩沉积
Basv.半深海相砂泥质、硅质及火山岩沉积

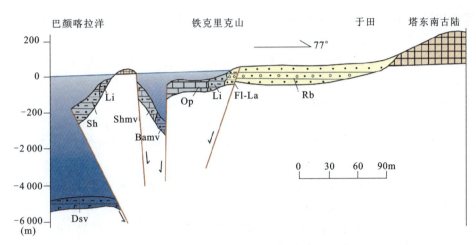

图 8-4 塔里木地块及其边缘弧盆系早中二叠世岩相-古地理剖面展布示意图

Rb. 曲流河沉积；Fl-La. 陆相河湖相沉积未分；Li. 滨海相碎屑岩沉积；Sh. 浅海相碎屑岩沉积；
Op. 开阔台地相沉积；Shmv. 浅海相碎屑岩、碳酸盐岩和火山岩沉积；
Bamv. 半深海相泥灰质及火山岩沉积；Dsv. 深海相砂泥质及火山岩沉积

2. 岩相特征

1) 沉积岩相

该相区引用地层剖面 19 条（7～25 剖面）。北部主体为河湖相、近海河湖相碎屑岩沉积，西北部高台—临泽一带为古陆隆起剥蚀区。南部沿岸带发育岛链、古隆起剥蚀区，主要有陆缘近海河湖相碎屑岩沉积、滨岸相含煤碎屑岩沉积、浅海相碎屑岩和碳酸盐岩沉积，东南部为台地相碳酸盐岩沉积，西宁-兰州古隆起东南部边缘局部可见陆相河湖相沉积。

河湖相沉积：分布于北部和东南部边缘。甘肃民乐东北山丹县西南（21 剖面）下中二叠统大黄沟组上部为紫灰色细—粗粒砂岩夹石英细砂岩，厚 220m；下部为紫灰色砂岩互层夹少数深紫色砂质页岩及砾岩，砂岩为砂泥质或钙质胶结，厚 80m。甘肃大黄山东南（22 剖面）下中二叠统大黄沟组主要为杂色（灰白、灰绿、紫红、淡灰、褐等色）含砾粗砂岩、长石质粗砂岩夹粗—细粉砂岩和页岩。该地区大黄沟组岩性变化不大，但各地厚度不同，北部为 165m，南部茨沟地区为 111m，毛卜拉地段页岩增多并含植物化石，厚 133m。

近海河湖相沉积：分布于北部广大地区。肃南县大黄沟（9 剖面）下中二叠统大黄沟组主要岩性为灰绿色、灰白色、黄绿色砂岩，页岩，泥岩组成，含丰富的植物化石。该剖面下部以页岩、泥岩为主，向上砂岩、含砾粗砂岩增多。青海祁连托勒山热水大坂（17 剖面）大黄沟组由灰绿色石英砂岩、含灰质粉砂岩、碳质页岩、砂质页岩呈韵律性互层组成，夹紫红色粉砂岩，厚 123m。甘肃大黄山东南（22 剖面）上石炭统—下二叠统羊虎沟组上部为黑色、灰黑色、褐黄色砂质页岩夹粉砂岩，碳质页岩和煤层及透镜状灰岩，富含植物、鳞化石，厚 61m；下部为灰色中粒石英砂岩、粉砂岩，淡紫色石英粗砂岩夹黑色碳质页岩，含植物化石，厚 27m。总体而言，走廊南山和托勒山地区为比较开阔的河湖环境，形成一套温湿气候条件下的含煤碎屑沉积。

滨岸相碎屑岩沉积：主要围绕古隆起剥蚀区分布。涉及地层单位包括上石炭统—下二叠统的羊虎沟组、下中二叠统的勒门沟组和草地沟组。肃北县东别盖西黑大坂地区（7 剖面）羊虎沟组主要岩性为暗绿色、灰绿色中厚层中细粒长石石英砂岩，长石砂岩，灰白色厚层纯石英砂岩，石英粗砂岩夹灰岩透镜体及碳质板岩和煤线；底部石英砂岩夹有砾岩，灰岩中产丰富的腕足类、珊瑚、腹足类及鳞类 *Pseuodschwagerina* sp. 等化石。青海天峻县苏里西疏勒河南（15 剖面）勒门沟组岩性为紫褐色、紫色薄层砂岩、细砂岩、砂质页岩与灰绿色、浅绿色、褐色中厚层状砂岩，长石砂岩，砂质页岩不等厚互层组成，页岩中含有钙质结核。厚 649m。天峻县疏勒河北（16 剖面）的草地沟组岩性由紫红色和黄绿色相间的石英砂岩、粉砂质泥岩互层夹不纯灰岩所组成，厚593m。甘肃黑河野牛沟(19剖面)羊虎沟组为黑色碳质页岩，砂质页岩，灰色、灰白色中厚层含砾粗砂岩，石英砂岩，长石石英砂岩，粉砂岩，灰岩及煤层，灰岩中产䗴类、腕足类、珊瑚等，砂页岩中产植物化石 Neuropteris pseudovata Gothan et Sze 等，厚500~1 000m。祁连县东托勒山北(20剖面)羊虎沟组下部为灰色页岩，砂质页岩，碳质页岩夹灰色、灰白色细—粗粒石英砂岩及2~3层厚2~5m的灰岩，含煤4层，底部往往有一层厚3~15m的灰白色中粗粒石英砂岩，有时底部出现砾岩层，富含植物化石，灰岩中含䗴 Pseudoschwagerina sp.、Schwagerina sp. 等，厚150~190m；上部为灰黑色厚层状含燧石条带或结核灰岩，顶部往往出现一套碳质页岩及灰色页岩层，中夹菱铁矿结核及薄煤层，厚15~34m。

浅海相沉积：分布于青海湖以西，近北西西向带状延伸。所属地层单位仅为下中二叠统草地沟组。在党河上游疏勒河南(12剖面)，下部为灰白色中层状石英砂岩、棕红色薄层状粉砂岩、黄褐色细粒钙质砂岩夹薄层灰岩；上部为暗紫色、棕褐色长石石英砂岩，粉砂岩，灰绿色石英砂岩，紫红色泥质粉砂岩，细砂岩，总厚542m。砂岩中发育交错层理，偶含砾。该套地层由牙马台向北厚度逐渐增大，碎屑岩增多，碳酸盐岩减少。青海疏勒南山西南(13剖面)草地沟组为河流相碎屑岩→浅海相碳酸盐岩→滨岸碎屑岩沉积，为海侵—海退序列，分上、下两个岩组。下岩组下部为黄褐色含砾粗粒长石石英砂岩，上部为深灰色厚层泥质灰岩，富含腕足类化石，厚56m；上岩组为灰紫色、紫红色薄层粉砂岩与灰绿色、灰黄色、蓝灰色中薄层钙质砂岩，中层石英砂岩互层，含钙质结核，厚233m。青海疏勒南山哈拉湖北(14剖面)为紫红色钙质泥岩、粉砂质页岩，灰绿色含云母钙质细砂岩与灰黑色、灰色生物碎屑灰岩，砂质页岩，石英砂岩不等厚互层。灰岩中含腕足类化石，厚度大于122m。南祁连天峻县哈拉湖东南(24剖面)草地沟组有上、下两个段构成。下段下部为灰白色、紫红色石英砾岩，变细粒石英砂岩，粉砂岩夹灰绿色泥钙质砂岩，含钙质黏板岩，泥钙质粉砂岩中含植物化石；上部为灰色、深灰色厚层微粒—隐晶质灰岩，灰岩，鲕状灰岩，含砾砂质灰岩夹黄绿色变复成分砂岩、铁质粉砂岩、细粒长石质砂岩、石英砂岩，含珊瑚、䗴等化石，厚299.4m。上段下部为灰绿色中—厚层细—中粒长石砂岩、黏土质粉砂岩、含钙质粉砂质黏土板岩夹灰色薄—中层状不纯灰岩、生物灰岩，灰岩中含腕足 Plicochonetes minor Ting 等，砂岩具斜层理和波痕、龟裂；上部为灰绿色与紫红色中细粒长石石英砂岩、长石质石英砂岩、粉砂岩，顶部发育蓝绿色含钙质结核泥质粉砂岩，厚226.8~592.4m。

开阔台地相碳酸盐岩沉积：合作市以东小面积分布。

2) 岩浆岩相

侵入岩零星出露于肃北、通渭、武山等地，主要有辉长岩、石英闪长岩、英云闪长岩、花岗岩、二长花岗岩、钾长花岗岩、石英正长岩等。岩石主要属钙碱性—碱性系列，过铝岩石类型、I型。

火山岩分布零星，为大陆爆发相凝灰质沉积物。

3. 古地理特征

该相区北部为阿拉善陆块，南部为宗务隆山-西秦岭裂谷盆地和昆仑弧盆系，古地理特征总体表现为北高南低、东高西低，东北部翘起、向西南倾斜的特点，物源主要来自于北部、东部古陆剥蚀区。自下而上表现为明显的陆相→滨岸相→浅海相→滨岸相的海进—海退的完整旋回性变化。

(二) 宗务隆山-西秦岭裂谷盆地 (III_2)

1. 构造特征

北为宗务隆山北缘断裂，西为瓦洪山断裂，南东为昆南构造混杂岩带北界断裂，呈北西收敛、南东撒开，西窄东宽的喇叭口状。受南侧巴颜喀拉洋盆早中二叠世强烈扩张的影响，处于伸展构造背景(图8-3)。

2. 岩相特征

1) 沉积岩相

引用前人地层剖面 17 条,该相区为南深北浅的箕状断陷盆地。沉降中心位于西南和南部边缘,主要为深海相砂泥质、硅质沉积,半深海相砂泥质、灰质沉积。其北侧主体为浅海陆棚相碎屑岩、碳酸盐岩和火山岩沉积。其中东北部共和至合作一线为大面积的开阔台地相碳酸盐岩,中西部局部亦发育开阔台地相碳酸盐岩沉积。宗务隆山北部阿日郭勒地区和德令哈市东部的生格-察汉诺地区为古陆剥蚀区,其边缘发育滨岸相碎屑岩沉积。垂向序列自下而上表现为滨岸相→浅海相(开阔台地相)→滨岸相的海进-海退的完整旋回性变化。

深海、半深海相沉积：分布于西南部和东南部边缘。青海柴达木山南(29 剖面)下中二叠统草地沟组分上、下两个段,上段为片岩夹变砂岩,厚 817.7m；下段为结晶灰岩夹千枚岩组,产海百合茎,厚 540.8m。该套浅变质岩系纵向上由粗到细变化明显,韵律性强,具类复理石建造特征。温泉西部可能有蛇绿岩。

浅海相沉积：自西向东呈宽窄不一的带状展布。青海大柴旦镇西北(26 剖面)石炭系—中二叠统果可山组为灰色、深灰色厚层灰岩与石英砂岩不等厚互层,下部夹灰黑色粉砂岩。灰岩中产䗴 *Schwagetina* sp.,出露厚 1 178.8m。青海土尔根大坂北坡(28 剖面)下中二叠统勒门沟组以碎屑岩沉积为主,自下而上由粗变细,出露厚度 5 415.2m。青海省德令哈市西北(32 剖面)石炭系—中二叠统土尔根大坂组主要岩性为灰绿色、灰色白云母千枚岩,板岩,片岩,变长石石英砂岩,钙质细砂岩等变碎屑岩夹变火山岩,含䗴 *Pseudoschwagerina* sp. 及珊瑚 *Bradyphyllum* sp. 等化石,厚 1 229.5m。青海共和盆地新哲农场南(38 剖面)上石炭统——二叠系甘家组,岩性主要为灰色长石砂岩、长石石英砂岩、石英砂岩间夹灰岩、角砾状灰岩及透镜状细砾岩,厚 1 641～2 404m,富含䗴 *Verbeekina* sp.，*Neoschwagerina* sp. 及有孔虫、菊石、腕足类等化石。青海湖南山倒淌河西(36 剖面)土尔根大坂组为灰绿色、黑绿色变粒岩,变粗砂岩,粉砂岩夹薄层片理化变质中性火山岩。岩石中保留有斜层理、交错层理,厚度大于 2 800m。

开阔台地相沉积：主要分布于东北部共和至合作一线,达肯大坂北、德令哈市西部和东北部亦有发育。青海大柴旦镇西北(27 剖面)石炭系—中二叠统果可山组岩性为灰色、灰白色厚层灰岩,含白云质同生灰岩,碎屑灰岩,含粉砂灰岩夹钙质胶结石英细粒岩,含珊瑚及腕足类,厚度大于 1 030m。青海大柴旦镇东(30 剖面)土尔根大坂组上部碳酸盐岩段由浅灰色、灰色、黄灰色及紫色生物碎屑灰岩,隐晶灰岩,砂屑灰岩夹板岩组成,厚 496.5m。巴嘎柴达木湖东北(31 剖面)草地沟组上部碳酸盐岩段主要为生物碎屑灰岩、含生物灰岩及砂屑灰岩,产双壳类 *Wilkingina* cf. *elegans*(King)等,腕足类 *Linoproductus* sp. 及䗴类化石 *Misellina* sp.，*Nankinella* sp.，*Schwagerina* sp.。甘肃省碌曲县南(39 剖面)石炭——二叠纪尕海群,主要岩性有致密块状灰岩(为主)、结晶灰岩、碎屑灰岩、鲕状灰岩、泥质灰岩、泥砂质灰岩、含燧石结核灰岩及含砾灰岩,局部见白云岩,化石丰富,以䗴为主,珊瑚和腕足类次之,厚度约 3 000m。甘肃省舟曲县北(40 剖面)中二叠统上部碳酸盐岩段为灰色、灰白色、浅红色厚层—块状生物灰岩,微晶灰岩,中薄层硅质条带灰岩,燧石团块灰岩,白云质灰岩夹白云石化鲕状灰岩、大理岩化灰岩和紫红色泥灰岩,富含䗴类化石 *Nankinella* sp.，*Verbeekina* sp.，*Neoschwagerina* sp.，厚 661m。陇南市舟曲县东北(41 剖面)上石炭统—下二叠统主要岩性为灰—灰白色中厚层—块状致密纯灰岩、厚层生物灰岩、深灰色中厚层硅质灰岩、硅质条带夹鲕状灰岩、结晶灰岩、白云质灰岩和少量钙质砂岩、千枚岩、板岩,最底部有 2m 厚的石英砂岩、板岩,灰岩中盛产䗴化石 *Pseudostaffella sphaeroida*(Ehrenberg),总厚度大于 757m。甘肃省陇南市西北(42 剖面)上石炭统—下二叠统大关山组为灰白色厚层灰岩和生物碎屑灰岩,含䗴、珊瑚、苔藓虫化石,总厚大于 1 347.9m。

滨岸相沉积：围绕古隆起边缘小面积分布。青海省德令哈市东(34 剖面)草地沟组上段为灰色、灰褐色中厚—厚层状不等粒变硬砂岩,长石砂岩,变黏土质板岩,变黏土质粉砂岩,粉砂岩夹深灰色板岩、薄层石灰岩、含粉砂质灰岩及少量角砾状灰岩,厚 365.2m。青海省德令哈(35 剖面)土尔根大坂组底部发育灰色含砾石英砂岩或含砂石英砾岩。

2) 岩浆岩相

侵入岩较发育,有二长花岗岩-正长花岗岩、花岗岩、二长花岗岩、花岗闪长岩、英云闪长岩等。其中,太碌隧道西口处花岗岩中获得单颗粒锆石 U-Pb 年龄为 280Ma、野马滩 K-Ar 年龄(292.6±5.6)Ma、斯塔格乌兰 Rb-Sr 年龄 291Ma、K-Ar 年龄(308±10)Ma。为钙碱性—碱性系列、过铝质岩石,S 型花岗岩,属造山作用过程中形成的同碰撞花岗岩。

火山岩比较零星,有宗务隆山南坡石炭系—中二叠统土尔根大坂组中夹层状的玄武岩和倒淌河西石炭系—中二叠统土尔根大坂组中的变质中性火山岩。

3) 混杂岩相

兴海西南部的豆错地区发育蛇绿岩,说明有小洋盆的存在。

3. 古地理特征

该相区古地理特征总体表现为西高东低、北高南低,东北翘起、向西南倾斜的特点,为沿柴达木北缘断裂和东昆仑岩浆弧东缘断裂的箕状断陷盆地,海水从东南向西北侵入,物源主要来自于东北部古陆剥蚀区。

(三) 柴达木地块 (III_3)

1. 构造特征

该相区位于研究区东北部,西部为阿尔金-敦煌陆块相,北为宗务隆山-西秦岭裂谷盆地相,东、南为东昆仑岩浆弧相。地处南侧巴颜喀拉洋盆北部活动陆缘区,构造活动较强(图 8-3)。

2. 岩相特征

1) 沉积岩相

引用前人地层剖面 5 条,钻孔资料 18 个,根据地层剖面和钻孔资料,结合区内岩石地层展布特征及其他前人资料分析,该相区主体为古陆剥蚀区,围绕古陆周围为广阔的陆表海沉积,依次发育近海河湖相和滨岸相碎屑岩沉积,远离古陆主要为台地相碳酸盐岩沉积。

古陆隆起区:现今大部分地区为中新生界覆盖,古陆范围是根据钻孔资料圈定的(表 8-2),古陆周缘前寒武纪基底杂岩广泛出露。

表 8-2 柴达木地块相区钻孔情况一览表

序号	钻孔位置	钻孔编号	见基岩井深(m)	基岩	孔内地层	资料来源
6#	柴达木盆地南缘约 10km 处 E90°23′,N38°18′	浅 5 井	670	早古生代	中新生界	柴达木盆地石炭—二叠系含油气前景探讨报告前中生代基岩略图
7#	尕斯库勒湖西约 10kmE90°33′,N38°06′	浅 4 井	340	花岗岩	中新生界	
8#	油砂山西北七个泉约 E90°32′,N38°20′	阿地九井	953	花岗岩	中新生界	
9#	约 E91°02′,N38°31′	咸中一井	70	花岗岩	中新生界	
10#	尕斯库勒湖南约 7km 约 E90°48′,N38°07′	阿地 6	1 634	花岗岩	中新生界	
11#	尕斯库勒湖东南约 3km 约 E90°55′,N38°06′	跃地 1	1 986	花岗岩	中新生界	
12#	柴达木盆地南部大乌斯约 E91°27′,N37°47′	东 2 井	1 634	花岗岩	中新生界	
13#	丁字口南西西约 E93°08′,N38°53′	石深海 18 井	389	元古界	新生界	
14#	柴北丁字口南西西约 E92°58′,N38°51′	石深海 15 井	2 000	元古界	中新生界	

续表 8-2

序号	钻孔位置	钻孔编号	见基岩井深(m)	基岩	孔内地层	资料来源
15#	冷湖镇东约 E93°30′,N38°42′	赛深1井	2 850	元古界	中新生界	柴达木盆地石炭—二叠系含油气前景探讨报告前中生代基岩略图
16#	冷湖镇东约 E93°32′,N38°41′	赛深10井	2 432	元古界	中新生界	
17#	冷湖镇东约 E93°52′,N38°33′	平中1井	290	元古界	中新生界	
18#	南八仙南约 13.5km 约 E94°15′,N37°52′	仙3井	3 638.5	元古界	中新生界	
19#	大柴旦地区打柴沟约 E94°43′,N37°38′	北地1井	463	元古界	中新生界	
20#	小柴旦西北约 E95°08′,N37°33′	大中1井	848	元古界	中新生界	
21#	小柴旦北西西约 E95°01′,N37°37′	苦中1井	342	元古界	中新生界	
22#	柴达木盆地南缘格尔木约 E95°20′,N36°28′29″	大参一井	1141.5	花岗岩	第四系+新近系	
23#	柴达木盆地南缘诺木洪西约 E97°05′,N36°58′	甜参一井	1104	花岗岩	第四系+新近系	

海陆交互相：围绕古陆分布。柴达木盆地北缘锡铁山东(46剖面)上石炭—下二叠统下段(前人称克鲁克组)下部为紫红色、灰绿色含砾中粒石英砂岩，中粒长石石英砂岩，向上为碳质页岩、页岩夹薄层砂岩，油页岩，产腕足类及植物化石；中部为灰黄色、棕褐色、灰绿色细砂岩，泥质砂岩，碳质页岩夹生物灰岩及煤层组成韵律层；上部为紫红色粉砂质页岩、生物屑微晶灰岩、粉—微晶生物灰岩互层，向上为黑色、灰白色细砂岩，粉砂岩，碳质页岩夹煤层，厚364.38m。上段(前人称扎布萨尕秀组)下部为灰黑色薄层生物屑泥晶灰岩、生物屑藻屑灰岩、亮晶棘皮灰岩夹砂岩、碳质页岩及煤层，富含鏟化石 *Psudoschwagerina* 等；上部为灰色、深灰色薄—中层含硅质条带及团块生物屑微晶灰岩，亮晶灰岩，核形石灰岩，生物屑微晶灰岩，粉晶灰岩夹粉砂岩、粉砂质页岩及煤层，厚389.67m。砂岩具水平层理、条带状层理和透镜状层理，页岩页理发育，含植物化石及菱铁矿等。青海德令哈市欧龙布鲁克山北坡(47剖面)上石炭—下二叠统扎布萨尕秀组为灰色、深灰色、黄绿色含鏟生物灰岩、燧石条带含生物碎屑灰岩，生物碎屑灰岩，硅质条带含生物灰岩，生物灰岩与不等粒长石质岩屑砂岩、页岩、钙质长石质粉砂岩、碳质页岩不等厚互层，并夹有煤层或煤线；顶部为碳质页岩夹黄绿色砂岩，底部为灰白色粗粒岩屑质石英砂岩(局部含砾)，富含鏟类化石。总厚722.18m。

滨岸(潮坪)相：围绕海陆交互相分布。以柴达木盆地西南缘祁漫塔格地区乌图美仁西(45剖面)上石炭—下二叠统打柴沟组上部碎屑岩段为代表，主要为一套杂色(灰绿色、紫红色)砂岩、粉砂岩夹灰色、灰绿色白云质灰岩，厚38~51.8m。

开阔台地相：围绕滨岸(潮坪)相分布，属于上石炭统—下二叠统打柴沟组。在柴达木西南缘祁漫塔格北坡老茫崖东南一带(43剖面)，为一套碳酸盐岩沉积，岩性为生物碎屑灰岩、白云质生物碎屑灰岩、含燧石结核生物碎屑灰岩及含燧石条带白云岩，富含鏟类、珊瑚、腕足类和苔藓虫等生物化石。向东，在柴达木盆地西南缘骆驼峰东南部(44剖面)，下部为灰色、深灰色中厚层及薄层微粉晶生物屑藻屑灰岩，硅质条带含生物屑微晶灰岩，产鏟；上部为灰白色、灰色粉微晶生物屑灰岩，亮晶生物屑灰岩夹礁灰岩，顶部为黑灰色薄层微—粉晶生物屑灰岩夹页岩，产鏟化石，总厚244.73m。岩石颜色变化大，具板状层理和波状层理，以削顶不对称波痕为特征。打柴沟地区(45剖面)灰岩段，厚231~274m。乌图美仁西下部灰岩段含鏟、腕足类、苔藓虫及珊瑚等化石，厚231~274m。

2) 岩浆岩相

早中二叠世侵入岩较发育，分布于牛鼻子梁西北、依克柴达木湖、巴嘎柴达木湖、锡铁山东部、萨果、多罗尔什山、龙尾沟、小红山、小赛什腾山及赛什腾山等地。主要有二长花岗岩、石英闪长岩、花岗闪长岩、花岗岩、英云闪长岩以及碱性正长斑岩等。赛什腾山似斑状黑云花岗闪长岩体同位素年龄268Ma，西部小红山一带英云闪长岩同位素年龄268Ma。岩石为碱性—钙碱性系列，形成于岛弧或活动陆缘环境。

3. 古地理特征

总体表现为古隆起剥蚀区和围绕古隆起周围广阔的陆表海盆地。自下而上表现为明显的开阔台地相→滨岸相的海退变化。物源主要来自于柴达木古陆剥蚀区。

二、昆仑弧盆系（Ⅳ）

北界西起库尔良-他龙-阿羌断裂，经阿尔金走滑断裂与柴达木南缘断裂相连，南界为康西瓦-木孜塔格-玛沁结合带北缘断裂，东抵瓦洪山断裂，西延出国境。可进一步分为恰尔隆-库尔良-阿羌弧后裂谷盆地、西昆中岩浆弧和东昆中岩浆弧3个次级构造相。总体具有中部高、南北低的沉积古地理特征，各沉积相带近东西展布。

（一）恰尔隆-库尔良-阿羌弧后裂谷盆地（Ⅳ$_1$）

1. 构造特征

该相区位于研究区西北部，为一呈北西-南东向的向南凸出的弧形带状展布，东北为塔里木陆块大相，西南为东昆仑岩浆弧相，西北部延出研究区，东南相交于阿尔金断裂。受康西瓦-南昆仑洋盆向北俯冲作用控制，早中二叠世处于弧后裂谷背景，主体为伸展构造环境（图8-4）。

2. 岩相特征

1）沉积岩相

引用地层剖面4条。恰尔隆—库尔良一线东北部主要发育半深海火山盆地沉积，半深海泥灰质及火山岩沉积。其西南部为浅海相碎屑岩、碳酸盐岩和火山岩沉积，叶城县西南局部发育三角洲相沉积。东部阿羌地区（51剖面）发育半深海火山盆地沉积和半深海泥灰质及火山岩沉积。该相区沉积环境十分动荡，自下而上总体表现为浅海相→半深海相→浅海相的完整的旋回性变化，其间尚存在大量次一级小旋回性变化。

半深海相：沿北部断续狭长带状展布。新疆阿克陶县公格尔山北盖孜河北（48剖面）下二叠统为半深海火山盆地火山喷溢相沉积，主要岩性为浅灰绿色玄武安山岩、石英安山岩、安山岩，灰紫红色安山质凝灰熔岩、晶屑凝灰熔岩及少量紫红色玄武安山质集块熔岩。公格尔山西南（49剖面）上石炭—下二叠统特给乃奇克达坂组上部为暗绿色变安山岩夹灰色绢云石英片岩，厚358.4m。于田地区（51剖面）早中二叠世阿羌火山岩组为火山岩夹碳酸盐岩及碎屑岩沉积，下部为玄武岩和英安岩组成的双峰式火山岩；上部为玄武岩、安山岩夹灰岩、板岩等，厚度大于1847m。该组下段所夹硅质岩中含早二叠世、中二叠世2组放射虫化石。阿羌火山岩是本区重要的含铜、锌矿层位。

浅海相（间夹三角洲相）：呈狭长带状分布于南部。公格尔山西南（49剖面）上石炭—下二叠统特给乃奇克达坂组下部为灰色绢云石英片岩夹深灰色结晶灰岩及少量斜长角闪岩，厚1850.2m。叶城县西南拜勒都-尤勒巴什东（50剖面）中二叠统棋盘组为浅海相夹三角洲相沉积。岩石组合为中细粒长石石英砂岩、岩屑长石砂岩、钙质长石粉砂岩、石英粉砂岩、粉砂质泥岩及页岩夹含砂生物屑泥晶灰岩、含生物屑泥晶灰岩、泥晶生物屑核形石灰岩，极少量含铁粉砂质粉晶白云岩。岩层发育槽状、楔状交错层理、平行层理,粉砂岩、泥岩发育水平纹理或页理。其基本层序总体向上变粗再变细、变厚再变薄型。许许沟一带上部发育玄武岩夹层,该组含双壳类、腕足类、海百合茎和植物碎片等。

2) 岩浆岩相

侵入岩十分发育,分布于恰尔隆东、桑珠达坂东、喀什塔什山北坡地区。岩石类型有石英辉长岩、辉绿玢岩、斜长岩、闪长岩、石英闪长岩、花岗闪长岩-二长花岗岩组合、二长花岗岩-钾长花岗岩组合、二长花岗岩。岩石为近于过铝质和过铝质、钙碱性岩系列,主体为 I 型花岗岩。吐日苏河石英闪长岩岩体 U-Pb 年龄 341Ma;K-Ar 年龄 267.5Ma(汪玉珍等,1987),赛图拉岩体 U-Pb 年龄 255Ma。

火山岩十分发育,遍布全区,主要为玄武安山岩、石英安山岩、安山岩、安山质凝灰熔岩、晶屑凝灰熔岩、玄武安山质集块熔岩、英安岩等。于田县普鲁、阿羌、土木牙一带玄武岩和英安岩组成双峰式火山岩,为典型裂谷盆地相产物。

3. 古地理特征

该相区为弧后裂谷盆地,古地理环境十分复杂,总体表现为一呈北西-南东向的向南凸出的弧形的狭长海盆(东部可能已出现洋壳),东北深、西南浅,海水从东北向西南侵入,且与特提斯主大洋的海水相通。物源主要来自于西南部的岛弧隆起剥蚀区,少部分来自东北部的塔里木古陆剥蚀区。

(二) 西昆中岩浆弧($Ⅳ_2$)

1. 构造特征

位于研究区西北部,呈北西-南东、向南凸出的弧形带状展布,北为恰尔隆-库尔良-阿羌弧后裂谷盆地相,南邻康西瓦-木孜塔格结合带,西北部延出研究区,东南相交于阿尔金断裂。受昆南洋盆向北俯冲作用影响,早中二叠世为岛弧构造环境(图 8-4)。

2. 岩相特征

1) 沉积岩相:

引用地层剖面 10 条。主体为浅海相沉积,其中串珠状岛链近北西西向延伸,东南部有小面积斜坡到深海盆地沉积。该相区沉积环境十分动荡,垂向上总体表现为海退序列,其间尚存在大量次一级小旋回变化。

陆相、滨浅海相:围绕岛链小面积分布,属下中二叠统再依勒克组。以新疆策勒县慕士山东南玉龙喀什河东剖面为代表(58 剖面)。其岩相变化较大,陆相(河流相)和滨浅海相频繁交替。陆相主要为河流相砾岩、粗砾岩,砾岩底部具较强冲刷面。滨浅海沉积主要为粗砂岩、砂岩、粉砂岩和灰岩,碎屑岩中发育平行层理、水平层理。横向上岩性、岩相变化亦较大,向东至阿克苏河一带主要为河流相砾岩、砂岩及碳酸盐台地相生物灰岩、礁灰岩等,产䗴类 *Misellina*,*Neoschwagerina*,*Verbeekina* 等化石。于田县琼木孜塔格西北克里雅河东南(59 剖面)为浅海相→滨岸相→陆相,可见 4 个较大沉积旋回。单旋回底部为生物灰岩、生物碎屑灰岩,向上渐变为硅质条带白云岩,顶部为砂岩、板岩等,为向上变浅的海退旋回。该组顶面为一明显的暴露侵蚀面,白云岩层间夹有硅质团块或条带,常见呈串珠状排列的古溶洞(孔),其间充填有方解石和岩熔角砾岩。灰岩中含大量䗴、珊瑚、腕足等生物化石,局部珊瑚构成点礁。于田县琼木孜塔格北黄羊滩南西平沟一带(60 剖面)为浅海相→滨岸相→陆相。

半深海、深海盆地相:主体分布在东部的苏巴什一带,桑珠达坂南小面积分布。岩石地层单位属于二叠系卡拉勒塔什岩群、黄羊岭群和硫磺达坂砂岩组。新疆皮山县桑珠达坂西南新藏线 324 道班西(52 剖面)黄羊岭群为半深海斜坡相,岩性主要为细粒碎屑岩沉积,由 10cm 的薄层细砂岩或粉砂岩与 1~5cm 的粉砂质板岩构成沉积韵律,并发育有水平层理,含有大量微古化石孢粉。和田县慕士山西玉龙喀什河上游(53 剖面)黄羊岭群为半深海、深海相,岩性主要为细砂岩、粉砂岩、泥岩,呈韵律状不等厚互层,岩石为中薄层状,单层厚3~15cm,发育平行层理、水平层理,粉砂岩、泥岩分别相当于鲍马序列的D、E段。顶部自下而上由砂砾岩、砂岩、粉砂岩、粉砂质泥岩组成鲍马序列,砂砾岩底部见冲刷面、印膜构造,发育粒序层理。和田县慕士山南泉水沟脑北支沟黄羊岭群(54剖面)为半深海、深海盆地相,下岩组为细—粉砂岩与泥质粉砂岩形成复理石韵律层,单个韵律显示鲍马序列,细砂岩"A"段见弱的底冲刷面,粉砂岩、泥质粉砂岩中发育平行层理,并见有深海"Neveifos"相特有的遗迹化石——网格状爬行迹等;上岩组主要为灰色、灰黑色薄层粉砂质泥岩,砂质板岩,绢云石英质板岩、含碳质绢云板岩夹变质长石杂砂岩,局部见少量砂砾岩透镜体。发育粒序层理、平行层理、水平层理及鲍马序列,砂砾岩底部见冲刷面和印模构造。慕士山东南玉龙喀什河东卡拉勒塔什岩群(56剖面)以淡灰绿色安山岩、变安山岩、岩屑晶屑凝灰岩、钙质岩屑晶屑凝灰岩为主,夹长石石英杂砂岩、粉砂岩。其中,凝灰岩、凝灰质粉砂岩粒度极细小,二者组成粒序韵律,韵律厚30~60cm,砂岩中发育平行层理,局部见有小型交错层,凝灰岩中还见有砂岩岩屑。该群岩性横向变化不大,总体以中—基性岛弧火山岩夹碎屑岩为主。琼木孜塔格北黄羊滩南硫磺达坂砂岩组(61剖面)为深海相→半深海相,岩性以长石石英砂岩、粉砂质板岩、泥质硅质岩为主,夹有少量砾岩、含砾砂岩、灰岩等。与大洋玄武岩密切共生,其下部夹放射虫硅质岩,为较深水沉积。碎屑岩微量元素含量与地壳克拉克值相比,大离子活泼元素、Sr、Co、Ca明显偏高,与大陆岛弧+活动陆缘环境下砂岩珠网图相似。

2) 岩浆岩相

侵入岩十分发育,主要有花岗岩、二长花岗岩、石英二长闪长岩、石英闪长岩、花岗闪长岩、石英二长岩、石英正长岩等。岩石分属高钾次铝、近于过铝质钙碱性—碱性系列、钙碱性系列I型花岗岩类和铝过饱和、钙碱性—碱性系列S型花岗岩类。三十里营房北侧岩体中黑云母K-Ar法年龄267Ma,阿尕阿孜山岩体的钾长石K-Ar年龄为278和274Ma(李永安等,1995)。

火山岩较发育,分布于北公格尔山东南部和玉龙喀什河东南及黄羊滩南等地,主要为安山岩、凝灰岩、岩屑晶屑凝灰岩、钙质岩屑晶屑凝灰岩及玄武岩等,玄武岩为岛弧玄武岩。

3. 古地理特征

类似于现今西太平洋活动大陆边缘岛弧区,古地理环境十分复杂,总体表现为一呈北西—南东向南凸出的狭长弧形的岛弧隆起带,随着海平面升降,岛链时现(部分)时隐(部分),南部洋盆和北部弧后盆地通过多处海槽(海峡)相连通。

(三) 东昆仑岩浆弧($Ⅳ_3$)

1. 构造特征

该相区位于研究区中北部,为一略呈向南凸出的弧形展布,西为恰尔隆-库尔良-阿羌弧后裂谷盆地和阿尔金-敦煌陆块相,北东为连柴达木周缘陆表海盆地相宗务隆山-西秦岭裂谷盆地相,南邻南昆仑俯冲增生杂岩带,属活动大陆边缘陆缘弧,构造活动强烈(图8-3)。

2. 岩相特征

1) 沉积岩相

引用地层剖面18条。以滨浅海相沉积与隆起区相间为特征。该相区沉积环境十分动荡,垂向序列上总体表现为海进→海退的旋回性变化。

滨、浅湖相:小面积分布于西部边缘且末县叶桑岗一带(62剖面)。岩石地层单位为二叠系叶桑岗组。其下部为砾岩、长石石英砂岩夹粉砂岩,砂岩中发育大型板状、楔状交错层理,显示湖缘扇沉积特征,局部地段夹河流水道沉积;上部以长石石英砂岩为主,夹粉砂质泥岩、砾岩、含砾砂岩,顶部夹凝灰质板岩。砂岩中发育前积纹层夹角较缓的板状、楔状交错层理。

滨岸(潮坪)相：围绕隆起区小面积分布。青海柴达木南那棱格勒河北(71剖面)上石炭统—下二叠统缔敖苏组底部有10m左右紫色、灰白色砂砾岩,细砂岩,钙质粉砂岩,粉砂岩。乌兰县牦牛山西(77剖面)上石炭-下二叠统下段(前人克鲁克组)为灰白色、黄灰色厚层粗—中粒石英砂岩夹薄—中厚层灰岩,夹3层煤,地层总厚389.0m;上段(前人称扎布萨尕秀组)下部为煤系地层,上为页岩和中厚层灰岩互层,向上灰岩增多,厚595m。东昆仑山诺木洪河上游(76剖面)上石炭统—下二叠统岩性为灰色、灰白色石英砂岩,灰色、灰黑色泥质灰岩互层,偶夹页岩,底部为含砾砂岩,含䗴 *Pseudoschwagerina* 等化石,厚165m。

台地相：分布面积大。西南部且末县横条山(63剖面)下中二叠统树维门科组以开阔台地相为主,间有半局限台地相。主要为深灰色、灰色泥晶棘屑灰岩,含生物屑微晶—泥晶灰岩,生物屑粉晶灰岩夹粉晶白云质灰岩及少量砾屑灰岩透镜体,岩性组合单一、横向比较稳定。产䗴、有孔虫、珊瑚及海百合茎化石。由下向上颜色由深变浅,结构由细变粗,副层序组略具进积特征。若羌县大沙沟(64剖面)上石炭统—下二叠统碧云山组为微晶灰岩夹生物屑微晶灰岩及含钙质粉—细晶白云岩,微晶灰岩中富含䗴化石 *Schwagerina* sp., *Misellina* sp., *Triticites* sp. 和海绵、海百合茎、藻屑等。茫崖镇骆驼峰西北尕斯乡(66剖面)上石炭统—下二叠统打柴沟组为台地边缘浅滩相,由含砂砾屑生物碎屑灰岩、生物碎屑砂砾屑灰岩、亮晶生物屑灰岩及亮晶灰岩组合堆积而成,含有较多䗴类、部分腕足类化石及大量藻类、有孔虫、苔藓虫、腹足类化石碎片。砾屑、砂屑及生物碎屑的分选性及磨圆度均较好,填隙物多为化学胶结,杂基含量很少。剖面层序表现为由粗—细的退积型沉积,属潮下较高能沉积环境。格尔木市骆驼峰东南(68剖面)打柴沟组为局限台地相,主要由灰黑—深灰色粒屑亮晶、粉晶、泥晶生物灰岩,白云质灰岩及白云岩夹细碎屑岩组成,大多数灰岩燧石结核或条带较为发育,各类生物分异甚高,常密集成层或呈礁体出现,厚度177~344m,含䗴、牙形石、珊瑚、腕足类等。

浅海相：分布于东部的都兰县一带(79剖面),属上石炭-下二叠统。岩性为灰黑色块状含红柱石黑云斜长石英角岩、中厚层角岩化粉砂岩,灰白色厚层含辉石帘石透闪石长石石英角岩,灰黑色中厚层粉砂质黏土板岩、含碳质大理岩、粉砂质板岩夹砂岩及灰岩透镜体。大理岩中含珊瑚及䗴 *Psudoschwagerina* sp.,出露厚244m。

半深海火山盆地相：小面积分布于都兰县东和诺木洪南两处。青海格尔木河大干沟(75剖面)上石炭统—下二叠统火山岩段上部为灰色、灰绿色火山岩质砾岩,岩屑砂岩夹安山岩;下部为灰绿色安山岩、玄武岩夹岩屑砂岩,厚度大于1 369m。青海都兰东茶卡盐湖南(78剖面)上石炭-下二叠统下部为灰黑色火山角砾岩夹英安岩,厚392.1m。

2) 岩浆岩相

早中二叠世侵入岩十分发育,构成岩浆弧主体。岩石类型十分复杂,主要有橄榄岩、辉长岩、闪长岩、石英闪长岩、花岗闪长岩、英云闪长岩、二长花岗岩、花岗岩、钾长花岗岩、辉石岩-二长辉长岩-辉石二长岩组合等、二长花岗岩-钾长花岗岩组合。岩石有次铝质钙碱性系列、I型花岗岩和高钾钙碱性岩系列、S型花岗岩。波洛斯太中粒黑云花岗闪长岩锆石U-Pb年龄(289±4)~280Ma,纳木龙石英闪长岩Rb-Sr年龄267.79Ma,U-Pb年龄(245.6±7.4)Ma。祁漫塔格序列Rb-Sr年龄306.3~(288.8±2.9)Ma,U-Pb年龄介于397~250Ma,K-Ar法获得其表面年龄为263Ma,锶初始比值(I_{sr})为0.791 66。秦布拉克序列锆石U-Pb年龄为(285±0.6)Ma。

火山岩亦十分发育,格尔木河大干沟上石炭统—下二叠统火山岩段上部为灰色、灰绿色火山岩质砾岩、安山岩,下部为灰绿色安山岩、玄武岩,为海底火山喷发相沉积;茶卡盐湖南上石炭-下二叠统下部海底火山喷发相沉积为灰黑色火山角砾岩夹英安岩。叶桑岗地区二叠系叶桑岗组尚见有凝灰质沉积。

3. 古地理特征

该相区类似于现今东太平洋活动大陆边缘岛弧区,古地理环境较为复杂。南部洋盆区和北部陆表海盆地通过多处海槽(海峡)相互连通,海水从南向北侵入,随着海平面升降,边缘岛链时现(部分)时隐(部分)。

第三节 南昆仑-巴颜喀拉山地区构造-岩相古地理

北界为康西瓦-木孜塔格-玛沁-勉县-略阳结合带北缘断裂,南界西部为泉水沟断裂,东部为歇武-甘孜-理塘结合带南缘断裂。为古特提斯洋大洋岩石圈板块俯冲带所在,可进一步划分为南昆仑俯冲增生杂岩相和巴颜喀拉大洋盆地相。分述如下。

一、南昆仑俯冲增生杂岩(V_1)

1. 构造特征

其范围与南昆仑-阿尼玛卿混杂岩带一致,为一呈近东西略向南凸出的弧形带状展布,长约1 000余千米,规模巨大,是古特提斯洋大洋岩石圈板块俯冲消减位置所在。由于二叠纪大洋岩石圈板块向北的强烈俯冲增生,其北侧断续发育位于增生楔基底之上的浅海和半深海斜坡相沉积,南部主体为深海-半深海沉积,间有少量属于洋岛环境的浅海沉积。该带叠加有印支期以来的多期走滑、逆冲构造,现今构造活动依然强烈(图8-3)。

2. 岩相特征

1)沉积岩相

引用地层剖面37条。自西向东分别发育半深海相砂泥质夹火山岩沉积,半深海相火山盆地沉积,深海-半深海相碎屑岩、碳酸盐岩沉积,深海、半深海相火山盆地沉积,浅海相碎屑岩、碳酸盐岩、火山岩沉积,台地相碳酸盐岩沉积,深海相泥灰质及火山岩沉积,半深海相泥灰质及火山岩沉积,深海相碎屑岩、硅质岩沉积,半深海相碎屑岩、碳酸盐岩沉积,半深海相砂泥质沉积,开阔台地相生物礁堆积等。纵向序列表现为海进→海退的旋回性变化。

半深海相砂泥质夹火山岩沉积:小面积分布于西昆仑东端一带。以阿克苏河黄羊岭群为代表(80剖面),岩性可分为"砂岩段"、"粉砂岩段"和"凝灰岩段"。凝灰岩段中见由厚变薄的韵律层;粉砂岩段由泥质板岩和粉砂质板岩组成韵律层,单韵律层厚3~5cm,似为鲍马序列D、E段;砂岩中亦见粒序层理,具水下密度流沉积特征。

半深海、深海相火山盆地沉积:小面积分布于西昆仑东段以及东昆仑的布喀达坂峰一带。前者以阿克苏河卡勒拉塔什岩群为代表(81剖面),可分为上、下两个组,上组以蚀变安山岩为主,夹有凝灰质粉砂岩,凝灰质板岩及砂岩;下组下部以石英安山岩为主夹石英安山质凝灰岩,中部以安山岩为主夹沉凝灰岩、硅质粉砂岩及砂岩等,上部为石英安山质晶屑凝灰岩,英安质晶屑凝灰岩与粉砂岩组成粒序韵律层,另在较厚的细砂岩中,保存有完好的微斜层理。布喀达坂峰东北以上石炭-下二叠统浩特洛哇组为代表(102剖面),岩性以英安岩、内碎屑灰岩、含鲢细晶灰岩及微晶灰岩为主,次为英安质晶屑含角砾凝灰岩、英安质凝灰熔岩并夹大量长石石英杂砂岩及复成分砾岩。内碎屑灰岩及细晶灰岩中含鲢及少量棘皮类和有孔虫。从下至上,由微晶灰岩—英安岩—内碎屑灰岩—含角砾凝灰岩及凝灰熔岩、含砾内碎屑灰岩—英安岩构成韵律层,内碎屑灰岩单层厚度大于10cm,发育斜层理及水平层理。上述特点反映该套地层具岛弧环境下的火山-沉积特征。

半深海、深海相砂泥质沉积:小面积分布。布喀达坂峰西北阿尔喀山(100剖面)中二叠统马尔争组以中细粒岩屑长石砂岩、不等粒岩屑长石砂岩、岩屑长石粉砂岩为主夹长石粉砂岩、泥钙质板岩、细砾岩及少量粉晶灰岩等。中下部为一套粗浊积岩,发育不连续鲍马序列,AB、ABCD、BCE、BE段等鲍马序列组合;上部为细浊积岩,发育BCDE、CD、DE、CDE段等鲍马序列组合。A段单层厚30~150cm,发育粒序层理,并见重荷膜构造;B 段一般层厚在 20~100cm 间,发育平行层理、重荷膜、槽膜构造;C 段层厚 5~10cm,具水平层理;E 段由泥钙质板岩组成,层厚多小于 5cm,发育细水平层理。砂岩中含有 *Taenidiu*,*Palaeodictyon* sp.,*Protopaleodictyon* sp. 等深水相遗迹化石。布喀达坂峰东北克其克孜苏河南支沟(101 剖面)马尔争组为深海、次深海盆地相海底扇浊积岩沉积。岩性组合为一套中细粒长石岩屑砂岩、不等粒岩屑砂岩、夹千枚状板岩、亮晶砾屑灰岩、泥晶灰岩及少量砂砾岩、球颗玄武岩组成,为一套浊流沉积,由下至上发育不完整鲍马序列,自上而下泥钙质沉积减少、砂岩等陆屑沉积明显增多,沉积总厚 4 066m。

半深海碎屑岩、碳酸盐岩沉积:自西向东呈狭长带状分布。鲸鱼湖东北部阿尔喀山北(96 剖面)马尔争组为一套方解石质、绢云母质千枚岩,糜棱岩,片岩等夹亮晶内碎屑灰岩、不等粒岩屑砂岩等,发育有鲍马序列。生物碎屑灰岩中见有棘皮、海绵、藻类等生物的碎屑。鲸鱼湖东北部阿尔喀山北喀尔瓦东(95 剖面)马尔争组以长石岩屑砂岩、长石石英细砂岩及微晶生物灰岩为主,夹大理岩、岩屑砂岩、细砾岩及少量玄武岩。从下至上发育不连续鲍马序列 A、B、C、D 段,缺 E 段。库赛湖西北(108 剖面)上石炭-下二叠统浩特洛哇组上段为变砂岩夹薄层碳酸盐岩,内部发育递变层理、平行层理、沙纹层理、水平层理,产大量遗迹化石。

半深海碎屑岩、碳酸盐岩和火山岩沉积:小面积分布。黑海东大灶火沟上游(109 剖面)马尔争组上部为绿灰色、灰绿色蚀变粗玄岩,玄武岩夹磁铁石英岩,变质长石石英砂岩,千枚状板岩及薄层大理岩;中部为白云大理岩夹薄层千枚岩;下部为灰褐、灰色含砂砾岩,钙质粉砂岩,千枚岩,具类复理石沉积特征。总厚 872~2 304m。

浅海相碎屑岩、碳酸盐岩沉积:狭长带状断续延伸。木孜塔格峰西北麓乌鲁格河上游(84 剖面)马尔争组下部为灰白色厚层—块状灰岩,顶部夹少许岩屑砂岩;上部为灰色、深灰色及黑灰色岩屑砂岩与钙泥质粉砂岩,岩屑砂岩,泥岩互层。视厚度 2 067.34m。灰岩中化石丰富,以䗴、珊瑚、海百合茎为主,化石整体保存状态反映为原地埋藏-准原地埋藏的浅海潮下中低能环境。木孜塔格峰东北(85 剖面)马尔争组以灰白色、灰色、深灰色砂岩,粉砂岩为主夹灰岩。砂岩、泥质岩多呈不均匀互层,砂岩中见平行层理,灰岩块状构造见有亮晶团粒,含有䗴、珊瑚及苔藓虫类动物化石,反映为潮下中、低能水动力环境下浅海内缘斜坡相沉积。视厚度 1 542.2m。玛曲县西(115 剖面)马尔争组为灰色、灰绿色中薄层中细粒长石石英砂岩,中细粒石英砂岩,粉砂质板岩,深灰—灰色中薄层状生物微晶灰岩,弱白云石化粉晶灰岩,灰—灰褐色钙质细砂岩,细砾岩,含粗砂岩透镜体。微晶灰岩产䗴、珊瑚、双壳类化石,底部砂岩发育交错层理。玛曲县西(116 剖面)马尔争组砂岩和板岩在纵向上反复交替出现,形成砂板岩相间韵律层序,构成向上变粗的沉积旋回。

开阔台地相碳酸盐岩沉积:断续带状分布于北部。阿其库勒湖西南(83 剖面)马尔争组主要为深灰色、灰色、浅灰色细晶白云岩,泥晶灰岩及微晶灰岩等,含珊瑚 *Pseudoyatsengia* sp.,*Michelinia* sp.。阿其克库勒湖南(91 剖面)上石炭-下二叠统浩特洛哇组为灰岩、生物灰岩、大理岩化灰岩和大理岩,产有䗴类化石。鲸鱼湖西北(92 剖面)中二叠统鲸鱼湖组为一套厚约 774.33m 的碳酸盐岩夹少量细碎屑岩沉积,砂岩发育平行层理,灰岩含有冷水型单通道䗴化石 *Monodiexodina muzfaganensis* Sun et Ma.,*M.* cf. *wanner*(schuber)。鲸鱼湖北(93 剖面)下中二叠统树维门科组为细粒岩屑砂岩、粉砂质泥岩,上部有约 193.35m 英安岩,砂岩中多发育平行层理。鲸鱼湖北黑熊沟(94 剖面)马尔争组为浅红色、玫瑰色生物碎屑泥晶灰岩,亮晶粒屑灰岩和深灰色内碎屑泥晶灰岩,亮晶核形石灰岩,亮晶粒屑灰岩,碎裂状内碎屑灰岩,夹约 20m 厚层砾岩。布喀达坂峰西北(97 剖面)马尔争组为以含介壳生物碎屑灰岩、含生物碎屑微晶灰岩、泥晶含内碎屑生物碎屑灰岩、微晶支架类生物碎屑灰岩、微晶䗴灰岩及长石石英砂岩为主夹少量粉砂岩、泥钙质板岩的沉积体,生物化石丰富,个体完整,灰岩中发育交错层理。库赛湖北中灶火南(106 剖面)马尔争组由灰色、浅灰色、深灰色亮晶团块灰岩,含生物砾屑灰岩,砾屑亮晶灰岩夹生物屑灰岩,含生物屑亮晶灰岩及灰红色砾屑灰岩等组成,灰岩中产䗴类、有孔虫、珊瑚、菊石等化石。库赛湖北(107 剖面)树维门科组为灰白色、紫红色中—块层状生物碎屑灰岩、角砾灰岩与亮晶胶结的造礁淀结灰岩互层,纵向上组成了 4 次造礁与非造礁旋回序列。造礁生物主要由藻类和链状海绵为主，附带生物有苔藓虫、珊瑚、有孔虫、腕足类、百合茎、鳋类等。青海省都兰县马尔争（114剖面）树维门科组主要为一套生物礁灰岩，礁核相为灰白色、灰红色块状古石孔藻黏结灰岩，管壳石黏结灰岩，造礁生物主要为 *Archaeolifnoparella* sp. 及 *Tubiphytes* sp.。礁前相为角砾岩，礁后相为含生屑泥晶灰岩。生物礁演化具明显旋回性，可划分出12个造礁旋回。

2）岩浆岩相

以蛇绿混杂岩相为主，中酸性侵入岩较为零星。

蛇绿混杂岩相：大体沿昆南断裂带东西向断续延伸，从东向西主要有塔妥蛇绿构造混杂岩、苏巴什蛇绿构造混杂岩。

塔妥蛇绿混杂岩：出露于塔妥煤矿或龙什更公玛北一线，向东经沟里、拉玛托洛胡呈近东西向展布，东至兴海幅的错扎玛。

在塔妥煤矿北近清水泉地段由蛇纹岩（原岩可能为纯橄岩）、辉长岩、辉绿岩和玄武岩构成，超镁铁质—镁铁质岩类可见堆晶层理，玄武岩中见硅质岩包体。东段蛇绿岩主要为玄武岩和辉长岩。玄武岩与硅质凝灰岩互层状产出，并在多层硅质凝灰岩中发现石炭-二叠纪放射虫。辉长岩高钛铁，在 Al_2O_3-CaO-MgO 图落入镁铁堆积岩区。玄武岩可分高钛和低钛两类，在 Al_2O_3-CaO-MgO 图落入镁铁堆积岩区；在 MgO-FaO-Na_2O+K_2O 图中，低钛者相对富镁，高钛者相对富铁，但二者均为拉斑玄武岩系列。稀土元素则东西段有明显差异，西段具 Eu 负异常的平坦型富集模式，与南部布青山得力斯坦沟蛇绿构造混杂岩相似；东部（TLP、TLW 剖面）玄武岩微具 Eu 正异常，右倾轻稀土富集型分配模式，同东部的错扎玛同类岩石相似，不同的是错扎玛玄武岩或辉长岩低钛铁。根据玄武岩成分的二分性，似乎可分出两期不同成分的火山沉积作用。

苏巴什蛇绿混杂岩：出露于柳叶塔格南至乌鲁克库勒湖之间，平行昆仑山脉展布。按其与古陆块的关系，可进一步划分为南、中、北3个亚带。

黄羊滩北的北亚带主要为蛇纹岩、辉绿岩。苏巴什东出露大量辉长岩及辉绿岩和玄武岩。辉长岩具堆晶结构或分异呈层性。混杂带内岩石有橄榄辉石岩、辉绿岩、中—浅色辉长岩、玄武岩、闪长岩、石英闪长岩、斜长花岗岩、灰岩岩块等。中亚带由蛇纹岩、玄武岩类构成，未见辉绿岩和层状堆积岩，夹有大量基底变质岩块、复理石增生岩块。超镁铁质岩片通常紧贴古老变质岩片产出。岩石常具"砾状"混杂外貌，胶结物为硅质千枚岩和复理石沉积岩。南亚带包括蛇纹岩、橄辉岩、辉长岩和玄武岩等，各单元间均为韧性剪切接触，构造角砾（细小岩块）有超镁铁质、镁铁质岩石、硅质岩、灰岩、双雁山组变质岩等，基质为石英千枚岩类。靠南部构造角砾以灰岩、玄武岩和安山岩为主，基质为陆缘碎屑复理石。

蛇纹岩在 Al_2O_3-CaO-MgO 图中主要落入变质橄榄岩成分区；据 CIPW 矿物标准分子计算，原岩包括纯橄岩、方辉辉橄岩和二辉橄榄岩；稀土元素除个别样品波动较大外，基本属一种具 Pr 正和 Eu 负异常和重稀土略亏损的平坦型模式；微量元素蛛网图与 E-MORB 相比，除相对亏损 Ba、Sr、Hf 外，也大体与 E-MORB 相似。辉石岩镜下可分橄榄辉石岩、含长辉石岩和透闪岩等；在 Al_2O_3-CaO-MgO 图属镁铁堆积岩区；稀土元素丰度比超镁铁质岩类高，但二者图形和特征较相似；微量元素基本与 E-MORB 相同。辉长岩在 Al_2O_3-CaO-MgO 图中属镁铁堆积岩，稀土元素和微量元素基本与辉石岩类相同。辉绿岩、辉绿辉长岩在 Al_2O_3-CaO-MgO 图中也落入镁铁堆积岩区，稀土元素和微量元素基本同辉长岩类。基性熔岩在碱硅图中可分为玄武岩和粗面安山岩两类；玄武岩比粗面安山岩稀土元素更具平坦型模式，且微具 Pr 正和 Eu 负异常；而粗面安山岩则相对更富轻稀土，呈右倾型分配模式；微量元素丰度较其他岩石单元稍高，而图式基本相同。

放射虫硅质岩呈透镜状、薄层状夹于石英千枚岩及玄武岩中，放射虫化石组合显示为石炭纪—中二叠世。

该区侵入岩较为零星。主要有花岗岩、二长花岗岩体、花岗闪长岩、英云闪长岩体、闪长岩和石英闪长岩等。巴隆夏勒郭沟口花岗岩 K-Ar 年龄 271.2Ma；稳流河北花岗岩体 Rb-Sr 年龄 298Ma；长梁山黑云花岗闪长岩体 K-Ar 年龄 274.9Ma；尕勒奏黑云花岗闪长岩体 K-Ar 年龄 295.2Ma、260.7Ma；黄土小平山黑云花岗闪长岩体 K-Ar 年龄 268.9Ma；乌腊德夏拉郭勒东石英闪长岩体 K-Ar 年龄

233.2Ma。布尔汗布达岩石组合昆南的侵入岩体,锆石 U-Pb 年龄(289±4)~280Ma。相当于岛弧或大陆边缘活动带的火山弧花岗岩。

3. 古地理特征

因该区为特提斯洋盆北部增生地带,加之巴颜喀拉(特提斯洋的次级)洋盆中洋岛、海山遍布,古地理环境十分复杂。残留下来的混杂岩片有滨浅海、半深海、深海及开阔台地等各种古地理环境下沉积的地质实体,突显了古构造地理环境的复杂性信息。

二、巴颜喀拉洋盆（V_2）

1. 构造特征

北以康西瓦-南昆仑-玛沁-勉县构造混杂岩带南界断裂为界,南以西金乌兰-甘孜-理塘构造混杂岩带南界断裂为界,西起喀拉喀什河上游,东抵甘德、玉树一带,总体呈一不对称三角形。主体被三叠系巴颜喀拉山群碎屑岩覆盖,下伏、上覆地层零星,褶皱、断裂构造发育。被阿尔金断裂分隔为东、西两部分。该构造单元基底性质仍存在很大分歧。早中二叠世构造背景不清,推测为大洋盆地(图8-3、图8-4)。

2. 岩相特征

1) 沉积岩相

引用前人地层剖面 37 条。总体以深海沉积为主,西部和东部边缘局部地区发育滨浅海相和台地相沉积。纵向沉积序列自下而上表现为滨岸相→浅海陆棚相→半深海相→深海相(火山盆地相)→半深海相→浅海陆棚相的海进至海退的浅—深—浅的震荡旋回性变化。

半深海、深海相砂泥质硅质沉积:发育于西部和东南部广大地区。和田市大红柳滩东南(117剖面)下中二叠统黄羊岭群下部为石英云母千枚岩夹千枚状长石石英粉砂岩、变质不等粒含钙石英砂岩夹变质细粒石英杂砂岩等。沉积韵律极发育,一般由长石石英粉砂岩与石英云母千枚岩或不等粒含钙石英砂岩与粉砂岩构成二分韵律,总体表现为近源快速堆积特征。夹有火山岩夹层和大理岩滑块。上部岩性为钙质长石石英砂岩夹绢云千枚岩,二者构成沉积韵律;沉积韵律发育,由细砂岩—粉砂岩—粉砂质板岩构成,为鲍马序列的 C、D、E 段;中部见少量火山岩、大理岩或灰岩滑块,滑体局部具角砾状构造。在大红柳滩北一带该群中夹有硅质岩,由下而上碎屑粒度由细变粗。

半深海、深海相砂泥质、灰质、硅质及火山岩沉积:是主体相区,广泛分布于中南部地区。叶亦克南喀什塔什山东南部(120剖面)硅泥质岩、复理石、碳酸盐岩与蛇绿岩共生,厚 7 200m。硅质岩与基性、超基性岩呈整合接触,厚250m,硅质岩中含放射虫。向上为硅泥质岩与粉砂质泥岩组成的韵律层沉积,为深海远端浊流或等深流沉积。羊湖东团结湖北(173剖面)石炭系—中二叠统西金乌兰群下部为灰色、深灰色钙质岩屑砂岩,粉砂岩夹少量含钙球微粒(晶)灰岩;中部为灰绿色、褐红等杂色绢云板岩、玄武岩,凝灰岩,硅质岩和粉砂岩,呈频繁的韵律旋回,含放射虫 *Hegleria* sp.;上部为灰褐色、灰红色中细粒岩屑石英砂岩夹杂色泥岩。可可西里地区西金乌兰湖(174剖面)石炭系—二叠系由砂板岩、灰岩和基性火山岩组成,沉积岩中含放射虫、腕足类及双壳类化石。可可西里地区蛇形沟(175剖面)石炭系—二叠系砂板岩、灰岩与蛇绿岩共生。砂板岩组岩性为细—粉砂岩、板岩夹中细粒石英砂岩、硅质岩,砂岩底面发育槽模、沟模等构造,见粒序层理、包卷层理及水平纹层理和鲍马序列等。灰岩组由岩屑长石砂岩、钙质板岩、生物碎屑灰岩、结晶灰岩、鲕粒灰岩、亮晶灰岩等组成。硅质岩中产放射虫 *Pseudoalbaillella*。

半深海相砂泥质沉积:小面积分布于石平顶西部雪头河一带,属于黄羊岭群(126,127剖面)。岩性比较单调,主要由砂岩、粉砂岩、泥质粉砂岩、粉砂质泥岩等多次重复旋回沉积而成。其下部位发育典型的盆地斜坡相浊积岩沉积特征,砂岩、粉砂岩、粉砂质泥岩构成清楚的韵律沉积,砂岩中发育平行层理、包卷层理,底部具沟膜、槽膜、冲刷面等浊流沉积构造和不完整鲍马序列。

半深海、深海相砂泥质、灰质沉积:近东西向带状分布于银石山、木孜塔格峰一带。岩石地层单位属于二叠系黄羊岭群。且末县羊湖北(124,125剖面)主要发育黄羊岭群第二段,岩性变化较大,主要为灰黑色页岩夹岩屑砂岩、砾屑灰岩、砂砾岩及礁角砾灰岩。灰岩中产大量䗴类化石,砂岩中发育鲍马序列,表明该地区是以浊积岩为主夹滑塌角砾岩和斜坡沉积。半岛湖二叠系黄羊岭群为半深海、深海相→浅海陆棚相→深海、半深海相。岩性为一套陆源碎屑复理石夹碳酸盐岩沉积,主要为灰黑色页岩与岩屑砂岩互层,韵律性强、鲍马序列发育。第一、二段为早中二叠世,第三段属于晚二叠世。第一段以灰黑色页岩为主,夹灰黄、灰褐色中厚至厚层细—粗粒岩屑砂岩,中上部偶夹薄至中厚层泥晶灰岩,局部为砂岩与粉砂岩的韵律层;下部砂岩大多具平行层理,并发育正粒序和逆粒序递变层理,厚度大于200m。第二段下部为灰黑色页岩与灰色中至厚层块状细—粗粒岩屑砂岩以大约(1:1)~(2:1)的比例互层,夹多层灰色、深灰色厚层块状复成分砂质砾岩和中厚至厚层泥晶生物屑砾屑灰岩、泥—亮晶礁角砾灰岩等,底部为深灰色块状复成分砂质砾岩;上部以灰黑色页岩为主,间夹灰色、褐灰色中至厚层细—粗粒岩屑砂岩及多层灰绿色、褐红色中至厚层复成分砂质砾岩以及浅灰色厚层块状泥晶砾屑灰岩、亮晶藻团块灰岩。砂岩具平行层理、粒序层理及鲍马序列,局部见有槽模构造。产腕足类、䗴、有孔虫、珊瑚、牙形石等,厚约630m。

半深海、深海相砂泥质、灰质、硅质沉积:近东西向带状分布于鲸鱼湖—布喀达板峰南部一带(129剖面),属马尔争组。岩石类型有糜棱岩屑砂岩、碎屑质糜棱岩、千糜岩夹绢云千枚岩,偶见硅质岩及灰岩透镜体。在变形较弱的砂岩透镜体中,见有粒序层理,具浊积岩特征。为半深海斜坡沉积环境。

半深海相火山盆地沉积:小面积分布于理塘河南木里西泸沽湖北一带(226剖面),下中二叠统为灰绿色致密状玄武岩夹杏仁状玄武岩、凝灰岩及少许角砾状玄武岩、灰岩透镜体,含䗴 *Neoschwagerina* sp.,*Rugosofusulina* sp.。厚750~1 000m,属海相火山盆地火山喷溢相沉积。

滨浅海相碎屑岩、碳酸盐岩和火山岩沉积:小面积断续分布。阿开赛钦湖东北(118剖面)下中二叠统黄羊岭群为灰绿色、深灰色基性凝灰岩和灰色、浅玫瑰色生物碎屑灰岩互层,夹少量碎屑岩。岩石中含大量珊瑚、菊石、螺及海百合茎等化石,生物碎屑含量达50%。有珊瑚 *Tachylasma magnum hexasaseptatum* Hang,*Amplexus*,以及螺、菊石等。形成于火山岛附近的浅海相环境。曲麻莱县麻多乡(130,131剖面)中二叠统马尔争组下部为生物碎屑灰岩与长石石英砂岩、粉砂岩互层,上部为长石砂岩、生物碎屑灰岩、鲕状灰岩夹碎屑岩,碎屑岩分选、磨圆度均较好,矿物成熟度较高,所含化石䗴、珊瑚、腕足类等均为浅海相生物。上部常出现紫红色枕状玄武岩、玄武质角砾岩夹灰岩,灰岩中含䗴 *Verbeekina* sp.及腕足类等,厚253~280m。九龙县西雅砻江西岸理塘河东岸(224剖面)中二叠统戈洛组以灰色砂岩、板岩为主,夹透镜状灰岩,底存发育厚百米石英质砂砾岩。灰岩中化石丰富,有䗴 *Parafusulina*,*Schwagerina*,*Pseudofusulina* 等,厚约1 800m。主体为浅海相沉积。

浅海相碎屑岩、碳酸盐岩沉积:小面积分布于阿开赛钦湖东一带(119剖面),属于下中二叠统红山湖组。下段主要为碎屑岩夹碳酸盐岩组合,砂岩发育平行层理,局部见小型交错层理。上段主要为一套碳酸盐岩夹碎屑岩组合,发育平行层理。自下而上由细粉砂岩—粉砂岩—泥质粉砂岩—灰岩组成3个沉积旋回。上段灰岩中含有大量䗴化石 *Parafusulina decora* Han 等,说明沉积环境为含盐度正常的温暖浅海环境,为海水频繁振荡,并逐渐加深的海侵沉积体系,但总体水深变化不大。

开阔台地相碳酸盐岩沉积:小面积零星分布。西部阿克塔格西南(123剖面)石炭系—二叠系为泥晶生物屑灰岩和亮—泥晶生物屑灰岩。生物屑含量约占70%~80%,其中藻类及有孔虫含量占生物含量的65%,藻类有蓝绿藻屑、藻凝块、管壳石等,含䗴化石 *Schubertella* sp.,*Codonofusiella* sp.,*Neoschwagerininae* 和有孔虫。生物屑之间为泥晶方解石胶结,其胶结方式既有孔隙式,也有基底式。沉积环境应为碳酸盐岩台地相,可能为孤立岩隆。九龙县西雅砻江西岸(224剖面)中二叠统日斯公组发育浅灰色块状微晶灰岩,灰色细粉晶灰岩,灰绿色、深灰色泥晶灰岩,细粒长石石英砂岩,含腹足类、珊瑚及藻类化石。四川木里县水洛乡(225剖面)上石炭统—下二叠统上部为灰白色、浅灰色中厚—厚层微晶灰岩夹浅黄灰色泥晶灰岩或白云质灰岩条带,下部为灰色、深灰色中厚层—块层状角砾状灰岩。

2) 岩浆岩相

以蛇绿岩相为主。

叶亦克南喀什塔什山东南部蛇绿岩(120剖面)：蛇绿岩与构造岩片产出的硅泥质岩、复理石、碳酸盐岩共生。主要由灰黑色、灰绿色块状玄武岩，含气孔橄榄玄武岩，气孔状碳酸盐化玄武岩，多气孔状橄榄玄武岩等组成。

拜若布错-小长岭蛇绿岩：出露于拜若布错至小长岭北东东向断裂带内，向东与尖头湖岩带相。与基底变质岩系的片麻岩、石英片岩呈构造混杂产出共生，北与三叠纪托和平错组、南同侏罗纪雁石坪群均为断层接触。由蛇纹岩、斜长角闪岩、绿帘阳起绿泥片岩、绿泥石化玄武岩及碎裂基性岩等构成，属镁铁、超镁铁质杂岩体。蛇绿岩（纯橄岩）低 Ti、P、Fe，m/f=0.85，B/S=1.06，属镁铁超镁铁岩类。稀土元素配分曲线呈平坦型分配模式，微具 Pr 正、Eu 负、Sm 正异常。微量元素蛛网图中相对富集 Nb、Sr、Hf、Zr 而贫 Ce、Nd、Sm、Tb、Y 等。镁铁质岩相对高 Ti、Fe、P，$CaO-Al_2O_3-MgO$ 图中均落入镁铁堆积岩区，其中绿泥石化玄武岩还具科马提质玄武岩成分特征。稀土元素为具 Pr 正、Eu 负的平坦型分配图式。微量元素 Nb、Hf、Sr 稍富，其余组分和球粒陨石或洋脊玄武岩大体相似。目前时代依据不足。

蛇形沟蛇绿岩(174剖面)：出露于西金乌兰湖南北两侧的蛇形沟、还东河、倒流沟及移山湖等地。根据1:25万可可西里湖幅区调成果资料显示，大多呈构造岩片形式产于通天河混杂岩内，被上二叠统—下三叠统汉台山群不整合覆盖。岩石类型有辉长岩、辉绿岩、辉长辉绿岩、枕状玄武岩、块状玄武岩、苦橄玄武岩等。辉长岩具分带现象和堆积结构。基性岩主体属于拉斑玄武岩。稀土元素为较典型的富集平坦型分配图式。蛇形沟玄武岩铅同位素模式年龄274Ma。

巴音叉琼-巴音查乌马蛇绿岩(176剖面)：出露于荀鲁山克错北，沿断裂和韧性剪切构造呈透镜状、岩墙状分布，有北西和北东两组方向，多与碎屑岩相伴。由独立的橄辉岩、斜辉辉橄岩、角闪辉长岩、滑石片岩、辉长辉绿岩、辉绿岩和玄武岩类等岩块或岩片构成。

斜辉辉橄岩属镁铁质岩类，稀土元素为微富集的平坦分配模式，部分 Eu 负异常。蛇纹石化辉橄岩岩石成分基本与斜辉辉橄岩相似，唯蛇纹石化程度较强；微量元素相对富集 Rb、Sr，而 Cr、Ni 基本与阿尔卑斯型岩体相近。橄榄二辉辉石岩稀土元素具 Eu 和 Tb 正异常的平坦富集型模式。角闪辉长岩稀土元素为右倾型轻稀土富集型模式。辉长辉绿岩和辉绿岩稀土元素为富集平坦型模式，具 Eu 正异常，曲线位于橄榄岩类和角闪辉长岩类之间，更接近橄榄二辉辉石岩图式。玄武岩岩石化学、稀土元素、微量元素均与角闪辉长岩十分相似。巴音查乌马辉长岩 Rb-Sr 等时年龄$(268±41)$Ma（荀金，1990）。

查涌-康巴让赛蛇绿岩：出露于多彩西北查涌—康巴让赛一带，围岩为晚三叠世巴塘群。基性—超基性岩由橄榄辉石岩、辉长岩、辉长辉绿岩、辉绿岩和辉绿玢岩等组成，呈脉状或构造岩块产出。橄榄辉石岩稀土元素可与当江-多彩地区的镁铁质岩类相对比。辉长岩为镁铁堆积岩，个别具玄武质科马提岩成分特点，稀土元素为近平坦型分配模式。辉绿岩相对较富 Ti、Fe，稀土元素为轻稀土微富集型分配模式，在丰度及图式上基本可与早中二叠世同类岩石相对比。玄武岩部分样品亦具科马提质成分特性，岩石化学和稀土元素等可与早中二叠世同类岩石相对比。

立新-歇武蛇绿岩：出露于立新、唐龙、仲达至歇武一线，呈北西-南东向带状产出在三叠纪理塘构造混杂岩带内，与强变形的泥砂质基质岩片共生。由变超镁铁质岩（绿泥菱镁片岩）、变辉长岩、辉绿岩及相关火山岩（枕状玄武岩、球粒玄武岩、气孔状玄武岩、安山玄武质凝熔岩等）组成。变超镁铁质岩含 Ti、Fe 较高，稀土元素具明显 Eu 正异常的轻稀土富集型模式，微量元素为 Ti、V 富集型。辉长岩含 Ti、Fe 较高，稀土元素均为微显 Eu 正异常的轻稀土富集型模式，微量元素 Ti、V 富集。辉绿岩岩石化学、稀土元素和微量元素可与辉长岩对比。玄武岩按成分可分高 Ti、Fe、P 和低 Ti、Fe、P 两类，前者成分与辉长岩和辉绿岩类相近，后者则具 Eu 正异常和相对较低的稀土元素丰度。该岩体伴生硅质岩含早石炭世、中二叠世、中三叠世和晚三叠世放射虫。

理塘蛇绿岩：分布于理塘县北一带。由洋脊型拉斑玄武岩、苦橄玄武岩、镁铁质与超镁铁质堆晶岩、辉长-辉绿岩墙、蛇纹岩组成，与放射虫硅质岩、复理石共生。普遍认为其形成于早石炭世—晚三叠世。

3. 古地理特征

为大洋盆地和洋盆边缘环境,洋盆边缘洋岛、海山遍布,古地理环境十分复杂。物源主要来自北部边缘,少部分来自南部陆岛,表现为海侵—海退的旋回性变化。

第四节 羌塘-三江地区构造-岩相古地理

分布于龙木错-双湖-澜沧江构造混杂岩带以北,西金乌兰-甘孜-理塘混杂岩带以南,可进一步划分为塔什库尔干-甜水海被动边缘盆地相、北羌塘地块相、中咱-中甸-义敦地块大相、金沙江-哀牢山消减洋盆大相、治多-江达-维西-墨江火山弧相、昌都-兰坪弧后盆地相、开心岭-杂多-维登-临沧火山弧相、乌兰乌拉湖-北澜沧江消减洋盆大相。此外,若尔盖-松潘地块一并在此叙述。总体具有浅海相与深海盆地相间列的复杂古地理格局(图 8-5)。

一、中咱-中甸地块(Ⅷ)

1. 构造特征

该相区西邻金沙江-哀牢山结合带,东接巴颜喀拉大洋盆地相和盐源-丽江边缘海裂谷盆地相,包括了常说的义敦-沙鲁里岛弧和中咱-中甸地块。早中二叠世早期,受金沙江洋盆和甘孜-理塘洋盆扩张影响,处于被动大陆边缘伸展构造背景。早中二叠世晚期,洋盆俯冲,处于活动大陆边缘挤压构造背景(图 8-5)。

2. 岩相特征

1) 沉积岩相

引用地层剖面 7 条。从东向西依次有滨海相、陆棚相、台地相、半深海-深海相,总体具有东浅西深的古地理特征。涉及地层单位包括上石炭统—下二叠统顶坡组,下中二叠统冰峰组、中村组和中二叠统冉浪组,与上覆、下伏地层及各地层单位之间均为整合接触。

该相区西南得荣、格咱、香格里拉等地区为深海火山盆地相火山岩夹泥灰质岩、硅质岩沉积。乡城、东义、金江一线为半深海火山盆地相火山岩夹泥灰质岩、硅质岩沉积。白玉向南至沙马西局部地区发育半深海盆地相砂泥质、灰质、硅质及火山岩沉积。义敦、格聂、稻城等地为开阔台地相碳酸盐岩沉积。东部边缘甘孜南—甲洼—水洛河东部一线为滨岸相沉积。莫拉山、德格、雀儿山、昌台、海子山等地区及拉波、巨龙、蒙自、石鼓一线为浅海相碎屑岩、碳酸盐岩及火山岩沉积。

深海、半深海火山盆地相:分布于西南得荣、格咱、香格里拉等地。得荣东南古学乡东(220 剖面)冉浪组下部为灰绿色玄武岩、熔岩凝灰角砾岩夹薄层硅质岩、碳质板岩、灰岩;中、上部以灰绿色蚀变基性熔岩,凝灰岩与基性火山角砾岩互层为主,夹灰色中层状灰岩、千枚岩、硅质岩、凝灰质板岩等,含鏈、珊瑚及腹足类化石,厚 3 460.4m,属深海-半深海火山盆地(含浅海)相沉积。稻城东南水洛河畔(222 剖面)下中二叠统上部发育钙质板岩、硅质岩。香格里拉东南部洛吉、三坝等地(223 剖面)中村组下段以黄绿色、灰绿色、灰色板岩,沉凝灰岩为主,夹块状蚀变玄武岩、变杏仁状玄武岩、气孔状玄武岩、凝灰质长石砂岩和灰岩,厚度大于 1 700m。上段下部为灰绿色致密状蚀变玄武岩夹少量紫红、黄色变余基性凝灰岩及黄色硅质板岩,灰色中层状岩屑质灰岩,灰岩中含鏈化石 *Concellina* sp.,厚 635m;上部为灰绿色致密状蚀变玄武岩,顶部夹灰白色细屑内屑灰岩,灰岩中含鏈化石,厚 210m 该组板岩、硅质及灰岩组成明显的类复理石沉积,并夹细碧岩。

第八章 早中二叠世构造-岩相古地理

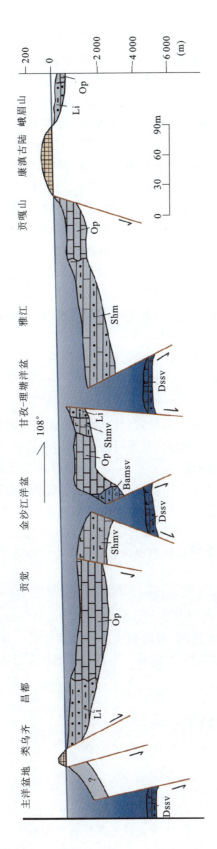

图 8-5 扬子地块及其西缘弧盆系早中二叠世岩相-古地理剖面展布示意图

Li.滨海相碎屑岩沉积;Op.开阔台地相沉积;Shm.浅海相沉积、碳酸盐岩沉积;
Shmv.浅海相碎屑岩、碳酸盐岩和火山岩沉积;Bamsv.半深海相泥灰质、
硅质及火山岩沉积;Dssv.深海相砂泥岩沉积,Dssv.深海相泥砂质及火山岩沉积

浅海陆棚相：北部分布在莫拉山、德格、雀儿山、昌台、海子山等地区，南部分布在拉波、巨龙、蒙自、石鼓一线，呈2个相区。白玉县东南（217剖面）冰峰组主要为一套灰白—深灰色中—厚层块状结晶灰岩、大理岩，局部具条带状构造，其底部夹深灰黑色硅质结晶灰岩，顶部结晶灰岩中局部含鲕粒和硅质夹浅黄色中基性火山岩及少许灰黑色绢云石英片岩，产䗴、珊瑚及腕足类等，厚414m。得荣东南古学乡东（220剖面）冰峰组为灰色千枚岩、板岩夹薄层状灰岩、角砾状灰岩，灰岩中富含䗴类化石 $Verbeekina$ sp.等，厚度大于707.7m，属浅海陆棚（含半深海）相沉积。稻城东南水洛河畔（222剖面）下中二叠统发育灰色、深灰色、灰黑色结晶灰岩，角砾状灰岩夹生物碎屑灰岩、泥质灰岩，富含海相生物化石，其中 $Parafusulina$ 是栖霞组䗴化石，$Neoschwagerina$ 是茅口阶下部一个䗴带化石，沉积构造有水平、平行、板状、块层层理，富含䗴、苔藓虫、有孔虫、腕足类、腹足类、三叶虫、珊瑚、海百合茎、牙形刺等化石。

开阔台地相：分布在义敦、格聂、稻城等地。巴塘东南部常德、巴乡岭、顶坡（218，219剖面）顶坡组为开阔台地台内浅滩相。下部为浅灰色块状含鲕细粒灰岩夹泥质条纹，厚105m；上部为灰白色块状细粒灰岩及灰色块状含鲕粒细灰岩，厚122m。含䗴 $Triticites$，$Zellia$，$Psudoschwagerina$，$Rugosofusulina$ 化石。冉浪组为浅灰色块状细粒灰岩、中厚层状细晶生物屑灰岩、中厚层结晶灰岩（含灰岩角砾）、泥晶灰岩夹硅质条带。产䗴 $Misellina$，$M.ooalis(Deprat)$，$Pisolina$，$Staffella$ 等，厚95m，为开阔台地相沉积。冰峰组为厚层—块状中粒白云岩、白云质灰岩（含鲕）、含鲕粒灰岩夹含砾岩屑砂岩、扁豆状玄武岩，底部灰岩中泥质、铁质条带发育。产䗴 $Verbeekina$，$Neoschwagerina$，$Pseudodoliolina$ 等化石，厚441.5m，为开阔台地相—局限台地（含滨岸）相沉积。

滨岸相：水洛河以东狭长带状分布。稻城东南水洛河畔（222剖面）下中二叠统下部有41.8m紫红色含铁钙质绢云母板岩、粉砂岩，含赤铁矿。

2) 岩浆岩相

侵入岩有铁质基性岩（辉绿岩、辉长辉绿岩、辉长岩，与峨眉岩玄武岩是同源异相的产物）、铁质超基性—基性岩杂岩（橄榄岩、辉石岩、辉长岩、辉绿岩）、石英闪长岩、花岗闪长岩、二长花岗岩等。岩石皆属碱性岩系，其中花岗闪长岩属 Al_2O_3 过饱岩石。

火山岩十分发育，四川白玉县东南为浅黄色中基性火山岩，巴塘东南部常德、巴乡岭、顶坡等地见有扁豆状玄武岩，得荣古学乡毛屋村一带发育灰绿色玄武岩、熔岩凝灰角砾岩、蚀变基性熔岩、凝灰岩、基性火山角砾岩，云南香格里拉东南部洛吉、三坝等地发育沉凝灰岩、块状蚀变玄武岩、变杏仁状玄武岩、气孔状玄武岩、凝灰岩。火山岩岩石地球化学特征表现为被动大陆边缘环境。

3. 古地理特征

该相区主要为浅海环境，其次为深海火山盆地、半深海火山盆地、半深海盆地、开阔台地和滨岸环境。总体表现为西深东浅、南深北浅，东北翘起、西南倾伏的古地理特点。自下而上表现为深→浅→深→浅→深的旋回性变化特点。碳酸盐岩发育、生物化石丰富的典型特提斯暖水型沉积、生物组合表明处于低纬度地区。

二、金沙江-哀牢山消减洋盆（Ⅸ）

1. 构造特征

西端起自玉树（向西归入巴彦喀拉洋盆），向南经巴塘、得荣—奔子栏—点苍山西侧，转向东南经哀牢山延出国境，与越南北部的马江带相连。一般认为金沙江洋是古特提斯大洋向北俯冲的弧后洋盆（潘桂棠等，1997；Ueno and Hisada，1999；Wang et al，2000）。早二叠世是该洋盆扩张鼎盛阶段，中二叠世开始向西俯冲消减（图8-5）。

2. 岩相特征

1) 沉积岩相

引用剖面4条。根据夹入其间的混杂堆积体，自北向南可将其分为深海盆地相砂泥质、硅质、火山岩沉积，浅海相碎屑岩、碳酸盐岩、火山岩沉积，深海盆地火山岩沉积，半深海盆地相砂泥质、灰质、火山岩沉积等。

深海盆地相砂泥质、硅质、火山岩沉积：是主要相区。以金沙江沿岸(179剖面)上古生界嘎金雪山群蛇绿混杂堆积为代表。其下段在得荣县日西区劳动乡出露较全，岩性为一套灰白色条带状混合岩、条带状石英角岩、透闪石榴石英角岩夹灰黑色角闪钠长片岩、方解石英片岩，出露厚900m，其原岩为一套碎屑岩。西藏茫康为一套钙质石英细砂岩、粉砂岩夹中细粒砂岩，厚约1 500～2 500m，未见底。上段由碎屑岩与灰岩、变中基性火山岩组合而成。在呷欠-打洼亚各北侧山脊见辉绿辉长岩-蚀变玄武岩(内夹细碧岩)-硅质岩组成的蛇绿岩套，在龙心同—劳动乡一线，本段夹有许多规模不等的超基性岩和灰岩"外来体"。

深海盆地相火山岩沉积：德钦奔子栏西部(181剖面)上石炭-下二叠统下部为灰绿色致密状变余绿泥石安山岩，厚146.68m；上部为灰绿色片理化安山质火山角砾岩，厚468.98m。

浅海相、半深海盆地相砂泥质、灰质、火山岩沉积：小面积断续分布于德钦奔子栏西部、巴塘南部等地。奔子栏西部(180剖面)中二叠统下段下部以薄—中层状—块状结晶灰岩夹绢云板岩、阳起石片岩、绢云片岩及千枚岩；中上部为灰绿色蚀变安山玄武岩、绿泥绢云母板岩、变安山玄武质凝灰岩、阳起片岩及褐黄色绢云母片岩为主，夹灰色薄、中层状结晶灰岩，细晶大理岩，条纹状细晶大理岩，云母大理岩，顶部为含碳质结晶灰岩。厚1 622.75～2 843.72m。上段下部为板岩、灰岩呈韵律沉积特征；上部为灰色薄层状细砂岩、绢云母砂质板岩、钙质砂质板岩互层间夹灰色薄层状条带状及小透镜体灰岩，局部砂岩、板岩、灰岩常呈小的韵律。厚1 380.05～2 308.48m。巴塘县南金沙江沿岸(178剖面)下中二叠统下段为浅灰色云母石英片岩、纳长石英片岩、纳长角闪片岩、钠长绿泥片岩夹方柱石云母石英片岩、变灰绿岩等，厚7 500m；中段为浅灰色绢云石英片岩、白云母石英片岩、黏土墨片岩夹微粒大理岩或大理岩透镜体，厚1 849.5m；上段为浅肉红色石英岩、细晶大理岩、云母方解片岩、方解片岩与大理岩互层，厚798.45m。

2) 混杂岩相

石炭系—早二叠世早期，是金沙江弧后洋盆扩张的重要时期，混杂岩中发现有早二叠世—晚二叠世放射虫组合。1:25万中甸县幅在金沙江蛇绿混杂岩中的斜长岩和斜长花岗岩中曾获U-Pb和谐年龄(340±3)Ma和(294±4)Ma(简平等，1999)，吉义独堆晶岩Rb-Sr等时年龄为(264±18)Ma(莫宣学等，1993)。对于巴塘-香格里拉段蛇绿岩带的解剖，从东向西划分为3个亚带(王立全等，1999；李兴振等，1999)。嘎金雪山—贡卡—霞若—新主一带由洋脊玄武岩、准洋脊玄武岩与蛇纹岩(原岩为方辉橄榄岩)、堆晶辉长岩、辉绿岩墙、放射虫硅质岩等组成，属于结合带洋壳残片。朱巴龙-羊拉-东竹林为洋内弧残片，主弧期火山岩为早二叠世晚期—晚二叠世的钙碱性系列安山岩、玄武岩、玄武安山岩、英安岩等，属高Al_2O_3、低TiO_2类型。西渠河-雪压央口-吉义独-工农弧后盆地消减带，发育早二叠世晚期—晚二叠世辉长辉绿岩墙、准洋脊型基性火山岩和少量超基性岩。

3. 古地理特征

主体为深海洋盆环境。早二叠世晚期开始向西俯冲，形成向西依次展布的洋内弧及弧后盆地，其上沉积有浅海-半深海沉积。现有研究表明，金沙江洋盆形成于扬子西缘早古生代变质基底之上，早泥盆世为开阔浅海陆棚环境；中泥盆世开始出现拉张、裂陷，盆地中心形成浅海-次深海；晚泥盆世，进一步拉张、裂陷，形成半深海；石炭纪—早二叠世早期出现洋盆；早二叠世早期是该弧后洋盆扩张的鼎盛时期，最大宽度达到1 800km(莫宣学等，1993)。

三、昌都-兰坪火山弧盆系(X)

(一) 治多-江达-维西-墨江火山弧(X_1)

1. 构造特征

呈北西-南东向凸向东北的弧形条带状展布。东以金沙江-哀牢山结合带西界断裂为界,西以车所-热涌-字嘎寺-德钦-维西-乔后逆冲断裂为界,向南东与哀牢山结合带西侧的景东-绿春陆缘弧相连。受金沙江洋盆活动控制,早二叠世早期为被动边缘,早二叠世晚期转化为岛弧(图8-5)。

2. 岩相特征

1) 沉积岩相

引用地层剖面2条。南、北各存在古隆起,其间多为滨浅海环境,局部有半深海环境。涉及地层单位为早中二叠世尕笛考组、中二叠统莽错组,二者与上、下地层间均为整合接触。

治多县当江东南立新乡(215剖面)尕笛考组主要岩性为安山玄武岩、中基性—中酸性凝灰熔岩、凝灰岩、火山角砾岩、凝灰质硅质岩夹少量灰岩及碎屑岩,火山岩以爆发相为主,少量为溢流相。为半深海斜坡沉积。

芒康县(216剖面)莽错组为开阔台地相。岩性组合为浅灰色中—厚层灰岩(含鏟)、生物灰岩夹致密块状灰岩,灰绿色块状基性晶屑凝灰岩、凝灰熔岩,浅灰色砾状灰岩及灰白—浅灰色厚层状致密灰岩组成。含鏟 *Misellina claudina*,*M. sphaerica* 等,厚305m。

2) 岩浆岩相

侵入岩为铁质基性岩,以辉绿岩为主,另外尚有辉绿辉长岩、辉长辉绿岩、辉绿玢岩等。属钙碱性岩系铁质基性岩。

火山岩十分发育,治多县立新乡南贡特涌为安山玄武岩、中基性—中酸性凝灰熔岩、凝灰岩、火山角砾岩,以爆发相为主,少量为溢流相。芒康县莽错东南见有凝灰岩、凝灰熔岩。总体为钙碱性系列,形成于岛弧构造环境。

3. 古地理特征

总体为一北北西向的岛链。地势起伏大,有露出水面的的隆起区、也有没于水下的台地及半深海盆地。沉积物中含有大量碳酸盐岩及扬子型生物群,表明气候温暖。

(二) 昌都-兰坪弧后盆地(X_2)

1. 构造特征

为一呈北西-南东向宽窄不一且向东北突出的弧形条带状展布。北部昌都地块东以车所-热涌-字嘎寺-德钦-维西-乔后逆冲断裂为界,西北以乌兰乌拉山-雁石坪北-尼日阿错改为界与北羌塘相邻,西南以吉曲-察雅-盐井断裂为界和开心岭-杂多陆缘弧为界。南部兰坪地块西以碧罗雪山-崇山变质地块和临沧-澜沧地块东界断裂为界,东侧以德钦-维西-乔后-弥渡-绿春断裂为界。受两侧洋盆相向俯冲作用控制,早中二叠世主体为弧后盆地构造背景(图8-5)。

2. 岩相特征

1）沉积岩相

引用地层剖面 18 条。主体为浅海沉积环境,在杂多县西部和兰坪一带存在半深海斜坡相环境。垂向序列上表现为浅—深—浅的震荡旋回性变化。

开阔台地相：可分为 4 个相区。北部通天河上游一带涉及上石炭-下二叠统扎日根组、中二叠统九十道班和诺日巴尕日保组,与上下地层之间均为整合接触。治多县索加乡（199 剖面）九十道班组为亮晶生物碎屑灰岩,尚见有生物礁灰岩,发育礁后相。产有珊瑚 Wentzelella cf. wynnei（Waagen et Wentz）,鎚 Verbeekina sp.,腕足类 Araxathyris elongate Ching et Ye 等。索加乡北通天河南（198 剖面）扎日根组和诺日巴尕日保组为开阔台地边缘浅滩相,产早二叠世鎚、腹足类化石。治多县扎河乡（200 剖面）九十道班组为灰色、深灰色厚层亮晶生物碎屑颗粒灰岩,砂砾屑灰岩,粉亮晶生物灰岩,泥晶生物屑灰岩夹泥晶灰岩。生物屑颗粒由棘皮屑、有孔虫、三叶虫、藻类等组成,砂砾屑半圆—滚圆状,圆度好,颗粒支撑,略显低角度交错层理。基本层序为浅灰色厚层状砾屑砂屑灰岩—灰色中厚层状生物屑灰岩—灰色厚层至块层生物屑灰岩。单个层序约厚 5m,显示出底部海侵、中部水体加深,至顶部海水变浅的进程。中部杂多县一带（204 剖面）九十道班组为内碎屑生物碎屑灰岩,并见有少量砂屑、鲕粒灰岩,局部夹有少量中基性火山岩,含丰富的鎚、腕足类、珊瑚等生物化石。

芒康-贡觉相区涉及地层单位属上石炭统—下二叠统俄巴纳组、下二叠统里查组和中二叠统交嘎组。茫康东部地区（211 剖面）里查组以开阔台地相为主,岩性为砾状灰岩、白云质灰岩夹碳质页岩,含鎚 Triticites 带、Pseudoschwagerina 带化石,厚度大于 420m。贡觉南（212 剖面）俄巴纳组为开阔台地相→局限台地相。下部为中层含鎚生物碎屑泥晶灰岩、薄—厚层块状泥晶灰岩和泥质粉砂岩;中部为凝灰质泥岩;上部以灰色、深灰色中厚层状块状泥晶灰岩,泥质灰岩为主,含生物碎屑或生物碎屑泥晶灰岩次之,白云质灰岩少量,产珊瑚、腕足类、苔藓虫等化石。邦达乡（213 剖面）交嘎组为开阔台地相,岩性主要为灰绿色页岩、石英砂岩夹灰岩、玄武岩,及中基性、中酸性火山岩,含鎚、腕足类、菊石及头足类、介壳类化石。厚 214m。

滨岸相：2 个相区。一个环玉曲古隆起分布,一个紧邻他年他翁山岛链北东侧带状展布。前者为推测相区。后者涉及地层单位为中二叠统诺日巴尕日保组。杂多县结杂乡（206 剖面）一带为一套灰色、灰绿色、灰紫色岩屑长石砂岩,长石石英砂岩夹泥质粉砂岩和砾岩。杂多县昂赛乡一带（208 剖面）为滨岸（含浅海）相,为一套碎屑岩组合,岩性为细粒、中粒长石硬砂岩,粉砂岩,泥质粉砂岩夹细粒岩和含砾长石砂岩,下部见有沉凝灰岩。囊谦县西着晓乡一带（210 剖面）以滨岸相为主,间夹浅海和潟湖相。为碎屑岩夹碳酸盐岩和火山岩组合,主要岩石类型有中细粒硬砂质石英砂岩、含粉石英细砂岩、长石岩屑砂岩、亮晶鲕粒灰岩、细粒灰岩、玄武岩、安山玄武岩及少量板岩和凝灰质熔岩。

浅海相：治多县索加乡（201 剖面）中二叠统尕日扎仁组、索加组（九十道班组）为滨浅海相→开阔台地相。尕日扎仁组为石英质细砂岩、石英质粉细砂岩、泥岩夹泥晶灰岩、凝灰质砂岩及少量石英安山玄武岩,见丘状层理,属远源风暴岩沉积。灰岩略呈波状层理,粉砂质泥岩略显沙纹层理。砂岩中产双壳类化石。索加组（九十道班组）下段岩性主要为泥岩、中粒岩屑砂岩夹细粒岩及泥晶灰岩,泥岩中水平层理发育,砂岩中发育水平层理及板状斜层理;上段以泥晶生物灰岩为主夹生物屑泥晶灰岩、含碳屑泥晶灰岩、泥岩及白云石化硅化泥晶灰岩等,较多层含有燧石条带及结核,有些层丘状层理发育,显示为风暴沉积,泥岩发育有水平层理,灰岩产鎚及腕足类化石。

半深海相：主要分布于杂多北部地区,此外在兰坪和西金乌兰湖一带有小面积推测区。实际相区涉及地层单位有下中二叠统尕笛考组、中二叠统诺日巴尕日保组和九十道班组。前者与下伏上石炭统平行不整合接触,后者与上覆上二叠统整合或平行不整合接触。尕日仁山南侧（202 剖面）尕笛考组以中—基性火山喷出相为主,共分 3 段：一段为玄武岩、凝灰质粉细砂岩、安山质晶屑凝灰岩、玄武质熔结凝灰岩夹硅质泥岩、砂屑泥晶灰岩、泥晶灰岩的岩石组合,灰岩中产鎚类化石 Sububerfellarara sheng 等;二段为安山质岩屑火山角砾岩、安山质熔结火山角砾岩、集块岩夹玄武岩的岩石组合;三段为火山集块岩、火山角砾岩、安山玄武岩、安山岩和晶屑、岩屑凝灰岩为主的岩石组合,底部为核形石灰岩,产䗴类化石 *Pseudofusulina* sp.,*Schubertella girandi* 等。杂多县西北(203 剖面)尕笛考组、诺日巴尕日保组、九十道班组为火山盆地相。岩石组合以玄武岩和玄武安山岩为主,上部夹有较多玻基安山岩和一些橄榄玄武岩及辉石玄武岩,下部则出现较多的泥岩和沉凝灰岩夹层,偶夹砂屑、生物碎屑泥晶灰岩。杂多县结杂乡(207 剖面)尕笛考组主要为一套火山碎屑岩夹灰岩沉积,其岩性为流纹质凝灰熔岩、晶屑玻屑凝灰岩、凝灰岩、火山角砾岩和流纹岩、英安岩夹灰岩。杂多县结扎东南(209 剖面)尕笛考组为一套火山岩组合,主要岩性为安山-英安质火山角砾凝灰熔岩、安山质火山角砾熔岩、角砾英安岩、安山岩、玄武岩、辉石安山岩夹生物介壳灰岩等,产腕足类化石 *Liosotella cylindrical*(Ustriski),*Orthotichia morganiana*。兰坪县石登乡西拉竹河下中二叠统由碎屑岩夹灰岩、火山岩组成,洱源县炼铁乡立七罗地区下中二叠统上部为玄武岩,下部为深灰色厚层状灰岩夹生物(介壳)碎屑灰岩。

2) 岩浆岩相

侵入岩发育于乌兰乌拉山北、东坝西北、玉曲北及江达东部等地,具双峰式特点。酸性岩类为花岗闪长岩、二长花岗岩等。基性—超基性岩类组合有辉长岩-辉长辉绿岩,辉石岩-辉长岩和辉长辉绿岩,该类基性—超基性岩为碱性—钙碱性系列,属铁质基性—超基性岩(岩体具铜、镍矿化),物源较深,辉长杂岩 ^{40}Ar/^{39}Ar 年龄 277.7Ma 和(275.3±1.9)Ma。

火山岩十分发育,格尔木市唐拉山乡郭仑乐玛发育火山岩;治多县索加乡西南尕日扎仁北发育凝灰岩、石英安山玄武岩;尕日扎仁山南侧日赛脑贡玛发育玄武岩、凝灰岩、安山质晶屑凝灰岩、玄武质熔结凝灰岩、安山质岩屑火山角砾岩、安山质熔结火山角砾岩、集块岩、安山玄武岩、安山岩和晶屑岩屑凝灰岩;杂多县西北为玄武岩、玄武安山岩、玻基安山岩、橄榄玄武岩、辉石玄武岩,火山岩 Zr/Nb 比值变化为 3.66～6.98,Hf/Th 比值变化在 0.21～1.16 之间,类似于板内玄武岩,显示了 OIB 的地球化学特征,Th/Nb 比值变化在 0.11～0.74 之间(平均 0.34),Nb/Zr 比值变化在 0.15～0.27 之间(平均0.21)。杂多县结杂乡东北贡纳涌为流纹质凝灰熔岩、晶屑玻屑凝灰岩、凝灰岩、火山角砾岩和流纹岩、英安岩,为水下喷出的环境。杂多县昂赛乡西南见有沉凝灰岩。杂多县结扎东南觉拉西北为安山-英安质火山角砾凝灰熔岩、安山质火山角砾熔岩、角砾英安岩、安山岩、玄武岩、辉石安山岩为火山喷溢相产物。囊谦县着晓乡发育玄武岩、安山玄武岩及少量凝灰质熔岩。贡觉南-芒康地区见凝灰岩。芒康县东南邦达乡交嘎村为玄武岩及中基性、中酸性火山岩。兰坪县石登乡拉竹河为玄武岩。

总之,该构造相内岩浆岩以中基性为主,形成于大陆板内裂谷带或初始裂谷环境。

3. 古地理特征

该构造相区东西均为岩浆弧,处于弧后盆地构造背景。总体具有东、西高,中间低的古地理格局。主要为滨浅海环境,局部有与金沙江洋盆相连通的半深海峡谷。碳酸盐岩非常发育、生物化石丰富,表明昌都-兰坪地块早中二叠世位于低纬度地区。

(三)开心岭-杂多-维登-临沧火山弧(X_3)

1. 构造特征

呈北西-南东向东北突出的弧形狭长带状展布。东以吉曲-察雅-盐井-梅里雪山-酒房断裂为界与昌都-兰坪盆地为界,西侧北段以乌兰乌拉-北澜沧江结合带西界断裂、中南段怒江-昌宁结合带东界瑞丽为界。受澜沧江洋盆向东俯冲作用制约,早中二叠世主体为岛弧构造背景。晚三叠世褶皱冲断构造发育,新生代以来走滑作用强烈(图 8-5)。

2. 岩相特征

沉积岩相与岩浆岩相同等发育。

1) 沉积岩相

引用地层剖面 15 条。沿走向具有古隆起、滨浅海、斜坡不同环境快速过渡的特点。

滨岸相：沿他年他翁山古隆起西南侧和碧江古隆起北侧小面积分布。前者为实际相区,可以杂多县莫云乡西南(194 剖面)中二叠统诺日巴尕日保组为代表。主要由岩屑石英砂岩、杂砂岩、粉砂质泥岩夹含泥质粉、细砂岩、泥岩及少量泥晶生物屑灰岩组成。砂泥岩中平行层理发育,并见有植物碎片。粉砂质泥岩中产双壳类 $Wilkingia$ sp.、$Paleoneilo$ sp.,灰岩中产蜓化石 $Dunbarula$ sp.、$Parafusulina$ cf. $rabeihanzawa$,有孔虫 $Cribrogenerina$ sp. 等。属滨岸陆屑滩相。此外,在唐拉山乡一带的诺日巴尕日保组下部层位也有少量滨岸相碎屑岩。南部缺少剖面控制,为推测相区。

浅海相：环绕滨岸相小面积分布。尼日阿错改东南(196 剖面)中二叠统诺日巴尕日保组为一套长石石英砂岩夹多层安山玄武岩组成,火山岩主要呈透镜状夹层的形式产出,稀土配分形式类似于洋岛碱性玄武安山岩,为浅海喷发环境。左支东南(195 剖面)下中二叠统尕笛考组三段以碎屑岩为主夹火山岩及碳酸岩盐,碎屑岩为岩屑石英砂岩、细粒石英杂砂岩、粉砂质泥岩、黏土岩夹杏仁状玄武岩、细砾岩及生物屑泥晶灰岩。灰岩中富产腕足类 $Hustedia$ sp. 及双壳类 $Wilkingia$ sp. 化石。

开阔台地相：呈串珠状分布于西部,属中二叠统九十道班组。诺日巴尕日保(182 剖面)为台地边缘生物礁相和台地边缘浅滩相,由亮晶生物碎屑灰岩、砾屑灰岩、粉晶灰岩及中细粒长石岩屑砂岩组合而成,为威尔逊碳酸盐岩沉积模式中的台地边缘生物礁相和台地边缘浅滩相沉积。唐拉山乡(185 剖面)为开阔台地相和生物礁相,主要岩石有亮晶碎屑灰岩、生物碎屑灰岩、粉屑灰岩、含白云石细晶灰岩等,富含蜓类及珊瑚化石。局部发育生物礁灰岩,由不显层理的藻黏结灰岩构成礁核相,生物灰岩(蜓,介壳类)组成礁后相,礁前相不太发育,含大量的蜓、腕足类及藻类化石。治多县索加乡(188 剖面)为开阔台地相,岩性为亮晶生物屑砂屑灰岩、粉亮晶生物屑灰岩、泥晶生物屑灰岩、泥晶灰岩,灰岩中略显低角度交错层理,基本层序为砾屑砂屑灰岩—生物屑灰岩—块层生物屑灰岩,显示出剖面底部岩层沉积时海侵,中部沉积时水体加深,至顶部海水变浅的进程。富产蜓类 $Parafusulina-Pseudofusulina$ 组合和 $Afghanella\ schencki-Neoschwagerina$ 组合。

半深海、深海相：分布于西部的尕尔曲和当曲一带。所属地层单位为中二叠统诺日巴尕日保组。唐拉山乡诺日巴尕日保一带(183 剖面),底部含砾中粒岩屑砂岩,向上变为中细粒砂岩,至顶部为粉砂岩,组成正粒序韵律层,具复理石特征。尼日阿错改东南(192 剖面)为砂质碎屑岩和硅质岩石组合,下部为硅质岩夹细砂岩。尼日阿错改东(193 剖面)诺日巴尕日保组分为 5 个段。一段以凝灰岩、沉凝灰岩为主夹细粒石英砂岩、含凝灰生屑微晶灰岩、凝灰质角砾岩及硅质泥岩,见少量放射虫。二段底部为碳酸盐岩质角砾岩,夹含砾粗砾岩、凝灰岩、生屑凝灰质灰岩、钙质粉岩,角砾岩具重力滑塌构造,砂岩中平行层理发育;下部为生物屑泥晶灰岩、砾屑亮晶灰岩夹凝灰岩,含火山粗粒凝灰质砂屑灰岩等,平行层理发育,砾屑灰岩具重力流沉积特征;上部为泥岩与亮晶砾屑灰岩、砂屑灰岩不等厚互层,夹硅质岩、硅质泥岩,具平行层理、小型沙纹层理、水平层理,产蜓化石,显远源浊积岩特点。三段为泥岩、硅质泥岩、含生屑砾屑灰岩及石英砂岩等,发育水平层理,灰岩中产蜓化石,具远源浊积岩特点。四段为块状玄武岩、凝灰火山角砾岩夹凝灰岩及硅质泥岩(含放射虫),水平层理发育。五段为生屑微晶灰岩、泥晶灰岩夹钙质泥岩、凝灰质硅质泥岩、核形石灰岩等,砂岩具逆粒序层理,泥岩发育水平层理,灰岩显示重力流沉积特征,具小型滑塌构造。

2) 岩浆岩相

以火山岩为主,侵入岩较少,岩石类型又以中性岩石为主,显示碱性、钙碱性系列,形成于岛弧构造背景。

侵入岩仅分布在吉曲西南部一带,为花岗闪长岩、二长花岗岩等。火山岩十分发育。杂多县当曲河东为凝灰岩、沉凝灰岩。当曲河东北阿日永发育凝灰岩、沉凝灰岩、凝灰质角砾岩、块状玄武岩、凝灰火山角砾岩。杂多县巴庆村东南当曲与吾钦曲交汇处为安山玄武岩,火山岩主要呈透镜状夹层的形式产出,稀土配分形式类似于洋岛碱性玄武安山岩。杂多县莫云乡为橄榄玄武岩、玄武岩、安山岩、粗玄岩、火山角砾岩,为火山喷溢相沉积。

3. 古地理特征

该相区古地理环境十分复杂,西北段主体为半深海盆地环境,北部、东部边缘尚发育滨岸、浅海、台地等多种古地理环境。东南段沿他念他翁山和福贡东部为岛弧剥蚀区,其间为开阔台地和滨岸环境。垂向沉积序列上表现为浅—深—浅的震荡旋回性变化。

四、乌兰乌拉湖-北澜沧江消减洋盆（Ⅺ）

西端在若拉岗日以西交接于金沙江结合带,向南东经左贡县扎玉、德钦县西梅里雪山、维西县白济汛、兰坪县营盘,再向南沿澜沧江断裂展布并延出区外,呈向东北凸出的弧形展布,规模巨大,斜贯整个工作区。仅在乌兰乌拉湖西北一带残留有深海盆地相泥灰质、硅质及火山岩沉积。带内镁铁质—超镁铁质岩呈断续分布的残块,被混杂基质包绕,岩石类型有斜辉橄榄岩、滑石化橄榄变角闪岩、辉长岩、蚀变辉长岩、蚀变辉长辉绿岩、枕状玄武岩、块状玄武岩、放射虫硅质岩、泥质灰岩、千糜岩等,时代为石炭纪—早中二叠世。在乌兰乌拉湖西北的狮头山、黑熊山等地发现有硬玉、蓝闪片岩(李才等,1996)。梅里雪山一带有洋中脊玄武岩和辉绿岩(雷德俊,1987)。在维西白济汛—兰坪营盘一带见有保存完好的洋脊型蛇绿岩,由蛇纹岩、堆晶杂岩(橄榄单辉岩-辉长岩-钠长花岗岩)、变基性火山岩、放射虫硅质岩组成。大部分地段被东侧火山弧和地块向西的逆冲掩盖,部分地段的韧性剪切带具有相当的规模。目前多数研究认为,该洋盆在石炭纪—二叠纪已经存在,于早二叠世晚期发生向东、西的双向俯冲消减,晚三叠世晚期完成两侧地块的碰撞。

五、北羌塘-甜水海地块（Ⅻ）

南以龙木错-双湖-查乌拉结合带为界,北以羊湖-西金乌兰湖-金沙江结合带为界,其西北至喀喇湖,东北以乌兰乌拉湖-北澜沧江结合带为界。以阿尔金断裂为界,早中二叠世可分为西部甜水海被动边缘和东部北羌塘地块两个构造相。

（一）甜水海被动边缘盆地（Ⅻ$_1$）

1. 构造特征

位于阿尔金断裂以西,受喀喇昆仑断裂影响,呈北西窄、东南略宽的楔形展布。古生代沉积盖层发育轴面近直立的宽缓褶皱。早中二叠世,处于被动大陆边缘构造背景。

2. 岩相特征

1) 沉积岩相

引用地层剖面14条。主体为滨浅海相,在南部边缘断续有深海-半深海相,乌孜别里山口及其以西地区存在小面积古隆起。

滨浅海相：分布于喀喇湖、塔什库尔干、团结峰以北,呈狭长带状展布。从西向东依次为滨岸碎屑岩相区,浅海陆棚相碎屑岩、碳酸盐岩和火山岩沉积区,浅海陆棚相碎屑岩、碳酸盐岩沉积区以及浅海相火山岩沉积区。

滨岸相围绕古陆小面积分布,没有剖面控制,属推测相区。浅海陆棚相碎屑岩、碳酸盐岩和火山岩沉积区以乌孜别里山口东南(144剖面)上石炭-下二叠统恰提尔群为代表,其下部为灰色绢云石英片岩夹结晶灰岩、变英安岩,上部为变英安岩夹绢云石英片岩、结晶灰岩。浅海陆棚相碎屑岩、碳酸盐岩沉积区在克勒青河上游(147剖面)中二叠统加温达坂组灰岩段下部主要由长石石英砂岩、粉砂岩、细砂岩组成，其中发育平行层理、水平层理及少量的板状斜层理，其上部灰岩中见有大量的砂灰质结核。空喀山口北(154剖面)中二叠统加温达板组以灰黑色薄层泥岩与粗粒长石石英砂岩、长石石英砂岩互层为主，夹粉晶灰岩透镜及紫红色泥质砾岩等，顶部为玉髓质硅质岩，水平层理发育，中下部发育鲍马序列且有小型滑塌构造，为浅海陆棚(含次深海)相沉积。空喀山口组为灰黄色、灰黑色砂质粉砂岩，细粒长石石英砂岩与黑色薄层泥岩，薄层粉晶灰岩及泥质粉砂岩互层，发育互层状交错层理、水平层理、粒序层理及波痕等，有些泥岩和泥晶灰岩具重荷膜，灰岩中含䗴化石，呈现陆棚内缘斜坡相带沉积特征。浅海相火山岩沉积区在空喀山口东北(156剖面)中二叠统加温达板组为灰色、深灰色细粒石英砂岩，岩屑砂岩与粉砂岩和页岩不等厚互层，底部见火山碎屑岩，厚1 307.9m。

台地相：位于塔什库尔干以东地区，呈狭长带状北西向展布。在乔戈里峰东北(146剖面)下二叠统克勒青土布拉克组下部为砂质灰岩夹粉砂质板岩，含贝类化石，属开阔台地相；中上部为厚－巨厚层白云岩，单层厚度40～200cm以上，含大量䗴 *Chalaroschwagerina vulgaris* (Schellwien)，*Quasifusulina cayeuri* (Deprat)，*Parafusulina conicocylindrica* 及珊瑚化石，为局限台地相。团结峰东北红山湖南(151剖面)下中二叠统红山湖组主要为生物灰岩、粉晶灰岩、角砾状灰岩、砾屑灰岩、白云岩等夹少量钙质粉砂岩。下部局部见生物点礁，中部粒序层理、交错层理、冲刷面构造发育。该组下部基本层序由砾屑灰岩—粉晶灰岩—泥质灰岩组成，为向上变细变深的退积型层序；上部基本层序由泥质灰岩—灰岩—白云岩组成，为向上变粗变浅的进积型层序。龙木措西北(157剖面)中二叠统加温达板组为灰色、浅灰色、深灰色亮晶内碎屑生物屑灰岩，生物屑灰岩，砂屑砾屑灰岩夹泥岩，钙质泥岩，含珊瑚、腹足类化石，属开阔台地相沉积。空喀山口组为浅灰色、灰色、灰白色、灰黑色厚层弱白云石化含砂屑角砾状灰岩，豆鲕灰岩，生物屑灰岩，砾屑灰岩，泥晶灰岩，亮晶生物屑内碎屑灰岩等，夹砾岩、石英砂岩(少量)，岩层中普遍发育平行层理、水平层理，有些层夹条带状或团块状燧石，为局限台地相沉积。

深海、半深海相：分布于塔什库尔干河上游及喀喇昆仑山口以南地区。岩石地层单位属下中二叠统神仙湾群和加温达板组。喀喇昆仑山口东北神仙湾大沟一带(150剖面)神仙湾群A组总体为下粗上细碎屑岩沉积，次级韵律由砾岩—砂岩—板岩组成，砂岩中保留有粒序层理，板岩中发育水平层理，局部可见有斜层理。向西有蚀变杏仁玄武岩出露。神仙湾群B组为一套细粒碎屑岩，主要以粉砂质板岩夹钙质石英粉砂岩、细粒长石石英砂岩构成大小不等的沉积韵律。地层中发育粒序层理及水平层理，在西部一带地层中夹有少量角砾状灰岩、具纹层理的薄层灰岩及硅质岩，含䗴、珊瑚、海百合茎等化石。团结峰东部喀什河与胜利河交汇处(152剖面)神仙湾群下段主要为石英粉砂岩、粉砂质板岩、泥质板岩、石英砂岩、细粒长石砂岩等，由砂岩、粉砂岩组成的沉积韵律极其发育，局部粉砂岩层中具水平微层理，为复理石沉积；中段为细粒石英砂岩、泥质石英粉砂岩、中粗粒石英砂岩等，局部砂岩中水平微层理、粒序层理发育，发育鲍马序列的B、C、D段，总体具较深水复理石沉积特征；上段主要为含钙粉砂质板岩、含粉砂泥质板岩夹长石砂岩、石英砂岩和白云质灰岩透镜体等，局部发育少量硅质岩，水平层理、平行层理发育，并见鲍马序列C、D、E段。在南部黑山顶南一带该组中段见有玄武岩、火山角砾岩夹层。在神仙湾一带见有大量滑塌成因的角砾状灰岩、灰质角砾岩等。团结峰南坡河尾滩南加勒万河(153剖面)加温达板组为灰黑色、深灰色页岩，粉砂岩及千枚岩，云母片岩韵律互层，局部夹砂岩和泥质粉砂岩，出露厚528.37m。

2) 岩浆岩相

乌孜别里山口东南部地区地层中夹有变英安岩，达布达尔乡塔什沟发育杏仁状玄武安山岩、安山质细粒晶屑凝灰岩，喀喇昆仑山口东北神仙湾大沟有蚀变杏仁玄武岩出露，黑山见有玄武岩、火山角砾岩，空喀山口东北见火山碎屑岩。总体以中基性火山岩为主，属拉斑玄武岩系列和钙碱性系列，形成于板内或弧后盆地构造环境。

3. 古地理特征

总体具有北部浅、向南变深的沉积古地理格局。主体为浅海陆棚和开阔台地环境，西南部边缘中东区为深海、半深海盆地环境,亚兹古列姆山北侧和巴舍-恰特地区为古陆剥蚀区,围绕其边缘发育滨岸环境。纵向沉积序列上表现为浅—深—浅的震荡旋回性变化。海侵方向为由东南向西北。

(二) 北羌塘地块（XII_2）

1. 构造特征

介于阿尔金断裂以东和北澜沧江结合带以西地区,呈东西向展布,中部宽,东、西窄,似透镜状。最老地层为下古生界,上古生界主要分布于西部龙木错—普尔错一带,侏罗系广泛。零星出露的沉积地层表明,早中二叠世为稳定构造背景。

2. 岩相特征

1) 沉积岩相

引用地层剖面15条。主体为浅海环境,南、北边缘推测有半深海-深海环境,羊湖一带可能存在古隆起。

最西部拉竹龙地区为浅海陆棚相碎屑岩、碳酸盐岩沉积。羊湖南部发育古陆隆起剥蚀区,周围发育滨岸相碎屑岩沉积。拜惹布错、玉环湖、鲤鱼山地区为深海峡环境,主体发育半深海盆地相砂泥质、灰质及硅质沉积。淡水湖、玛尔盖茶卡、江尼茶卡、朝阳湖等地为边缘裂陷盆地,发育深海盆地相火山岩沉积,半深海盆地相砂泥质、灰质、硅质及火山岩沉积。冬布勒山北向东南经沱沱河上游一直到雁石坪相区东北边缘一线因处于乌兰乌拉湖-北澜沧江有限洋盆（或裂陷盆地）边缘,主要发育深海、半深海盆地相砂泥质、灰质、硅质及火山岩沉积。相区中部的淡水湖东南部和相区东部北侧边缘的巴青县北美木陇切等局部地区主体为开阔台地相碳酸盐岩沉积。从西部玉环湖北、黄龙沙河、绥加日向东经藏色岗日、黑虎岭、祖尔肯乌拉山、温泉一直到尼日阿错改南部几乎横贯相区中部的广大地区主体为浅海陆棚环境,自西向东依次发育浅海陆棚相碎屑岩、碳酸盐岩沉积,浅海陆棚相碎屑岩、火山岩沉积,海陆棚相碎屑岩、碳酸盐岩沉积。甲多错、拉相错、噶尔孔茶卡、玛尔果茶卡、向阳湖、钦龙错、龙尾错、阿木错、美日切错、吐错、赤布张错、唐古拉山、马绒一直到查吾拉的该相区南部广大地区,因地处特提斯主洋域北部边缘,主要为深海、半深海盆地环境,自西向东依次发育深海、半深海盆地相砂泥质、火山岩沉积,深海、半深海盆地相砂泥质、硅质沉积。该相区纵向沉积序列上表现为深—浅—深—浅—深—浅的震荡旋回性变化。

滨浅海相:分布面积最大。日土县拜惹布错东（158剖面）中二叠统先遣组主要为鲕粒灰岩、泥晶灰岩及少量细粒岩屑石英砂岩、钙质砂砾岩等,其地层结构及岩性特征较为复杂,反映了当时沉积环境多变,海平面变化频率较快的特点。改则县东北大鹏湖（164剖面）上石炭—中二叠统西金乌兰群碎屑岩组为灰色中厚层状岩屑砂岩夹粉砂岩、粉砂质泥岩和少量含生物屑泥晶灰岩,生物碎屑为双壳类、介形虫和藻类等生物碎片。杂多县西部尼日阿错（171剖面）中二叠统诺日巴尕日保组上部为砂岩、岩屑石英砂岩夹含砾石英砂岩,砂岩中发育水平层理及斜层理。九十道班组主要由长石石英砂岩、灰岩及粉砂岩组成,砂岩中发育正粒序层理、斜层理和水平层理,主体为滨浅海相沉积。

开阔台地相:小面积分布于错尼西部和巴青县北两处。尼玛县北部石榴湖西（165剖面）中二叠统灰岩组为一套块状结晶灰岩、含生物碎屑灰岩、砂屑灰岩、微晶灰岩夹生物碎屑灰岩等,含丰富的腕足类、珊瑚 *Waagenophyllum luiwu* 等化石,属碳酸盐岩台地缓坡亚相的沉积产物。巴青县北美木陇切（172剖面）上石炭-下二叠统扎日根组主要为一套灰—深灰色富含生物碎屑的灰岩,发育水平层理,含有大量珊瑚、腕足类、双壳类化石。

深海火山盆地相:分布于玛尔盖茶卡一带,向北东延伸与西金乌兰洋盆相连。涉及地层单位属上石炭—中二叠统西金乌兰群火山岩组。尼玛县玛尔盖茶卡东（166剖面）主要为灰绿色杏仁状安山岩、玄武安山岩、玄武岩、角砾熔岩及中基性熔岩。江尼茶卡北（168剖面）为深绿色、浅绿色蚀变杏仁状安山岩,杏仁状玄武岩,玄武质火山角砾岩,橄榄辉绿玢岩,玄武质凝灰熔岩等,玄武岩具斑状结构,杏仁状、枕状构造,橄榄玄武岩斑晶由普通辉石和少量橄榄石组成。朝阳湖东(167剖面)为暗灰色玄武岩,浅褐色杏仁状块状橄榄玄武岩,灰色、深灰色块状类球粒玄武岩及块状凝灰岩和火山角砾岩。

半深海盆地相砂泥质、灰质、硅质及火山岩沉积:绕玛尔盖茶卡一带的深海火山盆地相带状展布,以上石炭—中二叠统西金乌兰群碎屑岩组为代表。在朝阳湖西部常雾梁(167剖面)为浅灰色、灰色中层状岩屑砂岩,长石石英砂岩,长石砂岩夹粉砂岩,千枚状板岩(原岩为泥岩、泥质粉砂岩),灰岩,玄武岩,硅质岩。岩性组合具韵律旋回,砂岩富含岩屑,结构成熟度、成分成熟度差,发育块状层理、递变层理,见有沟膜、槽膜等底面构造和完整鲍马序列,显示了典型的半深海相浊积岩沉积特征。

半深海盆地相砂泥质、灰质、硅质岩沉积:分布在拉雄错、鲤鱼山一带,沿龙木错结合带北界近东西向带状展布。属下二叠统曲地组。改则县三岛湖西北(159剖面)曲地组一段以长石石英砂岩、长石岩屑砂岩、粉砂岩为主,夹泥质粉砂岩和硅质岩;二段下部为白云岩、含灰质微晶白云岩,中部为含黏土质硅质岩夹泥晶灰岩和微晶灰岩,上部为长石岩屑砂岩、不等粒铁质岩屑砂岩夹硅质岩、微晶灰岩等。属大陆斜坡相。鲤鱼山南(161剖面)曲地组下段为一套深灰色、灰色、浅灰绿色粉砂质板岩,绢云板岩,中细粒石英砂岩,夹变质细砂岩、含砾砂岩,具向上泥质增多、粒度变细的特征。发育有大型斜层理、交错层理、水平层理,砂岩、板岩还具粒序层理、印膜等沉积构造,发育A、B、C序列的鲍马序列,具有浊流复理石沉积特征。

深海、半深海盆地相砂泥质、火山岩沉积:西起拉雄错东,向东经多尔嗦洞错,至巴青以北,沿龙木错结合带北界近东西向带状展布。戈木错西北长梁山(163剖面)上石炭—下二叠统展金组为灰色、浅灰色变质砂质泥质粉砂岩,浅灰色变质含粉砂质不等粒岩屑砂岩,中层状变质砂岩及石英绢云母千枚岩。粉—细粒石英砂岩或泥质石英粉砂岩与粉砂质黏土岩或黏土岩不等厚韵律式互层,单个韵律层厚一般数十厘米,每个韵律层之间界面均为岩性突变面,韵律内部有突变的,也有渐变的,反映出远源深水浊积岩与近源浅水浊积岩交互沉积的特点。戈木错西北长梁山(162剖面)下二叠统曲地组为半深海相、深海相,岩性为灰色、深灰色中厚层状斜长绿泥黑云千枚岩(基性火山岩),白云斜长千枚岩,薄层变质玻屑凝灰岩与石英绢云千枚岩(粉砂质黏土岩)不等厚互层,局部可见水平层理,沉积作用主要在相对深水环境下进行,当时火山活动强烈。杂多县西部尼日阿错改(171剖面)中二叠统诺日巴尔日保组为砂质碎屑岩和硅质岩石组合,下部为硅质岩夹细砂岩,为半深海、深海盆地相沉积,具由深至浅的进积性序列。

2) 岩浆岩相

戈木错西北长梁山发育变质基性火山岩、变质玻屑凝灰岩。双湖特别区朝阳湖西部常雾梁一带夹有玄武岩。玛尔盖茶卡东出露灰绿色杏仁状安山岩、玄武安山岩、玄武岩、角砾熔岩及中基性熔岩。朝阳湖南部鸭子湖出露深绿色、浅绿色蚀变杏仁状安山岩,杏仁状玄武岩,玄武质火山角砾岩,橄榄辉绿玢岩,玄武质凝灰熔岩等。朝阳湖东南为暗灰色玄武岩,浅褐色杏仁状块状橄榄玄武岩、深灰色块状类球粒玄武岩及块状凝灰岩和火山角砾岩。玛尔盖茶卡西南淡水湖东北石榴湖西为灰绿色碎裂变质玄武岩、块状玄武岩,以及变质气孔、杏仁状玄武岩。以中基性火山岩为主,分属碱性和拉斑玄武岩系列,形成与板内构造背景。

3. 古地理特征

总体具有南北深、中部浅的沉积古地理格局,主体为浅海陆棚环境,局部发育开阔台地环境,南、北部边缘主体为深海、半深海盆地环境。羊湖南部推测有古隆起区,周围为滨岸环境。纵向沉积序列表现为深—浅—深—浅—深—浅的震荡旋回性变化。尼玛县热觉察卡一带古地磁研究表明,早、中二叠世北羌塘地块位于北纬14.5°。

六、若尔盖-松潘地块（Ⅶ）

1. 构造特征

位于研究区东部边缘，为扬子陆块裂离出的一部分，北为南昆仑增生杂岩相，西部、西南部为巴颜喀拉大洋盆地相，东、东南部为川中陆表海盆地相，构造环境较稳定。东北部为隆起区，出露的新元古界碧口群为变质碎屑岩、变基性火山岩、火山碎屑岩；南华系白依沟群为变质砾岩、砂岩、粉砂岩和粉砂质板岩；寒武系仅局部出露，称太阳顶组，为灰黑色硅质岩、硅质板岩互层，夹石煤；奥陶系大堡群为板岩、硅质板岩及粉砂岩，上部夹酸性火山岩及灰岩，板岩中富含笔石化石；志留系白龙江群为深灰色变质石英砂岩、板岩、硅质岩夹结晶灰岩，化石丰富，产笔石、珊瑚、层孔虫等；泥盆系、石炭系主要为浅水沉积的碎屑岩、碳酸盐岩。二叠系零星出露于东部和北部边缘，其上广泛分布厚度巨厚的三叠系碎屑岩。褶皱冲断构造发育。早中二叠世构造属性不清（图 8-5）。

2. 岩相特征

1）沉积岩相：

引用主要地层剖面 12 条。区内存在若尔盖和摩天岭古隆起，围绕其边缘为滨岸相碎屑岩沉积。东部、东北部发育开阔台地相碳酸盐岩沉积，其余广大地区为浅海相碎屑岩、碳酸盐岩沉积。垂向充填序列上表现为深—浅—深的海退—海进旋回性变化。

滨岸相：围绕若尔盖和摩天岭古隆起环状展布，分两个相区。环摩天岭古隆起：文县白马西部（133 剖面）上石炭统—二叠系大关山组下部为含碳质页岩、粉砂质泥岩。丹巴县东半扇门乡（134 剖面）上石炭统—下二叠统西沟群为灰白色白云质大理岩，深灰色、灰黑色碳质二云（石英）片岩，碳质石英岩夹硅质条带，厚度大于 319.5m。环若尔盖古隆起：康定县夹金山西（140 剖面）下二叠统铜陵沟组下部为泥砂质碎屑岩。宝兴县饶碛乡（141 剖面）中二叠统三道桥组为深灰色中厚层角砾状灰岩、含生物屑砂屑灰岩夹细砂岩。角砾状灰岩之角砾以灰岩、硅质岩为主，其次有少量燧石及灰质板岩，次棱角状，分选较差，角砾大小不一。顶部有暗色板状灰岩，含鲢 *Parafusulina* sp. 等。厚 47.6m。

开阔（局限）台地相：分南、北两个相区。北部相区位于若尔盖和摩天岭两个古隆起之间，呈三角状。文县白马西部（133，134 剖面）上石炭统—二叠系大关山组中上部为灰—深灰色、灰白色中厚层灰岩，结晶灰岩，鲕状灰岩，生物碎屑灰岩，含燧石结核或条带灰岩夹碳质页岩；中二叠统叠山组为深灰色灰岩、鲕状灰岩。松潘县东南（135 剖面）上石炭统—下二叠统西沟群上部为灰黑色薄层状隐晶质灰岩与生物碎屑灰岩夹灰黑至灰白色白云质灰岩条带或薄层，富产鲢科化石 *Triticites* sp. 等，厚 34.8m；下部为灰至灰白色厚层状结晶灰岩，灰岩中含少量石英细粒，并形成鲕状结构，厚 51.2m。松潘县摩天岭南（137 剖面）中二叠统三道桥组岩性单一，为厚层状砾状白云质灰岩偶夹泥质岩，总厚 250m，在维古、校场一带仅厚 6～15m，生物群以鲢科 *Neoschwagerina hayden*，*Verbeekina* sp. 为主。东大河组上部为灰黑色纸片状白云母千枚岩、含碳砂质板岩夹灰岩透镜体，产鲢 *Parafusulina* sp.，厚 39.7m；下部为灰色、灰黑色薄层状碎屑灰岩夹 2m 厚砂质板岩，含碳砂质板岩，厚 167.7m。平武县西南银厂沟汞矿区（136 剖面）西沟群上部为灰黑色厚层—块状白云石化含泥质结晶灰岩，局部见辰砂矿化，厚 59.5m；下部为灰黑色厚层—块状微晶灰岩，产鲢科化石 *Profusulina parva* 等及珊瑚 *Caninia* sp.，厚 17.7m。

南部相区位于丹巴—康定之间，呈不规则带状分布。康定县夹金山西（140 剖面）下二叠统铜陵沟组中上部为灰色、深灰色薄—中层状灰岩夹生物碎屑灰岩及硅质条带或薄层。中部灰岩含硅质团块及条带较多，下部夹角砾状灰岩。康定县北莲花山、江达沟（142 剖面）西沟群为一套碳酸盐岩地层，在莲花山下部为灰色、浅灰色层理化硅质结晶灰岩，上部为浅灰色薄至中层状结晶灰岩与浅灰色不等粒砂质结晶灰岩互层，总厚 98.4m。江达沟为灰色薄层块状生物碎屑灰岩、结晶灰岩、硅化片理化结晶灰岩，产海百合茎及牙形刺化石，总厚 146.8。

浅海相：分布面积最大，除少量剖面控制外，多为推测相区。久治县西北(132剖面)二叠系黄羊岭群为深灰色、青灰色、灰绿色中一厚层状中细粒长石石英砂岩，中细粒钙质石英砂岩，钙质长石砂岩和深灰色粉砂质板岩略等厚互层夹灰色、青灰色亮晶灰岩。丹巴县东谷乡(138剖面)中二叠统三道桥组为大理岩、二云英片岩、变粒岩及含砾钙质变粒岩呈略等厚互层，厚76.4m。向南在阿东梁子下部以灰色块状含砾石英砂岩、砂质结晶灰岩为主，夹泥硅质石英砂岩及少量深灰色碳质板岩；上部以灰色块状泥质微粒灰岩、砂质结晶灰岩为主，夹灰色生物屑灰岩。九龙县东南(143剖面)中二叠统甲黄沟群下部为石英岩、板岩夹大理岩，上部为石英岩、变质砂岩，顶部多为条带状大理岩，含 *Neoschwagerina* sp. 茅口期带化石。

2) 岩浆岩相

东北部主要发育有与峨眉山玄武岩有可能是同期异相关系的基性辉绿岩脉。西南部九龙县东南三垭乡西踏卡乡发育火山角砾岩、变质基性火山岩。

3. 古地理特征

该相区为扬子陆块二叠纪陆表海盆地的一部分，地势平坦，古地理环境简单，主体表现为东北高、西南低，东北部翘起、西南部倾伏的古地理特征。围绕古隆起发育滨岸、台地和浅海环境。

第五节 班公湖-双湖-怒江-昌宁地区构造-岩相古地理

喀喇昆仑断裂以西，经阿克拜塔尔山口一带近东西向延伸。喀喇昆仑断裂以东，经班公湖、双湖、安多至索县，后转向沿怒江，南下经丁青、巴宿至碧土，继续南延受碧罗雪山-崇山变质地质体阻隔空间展布不明，向南即为昌宁-孟连结合带。该带是古特提斯主洋域残留，可进一步划分为双湖蛇绿混杂岩相、托和平错-查多冈日洋岛海山增生杂岩相、南羌塘西部陆壳残片相、左贡陆壳残片相、班公湖-南羌塘东部-唐古拉盆地相、嘉玉桥蛇绿混杂岩相。分述如下。

一、双湖蛇绿混杂岩（XIII$_1$）

1. 构造特征

西起龙木错，向东至清澈湖折向南，经羌马错后再折向东，沿冈玛错—玛依岗日—双湖一带分布。主要由石炭系—二叠系浅变质含砾板岩、高压-超高压变质岩、蛇绿混杂岩组成，上三叠统不整合其上。带内发育近东西向和近南北向两组韧性剪切带。蓝片岩变质年龄有282～275Ma(邓希光等，2000，2001)，表明中二叠世该带已开始俯冲增生作用。

2. 岩相特征

1) 沉积岩相

引用剖面3条。主体为半深海-深海盆地环境，少量浅海。

滨浅海相碎屑岩、碳酸盐岩及火山岩沉积：小面积分布于鱼鳞山北东一带，以下二叠统曲地组为代表。布尔嘎错北(281剖面)为白色块状千枚状方解石大理岩（原岩为条纹状泥晶灰岩），灰色、浅灰绿色千枚状变灰泥石英粉砂岩，二云绢云石英千枚岩（原岩为黏土质酸性凝灰质粉砂岩）和变质砂岩。

半深海、深海盆地相砂泥质及火山岩沉积：分布于鱼鳞山东一带，以上石炭—下二叠统展金组为代表。才玛尔错(282剖面)下部为灰色中厚层变余玻屑—晶屑凝灰岩(5 634m)；中上部为灰色千枚状粉砂质绢云母板岩与厚层—块层变质细粒石英砂岩、变余绢云粉砂岩不等厚互层。下部夹灰绿色强蚀变交织玄武岩,自下而上火山岩减少并消失,变为陆源碎屑岩,岩石中碎屑为次棱角、次圆形,含量大于75%。反映出远源深水浊积岩与近源浅水浊积岩交互沉积的特点。

半深海、深海盆地相砂泥质、灰质、硅质及火山岩沉积:分布在玛依岗日南部—双湖一带。才多茶卡东北(283剖面)中二叠统蛇绿岩岩片岩性主要为放射虫硅质岩,灰—杂色页岩夹蓝片岩,绿帘纳长片岩和变基性火山岩及钠长石大理岩等。硅质岩中富产放射虫化石,顶部以产 *Entacinidx*(内射虫)动物群为特征,上部以产 *Neoalbaillella*(新阿尔拜虫)为特征。

2) 岩浆岩相

以蛇绿岩相为主。主要分布于红脊山、角木日、雪水河、玛依岗日山南坡、角木茶卡东及双湖以东的多木茶卡等地,延长达450km。果干加年山一带蛇绿岩中辉长岩墙锆石SIMS年龄为(272.9±1.8)Ma。蛇绿岩组合中主要有辉石橄榄岩、橄榄辉石岩、辉长辉绿岩、橄榄辉长辉绿岩、枕(块)状玄武岩和放射虫硅质岩,形成于大洋中脊环境(翟庆国等,2005)。此外,丁固西北布尔嘎错出露酸性凝灰质,丁固西北才玛尔错为变余玻屑—晶屑凝灰岩强蚀变交织玄武岩。

3. 古地理特征

该相区为古特提斯大洋的残片,主体为深海、半深海盆地环境,中二叠世的蓝片岩相变质作用,表明存在洋壳的俯冲和折返作用——增生楔,其上零星有滨浅海盆地环境。其间既有冈瓦纳相的含砾板岩,又有洋岛型碳酸盐岩,同时存在冷、暖水型动物的混生等,表明早中二叠世为一个广阔的大洋。冈底斯、北羌塘两地古地磁资料显示,早中二叠世洋盆深可达3 000余千米。

二、托和平错-查多冈日洋岛海山增生杂岩(XIII_2)

1. 构造特征

呈巨大构造岩块夹持于龙木错-双湖结合带中,分布于西部的查多冈日、托和平错一带。石炭系为基座沉积,二叠系为洋岛火山建隆过程中的海山建造。下中三叠统为残留盆地沉积,上三叠统不整合其上。冲断构造发育。早中二叠世处于洋壳基底之上,为拉张构造背景。

2. 岩相特征

1) 沉积岩相

引用剖面4条,属上石炭统—下二叠统展金组和下二叠统曲地组。从北西向南东依次为浅海、半深海和深海环境,结合岩性可分为4个相区。

浅海相碎屑岩、碳酸盐岩沉积:西北端小面积分布。普尔错东南月牙达坂(254剖面)曲地组一段主要岩性为一套弱变质石英砂岩、长石石英砂岩及粉砂岩与黑色页岩(泥岩)互层或不等厚互层,上中部页岩平行层理发育,页岩、粉砂岩具绢云母化和弱千枚状构造。独立石湖东南(255剖面)曲地组二段主要为亮晶鲕粒灰岩、生物碎屑亮晶鲕粒灰岩、砾屑灰岩、泥晶灰岩、砂质灰岩,上部夹少许砂质泥页岩,下部夹少许钙质岩屑砂岩。含丰富的珊瑚、腕足类、苔藓虫等化石。

半深海相碎屑岩:紧邻浅海相小面积分布。独立石湖东北月牙达坂(254剖面)曲地组一段主要岩性为一套弱变质石英砂岩、长石石英砂岩及粉砂岩与黑色页岩(泥岩)互层或不等厚互层,下部砂页岩中普遍含2%~5%黄铁矿晶粒。横向上其下部主要为一套长石石英砂岩、长石石英杂砂岩为主夹黑色泥质粉砂岩、页岩,上部主要为页岩夹粉砂岩。为半深海相。

半深海、深海盆地相砂泥质、灰质、硅质及火山岩沉积:分布于托和平错一带,面积较大。托和平错南部(257剖面)展金组主要为一套碎屑岩夹火山岩及碳酸盐岩建造。碎屑岩类以泥岩、粉砂质泥岩为主,其次为细粒岩屑长石石英砂岩、岩屑长石砂岩、钙质岩屑砂岩、凝灰质砂岩。碳酸盐岩类有泥晶灰岩、白云质泥晶灰岩、含生物屑砂屑灰岩、含鲕粒砂质砂屑灰岩、生物碎屑灰岩。火山岩类有蚀变凝灰岩、玻屑凝灰岩、安山岩、火山角砾岩等。此外尚有少量硅质岩发育。砂泥韵律特征明显,粉砂岩中小型斜层理、波状纹层理、包卷层理发育,泥岩具明显水平层理,粉砂质泥岩可见鲍马序列C层与D层多次重复叠置。托和平错西北-鸭子湖(256剖面)展金组由变质安山质凝灰岩、蚀变凝灰岩、玻屑凝灰岩、安山岩、气孔杏仁状玄武岩、橄榄玄武岩、安山玄武岩、中基性火山角砾岩、绿泥片岩、钙质泥岩、含碳铁质泥岩、绢云千枚岩及泥页岩等组成,在上部可见由安山岩、凝灰岩与灰色含铁质泥岩构成的层序在垂向上多次叠置。碎屑岩以泥岩粉砂岩为主体夹硅质岩、灰岩,局部露头砂、泥韵律特征明显,为深水浊流沉积的扇叶叠覆岩相组合。

2) 岩浆岩相

托和平错南部发育蚀变凝灰岩、玻屑凝灰岩、安山岩、火山角砾岩等,托和平错西北-鸭子湖广大地区为变质安山质凝灰岩、蚀变凝灰岩、玻屑凝灰岩、安山岩、气孔杏仁状玄武岩、橄榄玄武岩、安山玄武岩、中基性火山角砾岩,是以基性火山岩为主的岩性组合。总体上具有富TiO_2、K_2O+Na_2O的特点,与大洋碱性玄武岩的岩石化学成分非常一致,主体属于钾玄岩系列。常量、微量元素构造环境判别皆表明早二叠世基性—中基性系列火山岩产于大洋岛屿碱性玄武岩或洋岛拉斑玄武岩区。

3. 古地理特征

属于古特提斯洋盆中的洋岛组合,早中二叠世仍"漂浮"于洋壳基底之上,可能为一系列串珠状或孤立的海山,其间为半深海水道相隔,古地理环境十分复杂。展金组中含冰筏坠石,表明受高纬度冰川作用影响较大。垂向序列为浅→深→浅的海侵—海退的旋回性变化。

三、南羌塘西部地块(XIII_3)

1. 构造特征

位于中西部,北西略宽、南东略窄的楔形带状展布。上古生界、中生界发育,下古生界和新生界零星。对其性质仍存在微地块和洋岛-洋内弧增生体之分歧。早中二叠世不同形式的火山岩发育,可能为裂解构造背景。

2. 岩相特征

1) 沉积岩相

引用地层剖面23条。主体为滨浅海环境,鲁玛江东错以北为半深海环境,可进一步分为5类8个沉积区。

半深海盆地相砂泥质、灰质沉积:小面积分布于西北角。日土县多玛区(260剖面)下二叠统曲地组为灰黄色、深灰色泥质细粒长石石英砂岩,粉砂质细粒长石石英砂岩,细粒长石砂岩与泥质粉砂岩,薄层泥岩不等厚互层,间夹薄层粗晶灰岩、角砾状泥晶灰岩,厚974.72m。日土县多玛曲区(261剖面)上石炭统—下二叠统展金组为灰黑色、灰绿色砂质板岩,中厚层长石石英砂岩夹中薄层状砂岩,含砾钙质砂岩及少量砂质灰岩,产腕足类、珊瑚、双壳类化石,厚度大于2451m。曲地组下部为灰黑色中厚层状中细粒长石石英砂岩间夹灰绿色粉砂质板岩,厚625m;上部为灰绿色、灰黑色粉砂质板岩,含砾粗砂岩,长石石英砂岩夹绿色砂岩,泥灰岩透镜体,含双壳类及遗迹化石,厚183.47m。

半深海盆地相砂泥质、灰质及硅质沉积:紧邻上述相区东侧分布。日土县多玛区清水河北部(263剖面)曲地组为浅灰色、灰黑色、黑色石英砂岩,粉砂质泥岩,黑色页岩及硅质岩,夹少量泥灰岩及微晶灰岩,其间夹多层顺层侵位的辉长岩,厚808.2m。属次深海沉积。

浅海陆棚相:分布面积大,可进一步分为3个相区。**碎屑岩-碳酸盐岩相区**:分布于班公湖以北地区,涉及地层单位为中二叠统的吞龙共巴组和龙格组,与下伏下二叠统整合接触,与上二叠统平行不整合接触。日土县多玛区西北部(258剖面)吞龙共巴组以灰黑色、青灰色厚层状灰岩,生物灰岩及薄层状泥灰岩为主,下部出现多套灰色、青灰色钙质页岩夹灰色粉砂岩及黑色薄层状泥岩,底部为灰白色中—薄层状石英砂岩夹岩屑砂岩,厚928.8m。日土县多玛区泽错西(259剖面)龙格组为灰白色、灰色中—厚层状灰岩与紫红色泥质砂岩及白色、灰白色石英砂岩,泥质砂岩,板岩不等厚互层,富含鳞、腕足类化石,厚度大于218m。日土县多玛区热合盘(265剖面)吞龙共巴组下部为灰黑色泥灰岩、生物碎屑灰岩、泥岩及结晶灰岩,产腕足类、海百合茎、苔藓虫和三叶虫等化石;上部为浅灰色、灰色中—薄层硅质石英砂岩,石英砂岩,岩屑砂岩夹钙质页岩及灰绿色泥灰岩,出露厚1 649.82m。革吉县鲁玛江冬错南(267剖面)吞龙共巴组为浅灰色、浅灰绿色中厚层状细粒钙质岩屑杂砂岩,钙质长石岩屑砂岩与深灰色薄及中层状生物碎屑灰岩呈韵律性互层,顶部夹中厚层状亮晶鲕粒灰岩,中下部层位为浅灰绿色细粒钙质岩屑砂岩、含粗砾细粒钙质岩屑石英杂砂岩夹钙质粉砂岩、深灰色透镜状岩屑灰岩及亮晶生物屑灰岩,产鳞类化石。**碎屑岩相区**:分布于塔查普山—鱼鳞山一带,属下二叠统曲地组。野马滩(272剖面)曲地组中段为浅海陆棚相,下部以深灰色中—厚层状(含砾)不等粒岩屑(杂)砂岩、不等粒石英砂岩、含砾钙质岩屑石英砂岩为主夹深灰色、黑色薄层状(含砾)钙质砂质粉砂岩及含碳粉砂岩,其中花岗岩、砂岩、灰岩等冰川"漂砾"较多;上部以灰白色、深灰色中层状不等粒(岩屑)石英砂岩,细粒石英砂岩与深灰色薄层(含)粉砂质板岩互层,局部夹透镜状中细粒钙质复成分砂岩,砂岩发育平行层理,局部见条带状构造。上段以灰黑色粉砂质板岩、钙质粉砂岩为主,深灰色、灰白色细微粒(含砂)石英砂岩与不等粒菱铁质岩屑石英砂岩互层。**碎屑岩-碳酸盐岩-火山岩相区**:革吉县塔查普山西南(270剖面)曲地组上段为灰褐色(岩屑)石英砂岩、灰色砾岩、砂岩、含砾砂岩、粉砂岩、薄层状含砾板岩与青灰色蚀变酸性晶屑凝灰岩,深灰色酸性沉凝灰岩及含火山角砾凝灰岩互层夹多层生物灰岩和透镜状泥灰岩,局部夹拉斑玄武岩。

台地相:分为东、西两个相区,涉及地层单位为中二叠统的吞龙共巴组和龙格组。**西部相区**:日土县多玛区吉普村(262剖面)吞龙共巴组上部为一套碳酸盐岩,岩性为黑灰色生物碎屑泥晶灰岩、生物碎屑灰岩、微晶灰岩、含鳞灰岩、生物灰岩等,产腕足类、珊瑚、苔藓虫化石,厚181.17m,为开阔台地相沉积。日土县多玛区热合盘(265剖面)吞龙共巴组下部为灰黑色泥灰岩、生物碎屑灰岩、泥岩及结晶灰岩,产腕足类、海百合茎、苔藓虫和三叶虫等化石;中二叠统龙格组为灰黑色、黑色中层状灰岩,生物碎屑灰岩,鲕粒灰岩,产三叶虫、腕足类和苔藓虫化石,出露厚360.07m。革吉县鲁玛江冬错南岸(266剖面)龙格组下段为灰色、浅灰色薄—中层状及灰白色中—厚层状亮晶生物屑含白云质灰岩;中段下部为灰白色、浅肉红色厚—块状灰质白云岩与白云岩互层,发育鸟眼构造,上部为灰白色、浅灰色中厚层状亮晶内碎屑生物屑含白云质灰岩及亮晶生物屑含白云质灰岩,发育水平层理;上段下部为灰白色厚层状含燧石结核亮晶生物屑砂屑灰岩,上部为灰白色、浅肉色厚—块状亮晶生物屑砂屑含白云质灰岩,产丰富的暖水型鳞类、珊瑚、海百合茎及苔藓虫化石。**东部相区**:改则县加措东南(276剖面)龙格组以碳酸盐岩为主,分3段。一段为深灰色薄—中层含燧石结核或燧石条带泥晶灰岩、泥晶生物碎屑灰岩、亮晶砂屑灰岩、亮晶藻屑灰岩夹灰绿色块状玄武岩,出露厚904m,含鳞、珊瑚等化石;二段为浅灰色、灰白色厚—块层状粒晶白云岩,白云质灰岩,含生屑灰岩团块,夹少量泥晶生物屑灰岩,出露厚168m,含鳞、珊瑚及海百合茎、腹足类等化石;三段为深灰色中厚层状泥晶生物屑灰岩、含燧石结核和条带泥晶生物屑灰岩及泥、亮晶生物屑灰岩互层夹灰绿色块状玄武岩,含杏仁间隐玄武岩,厚2 642m。改则县西北布拉错北(277剖面)厚514.19m。说明龙格组早期的气候温暖、湿润(常有火山喷溢),处于陆缘浅海环境,总体表现为潮下低能,随海平面变化,不时处于高能浅海环境。丁固西查波错东南(278剖面)龙格组总体为一套碳酸盐岩地层,第一段为灰色厚—块层夹薄层亮晶生物碎屑灰岩、泥晶生物碎屑灰岩、砾屑灰岩及鳞灰岩等,厚2 174.5m;第二段为一套灰色、灰白色、灰黄色及深灰色中—中厚层状微—细晶白云岩,角砾状白云岩及一些泥晶灰岩,含鳞类、腕足类及有孔虫化石,厚2 236m;第三段为灰色、深灰色中厚层状泥晶灰岩,厚度大于100m。改则县北查尔康错北(279剖面)龙格组为灰白色、浅灰白色块状结晶灰岩,中—厚层状砾屑灰质白云岩,砂屑白云岩,厚—块状生物碎屑灰岩为主,夹灰色薄—中层状结晶白云岩、结晶灰岩、块状角砾状灰岩组成。产有珊瑚 *Liangshanophyllum*,腕足类及鳞类化石。

滨岸相：小面积分布于尼玛县依布茶卡西南(280剖面)，属中二叠统吞龙共巴组。岩石组合为岩屑砂岩、钙质细粒石英砂岩、石英砂岩、石英粉砂岩及砂质板岩不等厚互层，底部夹杂色砾岩。其基本层序A由3m厚砾岩、5m厚(单层厚10～20cm)薄层状含岩屑细砂岩与2m厚(单层厚0.1～0.5cm)粉砂质板岩组成，B由单层厚20～50cm粉砂质板岩组成，C由2～5m石英粉砂岩与2～7cm粉砂质板岩组成。其层序以砾岩、砂岩、板岩组成退积加积层序，从砂岩碎屑模型分析，其物源来自再循环造山带物源区，属滨岸相沉积。

2) 岩浆岩相

以中基性火山岩为主，侵入岩较少。据1:25万加措幅、丁固幅报告，火山岩以玄武岩、玄武安山岩为主，赋存于上石炭—下二叠统展金组、下二叠统曲地组以及中二叠统龙格组中。侵入岩，多顺层侵入，主要为辉绿岩、辉长岩。基性侵入岩时代^{39}Ar-^{40}Ar年龄值285～275Ma。其中展金组、曲地组中火山岩属于拉斑系列基性火山岩和高钾钙碱性系列中基性火山岩，具有洋内弧的岩石地球化学特征。龙格组中为拉斑系列—亚碱性—碱性系列基性火山岩，具有洋岛型或富集型MORB的岩石地球化学特征。

3. 古地理特征

具有南高、西北低的沉积古地理格局。晚石炭世—早二叠世以含砾板岩为主，表明受南大陆冰川作用影响显著。纵向沉积序列上表现为浅→深→浅→深→浅的震荡旋回性变化。

四、左贡陆壳残片（XIII$_4$）

界于类乌齐-曲登蛇绿混杂岩带与班公湖-怒江蛇绿混杂岩带之间，西起丁青县北的普塘错琼，东南在察瓦龙至碧江东侧一带被高黎贡山推覆体掩盖，呈狭长透镜状北西向展布。前泥盆系吉塘岩群为变质基底，变质变形作用强烈。石炭系、二叠系大多被断裂肢解，零星出露。上三叠统磨拉石广泛发育，形成宽缓褶皱。带内北西-南东走向逆冲断裂发育。早中二叠世可能为岛弧裂解背景。

中二叠统东坝组为一套碎屑岩、玄武安山岩、杏仁状/块状玄武岩、安山质角砾熔岩及变质凝灰岩夹灰岩组合，为浅海环境。火山岩性质属于大陆拉斑-碱性系列玄武岩及安山岩，初步分析，形成于俯冲作用有关的陆缘火山弧环境(图8-5)。古地理轮廓不清。

五、班公湖-南羌塘东部-唐古拉洋盆（XIII$_5$）

1. 构造特征

除嘉玉桥蛇绿混杂岩及上述4个构造相外的其他广大地区。内部古生界地质体零星，大量发育中生代规模巨大的蛇绿岩、增生杂岩以及被夹持其中的残余弧或岛弧变质地块等。晚白垩世—新近纪陆相火山岩、新生代陆相走滑拉分盆地、第四纪谷地带状展布。早中二叠世为双向消减的洋盆，两侧边缘应为俯冲挤压环境(图8-5、图8-6)，洋盆内部可能存在扩张环境。

2. 岩相特征

以蛇绿混杂岩相为主，零星有洋岛-海山台地，绝大多数地区为推测的深海盆地。

1) 沉积岩相

引用剖面4条，包括台地相和围绕台地的洋岛-海山斜坡相。

台地相：分布于尼玛县荣玛乡和双湖特别行政区以东两处。扎嘎东(284剖面)中二叠统龙格组下部以白云岩为主，上部以灰岩为主。岩性有中细晶白云岩、粗中晶白云岩、砾屑白云岩、细晶灰岩、条带状灰岩、微晶灰岩、角砾灰岩、碎裂状灰岩等。含珊瑚、窗格苔虫、曲囊苔虫及海绵碎片化石。帕度错西北(286剖面)中二叠统吞龙共巴组岩性以灰白色、灰色、灰黑色中薄层含硅质结核泥屑、粉屑、砾屑灰岩和角砾状灰岩、泥质灰岩及结晶、泥晶、微晶灰岩为主夹少量岩屑长石砂岩及白云质灰岩,含腕足类、苔藓虫、牙形刺等化石。

洋岛(海山)火山喷溢相:围绕台地相分布,共同组成洋岛-海山组合。玛依岗日南依布茶卡东(285剖面)下中二叠统鲁谷岩组下部为一套火山岩夹生物碎屑泥晶灰岩,下层位以基性玄武岩为特征,普遍发育杏仁构造;上层位以酸性流纹岩为特征。双湖才多茶卡和雅根错间(287剖面)鲁谷岩组下段以块状玄武岩为主,次为角砾岩、安山岩夹少量生物碎屑残余泥晶球粒灰岩、岩屑凝灰岩和长石石英砂岩;上段为角砾状变石英砂岩,含生物碎屑重结晶球粒灰岩。该岩组区域上变化较大,纵向上自下而上表现为火山岩-碳酸盐岩组合。火山岩主要发育于早二叠世地层中,具洋岛火山喷发特征,它在纵向上形成多次喷发、溢出,岩石系列表现为火山岩-碳酸盐岩-火山岩或火山岩-碎屑岩-火山岩组合,中二叠世以碳酸盐岩夹碎屑岩为主,局部仍有火山岩夹层。

2)蛇绿混杂岩相

类乌齐蛇绿混杂岩:北段类乌齐一带发现有侵位于石炭系中的超镁铁岩和洋中脊玄武岩。中段的类乌齐-吉塘地区,前人所定的石炭系卡贡群,其中日阿泽弄组上部和玛均弄组上部均为深水盆地浊积岩,为一套硅灰泥复理石,与其共生有拉斑玄武岩-流纹岩的"双峰式"火山岩,玄武岩具有 E-MORB 的地球化学特征。在曲登乡—脚巴山一带的混杂岩带中,王立全等(2008)获得玄武岩锆石 SHRIMP 年龄为 361.4Ma。该带东侧二叠纪—晚三叠世的火山弧表明早中二叠世存在俯冲洋盆。

丁青蛇绿混杂岩:是目前发现出露规模最大的古生代蛇绿混杂岩带。共有 28 个超基性岩体。丁青色扎区的加弄沟、宗白—亚宗一带可见完整的蛇绿岩层序,自下而上俄日橄榄岩→堆晶岩→辉绿岩和辉长辉绿岩墙群→玄武质熔岩,共生有放射虫硅质岩。在日隆山一带有厚度大于 1 200m 的纯橄榄岩、二辉橄榄岩互层组成的堆晶杂岩。形成时代为石炭纪—侏罗纪。

孟连蛇绿混杂岩:孟连的曼信和铜厂街两地,具有 N-MORB 特征的洋脊玄武岩,曼信、依柳、铜厂街等地有准洋脊型玄武岩,目前时代多归为早石炭世,其上发育石炭—二叠纪的洋岛玄武岩。现有资料表明,该带泥盆纪—二叠纪为成熟洋盆,晚二叠世闭合。

3. 古地理特征

该带是洋壳消减的残留。除了大洋盆地、洋岛-海山外,可能还存在微地块,但因强烈的消减和后期的走滑平移作用,古地理面貌难以恢复。但从两侧上石炭—下二叠统沉积古地理的显著差异以及两侧地块古地磁反映的古纬度的差异,可以大致推测早中二叠世仍然具有较大规模,其宽度不小于 3 000km。

六、嘉玉桥蛇绿混杂岩(XIII$_6$)

1. 构造特征

该相区位于研究区东南部,呈北西-南东透镜状展布。变质基底为新元古界卡穹岩群,上古生界嘉玉桥岩群是主体,内部韧性剪切带发育。卡穹岩群中夹有包体状产出的退变质高压榴辉岩。对其性质还有增生杂岩、残余弧、地块等不同认识。本项目认为,早中二叠世为逐渐增生到陆缘的蛇绿混杂岩。

2. 岩相特征

1)沉积岩相

引用剖面 3 条。从北向南依次为浅海陆棚相、半深海斜坡相和深海盆地相。

根据地层剖面,结合区内岩石地层展布特征及其他前人资料分析,该陆壳残片相为广阔的特提斯主洋域中的残余陆壳,东南边缘北部发育大量蛇绿岩残块,沉积岩性上主体表现为自东北向西南海水由浅至深,由浅海至深海的古地理环境特征,为东北翘起、西南倾伏的状态。沉积相发育比较简单,主体自东北向西南分别发育浅海相碎屑岩、碳酸盐岩和火山岩沉积,半深海盆地相砂泥质、灰质、硅质及火山岩沉积,深海盆地相砂泥质、灰质、硅质及火山岩沉积。岩相反映纵向上表现为进积型的海退序列。

半深海盆地相→浅海陆棚相:以早二叠世苏如卡岩组为代表(289剖面)。岩性为绢云砂质板岩、含碳绢云千枚岩、硅质板岩、粉砂质板岩、硅质岩、石英细晶灰岩、细晶灰岩及中晶灰岩等,细晶灰岩中含有孢粉化石 *Florinites* sp.,*Punctatisporites* sp. 等。原岩为砂质泥岩、粉砂质泥岩、泥岩、硅质泥岩、硅质岩、灰岩夹基性火山岩。

深海盆地相:丁青县觉恩南桑多乡多伦(290剖面)石炭系—二叠纪蛇绿岩混杂岩主要由灰白色、灰绿色、黑色片理化蛇纹岩,灰绿色枕状玄武岩,灰色、灰绿色碎斑状滑石化白云石蚀变岩,黑色蛇纹岩质角砾岩,灰黑色含碳质绢云硅质板岩,暗灰色含绢云硅质板岩,黑色粉砂质硅质板岩,灰黑色绿泥硅质板岩夹薄板状微晶灰岩组成。基性熔岩和基性侵入岩投点均为洋中脊环境的 MORB 型。

2) 岩浆岩相

西南部邻近班公湖-怒江结合带发育特提斯古大洋的蛇绿岩残片,主要由灰白色、灰绿色、黑色片理化蛇纹岩,灰绿色枕状玄武岩,灰色、灰绿色碎斑状滑石化白云石蚀变岩,黑色蛇纹岩质角砾岩,灰黑色含碳质绢云硅质板岩,暗灰色含绢云硅质板岩,黑色粉砂质硅质板岩,灰黑色绿泥硅质板岩夹薄板状微晶灰岩组成。基性熔岩和基性侵入岩投点均为洋中脊环境的 MORB 型。沉积环境属深海盆地相。

3. 古地理特征

总体为东北翘起、西南倾伏的古地理地貌格局,自东北向西南为海水由浅至深,由浅海陆棚至半深海盆地再到深海盆地的古地理环境特征。岩相反映早中二叠世纵向上表现为进积型的海退序列,海水由东北向西逐渐消退。

第六节 冈底斯-喜马拉雅地区构造-岩相古地理

位于主边界断裂与班公湖-怒江混杂岩带南界断裂之间,可划分为聂荣陆壳残片、北冈底斯岩浆弧、南冈底斯弧后盆地近弧带、喜马拉雅弧后盆地近陆带以及保山地块等。早中二叠世为古特提斯洋南部活动大陆边缘,总体具有南北浅、中部较深的沉积古地理格局(图8-6)。

一、聂荣陆壳残片(XIV_1)

1. 构造特征

呈透镜状小面积分布于研究区中部,为古特提斯主洋域南部边弧基底缘残余陆壳。建造组成主体包括3套,中新元古代聂荣岩群、前石炭纪嘉玉桥岩群和变质辉绿岩墙及零星出露的石炭—二叠系未变质地层。早中二叠世构造属性不清。

2. 岩相特征

1) 沉积岩相

主体为隆起剥蚀区,南北边缘小面积分布浅海沉积。引用地层剖面2条。

隆起:为该构造相主体古地理环境。聂荣岩群(Pt_{2-3})为角闪岩相变质的碎屑岩、火山岩、碳酸盐岩组合,间有前寒武纪中酸性变质侵入体和变质基性岩墙。片麻岩中 Sm-Nd 等时线年龄为600Ma左右。中酸性变质侵入体年龄分为3个阶段:(491 ± 1.15)~530Ma、(814 ± 18)Ma、2 000Ma(1:25万安多县幅区调,2004;许荣华,1983;常承法,1986—1988)。不整合其上的前石炭纪嘉玉桥岩群和变质辉绿岩墙,均遭受绿片岩相变质作用,并经历了较强的褶皱和变形,局部可见层孔虫、珊瑚等化石。石炭—二

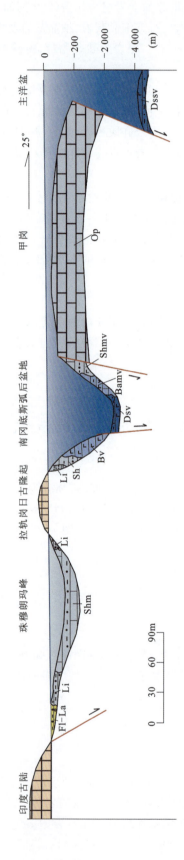

图 8-6 印度陆块及其北部边缘弧盆系早中二叠世岩相古地理剖面展布示意图

Fl-La.陆相河湖相沉积未分;Li.滨海相碎屑岩岩沉积;Sh.浅海相碎屑岩沉积;Shm.浅海相碎屑岩、碳酸盐岩沉积,Shmv.浅海相碎屑岩、碳酸盐岩和火山岩沉积;Op.开阔台地相沉积;Bv.半深海相火山盆地沉积;Bamv.半深海相泥灰质及火山质火山岩沉积;Dsv.深海相砂泥质火山岩沉积;Dssv.深海相砂泥质、硅质及火山岩沉积叠系零星，与下伏地层关系不清。推测其主体为隆起区。

浅海陆棚缓斜坡相：聂荣隆起北缘小面积分布，以安多县东部聂荣县北（295剖面）未分石炭—二叠系为代表。其主体为一套碳酸盐岩和细碎屑岩地层，时代不清，暂定为石炭—二叠系。岩性组合下部为灰黄色中薄层结晶灰岩与薄层钙质板岩互层，上部为灰色、深灰色厚层—中厚层含燧石条带或团块结晶灰岩，夹少量深灰色、灰色薄层钙质板岩，厚度大于200m。石炭—二叠系地层大致可划分出2个不完整的三级旋回层序。其中，下部三级旋回层序仅保留上部高水位体系域，以灰黄色薄层钙质板岩为主，向下渐夹有少量薄层泥质结晶灰岩，地貌上呈相对平缓的地形；上部三级旋回层序仅出露下部海侵体系域，以灰色中薄层含燧石条带或团块结晶灰岩为主，向上渐夹有灰色薄层钙质板岩。

开阔台地相：聂荣隆起南小面积分布，属中二叠统下拉组。安多县南扎仁乡西（296剖面）为一套碳酸盐岩组合，主要岩石类型有浅红色、粉红色中薄—中厚层状中晶、细晶灰岩，深灰色、青灰色中—厚—块层粉晶灰岩，白云质粉晶灰岩及生物碎屑灰岩，厚度大于419m。

3. 古地理特征

可能为冈底斯北部的一个孤立岛，南、北边缘为海水覆盖，分别属于开阔台地和浅海陆棚沉积环境。随着海平面的升降，岛面积时大时小。

二、北冈底斯岩浆弧（XIV_2）

1. 构造特征

位于研究区中南部，为一呈北西-南东向宽窄不一的"M"形带展布，受北部特提斯主洋域（班公湖-双湖-怒江-昌宁）向南俯冲作用制约，早中二叠世为岛弧构造环境（图8-6）。

2. 岩相特征

1) 沉积岩相

引用地层剖面53条。主体为浅海陆棚相碎屑岩、碳酸盐岩沉积和开阔台地相碳酸盐岩沉积，古陆隆起区发育，其周围发育滨岸相碎屑岩沉积。才扎至它日错、当穿错、戈芒错等地为一北东至南西向裂陷槽，发育半深海盆地相碎屑岩沉积。

古隆起：从西向东，存在大小不一的5个古隆起，分别是喷赤古隆起、亚辛古隆起、他尔玛古隆起、念青唐古拉山古隆起以及高黎贡山古隆起。其中，后3个见有边缘相，结合上下地层不整合关系，推断而成。帕米尔地区的两个古隆起，资料缺乏，依据区域地质图中地层发育情况推断所得。

滨岸相：为6个独立分区，除昂龙岗日—拉果错一线呈带状展布外，其他均围绕古隆起区边缘狭长带状或环状展布。涉及地层单位包括上石炭统—下二叠统拉嘎组、来姑组，下二叠统的昂杰组、空树河组。拉嘎组和昂杰组出露于班戈县及其以西地区，与下伏下石炭统整合接触，与上覆中二叠统整合接触，二者之间假整合接触。来姑组和空树河组出露于班戈县以东地区，二者与上覆中二叠统整合接触，与下伏地层假整合或整合接触，二者属于不同地层分区，未见接触关系。

昂龙岗日-拉果错分布区：西部以噶尔县东羊尾山一带拉嘎组为代表（297剖面），主要为一套砂泥质沉积，基本层序包括石英细砂岩→钙泥质页岩互层、钙泥质页岩夹石英砂岩、石英细砂岩与钙泥质页岩互层、石英砂岩、含砾含岩屑石英砂岩5类。砂岩、页岩多见有水平纹层理，石英细砂岩与钙泥质页岩互层中发育有潮汐层理。基本层序底部多见冲刷面，页岩单层厚1~2mm，石英细砂岩单层厚1~3mm。岩石粒度分析显示均属波浪带海砂沉积。中部以拉果错西那勒拉嘎组为代表（302剖面），为含冰碛砾石滨岸相。上部为黄灰色、灰绿色中—厚层含砾中—细粒长石石英砂岩，含砾泥质粉砂岩夹多层灰色厚—块状中细砾岩，含砾中—粗粒不等粒砂岩，发育平行层理、沙纹层理等沉积构造；中部为黄绿色中—薄层粉砂质泥岩、中—厚层含冰碛砾石细粉砂岩与绿灰色中细砂岩、不等粒砂岩不等厚互层，产腕足类等生物化石,发育水平层理、沙纹层理、平行层理、斜层理等沉积构造;下部为黄灰色、灰绿色中—细粒石英砂岩、含砾中—粗粒砂岩,底部为黄灰色细砾岩、含砾不等粒砂岩,发育沙纹层理、平行层理等沉积构造。戈芒错南莫师当马一带(327剖面)拉嘎组以含砾碎屑岩为特征,砂岩中发育楔状交错层理厚大于386 m。尼玛县卓尼乡西昂孜错北(328剖面)昂杰组下部主要为潮下带的碎屑岩沉积,由灰黑色细碎屑岩夹少量灰黑色含生物屑泥晶灰岩及细砂岩透镜体组成,灰岩中含较丰富的有孔虫、珊瑚、海百合茎等,表现为色深、层薄、粒细、含水平虫穴;中、上部为潮间带碎屑岩沉积组合,主要为中粒石英杂砂岩、中细粒长石石英砂岩,表现为色浅、层厚、粒粗等特征。

环他尔玛和念青唐古拉古隆起分布区:在班戈县保吉乡南地区(345剖面),拉嘎组为含砾碎屑岩沉积,其岩石类型为灰红色厚—中厚层含砾粗中粒石英砂岩及肉红色中薄层细粒石英砂岩。砾石主要为石英岩,磨圆差,为棱角状,砂岩具粒序层理、平行层理、冲洗交错层理,厚大于79.4m。林周县旁多乡至当雄县(351剖面)来姑组为一套碎屑岩和含砾碎屑岩不等厚互层沉积,主要岩石类型为深灰色含细砂粉砂质板岩、黄褐色含中细砾泥质粉砂岩、粉砂质泥岩、含细砾砂质黏土岩、细粒长石石英砂岩、含粉砂细粒钙质长石砂岩及粉砂细粒岩屑砂岩等,产有腕足类化石,厚度大于471.8m,属滨岸相沉积。昂杰组为黑色、黄褐色粉砂质页岩,泥质粉砂岩,中细粒铁质石英砂岩,深灰色泥岩及中厚层泥晶生物碎屑灰岩,黑色钙质泥岩韵律互层,产鏟、苔藓虫等化石,厚度223m,为滨岸相沉积。当雄县东纳龙东南(353剖面)来姑组上部为石膏层夹灰黑色薄层状千枚岩,为滨岸潟湖相沉积;中部为青灰色薄层至板状千枚岩、中薄层砂质泥晶灰岩夹角砾状灰岩;下部为青灰色薄板状千枚岩、灰黑色中厚层状中细粒长石石英砂岩及中厚层状含砂质泥晶灰岩,产小型单体皱纹珊瑚和腕足类化石碎片。中、下部为滨岸潮坪相沉积。

高黎贡山古隆起西部边缘分布区:以腾冲地区空树河组为代表(367剖面),为砂砾岩、含砾不等粒粗砂岩、岩屑石英砂岩、粉砂岩及泥页岩,含鏟类及腕足类、有孔虫等化石,厚度200～500m。

西部克什米尔地区,环古隆起存在2处滨岸相,为推测相区。

开阔台地相:分为东、西两个相区,涉及地层单位均为中二叠统,班戈县及以西地区称下拉组,以东地区称洛巴堆组。下拉组与下二叠统整合接触,与上覆上二叠统不整合或整合接触;洛巴堆组与上覆、下伏地层间均为整合接触。

西部相区:西起恰木戛尔马北,东抵扎布耶茶卡,近东西向带状展布。革吉县雄巴乡一带(301剖面),下拉组为深灰色厚—块层状生物碎屑灰岩、含鏟生物碎屑灰岩、粉晶灰岩、生物碎屑钙质细晶白云岩等,含丰富鏟类 Neoschwagerina sp., Yangchienia Lee 和珊瑚虫及有孔虫等化石。拉果错西南(303剖面)下拉组为以灰色、浅灰色中—厚层状细晶灰岩,灰白色、浅灰色、浅黄色薄层—块状结晶灰岩,深灰色中—厚层结晶灰岩,灰色、灰褐色中—厚层砾屑灰岩,鏟灰岩,砂屑灰岩为主的碳酸盐岩沉积,含珊瑚、孢粉、海百合茎、鏟类等化石,薄层灰岩偶见水平层理,结晶灰岩偶含生物碎屑。改则县洞错南(305剖面)下拉组为深灰色块—薄层微晶灰岩,上部夹灰色中—薄层、厚层状白云岩,白云质砾屑灰岩,含有燧石结核,产腕足类、水螅、珊瑚、菊石和苔藓虫等生物化石。尼玛县中仓南(307剖面)下拉组为一套碳酸盐岩沉积,含燧石团块、条带和燧石结核,含腕足类、珊瑚类化石,底部偶夹有1～1.5m厚的灰色、浅灰色砂岩。仲巴县扎布耶茶卡(309剖面)为灰色、深灰色中—厚层含燧石结核白云石化硅化生物碎屑灰岩,砂屑砾屑灰岩,生物碎屑灰岩,生物碎屑燧石结核及条带灰岩等,灰岩中含鏟类、腕足类、珊瑚及藻类等化石。

东部相区:西起尼玛县昂孜错,东到左贡南,呈西宽、东窄的蝌蚪状。昂孜错东北(329剖面)下拉组为紫红色厚层泥晶生物碎屑灰岩,亮晶鲕粒灰岩,泥晶砂屑灰岩,普遍含燧石团块,并含鏟类、珊瑚、腕足类、棘皮和腹足类化石,为潮间带碳酸盐岩沉积组合。德日昂玛-下拉山(336剖面)下拉组以灰白色、浅灰色、灰色、灰黑色中厚层生物碎屑灰岩,含生物碎屑灰岩为主,底部为紫红色薄层含生物碎屑灰岩,富含珊瑚、腕足类、鏟类、苔藓虫等化石,厚643.81m。买巴乡(341剖面)下拉组为一套含有丰富多门类化石的碳酸盐岩沉积,以浅灰色、深灰色中薄—中厚层状泥晶—细晶灰岩,生物碎屑灰岩,砂屑灰岩为主,含燧石团块和条带灰岩,常夹多层白云质灰岩,偶夹薄层状细粒石英砂岩和粉砂岩。含丰富的鏟类、腕足类、珊瑚、双壳类、苔藓虫化石。春哲乡东(344剖面)为灰白色中层—中厚层状结晶灰岩、细晶灰岩,浅紫红色厚层状角砾状灰岩,灰白色块层状大理岩,厚层状含蛇纹石大理岩,局部夹粉砂岩,产珊瑚、腹足类、双壳类、腕足类化石,厚1007.8m。安多县西南(348剖面)下拉组为深灰色、灰色中—薄层状细晶微晶灰岩,灰色中层状生物碎屑泥晶灰岩,生物碎屑有棘屑、腕足类、苔藓虫、三叶虫、有孔虫和钙球等,厚度大于1000m。乌鲁龙村至强嘎乡一带(350剖面)洛巴堆组自下而上分为3段:下段为黄褐色薄层硅化生物碎屑灰岩,厚度大于94.6m,形成于潮下浅水高能环境;中段为黑色泥岩、泥晶灰岩,黄褐色砂屑粉砂岩、泥晶生物碎屑灰岩互层,泥晶灰岩层面上见水平虫迹,主要为潮下环境;上段除深灰色泥晶灰岩和泥晶生物碎屑灰岩层段外,还有中粒长石岩屑砂岩夹安山岩及灰绿色细纹层状凝灰岩。嘉黎县桑巴乡西南(357剖面)洛巴堆组顶部为紫红色中薄层白云质生物碎屑灰岩,产苔藓虫,厚193.5m;上部为灰色、青灰色厚层生物碎屑灰岩,角砾状含生物碎屑灰岩,结晶泥质灰岩等,厚1268m;下部为灰黑色、灰白色泥晶灰岩和泥晶细晶灰岩,产苔藓虫、腕足类等化石,厚1909.2m。向东南夹灰白色白云质灰岩、白云质大理岩、细晶灰岩等。产珊瑚 *Iranophyllum* sp.,鋌 *Nankinella inflata*(Colani),有孔虫 *Pachyphloia* sp. 等。主体为碳酸盐台地浅滩环境。

浅海相:分为东、西两个相区。西部相区分布于措勤县一带,涉及地层单位包括上石炭统—下二叠统拉嘎组和下二叠统昂杰组,与下伏下石炭统永珠组平行不整合,上覆中二叠统整合接触,二者之间整合过渡。东部相区位于边坝、察隅、腾冲,呈狭长带状展布,涉及上石炭统—下二叠统来姑组、中二叠统洛巴堆组。

措勤相区:在川巴东北一带(306剖面)昂杰组厚仅38.02m,上部为灰色、灰白色中层状中粒石英砂岩,灰色中—薄层状微晶灰岩及灰绿色薄层状粉砂质泥岩互层,砂岩→灰岩→泥岩构成基本层序,在砂岩层的底部常见含砾粗砂岩,发育粒序层理,厚16.13m;下部为青灰色中薄层中—细粒岩屑石英砂岩与灰绿色粉砂质泥岩互层,夹介壳灰岩,含腕足类化石,由砂岩→泥岩构成基本层序,厚21.89m。措勤县达雄乡(311剖面)昂杰组厚198.4m,上部为石英砂岩、生物碎屑灰岩及钙质粉砂质泥岩互层,厚124.79m;下部为石英砂岩与粉砂质、砂质泥岩互层夹钙质碳质泥岩及灰岩,砂岩底部见有含砾粗砂岩,厚73.63m。措勤县扎日南木错东南(318剖面)昂杰组为灰绿色块状含砾粗砂岩、厚—块状含砾粉砂质泥岩,灰色、浅灰色中厚层亮晶含苔藓虫灰岩及生物泥晶灰岩。昂仁县孔隆乡(320剖面)拉嘎组为青灰色中—厚层状不等粒岩屑杂砂岩、变质中细砾岩、变质石英砂岩、细粒石英砂岩,灰黑色厚层状粉砂质板岩(含漂砾)及青灰色薄层板岩等。杂砂岩中常含大小不一漂砾,磨圆差,呈棱角—次棱角状,成分多为花岗岩。砂岩中常发育平行层理、斜层理和交错层理,粉砂质板岩水平层理极发育。自下而上碎屑颗粒变粗,岩层单层变厚。昂杰组(319剖面)为灰黑色厚层状含漂砾粉砂质板岩、变质含砾粗粉砂岩、细粒钙质砂岩,浅灰色、灰白色变质石英砂岩等与较薄的黄褐色、灰黑色中薄层状含生屑泥灰岩,泥晶灰岩呈互层产出,并以冷水动物群(腕足类)和暖水动物群(苔藓虫、海百合茎)混生为特征。碎屑岩中含有少量冰川漂砾,自下而上碎屑岩减少、灰岩增多。尼玛县戈芒错(325剖面)昂杰组总体上为一套浅灰色复成分砾岩、青灰色含砾长石砂岩、长石岩屑砂岩与灰黑色厚层状粉砂岩、粉砂质泥岩、深灰色不等厚层状(含)生屑泥晶灰岩、含生屑泥灰岩等组成反复的旋回层系,含冰碛砾石,灰岩中产丰富的腕足类、海百合茎和苔藓虫等化石,厚度130.85m。尼玛县卓瓦乡(331剖面)拉嘎组为青灰色含砾砂质粉砂质泥岩与灰白色细粒石英砂岩(偶含砾)、含砂质硅质泥岩、黑色泥板岩及泥质粉砂岩大套互层,间夹少量肉红色石英杂砂岩及泥质粉砂岩,厚937.5m。砾石成分以石英砂岩为主,少量石英脉岩,砾径一般5mm左右,为次棱角—次圆状,含量5%~7%。下部可见水平纹层和落石构造,向上常为块状层,粗碎屑物逐渐增加。昂仁县公久布乡(332剖面)拉嘎组为灰色含砾粉砂质泥岩和含砾泥质粉砂岩大套互层。砾石成分为硅质岩和花岗岩,呈次棱角状,粒度为2~26mm间,最大为50mm。局部砾石呈定向排列,发育水平层理、落石构造和水平纹层,厚893.9m。德日昂玛-下拉山(335剖面)昂杰组上部为灰黑色钙质页岩,厚12.82m;中部为灰绿色中薄层石英粉砂岩,厚19.23m;下部为灰黑色钙质页岩夹灰白色生物碎屑灰岩,灰岩中含牙形刺、珊瑚、腕足类、苔藓虫和双壳类化石,厚76.50m。

边坝-察隅相区:波密县西北(363剖面)来姑组为变石英砂岩、黑云石英岩、斜长黑云石英片岩、黑云二长变粒岩及眼球状片麻岩夹条带状二云斜长片麻岩,由于花岗岩侵入使地层残缺不全,且岩石多已变质。波密县亚龙藏布两岸(365剖面)洛巴堆组下部为中、厚层状灰岩及含砾细粒石英岩和板岩等;中部为含砾不等粒石英砂岩夹粉砂质板岩;上部为粉晶灰岩夹泥晶灰岩,其下部中厚层状灰岩夹鲕粒灰岩、含砾细粒石英岩和板岩,砂岩成熟度高,鲕粒为高能环境,反映为开阔台地(边缘鲕粒滩)相沉积环境。

半深海相:小面积分布于措勤县扎日南木错以北,可能为班公湖-怒江洋深入冈底斯岛弧的海湾。措勤县达雄乡(311剖面)拉嘎组发育与冰水作用相关的半深海水下扇相,岩性以灰色中—厚层状中粗粒石英砂岩为主,分别与灰色、灰绿色粉砂质泥岩,钙质粉砂质泥岩,含砾不等粒砂岩等互层。泥岩中发育水平层理、脉状层理,砂岩中发育粒序层理,一些层底部有砾岩,且具冲刷现象。尼玛县文布乡(326剖面)拉嘎组含杂砾碎屑岩组合,厚度大于1 623.62m。下部为浅灰色、灰白色薄—厚层状(含砾)细粒石英砂岩,青灰色薄层状钙质泥岩及钙质粉砂质泥岩;中上部为青灰色中—厚—块状含砾岩屑杂砂岩和含砾粉砂岩。自下而上碎屑颗粒变粗,单层变厚。无分选或分选差的杂砾或称杂砾岩"散落"在砂质、粉砂质和泥质的"基质"是最大的特征,杂砾岩层数多,厚度大,侧向变化快,发育冰融褶皱,并在杂砾岩中散布有圆和次圆形砾石。砾石大小悬殊,直径一般为5~20cm,最大1m以上,呈漂浮状、不协调地出现于含砾砂、泥质岩石中,应属冰川漂砾。漂砾成分复杂,以砂岩、花岗岩和灰岩为主,个别具压坑,漂砾切穿层理面。在上述含冰川漂砾的杂砾岩中伴随由褐黄色砾岩、砂砾岩、含砾砂岩、灰白色细粒石英砂岩、青灰色粉砂质泥岩及深灰色灰岩、泥灰岩等单一岩性或其复合岩性组成的透镜状地质体,其中产丰富的腕足类和海百合茎碎片。透镜状地质体规模悬殊,一般(3~5)m×(5~10)m,在毗邻措麦区幅的姆错丙尼附近最大可见其延长50~300m,内部发育的粒序层理、平行层理和水平层理等斜切"基质"岩石层理,透镜体长轴总体与"基质"地层走向基本一致或斜交,应属水下重力流沉积的滑塌块体。

2)岩浆岩相

出露零星。侵入岩为二长花岗岩($P_1\eta\gamma$),巴索错岩体为二长花岗岩($P_1\eta\gamma$),锆石U-Pb年龄(286±18)Ma。林周县旁多乡至当雄县城间乌鲁龙村至强嘎乡等地发育少量海相喷发的玄武岩、安山岩及凝灰岩等。

3. 古地理特征

主体为浅海和开阔台地环境,古陆隆起区发育,其周围为滨岸环境。才扎至它日错、当穿错、戈芒错等地为一北东至南西向裂陷槽(深海峡),为半深海盆地环境。

上石炭统—下二叠统拉嘎组普遍含有冰水碎屑岩沉积,缺少碳酸盐岩沉积,反映气候寒冷。下二叠统昂杰组为较薄层碳酸盐岩与陆源碎屑岩和冷水动物群(主要为腕足类)与暖生动物群(苔藓虫和海百合茎等)混生为特征,冷水动物群多见于碎屑岩中,而暖水动物群则多见于碳酸盐岩内。碳酸盐岩与碎屑岩在纵、横向上为一种交错递变关系,这种交替或者生物混生现象,显然受当时古气候以及南大陆冰川作用影响。自下而上碎屑岩减少、灰岩增多的变化趋势,表明冰水作用减弱,气候转暖。中二叠世,碳酸盐岩发育,表明气候已完全变暖。

三、南冈底斯弧后盆地近弧相(XIV_3)

1. 构造特征

位于研究区中南部,为一呈北西-南东向宽窄不一的带状展布,北为北冈底斯岩浆弧相,南为喜马拉雅弧后盆地近陆相,西北、东南延出研究区。早中二叠世,处于弧后裂谷环境,总体为伸展构造背景(图8-6)。

2. 岩相特征

1）沉积岩相

引用地层剖面 18 条。该相区西部格拉姆、瑟津、吉尔吉特、齐拉斯、斯卡都、拉达克山等地广大地区为浅海相碎屑岩、碳酸盐岩沉积，中、东部广大地区主体为深海、半深海相沉积，北部边缘发育浅海相沉积。岩相变化较大。分述如下。

滨浅海相碎屑岩沉积：小面积分布于加查-林芝以北，围绕加查古隆起带状展布，属上石炭统—下二叠统来姑组。林芝县西（360 剖面）来姑组为灰色、浅灰色中层状变质中细粒岩屑石英砂岩，灰色块状—厚层复成分砂砾岩，含泥屑泥砾岩屑石英砂岩，深灰色含云粉砂质板岩。岩屑石英质砂岩与含云粉砂质板岩组成基本层序，砂岩中发育有水平层理，砾岩底部具侵蚀面，厚 1 128m。工布江达县城北（359 剖面）来姑组底部为灰色薄层状含泥屑及砾屑石英杂砂岩—浅灰色厚层变质细粒含岩屑石英砂岩与粉砂质板岩组成旋回形退积层序，砂岩底部有侵蚀界面，属泛滥平原河流相沉积；中下部由浅灰色具平行层理变质中粗粒石英砂岩—深灰色含白云石斑点粉砂质绢云母板岩组成退积型层序，属滨岸-浅海相沉积。

浅海相：是主要相区，呈带状分布于该构造相的北部，在岗日波齐峰至拉萨之间多为实际控制相区，在西部帕米尔地区为推测相区。实际控制相区进一步分为台地相、浅海碎屑岩-碳酸盐岩相、浅海碎屑岩-碳酸盐岩-火山岩相以及浅海火山岩相区 4 类 5 个相区，主要相区特征介绍如下。

浅海碎屑岩-碳酸盐岩相：东西带状分布于措勤县南部地区，涉及地层单位包括上石炭统—下二叠统拉嘎组和下二叠统昂杰组。措勤县江让乡昌务场、懂则、总堆地区（316 剖面），昂杰组为灰色、深灰色绢云板岩，含砾绢云板岩夹薄—中层含砾细粒长石石英砂岩，局部夹中粗粒砂岩透镜体。板岩中含较多浑圆—滚圆状砾石，砾径 3～5cm，砾石成分为砂岩、花岗岩及板岩等，为冰川漂砾。出露厚 27.23m，属浅海相沉积。措勤县江让乡敌布错、嘎仁错间鲁（315 剖面）昂杰组岩性为深灰色、灰黑色堇青石角岩，角岩化砂质泥岩，细粒长石石英砂岩，角岩化生物碎屑灰岩，偶夹钙质页岩，产珊瑚、腕足类及海百合茎、海胆化石碎片。为浅海相沉积，生物碎屑常集中构成"生物碎屑层"，反映出风暴事件堆积的特点。措勤县诺仓东玉察藏布（323 剖面）拉嘎组为黑色薄—极薄层状含碳粉砂质泥板岩与深灰色中薄层状变质细粒长石岩屑砂岩、含砾长石岩屑杂砂岩呈韵律互层，下部夹有透镜状生物碎屑灰岩。含碳粉砂质泥板岩中含有漂砾，发育水平层理，含砾长石杂砂岩底部常发育粒序层理。昂杰组（322 剖面）为石英岩屑杂砂岩、细粒长石岩屑杂砂岩、变质砂砾岩及复成分砾岩等，发育粒序层理和水平层理，顶部砂岩中含有腕足类化石。

开阔台地相：小面积分布于拉萨以北，属上石炭统—下二叠统来姑组和中二叠统洛巴堆组。当雄县东（354 剖面）来姑组第一岩性段为浅白色中厚层状绿帘石石英大理岩，厚度大于 199.70m。门巴乡东北（356 剖面）洛巴堆组为灰色、青灰色中厚—厚及块层结晶灰岩，粉晶灰岩，灰岩，泥晶灰岩，燧石结核，条带结晶灰岩，条带亮晶生屑灰岩，砾状结晶灰岩和灰岩角砾岩等。此外，措勤县南部的中二叠统下拉组也有台地相沉积。在敌布错、嘎仁错间鲁多（314 剖面）一带，以灰色、深灰色薄—中层结晶灰岩，厚层含硅质岩（燧石）条带不规则团块结晶灰岩为主，夹泥质结晶灰岩、硅化生物碎屑灰岩及 50cm 厚的蚀变玄武岩，出露厚 317m。江让乡昌务场、懂则、总堆地区（316 剖面），为灰色、深灰色中—厚层状泥—粉晶灰岩，生物碎屑灰岩，含鐽、腹足类、苔藓虫及植物化石，出露厚 49.88m，属开阔台地相沉积。

半深海、深海相：分为西、东两个相区。西部相区位于普兰县玛旁雍错到日喀则之间，近东西向带状展布，为实际控制相区。东部相区西起曲水，经波密南，转向南东延伸出图，其西北部为实际相区，东南部为推测相区。

西部相区：涉及地层单位有上石炭统—下二叠统拉嘎组，下二叠统才巴弄混杂岩、昂杰组以及中二叠统下拉组。普兰县西北公珠错（299 剖面）才巴弄混杂岩以杏仁状玄武岩、角砾玄武岩为主，夹有沉角砾凝灰岩、沉火山角砾岩和变质砾岩及少量中细晶岩和千枚岩。多以混杂岩形式出现，变质程度相对较浅。仲巴县霍尔巴（300 剖面）才巴弄混杂岩主要有杏仁状玄武岩、石英粗安岩夹少量含砾砂岩，划分 7 个火山喷发韵律。措勤县诺仓东（323 剖面）拉嘎组为黑色薄—极薄层状含碳粉砂质泥板岩与深灰色中薄层状变质细粒长石岩屑砂岩、含砾长石岩屑杂砂岩呈韵律互层，下部夹有透镜状生物碎屑灰岩。含碳粉砂质泥板岩中含有漂砾,发育水平层理,含砾长石杂砂岩底部常发育粒序层理。下拉组(321剖面)为深灰色变质砂砾岩、变质火山岩质砂砾岩、含砾中细粒长石岩屑杂砂岩、变质细粒长石岩屑杂砂岩与浅灰白色、黑色薄—极薄层砂质泥板岩和泥质硅质板岩组成不等厚互层或韵律层,发育有粒序层理、水平层理。谢通门县西北(342剖面)昂杰组上部为灰色、灰黑色薄层状变质粉砂岩,砂质绢云板岩夹中层状变质细粒石英砂岩和含砾杂屑砂岩,有时夹薄层生物碎屑灰岩和拉斑玄武岩,岩性组合以细粒石英砂岩—粉砂岩—页岩(板岩)为基本沉积韵律,向上细粒石英砂岩逐渐减少,或呈夹层,页岩则占主要地位,构成退积型基本层序,每个韵律厚2～4m,总厚118.63m。

东部相区:属上石炭统—下二叠统来姑组。当雄县东纳龙东(354剖面),来姑组第二岩性段主要岩性有灰色、浅灰色中薄层状变质长石石英砂岩,灰色板状绢云母千枚岩,灰色、深灰色黑云斜长片麻岩及云母片岩等,厚1 618.00m;第三岩性段为浅紫红色、浅黄褐色、灰白色中厚层状变质长石石英砂岩,浅灰色变英安质晶屑凝灰岩,浅灰至浅绿色含板状千枚岩、千枚状板岩及灰色变质粉砂质泥岩等,厚4 669.40m。第二段下部砂岩概率曲线为多段式,斜率在30°～40°间,粒径范围1ϕ～4ϕ间,标准偏差为2.7,为典型半深海相浊流沉积。墨竹工卡县门巴乡(355剖面)来姑组下部为灰色中厚层状泥质粉砂岩夹变质粉砂质泥岩、绿泥斜长片麻岩、黑云母片岩及长石石英砂岩、粉砂质泥岩,平行层理较发育,局部发育有水平层理和楔状层理。工布江达县城北(359剖面)来姑组中上部由粉砂质板岩组成加积型层序。嘉黎县东尼屋(361剖面)来姑组以发育含砾板岩为特征,基本层序可识别出3种类型,层序C由细粒石英砂岩、变质砂岩、含砾砂质板岩组成,为半深海斜坡沉积环境。波密县西北玉仁乡(362剖面)来姑组为冰筏深海、半深海(含浅海)相,岩性以含砾板岩、深灰色板岩为主,夹细砂岩、细粉砂岩及少量碳酸盐岩,含冷水动物群化石组合,下部为变玄武岩、变安山岩、流纹英安岩。总体以深灰色板岩为主,并与细—粉砂岩构成韵律层。砂岩以长石石英砂为主,含有较多岩屑,成分与结构成熟度偏低,形成于动力不太强的重力流条件。板岩及粉砂岩中具水平微层理,多属静水条件牵引流沉积。砂岩与泥质岩构成递变层理,表现为复理石浊流沉积环境。该组中下部夹有含砾板岩及含砾粉砂岩,显示了冈瓦纳大陆边缘冰筏相冰海沉积特征。波密县倾多镇(366剖面)来姑组上部为巨厚的复理石沉积,为斜坡-深海盆地相沉积。灰绿色中厚—块层变安山岩或变英安岩与深灰色火山凝灰岩、凝灰质板岩组成海底火山喷发-沉积旋回。向东南,中生界广布,属推测相区。

2)岩浆岩相

火山岩较发育,日喀则以西地区主体为基性火山岩,拉萨及其以东地区基性火山岩与中酸性火山岩同等发育。普兰县公珠错(299剖面)以发育杏仁状玄武岩、角砾玄武岩为主,夹有沉角砾凝灰岩、沉火山角砾岩;仲巴县霍尔巴(300剖面)为杏仁状玄武岩、石英粗安岩;江让乡敌布错、嘎仁错间鲁多为蚀变玄武岩;谢通门县西北德来—查拉一带为拉斑玄武岩;当雄县东纳龙东为浅灰色变英安质晶屑凝灰岩;波密县西北玉仁乡(362剖面)以变玄武岩、变安山岩、流纹英安岩为标志;波密县倾多镇(366剖面)为变凝灰岩、变安山岩、变英安岩和火山碎屑岩。火山岩以碱性—钙碱性系列为主,主体来源于地幔,形成于大陆裂谷环境。

3. 古地理特征

总体具有南深、北浅的沉积古地理格局,北部以浅海环境为主,南部以半深海-深海环境为主。在林芝、加查一带存在小范围古隆起。下二叠统中含有较多"冰筏"沉积,表明气候寒冷。值得注意的是,这种"冰筏"主体沉积于半深海环境,而与北冈底斯岛弧带中以滨浅海环境的冰水杂砾岩沉积环境有很大差别。

四、喜马拉雅弧后盆地近陆相(XIV_4)

1. 构造特征

位于研究区南部,为一呈北西-南东-东西不规则带状展布。北以雅鲁藏布江缝合带南界断裂与南冈底斯弧后盆地近弧带相邻,南以主边界断裂与印度陆块为邻,西北延出研究区,东南构造尖灭于察隅以南。早中二叠世,位于弧后盆地近陆带,总体处于伸展构造背景(图8-6)。

2. 岩相特征

1) 沉积岩相

引用地层剖面19条。主体为浅海陆棚相碎屑岩、碳酸盐岩沉积,南部边缘靠近印度古陆大面积发育陆相河湖相碎屑岩沉积,其北部为滨岸相碎屑岩沉积,北部边缘昂仁至扎西岗狭长范围内发育裂陷背景下的半深海火山盆地相沉积。

涉及地层单位,南部低喜马拉雅带是石炭系—二叠系,为具冷水动植物群的冰水相及河流相杂砾岩、页岩/板岩、砂岩和粉砂岩。在尼泊尔境内统称为石炭系—二叠系(Amatya,Jnawali,1994),在不丹境内称为Damudas组(Gansser,1983)。高喜马拉雅地区下二叠统为Ganmachidan组,厚150m,与下伏上石炭统Po组的黑色页岩不整合接触。克什米尔地区晚石炭世—早二叠世Panjal暗色岩为大陆溢流玄武暗色岩,厚2 500m,沉积于边缘海和陆上地区,向东南减薄,至Chandra河谷上游的Baracha La尖灭。北喜马拉雅地区二叠系主要为碎屑岩,包括基龙组和色龙群。基龙组下部称扎达日段,为一套含冰海相碎屑岩,厚30~970m,与下伏石炭系为平行不整合接触;基龙组上部称查雅段,为碎屑岩,含冷水动物群的腕足类、双壳类,厚700m。色龙群下部的曲布组为含舌羊齿植物化石的中-细粒石英砂岩夹页岩,厚约20m,与下伏基龙组呈断层或平行不整合接触;上部的曲布日嘎组为砂质页岩、粉砂岩、少量细砂岩夹生屑灰岩,含丰富的腕足类以及珊瑚、苔藓虫等化石,厚度300~355m,与曲布组整合接触。康马-隆子地区下、中二叠统为含冰海相的碎屑岩,中、上二叠统为碳酸盐岩。下二叠统破林浦组厚350~400m,最厚可达738m以上。比聋组厚度一般为30m,最大可达179m,与下伏破林浦组整合接触。中二叠统康马组底部为厚0~40m断续分布的冰海相含砾板岩,总厚200~1 826m,与下伏比聋组整合接触。连续沉积之上的中—上二叠统白定浦组,厚250m。

河湖相:分布于南部地区,沿主边界断裂北侧带状展布。除普兰、基隆一带有剖面控制外,其他多数为推测相区。属下二叠统基龙组和中上二叠统色龙群下部层位。西藏普兰县科加乡(371剖面)基龙组以变质石英砂岩为主,为河流相沉积。吉隆县南吉隆藏布(377剖面)基龙组下部以中细粒岩屑石英砂岩、细粒长石石英砂岩为主,夹灰绿色薄层粉砂岩及粉砂质页岩,砂岩底部具冲刷面和滞留砾石。聂拉木县西夏邦马峰北(378剖面)色龙群下部层位由复成分砾岩—细粒岩屑砂岩—泥质粉砂岩组成正粒序基本层序。

三角洲相:分布于聂拉木县附近,属下二叠统基龙组和中上二叠统色龙群中下部层位。西夏邦马峰北(378剖面)基龙组中上部由细砂岩—含砾中粗粒砂岩组成向上变粗的逆粒序层序,代表三角洲前缘砂体沉积。色龙群中下部由含砾砂岩—细砂岩—粉砂岩构成正粒序基本层序,亦代表三角洲前缘砂体沉积。

滨岸相:主体紧邻河湖相北侧,呈宽窄不一的带状展布。此外,环绕拉轨岗日古隆起也有小面积分布。涉及地层单位在北喜马拉雅地层区为下二叠统基龙组、中上二叠统色龙群中下部层位,与下伏石炭系以及二者之间平行不整合接触。康马-隆子地层区包括下二叠统破林浦组、比聋组,中二叠统康马组,中上二叠统白定浦组下部层位,与下伏石炭系平行不整合接触,各地层单位之间为整合接触。札达县一带(368~370剖面)以色龙群曲嘎组下段为代表。其底部为厚层变砾岩夹变长石砂岩,其上为青灰色厚层粉砂质板岩、灰黑色厚层含碳粉砂质板岩、青灰—黄褐色长石砂板岩夹变细粒石英杂砂岩和变长石砂岩。其底部基本层序由块状砾岩→块状砂岩组成,底部明显为一侵蚀面,局部砂岩中夹有砾岩透镜体,砾石分选中等,砂岩中见有正粒序层理。中上部由一套石英和杂基含量较高的碎屑岩组成,显示沉积时水体较浅,为滨岸海滩相沉积。向南,普色拉西一带,该群中下部碎屑岩中常见脉状层理、平行层理、透镜状层理和水平层理,层厚,具有向北增厚趋势,123.28~280m。普兰县科加乡(371剖面)基龙组下部以浅灰色、浅粉色变质石英砂岩为主,夹粉砂质板岩、变质白云质灰岩;上部以浅灰色、浅黄色变质白云质石英砂岩,变质长石石英砂岩为主夹板岩。发育变余楔状交错层理、平行层理,含腕足类化石

Lamnimargus-Costiferina 组合。其底部为河流相沉积,中间为滨岸潮坪相,向上逐渐转化成以波浪作用为主的无障壁滨岸相。吉隆县南(377 剖面)基龙组中部为紫红色厚层—块状中粗粒岩屑石英砂岩、含砾砂岩夹粉砂岩组成多个韵律层,发育有斜层理和交错层理;上部为灰白色厚—中层中粗粒岩屑石英砂岩、中细粒岩屑石英砂岩与灰绿、蓝绿色黏土质不等粒石英砂岩互层或与粉砂质页岩互层,产腕足类及海百合茎化石。定结县南萨尔、库间地区(383 剖面)曲布组为灰白色厚—块层细粒石英砂岩,深灰色石英质砂岩,深灰色、灰黑色页岩,粉砂质页岩,厚 59.4m。石英砂岩具有冲洗交替层理,为前滨亚相沉积;页岩、粉砂质页岩含植物化石,生物扰动构造发育,为后滨泥沼亚相沉积。定日一带为中厚层砂岩,发育楔状交错层理和平行层理,每一旋回底部均有冲刷构造,泥砾、泥片发育,代表一种潮下高能环境。曲布日嘎组为灰色、浅灰色厚—块层状细粒石英砂岩,粉砂质泥岩,泥质粉砂岩,粉砂质页岩夹生物碎屑泥灰岩、铁质石英砂岩和灰色粉砂质页岩,具石盐假晶和雨痕,并见有遗迹化石和生物扰动构造,厚 747.3m。

浅海陆棚相:是分布面积最大的相区,进一步分为碎屑岩相、碎屑岩-碳酸盐岩两类 3 个相区。国外部分主体属推断相区。普兰县公珠错(372 剖面)中上二叠统曲嘎组中下部为千枚状板岩、板岩、变质砂岩夹变质灰岩。中上二叠统色龙群下部层序由灰黑色板岩与砂板岩构成,砂板岩原岩为黏土层及泥质粉砂岩,呈透镜状、条带状分布,为浅海陆棚相沉积。仲巴县霍尔巴乡(374 剖面)曲嘎组下部以变质细粒钙质砂岩、砂质板岩、粉砂质板岩为主,夹大理岩、石英千枚岩,含珊瑚、腕足类化石。定日县西南(379 剖面)色龙群为灰色、灰白色中—薄层泥质粉砂岩,钙质粉砂岩,含生物泥质粉砂岩,铁质粉砂岩,细粒石英状灰岩,石英细砂岩夹灰黑色页岩和褐灰色生物灰岩,含生物砂质灰岩等。石英砂岩具逆粒序层理、沙纹层理及平行层理。昂仁县西桑桑区(380 剖面)下二叠统昂杰组为变质长石石英砂岩、板岩、千枚岩。其中上部层序由含粉砂质泥岩和泥岩组成。区域上该组富含古生物化石,以冷水型腕足类为主,小型单体珊瑚和双壳类次之。

开阔台地相:分为仲巴、岗巴县-隆子两个相区。仲巴县霍尔巴乡东(375 剖面)中上二叠统曲嘎组以变质灰岩、变质含生屑变质灰岩、变质细晶灰岩、变质泥灰岩为主,夹砂质板岩、泥质板岩及千枚岩等。含腕足类、苔藓虫及蜓等。仲巴县霍尔巴东南(376 剖面)曲嘎组中下部基本层序,下部为砂质绢云板岩与含生屑粉晶灰岩组成的多个韵律层,上部为粉晶灰岩,反映原岩为砂质黏土岩—石灰岩的沉积韵律,形成环境为浅海陆棚相-开阔台地相。昂仁县浪错北(381 剖面)中二叠统浪错,为大小不等的岩块零星镶嵌于混杂岩系之中,主要岩性为灰色、深灰色厚层状生物碎屑灰岩,含生物屑细晶灰岩,结晶灰岩及紫红色厚层块层生物碎屑灰岩。定结县几脚地区(384 剖面)中上二叠统白定浦组为灰色、灰黄色、灰褐色大理岩,白云质大理岩,含粉砂水云母大理岩,厚 239.7m。浪卡子县西南(386 剖面)中二叠统卡惹拉组(白定浦组)中部为灰色、深灰色厚层结晶灰岩,含碳质钙质粉砂质千枚岩,含核形石钙质千枚岩,核形石结晶灰岩组成基本层序,发育水平层理,厚 197.5m;下部为深灰色厚层含碳质阳起方解片岩(含碳质结晶灰岩),发育水平层理,厚 573.65m。

半深海火山盆地相:昂仁县以北小面积透镜状分布(381 剖面)。中二叠统浪错为大小不等的岩块零星镶嵌于晚期形成的混杂岩系之中,原始层序下部含有杏仁状玄武岩和次深海相含灰黑色玄武质玻屑凝灰质泥岩、杏仁状玄武岩,出露厚 578m。

2) 岩浆岩相

国内,火山岩仅在昂仁县浪错北发育灰黑色玄武质玻屑凝灰质泥岩、杏仁状玄武岩,主要为大陆裂谷形成的碱性玄武岩类。克什米尔地区 Panjal 暗色岩为一套火山岩,厚 2 500m,沉积于边缘海和陆上地区,向东南减薄,至 Chandra 河谷上游的 Baracha La 尖灭。火山岩为拉斑-碱性系列,起源于"富集的"准洋脊型玄武岩(P-MORB),经历了有限的结晶分异和陆壳混染演化阶段。此外,有 Yunam 碱性—亚碱性斑状花岗岩岩基,U-Pb 锆石年龄为(284±1)Ma,认为与 Panjal 暗色岩浆事件有关(Steck,2003)。

3. 古地理特征

该相区紧邻印度陆块,南以河湖相为主,向北依次为滨岸相、浅海陆棚相,总体具有南高、北低的古地理格局。陆相区面积大,但资料依据较少,古地理地貌难以推测。下二叠统中依然含有冰水杂砾岩,反映气候寒冷。

五、保山地块(XIV_5)

1. 构造特征

位于研究区东南部边缘,介于南怒江断裂和昌宁-孟连结合带之间,研究区内呈北窄南宽,北部收敛、向南撒开的喇叭口状或正三角形状展布。早中二叠世,发育含冈瓦纳相冰水沉积和冷水动物分子,显示其强烈的亲冈瓦纳特征。有玄武岩、安山玄武岩喷溢,为被动边缘裂陷-裂谷构造背景。

2. 岩相特征

1) 沉积岩相

引用地层剖面4条,涉及地层单位有下二叠统丁家寨组、中二叠统丙麻组,与上覆、下伏及其二者之间均为整合接触。从西向东依次为滨岸相、台地相、陆棚相以及半深海斜坡相。

滨岸相:保山市东南丙麻乡(292剖面)丁家寨组二段以灰色、深灰色含砾岩层为主体,下部发育滨岸相近滨重力流水下扇沉积,见漫流、扇头和水道沉积物,厚约94m。保山市南云瑞街(291剖面)丁家寨组二段为灰色块状含砾不等粒砂质泥岩、薄层岩屑杂砂岩、泥质粉砂岩,发育沙纹层理,下部亦为近滨重力流水下扇沉积,厚约61.1m。

浅海陆棚相:云南施甸县西(294剖面)丁家寨组由下而上为浅海陆棚相沙泥质沉积→浅海陆棚边缘块体重力流水下扇沉积→浅海陆棚杂色富含生物屑灰泥质沉积→近滨浅滩泥砂质沉积→浅海陆棚碳酸盐岩、砂泥质岩沉积,反映为海退→海进沉积旋回变化特点。

开阔台地相:保山市南至施甸地区(293剖面)丙麻组下段由含泥质灰岩、灰岩、生屑灰岩等组成,上部含白云质及燧石结核,厚29.9m~72m,为开阔台地相为主沉积;上段以白云岩沉积为主,90.47m,为局限台地相沉积。

半深海相:保山市东南(292剖面)丁家寨组三段主体部分为粉砂岩、砂质泥岩夹碳酸盐岩沉积。保山市南云瑞街(291剖面)丁家寨组一段三段主体为粉砂泥岩夹碳酸盐沉积,以灰色粉砂岩、泥页岩为主,常见钙硅质、泥硅质结核,发育网状苔藓虫。

3. 古地理特征

总体表现为西高东低、西浅东深的古地理格局。纵向序列上表现为深→浅→深→浅的旋回性变化。西部发育冈瓦纳相含砾沉积和以 *Stepanoviella*, *Eurydesma* 为代表的冷水动物分子,表明其强烈的亲冈瓦纳特征。

第七节 周边地区构造-岩相古地理

围限青藏高原的四大陆块,具体包括属于华北的阿拉善陆块、阿尔金-敦煌陆块,属于塔里木陆块的塔里木陆内盆地、铁克里克被动边缘盆地、塔里木南缘陆表海盆地,属于扬子陆块的川中陆表海盆地、盐源-丽江边缘海裂谷盆地相,印度陆内盆地相。分述如下。

一、阿拉善陆块（Ⅰ）

1. 构造特征

位于研究区东北部边缘，为略呈北西-南东向的近似"∽"形带状展布，北部延出研究区，南邻祁连陆内盆地相，为华北陆块西南部边缘。主体为隆起区，由于长期的隆起剥蚀，地势较为平坦。基底岩系主要为中太古界乌拉山岩群和新太古界—古元古界龙首山岩群，盖层沉积包括中新元古界中—浅变质岩系，石炭系零星出露的未变质—浅变质碎屑岩、碳酸盐岩和火山岩。中酸性、中基性侵入岩十分发育。

2. 岩相特征

1）沉积岩相

引用地层剖面2条，主体为隆起区，由于长期的隆起剥蚀，地势较为平坦，南部边缘发育陆相河湖相碎屑岩沉积，东南部边缘发育陆缘近海河湖相碎屑岩沉积。

陆相河湖相碎屑岩沉积：金昌市西（5剖面）上石炭统-下二叠统羊虎沟组由杂色含砾粗砂岩、细砾岩、石英砂岩、黑色页岩、碳质页岩、泥质页岩、泥岩夹煤层、煤线组成，厚225m，属内陆湖沼相沉积。下中二叠统大黄沟组上部岩性为淡红色、灰白色相间的含砾粗砂岩夹砂岩，交错层理发育，底部有3m厚黄褐色砾岩夹砂岩，厚167m；下部岩性为灰白色、淡红色相间的含砾粗砂岩，交错层理发育，底部有2m厚黄褐色厚层砾岩，厚168m。总体为一套内陆河湖相碎屑岩建造。

陆缘近海河湖相碎屑岩沉积：贺兰山南麓金塔泉地区（6剖面）上石炭统—下二叠统羊虎沟组下部为灰黑色泥岩、粉砂岩、细砂岩、炭质页岩夹8层煤；中部为黑褐色、灰黑色页岩，粉细砂岩，灰白色细—粗粒石英砂岩，下部夹2～3层灰岩；上部为褐色、黑褐色、深灰色页岩，粉砂岩，泥岩夹灰岩透镜体，含较多黄铁矿结核和晶体，具水平层理和缓坡状层理，含煤4层。在金塔泉北榆树沟口，本组以砂岩为主，底部为砂砾岩、块状砂岩灰岩和薄层灰岩，灰岩中含腕足类化石 *Eomarginifera* sp. 等，厚约200m，属海陆交互相沉积。下二叠统山西组下部为灰白色、灰色、灰黑色砂岩，粉砂岩和泥岩沉积，底部为灰白色含砾石英砂岩、粗粒石英砂岩，砂岩具斜层理及水平层理，属河流相；中部为灰白色、灰色、灰黑色砂岩与粉砂质泥岩、泥岩互层，夹数层煤，多见微波状层理和细水平层理，偶见菱铁矿结核，含植物化石，属湖泊沼泽相沉积；上部以灰色、深灰色、灰黑色砂岩为主，夹粉砂质泥岩，局部地段含煤，具水平层理和斜层理，为河湖相沉积，厚约170m。

2）岩浆岩相

早中二叠世侵入岩较发育，分布于中北部阿拉善右旗、红沙岗、红柳园北部地区。主要为钾长花岗岩、花岗岩、二长花岗岩、花岗闪长岩以及石英正长岩，主要为钙碱性—碱性系列，多为铝过饱和类型，S型花岗岩。窑湾一带窑湾花岗岩体年龄262Ma，长山岭等钾长花岗岩体年龄265Ma。

3. 古地理特征

该相区为华北陆块西南边缘，主体为隆起区，由于长期的隆起剥蚀，地势较为平坦。南部边缘为陆相河湖环境，东南部边缘为陆缘近海河湖相环境。总体表现为北高南低，北部翘起、南部倾斜的特点，物源主要来自于北部古陆剥蚀区。

二、塔里木-敦煌陆块（Ⅱ）

包括了阿尔金-敦煌基底杂岩、塔里木陆内盆地、铁克里克弧后盆地近陆带和塔西南陆表海盆地等4个次级构造相单元。早中二叠世，阿尔金-敦煌基底隆起，且与塔里木东南古陆并连为一体，但均为隆起剥蚀区。塔里木盆地主体为东高、西低,西南端为与古特提斯海相连通的内陆盆地,铁克里克和塔西南为其边缘海盆地(图 8-4)。

(一)阿尔金-敦煌基底杂岩(II_1)

为隆起区,由于长期的隆起剥蚀,地势渐趋平坦。出露深变质新太古界—古元古界阿尔金岩群、敦煌岩群、米兰岩群。中新元古界巴什库尔干群为中—浅变质碎屑岩、碳酸盐岩和火山岩,未变质—浅变质早古生界地层零星出露。前早中二叠世中酸性、中基性侵入岩十分发育。早中二叠世,构造属性不清。

紧邻该构造相区西端的托库孜达坂山西北零星出露二叠系叶桑岗组。下部为砾岩、长石石英砂岩夹粉砂岩,砂岩中发育大型板状、楔状交错层理,显示湖缘扇沉积特征,局部地段夹河流水道沉积。上部以长石石英砂岩为主,夹粉砂质泥岩、砾岩、含砾砂岩,顶部夹含凝灰质板岩。砂岩中发育板状、楔状交错层理,其沉积环境属滨-浅湖相。

早中二叠世侵入岩零星出露阿克塞北部,有花岗闪长岩体、二长花岗岩体、花岗岩、钾长花岗岩。岩石属富钾贫钠的钙碱性系列,次铝-过铝型岩石为主,克孜勒塔格北二长花岗岩锆石 U-Pb 年龄为(276.4 ± 0.7)Ma。另外尚见基性岩类的辉长岩等。

(二)塔里木陆内盆地(II_2)

综合研究表明,塔里木盆地石炭纪末海盆迅速向西退缩,早二叠世早期海水仅残存于和田河以西,晚期海水全部退出。即早中二叠世塔里木地区处于从海相沉积向陆相沉积转换阶段,同时基性岩浆事件发育,古地理环境和岩相类型十分复杂,从海洋环境到古陆剥蚀区,陆相、海陆过渡相和海相沉积均有发育。总体而言,东部为塔东南古陆,向西依次为辫状河、曲流河、三角洲以及浅海环境,即东高、西低的沉积古地理格局。垂向上,早二叠世早期为台地相,早二叠世晚期为浅海陆棚-滨岸相,中二叠世晚期为陆相的海退序列(图 8-4)。

古陆:主体分部在塔里木东南一带,此外,在北部的巴楚一带也存在小面积古陆剥蚀区。

辫状河相:分布于东部,紧邻塔东南古陆,以且末县西北的塔中 34 井(钻孔 5)下中二叠统阿恰群上部碎屑岩段为代表。为泥岩、细砂岩、粉砂岩、含砾砂岩等,主体为一套杂色细碎屑沉积,属陆相辫状河-曲流河环境。

曲流河相:大面积分布于于田、和田及其以北地区,以玛参 1 井(钻孔 1)、塔中 18 井(钻孔 4)下中二叠统阿恰群为代表。前者主要为一套陆相河湖相杂色碎屑岩夹基性火山岩,分为 3 个岩性段:下岩段为紫红色块状钙质泥岩,泥岩夹灰绿色、灰色粉砂岩及黑灰色薄层状粉晶灰岩,产孢粉、介形虫等化石,厚 $117\sim 226$m;中部火山岩段为黑色、灰绿色、紫红色杏仁状、气孔状玄武岩,凝灰岩,夹紫红色、褐红色泥岩,砂质泥岩,细砂岩及泥灰岩透镜体,并含姜状钙质结核,顺层基性岩脉发育;上岩段为紫红色泥岩、粉砂质泥岩夹薄层灰岩、灰绿色泥岩、泥质粉砂岩及褐色细—粉砂岩,见双壳类化石,厚 $294\sim 598$m。后者仅发育上部碎屑岩段,为深灰色、灰绿色、褐色泥岩,夹褐色、灰色细砂岩,粉砂岩,含砾砂岩。

湖泊相:分布于巴楚古陆东部。滨湖亚相呈环带状围绕湖泊分布,沉积物主要为灰色、浅灰色及褐色的厚层泥岩,夹少量粉细砂岩与石膏脉。含介形虫、腕足类等化石。半深湖亚相岩性为大套厚层深灰色及灰色泥岩夹少量粉、细砂岩,富含介形虫和孢粉化石。

三角洲相:分布于西部的皮山、叶城及其以北地区,进一步分 3 个亚相,即三角洲平原亚相、三角洲前缘亚相和前三角洲亚相。三角洲平原亚相主要为浅褐色、褐紫色粉细砂岩与灰绿色、灰色泥岩;三角洲前缘亚相以灰色、灰绿色粉细砂岩,灰质砂岩和灰、紫灰色灰质泥岩为主;前三角洲亚相具有颗粒细和席状分布的特点,是一套灰色、深灰色含灰质、白云质的泥岩和页岩及粉砂岩。化石丰富,既有介形虫、孢粉,也有腕足类、苔藓、藻类。前三角洲亚相已进入浅海环境,与海相型浅灰-深灰色的生物灰岩、生物碎屑灰岩、砂屑灰岩和鲕状灰岩共同构成浅海相碎屑岩和碳酸盐岩沉积。

浅海陆棚、滨岸相：紧邻三角洲相西侧分布，以下中二叠统克孜里奇曼组为代表。莎车县西其木干、叶城县西南的棋盘地区，该组下部为浅灰色、深灰色厚层—块状生物屑砂屑灰岩，鲕粒灰岩；中部为深灰色、灰黑色生物屑灰岩夹白云岩；上部为灰色、灰黑色白云岩，白云质灰岩与紫红色、灰绿色灰岩，砂岩，粉砂岩和泥岩不规则互层。含牙形石、蜓类等化石，厚 283~551m，自西向东变薄，为开阔台地-局限台地-滨岸相沉积。中二叠统棋盘组为灰色、灰黑色、紫红色、灰绿色泥岩，生物碎屑灰岩与砂岩，粉砂岩互层，棋盘地区见有玄武岩夹层。含腕足类 Orthotetina，Orthotetes，Neoplicatifera，Kunlunia，海绵，苔藓虫，藻类等化石，以浅海陆棚相沉积为主，其间夹有三角洲前缘相沉积。在和田西部藏桂东南克孜里奇曼地区，克孜里奇曼组与其木干、棋盘等地类似，但灰岩厚度减少，碎屑岩厚度增加。含牙形石、蜓类等化石，厚 89~210m，为浅海陆棚-滨岸相沉积。

台地相：分布于英吉沙一带，以上石炭统—下二叠统塔哈奇组为代表。莎车县西其木干、叶城县西南的棋盘地区，该组岩性为浅灰色、灰白色、灰色厚层—块状灰岩，含生物碎屑灰岩和鲕粒灰岩夹黑色薄—中层状灰岩，含蜓 Pseudoschwagerina 带化石及有孔虫、珊瑚等，厚 69.8~114.4m，为开阔台地相沉积。在和田西部藏桂东南克孜里奇曼地区，塔哈奇组亦为一套碳酸盐岩沉积，主要岩性为浅灰色、灰白色中层状灰岩，薄层状疙瘩状灰岩夹团块状，豆状灰岩及介壳灰岩，下部夹有灰绿色、黑色泥岩，灰岩中有时可见燧石条带，含蜓类 Pseudoschwagerina 带和相当于 Streptognathodus isolatus 带的牙形石化石，厚 44~95m，为开阔台地相沉积。

火山岩相：早二叠世是塔里木盆地火山活动最强烈的时期，主要属陆相火山喷发，西部边缘局部为浅海环境火山喷发。火山盆地主要分布在该区北部巴楚古陆东南、叶城西和叶城与和田之间，主要与陆相沉积岩呈互层，叶城西夹在海相碳酸盐地层中。岩石类型是基性岩和超基性岩，包括玄武岩、辉绿岩、橄榄玄武岩及相应成分的凝灰岩、火山角砾岩，厚达 10m 至数百米。塔里木火山岩主体属碱性系列，为板内构造环境，多数学者认为其属于地幔柱活动的产物，文献中称其为塔里木大火成岩省。

（三）铁克里克弧后盆地近陆相（Ⅱ$_3$）

1. 构造特征

位于研究区西北部，为略呈北西-南东向西窄东宽的透镜状展布，北为塔里木陆内盆地，南为恰尔隆-库尔良-阿羌弧后裂谷盆地，为塔里木陆块西南部被动大陆边缘（图 8-4）。

2. 岩相特征

1）沉积岩相

引用地层剖面 2 条，该相区下二叠统发育浅海碳酸盐岩台地相沉积，中二叠统发育滨岸相-陆相河湖相沉积。下、中二叠统间为平行不整合接触。

开阔台地相：分布于南部，以上石炭统—下二叠统塔哈奇组为代表。墨玉县西南杜瓦镇一带（3 剖面）该组主要为一套碳酸盐岩夹少量碎屑岩建造，可进一步划分 3 部分：下部为灰白色亮晶砂屑生屑灰岩，灰岩具中厚层状构造，亮晶砂屑生屑结构，含大量生物化石，有蜓、腕足类、海百合茎等；中部为灰白—灰黄色中厚层状细粒含砾生屑钙质砂岩，砾石含量 9%，成分主要为石英，呈次棱角状，砂粒成分主要为石英、长石及少量生屑，胶结物主要为方解石，总体具滨浅海砂岩特征；上部为灰—灰黄色粉晶灰岩、微晶灰岩等，灰岩中方解石占 95%以上，另有少量泥质及陆源碎屑，应为浅海碳酸盐台地相沉积。洛浦县南阿其克村一带（4 剖面）的塔哈奇组与下伏阿孜干组为整合接触，与上覆普司格组为平行不整合接触，厚度 131.1m。自下而上岩石由下部厚层状细—微晶灰岩到中部的灰色薄—中层状泥晶灰岩与灰黑色钙质粉砂岩、泥质粉砂岩、长石石英砂岩不等厚互层，岩石中碎屑岩明显递减，上部为泥晶白云岩、砂质白云岩，显示海水由深变浅的海退的进积型层序。岩石以灰色、灰黑色为主，灰岩为泥晶结构，细碎屑岩发育平行层理，岩石中产腕足类化石，为碳酸盐岩台地环境。

滨岸相-河湖相：分布于相区北部，以中二叠统普斯格组为代表。洛浦县南阿其克村一带（4 剖面）该组以深棕色、紫灰色碎屑岩为主，可划分两个岩性段：下段为粗粒岩屑长石砂岩、中粒长石杂砂岩、含砾砂岩夹钙质粉砂质泥岩和少量粉晶灰岩，基本层序自下而上为砂砾岩—砂岩—泥岩，层序一般厚 0.6~2m，含砾砂岩具粒序层理，局部砾岩底部见斜层理、槽状层理，泥岩发育水平层理、平行层理；上段为钙质粉砂质泥岩夹长石砂岩、砂质灰岩，下部层序为细粒砂岩—钙质粉砂质泥岩，岩层中普遍发育水平层理及平行层理。该组岩石中含孢粉、介形虫、双壳类及植物化石，厚度达 1 003.9m。

2）岩浆岩相

侵入岩有二长花岗岩等，为钙碱性岩类、铝正常型和过饱和型，属Ⅰ型和Ⅰ型与Ｓ型过渡类型的花岗岩类。

3. 古地理特征

总体表现为北高南低，北部翘起、南部倾斜的特点。古地理环境主要为开阔台地和滨岸及河湖环境。物源来自于北部，海侵方向自南向北。垂向上下二叠统早期为台地相，中二叠统转化为滨岸相到河流相，总体为海退序列。

（四）塔西南陆表海盆地（Ⅱ₄）

1. 构造特征

位于研究区西北部，北西-南东向条带状展布，西北延出研究区，东北为塔里木陆内盆地相，西南为恰尔隆-库尔良-阿羌弧后裂谷盆地相，属塔里木南缘陆表海盆地的组成部分。

2. 岩相特征

1）沉积岩相

引用地层剖面 2 条，主要为开阔台地相，小面积滨岸相碳酸盐岩和碎屑岩沉积。

开阔台地相：为主体相区，南部紧邻库尔良弧后裂谷盆地带状展布，岩石地层单位属于上石炭统—下二叠统塔哈奇组和下中二叠统克孜里奇曼组。莎车县（2 剖面）塔哈奇组下部岩性为黄灰色厚层亮晶鲕粒灰岩、厚层条带状泥晶灰岩及中层泥晶灰岩，向上为灰色中层状泥晶—亮晶含生物屑、砂屑灰岩、薄层状泥晶灰岩、中层状含生物屑泥晶灰岩，顶部出现灰黑色砂质页岩，富含䗴、腕足类、珊瑚等化石，生屑灰岩具楔状交错层理，泥晶灰岩具水平层理，为边缘滩相逐渐向碳酸盐岩开阔台地相过渡环境。阿克陶县（1 剖面）塔哈奇组为灰色巨厚层细晶白云岩、微晶灰岩、泥晶灰岩、薄板状含生物屑砂屑灰岩及少量细晶灰岩，含较丰富的海相动物化石，主要有䗴类、有孔虫、珊瑚、腕足类等，厚约 281m，为开阔台地相沉积。克孜里奇曼组为灰色、黑灰色块状—中厚层微晶灰岩，薄—中层泥晶灰岩，中厚层微晶含生物屑砂屑鲕粒灰岩及少量中薄层亮晶含生物屑砂屑灰岩和巨厚层亮晶含砾屑砂屑灰岩，厚约 190m，为开阔台地相潮下低能环境。

滨岸相：小面积分布于北部。阿克陶县恰尔隆东（1 剖面）中二叠统棋盘组为灰褐色薄层细粒岩屑石英砂岩、灰黑色钙质石英粉砂岩、灰黑色薄—中层生物屑泥晶灰岩及少量细粒石英砂岩、细粒长石石英砂岩、含生物屑砂屑灰岩，含腕足类 *Avonia echidniformis* Grabau, *A.* sp., *Richthofenia* sp., *Eomarginifera* sp. 等生物化石，厚约 231m。

3. 古地理特征

该相区为塔里木陆表海盆地的组成部分，西南为恰尔隆-库尔良-阿羌弧后裂谷盆地相，古地理特征总体表现为东北高、西南低，东北部翘起、西南部倾斜的特点。古地理环境主要为开阔台地和滨岸环境。物源主要来自于东北部，海侵方向自西南向东北。

三、扬子陆块（Ⅵ）

从东向西，包括了川滇陆表海盆地、盐源-丽江边缘海裂谷盆地以及若尔盖-阿坝边缘海盆地3个次级构造相，其中前二者属于上扬子陆块，后者按照习惯，在本章第四节中描述。主体为浅海环境，间有古陆或古隆起和少量的半深海-深海沉积（图 8-5）。

（一）川滇陆表海盆地（Ⅵ$_1$）

1. 构造特征

位于研究区东南部边缘，属扬子陆块西部。该相区西部边缘构造活动较强烈，中二叠世晚期发生的"峨眉山地幔柱活动"，引发大面积的短暂隆升，同时玄武岩喷溢，形成大火成岩省，总体为裂解构造背景（图 8-5）。

2. 岩相特征

1）沉积岩相

引用地层剖面 22 条。西部为康定古陆，东部为陆表海沉积，总体表现为西高东低的特征。早二叠世经历了海陆交互相含煤碎屑岩沉积，之后是中二叠世广泛海侵，沉积了数百米厚的碳酸盐岩，中二叠世末发生海退。充填序列上表现为浅—深—浅的海进—海退旋回性变化。

开阔（局限）台地相： 分布广泛。江油市文胜乡西北石门沟（227 剖面）下二叠统船山群为灰白色、乳白色厚层—块状石灰岩，厚层状豆状石灰岩，中夹球状石灰岩，与围岩断层接触，残余厚度 41.4m。南安县西北五一煤矿（228 剖面）下二叠统铜矿溪组为深灰色薄—中层状泥质灰岩、生物灰岩与钙质页岩互层，灰岩、页岩中含海相生物化石，厚 2~26m。中二叠统栖霞组为深灰色、灰黑色中厚层含燧石结核灰岩，灰岩中产䗴及珊瑚化石，厚 54~468m。中二叠统茅口组为灰—深灰色厚层—块状灰岩夹生物碎屑灰岩及黑色泥质灰岩，顶部常出现 10m 至几十米厚的灰白—乳白色厚层灰岩，含䗴类化石，厚 20~120m。芦山县北中林乡（231 剖面）中二叠统阳新组为灰色中厚层微晶灰岩、生物碎屑灰岩、泥晶生物屑灰岩夹薄层钙质泥岩，产钙藻、有孔虫及珊瑚化石，残留厚度为 220~450m。威宁市海改地梁子（246 剖面）中二叠统栖霞组为深灰色、浅灰色、淡棕色块状生物碎屑灰岩，灰色厚层细晶灰岩及白云质灰岩，含䗴 *Psudofusulina* sp. 化石，厚 220~326.3m。茅口组下部为灰色、灰黑色灰质白云岩，灰岩夹生物碎屑灰岩；中部为灰黑色、灰色灰岩，细晶灰岩，局部含燧石结核；上部为灰黑色泥质灰岩及生物碎屑灰岩。含极丰富䗴类化石，最大厚度 326.3m。宣威市热水乡（250 剖面）中二叠统茅口组主要为一套深灰色中—厚层状虎斑状白云质灰岩、生物碎屑灰岩夹白云岩，上部灰岩、白云质灰岩中常见夹大量硅质结核或透镜体，顶部通常为灰黑色白云质生物碎屑灰岩，富含䗴类化石，厚 228.5~532.1m。会泽县北五星乡（247 剖面）上石炭统—下二叠统为灰色、浅灰色中—厚层状生物碎屑灰岩，鲕状灰岩夹灰色、灰黄色粗晶白云岩，上部普遍见灰黄色、灰红色豆状灰岩，局部地区下部为角砾状灰岩夹黄绿色、紫红色泥质灰岩，富含䗴类化石 *Psudoschwagerina* sp. 等，与上覆下二叠统梁山组平行不整合接触，厚度 11~59m 不等。石林县北大村乡（252 剖面）中二叠统栖霞组为浅灰色、浅黄灰色块状虎斑灰岩，隐晶质灰岩，细晶白云岩，中厚层状灰岩不等厚互层，含海百合茎、螺及腕足类化石，厚 231.2m。茅口组为灰色厚层—块状隐晶—微粒灰岩、隐晶灰岩、浅灰红色块状微粒—细粒白云岩及块状虎斑灰岩不等厚互层，顶部夹生物碎屑灰岩，隐晶—微粒灰岩具假鲕状结构，有些含燧石团块，含海百合茎和腕足类化石或碎片，厚 227m。昆明市东川区西白泥井（249 剖面）中二叠统栖霞组由灰色、浅灰色中厚层状粉晶生物碎屑灰岩和虎斑状白云质灰岩夹厚层白云岩组成，含䗴 *Schwagerina* sp.，*Pisolina* sp.，*Staffella* sp. 及珊瑚 *Michelinia* cf. *multisepta* Huang 化石，厚 108.7~125.3m。

滨岸(海陆交互)相碎屑岩沉积：分布于康滇古陆两侧以及北川县一带3个相区，主体沿康滇古陆东缘带状分布。邛崃市盐井西岭雪山西南(229剖面)下二叠统梁山组下部为紫红色铁质黏土岩，其底部有厚0.2m灰色铝土质页岩，厚3.77m；中部为灰色豆状铝土矿，厚2.68m；上部为黑色灰质页岩，厚1.5m。峨眉山(232剖面)下二叠统梁山组下部为灰白色、黄绿色砂质页岩，底部发育赤铁矿、菱铁矿层；上部为灰黑色砂质页岩(含腕足类，苔藓虫化石)，褐灰色、灰黑色粗粒砂岩，灰色至灰黑色黏土质页岩。峨边、马边地区(233剖面)下二叠统梁山组为海陆交互相深灰色薄层碳质粉砂岩、石英粗砂岩、碳质页岩和黏土岩略等厚互层，厚16m。甘洛县波波乡(235剖面)下二叠统梁山组为灰色、灰白色黏土页岩，灰黑色碳质页岩，夹豆荚状铝土质页岩，偶夹煤线或薄煤层，厚21m。雷波县东北至蒿芝坝(237剖面)下二叠梁山组下部为灰黄色及浅灰白色薄层细粒石英砂岩夹页岩，上部由黏土质页岩及黑色碳质页岩组成，顶部有20~30cm劣质烟煤层。威宁市海改地梁子(246剖面)下二叠统梁山组下部为杂色粉砂质泥岩与灰岩不等厚互层，夹薄层砂岩；上部为浅灰色石英砂岩、泥质粉砂岩、页岩夹劣质煤及灰岩。该组具有向上粒度变粗、灰岩夹层减少、含煤相对变好的特点。寻甸东北牛栏江畔(251剖面)下二叠统梁山组为灰黄色、黄褐色、灰紫色薄—中层状细粒石英砂岩，粉砂岩夹灰紫色页岩，碳质页岩或浅灰色铝土质页岩，中上部普遍夹煤层或煤线，厚12.1~53m。石林县北大村乡(252剖面)下二叠统倒石头组下部为含紫红色和灰黄色砂岩角砾的深灰色、紫红色泥岩，深灰色砂质页岩(含植物碎片及碳质)，顶部见细砂岩，底部为浅灰白色厚—块层石英细砂岩，属陆相，厚23.3m；上部为深灰色、浅黄色页岩，中厚层状泥质灰岩，泥灰岩，含海相生物化石，厚10.4m。美姑县西北美姑河上游(236剖面)下二叠统梁山组为黄绿色、灰黑色粉砂岩，细砂岩，黑色页岩夹扁豆状铝土页岩及煤线，厚5~10m，最厚20m。在越西下普雄一带铝土页岩厚2m，形成黏土矿床。在木佛山一带，厚8m，底部有厚3m的砾岩、砂砾岩。主体属于海陆交互相。栖霞组和茅口组岩性为浅灰色厚层状灰岩、泥质灰岩及细晶灰岩、白云质灰岩，含燧石结核，产䗴、珊瑚、腕足类化石，厚280~300m。昭通市巧家县北(243剖面)下二叠统梁山组下部为石英砂岩；上部为黑色碳质黏土质石英粉砂岩、页岩夹煤线，产 *Spirifer* sp.，厚24m。云南巧家县(244剖面)下二叠统梁山组岩性为碳质页岩、黏土质页岩、砂岩、含砾砂岩夹煤层和铝土岩，厚1.6~14m。攀枝花市东会东、禄劝等地下二叠统梁山组为石英砂岩、粉砂岩、含铁铝土质岩、碳质页岩夹煤线、煤层，产羊齿类植物化石，厚3~16.5m。

半深海火山盆地相沉积：小面积分布于雅安市西北。以宝兴县南中坝乡中二叠统峨眉山玄武岩组为代表(230剖面)，岩石组合为灰褐色杏仁状玄武岩，灰黑色、铁灰褐色致密状玄武岩，杏仁状玄武岩。杏仁体中多由绿泥石充填，杏仁含量15%~20%，一般2~3cm大小，圆—椭圆形。致密块状玄武岩具少斑结构，基质具玻晶交结结构，偶见极少量杏仁体(2%)。出露厚78.7m，玄武岩中枕状构造明显发育，为海相玄武岩。

2) 岩浆岩相

中西部地区大量发育基性—超基性岩侵入岩，另外尚发育少量酸性、碱性侵入岩。超基性—基性侵入岩体岩石类型有橄榄岩、辉岩、辉长-闪长岩，酸性、碱性侵入岩主要为花岗岩和正长岩等。

见于西北部盐井、宝兴地区，为海相喷溢相玄武岩，为板内构造环境。

3. 古地理特征

该相区为扬子陆块二叠纪陆表海盆地的一部分，西部边缘为古陆隆起剥蚀区，由于长期的隆起剥蚀，地势较为平坦；东部主体为开阔台地环境；南部发育局限台地相环境；西部、西北部边缘地带大部为滨岸环境；西北部盐井、宝兴地区为裂陷盆地环境。地势总体表现为西高东低，西部翘起、东部倾伏的特征。随着海平面升降变化，古陆淹没区面积亦呈现由小到大再到小的变化。

(二)盐源-丽江边缘海裂谷盆地($Ⅵ_2$)

1. 构造特征

位于研究区东南部,为扬子陆块西南缘。受甘孜理塘洋盆扩展作用影响,早中二叠世为伸展构造背景。

2. 岩相特征

1)沉积岩相

引用主要地层剖面5条。为单一海相沉积,从东向西由浅海向半深海过渡,局部出现深海沉积。纵向充填序列上表现为由浅至深,由滨岸相—浅海台地相—半深海、深海盆地相的海进演化特征。

滨岸相:盐边县北干海子地区(242剖面)下二叠统梁山组为黄绿色、灰色、紫色石英砂岩,含铁质豆状铝土岩及页岩,局部夹煤线,总厚43m。在炉塘坝上部为碳质砂岩、页岩夹碳质灰岩、黏土岩及劣煤透镜体,中下部为黏土岩夹透镜状赤铁矿,厚5.5~28.2m。

开阔台地相:宁蒗县西北绵绵山老龙洞、白岩子一带(238剖面)下中二叠统为碳酸盐岩沉积,岩性稳定,均为浅灰色、灰色生物屑灰岩,富含䗴、珊瑚、腕足类、苔藓化石,偶夹少量凝灰岩、沉凝灰岩,厚135~1 537.6m。盐边县北干海子地区(241剖面)上石炭统—下二叠统岩性为灰色、灰白色中厚层—块层状灰岩,上部夹薄层状灰岩,中下部夹似鲕状灰岩和结晶灰岩,产腕足类、珊瑚类化石,厚223m。

半深海相泥灰质、硅质和火山岩沉积:以盐源县一带(240剖面)中二叠统茅口组为代表,岩性为青灰色含砾泥灰岩、凝灰质泥岩、砂岩、灰色微晶灰岩、灰白色结晶灰岩,夹硅质结晶灰岩、硅质岩,富产䗴类化石 *Nankinella* sp.,*Psudodoliolina* sp.等,厚146m。

深海、半深海相火山盆地沉积:可以宁蒗县北泸沽湖南西(239剖面)中二叠统上部西漂落组中下部层位为代表,其岩性为黄绿色、灰绿色致密状玄武岩,玄武质火山角砾岩,火山凝灰角砾岩,夹生物碎屑灰岩,富含腕足类、苔藓虫化石。

2)岩浆岩相

西南、西北、东北部发育较多侵入岩。其中铁质基性岩包括辉长岩、辉绿岩、橄榄岩、辉石岩、角闪岩等,基性—超基性杂岩以辉长岩为主,少量橄榄岩、辉石岩。

绵绵山老龙洞、白岩子一带见有少量凝灰岩、沉凝灰岩;泸沽湖南西漂落地区发育大量黄绿色、灰绿色致密状玄武岩,玄武质火山角砾岩,火山凝灰角砾岩;盐源县东白林山至盐源县东北雅砻江畔发育凝灰质沉积。属海相喷发的玄武岩、玄武-安山岩建造,以玄武熔岩为主。主体形成于大陆板内构造环境。

3. 古地理特征

该相区古地理环境复杂,地势总体表现为中部、西南部低,北部其次,西北、东部高。沉降中心主要在西南部。充填序列上表现为由浅至深的变化,海侵方向主要为由西南向东北,其次为由北向南。

四、印度陆块(ⅩⅤ)

位于主边界断裂(MBT)以南的印度地盾区北部,区内大部分地区为中新生代地层覆盖。早中二叠世时研究区广大范围内主体为古陆剥蚀区,其上局部发育陆相河湖相沉积(图8-6)。古陆剥蚀区出露古元古界Naga变质岩和中元古界Kaimur群,主要为云母片岩、角闪片岩、绿泥片岩及变粒岩,顶部为基性熔岩覆盖,其下可能发育太古宇深变质岩系。新元古界—泥盆系未见沉积。

区域分析,早中二叠世除了在印度陆块北部边缘存在零星的陆相、浅海相沉积外,深入印度陆块内部,在甘托克、廷布向西南,经西里古里、吉申根杰、格蒂哈尔一直到拉贾斯坦再折向南西西,经纳玛达

(Narmada)到达西特提斯洋东部孟买北部海湾之间早中二叠世发育一狭长的地堑坳陷带,主要为陆相河湖相碎屑岩沉积夹海相层,说明此坳陷带时常被海水淹没,坳陷带两端东、西特提斯洋的海水可能有时相通(印度地质志,2007)。

编图区内,早二叠世的广泛海侵在西部伊斯兰堡至盐岭地区和东部格蒂哈尔、吉申根杰、西里古里、库奇比哈尔、高哈蒂、西隆等地发育滨浅海相沉积,其间夹有陆相河湖相沉积。由于大量的冰碛岩发育,该套地层统称塔奇尔冰碛层,主要为灰岩、泥岩、砂岩和冰碛岩沉积,含冈瓦纳冷水动植物群,说明二叠纪早期印度古陆地处高纬度地区。

其中,格蒂哈尔、吉申根杰、西里古里、库奇比哈尔、高哈蒂、西隆等地海相沉积区即属于前述狭长地堑带北出特提斯洋的海湾,它们与北部喜马拉雅地区的滨浅海相沉积相同,同为特提斯洋南部被动陆缘滨浅海相沉积,在此不再赘述。伊斯兰堡至盐岭地区的二叠纪称查鲁群,发育于石炭系聂拉万群之上,为一套正常海相沉积。早中二叠世称安布组和维尔格尔组,最下部安布组为砂页岩、灰岩沉积,产有鏟科 *Parafusulina* 和植物 *Gangamopteris* 化石,这是冈瓦纳植物群与地中海区鏟科共生的典型。安布组之上为维尔格尔组,以灰岩沉积为主,产有丰富的 *Productus*,*Spirifer*,*Spiriferina*,*Athyris*,*Marginifera* 等化石,面貌与珠峰地区的色龙群较为接近。中、晚二叠世为整合接触,上部晚二叠世启德鲁组亦以灰岩沉积为主,以产头足类为特征,有 *Xenodiscus*,*Cyclolobus*,*Eumedlicottia*,*Xenaspis* 等。陆相河湖相沉积称达穆达群,厚约 2 000m,主要沿地堑分布,由碎屑岩组成,下部巴拉卡尔组是著名的含煤地层,中上部是含铁页岩和拉尼甘杰粗砂岩,含丰富的冈瓦纳植物群化石 *Glossopteris*,*Phyllotheca*,*Gangamopteris* 等(亚洲地质图,1982)。

第九章 晚二叠世构造-岩相古地理

晚二叠世,青藏高原涉及范围包括班公湖-双湖-怒江-昌宁消减洋盆(古特提斯主洋盆)、冈瓦纳大陆北缘和欧亚大陆南部边缘三大构造-古地理单元。古特提斯主洋盆具有向南北双向俯冲的特点,向北俯冲的宏观地质标志较多,有断续延伸 2 000 多千米的高压低温变质带。如双湖—江爱达日纳—丁固一带,由南羌塘西部地块、石炭—二叠纪洋岛等向北与北羌塘地块碰撞形成的蓝片岩带;类乌齐-左贡段和南部的贡山-腾冲段,由地块和泥盆纪—早二叠世大陆边缘沉积体经俯冲、刮削、折返形成的蓝片岩-多硅白云母带。主洋盆内既有古隆起、浅海、斜坡,又有深海盆地等复杂多变的古地理格局。冈瓦纳大陆北缘系统,继东部地区从晚石炭世开始转化为活动大陆边缘后,晚二叠世研究区内全面转为活动大陆边缘,并且沿雅鲁藏布江带的裂谷系统开始向初始洋盆转化,形成了北冈底斯岛链、南冈底斯半深海-深海盆地、喜马拉雅边缘海盆的南北高、中部低的总体古地理格局。

欧亚大陆南部边缘包括了巴颜喀拉-昆南消减洋盆(特提斯分支洋盆)、塔里木-柴达木-阿拉善地块及其边缘、扬子陆块及其边缘三大次级构造系统。巴颜喀拉-昆南消减洋盆向北俯冲,昆南带为增生杂岩带,主体隆起,浅海较少保留。其以北的中北昆仑地区与塔里木、柴达木等地块或早古生代造山带拼贴碰撞,主体隆升呈狭长山链东西向延伸;仅在共和一带仍然存在伸向柴达木与中、北祁连之间的海湾(弧后盆地)。在上述山链或海湾以北的塔里木、阿尔金、阿拉善地区总体呈盆岭相间的古地理格局。羌塘-三江地区邻近扬子西缘,受北侧巴颜喀拉-昆南消减洋盆与南侧特提斯主洋盆双向俯冲及其内部的金沙江、北澜沧江洋盆初始碰撞作用控制,在北羌塘、昌都地块两侧边缘形成线状延伸的狭长岛链,隆起、海陆过渡到浅海环境频繁交替;在地块内部则主体为浅海环境,总体具有隆起与浅海相间的格局。扬子西缘,由于峨眉山地幔柱活动导致了大规模的基性火山喷发,同时导致松潘-若尔盖地块内部伸展、裂解,并孕育了沿炉霍—道孚一带的基性岩浆事件。总之扬子西部具有中间南北向线状隆起,东部泛洪平原、西部浅海的古地理格局。

第一节 大地构造相划分系统

综合沉积、岩浆、变质变形事件,结合古地磁、古生物区系等,对青藏高原不同构造单元晚二叠世的构造属性进行分析,划分、厘定的大地构造相系统见表 9-1、图 9-1,分为 15 个大相、25 个相,归并为 5 个组合、三大系统。对应的古地理单元名称及其隶属关系如表 9-1。各构造相特征的具体说明参见本章中每节的"构造特征"部分,对应的岩相古地理面貌见图 9-2。

表 9-1 青藏高原晚二叠世构造古地理单元与大地构造相单元对应表

古地理单元名称		大地构造相单元名称		备注	
一级、二级	三级、四级	大相	相		
Ⅰ阿拉善古陆		Ⅰ阿拉善陆块大相		泛华夏西部联合古陆及边缘弧盆系	古特提斯大洋北部陆缘系统
Ⅱ塔里木-敦煌陆块	Ⅱ₁₋₁塔西南陆内盆地 Ⅱ₁₋₂塔东南古陆 Ⅱ₂敦煌-阿尔金古隆起	Ⅱ塔里木-敦煌陆块大相	Ⅱ₁塔里木陆内盆地相 Ⅱ₂敦煌-阿尔金陆块相		
Ⅲ祁连-柴达木盆山区	Ⅲ₁₋₁走廊陆内盆地 Ⅲ₁₋₂陇西古隆起 Ⅲ₁₋₃南祁连陆缘海 Ⅲ₂宗务隆山-西秦岭裂谷 Ⅲ₃柴达木古陆	Ⅲ祁连-柴达木地块大相	Ⅲ₁祁连陆内盆地相 Ⅲ₂宗务隆山-西秦岭弧后盆地相 Ⅲ₃柴达木地块相		
Ⅳ昆仑活动陆缘	Ⅳ₁西昆中北陆缘弧 Ⅳ₂东昆中北陆缘弧	Ⅳ昆仑弧盆系大相	Ⅳ₁西昆中北陆缘弧相 Ⅳ₂东昆中北陆缘弧相		

续表 9-1

古地理单元名称		大地构造相单元名称		备注	
一级、二级	三级、四级	大相	相		
Ⅴ 南昆仑-巴颜喀拉-甘孜-理塘（消减）洋盆	Ⅴ₁ 昆南俯冲增生杂岩楔 Ⅴ₂ 巴颜喀拉残留洋盆 Ⅴ₃ 甘孜-理塘增生杂岩楔	Ⅴ 南昆仑-巴颜喀拉-甘孜-理塘（消减）洋盆大相	Ⅴ₁ 昆南俯冲增生杂岩相 Ⅴ₂ 巴颜喀拉残留洋盆相 Ⅴ₃ 甘孜-理塘增生杂岩相	古特提斯洋盆消减带	古特提斯大洋北部陆缘系统
Ⅵ 扬子陆块	Ⅵ₁ 康滇古陆 Ⅵ₂ 川滇西部陆缘海	Ⅵ 扬子陆块大相			
Ⅶ 若尔盖-松潘地块	Ⅶ₁ 若尔盖古隆起 Ⅶ₂ 班玛-九龙边缘海 Ⅶ₃ 炉霍-九龙裂谷	Ⅶ 若尔盖-松潘地块大相		扬子陆块及西部边缘弧盆系	
Ⅷ 中咱-中甸浅海		Ⅷ 中咱-中甸地块大相			
Ⅸ 金沙江-哀牢山消减洋盆		Ⅸ 金沙江-哀牢山消减洋盆大相			
Ⅹ 昌都-兰坪活动陆缘	Ⅹ₁ 治多-江达-维西-墨江火山弧 Ⅹ₂ 昌都-兰坪弧后盆地 Ⅹ₃ 开心岭-杂多-维登-临沧火山弧	Ⅹ 昌都-兰坪弧盆系大相	Ⅹ₁ 治多-江达-维西-墨江火山弧相 Ⅹ₂ 昌都-兰坪弧后盆地 Ⅹ₃ 开心岭-杂多-维登-临沧火山弧相		
Ⅺ 乌兰乌拉湖-北澜沧江残余海盆		Ⅺ 乌兰乌拉湖-北澜沧江结合带大相			
Ⅻ 甜水海-北羌塘地块	Ⅻ₁ 甜水海被动陆缘 Ⅻ₂ 羌北弧后盆地	Ⅻ 甜水海-北羌塘地块大相	Ⅻ₁ 甜水海被动边缘盆地相 Ⅻ₂ 羌北弧后盆地相		
ⅩⅢ 龙木错-双湖-班公湖-怒江（消减）洋盆	ⅩⅢ₁ 南羌塘西部边缘海 ⅩⅢ₂ 左贡俯冲增生杂岩楔 ⅩⅢ₃ 班公湖-南羌塘东部-唐古拉洋	ⅩⅢ 龙木错-双湖-班公湖-怒江（消减）洋盆大相	ⅩⅢ₁ 龙木错-双湖俯冲增生杂岩相 ⅩⅢ₂ 托和平错-查多冈日海山增生杂岩相 ⅩⅢ₃ 南羌塘西部地块相 ⅩⅢ₄ 左贡俯冲增生杂岩相 ⅩⅢ₅ 班公湖-南羌塘东部-唐古拉洋盆相		古特提斯主洋盆
ⅩⅣ 冈底斯-喜马拉雅活动陆缘	ⅩⅣ₁ 聂荣古隆起 ⅩⅣ₂ 北冈底斯岛弧 ⅩⅣ₃ 南冈底斯弧后盆地近弧带 ⅩⅣ₄ 喜马拉雅弧后盆地近陆带 ⅩⅣ₅ 保山陆表海	ⅩⅣ 冈底斯-喜马拉雅弧盆系大相	ⅩⅣ₁ 聂荣弧基底杂岩相 ⅩⅣ₂ 北冈底斯岩浆弧相 ⅩⅣ₃ 南冈底斯弧后盆地近弧相 ⅩⅣ₄ 喜马拉雅弧后盆地近陆相 ⅩⅣ₅ 保山地块相	印度陆块及北部边缘弧盆系	古特提斯大洋南部陆缘系统
ⅩⅤ 印度古陆		ⅩⅤ 印度陆块大相			

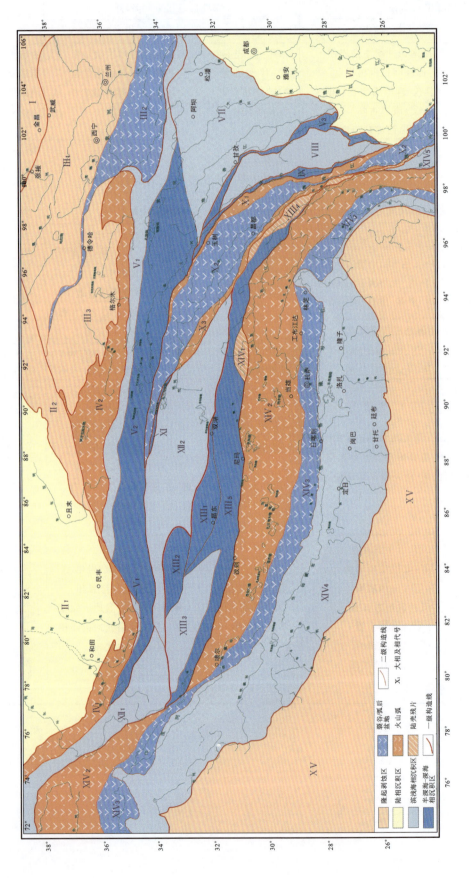

图9-1 青藏高原及邻区晚二叠世大地构造相划分图

注：构造相代号见表9-1

第二节 秦祁昆地区构造-岩相古地理特征

南界为康西瓦-木孜塔格-玛沁-勉县-略阳结合带,北界为龙首山南缘断裂,西抵阿尔金山西缘走滑断裂,东接同心-固原断裂。包括了昆仑陆缘弧、祁连-柴达木造山系两个大地构造相单元。晚二叠世,西昆中、东昆中-祁漫塔格岩浆弧分别与北侧的塔里木、柴达木地块以及阿尔金早古生代造山带碰撞,形成陆缘增生造山带;东部大体沿贵德—漳县一带存在弧后俯冲。地貌上,共和盆地-宗务隆山海湾北西向伸入柴达木古陆和中北祁连之间,南侧花石峡—玛沁一带与巴颜喀拉残留洋盆相连;其西部昆仑-祁漫塔格为狭长山链,总体隆起剥蚀;北东部中北祁连为盆岭相间地貌。

一、祁连-柴达木地块(Ⅲ)

可进一步分为祁连陆内盆地、宗务隆山-西秦岭弧后盆地以及柴达木地块相3个二级构造相单元。分述如下。

(一)祁连陆内盆地(Ⅲ₁)

1. 构造特征

晚二叠世该区处于汇聚构造背景之中,受南侧西秦岭、昆仑造山系近南北方向的挤压作用,祁连中北部地区发生了北北东向的剪切走滑断裂,沿断裂带火山岩断续出露,同时控制了沉积盆地的性质及沉积厚度。

2. 岩相特征

1) 沉积岩相

总体为以党河南山-岗则吾结-西宁-兰州为隆起区,北部属盆岭相间的河湖相沉积,南部为海相沉积。引用剖面涉及的岩石地层单位包括中祁连地区诺音河群上部层位的忠什公组和下部层位的哈吉尔组,与下伏草地沟组整合接触,上被早三叠世平行不整合覆盖;北祁连上部肃南组和下部窑沟组,与下伏中二叠统整合接触,上被早三叠世平行不整合覆盖;甘肃、宁夏的红泉组和大泉组,与下伏地层关系不清,上与三叠系整合接触。

北部为陆相沉积区,引用剖面26条,有洪积扇、河流相沉积、湖相沉积以及河湖相4类相区。沉积相垂向变化及对比如图9-3。各自特征如下。

洪积扇沉积:位于肃北县南部一带。

湖相沉积:主体是以走廊南山为中心的湖相沉积(70、73~75、78剖面),为一套杂色砂岩夹粉砂岩、泥岩。民和县幅存在小面积湖相(87剖面),岩性为灰白色、灰黄色中—厚层状长石石英砂岩,灰白色石英砂岩,紫红色至暗紫色块状泥岩,夹深灰色中薄层泥灰岩,含大量植物化石,砂岩中发育平行层理。该湖相沉积周围是曲流河相,可能属于牛轭湖或堰塞湖沉积。在肃南县一带湖相碎屑岩中夹有酸性火山岩沉积(70、73剖面),呈北东东向延伸。

河流相沉积:可细分为辫状河沉积、曲流河沉积和未分河流相沉积。辫状河沉积位于门源县以东地区,进一步分为南、北两个相区(北部,84~86剖面;南部,91、98、99、95剖面)。以紫红色为主,岩性包括砂岩、砾岩、泥岩等。砾岩呈透镜状,底面有冲刷构造,发育槽状、板状交错层理;砂岩发育平行层理、板状交错层理、契状交错层理;泥岩发育水平层理。属干旱气候条件下的辫状河相沉积环境。中卫市南有河流相碎屑岩中夹有凝灰岩,呈北东东向延伸(94剖面)。

曲流河沉积:位于南、北两个辫状河沉积区之间,呈近东西向带状展布,向西与湖相过渡(89、88、90、94、79~80剖面)。门源县幅窑沟组可作为代表,其与下古生界或前寒武系为角度不整合接触,上与下

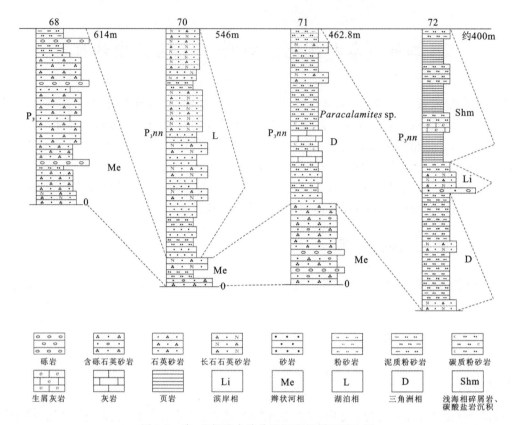

图 9-3 中、北祁连内陆盆地沉积相剖面对比图

中三叠统整合接触。岩石组成以砂岩为主夹少量砾岩和泥岩,主要为紫红色与浅灰色。下部具明显的二元结构,其下为砾、含砾粗砂堆积,上为砂、粉砂沉积,发育板状、羽状、槽状斜层理及平行层理,层面可见流水波痕、雨痕。总体为干旱气候条件下的曲流河相沉积。

未分河流相:沉积分布于西部的昌马、盐池湾(62~68 剖面)。主要为浅灰色、浅灰绿色中细粒长石石英砂岩,局部夹中层状含砾中细粒长石石英砂岩、泥灰岩及紫红色细—中粒长石石英砂岩,含砾砂岩中见有交错层理,厚度 164~342.5m。该相区向南过渡为海陆过渡相砂岩沉积。

中部隆起带:包括 3 个断续相连的隆起,西部为党河南山隆起区,中部为岗则吾结隆起区,东部为西宁-兰州隆起区。它们呈链状北西西向延伸,分隔了南部的祁连边缘海盆地及北侧的内陆盆地。其中西部两个隆起区规模较小,可能为低矮的山梁;西宁-兰州隆起区规模较大,可能与东侧的六盘山连为一体。

南部海相沉积区,引用剖面 7 条,有台地相沉积、三角洲相沉积、滨岸相碎屑岩沉积以及混积潮坪相沉积 4 类相区。

台地相沉积:分布在西部的大柴旦以北地区(60、61 剖面)。深灰色块层生物碎屑灰岩,产䗴、珊瑚、腕足类,厚 129m。

三角洲相沉积:分布在天峻县北(71、72 剖面)。下部哈吉尔组以页岩、粉砂岩、长石石英砂岩为主,夹砂砾岩及生物灰岩;底部石英砂岩具波状交错层理,灰岩中含腕足类及植物化石;上部为长石石英砂岩、粉砂岩,产植物化石。厚 133.5~462.8m。

滨岸相碎屑岩沉积:北与三角洲相过渡,以 120 号剖面底部层序为代表。岩性为灰色、灰白色中厚层中粗粒石英砂岩,含砾砂岩,砂质细粒岩,局部钙质砾岩。石英砂岩具波状交错层理。

混积潮坪相沉积:分布在贵德以北地区,以 81、82 剖面哈吉尔组上部层位为代表。为灰色、灰白色中厚至薄层状石灰岩,紫红色含粉砂黏土页岩及含粉砂钙质黏土板岩,与下部的滨岸相砾岩、砂岩过渡。

2) 岩浆岩相

不发育,仅在武威、景泰县一带零星出露岩株状碱性岩,呈岩床、岩枝状侵入于石炭纪、早二叠世地层中,前人在武威一带的霓辉正长斑岩中获 Rb-Sr 等时线年龄(256.11±12.5)Ma。岩石组合有苦橄岩、苦橄玢岩-辉石玢岩、玻基辉石岩及霓辉正长斑岩等。其中基性—超基性岩为拉斑玄武岩系列,低硅、镁,富钛、钠。稀土总量高[$\Sigma REE=(298.15\sim531.90)\times10^6$],轻重稀土分馏明显,具 Eu 弱负异常和 Ce 的负异常。微量元素原始地幔岩标化蛛网图上具明显的 Nb、Ta 负异常,弱的 Hf、Zr、Rb 负异常。为板内构造环境。此外,零星分布有中酸性凝灰岩。

3) 古地理特征

中、北祁连地区古地貌上可分为北部的盆岭,中部党河南山-岗则吾结-西宁-兰州的山地和南部的滨海盆地 3 个次级地貌单元。北部的盆岭区夹于阿拉善隆起和党河南山-兰州山地之间,呈近东西向延伸,具有南北高、中间低的地貌格局。中部走廊南山一带为沉积中心,湖相沉积发育。向东为盆岭相间,东青山一带可能有小范围隆起区,其南部为一北东东延伸的曲流河沉积,其间有小型的湖相沉积,再向南与西宁-兰州山地过渡,二者之间为辫状河沉积。其北侧主要为辫状河沉积。湖相沉积之西可能属于谷地。

党河南山-岗则吾结-西宁-兰州的山地总体呈北西西向延伸,其中西部为链状丘陵,东部兰州一带可能为中低山区。

南部滨海盆地:中西部地区可能为陆缘碎屑供应的滨浅海,东部缺少物源供应。

陆相沉积以紫红色为主,兼有冲积扇结构,表明本区属于干旱气候。

(二) 宗务隆山-西秦岭弧后盆地(Ⅲ₂)

1. 构造特征

南以阿尼玛卿构造混杂岩带、北以宗务隆山北缘断裂为界,晚二叠世主体处于弧后盆地构造环境。由于受后期逆冲、走滑构造作用破坏,该弧后盆地靠祁连边缘海一带缺失边缘相,南部由于昆仑岩浆弧向北的仰冲亦残缺不全。此外,该构造相东西也有差异,大体以同德为界,共和盆地东、西三叠系沉积特征不同,推测控制其相变的断裂在晚二叠世已经存在。

2. 岩相特征

1) 沉积岩相

为单一的海相沉积。涉及岩石地层单位包括中秦岭-南祁连的石关组,西秦岭地区的迭山组,此外略阳县幅十里墩组上段也属于上二叠统。其中迭山组与上覆扎里山组、下伏大关山组均呈整合接触,石关组与下伏大关山组整合或平行不整合接触,上未见顶;十里墩组下与下中二叠统大关山组为断层接触,上与下三叠统西坡组平行不整合接触。

引用剖面主要位于东部西秦岭地区,共计 7 条。

东部西秦岭地区:剖面 6 条以及隆吾峡蛇绿混杂岩带等。

台地相碳酸盐岩:分布在陇南到迭部一带(156、42 和 102 剖面的下部),地层单位属于迭山组。其底部和顶部岩性主要为碳质页岩、含碳粉砂质板岩、中厚层铁质细粒石英砂岩、粉砂质泥岩、钙质板岩,含少量植物碎片和小腕足类化石,具水平层理、沙纹层理、波状层理,显示潮坪潟湖相。迭山组的中下部,岩性主要为块状藻砾屑灰岩夹厚层砂屑灰岩、薄—中层粉—微晶灰岩、钙质粉砂质泥岩组成。藻砾屑灰岩底面具波状侵蚀面,砂屑灰岩中具波状交错层理,粉—微晶灰岩、钙质粉砂岩中具水平层理、微波状层理,反映出台地边缘浅滩相。迭山组中上部,主要为厚—块状角砾灰岩、薄—中厚层砂屑灰岩、薄层泥晶灰岩、钙质粉砂质板岩。砾屑灰岩具外来风暴角砾的特征,底部具冲刷面,砂屑灰岩发育透镜状层理,砂屑有从下到上具变细的特征,泥晶灰岩中具细的递变层理,钙质板岩中具水平纹层,总体上反映是受风暴控制的台地缓斜坡相的沉积。迭山组具从下到上水体由浅变深再由深变浅的充填序列。

台缘斜坡:位于台地相北部边缘(102 剖面的中部及陇南以东剖面)。在台地相北侧推测了一个台地斜坡相区,无自然剖面资料。

浅海相砂岩夹碳酸盐岩沉积:分布在漳县一带(101 剖面),为石关组。其主要岩性为灰—灰绿色细粒长石石英砂岩、粉砂质页岩,少量砾岩与深灰色生物碎屑灰岩、泥质生物碎屑灰岩夹角砾状灰岩、鲕粒灰岩、疙瘩状灰岩互层或夹层组成,含丰富的腕足类、珊瑚化石。

推测断裂带以北为浅海碎屑岩,断裂之南存在碳酸盐岩台地及台缘斜坡。二者之间多数为三叠系覆盖,根据剖面(100剖面)推测为斜坡沟谷-斜坡扇沉积。

向西在同德一带,根据青藏高原北部基础地质综合研究项目成果,共和盆地东西三叠系沉积特征不同,可能存在隐伏的分区断裂,因此,向西可能为深海盆地区。

2)岩浆岩相

浆混花岗岩类是该构造相区侵入岩最大特点,以武山县东温泉岩体为代表。在1:25万天水市幅区调报告中,位于构造相单元的北部边缘,侵入最新围岩为晚泥盆世大草滩群陆相碎屑岩。肉红色中粗粒黑云二长花岗岩中,获得锆石U-Pb同位素年龄259Ma。由寄主岩石和大量中基性包体组成,寄主岩石中酸性端元包括二长花岗岩、似斑状正长花岗岩、似斑状中—粗粒黑云二长花岗岩、似斑状中细粒含角闪石二长花岗岩,基性端元为深灰色微细—细粒基性岩墙,除此之外,尚有微细粒辉长闪长岩、闪长岩、石英闪长岩等包体。寄主岩石中酸性端元ANKC值均大于1.1,为铝过饱和型、钙碱性系列,具有贫钙、富碱、高铁镁特征。酸性端元与基性端元之间无论在常量元素、微量元素组成上均具有强烈的"互补现象",即酸性端元有大量基性端元成分带入,而基性端元又有显著的酸性端元特征成分带入的信息。形成于后碰撞阶段。

3)混杂岩相

据1:25万临夏区调报告隆务峡蛇绿混杂岩位于同仁县北羊子沟北侧,沿隆务河两岸分布,出露宽度约500m。蛇绿岩岩石组合较齐全,岩石组合包括超镁铁质岩(纯橄岩,辉石橄榄岩)、辉长岩、辉绿岩、硅质岩等,各岩石类型间多为构造接触,呈构造岩片的形式存在,在露头上看可见不同的岩石类型相互穿插,构造混杂岩的特点明显,辉石岩及辉长岩中隐约可见堆晶层理。这是该区目前发现的唯一的准蛇绿岩,与上二叠统碎屑复理石伴生,据1:5万奴家合幅区调资料,辉长岩锆石U-Pb年龄(251.4 ± 0.7)~(256.2 ± 3.1)Ma。超镁铁质岩为富铁系列,总体稀土总量较低,稀土分馏不明显,配分型式为轻稀土略富集的近平坦型,其中辉橄岩和辉石岩的稀土配分曲线与II型包体的配分曲线相近(据Dymek,1988)。超镁铁质岩微量元素大离子亲石元素Rb、Ba较富集,非活动性元素Ta、Nb亏损。形成于岛弧构造环境。

3. 古地理特征

宗务隆山-西秦岭弧后盆地总体属于边缘海盆地,在其南部西倾山一带存在水下隆起,形成台地相沉积,向北在隆务峡一带可能存在初始洋盆,二者之间为斜坡,总体具有南部海盆浅、北部深的古地理格局。此外,同德以西地区,未见到三叠系之下地层,推测可能为残留深海盆地。

(三)柴达木地块(III_3)

没有上二叠统地层出露,收集到的基岩钻孔资料有9个,其中阿拉尔、油砂山一带的两个钻孔钻于三叠纪二长花岗岩,其他均为早古生代滩间山群及元古宙地层。因此,分析柴达木盆地在晚二叠世为隆起剥蚀区。

二、昆仑弧盆系(IV)

(一)西昆中北陆缘弧(IV_1)

1. 构造特征

进入晚二叠世,西昆仑北部阿羌-库尔良-恰尔隆弧后盆地关闭,西昆仑中部岩浆弧与北部的塔里木陆块碰撞拼贴成为一体。南部巴颜喀拉残留洋盆的大洋岩石圈板块沿康西瓦—麻扎—瓦恰一线向北的俯冲作用依然存在,西昆仑中北部地区进入陆缘弧演化阶段。

2. 岩相特征

1) 沉积岩相

为海陆过渡相-浅海相沉积。涉及地层单位包括西昆仑西部地区的普司格组和东部的苏克塔亚克组。前者与下伏中二叠统整合接触,上被侏罗纪地层角度不整合覆盖;后者与下中二叠统断层接触,上未见顶。地层出露零星,仅有两条剖面。可分为滨海相砂岩,台地相碳酸盐岩和浅海相砂砾岩、灰岩3个相区。

滨海相砂岩:分布于西部阿克陶县南部一带(1剖面),属达里约尔组下部层位。岩性为紫红色泥岩,细粒长石石英砂岩,岩屑长石砂岩,灰色、灰绿色中细粒石英砂岩,少量钙质粉砂岩,泥质粉砂岩及暗紫色含铁质粉砂岩微晶灰岩,含双壳类。

潮坪相碳酸盐岩:紧邻滨岸相砂岩(2剖面),达里约尔组上部层位或克斯麻克组。岩性为灰色厚层泥晶生物碎屑灰岩,生物碎屑泥晶灰岩,灰白色含生物碎屑砂屑灰岩,少量细晶灰岩,亮晶团粒生物屑灰岩,(钙质)泥岩,极少量长石砂岩和粉砂岩,含珊瑚、双壳类化石。

浅海相砾岩、灰岩:分布在于田县南部(13剖面),属苏克塔亚克组。下部由钙质砾岩、砂岩,上部为砂屑灰岩。

2) 岩浆岩相

西昆仑中、北部陆缘弧岩浆岩相极为罕见,仅在西部塔什库尔干县东瓦恰一带有少量线索。岩石组成为蚀变辉长岩、石英闪长岩体以及哈瓦迭尔辉石岩、辉长岩体。据刘振涛等(2000),基性—超基性岩石物质来源于地幔,构造环境为与俯冲作用有关的火山弧;中—酸性火山岩成因类型是以壳源为主的壳幔混合源,构造环境处于构造体制转换的板块碰撞前—同碰撞期。其中辉长岩中获取的锆石Pb-Pb年龄为253Ma。

3. 古地理特征

初步分析认为西昆仑中北陆缘弧晚二叠世主体为隆起区,在西段存在有障壁的海湾,塔里木盆地南部的河流从叶城以西注入巴颜喀拉山残留洋盆。在乌鲁克库勒湖一带也可能存在一个海湾,该区靠近塔里木一带海岸可能为陡壁,没有河流注入。

(二) 东昆中北陆缘弧($Ⅳ_2$)

1. 构造特征

进入晚二叠世,东昆仑中部岩浆弧与北部的阿尔金、柴达木地块碰撞拼贴成为一体,弧陆碰撞作用使该区大部隆起,缺失上二叠统。南部巴颜喀拉残留洋盆的大洋岩石圈板块沿木孜塔格峰—西大滩—阿尼玛卿山一线的俯冲作用依然存在,俯冲作用引发了中酸性岩浆侵入,形成近东西向展布的花岗岩带。东昆仑中北部兴海以西地区为陆缘弧发育区,大体以瓦洪山断裂为界,东部为祁连南部弧后盆,其与阿尼玛卿山之间的岩浆弧(东昆仑中北部岩浆弧的东延)由于后期走滑作用破坏,保留甚少。

2. 岩相特征

东昆仑中北部陆缘弧未见上二叠统,可能为隆起剥蚀区。地质记录是酸性侵入岩。

1) 岩浆岩相

仅有酸性侵入岩。断续分布于冬给措纳湖、布喀达坂峰、祁漫塔格等地,规模大小不一,侵入于下二叠统及其下伏地层之中,局部可见上三叠统不整合其上。香日德花岗闪长岩单矿物锆石U-Pb一致年龄为(251.0±0.8)Ma 和(256.4±7.4)Ma;石砬峰正长花岗岩单颗粒锆石 U-Pb(TIMS)年龄(251.1±0.7)Ma,求勉雷克塔格二长花岗岩黑云母 Ar-Ar 坪年龄(254.1±1.5)Ma,等时线年龄(254.6±2.7)Ma。岩石组合有英云闪长岩、二长花岗岩、花岗闪长岩和正常花岗岩,主体属过铝质高钾钙碱性系列,同碰撞构造环境,从南向北岩石钾质含量增高。

香日德岩体群:在冬给措纳湖地区的昆北陆块、东昆中及东昆南构造混杂岩带中均有分布,近东西向延伸,呈规模巨大的岩基状,侵入于元古宙变质岩中,被晚三叠世火山岩不整合覆盖。普遍含闪长质微粒包体,有二长花岗岩、花岗闪长岩及斜长花岗岩。斜长花岗岩和部分二长花岗岩为碱性系列,花岗闪长岩和部分二长花岗岩为钙碱性系列。轻稀土富集,Eu 值为 0.1~1.01,微量元素洋脊花岗岩标准化比值蛛网图类似于同碰撞花岗岩。据 1:25 万冬给措纳湖幅区调报告花岗闪长岩单矿物锆石 U-Pb 一致年龄为(251.0±0.8)Ma 和(256.4±7.4)Ma。

石砬峰岩体群:分布零星,规模较小,为正长花岗岩,属次铝高钾钙碱性系列,单颗粒锆石 U-Pb(TIMS)年龄(251.1±0.7)Ma。为造山晚期构造环境。

布喀达坂峰一带有中二叠世伯拉克拉克里岩体群和晚二叠世求勉雷克塔格岩体群。

求勉雷克塔格岩体群:分布于昆中断裂带以北的昆中陆块上,为规模较大的岩基,北西西向延伸,侵入了白沙河岩组、新元古代片麻岩体、吐木勒克构造蛇绿混杂岩和滩间山群。据 1:25 万布喀达坂峰幅区调报告显示,有含石榴石二长花岗岩、二长花岗岩和正长花岗岩,含少量白云母及紫红色石榴石和针状矽线石,反映壳源 S 型花岗岩的特点。$SiO_2=67.94\%\sim73.83\%$,属过铝质高钾钙碱性系列,轻稀土强烈富集,$\delta Eu=0.26\sim0.96$,微量元素 ORG 标准蛛网图类似于阿曼同碰撞花岗岩。二长花岗岩黑云母 Ar-Ar 坪年龄(254.1±1.5)Ma,等时线年龄(254.6±2.7)Ma;石榴二长花岗岩黑云母 Ar-Ar 坪年龄(247.6±1.4)Ma,等时线年龄(249.2±3.3)Ma。

且末一级电站出露早二叠世秦布拉克岩体群和晚二叠世箭峡山岩体群。

箭峡山岩体群:分布在嘎勒赛-朝阳沟超镁铁质岩带以南,呈向北东凸出狭长的带状展布,岩体规模大,侵入的最新地层为下中二叠统树维门科组、叶桑岗组。英云闪长岩中见少量闪长质包体。据 1:25 万且末一级电站幅区调报告,岩石类型有英云闪长岩、角闪黑云花岗闪长岩和黑云二长花岗岩,为钙碱性系列,铝过饱和类型(A/NCK 比值均大于 1)。$\Sigma REE=(158.97\sim229.44)\times10^{-6}$,轻稀土富集,$\delta Eu=0.52\sim0.77$,微量元素原始地幔标准化蛛网图显示 Nb、Ta、Sr、P、Ti 亏损,Ba、K、Th、La、Zr 富集,类似于正常弧花岗质岩石。重熔物质可能为围岩苦海岩群的深变质岩。英云闪长岩中锆石 U-Pb 下交点年龄(253±4)Ma。

3. 古地理特征

该构造相区中存在上三叠统鄂拉山组不整合在石炭系及其下伏层位之上的地质事实,不整合面上下地层的变形程度差异显著,据此推测东昆仑中北部缘陆弧在兴海以西地区与塔里木地块连为一体,成为隆起剥蚀区。瓦洪山断裂以东为宗务隆山-西秦岭残留海盆地与巴颜喀拉山残留洋盆的连接海。

第三节 康西瓦-南昆仑-巴颜喀拉地区构造-岩相古地理特征

北界为康西瓦-木孜塔格-玛沁-勉县-略阳结合带北缘断裂,南界西部为泉水沟断裂,东部为歇武-甘孜-理塘结合带南缘断裂。包括了南昆仑-勉县-略阳俯冲增生杂岩带、玉龙塔格-巴颜喀拉残留洋盆和歇武-甘孜-理塘增生杂岩带 3 个构造相单元。沿南昆仑—勉县—略阳一带,早中二叠世的洋岛、不同性质的洋壳残片向北增生、折返,以此为基底,晚二叠世主体为浅海-斜坡沉积。此外,在西段的羊湖一带也发育了陆棚碎屑岩沉积,其他广大地区可能为深海盆地。总体上北部为浅海、水下隆起区,南部为深海盆地区。

一、南昆仑增生杂岩相（V_1）

1. 构造特征

晚二叠世，部分马尔争组（玄武岩、灰岩）代表的洋岛组合及深海盆地沉积相继增生到中昆仑岩浆弧南缘之上，增生的岩片发生变质，变质时期可以马尔争组板岩中全岩 K-Ar 年龄（252.04±3.86）～（247.40±3.82）Ma 为依据，南昆仑晚古生代蛇绿混杂岩中的韧性剪切带大多也是在中晚二叠世之间形成。

2. 岩相特征

该带沉积、岩浆及混杂岩相均有发育，沉积与混杂岩相间相变突然。沉积相可进一步分为弧后盆地的浅海相和弧前沉积的斜坡-深海盆地相。

1) 沉积岩相

总体为海相沉积。涉及地层单位为格曲组，下与中二叠统角度不整合接触，上未见顶。地层出露零星，控制剖面 5 条。

可分为生物礁相、滨海相以及推测的斜坡相 3 个相区。

滨海相碎屑岩：分布于北部（37、39、40 剖面）。下部以砾岩为主，上部以砂岩为主夹少量细碎屑岩。砾岩一般不显层理，呈巨厚一块层状；杂砂岩中具斜交层理或平行层理，岩层底部有冲刷现象，砾石分选性差，多为大小混杂排列无序，仅局部见有砾石呈叠瓦状排列。顶部生物灰岩中产腕足类、海绵等浅海生物。沉积厚度变化大，在醉马滩厚度大于 628.13m，花石峡 5 道班北仅 20 余米。该套滨岸相沉积中多夹有中酸性火山岩、火山凝灰岩。

生物礁相：分布在格尔木市红土沟、石峡一带，以 38 号剖面上部层位为代表。岩性为浅灰色、浅灰绿色等杂色含砂灰岩，碎裂灰岩，不纯灰岩夹不纯硅质岩透镜体及钙质粉砂岩，含双壳类化石。厚度一般在 271～303m，红土沟一带大于 590m，石峡大于 603m。

斜坡相：推测相区，位于最南部，具体位置大体与玛沁、玛曲一带的马尔争组相伴分布。

2) 岩浆岩相

中酸性侵入岩零星，规模较小，呈岩珠状侵入于早、晚古生代两期增生楔杂岩之中。在 1∶25 万冬给措纳湖幅区调报告中，有确切时代依据的岩体为香日德岩体群，岩石组合包括二长花岗岩、花岗闪长岩及英云闪长岩，普遍含闪长质微粒包体。斜长花岗岩和部分二长花岗岩为碱性系列，花岗闪长岩和部分二长花岗岩为钙碱性系列，属同碰撞环境。花岗闪长岩单矿物锆石 U-Pb 一致年龄（251.0±0.8）Ma 和（256.4±7.4）Ma。火山岩呈夹层状产于格曲组中，多为安山质、流纹质凝灰岩。

3) 混杂岩相

晚二叠世—中三叠世布青山一带为阿尼玛卿残留洋的大洋岩石圈板块继续向北俯冲的阶段，在主俯冲带之北形成了规模可观的增生杂岩体，造就了布青山地区一系列北西西-南东东向的岩片叠置构造组合。同时，俯冲作用引起了北部广大地区印支期花岗岩的广泛侵位。类型主要有花岗闪长岩和二长花岗岩。

3. 古地理特征

总体表现为北部浅到隆起，中部局限台地、南部斜坡的古地理格局。北部与昆中北陆缘弧地貌上连为一体，部分隆起成为剥蚀区。滨岸相碎屑岩沉积以砾岩、杂砂岩为主，厚度变化大，反映地形起伏剧烈。在其南部可能存在一系列串珠状断续相连的水下隆起，其上发育了生物点礁。再向南很快从斜坡相进入深海盆地。

二、玉龙塔格-巴颜喀拉残留洋盆相(V_2)

1. 构造特征

以阿尔金走滑断裂为界分为西部、东部两个残留洋盆。随着巴颜喀拉山残留洋盆的大洋岩石圈板块沿昆南带向北俯冲消减作用的持续，残留洋盆的大洋岩石圈板块俯冲殆尽，其两侧的昆仑岩浆弧和北羌塘地块初始碰撞，形成了以残留海为主的古地理构造格局。

2. 岩相特征

1) 沉积岩相

总体为海相沉积，涉及地层单位是黄羊岭群的3段和2段上部层位。在羊湖一带，其与下伏中二叠统和上覆三叠系整合接触。参考地层剖面主要来源于羊湖幅和玛尔盖茶卡幅区调报告，控制剖面9条。包括浅海陆棚相、推测半深海斜坡相和深海盆地相等4个沉积相区。由于黄羊岭群岩性单调，可分性差，真正属于上二叠统的分布范围不明确，因此沉积相具有较大的人为推断。

东部残留洋盆

浅海陆棚相：位于西段的羊湖、黑石北湖北部地区，引用剖面：14～20等7条。纵向上沉积相变以新疆半岛湖剖面为代表，下部为浅水浊积岩，夹少量灰岩，碎屑岩中发育粒序层理和鲍马序列；上部为灰色岩屑砂岩夹粉砂岩、泥质粉砂岩、粉砂质泥岩，砂岩中平行层理发育，见有大型浪成波状层理、板状交错层理等浅水沉积标志。含大量松柏类双囊花粉、双囊具肋花粉，相当于长兴期。总体具有水体由深变浅的充填序列。横向上，黑石北湖黄羊岭群二段主要为细碎屑岩，夹有少量的碳酸盐岩等，为浅水浊流相。羊湖幅的半岛湖以北和沟湖-卧牛湖地区及连水滩等地，黄羊岭群第三段上部已无浊积岩，为正常浅海陆棚沉积。玛尔盖茶卡幅以滨岸-浅海陆棚相沉积为主，岩性为灰色岩屑砂岩夹粉砂岩、泥质粉砂岩、粉砂质泥岩，砂岩中发育平行层理、浪成波状层理、板状交错层理等浅水沉积标志。

在该浅水沉积的北部和东部，没有地层剖面控制，推测为深海-半深海沉积。南部斜坡相沉积大体与巴颜喀拉山群分布范围相似。邻近西金乌兰湖混杂岩带推测了一个狭长带状的深海盆地沉积区。北部西长沟组分布区推测依据不足，表示为深海相。玛尔盖茶卡（87°经线）以东地区，未见二叠系，推测为深海盆地相。

西部残留海盆

斜坡相：现今残留范围较小，分布在岔路口苏盖提达坂一带（6、9剖面）。岩性为变质钙质长石石英粉砂岩夹互钙质绢云千枚岩，砂岩具中—薄层状构造，细粒砂状结构，层厚5～10cm，砂粒成分主要为石英、长石，磨圆分选较差，表现出成分和结构成熟度较低的特征。地层中由砂岩-千枚岩构成的韵律发育，自下而上碎屑粒度由细变粗，反映水体变浅的进积充填序列。在其南部推测为狭长带状展布的深海碎屑岩沉积。

2) 岩浆岩相

玉龙塔格-巴颜喀拉残留海盆内具有确切晚二叠世化石剖面地层中未见到火山岩夹层，但在北部的黄羊岭地层中夹有大量的中酸性火山碎屑物质，向南碎屑物减少。因此，不排除晚二叠世地层中夹有火山岩。未见侵入岩。

3. 古地理特征

本区的古地理并不明确。根据上二叠统黄羊岭群上段与下伏中二叠统连续沉积推断，晚二叠世的古地理与早中二叠世具有相似性，即古地理具有北浅南深、陆源物质来源于西北方向的构造古地理格局。其中北侧地层所含大量火山碎屑物可能源于西昆仑陆缘弧，南部沉积物是切穿了岛弧的大陆水系携带而来的陆源碎屑（塔里木陆块）。而且阿尔金断裂之西的残留海盆充填殆尽，碎屑物不断向东扩散，到达了库亚克断裂以东的黑石北湖-羊湖一带。在87°30′以东地区可能是残留的深海盆地环境。

存在问题：在阿尔金断裂以西地区，从西昆仑陆缘弧到卡勒拉塔什弧前盆地，再到南部的深海残留海盆，构造相区齐全。而在阿尔金断裂以东，昆仑陆缘弧与黄羊岭群第三段浅海陆棚沉积相区之间存在着构造相的缺相，浅海陆棚沉积的物源难以给出合理解释。

三、甘孜-理塘俯冲增生杂岩相（V_3）

引用剖面从西到东有 60、111、2 三条地层剖面和混杂岩带剖面。

1. 构造特征

在治多县以西与西金乌兰湖-金沙江消减洋盆合二为一，以东分隔了松潘-甘孜地块和中咱地块。最晚在早二叠世时已出现了小洋盆（闫全人等，2005），晚二叠世洋壳开始向南西俯冲，盆地转化为消减洋盆，包括了蛇绿混杂岩和俯冲增生杂岩两个次级构造相单元。

2. 岩相特征

岩相以沉积相为主。有推测的深海沉积（无花纹），斜坡相粉砂、泥岩，深海玄武岩、泥岩，半深海砂岩、玄武岩等。

蛇绿混杂岩：甘孜-理塘带蛇绿岩很发育，集中出露在理塘以北（135 剖面）、歇武以南的中段，如歇武蛇绿岩、甘孜北蛇绿岩以及理塘瓦能蛇绿岩等。在西段的当江一带也有零星出露，多依据地质演化及放射虫组合推测其形成时代主要在晚二叠世到中三叠世，缺少有效的同位素测年数据。其中的玄武岩以拉斑玄武岩系列为主，稀土、微量元素等综合反映有 N-MORB 型，但主体为 E-MORB 型和 SSZ 型。

增生杂岩：以甘孜县北玉隆北部一带和新龙-理塘间为代表，岩石组合以玄武岩为主夹碳酸盐岩，为洋岛-海山增生杂岩相。如理塘一带的卡尔蛇绿岩，由基性、基性熔岩组成，伴生深海放射虫硅质岩，灰岩块体混杂其中。基性熔岩为碱性系列，稀土元素与大离子亲石元素不同程度富集，显示洋岛玄武岩特征。

第四节 羌塘-三江地区构造-岩相古地理特征

北界西部为泉水沟断裂，东部为歇武-甘孜-理塘结合带南缘断裂，南界为龙木错-双湖-澜沧江-昌宁构造混杂岩带北界断裂。包括中咱-中甸地块、金沙江-哀牢山俯冲消减洋盆、昌都-兰坪弧盆系、乌兰乌拉湖-北澜沧江结合带和甜水海-北羌塘地块 5 个次级构造相单元。此外，若尔盖-松潘地块一并在此叙述。总体具有隆起、浅海、深海相间的古地理格局。北羌塘地块受龙木错-双湖消减带向北俯冲作用控制，在其南缘形成线状隆起的山链，向北由陆过渡到浅海。昌都地块受澜沧江洋盆、金沙江-哀牢山双向俯冲作用控制，在其两侧形成狭长的线状岛链，中部主体为浅海。中咱-中甸地块主体为浅海环境。

一、中咱-中甸地块（Ⅷ）

1. 构造特征

位于金沙江构造混杂岩带与甘孜-理塘构造混杂岩带之间，构造单元包括了义敦-沙鲁里岛弧和中咱-中甸地块两个单元。在晚二叠世，为夹持于金沙江和甘孜-理塘两个小洋盆之间的地块，主体表现为伸展作用。

2. 岩相特征

1）沉积岩相

总体为海相沉积。涉及地层单位主要属于赤丹潭组上部和冈达概组，此外还包括了原 1∶20 万区调报告中的卉丹群和聂尔堂刀组。引用剖面共计7条。上二叠统主要分布于该地块的西缘以及东缘的南部。

分析显示,7条剖面垂向上相变不大。横向上沉积相可分为滨岸相和浅海陆棚相,以后者为主。进一步划分为滨浅海相粉砂岩、灰岩,台地相灰岩,陆棚相灰岩、泥岩,以及浅海相玄武岩、粉砂岩、灰岩等4类5个相区。

滨岸相砂岩、灰岩:分布在西部德格、白玉,呈北北西向带状展布,以142号剖面为代表。下部为浅灰厚层—块状含白云质细粒灰岩,含藻致密灰岩,深灰色中—厚层状含燧石灰岩,产鎚;中部灰色、浅灰薄层状砾岩,岩屑砂岩,条带状板岩互层;上部浅灰色、浅粉色、灰色灰岩夹紫红色薄板状泥灰岩,产鎚。

台地相灰岩:分布在白玉县欧巴纳—乡城元根日错一带,近南北向带状展布,以134号剖面中上部层位为代表。岩性下部为浅灰色含白云质灰岩和灰质白云岩,局部为灰色鲕粒灰岩或微晶灰岩;上部为灰色、浅灰色中块层状结晶灰岩,夹少量灰色、深灰色变质岩屑砂岩,粉砂质板岩,板岩及少许砾岩组成,产大量藻类,含苔藓虫、鎚、有孔虫、腕足类、双壳类和珊瑚化石。由下到上从局限台地向台地边缘浅滩演化。

陆棚相灰岩、泥岩:分布局限(168剖面),下部为深灰色、灰色粉砂质板岩夹粉砂岩,泥质页岩,富含腕足类;上部为灰岩、泥灰岩和生物碎屑灰岩,富含腕足类、双壳类、菊石、有孔虫、海百合茎等化石。

浅海相玄武岩、粉砂岩、灰岩:大面积分布(145、146、169、180剖面)。中下部以火山岩为主夹少许灰岩、石英砂岩,上部以灰岩为主夹粉砂质板岩。灰岩中富含腕足类、珊瑚、鎚等化石。西北部靠近得荣一带厚度达1 017.97~3 665m,南东香格里拉以东厚761~1 740m。

2) 岩浆岩相

仅为一套海底喷发的火山岩,隶属上二叠统岗达概组,在中甸段称为中甸基性火山岩带。该地区火山岩没有获得可靠的同位素测年数据,从其主要位于上二叠统下部层位分析,可能与峨眉山玄武岩大体同时。以致密状玄武岩、杏仁状玄武岩、安山玄武质火山角砾岩、安山玄武质岩屑凝灰岩为主,粗玄岩、安山玄武岩、安山玄武质火山熔结角砾岩较少。玻屑凝灰岩和粗玄岩属过碱性岩系,其他岩石类型分属碱性、钙碱性岩系列。岩石均为轻稀土富集型,略具正铕异常。莫宣学等(1993)对该带岩石的岩相学、岩石化学及地球化学特征进行了较为深入的研究,认为该带岩石形成于大陆板块内裂谷的构造环境。

3. 古地理特征

为被海水淹没了的海中地块,主体为浅海环境。从现今沉积保留状况分析,地理格局是西部为滨岸到台地,向东过渡到浅海陆棚区。生物化石组合与扬子区类似,玄武岩性质与峨眉山玄武岩相当,其古地理位置应邻近西扬子地区。

二、金沙江-哀牢山消减洋盆(Ⅸ)

1. 构造特征

在治多县以西分隔了巴颜喀拉残留洋盆和北羌塘地块,在治多到洱源分隔中咱地块与昌都地块,在洱源以南分隔兰坪地块与扬子陆块。为特提斯大洋北东部陆缘多岛弧盆系中的岛弧间小洋盆,初始洋盆形成时代不详,中二叠世晚期洋壳开始向西南俯冲,晚二叠世洋盆转化为消减洋盆,包括了俯冲增生杂岩、残留洋盆和增生杂岩之上的上叠盆地3种次级构造相。

2. 岩相特征

以构造混杂岩相为主,零星叠加有上叠盆地的滨浅海相碎屑岩、台地相碳酸盐岩沉积。

1) 沉积岩相

零星分布于消减洋盆内,叠加于增生杂岩之上。涉及地层单位为西金乌兰湖一带的上二叠统—三叠系汉台山群,及中咱乡西部的未分上二叠统。与下伏石炭系—二叠系构造混杂岩不整合接触,上未见顶。引用剖面分别为 26 号、143 号。总体属滨浅海相碎屑岩、碳酸盐岩沉积。以 26 号剖面为代表,下部为岩屑石英砂岩、岩屑长石石英砂岩夹粉砂岩和砂质灰岩,石英砂岩粒度参数反映属海滩相;上部以微晶灰岩、生物碎屑灰岩为主,夹角砾状灰岩、灰质角砾岩,为台地或浅滩环境。这种底部滨岸相砾岩、向上出现滨浅海相碎屑岩、顶部出现台地相碳酸盐岩的相序以及弱变形和极低变质特征说明是以增生杂岩为基底的上叠盆地沉积。

2) 混杂岩相

增生杂岩:分布零星,可以治多县多彩沟南、芒康东部、奔子栏一带为代表。引用剖面为 2 条,实测剖面为治多县多彩沟剖面。

浊积岩-洋岛-海山增生亚相:分布于治多县南多彩沟一带。多彩沟混杂岩剖面分为两部分,南部属于晚二叠世混杂岩,北部可能属于三叠纪弧前增生楔。其中晚二叠世混杂岩由大理岩、斜长角闪岩以及云母石英片岩组成,达高绿片岩相、低角闪岩相变质。芒康东部的大理岩、片岩组合可能也属于此类。

弧前增生楔亚相:分布在奔子栏一带(147 剖面)。下部以片理化基性火山岩为主夹少量板岩,中部为板岩、砂岩夹片理化安山岩、灰岩及玉髓硅质岩类,上部为泥质板岩、钙质长石砂岩夹玻基安山岩、辉石安山岩及火山质角砾岩。原始沉积环境为弧前斜坡,岩石普遍片理化。

残留洋盆相:比较普遍。沉积相:斜坡相砂岩,洋岛型碳酸盐岩,深海泥、硅质、深海玄武岩、粉砂岩、泥质沉积以及推测的深海沉积等。蛇绿岩:包括治多县南部多彩沟弧前蛇绿岩、巴塘县北部蛇绿岩以及得荣县西蛇绿岩等。

3) 岩浆岩相

由超基性岩、基性岩、玄武岩组成蛇绿岩组合。断续分布在玉树、德格、巴塘、稻城等地,呈无序岩片混杂于含硅泥质远洋深水复理石沉积中。

火山岩,在囊谦一带称克南岩群加日埃岩组,江达一带称嘎金雪山岩群岗托岩组,贡觉、芒康一带原岩结构保留较好的称为西渠河岩组,片理化的叫岗托岩组。加日埃岩组为一套浅变质绿片岩相变质基性火山岩,主要熔岩有蚀变玄武岩、蚀变杏仁状安山玄武岩、枕状杏仁状脱玻化钠长玻质安山玄武岩、片理化变质枕状玻质安山玄武岩等。岩石具低钾(0.51%)、中钛(0.84%)、富镁(7.05%)特性,TiO_2-P_2O_5 相关图解上落入洋脊玄武岩区内。岗托岩组为一套变质基性火山岩,主要岩石有绿帘钠长阳起片岩、钠长绿帘绿泥阳起片岩、绿帘绿泥钠长片岩、绿帘阳起片岩等。显示中钛、低钾、富镁大洋拉斑玄武岩特征,在 TiO_2-P_2O_5 相关图中,多数落在洋脊玄武岩区内,少数点投在洋岛和碱性玄武岩区内。其稀土曲线可明显分为平坦型、轻稀土弱富集型两种,微量元素以富集 Th、亏损 K 为特征,微量元素球粒陨石标准化蛛网图于 Pearce 等(1982)划分的拉斑玄武质 MORB 和 WPB 之间的过渡型,与雷克雅内斯洋脊玄武岩的特征相似(赵振华,1997)。贡觉、芒康一带西渠河岩组、岗托岩组火山岩主体为大洋拉斑玄武岩系列,稀土总量和微量元素丰度稍高于标准大洋中脊玄武岩。

蛇绿岩,囊谦、江达地区的司新敖、满宗为主要出露地,超基性岩片呈似层状、透镜状、脉状;基性岩多呈岩株、岩枝或岩脉产出,与克南岩群火山岩之间为断层接触。岩石组合,超基性岩有橄榄岩、橄辉岩、辉石岩、苦橄玢岩等,基性岩类有含长辉石玢岩、辉长岩、辉长辉绿岩等。超基性岩 m/f(原子比)= 2.60~5.42,σ=1.85~4.22,属极强的钠质(大西洋型)碱性岩(σ=−6~∞,Rittmann,1962)系,主体属于镁铁质。基性岩 m/f(原子比)=0.59~2.02,σ 值 0.68~3.62,平均 1.77,$Na_2O>K_2O$,属强钙碱性岩(太平洋型)系,主体位于镁铁质区。稀土元素总量较高,配分曲线呈轻稀土富集的近平坦型。微量元素原始地幔标准化,富集 Ce 以前的元素,其他元素亏损。

3. 古地理特征

为特提斯主大洋北东部陆缘多岛弧盆系中的岛弧间小洋盆,初始洋盆形成时代不详。

三、昌都-兰坪弧盆系（X）

位于金沙江构造混杂岩带与澜沧江构造混杂岩带之间，包括了治多-江达-维西-墨江火山弧、昌都-兰坪弧后盆地和开心岭-杂多-维登-临沧火山弧3个次级构造单元。在晚二叠世，受金沙江残余洋盆大洋岩石圈板块向南西和澜沧江洋盆大洋岩石圈板块向北东双向俯冲作用的控制，在昌都-兰坪地块两侧形成两个岩浆弧及其双向弧后盆地的构造古地理格局。

（一）治多-江达-维西-墨江火山弧（X_1）

1. 构造特征

金沙江洋盆大洋岩石圈板块向南西俯冲于昌都-兰坪地块之下，在其东部边缘形成晚二叠世火山弧。该岛弧带向西仰冲到昌都-兰坪弧后盆地之上，前寒武纪地层广泛出露，上二叠统零星。

2. 岩相特征

1）沉积岩相

仅有132、133、151、153四条地层剖面，地层单位包括下部的妥坝组和上部的卡香达组，其下与中二叠统整合接触，上与下三叠统平行不整合接触。包括隆起区，滨海相砂岩、砾岩，浅海相砂岩、灰岩、安山岩以及推测浅海相沉积4类。

滨岸粉砂岩、泥岩、安山岩：在白玉以西，位于两个推测隆起区之间，以132号剖面为代表。其主体为黑色泥岩、钙质泥岩与碳泥质石英砂岩、粉砂岩互层，产腕足类、双壳类、腹足类化石与生物碎屑。底部见有泥质灰岩及少量生物碎屑泥晶灰岩，上部为安山质集块岩、凝灰岩，具有陆相喷发特征。总体属海湾-潟湖相沉积。

推测浅海相和海陆过渡相：在德钦以南地区，根据东、西两侧沉积相推测北部为海陆过渡相，南部为浅海相。

推测了两个隆起区：推测的依据除了见有下三叠统不整合在中二叠统之上外，在132号剖面上发育的陆相安山岩也是依据之一。

2）岩浆岩相

以安山质火山岩为主，中酸性侵入岩较少，总体呈狭长带状展布。

侵入岩称为冬普复式花岗岩体，侵入于古—中元古代宁多岩群中，中三叠统普水桥组不整合其上，面积264.49km²。黑云母花岗岩K-Ar年龄值297.3Ma。英云闪长岩U-Pb年龄为246Ma，结合接触关系，推测其形成于晚二叠世。岩石组合为细—中粒英云闪长岩、二长花岗岩、中—细粒石英闪长岩、花岗闪长岩、黑石英闪长岩以及黑云母花岗岩等。A/CNK值绝大多数大于1，属过铝系列，成因类型介于I型与S型之间。

火山岩赋存于夏牙村组中，为一套中性火山碎屑岩-中基性熔岩。在江达一带由安山质凝灰岩、安山质火山角砾岩、安山熔岩组成4个喷发韵律组成。岩石组合为安山质火山集块岩、安山质屑晶凝灰岩、蚀变安山岩及蚀变橄榄玄武岩。橄榄玄武岩δ为1.62，属正常太平洋型钙碱性岩石系列，以贫硅富碱、高铝低钙镁为特征。$\Sigma REE=(95.79\sim216.18)\times10^{-6}$，$\delta Eu=0.6\sim0.97$，为轻稀土富集型之右倾平滑曲线，铕负异常不明显。微量元素MORB标准化蛛网图具不对称单隆模式，富集Sm以前的微量元素，特别富集K、Rb、Ba、Th。总体具有大陆边缘火山弧型钙碱性玄武岩特征。

芒康县东一带由爆发亚相的灰色细碧质熔（岩）结角砾岩、深灰色细碧质角斑质沉火山角砾岩，喷溢亚相为灰绿色细碧质角斑岩组成，间夹有灰色珊瑚礁灰岩、凝灰质（骨粒）生物硅质岩。岩石组合以玄武安山岩为主，少量英安岩、流纹岩，个别安粗岩。分属于碱性系列和钙碱系列，标准矿物计算中多含刚玉。$\Sigma REE=(220.37\sim263.26)\times10^{-6}$，$\delta Eu=0.39\sim0.73$，铕明显亏损，稀土曲线形式为右倾斜的轻稀土富集型。形成于岛弧环境。

3. 古地理特征

总体为一地势起伏不大的低矮岛链。

(二) 昌都-兰坪弧后盆地(X_2)

1. 构造特征

受东、西两个岩浆弧双向仰冲作用控制,在弧的东、西侧各形成一个压陷盆地,盆地中部相对隆起。此外,火山岩北部发育、南部出露零星,反映北部的昌都盆地活动性要强于南部的兰坪-漾濞盆地。

2. 岩相特征

1) 沉积岩相

主体为滨浅海环境。涉及地层单位包括沱沱河上游一带下部那益雄组、上部拉卜查日组,下与中二叠统平行不整合,上与上三叠统不整合接触;东部四川境内下部为妥坝组、中部为卡香达组、顶部为夏牙村组,下与中二叠统整合或平行不整合接触,上与下三叠统整合过渡;南部云南境内的羊八寨组、沙木组,前者未见底,被上三叠统歪古村组平行不整合覆盖,后者与下伏石炭系和上覆中侏罗统均为角度不整合接触。引用剖面共计12条。那益雄组大体与妥坝组和卡香达组下部相当,拉卜查日组杂多一带的中酸性火山岩组合大体与卡香达组上部和夏牙村组相当,杂多一带的中酸性火山岩组合与夏牙村组相当。汉台山群可能是最上部层位,跨下三叠统。

垂向上,沱沱河上游一带下部那益雄组为海陆交互相,向上拉卜查日组为浅海碳酸盐岩缓坡相-生物礁相,总体具有向上海水变深的趋势。昌都、囊谦一带,妥坝组下部为海陆交互相,上部为滨岸相;其上的夏牙村组为滨岸相,总体垂向上变化不大。南部兰坪地区,沙木组下部具大型交错层理的河道砂砾—泛滥平原粉砂、泥质沉积,超覆于石登组、拉竹河组等不同层位之上;中部发育陆屑滩相含砾砂岩,具有下粗上细砂泥质沉积,反映浅-滨海环境;上部具有下细上粗含碳质的砂泥质沉积充填序列,反映从滨浅海相转换为滨海沼泽相环境,即具有从浅变深最后又变浅的趋势。

陆相安山岩:分布在杂多县扎青(47剖面)和昌都地区妥坝两地(妥坝南),层位上相当于妥坝组之上的夏牙村组。在扎青地区,火山岩地层由4个爆发—喷溢旋回性火山韵律组成,单层熔岩由基性—中性火山岩组成韵律层,玄武岩中发育有气孔构造。岩性以喷溢相的中酸性熔岩类为主,爆发相的角砾凝灰岩次之,夹有部分灰绿色正常沉积岩,火山岩柱状节理发育。妥坝南部由安山质凝灰岩、安山岩、夹安山质火山角砾岩组成。

海陆过渡相:分布在西部沱沱河沿(32剖面)、妥坝(131剖面下部)和漾濞等(213剖面)3处。沱沱河沿一带,以那益雄组为代表,底部见有约5.3m厚煤层,剖面主要岩性为岩屑长石粉砂岩、岩屑石英砂岩、碳质泥岩及煤线,含植物碎片化石,碎屑岩中还含较多的鳞化石。妥坝一带见于妥坝组下部层位,由细粒长石石英砂岩夹含云长石石英粉砂岩、粉砂质泥岩与碳质泥岩及煤线组成,产植物、腕足类、双壳类、海百合茎、珊瑚等化石。其中砂岩粒度分析表明为滨岸砂岩沉积。南部漾濞一带岩石组合为深灰色、黑色板岩,粉砂质板岩,细砂岩夹砂砾岩,碳质板岩及煤线,含植物化石。砂岩中具小型斜层理及平行层理,粉砂质板岩中见水平层理。

在南部云龙—兰坪一带沿澜沧江西岸有海陆过渡相粉砂岩、凝灰岩,见于小格拉江桥上二叠统沙木组上部层位。

滨海相:分布面积最广。西段西金乌兰湖一带(25剖面),岩性为不等粒岩屑石英砂岩,夹复成分砾岩,砂岩成分成熟度高。上拉秀一带(210剖面)为石英砂岩、粉砂岩夹粉砂质泥灰岩和钙质泥质粉砂岩,产植物化石。兰坪一带以小格拉江桥上二叠统沙木组中部层位为代表(212剖面),由石英粉砂岩为主夹石英砂岩、绢云千枚岩、板岩等,板岩中产双壳类化石及植物化石。

生物礁相:仅见于乌兰乌拉湖一带(30剖面),属拉卜查日组中上部层位,以生物碎屑灰岩,含泥质生物碎屑灰岩及海绵礁灰岩组成。

局限台地相：与生物礁相共生（30剖面），属拉卜查日组中下部层位。为微晶生物碎屑灰岩，含铁微晶砾屑灰岩及生物屑砂砾屑灰岩不等厚互层。

斜坡相碎屑岩：分布局限，冬布里山南侧小面积分布（36剖面）。主要为灰色、灰绿色中细粒岩屑石英砂岩与粉砂质板岩组成韵律层，并夹有橄榄玄武岩和火山角砾岩透镜体或薄层。砂岩中发育粒序层理，具复理石特征，代表水体较深的海底扇浊流沉积。

浅海相：分布在冬布里山南侧，围绕斜坡相碎屑岩展布（35剖面）。由钙质粉砂岩夹细粒砂岩和黑色页岩以及粉晶灰岩组成。此外，南部雪盘山一带也属于浅海相粉砂岩、泥岩相区。

2）岩浆岩相

昌都-兰坪弧后盆地岩浆岩以喷出岩类为主，侵入岩零星。火山岩见于那益雄组、夏牙村组，火山凝灰岩见于沙木组。以安山岩为主，玄武质和流纹质岩石较少。扎青一带火山岩可作为代表。由4个爆发—喷溢旋回性火山韵律组成，单层熔岩由基性—中性火山岩组成韵律层，玄武岩中发育有气孔构造。岩性以喷溢相的中酸性熔岩类为主，爆发相的角砾凝灰岩次之。西藏地调院在昌都县考要弄剖面蚀变安山岩中获Rb-Sr全岩等时线同位素年龄值（250±25）Ma，妥坝剖面安山岩中获Rb-Sr同位素年龄值268.4Ma。

扎青一带岩石组合主要由紫—灰绿色蚀变橄榄玄武岩、少量灰绿色流纹质玻屑凝灰岩、浅灰紫色基性岩屑晶屑凝灰岩、浅灰绿色蚀变杏仁状安山岩等组成，岩石中见有具火山弹特征的火山角砾及火山豆，具明显的陆相火山岩的特征。玄武岩类具有低Ti、Mg特征，类似于峨眉山低Ti玄武岩。稀土总量较高，为轻稀土富集型之右倾平滑曲线，铕负异常不明显，微量元素MORB标准化蛛网图具不对称单隆模式，富集Sm以前的微量元素，特别富集K、Rb、Ba、Th（李善平等，2007）。总体具有大陆边缘火山弧型钙碱性玄武岩的岩石地球化学特征。

在南部贡山、中甸一带称为拉波洛-新化中基性火山岩带，赋存于上二叠统沙木组第二段中。岩石类型以玄武岩、安山玄武岩、安山岩、安山玄武质凝灰岩为主，偶见安山玄武质火山角砾岩。岩石多属钙碱性岩系，轻稀土元素较为富集，铕异常不明显。形成于岛弧环境。

3. 古地理特征

昌都-兰坪弧后盆地晚二叠世时期主要为浅海环境，冬布里山南侧一带有与金沙江消减洋盆相连的半深海斜坡，中部一带有低缓隆起，近岸沼泽和泛洪平原沉积出露零星。总体地形比较平坦。

（三）开心岭-杂多-维登-临沧火山弧（X_3）

1. 构造特征

澜沧江洋盆的大洋岩石圈板块向北东俯冲于昌都-兰坪地块之下，在昌都-兰坪地块西部边缘形成了晚二叠世火山弧。该岛弧带向北东仰冲到昌都-兰坪弧后盆地之上，前寒武纪地层断续出露，上二叠统出露零星。

2. 岩相特征

1）沉积岩相

可利用的地层剖面较少，在沉积相的划分中推测的比重大。涉及地层单位在沱沱河南部一带为乌丽群下部那益雄组、上部拉卜查日组，下与中二叠统平行不整合，上与上三叠统不整合接触；芒康一带为沙龙组，平行不整合于中二叠统东坝组之上。沉积以浅海相为主，可细分为台地相、浅海相和海陆过渡相，推测有河流相。具体特征如下。

台地相灰岩：在西部沱沱河上游地区（34、33剖面）小面积分布，属拉卜查日组。岩性以藻团粒灰岩、砂屑灰岩、厚层硅质白云岩为主，在33剖面下部为细粒长石砂岩夹少量黑色粉砂岩。地层中含丰富腕足类、双壳类、大量藻类和介壳碎片。

海陆过渡相：东部小面积分布（31剖面），属那益雄组。岩性由石英砂岩、长石石英砂岩、泥晶灰岩夹泥岩、碳质泥岩、薄煤层、火山凝灰岩及复成分砾岩等组成。灰岩与碳质泥岩组成韵律结构。

浅海相：分布在芒康西部地区，小面积狭长带状展布（211剖面）。以玄武岩、玄武质凝灰岩为主，夹板岩、砂岩及灰岩扁豆体，厚逾1 046m。

此外，在兰坪西部推测有河流相砂岩，贡山东部推测有过渡相砂岩等相区。

隆起区：呈链状断续分布，其中类乌齐县北东和昌宁县东部隆起区较大，福贡和梅里雪山也推测两个小的隆起区。

2）岩浆岩相

火山岩和侵入岩均较少。火山岩在西部沱沱河上游一带以中酸性火山岩为主，在左贡一带以基性火山岩为主。侵入岩主体为酸性侵入岩，规模较大，基性侵入岩规模小。

基性侵入岩分布于直根卡幅，目前发现的岩体有5个，呈小岩株状产出，北西向展布，侵入最新地层为中二叠统。岩性为单一的辉长岩。岩石 Al_2O_3 平均为16.13%、$Na_2O>K_2O$、TiO 平均1.73%、$Mg^\#$ 为50~64.04，分属于碱性系列和钙碱性系列。ΣREE 为$(76.25\sim317.87)\times10^{-6}$，轻稀土高度富集，$\delta Eu$ 为0.8~1.16，配分曲线为右倾型。微量元素 MORB 标准化蛛网图大离子亲石元素(LILE)富集，高场强元素分异，显示出"隆起"的特征，总体特征类似于板内玄武岩的微量元素组成。

中酸性侵入岩分布于类乌齐西北的他念他翁山一带，以拉疆弄岩体为代表。平面上呈北西向长条状展布，与区域构造线方向一致，主体侵入于吉塘岩群中，被上三叠统甲丕拉组不整合覆盖，面积约326km²。前人获得了 U-Pb 法年龄(269 ± 18)Ma、(244 ± 5)Ma。岩体内部发育片麻状构造，产状与区域构造线一致。岩石组合有片麻理化细粒英云闪长岩、含斑细粒黑云花岗闪长岩、细粒黑云二长花岗岩。σ 值平均为1.45<1.8，属钙性系列，A/CNK 平均为1.24，刚玉分子平均含量2.87%，属铝过饱和；主体为Ⅰ型花岗岩。形成于火山弧构造环境。

火山岩在温泉兵站一带夹于灰岩与上覆的硅质层之间，岩层的连续性较好，以玄武岩为主，含少量偏碱性的中酸性岩，岩性变化较大，属于岛弧构造环境（具体见羌北地块岩浆岩相）。东部零星分布于澜沧江西岸东坝、沙龙、登巴、曲登等地，赋存于沙龙组中，呈夹层产出。岩石类型以玄武安山岩、杏仁状玄武岩、致密块状玄武岩为主，次为蚀变安山质角砾熔岩及变质凝灰岩等，岩石普遍碳酸盐化、绿泥石化、绢云母化。$SiO_2=44.03\%\sim55.33\%$，$Na_2O+K_2O=3.45\%\sim5.01\%$，属于碱性系列；$\Sigma REE=(151.12\sim164.67)\times10^{-6}$、$\Sigma Ce/\Sigma Y=(4.03\sim5.58)\times10^{-6}$，$\delta Eu=0.93\sim1.01$，属轻稀土富集型。大离子亲石元素富集，Nb、Ta 无显著亏损。形成于板内构造环境。

3. 古地理特征

开心岭-杂多-维登-临沧岛弧古地貌上为断续相连的岛链状，地形起伏较大。大多淹没于水下，以浅海为主，部分隆起成陆。靠近临澜沧江消减洋盆一侧可能存在半深海斜坡相区。

四、乌兰乌拉湖-北澜沧江结合带（Ⅺ）

没有剖面控制。从该带分隔的北羌塘地块、昌都地块沉积相差异不大，晚二叠世纵向变化规律相近，火山岩层位、岩石系列等比较一致，地层中夹有煤系等资料分析判断晚二叠世之前北羌塘地块与昌都地块已完成了拼贴联合。

五、甜水海-北羌塘地块（Ⅻ）

南以龙木错-双湖-查乌拉结合带为界，北以羊湖-西金乌兰湖-金沙江结合带为界，其西北至喀喇湖，东北以乌兰乌拉湖-北澜沧江结合带为界。以阿尔金断裂为界，晚二叠世可分为西部甜水海被动边缘和东部北羌塘弧后盆地两个构造相。

(一) 甜水海被动边缘盆地（XII₁）

1. 构造特征

塔什库尔干-甜水海地块前寒武纪构造热事件序列类似于巴基斯坦的帕米尔地块。晚二叠世时期，它与北部西昆仑陆缘弧之间的巴颜喀拉-麻扎-瓦恰残留洋盆消减殆尽，南部古特提斯主洋盆大洋岩石圈板块上的洋岛和部分陆缘裂离地块碎片相继增生到甜水海地块南缘，使其沉积格局与早中二叠世迥然不同。

2. 岩相特征

仅发育沉积岩相，未见岩浆岩。

沉积岩相涉及地层单位有西南边缘的阿格勒达坂组、温泉山组，北东边缘的黄羊岭群上段。前二者平行不整合于下中二叠统之上，上未见顶，后者与下伏黄羊岭群中段整合接触，上未见顶。参考剖面4条。

滨浅海相碳酸盐岩：分布在喀喇昆仑山口到乔戈里峰北部一带（4、5剖面）。以碳酸盐岩为主夹紫红色团块状泥岩、砾岩，下部灰岩中含菊石化石。喀喇昆仑山口一带，地层呈韵律型层序，韵律顶部出现紫红色生物灰岩，局部有暴露特征，显示潮坪-台地缓坡环境。在乔戈里峰北部为细晶白云岩夹少量鲕粒灰岩，显示高能浅水，为开阔台地边缘浅滩环境。

滨岸相碎屑岩：围绕西罗克宗山西部边缘分布，引用剖面位于苏盖提达坂一带（201、202剖面），属黄羊岭群上段。岩性为长石石英砂岩、粉砂岩、粉砂质板岩等，含大量微古化石，其中典型分子：信号开通缝孢 *Vitreisporites signatus*（=*V. pallidus*）(Reissinger)Balme 是世界性分子，属晚二叠世早期。

此外，依据沉积相侧向相序原理，在三十里营房南部推测了小面积的斜坡相粉砂岩（麻扎幅）分布区，在乌孜别理山口及其以西推测了浅海相砂岩、粉砂岩分布区。

西罗克宗山古陆：根据上述西南缘的边缘相沉积以及团结峰—界山达坂一带上三叠统不整合在中二叠统之上事实，推测应存在古隆起区，且隆起区向东可能与拉竹龙北羌塘古陆是连为一体的。

3. 古地理特征

晚二叠世塔什库尔干-甜水海地区是围绕着西罗克宗山古陆的滨浅海被动陆缘环境，古陆周缘未见粗碎屑堆积，表明地形起伏不大。

(二) 羌北弧后盆地（XII₂）

1. 构造特征

晚二叠世，北羌塘地块北有巴颜喀拉残留洋盆，南有古特提斯主洋盆，呈"漂浮于洋中的微小地块"。受古特提斯主大洋岩石圈板块向北俯冲消减作用控制及全球海平面变化影响，其沉积格局较早中二叠世有很大变化。

2. 岩相特征

1）沉积岩相

沉积岩相复杂多变。涉及地层单位包括西部的热觉茶卡组，雁石坪一带的下层位那益雄组、上层位拉卜查日组。热觉茶卡组与下伏中二叠统平行不整合接触，被下三叠统整合覆盖；雁石坪一带上二叠统与中二叠统和上三叠统均为不整合接触。沉积环境有陆相、海陆过渡相及滨浅海为主的海相。引用剖面12条，沉积相垂向变化及对比如图9-4。玛尔盖茶卡幅上二叠统连续，生物化石依据充分，可作为北羌塘代表。垂向上其下部为滨岸相粗碎屑，发育底冲刷构造；中部碎屑岩夹灰岩及硅质岩，碎屑岩发育

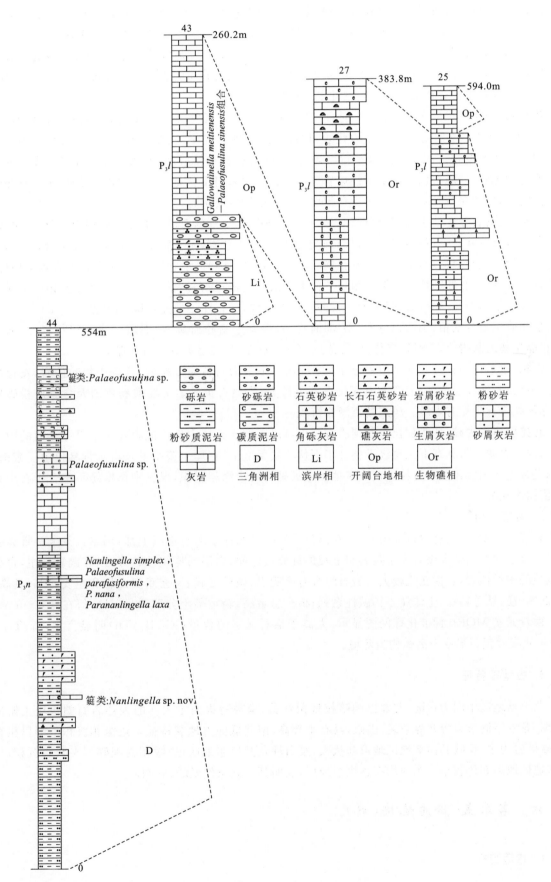

图 9-4 北羌塘地块沉积相剖面对比图

水平层理和沙纹层理,灰岩中含有孔虫、三叶虫等,反映陆棚环境;上部细、粗粒石英砂岩,夹长石石英砂岩,发育板状层理、槽状层理,反映三角洲环境,即具有向上水体变深、再变浅的充填序列。

陆棚相粉砂岩、灰岩:分布在玛尔盖茶卡—羊湖一带(21、23剖面),以21剖面中部层位为代表。为一套陆源碎屑岩夹灰岩及少量硅质岩、凝灰岩沉积,粉砂岩、粉砂质泥岩普遍发育水平层理和沙纹层理,灰岩中含陆源碎屑及有孔虫、头足类、三叶虫,藻屑等生物碎片。

滨岸相:分布在玛依岗日以北(59剖面)和鲤鱼山-巴毛穷宗(21、24剖面)、祖尔肯乌拉山(29、43、45剖面)3处。以21、24剖面下部层序为代表,以细—粗粒砂岩为主,夹少量粉砂岩,岩石颗粒由细—较粗—粗—细频繁变化。沉积构造以平行层理为主,并见有板状斜层理、槽状层理等较典型浅水沉积构造。底部含砾砂岩,砾石以杏仁状基性熔岩、砂岩为主,它来自下伏地层,显示粒序层理,并见底冲刷构造,为海侵初期的滞留砾岩层。祖尔肯乌拉山一带为粉砂岩夹灰岩。

海陆过渡相:分3处小面积分布(22、44、46、59剖面),22号剖面最为典型。岩性为浅灰色、深灰色、灰绿色长石石英砂岩,石英砂岩,岩屑长石砂岩夹深灰色粉砂岩,粉砂质泥岩,硅质岩及砾岩。下部砂岩发育水平微层理和斜层理,中部砂岩发育楔状层理、脉状层理和透镜状层理,上部砂岩发育水平层理、斜层理,砾岩底部见有冲刷构造。沉积相自下而上为前三角洲-三角洲前缘-三角洲平原亚相。不同的是若拉岗日一带为砂岩、粉砂岩;唢呐湖一带砂岩夹有煤线,雁石坪一带夹有煤、安山岩。

生物礁相与台地相:小面积分布(27剖面)。岩性有生物碎屑灰岩、泥质生物碎屑灰岩、海绵礁灰岩、粉晶生物屑灰岩等。含䗴、有孔虫、苔藓虫、海胆、双壳类、腕足类等化石。厚383.84m。

陆相:祖尔肯乌拉山西部小面积分布(28剖面),下部为石英质细砾岩、含砾中粗粒砂岩,发育平行层理、斜层理、沙纹层理;中上部为中细长石石英砂岩,岩屑石英砂岩夹泥质粉砂岩及含碳质粉砂质泥岩,那堡扎隆一带见有煤线。属滨湖沼泽相沉积。

北羌塘中央古陆:从西部拉竹龙到唐古拉山口以东的北羌塘中部可能存在一个贯穿东西的中央隆起,西部拉竹龙一带见有下三叠统不整合于下伏石炭系之上,在玛尔盖茶卡及祖尔肯乌拉山一带南、北两侧发育边缘相沉积。唐古拉山口以东地区未见确切的边缘相沉积,仅见中侏罗统不整合于石炭系之上,依据不充分。

2)岩浆岩相

岩浆岩不发育,仅有少量火山岩相,在温泉兵站一带赋存于那益雄组上部,玛尔盖茶卡一带夹有凝灰岩。温泉兵站一带火山岩夹于灰岩与上覆的硅质层之间,岩层的连续性较好,以玄武岩为主,含少量偏碱性的中酸性岩,岩性变化较大。岩石组合有玄武岩、橄榄玄武岩、玄武安山岩和粗安岩等,具高硅、碱,低钙、镁、钛等特点,主体属于钙碱性系列;稀土总量高,轻重稀土分馏明显,δEu值在$0.4\sim0.75$之间。微量元素MORB标准化蛛网图显示,大离子亲石元素的含量(Rb、Ba、Th)明显富集,Zr、Ti、Yb、Sc、Cr元素亏损。形成于岛弧构造环境。

3. 古地理特征

北羌塘地区中间为古陆,北邻巴颜喀拉残留洋盆,南被特提斯主大洋的大洋岩石圈板块主俯冲带(双湖-龙木错混杂岩带北界断裂)围限,具有中部高、南北低的古地貌特征。边缘相沉积下部以粗粒砂岩、砂砾岩为主,反映其西部地区地形起伏大,雁石坪及其以东地区,边缘相为细碎屑夹灰岩沉积,反映东部地区地形起伏较小。东西均有含煤系地层,表明其气候条件温暖、湿润。

六、若尔盖-松潘地块(Ⅶ)

1. 构造特征

总体处于伸展构造背景,北部为稳定的浅海相沉积,南部大致沿龙门山后缘断裂和炉霍—道孚一带发育三叉裂谷系统,沿裂谷带发育厚层的玄武岩。

2. 岩相特征

北部相区

分布于北侧的若尔盖一带。该相区目前缺少剖面控制,根据吴家坪期南方岩相古地理图、南部构造相区空间规律,同时参考地球物理揭示的地壳结构分析,存在若尔盖古陆、摩天岭古陆,在其周围推测了浅海灰岩、泥岩沉积区。

南部相区

1) 沉积岩相

为单一浅海相,可进一步分为浅海相玄武岩相区,浅海相粉砂岩、灰岩相区以及浅海相灰岩、玄武岩、泥岩3个相区。涉及地层单位有冈达概组、萨彦沟组、大石包组和峨眉山玄武岩组。参考剖面6条。

浅海相灰岩、玄武岩、泥岩相区:分布在木里—雅江—甘孜一带,呈北西向带状延伸,以144剖面为代表。下段为暗灰色、浅灰绿色薄层玄武岩质凝灰岩,深灰绿色致密块状纳长石化玄武岩,致密块状蚀变玄武岩,灰—绿灰色薄—中层泥质凝灰岩夹玄武岩及硅质岩。底部夹灰黑色板岩,厚度大于866.2m。上段为灰色厚层—块状角砾状结晶灰岩,大于61.3m。

浅海相粉砂岩、灰岩相区:小面积分布在冕宁西部的三垭一带,以173剖面上部层位为代表。由灰色、深灰色、灰绿色千枚岩,千枚状板岩,板岩,硅质板岩夹结晶灰岩及结晶灰岩透镜体组成4个不等厚韵律层。结晶灰岩具条带状构造,含海百合茎化石。厚731m。

浅海相玄武岩相区:呈不对称"Y"状。北西支位于丹巴、炉霍、色达西的吴普寺,为块状玄武岩、片理化玄武岩,局部夹有灰岩透镜体,在甘孜东部的东谷一带厚约1800m。北东支位于夹金山到理县以北的上孟一带(161、159剖面),在康定县北为浅灰色绢云绿帘阳起片岩,厚824.4m,小金一带为变余气孔构造的灰绿色变玄武岩、变枕状玄武岩,厚82.4m,厚度向北减薄。南支由康定到九龙(172、171剖面):下旋回以斑状玄武岩为主,杏仁状次之,底部有1m左右黑色铁质泥岩、碳质页岩和含植物化石碳质黏土岩,下部有玄武质砾岩和集块岩,顶部可见7m暗紫色岩屑凝灰岩;上旋回以杏仁状玄武岩为主,致密状次之,偶有斑状,玄武岩中夹有白云母白云石大理岩等。康定附近厚2451m;九龙一带从西向东厚度增加,在800~1583m。

2) 岩浆岩相

以火山岩为主,侵入岩零星。火山岩赋存在上二叠统大石包组中,主要为一套玄武岩,其次有少量基性火山角砾岩。岩石与海相沉积岩伴生,并具有大量枕状构造,是海底裂隙式喷发的产物。岩石组合有枕状玄武岩、层状玄武岩、杏仁状玄武岩及变质玄武岩4类。玄武岩SiO_2一般在45%~48%之间,属基性火山岩;δ值一般在1~4之间,$Na_2O>K_2O$,TiO_2在1.41%~3.25%之间,主体属于碱性玄武岩系列。稀土丰度值较高,一般在$(101.5~260.9)\times10^{-6}$之间,轻稀土富集型,稀土配分曲线略向右倾斜,Eu、Ce异常不明显。微量元素原始地幔标准化蛛网图为单峰类型,类似于宾川、金平地区高Ti玄武岩的地球化学特征。总体形成于大陆裂谷环境。侵入岩在南部木里县一带少量分布,呈岩墙、岩床状,侵入于下奥陶统下部及下志留统中。岩石组合有辉长辉绿岩、辉绿岩、方辉橄辉岩、单辉辉岩以及苦橄玢岩等。

3. 古地理特征

该构造相总体具有北部隆起与浅海相间,南部为较深的裂谷盆地的古地理格局。

第五节 班公湖-双湖-怒江-昌宁地区构造-岩相古地理特征

北界为龙木错-双湖-澜沧江-昌宁构造混杂岩带北界断裂,南界为班公湖-怒江结合带南界断裂。

包括有龙木错-双湖俯冲增生杂岩、托和平错-查多岗日海山增生、南羌塘西部地块残片、左贡俯冲增生杂岩以及班公湖-南羌塘东部-唐古拉洋盆5个构造相单元,可归并为如下3类,其中前三者共同构成南羌塘西部边缘海。其中南羌塘地块上既有隆起又有浅海,江爱达日纳增生弧上有隆起、浅海、斜坡,而更多的是深海盆地以及洋岛等。总之,古地理环境复杂多变是其最大的特点。

一、俯冲增生杂岩相

(一) 龙木错-双湖-托和平错俯冲增生杂岩相(XIII_1)

1. 构造特征

晚二叠世,龙木错-双湖-托和平错高压-超高压俯冲折返岩片增生到北羌塘地块南部边缘,形成增生楔,在其之上发育了弧前盆地沉积。双湖地区鄂柔蛇绿混杂岩及其相伴的复理石岩片内部发育顺层剪切褶皱、韧性剪切带,与之相伴岩石发生了蓝片岩相的低温高压变质,是增生楔变形、变质的具体地质记录。根据蓝片岩中蓝闪石及白云母Ar-Ar年龄(225±5)Ma、纳若东枕状玄武岩岩块的Sm-Nd谐和线年龄252Ma(李才等,1996)、阿木岗北坡玄武岩的Rb-Sr年龄251.3Ma(李才等,1996),分析其变质时代在晚二叠世-晚三叠世。

2. 岩相特征

1) 沉积岩相

沉积相复杂多变。涉及地层单位包括丁固幅的吉普日阿组、江爱达日纳幅的火山岩岩片。前者与下伏中二叠统龙格组、上覆下三叠统康鲁组均为平行不整合接触。参考剖面3条。可分为浅海相、台地相、斜坡相、零星陆相和推测隆起区等。

台地相灰岩、粉沙岩:分布在丁固幅的冈玛错一带(57、58剖面)。在西部冈玛错一带,下部岩性为灰色、浅灰色块状泥晶生物屑灰岩,有珊瑚屑、介屑、有孔虫屑、双壳屑、腕足屑、其他门类屑等,生物屑含量约30%,生物屑破碎强烈,无分选、定向,绝大部分为异地生物屑,基质为泥晶方解石;上部为灰黑色中层状泥晶灰岩,偶含腕足类和腹足类碎片。戈木错西他利克甘利山一带为灰色、浅灰色中—厚层块状亮晶鲕粒,豆粒灰岩为主,夹少量亮晶砂屑灰岩、泥晶灰岩和微—粉晶灰岩。

浅海相火山岩、灰岩:小面积分布在双湖以西的孔孔茶卡一带,以火山岩片上部层位为代表。岩性为块状玄武岩、玄武安山岩、安山岩、英安岩,夹礁灰岩、火山角砾岩、流纹岩等,局部可见玄武岩发育柱状解理。

斜坡相灰岩、砂岩、凝灰岩:分布在双湖以西,北侧与浅海相火山岩过渡,以火山岩下部层序为代表。以灰—深灰色薄—中层状泥晶灰岩为主,夹条带状、薄层状硅质岩,凝灰质粗—粉砂岩,含凝灰质硅质泥岩;岩层以薄层状为主,单层延伸稳定,局部发育水平纹层。灰岩夹层中的凝灰质砂岩中发育正粒序层理、平行层理、沙纹层理,在粉砂质泥岩中发育有平行层理,碎屑岩其组合特征与鲍马层序之AB、CD、CDE组合相近,显示斜坡沉积。

陆相火山岩:在双湖东南呈点状出露。为发育柱状解理的玄武岩、安山岩及流纹岩组合。

2) 岩浆岩相

晚二叠世以火山岩为主,主要分布于江爱达日那幅中部的西雅尔岗一带,称为火山岩岩片,与礁灰岩、泥晶灰岩、凝灰质粗—粉砂岩、含凝灰质硅质泥岩等共生。岩石组合为玄武岩、玄武安山岩、安山岩、流纹岩。玄武岩属于钙碱性与拉斑玄武岩系列过渡,酸性火山岩属于钙碱性系列。酸性火山岩微量元素特征与新西兰岛弧英安岩和流纹岩的特征相似,在不同构造环境花岗岩的非活动性元素(Yb+Ta)-Rb判别图上(图略),落在火山弧区;在$lg\sigma$-$lg\tau$图(图略)上,火山岩主要落在消减带火山岩区内。在F_1-F_2-F_3图解上(图略),基性火山岩主要位于低钾拉斑玄武岩(岛弧拉斑玄武岩)区内。总体形成于岛弧构造环境。

3) 混杂岩相

有确切晚二叠世时代依据的蛇绿岩较少,可以江爱达日那幅桑琼—嘎错一带蛇绿岩为代表,呈大小不等的岩片分布,遭受不同程度区域变质和动力变质作用改造,形成了复杂的变质岩组合。蛇绿混杂岩具基质与岩块之分,岩块与基质间为构造接触,基质以绿片岩为主,岩块包括未变质或变质较弱的枕状玄武岩、火山角砾岩、辉长岩、辉绿岩等,伴生有薄层硅质岩、薄层含硅质条带灰岩等。原长春地质学院(1996)采自纳若的变枕状玄武岩,所做 Sm-Nd 法全岩等时线同位素年龄为$(252±4.6)$Ma;采自东侧吐错幅阿木岗北坡的玄武岩,所做 Rb-Sr 法年龄值为 251.3Ma,相当于晚二叠世;采自双湖西齐陇乌如的斜长角闪岩,所做 Sm-Nd 同位素年龄值为为$(268±5.6)$Ma,相当于中二叠世;采自双湖西恰格勒拉山口阿鄂日的蛇纹石化橄榄岩,所做钐-钕同位素年龄值为为 272Ma,相当于早二叠世。

其中火山岩岩石化学特征显示以玄武岩为主,少量碱玄岩、玄武安山岩、粗面玄武岩和粗面岩,主体上属拉斑玄武岩系列,少量钙碱性系列。稀土元素$\Sigma REE=(127.5\sim 313.7)\times 10^{-6}$。稀土配分曲线为向右倾斜的轻稀土富集型,$\delta Eu=0.74\sim 1.14$。其配分模式与洋岛碱性玄武岩相似。微量元素经原始地幔(Wood,1979)标准化蛛网图,表现为不相容元素富集型的分配形式,与洋岛玄武岩特征相似,不同的是出现 Sr 和部分 K 的强烈负异常。具有洋中脊玄武岩和洋岛玄武岩某些共有的属性,说明玄武岩可能形成于洋中脊/准洋中脊环境,成因可能与冰岛的热点活动相似,为扩张洋脊上有热点型岩浆活动叠加的火山岩类型。

3. 古地理特征

地貌复杂,总体具有南北浅、中部为斜坡-盆地的地理格局。北部为弧基底之上的浅海,向南中部一带迅速过渡为弧前斜坡-半深海盆地。再向南增生岩片堆叠几近露出海面,在其之上发育生物礁,它们在东西向上呈串珠状延伸,形成水下隆起,局部露出海面,总体为浅水环境,局部有连通弧前半深海盆地与广海盆地的斜坡峡谷。

(二) 托和平错-查多冈日海山增生杂岩相(XIII_2)

1. 构造特征

晚二叠世,托和平错-查多冈日洋岛-海山岩片增生到北羌塘地块边缘,成为增生杂岩带的重要组成部分,同时受南羌塘西部残片增生的围限,形成了半封闭的海湾、潟湖环境。

2. 岩相特征

1) 沉积岩相

沉积岩相单一。涉及地层单位为吉普日阿组,其与下伏石炭—二叠系展金组、上覆下三叠统康鲁组均为不整合接触。查多冈日幅的图北湖组也归入上二叠统,其与上覆地层上三叠统图中湖组呈断层接触,与下伏地层曲地组上段呈整合接触关系。参考剖面有 3 条。

台地萨布哈:分布在查多冈日及其以西地区(53 剖面),为该构造相区主要相区。底部岩性变化较大,以灰黑色砾岩为主。中下部为灰黑色泥质、粉砂岩夹灰岩,中上部主要为黑色薄层—中厚层泥晶灰岩、灰白色白云质灰岩、礁灰岩等,上部夹紫红色厚层砾状灰岩。区域上以白云岩,白云质灰岩为主。总体为干旱、炎热气候条件下形成的以红色调为主的碎屑岩或封闭海湾潟湖相沉积。

台地相灰岩:分布在查多冈日以东地区,向南与龙木错-双湖增生杂岩带上的台地相沉积连为一起(54 剖面)。岩性为灰色、深灰色微晶灰岩,白云岩,硅质岩夹薄—中层状钙质砂岩、砾屑灰岩、泥岩、细砂岩等组合,局部夹硅质岩团块或条带砂屑灰岩,微晶灰岩、白云岩、硅质岩等岩石中产双壳类、鏇、有孔虫、腹足类或菊石等生物化石,代表了开阔台地—斜坡相的沉积。

此外,在该沉积相区的东部图中湖一带推测了带状展布的斜坡相砂岩相区。

3. 古地理特征

总体为海湾地貌,从底部岩石以砾岩为主,岩性、岩相向上变化快的特点分析,地貌复杂起伏较大。

(三) 左贡俯冲增生楔杂岩相(XIII_4)

1. 构造特征

沿洋盆的南北边缘发育了一系列的增生杂岩,如前所述在玛依岗日双湖一带为洋壳残片俯冲折返的增生楔,在龙木错—双湖一带为洋岛海山俯冲折返的增生楔。除此之外,还发育系列有早期被动大陆边缘沉积和前寒武纪地块组成的高压低温变质地质体,它们虽然沉积时代早,但与消减的大洋岩石圈板块一起经历了俯冲、折返,其中的部分最终构造就位时代为晚二叠世。如同卡结晶基底岩片和澜沧俯冲增生杂岩。

2. 岩相特征

1) 混杂岩相

同卡结晶基底岩片:由古中元古代卡穷岩群和侏罗纪 S 型花岗岩组成。卡穷岩群为一套蓝晶白云母石英片岩、含矽线石榴蓝晶黑云片岩、蓝晶黑云斜长片麻岩、石榴黑云斜长片麻岩、角闪斜长片麻岩、黑云二长片麻岩、黑云斜长变粒岩、含矽线斜长变粒岩、黑云二长变粒岩、斜长角闪岩、石榴斜长角闪岩和少量大理岩、榴辉岩包体组成的中深变质结晶基底岩系。榴辉岩呈包体产于卡穷岩群含蓝晶石榴矽线黑云二长片麻岩中,包体呈圆球形、椭球体,大者 50cm 左右、小者如拳,呈北西-南东向串珠状与围岩片麻理一致,宽约 50m,两侧为花岗片麻岩。据初步研究,卡穷岩群中石榴辉石岩包体形成的环境可能介于中压麻粒岩相与榴辉岩相的过渡环境。它构成了丁青-卡玛多、邦达-碧土高压变质带的重要组成部分。变质矿物组合为葡萄石-绿纤石相组合和蓝闪石-黑硬绿泥石组合组成的高压变质带,变基性岩中的蓝闪石-黑硬绿泥石-硬柱石-硬玉(?)组合和绿纤石、阳起石组合。

澜沧俯冲增生杂岩:原岩由泥盆系-石炭系南段组和下二叠统拉巴组构成。南段组原岩为以石英砂岩、岩屑石英砂岩和岩屑石英杂砂岩为主,夹少量黏土岩的浊积岩组合,沉积于被动大陆边缘环境。拉巴组原岩由泥质岩、粉砂质岩构成韵律层,间夹有薄—中层长石石英砂岩、薄层硅质岩、薄层灰岩和沉玄武安山质岩屑凝灰,形成于活动大陆边缘环境。它们发生了高压低温变质作用,其中蓝闪石的最早形成年龄为 279Ma(^{40}Ar-^{39}Ar),并与大量的多硅白云母(260~240Ma,Rb-Sr)共生,表明晚二叠世是重要的折返就位阶段。

3. 古地理特征

这些俯冲折返的大陆边缘沉积地质体或微小块体现今直接暴露于地表,未见上覆沉积盖层。依据现今对增生楔地貌的观察,推测晚二叠世时期为水下高地或隆起区。

二、南羌塘西部地块(XIII_3)

1. 构造特征

晚二叠世,南羌塘西部地块残片很可能已经与甜水海地块、北羌塘地块拼贴连为一体,其北部形成半封闭的海湾,沉积了上二叠统的台地萨布哈。而在其南侧的班公湖-怒江洋盆可能存在向北的俯冲作用,使南羌塘地块的南部边缘成为岛链状隆起或水下隆起高地,发育了夹有中酸性凝灰质的滨浅海沉积。

2. 岩相特征

1）沉积岩相

沉积岩相类型较多，涉及地层单位主要为吉普日阿组，其与下伏石炭—二叠系展金组、上覆下三叠统康鲁组均为不整合接触。引用剖面6条。

台地萨布哈：分布于鱼鳞山到鲁玛江冬错一带（51、52剖面）。52剖面主要为白云质灰岩和角砾状灰质白云岩组成，反映封闭海湾潟湖环境。51剖面主要岩性为灰色、灰黑色块状灰岩，生物碎屑灰岩，夹灰紫色块状灰岩和一些鲕粒灰岩，产珊瑚、腕足类、腹足类等海相生物化石，厚大于875m。

滨岸相砂岩、砂砾岩：呈带状分布于塔查普山以南、改则以北地区（50、203、49、55剖面）。在多玛以西为紫红色、橘红色、灰黄色等杂色砂岩，泥岩与条带粉砂岩互层，吉普北部为砾岩、砂砾岩、钙质砂岩或砂质灰岩、粉砂岩互层，含腕足类及海百合茎化石碎片，砂岩中发育冲洗层理、槽状交错层理，厚650m。加错-鲁谷（56剖面）砂岩中夹有安山质凝灰岩。

隆起区：分布在泽错-班公湖和改则以北两地。前者在其东缘发育滨岸相砂岩、砾岩，内部普遍见下中三叠统不整合于下二叠统上；后者北侧有边缘相沉积，内部可见到上三叠统不整合于中二叠统龙格组之上，加之北部与大面积台地萨布哈相连，故推测存在狭长的陆陇。

2）岩浆岩相

极为零星的火山碎屑岩。见于加错幅的吉普日阿组中，岩类有变质凝灰岩、变质沉凝灰岩，在陆源碎屑岩中呈夹层产出。显微镜下晶屑以长石为主，晶屑和玻屑具绿帘石化现象，推断其成分应为中基性，可能以安山质为主。

3. 古地理特征

南羌塘地块残片晚二叠世古地理较早中二叠世发生了很大变化，早期含冰水杂砾岩，反映气候条件及古地理位置与冈底斯地块相近，说明与冈底斯地块相距不远；晚期与北羌塘地块相似，说明二者相距不远。地貌上西部、南部地势较高，形成狭长的陆或水下隆起，北部主体成为半封闭的海湾。

三、班公湖-南羌塘东部-唐古拉洋盆（XIII_5）

1. 构造特征

由不同性质的岩片构造叠置，呈构造透镜状产出，长轴北西向延伸，不同岩片之间均为韧性剪切带接触。岩片内部，特别是变质基底岩片、复理石岩片中流变褶皱发育。发育两条高压变质带，东部为丁青-卡玛多、邦达-碧土低温高压变质岩带，西部为苏如卡-俄学低温高压变质岩带。它们分别与类乌齐-东达山高温低压变质带、察隅-腾冲高温低压变质带组成两条双变质带，指示洋盆的大洋岩石圈板块是双向俯冲。

2. 岩相特征

洋盆残片相在类乌齐—左贡一带最为发育，包括蛇绿混杂岩、硅泥质复理石以及洋岛碳酸盐岩等，各自特征如下。

蛇绿岩：包括丁青-卡玛多蛇绿混杂岩片和俄学、八宿-下林卡、碧土-丙中洛蛇绿混杂岩片以及那曲夺列蛇绿岩等。由方辉橄榄岩、辉长岩、大洋拉斑玄武岩及洋岛玄武岩、辉绿岩组成。蛇绿岩中未找到岩墙群，与南延滇西昌宁-孟连古特提斯洋盆相似。洋岛碱性玄武岩出露于据水、学巴，其稀土、微量元素特征与滇西昌宁-孟连带的澜沧老厂火山岩几乎完全一致（吴根耀，1994）。在丁青-卡玛多北东侧发育玻安岩和低钛玄武岩，岩石化学特征表明属于洋内弧和弧前环境，其特征与特罗多斯、沃瑞诺斯、汗泰锡尔、泽当地区的蛇绿岩基本可以对比（张旗等，1992）。

夺列蛇绿岩：构造侵位在中上侏罗统拉贡塘组和中侏罗统桑卡拉佣组之间，呈透镜状分布在那曲县达仁乡罗里垌一带。其中辉长岩中测得同位素年龄（U-Pb法）为242Ma、259Ma。由蛇纹石化纯橄岩、蚀变中细粒橄长岩、辉石岩组成。其中基性—超基性岩属变质橄榄岩类，总体表现出低钛、弱铝、贫碱质、高镁质的镁铁质特征，可能属于地幔残余成因。稀土总量较低$(4.51\sim8.53)\times10^{-6}$，$\delta Eu$值为$0.96\sim1.2$，$\delta Ce$值为$0.55\sim0.69$，稀土配分模式呈平坦型。明显富集Cr、Th、Ba、Be、Ta等元素，而明显亏损Sn、Nb、Zr、Rb、Sr、Co等元素。

深海复理石：包括罗冬硅泥质复理石混杂岩片、扎玉硅泥质复理石岩片。由硅质岩、硅质泥岩夹砂泥岩及多层火山岩组成。硅质岩具粒序层特点，含Cr、Ni、Co、Zn、Ba较高，普遍含Mn、Fe、P结核及同生黄铁矿，浊积岩中含深水遗迹化石等。

海山碳酸盐岩：以孟阿雄、察瓦龙海山岩片为代表，碳酸盐岩与玄武岩共生，玄武岩为碱性系列，微量元素地球化学特征显示产于板内环境，表明属洋岛-海山组合。

推测洋盆：在现今班公湖-怒江蛇绿构造混杂岩带出露范围内，缺少古生代沉积，推测为深海洋盆。

推测半深海斜坡：在扎琼鄂玛、妥尔久山一带推测为半深海斜坡。依据其南侧零星分布的中下二叠统推测存在微小地块和洋岛，这些块体在晚二叠世邻近北羌塘，二者之间洋壳消减殆尽，但它们尚未增生到北羌塘，故推测以半深海环境为主。

推测浅海环境：在左贡至类乌齐县之间，上三叠统不整合在具有高压变质特征的吉塘群之上，构造上后者属于增生楔的组成部分，推测其上应为浅海沉积区。

3. 古地理特征

晚二叠世，古特提斯洋盆规模较大。冈底斯与北羌塘地块古地磁资料表明其古纬度差在10°以上。残留相中既有深海盆地浊积岩，又有洋岛组合的碳酸盐岩和碱性玄武岩。此外，在中段的帕度错至安多县之间，从零星出露的早二叠世沉积组合分析，可能还存在微小的地块；部分洋壳残片通过消减作用已增生到北羌塘南缘和昌都地块西缘，隆起成陆或水下隆起。因此，这时的古特提斯主大洋是一个洋岛海山、地块、水下高地星罗棋布的复杂洋域。

第六节 冈底斯-喜马拉雅地区构造-岩相古地理特征

北界为班公湖-怒江结合带南界断裂，南界为主边界断裂。晚二叠世，受古特提斯主大洋的大洋岩石圈板块向南俯冲作用的控制，北冈底斯地块构造隆起，呈岛链线状延伸；南冈底斯弧后伸展，成为远海陆棚—半深海盆地；喜马拉雅山地区是由南向北逐渐变深的弧后近陆海盆地。总体具有南、北浅或隆起，中部深的古地理格局。

一、聂荣弧基底杂岩（XIV_1）

该构造相没有沉积剖面，推测以聂荣为中心存在隆起，在其周缘为浅海沉积。

二、北冈底斯岩浆弧（XIV_2）

1. 构造特征

受古特提斯主大洋的大洋岩石圈板块向南持续俯冲作用，北冈底斯地区继东部地区在晚石炭世—早二叠世转化为岛弧后，晚二叠世逐渐向西扩展到整个北冈底斯带。构造抬升作用显著，中酸性岩浆活动增强。

2. 岩相特征

沉积岩相复杂多变,岩浆岩相以中酸性火山岩为主,侵入岩零星。

1) 沉积岩相

沉积岩相多样,涉及地层申扎一带称木纠错组,与下伏的中二叠统下拉组不整合,上未见顶。措勤县一带北为坚扎弄组,下未见底,上部被下白垩统郎山组不整合覆盖;南部为敌布错组,与下伏中二叠统下拉组角度不整合接触,上未见顶。在拉萨一带称列龙沟组,与中二叠统洛巴堆组断层接触,上未见顶。当雄县及其以东地区称为蒙拉组,与下伏中二叠统洛巴堆组平行不整合接触,上与三叠系查曲浦组呈整合接触。波密一带为西马组,与下伏中二叠统洛巴堆组断层接触,上未见顶。然乌一带为纳错组,与下部中二叠统雄恩错组不整合,上未见顶。参考剖面15条。由4个由粗向上变细的退积型基本层序组成。

河湖相:分布在尼玛一带,以帮多区幅当惹雍错西北部的尼玛县楚速剖面为代表(205、108剖面)。岩性主要为一套碎屑岩夹灰岩组合。细碎屑岩中夹多层不等厚条纹(带)状灰岩,砂岩发育楔状交错层理和平行层理,泥岩和灰岩具水平层理。灰岩贫化石、含碳,砂、泥岩中富含植物化石和大量扁圆状菱铁矿结核,$Sr/Ba<1$。厚度大于830m。在达瓦错以北,下部碎屑粒度较粗,夹有砾石层,含薄的劣煤层或煤线;上部碎屑粒度变细。厚约730m。总体为陆缘近海湖相环境。

海陆过渡相:分布在措勤县扎日南木错一带(107、109、111剖面),以措勤县江让剖面为代表。下部165m以泥质岩为主,夹浅绿灰色、少量杂色薄—中厚层岩屑石英粉细砂岩,泥质端元内部常发育透镜状(粉细砂)层理,局部出现丘状层理和碟状层理,产丰富的植物化石碎片。砂岩的粒度表现为单一的牵引总体,斜率中等。上部以碎屑岩为主,并出现多层河道相砾岩夹层,色调以灰色为主,少量杂色。砂、泥质岩中,发育透镜状层理和脉状层理,虫迹常见,多数为平行层理面的蛇曲状觅食迹,少数为斜切层理面的牧觅迹,产丰富的植物化石碎片,部分构成植物化石层,见有完整的海相双壳类化石。砂岩的粒度分布曲线表现为牵引主体、回流主体和悬浮主体的三段型。厚度大于830m。在措麦区的仲青勒剖面厚度大于3 740m,邻区碎屑岩中夹英安岩和流纹岩。

局限台地相:分布在申扎一带,以申扎县木纠错剖面为代表(204剖面)。底部为含生物碎屑白云岩,中下部为厚层白云岩与角砾状白云岩互层,角砾状白云岩中显示风暴沉积构造,中上部以纹层状白云岩为主,顶部为块状白云岩,垂向上显示潮道、潮坪相交替的沉积环境,间夹有藻滩、藻泥丘沉积。厚2 455.9m。

滨岸相:实际控制相区分为南、北两带,北带进一步分为东、西两区。北带西段以亚热幅剖面为代表。东部(125,126剖面),下部以安山质凝灰岩为主夹细碎屑岩和生物碎屑灰岩,其中含双壳类、腕足类、海百合茎、苔藓虫;上部以粉砂岩为主夹中粗粒砂岩和含砾砂岩,粉砂岩中含丰富的海百合茎、菊石。厚度大于397m。稍北的蒙拉组,下部以紫色砂岩及灰岩为主,厚1 000余米,底为一层厚达3m的砾岩,砾石圆一次圆状,成分多为灰质,属底砾岩;中部灰色砂岩夹板岩及灰岩,厚2 000余米;上部为灰色、土黄色砂岩,石英岩,夹白云岩及黑云母石英片岩。

南带位于波密县—然乌区一带,北西向、北北西向带状展布,以然乌区幅纳错组为代表。岩性为含砾和不含砾的砂、泥质互层。其中石英砂岩的成分成熟度高,结构成熟度低,分选中等,杂基含量低,为4%~6%;杂砂岩、含砾杂砂岩的成分和结构成熟度均低,分选差,杂基含量高,为30%~40%。粒度分析主要发育跳跃总体,含量75%~100%,局部受波浪的回流作用,具两个次总体;滚动和悬移总体不甚发育。厚度大于1 814m。

陆棚相:分布于该构造相的最南部,呈东西向带状展布。可进一步分为粉砂岩、砂岩沉积区和粉砂岩、砂岩、灰岩沉积区及推测陆棚相。粉砂岩、砂岩沉积区以工布江达北剖面(127剖面)上部层位为代表,以浅灰色、深灰色粉砂质千云母板岩与浅灰色、灰色变质中细粒长石砂岩互层为主,次有深灰色片理化变质含泥砾石英砂岩夹少量变质石英砂岩条带及千枚状白云母片岩,粗石榴白云母石英片岩,长石石英砂岩具平行层理。粉砂岩、砂岩、灰岩沉积区以波密北剖面为代表(128,129剖面)。岩性以杂砂岩、中厚层状粉晶灰岩透镜体、细砂岩、粉砂质板岩为主,砂岩成熟度较低,并与粉砂质板岩组成不等厚互层,灰岩中产珊瑚、海百合茎及苔藓虫化石。碎屑岩、灰岩沉积区与碎屑岩沉积区在林芝北部地区相变过渡。西部没有剖面控制,为推测相区。

推测相区:依据沉积相侧向相序规律原理,在嘉黎到班戈北部,沿班怒带的南缘推测了半深海相区;在高黎贡山以东,沿班公湖-怒江带西部边缘推测了深海盆地相区。

隆起剥蚀区:根据滨岸相沉积分布特点,将海岸线位置推测到波密县城、然乌区南的墨脱、奈加等地。在嘉黎县、经那曲南到申扎以北存在一个狭长的隆起区。除此之外,在狮泉河以北的甲岗和改则县南的江马还有两个较小的隆起区。上述隆起区除了甲岗隆起只有南部存在滨岸相沉积之外,其他隆起区除了滨岸相,可见到侏罗系或上三叠统与下伏中二叠统的不整合。

2) 岩浆岩相

该带岩浆岩相零星,中酸性侵入岩主要分布在东部。火山岩分布于拉萨、措麦区幅。

侵入岩分布在嘉黎-易贡藏布断裂带南侧巴索错-手拉及共哇-斯列多不家等地,呈大小不等的小岩株状形式侵入到中-新元古代念青唐古拉岩群和前奥陶纪雷龙库岩组之中,分布面积约 $58.21km^2$。岩性皆为中细粒黑云二长花岗岩,其 A/CNK 值主体小于 1.1,为硅铝过饱和的显 S 型花岗岩。LREE/HREE>1,$\delta Eu=0.21\sim0.28$,δCe 值略小于 1。微量元素洋中脊花岗岩标准化曲线显示出 Rb、Th、Ba、K_2O、Ta、Nb、Ce 元素的峰值均较大,其中 Rb 和 Th 更加突出,Hf、Zr、Sm、Y、Yb 等元素亏损,形成了一个拖尾状双峰式"M"形分布曲线,这一形式与中国西藏和阿曼等地同碰撞花岗岩的蛛网图十分相似。形成时代很可能属于晚二叠世。

火山岩在拉萨北部赋存于上二叠统列龙沟组中,计有五层,总厚 256.29m。主要岩石类型有蚀变安山质晶屑凝灰岩、绿帘石岩两种,呈夹层产于板岩、硅质岩、粉砂岩中。在措麦区幅赋存于西北部雄马的敌布错组陆相沉积碎屑岩中,喷发物为喷溢相流纹岩、流纹英安岩。

3. 古地理特征

中二叠世开始,发育在北冈底斯的冰水杂砾岩沉积中所产植物化石组合具有北半球华夏和冈瓦纳舌羊齿植物群中的非典型分子的双重性,植物群混生的特色明显。

三、南冈底斯弧后盆地近弧相(XIV_3)

1. 构造特征

包括南冈底斯及雅鲁藏布江缝合带所在区。晚二叠世,处于伸展构造背景,弧后盆地开始孕育。东西向线状分布的板内玄武岩与台地相灰岩、斜坡相碎屑岩等共生反映了堑垒相间的盆地基底特征。

2. 岩相特征

1) 沉积岩相

总体以滨浅海相为主体,具有北深南浅的沉积格局。涉及地层单位,在西部为色龙群上段和曲嘎组三段,东部为蒙拉组。还参考了非正式地层单位"浪错岩块"。参考剖面 7 条。

台地相灰岩:其分布区与雅鲁藏布江结合带中的札达中间地块分布区大体一致,以萨嘎县曲嘎组三段顶部层序为代表(116、117 剖面)。底部原岩为一套含铁、碳质泥岩,偶夹粉砂岩,推测水体较深,形成于外陆棚边缘;向上为一套铁质泥岩与灰岩互层堆积,并且越向上灰岩所占比例越大,水体较前者要浅,为陆棚环境;再向上为碳质泥岩、铁质泥岩夹细砂岩及岩屑砂岩堆积,形成于外陆棚边缘;顶部原岩为一套富含底栖生物及浮游生物的灰岩堆积,形成于碳酸盐岩台地缓坡环境。

浅海相玄武岩:沿南冈底斯与喜马拉雅区边界近东西向断续带状延伸。西部称为才巴弄混杂岩(112 剖面),东部称为浪错岩块。由紫红色、肉红色中—厚层状生物灰岩,生物屑灰岩,夹深灰色薄层含泥生物屑灰泥岩、玄武岩组成。生物屑灰岩中常见正粒序和对称型粒序层,见暴露环境下形成的古风化壳和渣状层,生物种类尤以浅水生物群占主体,局部形成生物礁。薄层灰泥岩发育平行层理。

陆棚相：分布于西部的普兰一带，以 115 号和 114 号剖面上部层位为代表。前者属于曲嘎组三段，下部以砂质绢云板岩、钙质板岩、板岩为主，夹泥粉晶灰岩、含生屑粉晶灰岩；上部以灰岩、含生屑粉晶灰岩、细晶灰岩、泥晶灰岩为主，夹砂质板岩、泥质板岩、绢云千枚岩等，含腕足类、䗴、有孔虫等。在普兰县幅的色龙群上段层序由粉砂质板岩和泥晶灰岩构成，泥晶灰岩呈薄层状，局部为透镜体。

滨海相：东部以林芝县幅蒙拉组剖面为代表（209 剖面）。主体由石英砂岩夹粉砂质绢云板岩、含泥砾砂砾质石英砂岩组成的韵律型层序，中上部石英岩具平行层理，顶部砂岩底部具侵蚀面。垂向上呈退积→加积→进积→加积→退积的层序组合变化规律。厚度大于 2 155.3m。

推测半深海相：位于该构造相最北部，呈东西向带状展布。没有实际剖面控制，根据萨嘎县曲嘎组三段中下部主体为外陆棚边缘，推测向北有半深海相。

2）岩浆岩相

仅见有火山岩，以基性岩为主，赋存层位在拉孜县一带为浪错岩块。岩石组合为拉斑玄武岩、玄武质凝灰岩。岩石 Na_2O+K_2O 平均为 4.42%，Al_2O_3 的平均含量 14.18%，低于 16%，属于钙碱性系列。ΣREE 平均为 64.15×10^{-6}，球粒陨石标准化分配形式图曲线平缓，δEu 平均为 0.97。微量元素含量变化范围大，表现在 Rb、Ba、Th、U 亏损程度高，而 Ni、Co、Ti、V、Cu 极为富积，其中 Ti 的平均丰度值高达 $9 877\times10^{-6}$，与大洋拉斑玄武岩 Ti 含量高的特点相吻合。其与台地相灰岩、滨岸相砂岩共生，反映海相喷发。总体为碱性系列，形成于板内构造环境。

3. 古地理特征

南冈底斯总体具有南浅北深的沉积古地理格局，与特提斯大洋南侧陆缘的区域宏观沉积格局相似。

四、喜马拉雅弧后盆地近陆相（XIV_4）

1. 构造特征

其构造特征与南冈底斯类似，总体处于弧后伸展构造背景，在北喜马拉雅地区形成了大陆边缘裂谷系统。沿同沉积断裂带发育线状产出的板内玄武岩。

2. 岩相特征

1）沉积岩相

总体为边缘海沉积环境，涉及地层单位包括色龙群曲布日嘎组、白定浦组和姜叶玛组。曲布日嘎组与下伏曲布组整合接触，与上覆三叠系土隆群为平行不整合接触；白定浦组与下伏康马组为整合接触关系，与上覆下中三叠统吕村组为平行不整合接触，姜叶玛组缺顶、底。参考剖面 13 条，沉积相垂向变化及对比如图 9-5 所示。聂拉木县色龙群剖面可作为该构造相区典型剖面。其垂向上，底部由复成分砾岩—细粒岩屑砂岩—泥质粉砂岩组成正粒序基本层序（河流相）；中下部由含砾砂岩—细砂岩—粉砂岩构成正粒序基本层序（三角洲前缘砂体相），由泥质岩夹泥质粉砂岩、钙质粉砂岩组成韵律层序（陆棚）；中上部由生物碎屑灰岩组成基本层序（台地浅滩）；上部由泥晶灰岩组成基本层序（开阔台地）。认为色龙群由下至上由分枝河道—内陆棚—三角洲—内陆棚—三角洲—外陆棚—开阔台地，反映其由浅变深又变浅的沉积环境。

局限台地相：在江孜县南小面积分布，以江孜县幅东部色龙群剖面（208 剖面）上部层位为代表。岩性由灰绿色薄层状粉砂岩夹粉砂质页岩、泥灰岩、生屑、核形石（假鲕状）灰岩组成。基本层序多由泥灰岩—粉砂质页岩—粉砂岩组成的向上变粗反粒序，厚 3～20cm。厚度 550～607m。

台地相：分布在拉轨岗日—佩枯错一带，以 122、118、120 等剖面上部层位为代表。由含砂质生屑灰岩为主夹黏土质砂岩生屑灰岩、厚层白云岩化含砂屑生屑灰岩及生屑钙质砂岩等，富含腕足类、珊瑚、苔藓虫、海百合茎等化石。在拉轨岗日东侧以大理岩为主。下部由一系列的旋回层组成，每个旋回层下部

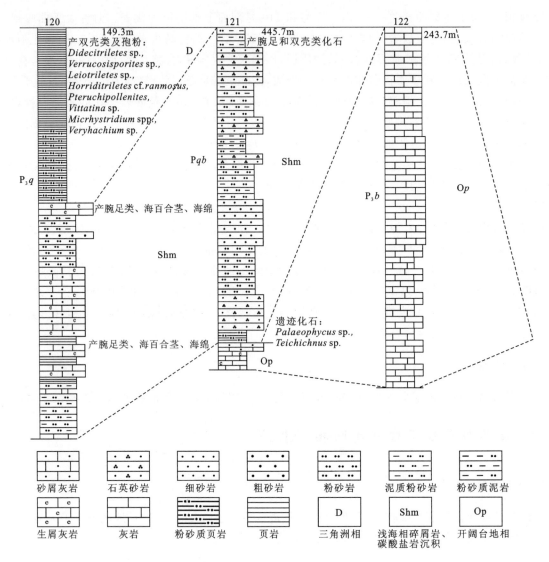

图 9-5 喜马拉雅弧后盆地近陆带沉积相剖面对比图

为灰褐色中—厚层含粉砂黑云母大理岩(原岩可能为泥质灰岩)夹灰黄色薄—中层大理岩,上为灰黄色中—厚层大理岩夹灰褐色中层含粉砂云母大理岩,发育毫米级水平纹层;中部为灰色、灰黄色中—厚层大理岩,夹少量灰褐色中层含粉砂黑云母大理岩;上部为灰色中层—块状白云质,或含白云质大理岩,顶面起伏不平,具微古喀斯特化现象。厚243.7~282.1m。在西段玛旁雍错东一带姜叶玛组灰岩地层中夹有多层杏仁状玄武岩。

滨岸相:呈带状分布于该构造相的南部,主体与陆相沉积过渡。西南部扎达一带(103、104 剖面)主体岩性为灰色、粉灰色粗—细粒岩屑石英砂岩,含砾岩屑石英砂岩,夹灰色钙质长石英砂岩;底部含砾粗碎屑岩、石英砂岩,厚度不稳定,可见凝留砾石层;顶部为灰粉色不等粒石英砂岩、深灰色含砾板状粉砂岩、板状粉砂质泥岩。碎屑岩含腕足类、双壳类化石,见有脉理层、平行层理、透镜状层理和水平层理。厚 123~280m。

吉隆、定日一带(118、119、207、120、121、123 剖面中部层序)由灰黑色微细粒长石岩屑砂岩、薄层粉质页岩、含生屑钙铁质页岩及细粒岩屑砂岩组成,具水平层理、波状层理,产腕足类化石。横向上厚度明显由西向东减薄,厚度为 811~336m。中厚层状石英砂岩、长石石英砂岩在横向上不连续,呈透镜体状,底部复成分砾岩在色龙一带连续,而在定日县曲布一带则为厚层石英砂岩,说明具有从西向东水体加深的规律。25 号剖面上部层位夹有杏仁状蚀变玄武岩、火山硅质岩条带及火山角砾岩等。

90°线以东地区缺少剖面控制,为推测相区。

三角洲相：分2处，东边在珠穆朗玛峰一带，西部在玛纳斯卢峰一带（推测）。东部以120和207剖面中下部层序为代表，底部由复成分砾岩—细粒岩屑砂岩—泥质粉砂岩组成正粒序基本层序，砾岩底部冲刷侵蚀构造明显，砾岩具正粒序层理，砾石成分较复杂，为河流相。中下部由含砾砂岩—细砂岩—粉砂岩构成正粒序基本层序，砂岩中发育小型斜层理、沙纹层理、平行层理，显示三角洲前缘砂体相。总体为三角洲相。

陆相：仅根据聂拉木县幅207剖面底部层位推测南部存在陆相碎屑岩沉积区，在88°线以西呈带状展布。由复成分砾岩—细粒岩屑砂岩—泥质粉砂岩组成正粒序基本层序，砾岩底部冲刷侵蚀构造明显，砾岩具正粒序层理，砾石成分较复杂，为河流相。

最南端为推测的隆起区边界。西部巴基斯坦境内，隆起区边界大体沿比尔本贾尔岭北侧北西向延伸至穆扎法拉巴德与主边界断裂相连，以南可见三叠系与石炭系的不整合。

2）岩浆岩相

仅见有火山岩，以基性岩为主，赋存层位为中上二叠统色龙群，分布在聂拉木县色龙东山一带，东西长约2km。由基性熔岩—火山角砾岩—气孔状、杏仁状蚀变玄武岩夹火山硅质条带—正常沉积岩组成2个喷溢—爆发—喷溢—沉积韵律。火山岩中以熔岩类占绝对优势。岩石以低钛、磷，高铝为特征，属亚碱性拉斑玄武岩系列。稀土元素总量为$(93.43\sim95.64)\times10^{-6}$，LREE/HREE$=1.75\sim1.82$，属轻稀土略富集型；$\delta Eu=0.83\sim0.93$，$\delta Ce=0.90$，$(Ce/Yb)_N=3.3\sim3.8$，岩石分离结晶程度较高。玄武岩中Rb、Sr、Ba、Th、Ta、Nb含量较高，N-MORB标准化曲线总体呈"单峰型"分布模式。形成于大陆拉伸-大陆裂谷环境。

3. 古地理特征

喜马拉雅地区晚二叠世古地理格局比较复杂，总体为向北倾斜的边缘海。以88°~89°经线之间伸向印度大陆的海湾为界，东西地貌特征可能存在差异。以西地区可能为泛洪平原，有河流向北注入，入海口发育三角洲。东部地区缺少剖面控制，古地貌特征不清。

五、保山地块相（XIV_5）

1. 构造特征

保山地块东侧的昌宁－孟连洋盆的大洋岩石圈板块已消减殆尽，保山地块与其东部陆块连为一体，进入浅水沉积区。

2. 岩相特征

1）沉积岩相

沉积相简单，涉及地层单位为沙子坡组，整合覆于中二叠统丙麻组之上，被下中三叠统喜鹤林组整合覆盖。参考剖面2条。普遍具有早期水体向上变深，晚期又变浅的充填序列。

台地相：分布在保山地块的西部边缘（154剖面）。下部由中厚层状砂砾屑白云岩→中层状白云岩、鲕粒白云岩→含鲕粒白云岩、厚层块状白云岩→中厚层状白云岩构成，总体反映水体向上变深的退积型层序；上部由中层状白云岩→中厚层状白云岩组成，总体反映水体向上变浅的进积型结构。含䗴、有孔虫和腕足类化石，厚1 082m。保山地块东部边缘可能存在系列孤立台地。

潮汐带碳酸盐：分布在保山地块东部（155剖面）。下部为灰色中厚层状泥晶灰岩、生物碎屑（泥质）灰岩，属退积型结构；中上部为浅灰色、灰色厚层块状泥—细晶白云岩，角砾状白云岩夹含生物碎屑泥晶灰岩、灰岩。白云岩中见水平层理，属进积型结构。产有孔虫、䗴、苔藓虫、珊瑚、腕足类、海绵、藻类等生物。在保山市西部厚663.93~757.58m，向东减薄至277.39m。

3. 古地理特征

晚二叠世保山地块已经与兰坪地块连为一体,大量发育碳酸盐岩反映其位于低纬度。沉积厚度西部大、东部薄,暗示地貌上具有西低东高特征。

第七节 周边陆块区构造-岩相古地理特征

周边陆块区包括塔里木陆块、阿拉善陆块、扬子陆块以及印度陆块等,它们具有相对刚性的基底和长期的演化历史,见证了特提斯洋产生、演变交替到最终消亡的全过程,同时又是青藏高原隆升成"第三极"的主要边界条件,或多或少地保留了青藏高原构造-岩相古地理演变的痕迹。晚二叠世,塔里木陆块东部隆起,西部为泛洪平原到湖泊环境;阿拉善陆块北部隆起,南部为冲积平原;印度总体为隆起区,仅在中部可能有海湾伸入进来,接受了沉积。扬子陆块西缘古地理比较复杂,总体是隆起区,西部以浅海环境为主,东部为泛洪平原。

一、阿拉善陆块(Ⅰ)

1. 构造特征

阿拉善总体处于陆内构造背景。受北部北山造山带的后期隆升走滑作用影响,在其阿拉善北部边缘产生陆内的走滑、拉伸作用,形成近北东走向的陆内断陷盆地,伴生了中酸性火山喷发活动。

2. 岩相特征

1) 沉积岩相

以隆起剥蚀为主,在其南部边缘为陆相沉积,北部有海陆过渡相。涉及地层单位有窑沟组、上石盒子组、石千峰群下部,石千峰群与上覆二马营组呈整合接触、与下伏上石盒子组均为连续沉积。参考剖面4条。

总体为隆起剥蚀区,在编图区的南缘为辫状河沉积(76、92剖面),以砂岩为主,含砾岩等。在银川南部发育有洪积扇,可能属于鄂尔多斯西缘—六盘山一带的隆起区边缘(93剖面)。

海陆交互相:分布于阿拉善右旗北西一带,属于北侧北山盆地的南部边缘,以77号剖面为代表。第一岩性段为紫红色碎屑岩夹火山岩,下部为紫红色砂岩、砾岩夹流纹岩,上部为流纹岩质熔岩凝灰岩夹砂岩、砾岩,厚454.3m。第二岩性段由黄绿色、灰紫色钙质粗砂岩,细砂岩,砂岩夹泥质页岩,流纹斑岩,厚407.6m。第三岩性段为灰紫色粗砾岩、砾岩,下部夹火山质砾岩,厚337.2m。第四岩性段为灰绿色砂岩,上部夹细砾岩,产 Cordaits sp. 等植物化石,厚281m。属干燥,湿润交替气候条件下海陆交互相沉积。

辫状河相:分布于该构造相南缘,近东西向带状展布,以山丹县平坡上二叠统窑沟组和宁夏石嘴山市苏峪口响水剖面为代表(76、92剖面)。岩性为紫红色砾岩、砂砾岩、粗砂岩。具有砂砾岩—含砾砂岩向上变细层序,含砾砂岩发育交错层理、平行层理。厚度286~386.5m。

洪积扇相:小面积分布于银川一带,以宁夏贺兰山小台子晚二叠世石千峰群剖面为代表(93剖面)。以紫红色厚层含砾不等粒长石砂岩夹砂砾岩、灰紫间夹蓝灰、灰绿色细粒长石砂岩为主,夹少量粉砂岩。砂岩、含砾砂岩中发育大型板状斜层理。厚137.5m。

2) 岩浆岩相

仅有中酸性岩浆岩,侵入岩较多,火山岩零星。侵入岩多呈岩枝和不规则岩株状,北西西向或北西向延伸,规模较小。岩石类型包括似斑状花岗闪长岩、石英正长岩,属碱性—钙碱性铝过饱和系列,产于板内环境。火山岩呈夹层状产出,与杂色砾岩、砂岩共生。岩石组合为流纹岩、流纹岩质熔岩凝灰岩、流纹斑岩及火山质砾岩等。缺少有效的同位素测年及地球化学数据。

3. 古地理特征

总体具有北部高、为隆起剥蚀区,南部低、为辫状河沉积的古地理格局。银川一带的洪积扇沉积表明东侧是山地,且隆起较高,以粗碎屑堆积为主,缺少含煤沉积,主体属于干旱炎热气候条件。

二、塔里木-敦煌陆块(Ⅱ)

1. 构造特征

晚二叠世,天山山脉已经颇具规模,西北侧与哈萨克斯坦增生地体碰撞,巴颜喀拉山洋盆的俯冲作用使西昆仑岩浆弧转化为大陆边缘弧,塔里木总体处于双弧后前陆盆地构造背景。塔里木东部及敦煌隆起成陆。

2. 岩相特征

1)沉积岩相

总体为陆相沉积。涉及地层单位在柯坪地区为沙井子组,上被古新统不整合覆盖,下与中二叠统整合接触;塔克拉玛干为阿恰群上段,上被下三叠统角度不整合覆盖,下与中二叠统阿恰群火山岩整合接触;塔南地区西部为达里约尔组、中部杜瓦组,其上为更新统乌苏群,不整合于石炭系之上;在民丰为普司格组,与古近系角度不整合接触,与下伏下二叠统塔哈奇组为不整合。参考16个钻孔、剖面10条。

滨湖相:在安迪尔兰干一带,以塔中32井、塔中34井为代表。以砂岩为主,夹砾岩、砂砾岩和含砾砂岩。厚度198~265m。可进一步分为滨湖相砂岩、含砾砂岩区和细砂岩区。

浅湖相:分布面积最广,岳普湖以东、民丰以北的广大地区。北部巴楚一带为杂色细碎屑岩夹薄层灰岩,厚294~598m。满西一带为泥岩、粉砂岩组合,厚度193~600m。

深湖相:分布在和田河与克里雅河的下游地区,近东西带状展布。为深灰色泥岩、粉砂质泥岩。厚度700~900m。

河流相:位于西南部的叶城、英吉沙一带(3剖面)。总体为一套灰红色、紫红色夹灰绿色、绿色陆相碎屑岩,岩石组合为灰绿色厚-薄层状粗-细粒钙质石英砂岩,灰红色薄层状钙质石英粉砂岩,紫红色、暗灰红色薄层状泥岩夹绿色泥质页岩。砂岩、粉砂岩中发育水平层理,槽状、楔状交错层理及爬升层理;泥岩发育水平层理。其基本层序总体向上变细、变薄,底部略显向上变粗变厚。含植物、丰富孢粉。厚度以新藏公路一带最薄约260m,向西英吉沙南部一带厚480m。

交互相:小面积分布在克孜勒陶一带,以阿克陶县七美干剖面为代表(1剖面)。岩性为灰紫色薄层钙质粉砂岩、细粒岩屑砂岩、少量泥质粉砂岩,极少量的粉砂质泥岩和泥晶灰岩。

冲积扇:分布在和田杜瓦一带,以发育巨厚的粗碎屑沉积。南部以砾岩、砂砾岩为主,代表扇根沉积;向北以砂岩为主,代表扇中。砂岩砂砾岩中发育粒序层理、交错层理。厚度大于600m。

3. 古地理特征

塔里木、敦煌总体具有东部高、西部低的古地理格局。在塔里木东部地区,以细碎屑浅湖相为主体,推测东部敦煌一带的剥蚀区地形比较平坦,非主要物源区。南北向上大体在叶城—皮山—墨玉—于田一线存在一个线状延伸的隆起或水下高地(相当于前隆带)。以北地区从北部的天山向南依次为山麓、河流平原到湖泊地貌;以南地区可能存在一个狭长的凹陷,很快由隆起的北昆仑山过渡到谷地地貌。从相邻的西昆仑沉积相分析,在西部的公格尔山一带存在通向南部海域的入海口或海湾。

三、扬子陆块（Ⅵ）

1. 构造特征

受峨眉山地幔柱影响,晚二叠世早期由于地幔柱头撞击该区岩石圈底部,导致区域岩石圈上拱,缺失了晚二叠世下部层位。随着大规模火山喷发,岩石圈回落、海平面上升,沉积了峨眉山玄武岩以上的上二叠统晚期地层。

2. 岩相特征

1) 沉积岩相

涉及地层单位较多,下部层位是峨眉山组。上部层位碎屑岩有曲靖一带的龙潭组、卡以头组、宣威组,盐源—雷波一带的乐平组,峨眉山一带的沙湾组,木里一带的黑泥哨组,宁蒗一带的东坝组,成都以西的下部为龙潭组、上部长兴组等。其中龙潭组、黑泥哨组（多夹有玄武岩）、长兴组、卡以头组、乐平组为海陆交互相,宣威组、沙湾组为陆相。引用剖面31条（含南方古地理图吴家坪期的22、39、40剖面）。

台地相灰岩：北部分布于北川—茂县一带,南部位于宁蒗的永宁（184剖面）,面积小。北部以157剖面上部长兴组和158号剖面为代表,岩性为深灰—灰黑色中层状灰岩,含生物碎屑灰岩夹燧石层和燧石条带,偶见白云质团块,或夹白云质灰岩,从东向西厚度加大,76～310m。南部以云南宁蒗县宜底上二叠统长兴组剖面为代表,为灰色、深灰色含沥青质灰岩夹同色泥质灰岩,含燧石团块,产䗴类、腕足类化石,厚226.9m。

滨浅海相：泥、粉沙岩、灰岩相区沿安县—都江堰—泸定—石棉—宁蒗北北东向带状展布。以四川芦山县林乡下井溪上二叠统吴家坪组剖面为代表（160剖面,157剖面下部层序,174、215剖面和南方古地理图吴家坪期的22号剖面）。其上部为深灰色、灰黑色中厚层状微晶灰岩,微生物屑灰岩,泥灰岩与深矿色泥岩互层。泥岩中夹灰色薄层钙质细砂岩、碳质泥岩、煤。泥岩和灰岩中水平层理发育,含大腕足类化石。粉、细砂岩中沙纹层理发育,含碳化植物碎片。下部为灰色薄层状泥岩、粉砂岩、紫色厚层状碳酸盐化铝土矿化碎屑状铁泥质岩、高岭石黏土岩铝铁质岩,夹灰黑色中层状微晶灰岩。厚度不等,北部149～270m,冕宁以北厚度大于3 000m。

海陆交互相：粉沙、泥相区分布面积较大。其中成都一带分布面积最大（165剖面）,相区勾画参考了南方岩相古地理图,以165剖面为代表。下部龙潭组为含煤铝铁岩建造。下部为紫红色致密状铝铁岩中夹蓝灰色、灰白色高岭石黏土岩和碳质页岩；中部为灰黑色中厚层状灰岩夹页岩,其上为碳质页岩和细砂岩,碳质页岩含植物化石碎片,灰岩中产巨大鱼鳞贝；上部为灰色深灰色中厚—块状灰岩、含燧石灰岩,夹页岩、细砂岩。长兴组中下部为浅褐色砂质页岩、中厚层状粉砂岩,含植物化石碎片；上部浅灰色中厚层状灰岩,产䗴化石；顶部为深灰—灰褐色砂质页岩夹浅褐色含碳质、泥质粉砂岩。厚150m。

云南石林—弥勒一带（200剖面）,为细碎屑岩夹煤层或煤线、基性凝灰质砂岩、凝灰岩及鲕状铁质岩和铁锰质结核等,厚约200m。木里和宁蒗之间（183剖面）以灰色、灰绿色粉砂岩,粉砂质泥岩,凝灰质岩屑砂岩,硅质黏土岩,碳质页岩为主,夹生物碎屑灰岩、鲕粒骨屑泥晶灰岩及煤线等。下部见有致密块状玄武岩,杏仁状玄武岩。含腕足类、有孔虫类及植物碎片化石,厚度约1 356m。

河湖相：粉沙、泥相区分布于盐津—彝良—曲靖一带（191、195、197剖面及南方岩相古地理图吴家坪期的39、40号剖面）,编图区内呈近南北向带状展布。岩石地层单位属于上二叠统宣威组,以195剖面为代表。下部为泥质石英细砂岩、粉砂岩与泥质互层夹少量长石石英砂岩,底部夹3～5cm的煤线及一层70～80cm的胶铝矿岩；中部为泥（页）岩或石英细砂岩与泥岩互层；上部为含泥质的石英细砂岩。不同地方煤层厚度、夹层数量不同。厚度72～210m,具有向东厚度略增大、碎屑物粒度变细的特征。西部以河流沼泽相为主,向东过渡为湖泊沼泽相。

玄武岩：玄武岩发育,厚度巨大、分布广泛是该构造相区最大的特点。可进一步分为海相、过渡相和陆相。海相玄武岩分布于丽江—永胜一带(192剖面),岩性为暗灰色、墨绿色致密块状玄武岩,灰绿色杏仁状玄武岩,块状玄武质熔角砾岩,块状含斑玄武岩;灰绿色玄武质火山集块岩中夹褐灰、暗灰色凝灰质细砂岩,凝灰质砂岩,底部7.5m杏仁状含斑岩中含鲢类化石,厚646.9m。

过渡相玄武岩分布面积大,主要相区在宾川—德昌—永善—马边金口河以西地区(198、187、189、178、175~177剖面),呈北东向不规则带状展布。最多可分8个旋回段,总体岩性以灰绿色、暗灰绿色微晶致密状玄武岩,黄绿色、灰色杏仁状玄武岩,含气孔和杏仁的斜长斑状玄武岩和玄武火山角砾岩,夹紫红色、紫灰色凝灰岩构成旋回为主。部分夹有含鲢类和珊瑚化石的灰岩透镜体,局部玄武岩顶部发育翠黄绿色、暗紫灰色粗面安山岩。玄武岩从南西向北东有逐渐减薄的趋势,宾川一带厚5 386m,盐源厚度大于3 000m,昭觉约1 400m,甘洛约830m,在雅安以南尖灭。过渡相区在嵩明—寻甸一带有小面积分布(196、199剖面),厚度为450~833m。

陆相玄武岩分布面积与海陆过渡区相当,形状不规则(193、190、194、189、167剖面)。主体由暗绿色、灰黑色气孔状玄武岩,斑状玄武岩,致密状玄武组成,部分地区底部为铝土质页岩、透镜状煤层、灰黑色泥质砂岩夹碳质页岩及煤线,常见角砾岩或集块岩。厚度也具有从西南向北东减薄的趋势,会理一带厚1 600~2 700m,布拖厚570~1 058m,峨眉山一带厚420m。

2)岩浆岩相

玄武岩广泛分布是本区岩浆岩相的最大特点,本构造相区又是峨眉山玄武岩喷发的中心地带,厚度巨大。带内玄武岩与下伏茅口期灰岩不整合接触,上与上二叠统顶部层位整合接触。同位素测年结果为(259±3)Ma(Zhou et al,2002),253~251Ma(Lo et al,2002)。

岩石组合主体为玄武岩类,少量粗面安山岩,多属于碱性玄武岩、拉斑玄武岩系列。玄武岩总体具有较高的$^{87}Sr/^{86}Sr$比值和较低的$\varepsilon Nd(t)$值,并具有富集地幔源区的特点。可分为低钛玄武岩(LT)与高钛玄武岩(HT),即早期低钛玄武岩(LT1)的$^{87}Sr/^{86}Sr$比值最高(0.706 3~0.707 8),而其$\varepsilon Nd(t)$最低(-6.74~-0.34);晚期高钛玄武岩(HT)具有最低的$^{87}Sr/^{86}Sr$比值(0.704 9~0.706 4)和最高的$\varepsilon Nd(t)$值(-0.71~1.5)。低钛玄武岩中单斜辉石的氧同位素变化范围为6.2‰~7.86‰,高于洋岛拉斑玄武岩的平均值5.4‰,具有较地幔岩石偏高的$\delta^{18}O$值。综合分析,早期低钛玄武岩含大量壳源组分,主要分布在西部,形成于地幔柱头环境;晚期高钛玄武岩壳源组分相对较少,主要分布在中、东部(肖龙等,2003)。

除上述玄武岩外,在盐边、西昌等还发育有大量侵入体,单个岩体规模较小。以基性—超基性岩为主,多呈岩床、岩盆状,少量岩脉状,正长岩、中酸性岩较少,主要呈岩脉、岩珠和岩枝状。岩石类型:脉体状有辉绿岩、煌斑岩、二长斑岩等;岩床状有橄榄岩、辉橄岩、橄榄辉石岩、橄榄辉长岩、辉绿玢岩、辉绿辉长岩;岩珠状侵入体有含辉石橄榄岩、辉绿辉长岩、闪长岩、花岗闪长岩、花岗斑岩、正长岩等。在基性—超基性岩床底部有钒钛磁铁矿、铜镍金属硫化物矿化。其中超基性侵入岩属铝不饱和、贫碱岩石,为富铁的超基性岩、基性岩岩类;中性岩(闪长岩)同属铝饱和、贫碱—极贫碱系列。

3. 古地理特征

本区大体以楚雄、昭通一带为隆起区,以东为准平原区,向西包括滨海平原和浅海区等古地理单元。31条剖面资料分析,陆相沉积物中多有铝铁质页岩、煤层或煤线,反映气候温暖潮湿。泥岩、粉沙岩等细碎屑沉积物占到碎屑沉积的95%以上,少量细砂岩,缺少粗碎屑沉积,说明地形起伏较小,相对的抬升差异不明显。

四、印度陆块(XV)

主边界断裂以南的印度地块缺少剖面控制。从亚东到定结县一带的剖面分析,存在一个伸向印度地块内部的海湾,在甘托克一带宽度约100km,海湾内部沉积滨浅海相粉砂岩、泥岩和灰岩。两侧为隆起剥蚀区。

第十章 青藏高原及周边地区古生代古地磁

第一节 中国主要陆(地)块古地磁数据

现代古地磁研究在中国的兴起始于20世纪80年代初,经过国内外众多学者的努力,华北、扬子和塔里木等地块显生宙的古地磁视极移曲线已经被相继建立并逐渐完善。青藏高原及其邻近地区的众多小型或微型地块,如昆仑、柴达木、羌塘、拉萨、喜马拉雅地块等,中生代以来的古地磁研究也已经获得了一些较可靠的数据。但由于受到地质条件、自然条件等的限制,古地磁数据尚不系统,编制显生宙古地磁视极移曲线仍处在数据积累与初步探讨阶段。

一、华北、扬子和塔里木地块古地磁

Enkin R J等(1992)首次利用二叠纪以来的古地磁数据对中国主要地块的运动过程进行讨论。朱日祥等(1998)基于华北、扬子和塔里木三大地块最新古地磁结果,并重新审视已有的古地磁数据,绘制了三大地块显生宙以来的古地磁视极移曲线。以此为基础,推算了各地块古纬度和取向的变化特征,进而分析了三大地块及其周边地块的运动学特征及相互间的对接和缝合过程。其中,杨振宇等(1998)在较详细地补充报道了华北地块早古生代研究成果的基础上,根据国内外一些公认的古地磁数据可靠性标准,以及岩石地层是否受后期的构造改造如旋转作用和热作用如重磁化等标准,对华北地块新老数据作了较为严格的筛选,选出一批可靠性较高、易于被国内外同行普遍接受的数据编制了一条华北地块显生宙古地磁视极移曲线,并讨论了华北地块显生宙的运动特征。吴汉宁等(1998)在重新审视扬子地块已有古地磁研究结果的基础上利用最新研究成果,尤其是早古生代的古地磁数据,建立了扬子地块显生宙古地磁视极移曲线,为研究扬子地块乃至整个中国的大地构造演化提供了新的古地磁依据。方大均等(1998)发表了塔里木盆地新生代古地磁结果,并综合前人工作成果编制了塔里木地块显生宙古地磁视极移曲线,探讨了塔里木地块各个地质时期运动规律。最近,黄宝春等(2008)根据现代古地磁数据可靠性判别标准,对扬子、华北及塔里木地块显生宙古地磁数据进行了重新分析和筛选,分别筛选出数据可靠性指数$Q \geqslant 3$(即数据必须满足:①经过合理退磁处理和主成分分析;②有足够的样品数,即样品数$N \geqslant 24$,95%置信圆半径$A_{95} < 16°$;③排除了重磁化的可能,未遭受显著的局部旋转)的古地磁极87、58、37个,并用Fisher统计对符合标准的古地磁数据按时代进行了平均,重新修订了华北、扬子与塔里木地块的视极移曲线。

本书根据黄宝春等(2008)筛选统计的华北、扬子和塔里木地块古生代古地磁极,分别计算出太原(38°N,112.5°E)、成都(31°N,104°E)和叶城(37.89°N,77.42°E)古纬度数据,结果见表10-1。

二、青藏高原及邻区古生代古地磁

青藏高原及其邻区的古地磁研究经过中外学者20多年来的努力,已获得了很多数据(朱志文等,1982;中国-法国联合考察项目,如Achache和Courtillot,1984;Besse et al,1984;Chen et al,1993;Halim et al,1998;叶祥华等,1987;中国-英国联合考察项目,如Lin和Watts,1988;中国地学大断面项目,如董学斌等,1991;中国-德国联合考察项目,如Patzelt等,1996;吴汉宁等,1997;朱同兴等,2006;李建忠等,2006;王靖华等,2006;李鹏武等,2009;黄宝春等,2009)。其中前白垩纪数据约46%,白垩纪数

据为31%,新生代数据为23%(统计包括塔里木地块古地磁结果)。这些结果说明了昆仑地体是晚三叠世印支期增生到古亚洲大陆上的,羌塘地块在晚三叠世/早侏罗世与昆仑地体拼合,以及拉萨地块与羌塘地块于晚侏罗世/早白垩世的拼合,形成了白垩世末印度板块碰撞前统一的欧亚大陆南缘。

吴汉宁等(1997)通过对柴达木地块寒武系以上地层进行的详细的构造古地磁研究,建立了古生代以来的古地磁极移曲线和古纬度变化曲线。孙丽莎等(2009)根据现代古地磁数据的可靠性判别标准,对组成青藏高原的喜马拉雅、拉萨、羌塘和松潘甘孜地块已发表的古地磁数据进行了重新分析和筛选,并从古地磁学角度对特提斯洋的兴衰和诸块体间的碰撞与拼合过程进行了探讨,以期对青藏高原已有显生宙古地磁数据的正确引用,及进一步在该地区开展古地磁学研究提供可靠的基础。李朋武等(2004,2005,2009)根据古地磁数据可靠性准则(Van Der Voo,1990),并考虑了诸如退磁和剩余磁化方向分析、限定磁化年龄的野外检验(尤其是倒转和褶皱检验)、构造校正、统计精度和重磁化的识别等因素。对华南、羌塘、拉萨、喜马拉雅、思茅、缅泰、腾冲、保山和印支地块的古地磁数据进行选取,并采用了古纬度和纬度漂移量对比的方法,采用多学科的数据,对西藏和云南西部三江地区主要地块的碰撞拼合历史,以及相应的特提斯洋盆演化时限展开讨论。

总之,青藏高原及其邻区的古地磁研究虽已获得很多数据,但这些数据主要集中在新生代以来,前中生代的古地磁数据仍十分有限。由于受到地质、自然条件、仪器设备、分析技术等的限制,这些数据的可靠性也参差不齐。青藏高原各地块古地磁研究仍处在数据积累与初步探讨阶段。本书根据国际通用古地磁数据的可靠性判据,参考前人在青藏高原古地磁方面研究或总结的成果,分别选取了柴达木、思茅、保山、缅泰、喜马拉雅地块古生代古地磁数据,并结合本次研究成果,一并列于表10-1。

表10-1 中国主要陆(地)块古生代古地磁数据表

地块名称	地质时代	参考点E (°)	参考点N (°)	极数	磁极E (°)	磁极N (°)	A_{95}	古纬度 (°)	备注
华北	P_2	112.5	38	5	353.1	50.1	6	13	黄宝春等, 2008, $Q \geqslant 3$
	C_3	112.5	38	1	10.2	33	16.7	11.2	
	C_{1+2}	112.5	38	1	14	10.5	6.2	−0.1	
	D_{2-3}	112.5	38	1	337	56	9.2	11.3	
	S	112.5	38	1	339	60.1	11.2	15.3	
	O_{1-2}	112.5	38	5	319.8	31.7	7.8	−15.8	
	O/ϵ_3	112.5	38	1	294.6	32.9	3/5.3	−19.1	
	ϵ_{2-3}	112.5	38	4	331.7	29.2	8.7	−13.5	
	ϵ_1	112.5	38	1	341.9	18.5	6.5	−16.9	
扬子	P_2-T_1	104	31	7	219.9	46.8	6.4	6.8	黄宝春等, 2008, $Q \geqslant 3$
	P_2	104	31	6	247.7	53.4	4	0.1	
	P_1?	104	31	1	265.2	65.3	4.2/8.1	7.4	
	C_1	104	31	1	229.1	47.5	4.8/9.6	2.7	
	D_3	104	31	1	234.1	45.4	3.3/6.6	−1.2	
	C—S	104	31	1	207.5	21.5	2.9	0.1	
	S	104	31	1	196.1	14.9	5.1	5.9	
	S_{2-3}	104	31	1	195.7	6.8	5.3	2	
	ϵ_2	104	31	1	185.1	−39.5	4.4/8.3	−13	
	ϵ_2	104	31	1	166	−51.3	4.4/8.6	−8.6	

续表 10-1

地块名称	地质时代	参考点 E (°)	参考点 N (°)	极数	磁极 E (°)	磁极 N (°)	A_{95}	古纬度 (°)	备注
塔里木	T	77.42	37.89	3	174.3	58.3	15.7	28.2	黄宝春等,2008,$Q \geqslant 3$
	P_2	77.42	37.89	5	187.3	70.9	10.3	29.5	
	P_1	77.42	37.89	5	178.4	58.3	6.5	26.3	
	C_3	77.42	37.89	2	174.6	49.5		23.8	
	D_{1-2}	77.42	37.89	1	152.7	9.8	3.6/5.5	17.6	
	S_2	77.42	37.89	3	159.8	12.8	7.3	13.8	
	O_1	77.42	37.89	1	180.6	−20.1	8.5/15	−22.4	
柴达木地块	T	94	38	17	280.5	76.9	13	22.2	吴汉宁等,1997 F,R
	P	94	38	2	326.6	53.9	17.8	12.7	
	C	94	38	9	305.5	63.1	10.1	11.9	
	D	94	38	12	323.8	55.8	8.4	10.6	
	S	94	38	4	320.8	49.3	16.5	5.4	
	O	94	38	12	253	53.4	13.7	2.9	
	$\in$	94	38	5	253	53.4	13.7	−4.1	
思茅地块	P_2	101.6	23.5		250.7	53.3	9.8	−8.6	李兴振等 1999
	P_1	98.8	28.6		289.6	51.5	7.2	−9.3	
	C_1	101.6	23.5		322.2	69.1	2	−7.2	
	S_1	101.7	23.5		154.5	−34.8	7.5	−13.1	
保山地块	P_2	99.7	23.1		162.9	−23.1		−13.1	张翼飞等,1996; 李兴振等 1999
	C_3	99.2	25		123.8	−35.8	11.6	−25	
	C_1	99.2	24.9		116.3	−33	13.6	−29.8	
	D_3	99.2	24.9		177.2	57.4	11.3	−27.1	
	S_3	99.1	24.7		181.3	68.3	8.9	−25.9	
	O_2	99.1	25.2		200.1	62.6	11.3	−17.4	
	$\in_2$	98.6	24.9		172.9	8.4		−17.6	
缅泰地块	C_3-P_1	99.3	25.2		77	−17.5	9	−42.1	张翼飞等,1996; Huang 等,1991
	D	99.2	25		135.3	65.7	16	−43.4	
喜马拉雅地块	T_1	86	28.6		−38.1	106.3	3.7	−20.7	Wu 等,1989; 朱同兴等,2006
	P	85.8	28.7		−33.7	114.7	2.9	−21.9	
	C_{1+2}	86.1	28.4		−34.5	103.2	8.6	−25.1	
	D_1	86.1	28.4		−28.9	105.9	9.8	−29.7	
	S_{2-4}	86.1	28.4		−27.2	105.2	5.8	−31.4	
	O_{1+2}	86.1	28.4		−23.1	103.6	3.5	−35.8	

续表 10-1

地块名称	地质时代	参考点 E (°)	参考点 N (°)	极数	磁极 E (°)	磁极 N (°)	A_{95}	古纬度 (°)	备注
羌北地块	T_1	86.7	33.7	2(15)	22.5	−16.9	6.7	10.6	本次研究 F,R
	P_3	86.7	33.7	5(30)	54.4	−34.4	12.7	15.4	
	P_{1-2}	86.7	33.7	5(46)	46.8	−31.7	9.2	14.5	
	C_3	86.7	33.7	2(18)	45.7	−31.8	2.9	14.0	
羌塘地块	D_3	98.4	31.6		327.2	7.2	30.6	−29.5	朱志文等,1985
拉萨地块	P	89.3	30.9	9(49)	274.6	70.4	3.2	−11.4	本次研究;周姚秀等,1991 R
	C	89.3	30.9	3(26)	274.7	63.9	11.6	−4.9	
	D	89.3	30.9	6(44)	284.9	62.3	11.1	−4.1	
	S_1	87.7	31.1	11	263	24.3	11.4	−34.4	

注：R 倒转检验；F 褶皱检验。Q≥3 即数据必须满足：①经过合理退磁处理和主成分分析；②有足够的样品数，即样品数 N≥24，95% 置信圆半径 A_{95} <16°；③排除了重磁化的可能，未遭受显著的局部旋转。

第二节　羌北和冈底斯地块晚古生代古地磁研究

古地磁学是定量研究大陆板块或微板块（地块）运动演化过程和古地理重建的最有效手段之一。近几十年来，中外学者在青藏高原及邻近地区获得了较多的中、新生代古地磁数据，但涉及前中生代系统的古地磁研究较少，仍不足以限定古特提斯洋演化阶段主要地块之间的碰撞和拼合过程。

在青藏高原主要地块晚古生代古地磁研究的第一次野外工作期间，我们分别对羌北地块（采样地点：33.7°N，86.7°E）、羌南地块（采样地点：33.1°N，80.4°E）和冈底斯地块（采样地点：30.9°N，89.3°E）晚古生代地层进行了采样工作，以期为研究青藏高原主要地块晚古生代不同历史阶段陆块位置变化及其运动学特征，为厘定冈瓦纳大陆和欧亚大陆的界线提供古地磁证据。样品的采集使用 Mode1Do26-T6 便携式古地磁钻机取岩芯样品，配合使用 Mode1OR-2 定向器和磁罗盘对钻孔岩芯进行定向，GPS 测定采样点地理坐标经度和纬度值。

以下分别介绍羌北和冈底斯地块晚古生代古地磁研究的结果。

一、羌北地块晚古生代古地磁研究

1. 区域地质概况与采样

羌北地块位于青藏高原腹地，夹于西金乌兰-金沙江缝合带和龙木错-双湖缝合带之间。羌北晚古生代沉积出露较齐全，主要分布于保护站到热觉茶卡地区（图 10-1）。根据岩石序列，生物化石组合特征，整个羌北地区晚古生代地层序列可依次划分为上石炭统瓦垄山组（$C_{1-2}w$）、下二叠统长蛇湖组（P_1c）、中二叠统雪源河组（P_2x）、上二叠统热觉茶卡组（P_3r）和下三叠统康鲁组（T_1k）等。

上石炭统瓦垄山组主要岩性为灰黑色灰岩、生物灰岩、珊瑚礁灰岩，含大量珊瑚、䗴科和腕足类化石；中下二叠统以灰岩、生物灰岩、砾屑灰岩、砂质灰岩、安山岩等为主，富含珊瑚、䗴科和腕足类、苔藓虫等化石；上二叠统热觉茶卡组，主要岩性为灰岩、砂质灰岩、砂岩、页岩等，夹有碳质页岩和煤层（线）；下三叠统以灰岩、鲕粒灰岩、砂屑灰岩、钙质砂岩等为主。石炭—三叠纪沉积表现为稳定大陆边缘的浅海

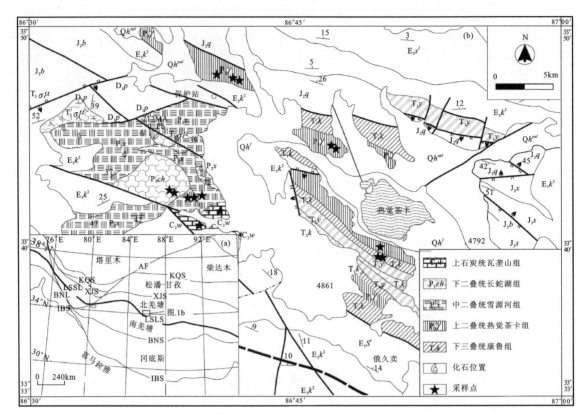

图 10-1 (a)青藏高原主要构造单元划分示意图;(b)羌北地块地质简图及古地磁采样点分布图

沉积,生物繁盛、礁体发育,基本为连续沉积(Zhang Y C,et al,2009)。岩石没有发生变质,变形较弱。侵入岩不发育,仅见小型晚三叠世岩体。羌北地区的褶皱变形作用主要发生于晚三叠世和侏罗纪(雷振宇等,2001;李亚林等,2008)。

羌北晚古生代地层中选择合适剖面采集古地磁样品(图10-2),共布置15个采点,获取独立定向岩芯标本139块(表10-2)。

表 10-2 羌北地区古地磁采样概况

地层年代	采点编号	采点位置(GPS定位)	地层产状(°)	标本数	岩性
下三叠统康鲁组 (T_1k)	NT02	N:33°42′48.6″ E:86°40′23.6″	164∠50	9	紫色、灰色碎屑岩
	NT01	N:33°42′48.6″ E:86°40′23.6″	164∠50	7	紫色、灰色碎屑岩
上二叠统热觉 茶卡组(P_3r)	NP10	N:33°42′48.6″ E:86°40′23.6″	25∠46	5	绿灰色薄层状粉砂岩
	NP09	N:33°42′48.6″ E:86°40′23.6″	352∠73	8	黄灰色中层状岩屑长石细砂岩
	NP08	N:33°42′48.6″ E:86°40′23.6″	31∠85	13	火山岩脉
	NP07	N:33°42′48.6″ E:86°40′23.6″	23∠42	7	粉灰色中层状含砂屑灰岩
	NP06	N:33°42′48.6″ E:86°40′23.6″	23∠42	9	灰黄色中厚层状钙质细砂岩

续表 10-2

地层年代	采点编号	采点位置(GPS定位)	地层产状(°)	标本数	岩性
中二叠统雪源河组(P_2x)	NP11	N:33°42′48.6″ E:86°40′23.6″	196∠62	9	浅灰色中薄层状砂屑灰岩
	NP05	N:33°42′48.6″ E:86°40′23.6″	225∠50	10	浅灰色中厚层状灰岩
	NP04	N:33°42′48.6″ E:86°40′23.6″	22∠32	12	褐灰色砂质灰岩
	NP03	N:33°42′48.6″ E:86°40′23.6″	22∠32	8	浅灰色中厚层状砂屑灰岩
下二叠统长蛇湖组(P_1c)	NP02	N:33°42′48.6″ E:86°40′23.6″	5∠44	10	安山质玄武岩
	NP01	N:33°42′48.6″ E:86°40′23.6″	5∠44	10	安山质玄武岩
上石炭统瓦垄山组($C_{1-2}w$)	NC02	N:33°42′48.6″ E:86°40′23.6″	7∠48	9	黄灰色中薄层状粉细砂岩
	NC01	N:33°42′48.6″ E:86°40′23.6″	7∠40	12	浅灰色中层状含生物碎屑灰岩

2. 岩石磁学

所有实验工作在中国科学院地质与地球物理研究所古地磁实验室进行(朱日祥等,2003)。为了确定标本中载磁矿物类型,在各采点样品复样中选取 1 块代表样品(共 13 块),进行了等温剩磁(IRM)和三轴等温剩磁的热退磁实验(Lowrie W,1990)。根据实验结果可将标本分为 3 种类型(图 10-2)。

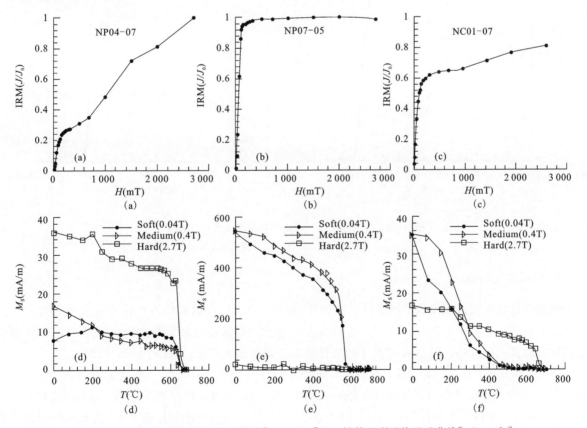

图 10-2 代表样品等温剩磁获得曲线[(a)~(c)]及三轴等温剩磁热退磁曲线[(d)~(f)]

(1) IRM 曲线[图 10-2(a)]在较低的磁化场(小于 200mT)下,样品有比较明显地迅速达到饱和的趋势,而后随着外加磁场的增强,其磁化强度至 2.7T 时仍未见饱和趋势。三轴热退磁实验[图 10-2(d)]显示,中等和硬磁成分的退磁曲线在 320℃左右有一衰减,可能含有一些磁黄铁矿或磁赤铁矿,该样品的软(小于 0.04T)、中(0.04～0.4T)和硬(0.4～2.7T)磁成分均表现出 670℃左右的解阻温度,表明这类样品的主要携磁矿物为赤铁矿。

(2) IRM 曲线[图 10-2(b)]在 200mT 外磁场作用下,IRM 强度迅速达到准饱和,剩磁强度达到总磁化强度的 90%以上,说明这类样品中以较低矫顽力的铁磁性矿物为主要载磁矿物。同一块样品的三轴等温剩磁的热退磁实验结果[图 10-2(e)]表明,软磁成分和中间磁成分占 99%以上,在 580℃左右衰减至零。以上特征揭示这类样品的主要携磁矿物为较低矫顽力的磁铁矿。

(3) 当外加磁场为 200mT 时[图 10-2(c)],样品的剩磁强度达到总磁化强度的 80%,其后随着外加磁场的增强,磁化强度缓慢增强,至 2.7T 时达到基本饱和,说明样品中以较低矫顽力磁性矿物为主,同时含有少量高矫顽力铁磁性矿物。三轴热退磁实验[图 10-2(f)]显示,软磁成分和中等强度磁成分的强度衰减曲线一直至 540℃基本保持单一变化,判断其磁性矿物主要为磁铁矿;硬磁成分的退磁曲线在 320℃左右有一衰减,其后表现出 670℃左右的解阻温度,说明该样品含有少量磁黄铁矿和一定量的赤铁矿。上述实验表明,羌北样品主要载磁矿物为赤铁矿或磁铁矿,代表样品的磁化率-温度曲线(图 10-3)特征也支持上述判断。

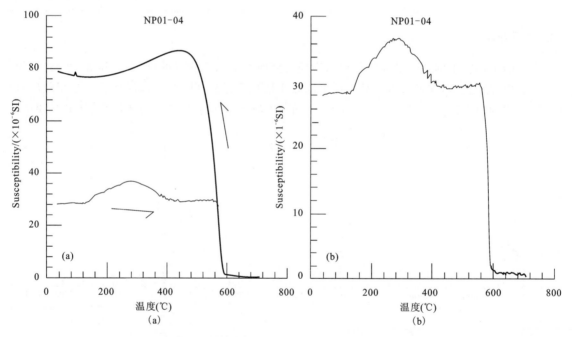

图 10-3　代表样品氩气环境磁化率随温度变化曲线
(a) 升温和降温曲线;(b) 为升温曲线放大

3. 样品退磁特征

绝大多数标本采用逐步热退磁法进行磁清洗,使用 MMTD 热退磁炉进行标本的加热和冷却。对部分标本先进行逐步热退磁(至 300℃),然后再进行逐步交变退磁处理。剩磁测量是在 2G-755R 型岩石超导磁力仪上完成的。图 10-4 给出了代表性标本的退磁曲线(Zijderveld J D A,1967)。

(1) 大部分灰岩样品的剩磁具有明显的双分量特征[图 10-4(a)～(c)]。当退磁温度达到 300～350℃时,可除去在地理坐标系中与现代地磁场相近的低温分量;高温分量可以在 400～565℃温度段获得。

(2) 中上二叠统的安山质玄武岩[图 10-4(d)～(f)],样品天然剩磁强度很大,一直到退磁温度升高至 680℃左右,样品的剩磁强度和方向才突然改变。结合岩石磁学结果,剩磁主要由赤铁矿携带。值得注意的是,同一采点内剩磁存在正极性和反极性两种,且正、反极性分量在地层坐标系中呈对趾分布,这

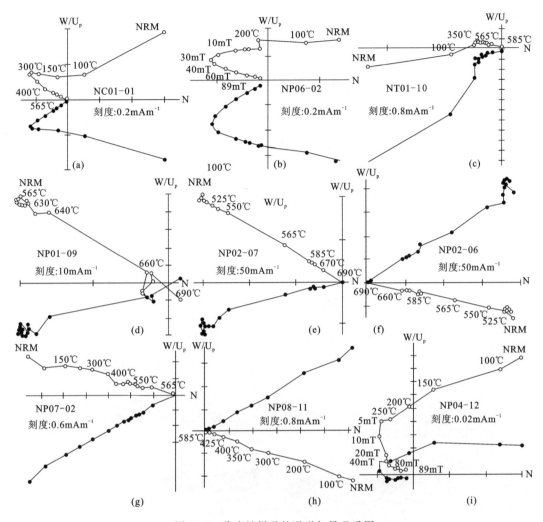

图 10-4 代表性样品的退磁矢量 Z 氏图

地层坐标系。实心圆代表水平面投影；空心圆代表垂直面投影

是倒转检验的典型实例。

(3) 单分量[图 10-4(g)、(h)]，少部分样品剩磁强度和方向在矢量图上表现为一条逼近原点的直线，无低温分量和高温分量的区分。天然剩磁强度随温度升高逐步衰减，直至 580℃ 左右解阻，显示了磁铁矿的特征。

(4) 部分样品两种剩磁分量交叠[图 10-4(i)]，用矢量分析法难以确定一个或两个分量，采用带限制点的重磁化大圆弧交汇法(Halls H C,1967)处理。我们注意到，不管样品磁载体是以磁铁矿抑或赤铁矿为主，大部分样品均显示了相近的高温特征剩磁方向。

4. 剩磁分量统计及可靠性检验

根据 Kirschvink(1980)主分量分析法求得每个样品的剩磁分量后，对各剩磁分量进行标准 Fisher(1953) 统计。对高温分量以采点为单位求得平均方向，再以"世"为时间窗口分别进行统计分析，同时进行褶皱检验(F-test 或 S-test)、倒转检验(R-test)或岩脉检验(BC-test)。计算过程中使用了 Enkin 编制的程序。

羌北晚古生代 92 块样品的低温分量平均方向，在地理坐标系中为：$D_g=354.9°$，$I_g=54.8°$，$k_g=18.2$，$\alpha_{95g}=3.5°$，非常接近于现代地磁场偶极子场方向($D=0°$，$I=55.7°$)，且 McElhinny(1964)褶皱检验为负(Test Negative)，可能是目前地磁场的黏滞剩磁。

高温分量统计结果见图 10-5 和表 10-3。从晚石炭世 2 个采点 18 块样品中分离出高温分量，平均方向(样品水品)：$D_s=215.1°$，$I_s=26.5°$，$k_s=103.0$，$\alpha_{95s}=3.6°$。早、中二叠世(地层划分时未分)5 个采点 46 块样品中分离出高温分量，平均方向：$D_s=214.3°$，$I_s=27.4°$，$k_s=25.4$，$\alpha_{95s}=15.5°$。晚二叠世 5

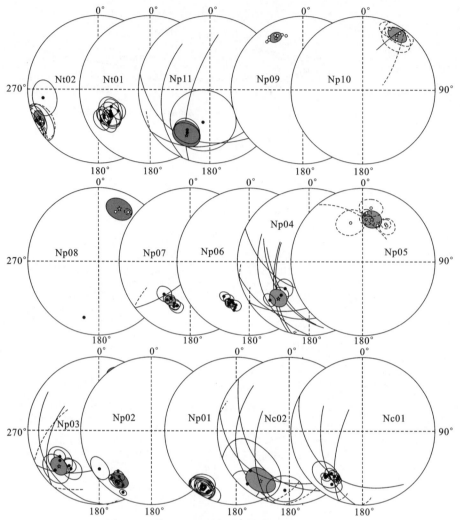

图 10-5 羌北二叠系样品的特征剩磁方向及采点
平均方向 95% 的置信椭圆倾斜校正后的等面积投影图
★总平均方向；●上半球投影；○下半球投影

个采点 30 块样品中分离出高温分量，平均方向：$D_s=207.5°$，$I_s=28.8°$，$k_s=45.9$，$\alpha_{95s}=11.4°$。早三叠世 2 个采点 15 块样品中分离出高温分量，平均方向（样品水品）：$D_s=241.2°$，$I_s=20.6°$，$k_s=20$，$\alpha_{95s}=8.8°$。二叠纪共有 10 个采点参与统计，其中 7 个采点高温分量为指向南的正倾角（早、中二叠世 4 个，晚二叠世 3 个）：$D_s=214.2°$，$I_s=29.3°$，$k_s=42.4$，$\alpha_{95s}=9.4°$；3 个采点高温分量为向北的负倾角：$D_s=23.4°$，$I_s=-25.2°$，$k_s=24$，$\alpha_{95s}=25.8°$。两类高温分量在地层坐标系中呈对趾分布，并且在 95% 置信水平上通过了 McFadden P L 和 McElhinny M W(1964)的倒转检验（C class）（Angular Separation $\gamma=4.16$，Separation Critique $\alpha_{95}\ \gamma_C=18.18$）（图 10-6）。将负倾角样品转换为正倾角，用标准 Fisher 方法统计，平均方向地理坐标系下为：$D_g=210.8°$，$I_g=-2.9°$，$k_g=3.1$，$\alpha_{95g}=32.8°$；产状校正后为：$D_s=210.9°$，$I_s=28.1°$，$k_s=34.8$，$\alpha_{95s}=8.3°$。显然，岩层展平后的精度参数在统计意义上有显著提高，在 99% 置信水平为正褶皱检验（McElhinny M W,1964）($k_s/k_g=11.23>F(18,18)=3.13$)。如果将早、中二叠世和晚二叠世分开统计，也分别能在 99% 置信水平通过褶皱检验。同褶皱检验表明，当岩层展平至 110% 时精度参数 K 达到最大（图 10-7），表明高温剩磁分量应形成于褶皱运动前。区域地质研究表明，羌北地区的褶皱变形作用主要发生于晚三叠世和侏罗纪，石炭纪至三叠纪沉积连续，构造活动较稳定（雷振宇等，2001；李亚林等，2008）。在羌北上二叠统热觉察卡组的岩脉中设置了一个采点（NP08），采集 13 块定向岩芯标本，用以检验老地层岩石剩磁记录与岩脉侵入（热事件）的关系。结果表明，采自岩脉不同位置的标本，剩磁方向差异明显（图 10-8），表明老地层岩石的特征剩磁信号，记录了岩脉侵入之前的地磁场方向。采点"NP09"全部为单分量样品，剩磁方向地理坐标系下：$D_g=322.9°$，$I_g=48.2°$，$k_g=90.8$，$\alpha_{95g}=$

6.4°；产状校正后为：$D_s=331.8°$，$I_s=-19.8°$，$k_s=90.8$，$α_{95s}=6.4°$。与其他采点平均方向不一致，原因有待研究，其方向未参与最终统计。晚石炭世和早三叠世地层产状变化不大，无法进行严格的褶皱检验，但岩层展平后的精度参数在统计意义上也有提高，其平均方向与二叠纪平均方向有相同趋势（表10-3），故在逻辑上仍被认为是原生剩磁方向。

表 10-3 羌北采区高温剩磁分量古地磁结果（参考点：N33.7°，E86.7°）

采样点	地层产状 倾向∠倾角	$n1,n2/N$	剩磁方向 $D_g(°)$	$I_g(°)$	$D_s(°)$	$I_s(°)$	$k_g(k_s)$	$α_{95g}$ $(α_{95s})(°)$	视磁极位置 $Φ_p$	$λ_p$
NT02	164∠50	6,0/6	250	9.8	244	3.3	29.2	12.6	−20.4	13.3
NT01	164∠50	9,0/9	271.8	30.5	239.1	31.8	95.6	5.3	−14.1	29
平均（样品水平）		(15)	262.5	22.7	241.2	20.6	19.9 (20)	8.8 (8.8)	−16.9	22.5
早三叠世	古地磁极位置：$Φ_p=-16.9°$，$λ_p=22.5°$，$dp=9.2$，$dm=4.9$，$Φ_古=10.6°N$									
NP11	196∠62	3,4/8	301.2	79.3	208	30.3	20.7	14.5	−33.3	54.1
NP10	25∠46	3,1/5	34	33.6	32.6	−11.9	125.2	8.7	39.7	222.6
NP09*	352∠73	7,0/7	322.9	48.3	331.8	−19.8	90.8	6.4	38.6	303.2
NP08	31∠85	3,0/13	15.4	60.5	22.7	−23.2	80.6	13.8	39.4	237.5
NP07	23∠42	6,1/7	206.6	−1.7	207.7	40.2	110.2	5.8	−27.6	57.8
NP06	23∠42	9,0/9	205.3	−4.1	205.9	37.9	270.7	3.1	−29.7	58.7
平均（采点水平）		(5)	209.6	−9.3	207.5	28.8	2.4 (45.9)	63.5 (11.4)	−34.4	54.1
晚二叠世	地磁极位置：$Φ_p=-34.4°$，$λ_p=54.1°$，$dp=12.5$，$dm=6.9$，$Φ_古=15.4°N$									
NP05	225∠50	7,1/9	305	−65.1	12.6	−39.8	29.8	10.4	32.4	252.9
NP04	22∠32	3,8/12	218.2	3.7	221.6	34.2	24.4	9.9	−24.2	43.1
NP03	22∠32	5,3/9	226.8	−1.7	230.1	27.2	37.3	9.5	−22.3	33.3
NP02	5∠44	10,0/10	213.1	−17.8	213.8	21.3	29	9.1	−34.9	44.9
NP01	5∠44	9,0/9	214.1	−27.4	211.2	12	803.4	1.8	−40.5	44.1
平均（采点水平）		(5)	211.9	2.6	214.3	27.4	3.4 (25.4)	48.9 (15.5)	−31.7	46.8
早中二叠世	古地磁极位置：$Φ_p=-31.7°$，$λ_p=46.8°$，$dp=16.9$，$dm=9.2$，$Φ_古=14.5°N$									
二叠纪	负极性	(7)	215.8	1.5	214.2	29.3	5 (42.4)	30 (9.4)	−30.8	47.6
二叠纪	正极性	(3)	10.1	19.9	23.4	−25.2	1.4 (24)	180 (25.8)	38	237.3
二叠纪	平均（采点水平）	(10)	210.8	−2.9	210.9	28.1	3.1 (34.8)	32.8 (8.3)	−33.1	50.4
	古地磁极位置：$Φ_p=-33.1°$，$λ_p=50.4°$，$dp=9.1$，$dm=5$，$Φ_古=14.9°N$									
NC02	7∠48	3,4/8	216.8	−16.5	218.8	25.4	38.4	12.9	−30.2	41.9
NC01	7∠40	8,3/11	212	−10.4	214.5	25.7	195.1	3.3	−32.5	46
平均（样品水平）		(18)	212.9	−11.4	215.1	26.5	83.3 (103)	4.0 (3.6)	−31.8	45.7
晚石炭世	古地磁极位置：$Φ_p=-31.8°$，$λ_p=45.7°$，$dp=3.9$，$dm=2.1$，$Φ_古=14.0°N$									

注：N 为磁清洗样品数；$n1$ 为主分量分析法样品数；$n2$ 为重磁化弧法样品数。D_g，I_g（D_s，I_s）为地理坐标下（地层坐标下）剩磁方向的偏角和倾角；k_g（k_s），$α_{95g}$（$α_{95s}$）为平均方向的 Fisher 统计精度参数和在 95% 水平的置信圆锥半顶角；带"*"采点未参与最终统计。

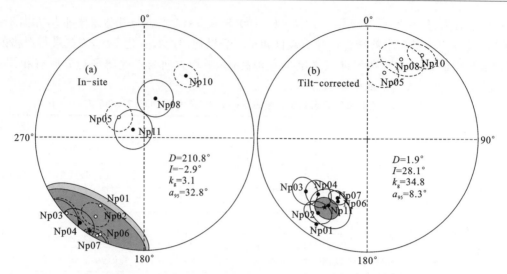

图 10-6 羌北二叠系样品的特征剩磁方向及采点平均方向的 95% 置信椭圆的等面积投影图

(a)倾斜校正前;(b)倾斜校正后。★总平均方向;●上半球投影;○下半球投影

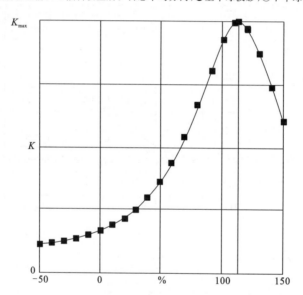

图 10-7 羌北二叠系高温分量方向递增褶皱检验示意图

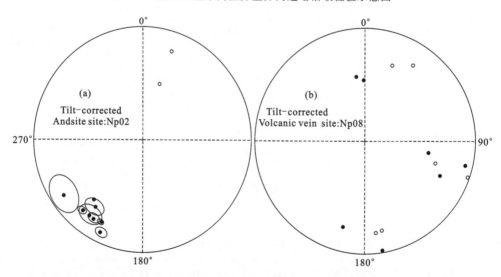

图 10-8 羌北二叠系正常采点(a)与岩脉采点(b)特征剩磁方向倾斜校正后的等面积投影图

●上半球投影;○下半球投影

5. 羌塘古地磁结果

羌塘地区已成为解决特提斯的构造演化和冈瓦纳大陆与欧亚大陆界线问题的关键地区(李才等,2009;许志琴等,2006;潘桂棠等,2004;李荣社等,2004)。在羌塘地区获得可靠的古地磁数据,将会为解决这些问题提供关键证据。由于本书二叠纪特征剩磁方向70%为负极性($D_s=214.2°$,$I_s=29.3°$,$k_s=42.4$,$\alpha_{95s}=9.4°$),30%为正极性($D_s=23.4°$,$I_s=-25.2°$,$k_s=24$,$\alpha_{95s}=25.8°$),与相应时期地磁场处于齐亚曼(Kiaman)负极性的观点一致(McElhinny M W,1973),并且能够顺利通过倒转检验、褶皱检验和岩脉检验,应该是相应时代的原生剩磁方向(Van der Voo R,1990;程国良,1993)。石炭纪、三叠纪的样品数量较少,其结果与二叠纪结果"类比",也应该是相应时代的原生剩磁方向,在表10-2 中一并列出作为参考。将本书结果以采样地(33.7°N,86.7°E)为参考点,计算羌北地块晚古生代极位置:晚石炭世($\Phi p=-31.8°N$,$\lambda p=45.7°E$,$dp=2.1$,$dm=3.9$);早、中二叠世($\Phi p=-31.7°N$,$\lambda p=46.8°E$,$dp=9.2$,$dm=16.9$);晚二叠世($\Phi p=-34.4°N$,$\lambda p=54.1°E$,$dp=6.9$,$dm=12.5$);早三叠世($\Phi p=-16.9°N$,$\lambda p=22.5°E$,$dp=4.9$,$dm=9.2$)(图10-8)。相应的古纬度:晚石炭世 $\Phi_古=14.0°N$;早、中二叠世 $\Phi_古=14.5°N$;晚二叠世 $\Phi_古=15.4°N$;早三叠世 $\Phi_古=10.6°N$(表10-2)。可以看出羌北地块晚古生代主要位于北纬14°左右。本书获得的羌北二叠纪古地磁极位置为研究羌北地块晚古生代大地构造演化提供一"锚点",同时也将为研究青藏高原特提斯演化,为厘定冈瓦纳大陆与欧亚大陆的界线提供关键的古地磁证据。

二、冈底斯地块晚古生代古地磁研究

1. 区域地质概况与采样

冈底斯地块位于青藏高原中南部,南以印度河-雅鲁藏布江板块缝合带为界,北部以班公湖-怒江板块缝合带为界,分别与喜马拉雅带和羌塘地块分隔,属特提斯构造域的东缘。申扎地区地层是藏北地区地层发育最齐全的地区。自前震旦系至第四系,除三叠系和寒武系(?)外均有不同程度的发育。尤其是古生界发育完整,出露连续,古生物化石门类齐全。上古生界泥盆系、石炭系和二叠系发育齐全,系间均为连续沉积,出露范围广泛,在申扎县城以东和南部冈底斯-念青唐古拉火山岩浆弧上,以近东西至北西西向断块弧带状呈较大面积展布(图10-1)。

泥盆系出露于永珠-纳木错蛇绿岩岩块断隆起的核部,上、中、下三统均有展布,生物化石较为丰富。下泥盆统达尔东组(D_1d)为一套以碳酸盐岩为主的沉积地层,中间夹有少量粒级较细的碎屑岩,属于稳定陆棚浅海型沉积。中上泥盆统查果罗玛组($D_{2-3}c$)主要为浅灰和灰色中薄层至中厚层状泥晶、微晶和细晶灰岩、白云质灰岩、砾屑灰岩、条带状白云质灰岩,很多层内含有海百合茎、竹节石和牙形石等化石。

石炭系上下两统发育齐全,统间沉积连续,分布广泛,呈北西西向弧形断带状展布。下上石炭统永珠组($C_{1-2}y$)为一套浅海相以细粒碎屑岩为主体的粒序韵律性地层地质体。岩性较为单一,以长石石英砂岩、粉细砂岩等为主。上石炭—下二叠统拉嘎组($C_2—P_1$)为一套由滨岸三角洲、滨滩、潟湖到滨外台地、台地斜坡相的各种粒级碎屑岩为主体的互层系和韵律层系构成的地层地质体。岩性、岩相和沉积厚度较稳定,为石英砂岩、长石石英砂岩、粉细砂岩、粉砂岩夹含砾砂岩,偶夹生物碎屑灰岩或透镜体。拉嘎组是一个穿时的岩石地层单位,其时代从晚石炭世直至早二叠世。

二叠系下、中、上三统发育齐全,统间沉积连续。中下二叠统全区分布,上二叠统出露于木纠错南岸的木纠错向斜的核部。下二叠统昂杰组(P_1a)为一套厚度不甚稳定的以碎屑岩为主夹有碳酸盐岩的混合陆棚相沉积地层地质体。下部以灰白色、灰绿和灰黄色中薄层—中厚层状中细至中粗粒石英砂岩、长石石英砂岩为主;上部为灰色至青灰色砂质灰岩、微晶灰岩、生物碎屑灰岩与灰—深灰色中薄层至中厚层状石英砂岩、粉砂岩及粉砂质页岩组成的互层或韵律层。中二叠统下拉组(P_2x)为一套含有丰富、多门类化石的碳酸盐岩地层地质体。主要岩石类型为浅灰—深灰色中薄层至中厚层状泥晶—细晶灰岩、生物碎屑灰岩、砂屑灰岩、含燧石结核—团块和条带状灰岩,在各类型的灰岩中还夹有多层白云质灰岩,偶夹薄层状细粒石英砂岩和粉细砂岩。上二叠统木纠错组(P_3m)为一套巨厚的以白云岩、白云质灰岩为主体的地层地质体。主要岩石类型为灰白色、浅灰至淡黄色中薄层—厚层块状泥晶、细晶至粗晶白云岩,白云质灰岩,角砾状白云岩,含燧石结核或团块白云质灰岩,砾屑白云质灰岩,灰质白云岩和砂质白云岩等。

冈底斯地区缺少早中三叠世沉积、岩浆活动和变质作用的记录,可能自晚二叠世以后处于一个整体抬升和剥蚀阶段,古生代地层褶皱以大型宽缓背、向斜为主,褶皱宽缓反映出地壳运动不强烈,是中二叠世以后冈底斯地区整体抬升作用的延续。

根据岩性特征和出露情况,本次研究于申扎县城以东扎杠-木纠错剖面(30.9°N,89.3°E)采集古地磁样品,共布置26个采点,获取独立定向岩芯标本208块(图10-9,表10-4)。

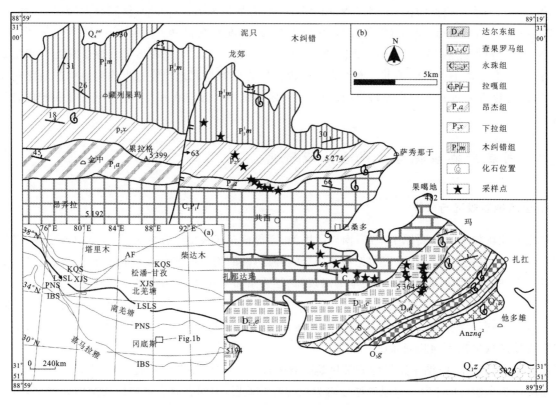

图10-9 (a)青藏高原主要构造单元划分示意图;(b)冈底斯地块地质简图及古地磁采样点分布图

表10-4 冈底斯地区古地磁采样概况

地层年代	采样编号	采点位置(GPS定位)	地层产状(°)	标本数	岩性
上二叠统木纠错组(P_3m)	SP10	N:30°58′02.8″ E:89°08′47.8″	10∠23	17	灰色粉晶白云岩
	SP09	N:30°56′30.4″ E:89°11′07.0″	20∠34	9	浅黄灰色粉晶、细晶白云岩
中二叠统下拉组(P_2x)	SP08	N:30°56′30.4″ E:89°11′07.0″	335∠35	7	灰色中薄层状含生物碎屑泥晶灰岩、微晶灰岩
	SP07	N:30°56′09.7″ E:89°12′51.0″	342∠33	7	深灰色厚层状泥晶生物碎屑灰岩

续表 10-4

地层年代	采样编号	采点位置(GPS定位)	地层产状(°)	标本数	岩性
下二叠统昂杰组 ($P_1 a$)	SP06	N:30°55′49.3″ E:89°13′49.9″	6∠38	9	黄绿色钙质粉砂岩夹细粒长石砂岩
	SP05	N:30°55′49.3″ E:89°13′49.9″	6∠38	8	灰黄色中厚层状含砾杂砂岩
	SP04	N:30°55′31.3″ E:89°12′39.6″	15∠32	10	青灰色中厚层生物碎屑灰岩
	SP03	N:30°55′26.4″ E:89°12′42.7″	350∠38	12	黄绿色中薄层状钙质粉砂岩夹细粒长石砂岩
	SP02	N:30°55′26.4″ E:89°12′42.7″	358∠44	9	黄绿色中薄层状钙质粉砂岩夹细粒长石砂岩
	SP01	N:30°55′26.4″ E:89°12′42.7″	360∠40	9	灰黄色中厚层状石英砂岩
上石炭统拉嘎组 ($C_2 p_1 l$)	SC06	N:30°53′56.5″ E:89°10′26.8″	347∠32	9	灰黄色石英砂岩
中下石炭统永珠组 ($C_{1-2} y$)	SC07	N:30°53′56.5″ E:89°10′26.8″	338∠37	8	粉砂岩
	SC05	N:30°53′56.5″ E:89°10′26.8″	312∠28	7	中层砂岩、泥灰岩
	SC04	N:30°53′56.5″ E:89°10′26.8″	353∠42	9	灰绿色中薄层状细砂岩、粉砂岩、粉砂质页岩
	SC03	N:30°51′28.8″ E:89°14′54.1″	313∠50	10	青灰色细砂岩
	SC02	N:30°51′28.8″ E:89°14′54.1″	325∠58	8	黄绿色中薄层状粉砂岩、粉砂质页岩
	SC01	N:30°51′28.8″ E:89°14′54.1″	25∠89	8	黄绿色中薄层状粉砂岩、粉砂质页岩
上中泥盆统查果罗马组 ($D_{2-3} c$)	SD09	N:30°53′01.6″ E:81°15′24.3″	169∠62	6	生物礁灰岩
	SD08	N:30°52′56.2″ E:89°16′21.7″	341∠42	7	砂岩
	SD07	N:30°52′56.2″ E:89°16′21.7″	344∠63	9	砂岩
	SD06	N:30°52′56.2″ E:89°16′21.7″	343∠53	9	灰黄色中薄层状中细粒砂岩、钙质粉砂岩
下泥盆统达尔东组 ($D_1 d$)	SD05	N:30°52′53.3″ E:89°16′7.8″	10∠52	9	灰岩
	SD04	N:30°52′53.3″ E:89°16′7.8″	15∠81	10	灰岩
上中泥盆统查果罗马组 ($D_{2-3} c$)	SD03	N:30°52′53.3″ E:89°16′7.8″	30∠75	2	浅灰色中厚层灰岩、砂岩
	SD02	N:30°52′53.3″ E:89°16′7.8″	30∠72	11	浅灰色中厚层灰岩、砂岩
下泥盆统达尔东组 ($D_1 d$)	SD01	N:30°52′51.6″ E:89°16′46.0″	351∠43	5	浅灰色中厚层结晶灰岩

2. 岩石磁学

代表样品的等温剩磁(IRM)获得曲线及三轴等温剩磁的热退磁实验(Lowrie W,1990)如图 10-10 所示。

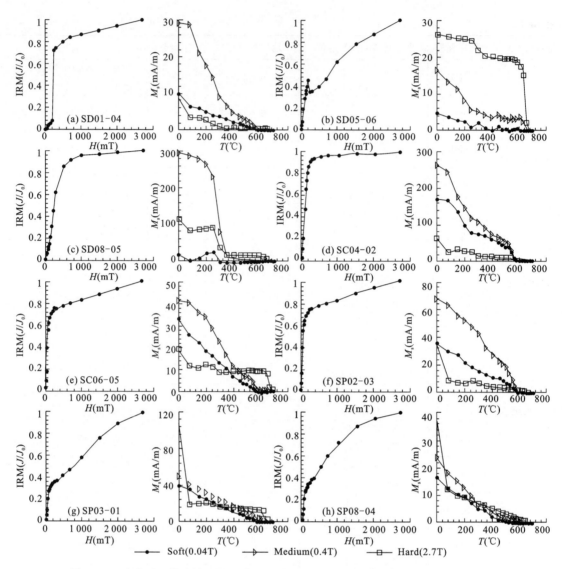

图 10-10 申扎采区代表样品等温剩磁获得曲线(左)及三轴等温剩磁热退磁曲线(右)

泥盆系岩石样品磁性矿物组合以中、低矫顽力的磁铁矿和 350℃左右阻挡温度的磁性矿物为主,高矫顽力的磁性矿物,如针铁矿、赤铁矿等在部分样品中存在[图 10-10(a)~(c)]。通常在较低的磁化场(约小于 200mT)下,样品 IRM 获得曲线存在显著的迅速达到饱和的趋势。三轴 IRM 的热退磁曲线指示出 3 种磁成分均具有 350℃左右的阻挡温度,表明样品中大量存在如胶黄铁矿、磁黄铁矿、磁赤铁矿等低矫顽力中等阻挡温度的磁性矿物。之后,软磁成分和中间磁成分表现出 580℃左右解阻温度的磁铁矿的特征[图 10-10(a),(c)]。部分样品显示出高赤铁矿的特征[图 10-10(b)]。

石炭系岩石样品磁性矿物以低矫顽力及 580℃左右解阻温度的磁铁矿为主,中等解阻温度磁性矿物及高矫顽力的针铁矿、赤铁矿等仅在部分样品中显现[图 10-10(d),(e)]。通常 IRM 曲线在小于 200mT 外磁场作用下,能迅速达到准饱和或存在显著的迅速获得准饱和趋势。三轴 IRM 的热退磁曲线清晰地揭示出主要载磁矿物具有 580℃的阻挡温度,说明磁铁矿为该类样品的主要磁性矿物[图 10-10(d)]。部分样品显示出 680℃解阻温度的赤铁矿的特征[10-10(e)]。

二叠系岩石样品磁性矿物组合为磁铁矿、赤铁矿和针铁矿,中等阻挡温度磁性矿物几乎不存在或微乎其微[图 10-10(f)~(h)]。通常在小于 200mT 外磁场作用下,IRM 获得曲线存在迅速达到准饱和趋势,之后随外磁场的增强,磁化强度至 2.7T 时仍未见饱和趋势。三轴 IRM 的热退磁曲线显示,样品的软磁成分和中间磁成分具有约 580℃的阻挡温度特征,表明主要载磁矿物为磁铁矿。硬磁成分揭示出 80℃左右阻挡温度的针铁矿和 680℃左右阻挡温度的赤铁矿的普遍存在。

磁化率-温度(χ-T)曲线能够研究主要磁性矿物磁化率对温度的响应,根据不同磁性矿物居里点不同及对温度的不同依赖关系,可确定载磁矿物的类型。申扎地区代表性样品的χ-T曲线如图10-11所示。在加热的过程中磁化率在380℃左右开始增大,当温度升高到大约500℃时达到最大,到约580℃时降低至零,呈现出磁铁矿的居里温度,而这个比较宽的峰值区间可能是由于加热过程中生成新的磁性矿物或者Hopkinson效应引起的。冷却曲线高于升温曲线证明在样品的加热过程中确实生成了新的磁性矿物。

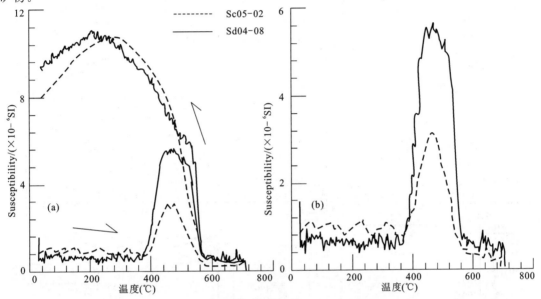

图10-11 代表样品氩气环境磁化率随温度变化曲线
(a) 升温和降温曲线;(b) 为升温曲线放大

上述岩石磁学实验表明,申扎地区晚古生代岩石载磁矿物组合较为复杂,总体以磁铁矿和赤铁矿为主要携磁矿物,针铁矿在部分岩石中存在。泥盆系和石炭系岩石中普遍存在胶黄铁矿、磁黄铁矿等中等居里温度的铁磁性矿物。尽管这些矿物在加热过程中有可能发生相变生成新的磁性矿物,但由于样品在加热和测试过程中始终是在无磁空间中进行,且在随后的热退磁实验过程中,每次样品在加热炉中的位置和方向都是随机的,从而避免了磁性矿物相的变化对特征剩磁的影响。

3. 样品退磁特征

冈底斯地块申扎地区上古生界泥盆系达尔东组、查果罗玛组灰岩和细砂岩样品的天然剩余磁化强度(NRM)平均值为5.39×10^{-3} A/m(57块)。通常热退磁至350℃左右,NRM一般衰减了80%～90%,样品可除去低温黏滞剩磁分量,之后样品显现出方向比较稳定的高温特征剩磁分量(ChRM),直至560～580℃解阻。结合岩石磁学结果,低温分量可能为磁黄铁矿等中等阻挡温度的磁性矿物携带,ChRM剩磁载体为磁铁矿[图10-12(h)～(j)]。个别样品在加热至580℃之后,剩磁强度突然增大,至650℃左右解阻,退磁矢量图上显现出ChRM呈相互倒转关系的方向(k)。董学斌(1990)认为,这表明样品的色素胶结发生于沉积后的极性倒转期内,是倒转检验的典型实例。石炭系永珠组和拉嘎组粉砂、细砂岩样品的天然剩余磁化强度(NRM)平均值为1.78×10^{-2} A/m(46块)。通常随退磁温度增加NRM逐渐衰减,直至560～580℃磁铁矿完全解阻。低温分量在350℃左右被清除,ChRM存在于400～500℃至560～580℃的高温区段[图10-12(e)～(g),(l)]。少量样品在400℃左右NRM被完全清洗,没有分离出ChRM。二叠系昂杰组、下拉组、木纠错组砂岩、灰岩、白云质灰岩样品的天然剩余磁化强度(NRM)平均值为2.7×10^{-3} A/m(75块)。大部分样品在350℃左右可除去低温黏滞剩磁分量,之后退磁曲线表现为稳定趋向原点的分量特征(ChRM),此分量一般阻挡于585℃左右,表现出磁铁矿的特征,或者直到约670℃才被完全清除,表现出赤铁矿的特征[图10-12(a)～(d)]。并且同一采样点上的样品展示正、反向磁化,如采点6中代表样品SP06-01(反向)和SP06-04(正向),是倒转检验的典型实例。部分白云质灰岩样品NRM较弱,在500℃以下NRM即被完全清洗,没有ChRM被分离出。

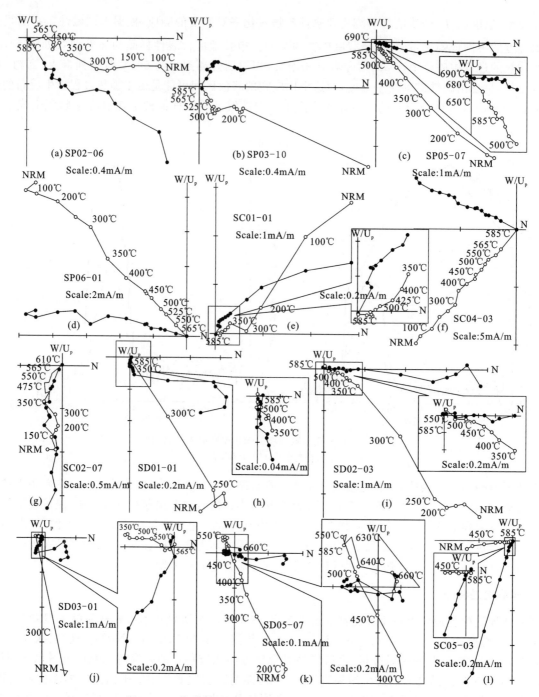

图 10-12 代表样品退磁结果的正交矢量图（地理坐标系）
●水平面投影；○垂直面投影

4. 剩磁分量统计及可靠性检验

总之，除部分样品 NRM 较弱，没有 ChRM 被分离出外，大部分样品均可分离出 350℃ 以下的低温分量和高温 ChRM。样品的高温分量经主向量分析后，对各采样点的 ChRM 统计平均，最后以采样点为单位进行平均，获得申扎地区晚古生代泥盆纪、石炭纪、二叠纪的平均磁化方向（表 10-5，图 10-13）。泥盆纪 6 个采点 44 块样品的平均方向，在地理坐标系中为：$D_g=338.9°$，$I_g=66.3°$，$k_g=14.7$，$\alpha_{95g}=5.8°$；产状校正后：$D_s=354°$，$I_s=8.9°$，$k_s=11.9$，$\alpha_{95s}=6.5°$。石炭纪 3 个采点 26 块样品的平均方向，在地理坐标系中为：$D_g=11.1°$，$I_g=47°$，$k_g=27.2$，$\alpha_{95g}=5.6°$；产状校正后：$D_s=359.4°$，$I_s=11.5°$，$k_s=24.5$，$\alpha_{95s}=5.9°$。二叠纪 9 个采点 49 块样品的平均方向，在地理坐标系中为：$D_g=1.8°$，$I_g=55.5°$，$k_g=27.3$，$\alpha_{95g}=4°$；产状校正后：$D_s=0.4°$，$I_s=21.2°$，$K_s=25.6$，$\alpha_{95s}=4.1°$。申扎采区晚古生代地层为

稳定的单斜层,地层产状变化不大,无法进行褶皱检验,但由于采样剖面二叠纪的高温分量具有正、反两极性,并且有很好的对趾关系,在95%置信水平通过McFadden P L 和 McElhinny M W (1964)倒转检验(C class)(Angular Separation γ=8.80,Separation Critique $\alpha_{95}\gamma_C \geqslant 17.46$)(图10-13)。通过了倒转检验,岩石磁学实验结果揭示了样品中的剩磁载体主要为磁铁矿和赤铁矿,350℃后的热退磁结果表明磁铁矿和赤铁矿剩磁方向一致,说明磁铁矿、赤铁矿基本上同时形成,整个剖面获得剩磁的机制基本相同。笔者认为样品中的特征剩磁分量很可能代表岩石形成时的原生剩磁。

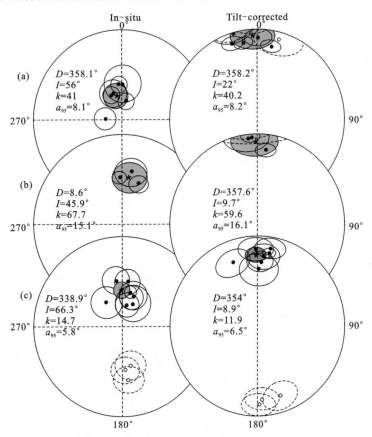

图 10-13　申扎样品的特征剩磁方向及采点平均方向的95%置信椭圆的等面积投影图

左侧为倾斜校正前,右侧为倾斜校正后

(a)二叠纪特征分量的采点平均方向;(b)石炭纪特征分量的采点平均方向;(c)泥盆纪特征分量的采点平均方向

★总平均方向;●上半球投影;○下半球投影

5. 冈底斯古地磁结果

岩石磁学实验表明,申扎地区晚古生代岩石载磁矿物组合较为复杂。总体以磁铁矿和赤铁矿为主要携磁矿物。申扎地区的样品多为灰岩和砂岩,样品的天然剩余磁化强度较低。根据剩磁特征样品可分为单分量、双分量、三分量和多分量。除去方向分散的低温黏滞剩磁,所有方向可归为低温分量方向和高温分量方向两种。低温分量方向在地理坐标系中非常接近于现代地磁场偶极子场方向,也未能通过 McElhinny(1964) 褶皱检验,应该是现代地磁场的重磁化结果。

本研究分别对申扎地区泥盆纪、石炭纪和二叠纪高温特征剩磁分量方向进行统计,结果见表10-5。由标准 Fisher(1953) 方法统计平均得到冈底斯地块晚古生代的极位置:二叠纪($\Phi p=70.4°N,\lambda p=274.6°E,dp=8.7,dm=4.6$);泥盆纪($\Phi p=62.3°N,\lambda p=284.9°E,dp=15.6,dm=7.9$);石炭纪($\Phi p=63.9°N,\lambda p=274.7°E,dp=16.3,dm=8.2$)。笔者选择申扎采区所在地($\Phi=30.9°N,\lambda=89.3°E$)为参考点,计算相应地质时代的古纬度:二叠纪 $\Phi_{古}=-11.4°$;石炭纪 $\Phi_{古}=-4.9°$;泥盆纪 $\Phi_{古}=-4.1°$。

表 10-5 申扎采区高温剩磁分量古地磁结果（参考点：N30.9°，E89.3°）

采样点	地层产状 倾向∠倾角	n/N	剩磁方向 $D_g(°)$	$I_g(°)$	$D_s(°)$	$I_s(°)$	$k_g(k_s)$	α_{95g} (α_{95s})	视磁极位置 Φ_p	λ_p
SP10	10∠23	6/11	174.2	−41.7	177.6	−19.3	31.5	13	−68.9	95.9
SP09	20∠34	5/7	6.2	47.3	10.4	13.9	44.1	11.6	64.2	245.0
SP08	335∠35	5/6	167.6	−54.9	162.7	−20.4	33	13.5	−64.1	131.3
SP07	342∠33	4/5	23.6	66.2	1.6	37.1	33.1	16.2	79.7	260.9
SP06	6∠38	6/8	176.4	−51.7	179.8	−14	35.7	11.8	−66.2	89.8
SP05	6∠38	8/8	12.6	57.3	9.7	19.4	111.9	5.3	67.2	243.9
SP04	15∠32	5/5	352.6	46.1	359	15.7	53.1	13.2	67.1	271.8
SP03	350∠38	6/10	327.1	62.5	338.4	26	27.9	14.4	63.7	323.2
SP02*	358∠44	7/7	40.3	7.7	45.1	−24.3	15.5	15.8	−28.5	37.4
SP01	360∠40	4/8	9.8	69.5	3.9	29.7	141.6	10.6	74.6	255.0
负极性		(3)	172.9	−49.5	173.8	−18	73.6	14.5	73.6	14.5
正极性		(6)	1.4	59.3	0.7	24	35.1	11.5	34	11.7
平均（采点水平）		9/10	358.1	56	358.2	22	41 (40.2)	8.1 (8.2)	70.4	274.6
平均（样品水平）		49	1.8	55.5	0.4	21.2	27.3 (25.6)	4 (4.1)	70.1	268.1
二叠纪 古地磁极位置：$\Phi_p=70.4°,\lambda_p=274.6°,dp=8.7,dm=4.6,\Phi_{古}=-11.4°$										
SC07	338∠37	8/8	20.8	49.8	5.6	19	32.8	7.8	68.2	254.3
SC06*	357∠32	0/6								
SC05*	312∠28	7/7	117.4	1.6	116.4	28.2	30.3	11.6	−13.6	152.2
SC04	353∠42	7/8	355.6	46.3	354.8	4.3	109.9	5.9	60.8	280.0
SC03	313∠50	7/8	9.9	40.4	352.9	5.7	20.1	14.1	61.2	284.1
SC02*	325∠58	3/6	114	20.4	70.1	60	167.7	9.5	33.8	148.2
SC01*	25∠89	8/8	274.7	−2.7	291.7	20.2	31.7	10.1	23.9	357.3
SC03,4,7采点平均（采点水平）		3−3	8.6	45.9	357.6	9.7	67.7 (59.6)	15.1 (16.1)	63.9	274.7
SC03,4,7采点平均（样品水平）		26	11.1	47	359.4	11.5	27.2 (24.5)	5.6 (5.9)	64.9	270.7
石炭纪 古地磁极位置：$\Phi_p=63.9°,\lambda_p=274.7°,dp=16.3,dm=8.2,\Phi_{古}=-4.9°$										
SD09*	169∠62	0/5								
SD08	341∠42	7/7	349.3	55.7	345.9	13.9	53.8	8.3	62.7	301.2
SD07	344∠63	5/6	337.7	62.4	341.1	−0.5	33.1	13.5	−54.1	122.8
SD06	343∠53	7/8	338.2	61.6	340.6	8.7	38.1	9.9	57.8	307.7
SD05	10∠52	8/8	347.7	76.9	4	25.7	20.9	12.4	72.2	256.5
SD04	15∠81	8/9	280.3	67.7	352.4	10.1	26.3	11	63.2	286.3
SD03*	30∠75	0/2								
SD02	30∠72	9/9	1	57.5	14.6	−10.7	9.9	17.2	−51.1	65.7
SD01*	351∠43	3/4	80.7	29.9	59.4	21.1	103.1	12.2	31.7	185.7
平均（采点水平）		6/9	338.9	65.7	352.8	8.1	34.4 (19.7)	11.6 (15.5)	62.3	284.9
平均（样品水平）		44	338.9	66.3	354	8.9	14.7 (11.9)	5.8 (6.5)	63.0	282.6
泥盆纪 古地磁极位置：$\Phi_p=62.3°,\lambda_p=284.9°,dp=15.6,dm=7.9,\Phi_{古}=-4.1°$										

注：N 为磁清洗样品数，n 为参与统计的样品数；$D_g,I_g(D_s,I_s)$ 为地理坐标下（地层坐标下）剩磁方向的偏角和倾角；$k_g(k_s)$，α_{95g}（α_{95s}）为平均方向的 Fisher 统计精度参数和在 95% 水平的置信圆锥半顶角；带"*"采点未参与最终统计。

三、羌北和冈底斯地块晚古生代古地磁研究结果

青藏高原羌塘和冈底斯等地块前中生代的古地磁研究数据都比较早(如朱志文等,1985;陈显尧等,1985;叶祥华等,1987;周姚秀等,1990;董学斌等,1991;李永安等,1996),剩磁测定设备及技术和数据处理与分析技术受到一定的局限,岩石磁学研究进行的不多,也没有强求各种数据检验方式。但是,先驱者们在恶劣的地理和气候环境下(工作区在海拔5 000m以上,为无人区)进行野外地质调查和采集样品,其开拓精神非常值得我们敬佩和学习,所取得的数据也具有一定的参考价值。本次在羌塘和冈底斯地块开展系统的古地磁研究,立足于国内现有的2-G超导磁力仪及一些先进的岩石磁学实验设备,根据Kirschvink主分量分析法求得每个标本的剩磁分量,利用Fisher方法进行剩磁分量统计分析,所获得的数据通过了各种数据检验方法,故而比较可靠。

在运用某点的平均磁化方向计算极位置和古纬度时,正确识别当时地磁场极性是非常必要的。它关系到采样点古纬度的正与负(北纬与南纬)。由于磁极极性的双解性,往往需要讨论两种极性的情况(Buchan et al,2000;Pesonen et al,2003)。在实际应用中,往往需要地质、古生物和古气候等方面的证据来证实其有效性。Dalziel(1999)曾提出古大陆再造中结合点(piercing point)的概念,包括大陆上发育的裂谷和造山带、同位素年龄省、岩浆岩省、岩墙群以及岩性地层等。其他重要的证据有碎屑锆石来源、Rb-Sr或Sm-Nd同位素体系,以及热沉降史分析等(Burrett,Berry,2000;Karlstrom et al,2001;Sircombe,2001)。本研究判识地磁场极性时,结合了青藏高原地质及地球物理综合集成研究成果。

羌北二叠纪古地磁数据能够通过倒转检验、褶皱检验和岩脉检验,说明高温剩磁分量应该是相应时代的原生剩磁方向。对应的古地磁极应该能代表羌北地块晚古生代古地磁极的位置。由标准Fisher(1953)方法统计平均得到高温分量平均极位置:早三叠世($\Phi_p=-16.9°N,\lambda_p=22.5°E,dp=9.2,dm=4.9$);晚二叠世($\Phi_p=-34.4°N,\lambda_p=54.1°E,dp=12.5,dm=6.9$);早、中二叠世($\Phi_p=-31.7°N,\lambda_p=46.8°E,dp=16.9,dm=9.2$);晚石炭世($\Phi_p=-33.4°N,\lambda_p=46.2°E,dp=5.3,dm=2.8$)。笔者选择$\Phi=33.7°N,\lambda=86.7°E$为羌北地块的参考点,计算相应地质时代的古纬度:早三叠世$\Phi_{古}=10.6°$;晚二叠世$\Phi_{古}=15.4°$;早、中二叠世$\Phi_{古}=14.5°$;晚石炭世$\Phi_{古}=12.9°$。可见羌北地体在晚古生代主要处于北纬14°左右,缓慢向北迁移,并发生了一定旋转。

本次研究在羌南地块多玛地层分区石炭纪、二叠纪地层共布置16个采点,采集定向岩芯样品182块,岩性主要为砂岩、灰岩。岩石磁学实验表明,样品磁性特征相对复杂,所有地层的各种样品中几乎都存在一定量磁黄铁矿,不同地层单元、不同岩性样品中有磁铁矿或赤铁矿存在,针铁矿在部分样品中有所发现。逐步退磁实验表明,除去在地理坐标系中与现代地磁场(PEF)相近的低温分量后,大部分样品数据零乱,无法分离出高温剩磁信息。

冈底斯地块泥盆纪、石炭纪和二叠纪获得一致的高温分量结果。其高温分量平均极位置:泥盆纪($\Phi_p=62.3°N,\lambda_p=284.9°E,dp=15.6,dm=7.9$);石炭纪($\Phi_p=63.9°N,\lambda_p=274.7°E,dp=16.3,dm=8.2$);二叠纪($\Phi_p=70.4°N,\lambda_p=274.6°E,dp=8.7,dm=4.6$)。选择$\Phi=30.9°N,\lambda=89.3°E$为冈底斯地块的参考点,计算相应地质时代的古纬度:泥盆纪$\Phi_{古}=-4.1°$;石炭纪$\Phi_{古}=-4.9°$;二叠纪$\Phi_{古}=-11.4°$。可见冈底斯地块晚古生代一直位于南纬低纬度地区,为一相对稳定的地块。

总之,本次工作分别在羌北、羌南和冈底斯地块晚古生代地层进行古地磁研究。其中,在羌北地体(尼玛采区)取得可靠的古地磁结果;羌南地区(日土采区)古地磁结果比较零乱,没有分离出可指示块体运动稳定的剩磁信息;冈底斯地块(申扎采区)分别在泥盆纪、石炭纪和二叠纪获得一致的古地磁数据(图10-14)。根据研究结果,结合古地磁数据与地质数据之间的兼容性,采用纬度漂移量对比的方法分析。羌北地块晚古生代(主要是二叠纪)应位于北纬14°左右,纬度漂移量为20°左右;而冈底斯地块主要位于南纬7°左右,纬度漂移量为38°左右。两个地块去除现今的纬向差还存在18°左右的纬向差,相当于2 000km(图10-15)。羌南地块零乱的古地磁信息,可能反映了该区晚古生代地层沉积后构造活动相对剧烈。

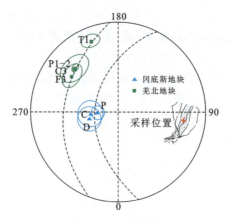

图 10-14 青藏高原主要地块晚古生代古地磁极位置图

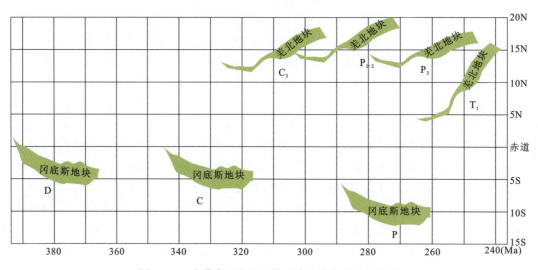

图 10-15 青藏高原主要地块晚古生代古方位再造图

第十一章 古生代构造-岩相古地理演化

第一节 全球构造背景及洋陆分布

一、全球构造背景

古生代全球地质演化的大背景是在 Rodinia 超大陆裂解后,经历了冈瓦纳大陆形成、裂解,再到"潘吉亚"大陆形成两大发展演化过程。可细化为 3 个阶段。

1. 冈瓦纳大陆最终组装阶段(寒武纪)

Rodinia 超大陆解体后,地球表面洋、陆间杂的格局经过长期的组装,于寒武纪完成了东、西冈瓦纳汇聚、碰撞,形成以莫桑比克泛非造山带为纽带的统一冈瓦纳大陆和位于北半球的一个主洋盆。冈瓦纳大陆位于南半球,靠近南极,总体处于汇聚、挤压构造背景。而位于赤道附近的劳伦、西伯利亚、波罗地以及泛华夏陆块群,游离于冈瓦纳大陆之外,构造背景却是伸展、裂解。全球构造背景具有北部离散、南部汇聚的特点。

2. 原特提斯洋发展演化阶段(奥陶纪—志留纪)

该阶段,原特提斯洋在古大西洋和"RHEIC"洋的基础上扩展,逐渐形成介于冈瓦纳大陆与北部的劳伦、西伯利亚以及波罗地陆块群之间贯通东西的成熟洋盆。其北部陆块群,受原特提斯洋和外围泛大洋共同影响,从奥陶纪早期进入汇聚、挤压阶段,在志留纪末期,劳伦和波罗地碰撞形成了原始美洲。冈瓦纳大陆总体处于稳定盖层发展阶段,仅西部地区的阿瓦隆(包括英格兰、新英格兰)陆块从冈瓦纳大陆北部裂离,并向北部的波罗地和劳伦迁移。位于原特提斯洋内部的泛华夏陆块群特征类似于劳伦。总体而言,全球构造背景是以原特提斯洋为界,北部处于汇聚挤压,南部大陆处于相对稳定的发展之中。

3. 古特提斯洋发展、消亡阶段(泥盆纪—二叠纪)

古特提斯洋是在原特提斯洋的基础上发展起来的。随着南半球大陆向北漂移,原特提斯洋从志留纪贯通东西的洋盆,逐渐消减、萎缩。泥盆纪,中部属于西冈瓦纳的南欧陆块开始与原始美洲陆块碰撞,将古特提斯洋分隔为西部的"RHEIC"洋和东部的东特提斯洋(古特提斯洋)。石炭纪时期,"RHEIC"洋关闭,"西潘吉亚"大陆形成,而此时的东特提斯洋依然存在,到早中二叠世,东特提斯洋呈喇叭状向东与泛大洋相连通;晚二叠世,东部喇叭口北段堵塞,仅在南段与泛大洋联通。总体而言,全球构造背景是潘吉亚大陆形成,特提斯洋域进一步汇聚,冈瓦纳大陆裂解,并整体向北漂移。

二、全球洋陆分布

古生代全球洋陆分布见图 11-1、图 11-2。寒武纪,东西冈瓦纳汇聚、碰撞,泛非造山带和统一的冈瓦纳大陆最终形成,分布南极到赤道的广大地区。此时,劳伦、西伯利亚以及波罗地陆块游离于冈瓦纳大陆之外,位于赤道附近。第一次发生全球大陆主体被浅海淹没事件,大陆被泛大洋所环绕。

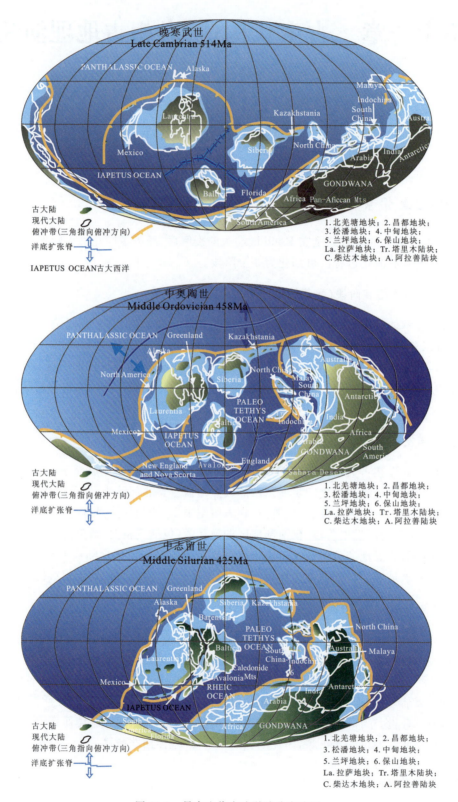

图 11-1　早古生代全球洋陆分布略图

(据 Scotese, www.scotese.com, 修改)

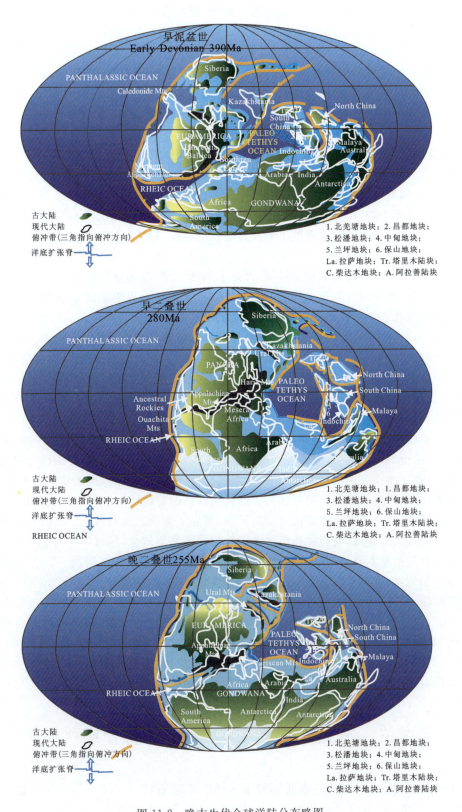

图 11-2　晚古生代全球洋陆分布略图

（据 Scotese，www.scotese.com，修改）

奥陶纪,位于赤道附近的劳伦、西伯利亚和波罗地仍然游离于冈瓦纳大陆之外,3个独立陆块之间的古大西洋在早奥陶世扩张到最大规模,随后进入俯冲、消减阶段,东部的西伯利亚向劳伦和波罗地靠近。原特提斯洋位于泛华夏陆块群及劳伦、波罗地、西伯利亚陆块群之间,洋盆进入快速扩张阶段。冈瓦纳大陆开始裂解,其中,阿瓦隆(包括英格兰、新英格兰)陆块从冈瓦纳大陆北部的西北非洲裂离,并向波罗地和劳伦靠拢。泛华夏陆块群游离于冈瓦纳大陆与欧洲古陆块群之外,围绕在泛华夏陆块群边缘的沟弧盆体系发育到达顶峰(秦祁昆地区)。奥陶纪末期是地球历史上最冷的时期之一,冰川覆盖了冈瓦纳大陆南部的大部分地区。相反,泛华夏陆块群处于低纬度地区,典型的暖水沉积——碳酸盐岩广泛发育,在塔里木还出现了盐类沉积。

志留纪,扩张的泛大洋位于赤道以北的大部地区,环绕该大洋岩石圈板块的俯冲带广泛发育,其古构造格局非常类似于现今环太平洋的火山岛链。古大西洋关闭,主体由北美组成的劳伦大陆和波罗地大陆碰撞,形成了经斯堪的纳维亚、北大不列颠、格陵兰、阿巴拉契亚北部到北美东海岸宏伟的加里东造山带。原特提斯洋与新生的"RHEIC"连成一体,在南西端和北东端与泛大洋相沟通。泛华夏陆块群中塔里木、柴达木、阿拉善、华北的边缘发生了岛弧与陆块的碰撞,碰撞形成祁连、阿尔金以及秦岭-昆仑中北部造山带(中央造山带北部)。

泥盆纪,泛大洋继承了志留纪的基本格局,覆盖了地球大部,其边缘广泛发育俯冲带。西冈瓦纳的南欧开始与原始美洲(波罗地与北美碰撞后的)大陆接近,大陆接近提供了淡水鱼类从冈瓦纳大陆边缘向北美内部迁徙的机会。原特提斯洋萎缩,被分割为西部的"RHEIC"洋和东部的古特提斯洋,前者呈向西打开的喇叭口,与泛大洋连通;后者在北端通过塔里木与哈萨克斯坦之间与泛大洋相连。无论是在原始美洲大陆内部的加里东造山带,还是塔里木、柴达木和阿拉善之间的祁连-阿尔金造山带,早泥盆世期间均继承了晚志留世的汇聚造山格局。中晚泥盆世期间,在泛华夏陆块群分布区开始了伸展、裂解。

石炭纪,泛大洋继续扩张。冈瓦纳大陆西部开始与原始美洲大陆碰撞,"西潘吉亚"大陆开始形成,同时阿巴拉契亚和华里西碰撞造山带基本形成。哈萨克斯坦陆块与西伯利亚大陆间的洋盆俯冲消减,在波罗地陆块和哈萨克斯坦陆块的边缘形成俯冲型乌拉尔造山带。古特提斯洋呈向北东打开的喇叭状,泛华夏陆块群位于喇叭口一带,形成古特提斯洋与泛大洋之间的屏障。此时的昆仑和扬子大陆西缘处于伸展、裂解背景。冰盖在南极一带开始发育,四肢脊椎动物迅速发展,煤大量形成于赤道附近。

早中二叠世,泛大洋继承了石炭纪的格局。冈瓦纳大陆西部继续与原始美洲大陆碰撞,"西潘吉亚"大陆形成,阿巴拉契亚和华里西碰撞造山带持续扩展,贯穿了整个欧洲和西亚。哈萨克斯坦与西伯利亚连为一体并与波罗地大陆碰撞,乌拉尔造山带由俯冲型向碰撞型转化,同时在空间上扩展。古特提斯洋域保留了石炭纪时期的基本格局,扬子西缘在早二叠世早期达到最大扩展阶段后,在早二叠世中期,地块间的小洋盆开始俯冲,发育了"北羌塘-三江"典型大陆边缘多岛弧盆系。

晚二叠世阶段,Rodinia大陆裂解产生的洋盆几乎消减殆尽,围绕这些洋盆的诸多陆块碰撞形成了超大陆"Pangea"(潘吉亚),这个超大陆中心位于赤道附近,它呈南北向断续相连,两端分别位于南极和北极。由以南美、南非、南极、印度和澳大利亚等为主组成的南部大陆与由波罗地、西伯利亚为主的北部大陆碰撞,形成的"Pangean"中央造山带(欧洲华里西造山带)继续向东扩展。此时的古特提斯洋域为众多的陆块群围限,残留的洋盆继续消减萎缩。中国三大陆块群开始碰撞,中国古陆主体雏形显现。

第二节 研究区早古生代构造-岩相古地理演化

受控于全球构造背景的区域构造演化制约了区域的洋陆格局,洋、陆及其之间的相互作用导致了沟-弧-盆的生长、演化,洋、陆及二者过渡部位的沟-弧-盆体系的空间配置、古纬度、古气候等共同决定了沉积相系的空间展布和岩浆岩类型。我们以原(早古生代)、古特提斯洋(晚古生代)发展演化为主线,以陆块边缘(洋-陆过渡区)沟-弧-盆体系及其造山过程为重点,按照构造控盆、盆地控相、相反映古地理的思想,探讨青藏高原古生代的构造-岩相古地理演化过程。依据洋陆转换和弧盆系发育的时间可划分为早古生代和晚古生代两个阶段。

研究区除了涉及泛华夏陆块群、印度等陆块外，还包含了消失的原、古特提斯大洋。通过古地磁、沉积事件、岩浆事件、特殊的生物、气候标志以及造山带、裂谷带的连接等研究，恢复的古生代洋陆格局见图 11-3，构造-岩相古地理演化见图 11-4。总体而言，早古生代青藏高原涉及的主要陆块群位于原特提斯洋的东岸，晚古生代位于古特提斯洋的东部边缘，而泛华夏陆块群呈"屏风"状介于古特提斯洋与泛大洋之间。

一、寒武纪构造-古地理格局

寒武纪见图 11-3、图 11-4，泛华夏陆块群位于赤道附近，介于冈瓦纳大陆和哈萨克斯坦岛链之间，在其西缘存在大洋岩石圈板块向华北的俯冲作用，形成的岛弧可对应北秦岭岛弧带。塔里木、阿拉善和柴达木陆(地)块群邻近冈瓦纳大陆，其中塔里木-柴达木边缘发育沟-弧-盆，可对应于昆中蛇绿混杂岩带、昆中岩浆弧以及库地-其漫于特-祁漫塔格弧后盆地。中、南祁连位于阿拉善东南，呈岛链状北东向延伸。扬子及其边缘地块群逐渐裂离于冈瓦纳大陆边缘。冈底斯-喜马拉雅位于冈瓦纳大陆本部。

寒武纪原特提斯洋属于古大西洋的分支，处于孕育阶段。青藏高原涉及的主要块体位于原特提斯洋盆的北部，除华北陆块外，均属于冈瓦纳大陆的北西边缘。受原特提斯洋扩张作用控制，塔里木、阿拉善及柴达木陆(地)块群开始裂解，并逐渐裂离冈瓦纳大陆边缘，形成裂谷(初始洋盆)、陆(地块)相间的盆地格局。塔里木、阿拉善以及柴达木陆(地)块本部具有向上变细、海水加深的沉积序列。其中阿拉善东南缘发育巨厚的以浊流为主的香山群、大黄山组海底扇沉积，表明存在深入阿拉善和鄂尔多斯陆块之间的裂谷。南部的秦祁昆地区，则表现为深浅相间的复杂沉积格局。以碎屑岩、碳酸盐岩沉积为主，夹有大量的基性火山岩，晚寒武世出现带状展布的基性—超基性岩带等反映裂解作用加剧，并出现准洋盆。

扬子陆块及其边缘系统，属于冈瓦纳大陆的西北边缘，总体处于稳定盖层发展阶段，以浅海相碳酸盐岩、碎屑岩沉积为主体。垂向上表现为早寒武世沧浪铺期前水体较深、古陆较小，早寒武世晚期龙王庙期至中寒武世海水变浅、古陆扩大的变化规律。冈底斯、喜马拉雅地区，属冈瓦纳大陆本部。该时期，统一的冈瓦纳大陆刚刚组建完成，处于形成后的初始裂解状态，局部地方发育以基性为主的海相火山岩建造。由于确切时代依据的寒武系零星，总体古地理格局不清。编图区印度陆块处于碰撞后的整体隆升阶段，主体为隆起剥蚀区，在其北部边缘出露有同造山期的花岗岩，侵入于前寒武系中。

阿拉善、欧龙布鲁克地块、西秦岭、扬子、喜马拉雅、印度陆块等下寒武统中或多或少地夹有含磷层位，此外，灰岩广泛分布、生物丰富，表明其古地理、气候条件相似，为温暖气候环境。

二、奥陶纪构造-古地理格局

奥陶纪见图 11-3、图 11-4，基本保持了寒武纪时期的洋陆配置格局。所不同的是，泛华夏西部陆块群快速逆时针旋转。其中阿拉善和柴达木旋转约 90°，大体与华北陆块呈北北西向线状排列；塔里木旋转角度更大，呈深入原特提斯洋的"半岛状"。在上述陆块群的边缘普遍发育沟-弧-盆体系。另一个区别是扬子陆块及其边缘地块群裂离于冈瓦纳大陆，陆表海广布。冈底斯-喜马拉雅属于冈瓦纳大陆北部陆缘海。

奥陶纪原特提斯洋已向西南贯通，进入其独立发展成长阶段。洋盆西部是西伯利亚、波罗地陆块构成的被动大陆边缘，东部为以泛华夏北部陆块群(泛华夏西部陆块群和华北陆块)为主体的复杂的活动陆缘系统。受不同性质的分支洋盆扩展、消减作用制约，泛华夏陆块群不同程度地发生逆时针旋转并与冈瓦纳大陆完全脱离，漂移至赤道附近，介于冈瓦纳大陆和哈萨克斯坦岛链之间。受洋中脊扩张等作用控制，在塔里木-柴达木-阿拉善陆块群以及华北陆块边缘普遍发生了洋陆俯冲作用，出现了复杂的沟-弧-盆体系。塔里木、阿拉善陆块本部从早奥陶世开始表现为海侵，中奥陶世达到顶峰、晚奥陶世晚期开始海退。秦祁昆地区表现为碳酸盐岩与碎屑岩组成浅海相沉积与以细碎屑岩、泥岩、硅质岩、玄武岩为主的斜坡—深海盆地沉积带状间列格局。浅海沉积区或隆起区发育中酸性侵入岩等，深海沉积物发生蓝片岩相变质。祁连地区，上部出现较多的紫红色砾岩夹层，细砂岩中还含有铁质等，说明在晚奥陶世时，祁连地区同样存在海平面下降的规律。

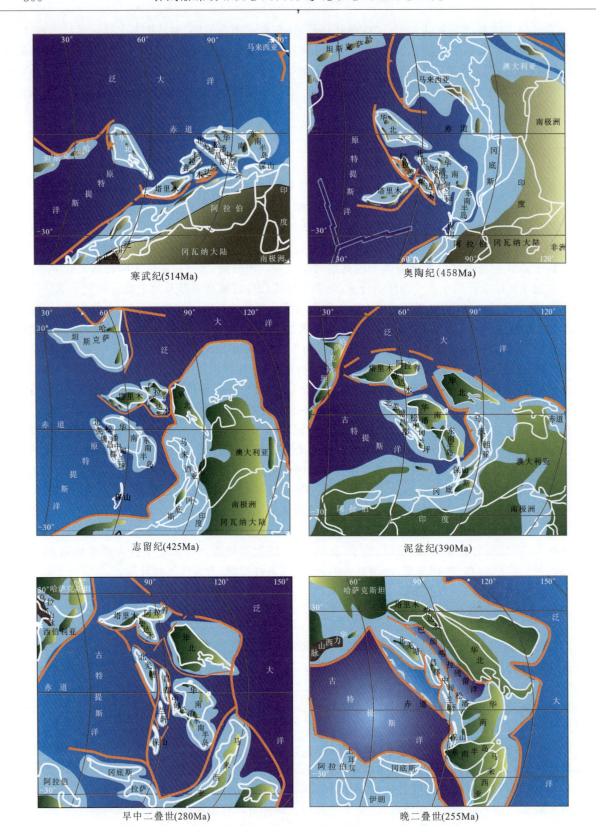

图 11-3 研究区古生代洋陆格局示意图

扬子陆块及其边缘地块群完全脱离冈瓦纳大陆,与华北类似,陆表海广布。主体为浅海碳酸盐岩夹细碎屑岩沉积,陆块边缘局部出现伸展拉张环境,分布斜坡相沉积,岩浆岩相不发育,总体反映了稳定的沉积构造背景。冈底斯-喜马拉雅属于冈瓦纳大陆北部陆缘海,沉积类型类似于扬子及其西缘,缺少岩浆岩相,同样反映稳定沉积构造背景。

值得说明的是奥陶纪也是全球重要的冰期，冰盖范围较广。而编图区碳酸盐岩广布，未见冰碛，表明主体位于中低纬度地区，气候温暖。

三、志留纪构造-古地理格局

志留纪见图 11-3、图 11-4，研究区洋陆格局变化较大。泛华夏陆块群向北移动，主体位于赤道及其以北低纬度地区，总体呈 3 个相对独立的陆（地）块群。其中，塔里木、阿拉善、柴达木完成碰撞，其间形成了祁连-柴北缘造山系；中昆仑岩浆弧与塔里木、柴达木碰撞形成陆缘增生造山带，从奥陶纪的岛弧转化为陆缘弧。扬子陆块呈"孤岛"状漂浮于原特提斯洋，被动大陆边缘镶边。华北陆块位于泛华夏陆块群的东部，整体抬升成陆，缺失了志留纪—泥盆纪沉积，其西缘（中秦岭）转化为陆缘弧。

志留纪原特提斯洋进入成熟阶段，规模达到最大，依然维持奥陶纪（西部被动边缘、东部活动边缘）的两大陆缘系统总体构造格局。青藏高原涉及的主要块体位于洋盆的北东部，受原特提斯洋中脊扩展、大洋岩石圈板块边缘俯冲以及转换断层走滑作用，泛华夏陆块群整体向北移动，到达了赤道及其以北低纬度地区，并呈 3 个相对独立的陆（地）块群。其中，泛华夏西部陆块群完成碰撞拼贴，其间形成了祁连-柴北缘造山系，发生大规模海退，塔里木大部、柴达木、阿拉善隆升成陆；中昆仑岩浆弧与塔里木、柴达木碰撞形成陆缘增生造山带，从奥陶纪的岛弧转化为陆缘弧；中昆仑蛇绿构造混杂岩以北地区形成了山链与不同性质的前陆盆地相间的格局。具体而言，柴达木、昆中岩浆弧成为濒临原特提斯洋的边缘山链（南部山链）；祁漫塔格一带为弧后前陆盆地，南祁连-欧龙布鲁克地块为前陆盆地，二者断续相连，称为南部盆地；中北祁连弧弧碰撞造山带，包括北祁连岩浆弧、北祁连蛇绿混杂岩带、党河南山-拉脊山蛇绿构造混杂岩带，称为北部山链；塔里木、走廊南山构成北部前陆盆地群。南、北山链主体隆升，接受剥蚀，同时发育中酸性侵入岩。盆地具有南部深（前陆深渊）、向北逐渐变浅并过渡为陆相的沉积特征，同时也有中酸性岩浆侵入。垂向上，表现为典型的下部水体深和向上水体变浅、粒度变粗的退积型充填序列。

扬子陆块及其边缘系统呈"孤岛"状漂浮于原特提斯洋，主体为浅海相沉积，边缘的龙门山西部、松潘地块南部有半深海沉积，岩浆岩相不发育，依然保持了稳定的沉积构造背景。冈底斯-喜马拉雅属于冈瓦纳大陆北部陆缘海，沉积类型类似于扬子及其西缘，缺少岩浆岩相，同样反映稳定沉积构造背景。

四、早古生代构造-岩相古地理演化

早古生代为秦祁昆弧盆系演化阶段，青藏高原涉及主要陆块位于原特提斯洋东岸，邻近或属于冈瓦纳大陆的组成部分。受洋壳板片向东俯冲作用控制，泛华夏陆块群经历了复杂的大陆边缘演化，并一直保持了华北、扬子和塔里木三大陆块群相对独立演化的特点。冈底斯-拉萨位于冈瓦纳大陆本部，有别于中国其他陆块。各自所处的具体构造位置分述如下。

中昆仑构造混杂岩带以北的秦祁昆地区，由塔里木陆块、柴达木地块、阿拉善陆块、敦煌陆块及其边缘的弧盆系组成复杂的洋陆构造格局。受原特提斯洋裂解、俯冲作用制约，它们多数在寒武纪期间处于伸展裂解环境，发育裂谷、小洋盆（类似于弧后背景）；奥陶纪（局部在晚寒武世）进入俯冲、汇聚阶段，在北祁连、红柳沟-拉配泉以及阿南增生楔杂岩带等构造单元内发育了代表洋盆俯冲的高压低温变质带（蓝片岩带）；志留纪各陆（地）块与其边缘弧开始碰撞，到晚志留世华北陆块以西的阿拉善、柴达木、塔里木陆（地）块间完成碰撞拼贴，产生了沿碰撞边界发育的陆陆俯冲、碰撞的高压榴辉岩带，结束了本区弧盆系发育的演化历史。

华北陆块，虽然所处构造位置有别于塔里木陆块，但是经历的构造过程与塔里木陆块类似。

扬子陆（地）块群寒武纪属于冈瓦纳大陆边缘，晚寒武世后逐渐裂离，奥陶纪在伸展背景下通过转换断层作用，于志留纪成为原特提斯洋中的"孤岛"。总体为稳定盖层发育阶段。

冈底斯-喜马拉雅地区位于冈瓦纳大陆本部，远离原特提斯洋。早古生代主要经历板内演化阶段；寒武纪早期经历了泛非挤压造山阶段，寒武纪中晚期进入陆内裂解阶段；奥陶纪、志留纪为盖层稳定发展阶段。

第三节 研究区晚古生代构造-岩相古地理演化

一、泥盆纪构造-古地理格局

泥盆纪见图11-3、图11-4,泛华夏陆块群呈"陆链"介于古特提斯洋和泛大洋之间,华北、塔里木、扬子三大体系仍独立发展。其中以塔里木为主的西部陆(地)块群,继志留纪碰撞造山和增生造山后,成为一体,位于北纬15°左右。于中晚泥盆世在其中南部发生陆缘裂陷,中昆仑一带仍为该陆块群的南部陆缘弧。华北陆块,位于北纬10°左右,缺失沉积,中北秦岭为其陆缘弧。泛华夏南部陆块群位于赤道附近,在泥盆纪时期,西缘部分地区开始裂解,形成裂谷(初始洋盆)与浅海地块相间。冈底斯-喜马拉雅属于冈瓦纳大陆北部陆缘海,位于南纬20°以南地区。

泥盆纪原特提斯洋开始萎缩,随着西冈瓦纳的南欧与原始美洲(波罗地与北美碰撞后的大陆)的碰撞,被分割为西部的"RHEIC"洋和东部的古特提斯洋。古特提斯洋东、西边缘均转化为活动大陆边缘。在此构造背景下,祁连以及昆仑北部的前陆盆地,早中泥盆世仍为前陆盆地沉积,沉积布拉克巴什组、库山河组等半深海斜坡-浅海碎屑岩;晚泥盆世早期转化为山间盆地,沉积了奇自拉夫组、老君山组紫红色磨拉石;晚泥盆世晚期,昆仑地区趋向边缘裂解,沉积了牦牛山组上部海相沉积,并具有向上水体变深的退积型充填序列。在这种造山后伸展构造背景下,祁漫塔格、东昆仑、布喀达坂峰一带发育了具有浆混花岗岩特征的中酸性侵入岩。

华北陆块受志留纪北秦岭岛弧与华北碰撞拼贴的趋动,处于整体隆升、剥蚀阶段,缺失志留系到泥盆系沉积。

泛华夏南部陆块群漂浮于古特提斯洋中,位于环状俯冲带的内侧,特殊的构造位置使其处于伸展、裂解构造背景,在北羌塘-三江地区地块与裂谷(初始洋盆)相间的格局孕育。扬子陆块及北羌塘-三江地区位于赤道附近,其中北羌塘、昌都地块、中咱-中甸地块以浅海相碎屑岩、碳酸盐岩沉积为主,垂向上具有下部滨岸相碎屑岩、上部碳酸盐岩的向上水体变深的沉积序列。沿金沙江-哀牢山带、乌兰乌拉湖-北澜沧江带有放射虫硅质岩沉积,前者的雪压央口—羊拉地段洋脊型玄武岩锆石 U-Pb 年龄为(361.6 ± 8.5)Ma,表明已发育了半深海-深海盆地沉积,局部地段已准洋盆化。扬子陆块本部以浅海相碎屑岩、碳酸盐岩沉积为主,化石丰富,为稳定沉积环境。

冈底斯-喜马拉雅属于冈瓦纳大陆北部陆缘海,位于南纬20°以南地区。总体具有南部以碎屑岩沉积为主、北部以碳酸盐岩沉积为主的特点,岩浆岩不发育,代表稳定的沉积构造背景。

二、石炭纪构造-古地理格局

研究区洋陆格局在泥盆纪的基础上发展、演化,塔里木和华北陆块群与泥盆纪类似。羌塘-三江地块群陆续从扬子西缘裂解,从西向东有北羌塘地块、北澜沧江小洋盆、昌都地块、金沙江小洋盆、中甸地块相间斜列,是研究区最醒目的多岛弧盆系构造-古地理单元。冈底斯-喜马拉雅地区受龙木错-双湖蛇绿岩代表的古特提斯洋大洋岩石圈板块向南俯冲作用控制,石炭纪东部地区转换为陆缘弧(图11-4)。

石炭纪非洲、南美和原始欧美陆块持续碰撞,华里西造山带向东、西扩展,西部的"RHEIC"洋消减殆尽,洋-陆俯冲作用发生在环古特提斯洋的大部,而塔里木陆块群以及华北陆块位于古特提斯洋与外围泛大洋之间。编图区内主要受古特提斯洋向北俯冲作用控制,陆缘裂解作用加强,发育陆缘弧,西昆仑和东昆仑东段局部出现弧后盆地。石炭纪,海侵范围扩大,除阿尔金、塔里木东南和阿拉善为隆起剥蚀区外,主体为浅海相碎屑岩、碳酸盐岩沉积。青海宗务隆山和西昆仑库尔良-恰尔隆-奥依塔格一带出现断续相连的半深海盆地碎屑岩、基性火山岩沉积,垂向上碎屑粒度由粗到细变化明显,表现为海侵序列。昆仑岩浆弧上,从东向西断续有中酸性侵入岩分布。

南昆仑多处发育蛇绿岩组合,玄武岩中获得早二叠世的 K-Ar、Ar-Ar 年龄,表明早中二叠世依然存在俯冲。甘孜理塘带的竹庆乡含有早石炭世—晚三叠世放射虫。二者之间的巴颜喀拉山群分布区,推测为洋盆。

泛华夏南部陆块群,漂浮于古特提斯洋中,位于环状俯冲带的内侧,特殊的构造位置使其处于伸展、裂解构造背景,在北羌塘-三江地区地块与小洋盆间杂的格局形成。其中,扬子本部和若尔盖地块总体为浅海相碎屑岩、碳酸盐岩沉积,岩浆岩不发育,反映稳定沉积环境。北羌塘-三江地区,表现为堑垒相间的沉积格局。北羌塘、昌都、中咱地块上,主体为浅海相碎屑岩、碳酸盐岩沉积,岩浆岩不发育;而金沙江-哀牢山、乌兰乌拉湖-北澜沧江主体为斜坡到深海盆地相沉积,断续出露蛇绿岩组合,表明已发育成洋盆。

冈底斯-喜马拉雅地区,受龙木错-双湖蛇绿岩代表的古特提斯洋大洋岩石圈板块向南俯冲作用控制,石炭纪东部地区转换为陆缘弧,冈底斯岛弧→雅鲁藏布江弧后裂谷盆地→喜马拉雅陆缘裂陷盆地的古地理格局雏形显现。其中北冈底斯以滨-浅海碎屑岩沉积为主,局部发育碳酸盐岩台地,东部来姑组夹有中—基性火山岩,并有零星闪长岩体侵入。南冈底斯-喜马拉雅总体具有中部为半深海沉积,向南、北水体变浅,以碎屑岩、碳酸盐为主的沉积特征,间夹有少量火山岩表明构造环境渐趋活动。

滨浅海相冰水沉积发育在冈底斯及其以南,而北羌塘-三江地块及其以北地区,碳酸盐岩广泛、生物化石丰富,说明二者有较大的纬度差异。

三、早中二叠世构造-古地理格局

早中二叠世见图 11-3、图 11-4,中国古三大陆块群相对独立发展的格局仍在持续。泛华夏西部陆块群北移到北纬 20°以北,中昆仑陆缘弧继续发育,但随着洋盆大洋岩石圈板块俯冲角度的变换,在西昆仑的苏巴什南侧发育了大套以黄羊岭群为主体的增生棱柱体。东昆仑东段由于阿尼玛卿洋盆大洋岩石圈板块向北俯冲,西倾山地块转换为岛弧带,共和盆地以及宗务隆山为其北侧的弧后盆地。华北陆块,位于北纬 15°左右,受勉略洋盆大洋岩石圈板块向北俯冲控制,中秦岭成为华北南部的陆缘弧。北羌塘-三江地区弧盆系发育进入鼎盛期。受龙木错-双湖代表的古特提斯洋大洋岩石圈板块向北俯冲控制,在北羌塘地块、兰坪地块、保山地块的西缘(西北缘)发育了岩浆弧。北澜沧江洋盆大洋岩石圈板块向东、西双向俯冲,在北羌塘地块东缘、昌都地块西缘形成对称的岩浆弧。金沙江洋盆大洋岩石圈板块向西俯冲,昌都地块东缘形成江达—维西岛弧。冈底斯-喜马拉雅地区受龙木错-双湖蛇绿岩代表的古特提斯洋大洋岩石圈板块向南持续俯冲作用控制,转换为陆缘弧,并在北冈底斯孕育弧后裂谷。

早中二叠世古特提斯洋进一步萎缩,此时的大洋岩石圈板块东缘俯冲带向内(西)跳迁于昌都、北羌塘地块群的西侧。扬子西缘普遍转换为主动大陆边缘,陆缘弧-盆系发展至顶峰,其沟、弧、盆配置关系如本章第二节所述。从北羌塘地块、北澜沧江结合带、昌都地块、金沙江结合带到中甸地块,总体表现为浅、深相间的沉积格局。其中,地块内部以浅海碎屑岩、碳酸盐岩沉积为主,少量海陆过渡相碎屑岩,火山岩以基性为主;地块边缘,沿走向沉积相变大,陆相、浅海相、斜坡相交替出现,火山岩既有基性岩又有安山岩、流纹岩,表现出典型的岛弧岩相特点。而扬子陆块本部,处于三江弧盆系东部的陆缘伸展构造背景下,具有中部高、东西变深的沉积格局。主要以浅海碎屑岩、碳酸盐岩沉积为主,夹有煤线(层)。垂向上为退积型海侵序列。

受古特提斯洋壳板片向塔里木的俯冲,塔里木陆块迁移到北纬 20°以北。同时长期洋陆相互作用,俯冲的洋壳残片在塔里木下部 670km 界面或更深部积累,通过下地幔物质再循环,部分物质转化为地幔热柱,在早二叠世阶段上升到岩石圈下部,通过大规模的基性火山岩喷发,形成了塔里木-天山大火成岩省,并使上述陆块内部处于裂解伸展阶段。地幔热柱作用在沉积相序列上的表现是石炭纪有大面积的海相沉积,至早二叠世海相沉积仅限于盆地西缘,早二叠世晚期海水完全退出,陆相沉积广布。沉积物为杂色,夹有较多的粗碎屑沉积,一方面反映气候冷暖交替;另一方面反映围限盆地的周缘山脉已经颇具规模,地形起伏较大。

塔里木与羌塘-三江之间的昆南-巴颜喀拉洋盆(古特提斯分支),二叠纪洋壳残片向北俯冲的方式发生了重要的转换,表现为木孜塔格峰以西地区大面积分布的黄羊岭群"增生棱柱体"的形成。总体具有早期退积型、晚期进积型的沉积序列。

冈底斯-喜马拉雅地区受龙木错-双湖蛇绿岩代表的古特提斯洋洋壳残片向南持续俯冲作用控制,转换为陆缘弧,并在北冈底斯孕育弧后裂谷。总体具有中间深、南北浅的沉积格局。表现为北冈底斯为线状岛链,主体以浅海沉积为主,并不同程度地夹有火山碎屑岩,南冈底斯和喜马拉雅北部地区为半深海相碎屑岩夹有玄武岩沉积。具有向上变深退积型沉积充填序列。

需要强调的是早二叠世冰期在石炭纪基础上加强,冰盖面积最大化。冈底斯及其以南地区下二叠统冰水杂砾岩发育,表明其邻近印度大陆,中二叠世起全部转为暖水型沉积,而北羌塘-三江、昆仑地区同层位中生物灰岩发育,扬子、阿拉善等地普遍夹有煤线(层),一方面表明,早二叠世冈底斯仍然位于中高纬度地区,与印度大陆邻近;另一方面表示其晚二叠世已快速向北移动,进入中低纬度。

四、晚二叠世构造-古地理格局

晚二叠世见图 11-3、图 11-4,华北、阿拉善、塔里木地块已经完成与西伯利亚、哈萨克斯坦板块的碰撞,泛华夏陆块群以及南部的印度支那和马来亚构成古特提斯洋盆的东部陆链,仅在陆链南端存在与泛大洋的联系。扬子东北缘与华北、北羌塘地块西端与昆仑地块发生初始碰撞,但三大陆块群相对运移的趋势仍在持续。其中,泛华夏西部陆块群北移到北纬 30°,昆仑-中南祁连陆缘增生造山带颇具规模,共和盆地-宗务隆山弧后盆地发展仍在进行。巴颜喀拉呈残留洋盆,并开始接受来自塔里木、华北-阿拉善以及扬子陆块的陆缘碎屑。扬子陆块位于赤道附近,其西部的北羌塘-三江地区,受巴颜喀拉-甘孜理塘残留洋盆和特提斯主洋盆(龙木错-双湖-班公湖-怒江)双向俯冲制约,其边缘弧-盆系走向衰落,局部地块或弧-陆开始碰撞,但主体依然继承了早中二叠世的洋陆格局及弧-盆配置关系。特提斯洋盆内的南羌塘西部地块、保山地块以及洋岛海山等相继增生到北羌塘和昌都-兰坪地块的边缘,同时形成了一条长达 2000 余千米的双变质带。特提斯洋盆向南的俯冲,导致北冈底斯岩浆弧以及南冈底斯-雅鲁藏布江弧后盆地的诞生。

晚二叠世周缘众多陆块相继碰撞拼贴,古特提斯洋盆继续消减萎缩。古特提斯主洋盆洋壳残片向北俯冲的宏观标志是沿龙木错-双湖-澜沧江-昌宁-孟连一带残留有断续延伸 2000 余千米的高压变质带。位于其北侧的北羌塘-三江地块群呈链状延伸,其间陆缘小洋盆俯冲、消减,保留了早中二叠世的沟-弧-盆体系,保山地块与扬子西缘开始碰撞。三江地区表现为碳酸盐岩与碎屑岩组成的浅海相沉积与以细碎屑岩、泥岩、硅质岩、玄武岩为主的斜坡、深海盆地沉积带状间列。浅海沉积区或隆起区发育中酸性火山岩,深海沉积物发生蓝片岩相变质。介于北羌塘-三江弧-盆系与塔里木陆块群之间的昆南-巴颜喀拉洋盆,继续向北俯冲,至晚二叠世晚期,东、西两端封闭,成为狭长的残留洋盆。西段羊湖一带的黄羊岭群浅海碎屑岩沉积,表明西段洋盆规模大大缩小,陆缘物质可大量进入。

塔里木陆块群完成与华北地块的碰撞,总体隆升成陆。在塔里木南缘、祁连山北部地区断续发育洪积扇,表明其南侧的山链隆起到一定规模,地形起伏大,而且气候变得干燥、炎热。

扬子与华北陆块开始碰撞。由于古特提斯洋大洋岩石圈板块向扬子陆块的长期俯冲,俯冲的洋壳残片在其下部 670km 界面或更深部积累,通过下地幔物质再循环,部分物质转化为地幔热柱,在中晚二叠世阶段上升到岩石圈下部,通过大规模的基性火山岩喷发,形成了峨眉山火成岩省,并使上述陆块内部处于裂解伸展阶段。地幔柱到达岩石圈底部,向上的驱动力使得区域地壳上隆,造成扬子西缘普遍存在上二叠统与下伏中二叠统的不整合。大规模火山岩喷发后,岩石圈回落、下沉,海平面迅速上升,在扬子西缘形成退积型序列。同时,由于陆缘碎屑供应不足,若尔盖及龙门山一带碳酸盐岩台地广布。

古特提斯洋大洋岩石圈板块向南俯冲,导致北冈底斯岩浆弧以及南冈底斯-雅鲁藏布江弧后盆地的诞生。在南部的喜马拉雅—雅鲁藏布江一带形成进积型序列；而在岛弧带则表现为海平面频繁变化，形成以浅海为主、半封闭海湾发育的沉积特点，同时古地貌上表现为线状的岛链特征。

需要补充说明的是，扬子和北羌塘-三江地区海陆过渡相地层中普遍夹有煤层（线），扬子西缘细碎屑沉积中夹有铝、铁质泥岩等，表明气候温暖、湿润；而塔里木、阿拉善一带陆相沉积物以紫红色为主，见有洪积扇等，表明气候干旱、炎热。一方面反映二者还有较大的古纬度差，另一方面说明昆仑、祁连山已颇具规模。

五、晚古生代构造-岩相古地理演化

晚古生代为扬子西缘弧盆系演化、冈底斯陆缘弧系形成阶段，西冈瓦纳的南欧大陆与原始美洲大陆碰撞，原特提斯洋萎缩，被分割为西部的"RHEIC"洋和东部的古特提斯洋。青藏高原涉及的主要陆块群位于古特提斯洋的边缘，泛华夏陆块群为系列断续相连的陆链状介于古特提斯洋与泛大洋之间，可形象地称为"屏风"。但3个陆块群相对独立发展的态势没有改变，直到晚二叠世—中三叠世漫长、复杂的碰撞结束后，才成为一体。

其中，泛华夏西部陆块群和华北陆块南、北分别受古特提斯洋与泛大洋（古亚洲洋）双向俯冲制约。昆仑陆缘弧、中秦岭陆缘弧（存在争议）与昆南-阿尼玛卿-勉略混杂岩带就是古特提斯洋大洋岩石圈板块向北俯冲的沟-弧体系。

扬子陆块在泥盆纪—石炭纪阶段继续呈孤岛状"漂浮"于古特提斯洋内，受洋壳运移作用影响，处于边缘裂解背景。早二叠世（可能更早），古特提斯洋盆大洋岩石圈板块的主俯冲消减带跳迁至北羌塘-三江地块西缘，受其制约，北羌塘-三江发育了典型的大陆边缘沟-弧-盆体系。晚二叠世，北澜沧江小洋盆、昌宁-孟连小洋盆关闭，两侧地块碰撞，而其余的小洋盆继续俯冲、消减，多数持续到中三叠世末期才最终关闭，结束了本区弧盆系发育的历史。发生在扬子陆块边缘的晚二叠世峨眉山大火成岩省事件，无疑大大复杂化了扬子及三江地区的大陆边缘演化历程，它也是洋陆长期相互作用的必然现象。

冈底斯-喜马拉雅地区，奥陶—志留纪的稳定盖层演化阶段可持续到早石炭世。晚石炭世，冈底斯东部地区受古特提斯洋向南俯冲作用控制，发育了陆缘弧；二叠纪其间，弧向西扩展到整个冈底斯带，并且在喜马拉雅地区引发弧后扩展；三叠纪转换为弧盆系。

总结及相关问题讨论

"青藏高原古生代构造-岩相古地理综合研究"项目是"青藏高原前寒武纪地质、古生代构造-岩相古地理综合研究"项目下设专题成果之一。项目组在以中国地质调查局王学龙副局长为联系人,庄育勋主任为责任人,翟刚毅处长为计划项目办公室主任的领导、组织下,按照"青藏高原基础地质调查成果集成与综合研究计划项目"的总体要求,以前期青藏高原空白区南、北两个综合研究项目成果为基础,历时4年6个月,全面清理、收集、查阅了112幅1:25万区调报告,65幅1:25万区调修测和邻区1:20万区调报告,以及大量科学研究成果中有关古生代的地层、沉积、岩浆、变质变形等资料,以构造相、沉积岩相、混杂岩相与岩浆岩相的相互验证与约束来确定不同级别的构造-岩相古地理单元,全面完成了"重建青藏高原古生代不同地质历史阶段的海陆分布和盆地空间配置关系,恢复构造-沉积演化历程"的总体目标任务。

取得的主要成果:

(1) 系统收集查阅了1999年以来完成的112幅1:25万区域地质调查成果、65幅1:25万区调修测成果,1999年以前的近百幅1:20万区调成果和大量的科研成果、论文材料,系统梳理了古生代的地层、沉积、岩浆岩及变质、变形资料,建立了1 600多个地层岩相卡片、16本岩浆岩相卡片;针对一些重要剖面开展了野外岩相资料补充收集、关键地层时代厘定等工作,采集了1 110多套古地磁样品,320件套的岩石化学、同位素测年样品;在冈底斯带发现了寒武纪板内裂解型海相火山岩地层。为古生代构造-岩相古地理综合研究奠定了坚实的资料基础。

(2) 将大地构造相定义为"陆块及其侧向增生(造山系)过程中,在特定演化阶段、特定构造部位,形成的一套地质(沉积与岩浆)建造与结构特征的岩石-构造组合,是大陆岩石圈板块(及其边缘增生带)在经历离散、聚合、平移等动力学过程中,经受特定地质阶段构造作用后的综合产物。"即赋予大地构造相形成构造过程、阶段的内涵。在此基础上,以大地构造相(二级)为框架,在大相或相级大地构造相单元内以沉积相、岩浆岩相等为主要表达内容,探索性地编制完成了青藏高原古生代各阶段的构造-岩相古地理图,并附有反映全球洋陆格局和区域大陆边缘-弧-盆系的不同比例尺角图。突出了科学性与实用性的结合,体现了活动论、系统论的学术思想,开创了在造山带编制构造-岩相古地理图的先例。

(3) 在审查厘定青藏高原20多条蛇绿构造混杂岩带的过程中,通过对"双湖-龙木错蛇绿混杂岩带+南羌塘+班公湖-怒江蛇绿混杂岩带"现有地、物、化、遥资料的系统综合分析:发现其地质体组成复杂,既有不同时代、性质的蛇绿岩,也有不同于两侧主大陆的陆壳残片;演化历史悠久,蛇绿岩组合时代从早古生代持续到早白垩世,高压变质既有二叠纪,也有三叠纪;特征、特殊的沉积相和生物组合混杂,既有类似于南部大陆边缘的冰水相沉积及生物组合,又有类似于华南的暖水型沉积及生物组合;现今地球物理特征显示缺乏统一的基底;以其为界,南、北是两个迥然不同的大陆边缘演化系统。据此明确提出"双湖-龙木错蛇绿混杂岩带+南羌塘+班公湖-怒江蛇绿混杂岩带"是古特提斯主洋盆最终消失的残迹,是编图区的一级构造单元——对接带。

(4) 在全球已有古地磁复原图的基础上(Scotese et al,1988),筛选了已经发表的中国主要地块群的古地磁资料,结合本项目新获得的冈底斯、北羌塘两地块在石炭纪到晚二叠世的古地磁数据,参考古生代的沉积、生物古地理分区和裂谷(小洋盆)带、造山带的衔接等实际资料,细化了塔里木、阿拉善、柴达木等8个地(陆)块及其边缘弧-盆系统在全球洋陆分布和区域洋陆分布略图上的位置。突出了古特提斯洋与原特提斯洋的承生演化关系,提出泛华夏陆块群在晚古生代是介于古特提斯洋与泛大洋之间的古"陆链"。该系列角图一方面丰富、完善了全球古地理复原图,另一方面刻画了各陆(地)块及其边缘系统的动态演化过程,合理体现了活动论的编图思想。

(5) 以主大洋的发展演化为主导其周围大陆边缘造山带形成与演变的指导思想,提出泛华夏古陆链是分隔古亚洲构造域与特提斯构造域的合理界线。即古陆链北侧的天山-兴蒙造山带是受古亚洲洋中脊扩张影响,其演化过程与古亚洲洋的裂解、拼合息息相关;而古陆链南侧的秦祁昆造山带是受特提斯洋(广义的特提斯洋,包括原、古、新特提斯洋)洋中脊的扩张影响,其演化过程与特提斯洋的裂解、拼合息息相关。古陆链南、北两侧虽同为早古生代山系,但就其地球内动力学系统而言,是分属两个洋中脊扩张系统。类似于现今东南亚地区,其西南部是印度洋板块向北东俯冲形成的岛链,而东北部是太平洋板块向南西俯冲形成的岛链。

存在的问题及下一步工作一些建议:

(1) 通过古生代沉积、岩浆、高压-超高压以及变质变形记录的分析,发现阿尔金造山带中奥陶世已经完成了洋陆转换、经历了陆陆深俯冲作用,晚奥陶世到志留纪进入造山后去山根阶段。昆仑、祁连地区在志留纪进入弧—弧—陆碰撞阶段,超高压-高压的陆陆深俯冲作用发生在430Ma左右,晚志留世到早泥盆世才进入造山后垮塌阶段。上述构造过程的差异暗示阿尔金可能并非原地或准原地系统,其"源区"之谜有待进一步工作。

(2) 通过上一轮青藏高原北部空白区基础地质综合研究以及本项目的工作,初步认识到青藏高原中上二叠统、中上三叠统之间的不整合都是古特提斯洋衰亡和潘吉亚大陆形成过程中不同阶段的具体表现,有着内在的承接关系,也认识到它们与全球性最大的两次生物集群灭绝、全球性的海平面快速升降时间上具有耦合性。但是二者的地质意义及其在全球潘吉亚超大陆形成与裂解中的作用,青藏高原晚二叠世—晚三叠世详细的地质作用过程,古特提斯大洋岩石圈板块俯冲与塔里木二叠纪大火成岩省和峨眉山晚二叠世火成岩省有无内在的成因联系等问题都是值得进一步深入研究的重大课题。

(3) 古生代构造-岩相古地理综合研究建立了古生代7个阶段的大地构造相划分系统,深化了不同构造单元的建造属性。但是对成矿作用的研究不够,没有从构造环境-建造类型-流体活动及迁移规律等方面去研究总结成矿作用、成矿类型的基本规律。

由于工作量大、时间紧迫,综合研究工作中肯定存在这样或那样的缺点、不足和错漏,可能对区域地质调查及科研工作中的一些重要发现和新认识没能充分反映,在此我们表示歉意,敬请同行们谅解,同时希望从事青藏高原区域地质调查、研究的各位战友提出宝贵意见,也希望地学界同仁不吝指正,以便在后续的工作中修改、完善。

主要参考文献

柏道远,贾宝华,孟德保,等.且末县一级电站幅、银石山幅地质调查新成果及主要进展[J].地质通报,2004,23(5-6):564-569.

边千韬,罗小全,陈海泓,等.阿尼玛卿蛇绿岩带花岗-英云闪长岩锆石U-Pb同位素定年及大地构造意义[J].地质科学,1999,34(4):20-426.

边千韬,罗小全,李红生,等.阿尼玛卿山早古生代和早石炭-早二叠世蛇绿岩的发现[J].地质科学,1999,34(4):523-524.

布拉特H,米德顿G C,穆雷R C.沉积岩成因[M].北京:科学出版社,1978.

常承法.特提斯及青藏碰撞造山带的演化特点[M]//徐贵志,常承法.大陆岩石圈构造与资源.北京:海洋出版社,1992.

车自成,刘洪福,韩天儒,等.阿尔金山大地构造特征兼论塔里木板块东界[J].西北大学学报,1992,22(增刊):118-124.

车自成,刘良,刘洪福,等.阿尔金断裂系的组成及相关中新生代含油气盆地的成因特征[J].中国区域地质,1998,17(4):377-384.

车自成,刘良,罗全海.中国及其邻区区域大地构造学[M].北京:科学出版社,2002.

陈德潜,陈刚.实用稀土元素地球化学[M].北京:冶金地质出版社,1990.

陈国达,彭省临,戴塔根.亚洲大陆中部壳体东、西部历史-动力学的构造分异及其意义[J].大地构造与成矿学,2005,29(1):7-16.

陈翰伯.西藏风物志[M].拉萨:西藏人民出版社,1999.

陈金华,杨胜秋.西藏康马地区晚三叠世的双壳类[J].古生物学报,1983,22(3):355-357.

陈能松,何蕾,孙敏,等.东昆仑造山带早古生代变质峰期和逆冲构造变形年代的精确限定[J].科学通报,2002,47(8):628-631.

陈胜早.壳-幔动力学与活化构造(地洼)理论[J].大地构造与成矿学,2005,29(1):87-98.

陈守建,李荣社,计文化,等.昆仑造山带二叠纪岩相古地理特征及盆山转换探讨[J].中国地质,2010,37(2):374-393.

陈守建,李荣社,计文化,等.昆仑造山带石炭纪岩相特征及构造-古地理研究[J].地球科学与环境学报,2008,30(3):221-233.

陈守建,李荣社,计文化,等.昆仑造山带晚泥盆世沉积特征及构造古地理环境[J].大地构造与成矿学,2007,31(1):44-50.

陈守建,李荣社,计文化,等.昆仑造山带早—中泥盆世沉积特征及盆地性质探讨[J].沉积学报,2008,26(4):541-551.

陈守建,李荣社,计文化,等.青藏高原北部地层缺失研究[J].地层学杂志,2006,30(3):231-236.

陈守建,王永,伍跃中,等.西北地区煤炭资源本底及开发潜力[J].西北地质,2006,39(4):40-56.

陈显尧,鲁连仲.西藏聂拉木和申扎地区古生代地层的古地磁研究初步结果[J].地球物理学报,1985,28(增刊1):211-218.

陈宣华,等.阿尔金山北缘早古生代岩浆活动的构造环境[J].地质力学学报,2001,7(3).

陈中强.二叠纪末期全球淹没事件[J].岩相古地理,1995,15(3):34-38.

成都地矿所.青藏高原及邻区地质图说明书(1:1 500 000)[M].成都:成都地图出版社,2005.

成都地质矿产研究所.1:150万青藏高原及邻区地质图[M].北京:地质出版社,1988.

程国良.古地磁数据可靠性的试用判据[J].地球物理学报,1993,36(1):121-123.

丛柏林,吴根耀,张旗,等.中国滇西古特提斯构造带岩石大地构造演化[J].中国科学(B辑),1993,23(11):1 201-1 207.

戴传固,陈厚国,程国繁.新疆且末县黄羊沟地区蛇绿混杂岩带的发现及其意义[J].地质通报,2002,21(2):88-91.

单文琅,宋鸿林.构造变形分析的理论方法和和实践[M].武汉:中国地质大学出版社,1991.

邓万明.青藏古特提斯蛇绿岩带与"冈瓦纳古陆北界"[M]//张旗.蛇绿岩与地球动力学研究.北京:地质出版社,1996.

地质矿产成都地质矿产研究所.西南地区古生物图册(微体古生物分册)[M].北京:地质出版社,1983.

地质矿产部青藏高原地质文集编委会.青藏高原地质文集[(1)—(17)册][M].北京:地质出版社,1983-1985.

地质矿产部情报研究所.国外造山带区域变质作用研究[M].北京:地质矿产情报研究所,1986.

丁道桂,等.西昆仑造山带与盆地[M].北京:地质出版社,1996.

丁蕴杰,夏国英,许寿水,等.中国石炭—二叠系界线[M].北京:地质出版社,1992.

董申保.中国变质作用及其与地壳演化的关系[M].北京:地质出版社,1986.

董学斌,王忠民,谭承泽,等.青藏高原古地磁研究新成果[J].地质论评,1991,37(2):160-164.

董学斌,杨惠心,程立人,等.青藏高原地体构造的古地磁研究[M]//中华人民共和国地质矿产部地质专报.北京:地质出版社,1990.

董学斌,杨惠心,李鹏武.格尔木-额济纳旗地学断面地体构造的古地磁学研究[J].地球物理学报,1995,38(增刊Ⅱ):71-85.

段其发,王建雄,牛志军,等.青海南部治多县扎河地区发现中二叠世放射虫化石[J].地质通报,2006,25(5-6):173-175.

段其发,杨振强,王建雄,等.青藏高原北羌塘盆地东部二叠纪高Ti玄武岩的地球化学特征[J].地质通报,2006,25(5-6):156-162.

方爱民,等.西昆仑库地西北依萨克群首次发现放射虫化石[J].地质科学,1998,33(3):384.

方大钧,沈忠悦,王朋岩.塔里木地块古地磁数据表[J].浙江大学学报(理学版),2001,28(1):92-100.

方大钧,王朋岩,沈忠悦,等.塔里木地块新生代古地磁结果及显生宙视极移曲线[J].中国科学:D辑,1998,28(增刊):90-96.

冯益民,曹宣铎,张二朋,等.西秦岭造山带结构造山过程及动力学[M].西安:西安地图出版社,2002.

冯益民,等.东天山大地构造及演化——1:50万东天山大地构造图简要说明书[J].新疆地质,2000,20(4):307-314.

冯益民,何世平.北祁连山蛇绿岩地质和地球化学特征[J].岩石学报,1995,11(增刊):125-146.

冯益民,朱宝清,肖序常,等.中国新疆西准噶尔山系构造演化-古中亚复合巨型缝合带南缘构造演化[M].北京:科学技术出版社,1991.

高洪学,宋子季.西藏泽当蛇绿混杂岩研究新进展[J].中国区域地质,1995(4):316-322.

高锐,肖序常,高弘,等.西昆仑-塔里木-天山岩石圈深地震探测综述[J].地质通报,2002,21(1):11-18.

高山林,张进.贺西地区中—晚古生代盆地性质刍议[J].大地构造与成矿学,2006,30(1):1-8.

高延林,吴向农,左国权.东昆仑山清水泉蛇绿岩特征及其大地构造意义[J].西安地质矿产研究所所刊,1988,21:17-28.

高延林,肖序常,常承法,等.青藏高原及邻区构造单元划分及地质特征[M].北京:地质出版社,1988.

葛肖虹,任收麦,刘永红,等.中国西部的大陆构造格架[J].石油学报,2001,22(5):1-5.

弓小平,马华东,杨兴科,等.木孜塔格-鲸鱼湖断裂带特征、演化及其意义[J].大地构造与成矿学,2004,28(4):418-427.

顾知微,杨遵义,等.中国标准化石(1-5分册)[M].北京:地质出版社,1957.

郭宪璞,王乃文,丁孝忠,等.青海东昆仑纳赤台群基质系统与外来系统的关系[J].地质通报,2003,22(3):160-164.

郭宪璞,王乃文,丁孝忠.东昆仑格尔木南部纳赤台群和万宝沟群基质系统与外来系统地球化学差异[J].地质通报,2004,23(12):1 188-1 195.

韩芳林,崔建堂,计文化,等.西昆仑其曼于特蛇绿混杂岩的发现及其地质意义[J].地质通报,2002,21(8-9):573-578.

韩芳林,崔建堂,计文化,等.于田县幅、伯力克幅地质调查新成果及主要进展[J].地质通报,2004,23(5-6):555-559.

郝杰,刘小汉,桑海清.新疆东昆仑野牛泉石英闪长岩与英安斑岩的$^{40}Ar/^{39}Ar$同位素年龄[J].地质通报,2003,22(3):165-169.

郝子文.西南地区岩石地层[M].武汉:中国地质大学出版社,1999.

何政伟,王成善.西藏聂拉木高喜马拉雅结晶岩系的伸展变形[J].世界地质,1997,(2):2-7.

何钟铧,李才,杨德明,等.西藏羌塘盆地的构造沉积特征及演化[J].长春科技大学学报,2000,30(4):347-352.

胡斌,戴塔根,胡瑞忠,等.滇西地区壳体大地构造单元的划分及其演化与运动特征[J].大地构造与成矿学,2005,29(4):537-544.

胡骁,许传诗,等.华北地台北缘早古生代大陆边缘演化[M].北京:北京大学出版社,1990.

黄宝春,王永成,朱日祥.吐鲁番山间盆地早白垩世岩石的磁组构和古地磁新结果[J].中国科学D辑:地球科学,2003,33(4):362-372.

黄宝春,周秀,朱日祥.从古地磁研究看中国大陆形成与演化过程[J].地学前缘,2008,15(3):348-359.

黄宝春,朱日祥,Otofuji Y,等.华北等中国主要地块早古生代古地理位置探讨[J].科学通报,2000,45(4):337-345.

黄汲清,陈国铭,陈炳蔚.特提斯-喜马拉雅构造域初步分析[J].地质学报,1984,58(1):1-17.

计文化,陈守建,赵振明,等.西藏冈底斯构造带申扎一带寒武系火山岩的发现及其地质意义[J].地质通报,2009,28(9):1 350-1 354.

计文化,陈守建,赵振明,等.西昆仑昆盖山北坡铜矿化点地质特征及其找矿意义[J].地质通报,2009,28(9):1 361-1 367.

计文化,韩芳林,王巨川,等.西昆仑于田南部苏巴什蛇绿混杂岩的组成、地球化学特征及地质意义[J].地质通报,2004,

23(12):1 196-1 201.

计文化,周辉,李荣社,等.西昆仑新藏公路北段古—中生代多期次构造-热事件年龄确定[J].地球科学——中国地质大学学报,2007,32(5):671-680.

计文化,周辉,李亚民.西昆仑新藏公路 118~323km 段基性、酸性岩脉 K-Ar 年龄初步研究[J].地质通报,2005,24(3):243-245.

计文化.西昆仑-喀喇昆仑晚古生代—早中生代构造格局[D].北京:中国地质大学(北京),2005.

纪占胜,姚建新,武桂春,等.西藏措勤县敌布错地区"下拉组"中发现晚三叠世诺利期高舟牙形石[J].地质通报,2006,25(1-2):138-141.

贾群子,等.西昆仑块状硫化物矿床成矿条件和成矿预测[M].北京:地质出版社,1999.

姜春发,等.昆仑开合构造[M].北京:地质出版社,1992.

姜春发,等.中央造山带开合构造[M].北京:地质出版社,2000.

姜春发.班公湖蛇绿混杂带简介[J].中国地质,1984(6):26-27.

姜春发.从多旋回说到开合构造[J].地球学报,1994(3-4):103-112.

姜春发.昆仑开合构造[J].地质专报,1992(12).

姜春发.中央造山带几个重要地质问题及其研究进展[J].地质通报,2002,21(8):453-455.

蒋忠惕.在珠穆朗玛峰北坡二叠系发现古风化壳[J].西藏地质,1993(9):1-6.

金玉玕,尚庆华,侯静鹏,等.中国地层典——二叠系[M].北京:地质出版社,2000.

科尔曼 R G.蛇绿岩[M].北京:地质出版社,1977.

赖才根.西藏古生代头足类新材料.青藏高原地质文集(7)[M].北京:地质出版社,1982.

赖绍聪,邓晋福,赵海玲.柴达木北缘奥陶纪火山作用与构造机制[J].西安地质学院学报,1996,18(3):8-14.

赖绍聪,邓晋福,赵海玲.柴达木北缘古生代蛇绿岩及其构造意义[J].现代地质,1996,10(1):18-28.

赖绍聪,邓晋福,赵海玲.青藏高原北部火山作用与构造演化[M].西安:陕西科学技术出版社,1996.

雷振宇,李永铁,刘忠,等.藏北羌塘盆地构造变形及其动力学背景[J].地质论评,2001,47(4):415-419.

黎敦朋,樊晶,肖爱芳,等.东昆仑西段祁漫塔格群早志留世笔石化石的发现[J].地质通报,2002,21(3):163-169.

黎敦朋,李新林,周小康,等.阿牙克库木湖幅地质调查新成果及主要进展[J].地质通报,2004,23(5-6):590-594.

李博秦,姚建新,计文化,等.西昆仑叶城南部麻扎地区弧火成岩的特征及其锆石 SHRIMP U-Pb 测年[J].地质通报,2006,25(1-2):124-132.

李才,程立人.西藏龙木错-双湖古特提斯缝合带研究[M].北京:地质出版社,1995.

李才,翟刚毅,王立全,等.认识青藏高原的重要窗口——羌塘地区近年来研究进展评述(代序)[J].地质通报,2009,28(9):1 169-1 177.

李才,翟庆国,程立人,等.青藏高原羌塘地区几个关键地质问题的思考[J].地质通报,2005,24(4):295-301.

李才.青藏高原龙木错-双湖-澜沧江板块缝合带研究二十年[J].地质论评,2008,54(1):105-119.

李长安,骆满生,于庆文,等.东昆仑晚生代沉积、地貌与环境演化初步研究[J].地球科学——中国地质大学学报,1997,22(4):347-351.

李长安,殷鸿福,于庆文.东昆仑山构造隆升与水系演化及其发展趋势[J].科学通报,1999,44(2):211-213.

李春昱,刘仰文,朱宝清,等.秦岭及祁连山构造发展史-国际交流地质论文集(一)[M].北京:地质出版社,1978.

李春昱,中国板块构造的轮廓[J].中国地质科学院院报,1980,2(1):11-22.

李德威.大陆构造样式及大陆动力学模式初探[J].地球科学进展,1993,8(5):88-93.

李德威.大陆构造与动力学研究的若干重要方向[J].地学前缘,1995,2(1-2):141-146.

李德威.地球系统动力学纲要[J].大地构造与成矿学,2005,29(3):285-292.

李洪茂,时友东,刘忠,等.东昆仑山若羌地区白干湖钨锡矿床地质特征及成因[J].地质通报,2006,25(1-2):277-281.

李继亮.滇西三江带的大地构造演化[J].地质科学,1988(4):337-345.

李建忠,冯心铸,朱同兴,等.藏南特提斯喜马拉雅构造古地磁新结果[J].自然科学进展,2006,16(5):578-583.

李江,覃小锋,陆济璞,等.瓦石峡幅、阿尔金山幅地质调查新成果及主要进展[J].地质通报,2004,23(5-6):579-584.

李朋武,高锐,崔军文,等.西藏和云南三江地区特提斯洋盆演化历史的古地磁分析[J].地球学报,2005,26(5):387-404.

李朋武,高锐,管烨,等.古特提斯洋的闭合时代的古地磁分析:松潘复理石杂岩形成的构造背景[J].地球学报,2009,30(1):39-50.

李秋生,彭苏萍,高锐,等.青藏高原北部巴颜喀拉构造带基底隆起的地震学证据[J].地质通报,2003,22(10):782-788.

李荣社,计文化,潘晓平,等.昆仑山及邻区地质图(1:100万)及说明书[M].北京:地质出版社,2009.
李荣社,计文化,杨永成,等.昆仑山及邻区地质[M].北京:地质出版社,2008.
李荣社,计文化,赵振明,等.昆仑早古生代造山带研究进展[J].地质通报,2007,26(4):373-382.
李荣社,徐学义,计文化.对中国西部造山带地质研究若干问题的思考[J].地质通报,2008,27(12):2 020-2 025.
李荣社,杨永成,孟勇,等.青藏高原1:25万区域地质调查主要成果和进展综述(北区)[J].地质通报,2004,23(5-6):421-426.
李思田,解习农,王华,等.沉积盆地分析基础与应用[M].北京:高等教育出版社,2004.
李祥辉,王成善.特提斯喜马拉雅显生宙的超层序[J].特提斯地质,1997(21):8-30.
李晓勇,肖业斌,袁建芽,等.西藏当穹错-姆错丙尼地区早二叠世拉嘎组及杂砾岩成因探讨[J].江西地质,2001,15(4):247-251.
李晓勇,谢国刚,袁建芽,等.西藏文部—姆错丙尼地区早二叠世拉嘎组[J].地质通报,2002,21(11):723-727.
李兴振,刘文均.西南三江地区特提斯演化与成矿(总论)[M].北京:地质出版社.1999.
李兴振,许效松.泛华夏大陆群与东特提斯构造演化[J].岩相古地理,1996,15(1):373-378.
李兴振,尹福光.东昆仑与西昆仑地质构造对比研究之刍议[J].地质通报,2002,21(11):777-783.
李亚林,王成善,黄继钧.羌塘盆地褶皱变形特征、定型时间及其与油气的关系[J].石油天然气地质,2008,29(3):283-290.
李永安,李强,张惠,等.塔里木及其周边古地磁研究与盆地形成演化[J].新疆地质,1995,13(4):293-376.
梁定益,王为平.西藏康马和拉孜曲虾两地的石炭、二叠系及其生物群的初步讨论.青藏高原地质文集(2)[M].北京:地质出版社,1983.
林宝玉,等.西藏的志留系[M]//青藏高原地质文集(8).北京:地质出版社,1984.
林宝玉,邱洪荣.西藏喜马拉雅地区古生代地层的新认识[M]//青藏高原地质文集(7).北京:地质出版社,1982.
林宝玉.西藏申扎地区古生代地层[M]//青藏高原地质文集(8).北京:地质出版社,1983.
林宝玉.西藏申扎地区古生代地层新认识[J].地质论评.1981,27(4):353-354.
林金录.从古地磁看青藏高原地壳增厚机制[J].地震地质,1987,9(4):41-47.
刘爱民,戴传固,牟世勇,等.奥依亚依拉克幅、羊湖幅地质调查新成果及主要进展[J].地质通报,2004,23(5-6):585-589.
刘宝珺,李思田.盆地分析、全球沉积地质学、沉积学[M].北京:地质出版社,1999.
刘宝珺,曾允孚.岩相古地理基础和工作方法[M].北京:地质出版社,1985.
刘宝珺,曾允孚.岩相古地理及基础及工作方法[M].北京:地质出版社,1985.
刘本培.滇西古特提斯多岛洋构造古地理格局[J].地球科学,1991,18(5):529-538.
刘池洋,杨兴科,任战利,等.藏北羌塘盆地查桑地区构造格局与演化[J].中国科学D辑:地球科学,2001,31(增刊):14-19.
刘广才,周天祯,周光第,等.青海祁漫塔格晚古生代地层[M].成都:四川科学技术出版社,1987.
刘文灿,梁定益,王克友,等.藏南康马地区奥陶系的发现及其地质意义[J].地学前缘,2002,9(4):247-248.
刘效良,王树碑.西藏申扎地层区晚石炭世—早二叠世苔藓虫化石[M]//地层古生物论文集.北京:地质出版社,1987.
刘增乾,徐宪,等.青藏高原大地构造与形成演化[M].北京:地质出版社,1990.
刘增乾,徐宪,潘桂棠,等.青藏高原大地构造与形成演化[M].北京:地质出版社,1990.
刘增乾.青藏高原大地构造与形成演化[M].北京:地质出版社,1990.
刘肇昌.板块构造学[M].四川:四川科学技术出版社,1985.
龙晓平,王立社,余能.东昆仑山清水泉镁铁质—超镁铁质岩的地球化学特征[J].地质通报,2004,23(7):664-669.
陆松年,李怀坤,陈志宏,等.秦岭中新元古代地质演化及对Rodinia超级大陆事件的响应[M].北京:地质出版社,2003.
陆松年,李怀坤,陈志宏,等.新元古时期中国古大陆与罗迪尼亚超大陆的关系[J].地学前缘,2004,11(2):515-523.
陆松年.初论"泛华夏造山作用"与加里东和泛非造山作用的对比[J].地质通报,2004,23(9-10):852-958.
陆松年.从罗迪尼亚到冈瓦纳超大陆—对新元古代超大陆研究几个问题的思考[J].地学前缘,2001,8(4):441-448.
陆松年.青藏高原北部前寒武纪地质初探[M].北京:地质出版社,2002.
陆松年.新元古时期Rodinia超大陆研究进展评述[J].地质论评,1998,44(5):489-495.
吕金刚,王炬川,褚春华,等.青藏高原可可西里带西段卧龙岗二长花岗斑岩锆石SHRIMP U-Pb定年及其地质意义[J].地质通报,2006,25(6):721-724.
罗建宁,王小龙,李永铁,等.青藏特提斯沉积地质演化[J].沉积与特提斯地质,2002,22(1):7-15.

罗建宁,王小龙.青藏特提斯沉积地质演化[J].沉积与特提斯地质,2002,22(1):7-15.
罗建宁.大陆造山带沉积地质学研究中的几个问题[J].地学前缘,1994,1(1-2):177-183.
罗照华,柯珊,曹永清,等.东昆仑印支晚期幔源岩浆活动[J].地质通报,2002,21(6):292-297.
马华东,杨子江,魏新昌,等.木孜塔格幅、鲸鱼湖幅地质调查新成果及主要进展[J].地质通报,2004,(Z1):570-578.
马钦忠,李吉均.晚新生代青藏高原北缘构造变形和剥蚀变化及其与山脉隆升关系[J].海洋地质与第四纪地质,2003,23(1):27-34.
马杏垣,等.中国前寒武纪构造格架及研究方法[M].北京:地质出版社,1989.
孟庆任.沉积盆地形成的张性模式[J].地球物理学进展,1997,12(2):50-60.
孟祥化,葛铭,和政军.沉积盆地与建造层序[M].北京:地质出版社,1993.
孟祥化.沉积盆地与建造层序[M].北京:地质出版社,1993.
牛志军,段其发,王建雄,等.青海南部杂多—治多一带发现早石炭世 $Eostaffella$ 动物群[J].地质通报,2006,25(1-2):163-167.
牛志军,段其发,王建雄,等.青海南部治多-杂多地区二叠系阳新统上部层位的发现和尕日扎仁组、索加组的建立[J].地质通报,2006(1-2):176-182.
潘桂棠,陈智梁,李兴振,等.东特提斯地质构造形成演化[M].北京:地质出版社,1997.
潘桂棠,陈智梁,李兴振,等.东特提斯多弧-盆系统演化模式[J].岩相古地理,1996,16(2):52-56.
潘桂棠,等.东特提斯组成与地质演化[M].北京:地质出版社,2000.
潘桂棠,丁俊,姚东生,等.1:150万青藏高原及邻区地质图说明书[M].成都:成都地图出版社,2004.
潘桂棠,李兴振,王立全,等.青藏高原及邻区大地构造单元初步划分[J].地质通报,2002,21(11):701-707.
潘桂棠,王立全,李兴振,等.青藏高原区域构造格局及其多岛弧盆系的空间配置[J].沉积与特提斯地质,2001,21(3):1-26.
潘桂棠,王立全,朱第成.青藏高原区域地质调查中几个重大科学问题的思考[J].地质通报,2004,23(1):12-19.
潘桂棠,肖庆辉,陆松年,等.大地构造相的定义、划分、特征及其鉴别标志[J].地质通报,2008,27(10):1 613-1 637.
潘桂棠,徐强,侯增谦,等.西南"三江"多岛弧造山过程成矿系统与资源评价[M].北京:地质出版社,2003.
潘桂棠,朱第成,王立全,等.班公湖-怒江缝合带作为冈瓦纳大陆北界的地质地球物理证据[J].地学前缘,2004,11(4):371-382.
潘桂棠.全球洋-陆转换中的特提斯演化[M]//特提斯地质.北京:地质出版社,1994.
潘桂棠.全球洋-陆转换中联特提斯演化[J].特提斯地质,1994,18:23-25.
潘裕生,等.喀喇昆仑山-昆仑山地区地质演化[M].北京:科学出版社,2000.
钱定宇.西藏石炭—二叠纪的生物群和气候及其冈瓦纳北界含义[J].西藏地质,1994(1):26-42.
青海省地质矿产局.青海省区域地质志[M].北京:地质出版社,1991.
青海省地质矿产局.青海岩石地层[M].武汉:中国地质大学出版社,1996.
邱洪荣.西藏早古生代牙形石生物地层[M]//地层古生物论文集.北京:地质出版社,1988.
全国地层委员会.中国地质指南及中国地层指南说明书(修订版)[M].北京:地质出版社,2001.
饶靖国,张正贵,杨曾荣,等.西藏志留系、泥盆系及二叠系[M].成都:四川科学出版社,1988.
饶靖国.西藏南部地区泥盆系[M]//青藏高原地质文集(26).北京:地质出版社,1984.
任纪舜,等.1:500万中国及邻区大地构造图[M].北京:地质出版社,2000.
任纪舜,等.从全球看中国大地构造——中国及邻区大地构造图简要说明书[M].北京:地质出版社,1999.
任纪舜,等.滇西兰坪维西印支地槽褶皱的确定[J].地质学报,1966,10(3).
任纪舜,姜春发,张正坤.中国大地构造及其演化[M].北京:科学出版社,1980.
任纪舜,肖黎薇.1:25万地质填图进一步揭开了青藏高原大地构造的神秘面纱[J].地质通报,2004(1):1-11.
任纪舜.关于中国大地构造研究之思考[J].地质论评,1996,42(4):290-294.
任纪舜.中国大地构造及其演化——1:400万中国大地构造图简要说明[M].北京:科学出版社,1980.
任纪舜.中国大陆的组成、结构、演化和动力学[J].地球学报,1994(3-4):5-13.
任纪舜.中国的深断裂-中国及邻区大地构造论文集[M].北京:地质出版社,1980.
任纪舜.中国及邻区大地构造图及说明书[M].北京:地质出版社,1997.
盛金章.中国的鏟类[M].北京:科学出版社,1962.
四川省地质矿产局.四川省区域地质志[M].北京:地质出版社,1991.

宋述光,张立飞,Niu Y,等.青藏高原北缘早古生代板块构造演化和大陆深俯冲[J].地质通报,2004,23(9-10):918-925.
孙鸿烈,等.喀喇昆仑山-昆仑山地区地质演化[M].北京:科学出版社,2000.
孙丽莎,黄宝春,陈军山.青藏高原诸块体的显生宙运动学与特提斯洋的演化[M]//金翔龙,秦蕴珊,朱日祥.中国地质地球物理学研究进展——庆贺刘光鼎院士八十华诞.北京:海洋出版社,2008.
孙巧缡,马华东.新疆东昆仑木孜塔格一带首次发现单通道(Monodiexodina)动物群[J].地质通报,2002,21(1):48.
孙勇,车自成,刘池阳,等.阿尔金隆起区下地壳断块的组成和构造意义[J].西北大学学报,1992,22(增刊):101-113.
覃小锋,李江,陆济璞,等.阿尔金碰撞造山带西段的构造特征[J].地质通报,2006,25(1-2):104-112.
田军,龚一鸣,梁斌,等.东昆仑造山带二叠—三叠系遗迹化石及指相意义[J].沉积学报,1999,17(3):361-366.
王岸,王国灿,向树元.东昆仑东段北坡河流阶地发育及其与构造隆升的关系[J].地球科学——中国地质大学学报,2003,28(6):675-679.
王秉璋,宋泰忠,王瑾,等.东昆仑布喀达坂峰地区发现二叠纪冷温动物群[J].地质通报,2002,21(7):411-414.
王秉璋,张智勇,朱迎堂,等.东昆仑东端苦海-赛什塘地区晚古生代蛇绿岩的地质特征[J].地球科学,2000,25(6):592-598.
王成善,李祥辉,等.沉积盆地分析原理与方法[M].北京:高等教育出版社,2003.
王根厚,贾建称,李尚林,等.藏东巴青县以北基底变质岩系的发现[J].地质通报,2004,23(5-6):613-615.
王根厚,梁定益.藏南海西期以来伸展运动及伸展作用[J].现代地质,2000,14(2):133-139.
王国灿,贾春兴,朱云海,等.阿拉克湖幅地质调查新成果及主要进展[J].地质通报,2004,23(5-6):549-554.
王国灿,张克信,梁斌,等.东昆仑造山带结构及构造岩片组合[J].地球科学——中国地质大学学报,1997,22(4):352-356.
王国灿,张天平,梁斌,等.东昆仑造山带东段昆中复合蛇绿混杂岩带及"东昆中断裂带"地质涵义[J].地球科学,1999,24(2):129-133.
王鸿祯,楚旭春,刘本培,等.中国古地理图集[M].北京:地质出版社,1985.
王鸿祯,刘本培.地史学教程[M].北京:地质出版社,1980.
王鸿祯,郑间,王训练.中国及邻区石炭纪构造古地理及生物古地理[J].现代地质,1989,3(2):137-154.
王惠初,陆松年,莫宣学,等.柴达木盆地北缘早古生代碰撞造山系统[J].地质通报,2005,24(7):603-612.
王惠初,陆松年,袁桂邦,等.柴达木盆地北缘滩间山群的构造属性及形成时代[J].地质通报,2003,22(7):487-493.
王建平,李秋生,刘彦明,等.西藏东部特提斯地质[M].北京:地质出版社,2003.
王巨川,韩芳林,崔建堂,等.新疆于田普鲁一带早古生代花岗岩岩石地球化学特征及构造意义[J].地质通报,2003,22(3):170-181.
王立全,潘桂棠,李才,等.藏北羌塘中部果干加年山早古生代堆晶辉长岩的锆石SHRIMP U-Pb年龄——兼论原—古特提斯洋的演化[J].地质通报,2008,27(12):2 045-2 056.
王立全,朱第成,潘桂棠.青藏高原1:25万区域地质调查主要成果和进展综述(南区)[J].地质通报,2004,23(5-6):413-420.
王良忱,张金亮.沉积环境和沉积相[M].北京:石油工业出版社,1996.
王乃文.青藏印度古陆与华夏古陆拼合,中法喜马拉雅考察成果[M].北京:地质出版社,1984.
王权,续世朝,魏荣珠,等.青藏高原羌塘北部托和平错一带二叠系展金组火山岩的特征及构造环境[J].地质通报,2006,25(1-2):146-155.
王世炎,姚建新,肖序常,等.新疆塔什库尔干县达布达尔志留纪笔石动物群的新发现[J].地质通报,2003,22(10):839-840.
王义刚,孙东立,保国雄.喜马拉雅地区(我国境内)地层研究的新认识[J].地层学杂志.1980,4(1):55-59.
王义刚.珠穆朗玛峰地区的地层——奥陶系和志留系[M]//珠穆朗玛峰地区科学考察报告(1966—1968).北京:科学出版社,1974.
王永标,张克信,龚一鸣,等.东昆仑地区早二叠世生物礁带的发现及其意义[J].科学通报,1998,43(6):630-632.
王永和,校培喜,张汉文,等.苏吾什杰幅地质调查新成果及主要进展[J].地质通报,2004,23(5-6):560-563.
王元龙,等.西昆仑库地蛇绿岩的地质特征及其形成环境[J].长春地质学院学报,1997,27(3):304-309.
王志浩,王义刚.中国西藏聂拉木色龙西山二叠系—下三叠统牙形刺[J].微体古生物学报.1995,12(4):333-348.
王志洪,侯泉林,李继亮,等.西昆仑库地蛇绿岩铂族元素初步研究[J].科学通报,1999,44(15):1 676-1 680.
王志洪.西昆仑库地蛇绿岩地质、地球化学及其成因研究[J].地质科学,2000,35(2):151-160.

威尔格斯 C K.层序地层学原理(海平面变化综合分析)[M].徐怀大译.北京:石油工业出版社,1993.
韦斯特法尔 M,包济待 J,周姚秀,等.西藏古磁的新证据及对印度与亚洲碰撞的推论[M]//李光岑,麦尔西叶 J L.中法喜马拉雅考察成果.北京:地质出版社,1984.
温克勒 H G F.变质岩成因[M].北京:科学出版社,1980.
文世宣,等.喀拉昆仑山-昆仑山地区古生物[M].北京:科学出版社,1998.
吴根耀.初论造山带地层学——以三江地区特提斯造山带为例[J].地层学杂志,1998,22(3):1-9.
吴根耀.初论造山带古地理学[J].地层学杂志,2003.27(2):81-115.
吴功建,高锐,等.青藏高原"亚东－格尔木地学断面"综合地球物理调查与研究[J].地球物理学报,1991(5).
吴汉宁,常承法,刘椿,等.华北和华南块体古生代至中生代古地磁视极移曲线与古纬度的分布变化[J].西北大学学报(自然科学版),1991,21(3):99-105.
吴汉宁,刘池阳,张小会,等.用古地磁资料探讨柴达木地块构造演化[J].中国科学:D辑,1997,27(1):9-14.
吴汉宁,朱日祥,白立新,等.扬子地块显生宙古地磁视极移曲线及地块运动特征[J].中国科学(D辑),1998,28(增刊):69-78.
吴峻,兰朝利,李继亮.东昆仑山木孜塔格蛇绿混杂岩中火山岩的地球化学特征及构造环境[J].地质通报,2005,24(12):1 157-1 161.
吴世敏,周蒂,刘海龄.南沙地块构造格局及其演化特征[J].大地构造与成矿学,2004,28(1):23-28.
武汉地质学院古生物教研室.古生物学教程[M].北京:地质出版社,1979.
西藏地矿局.西藏自治区岩石地层[M].武汉:中国地质大学出版社,1997.
西藏地质调查院一分院.1:25万那曲县幅地质调查成果与进展[J].沉积与特提斯地质,2005,25(1-2):91-95.
西藏地质矿产局.西藏自治区区域地质志[M].北京:地质出版社,1993.
西藏自治区地质矿产局.西藏自治区区域地质志[M].北京:地质出版社,1992.
西藏自治区地质矿产局.西藏自治区区域地质志[M].北京:地质出版社,1995.
西藏自治区地质矿产局.西藏自治区岩石地层,全国地层多重划分对比研究(54)[M].北京:中国地质大学出版社,1997.
西藏自治区地质矿产局.西藏自治区岩石地层[M].北京:地质出版社,1997.
夏代祥.藏北湖区申扎一带的古生代地层[M]//青藏高原地质文集(2).北京:地质出版社.1983.
夏凤生,章炳高.西藏色龙西山色龙群的时代及二叠系与三叠系的界线[J].地层学杂志,1992,16(4):256-262.
夏国英,丁蕴杰,丁惠,等.中国石炭—二叠系界线层型研究[M].北京:地质出版社.1996.
夏林圻,等.北祁连西段构造-火山岩浆-成矿动力学[M].北京:中国大地出版社,2001.
夏林圻,等.女山中更新世碧玄岩浆的起源与演化[J].岩石学报,1994,10(3):223-235.
夏林圻,等.祁连山及邻区火山作用及成矿[M].武汉:中国地质大学出版社.1998.
夏林圻,夏祖春,徐学义,等.天山石炭纪大火成岩省与地幔柱[J].地质通报,2004,23(9-10):903-910.
夏林圻,夏祖春,徐学义.祁连海相火山岩岩石成因[M].北京:地质出版社,1996.
夏正楷.第四纪环境学[M].北京:北京大学出版社,1995.
肖文交,侯泉林,李继亮,等.西昆仑大地构造相解剖及其多岛增生过程[J].中国科学(D),2000,30(增刊):22-28.
肖文交,李继亮,侯泉林,等.西昆仑东南构造样式及其对增生弧造山作用的意义[J].地球物理学报,1998,41(增刊):133-141.
肖序常,何国琦,徐新,等.中国新疆地壳结构与地质演化[M].北京:地质出版社,2010.
肖序常,刘训,高锐,等.新疆南部地壳结构和构造演化[M].北京:商务印书馆,2004.
肖序常,王军,苏犁,等.青藏高原西北西昆仑山早期蛇绿岩及其构造演化[J].地质通报,2005,44(4):372-381.
肖序常,王军,苏犁,等.再论西昆仑库地蛇绿岩及其构造意义[J].地质通报,2003,22(10):745-750.
肖序常.中国特提斯喜马拉雅蛇绿岩及其地质构造意义[M]//国际地质交流学术论文集(1).北京:地质出版社,1980.
新疆维吾尔自治区地质矿产局.新疆维吾尔自治区区域地质志[M].北京:地质出版社,1985.
徐强,潘桂棠,许志琴,等.东昆仑地区晚古生代到三叠纪沉积环境和沉积盆地演化[J].特提斯地质,1998(22):76-89.
徐效松,刘宝珺,牟传龙.中国西部海相盆地分析与油气资源[M].北京:地质出版社,2004.
许效松,刘宝珺.中国西部大型盆地分析及地球动力学[M].北京:地质出版社,1997.
许志琴,姜枚,杨经绥.青藏高原北部龙省得深部构造物理作用——以"格尔木-唐古拉山"地质及地球物理为例[J].地质学报,1996,70(3):195-206.
许志琴,杨经绥,李海兵,等.青藏高原与大陆动力学——地体拼合、碰撞造山及高原隆升的深部驱动力[J].中国地质,

2006,33(2):221-238.

许志琴,杨经绥,梁凤华,等.喜马拉雅地体的泛非-早古生代造山事件年龄记录[J].岩石学报,2005,21(1):1-12.

许志琴,杨经绥,张建新,等.阿尔金断裂两侧构造单元的对比及岩石圈剪切机制[J].地质学报,1999,73(3)193-204.

许志琴.中国松潘-甘孜造山带的造山过程[M].北京:地质出版社,1992.

闫升好,等.浅议东昆仑造山带非威尔逊旋回构造演化与矿床成矿系列[J].矿床地质,2002,21(增刊):265-268.

杨式溥,范影年.西藏申扎地区石炭系及生物群特征[M]//青藏高原地质文集(10).北京:地质出版社,1982.

杨湘宁,周建平,刘家润,等.二叠纪"茅口期"鋋类动物的演化型式[J].中国科学(D辑),1999,29(2):129-136.

杨振宇,马醒华,黄宝春,等.华北地块显生宙古地磁视极移曲线与地块运动[J].中国科学:D辑,1998,28(增刊):44-56.

姚华舟,段其发,牛志军,等.赤布张错幅地质调查新成果及主要进展[J].地质通报,2004,23(5-6):530-537.

姚建新,肖序常,等.西昆仑-喀喇昆仑二叠纪加温达坂组孢粉化石新发现[J].地质通报,2004,23(5-6):620-621.

姚建新,肖序常,高联达,等.西昆仑叶城南部麻扎地区志留纪几丁虫动物群新发现[J].地质通报,2005,24(1):95-97.

叶样华,李家福.古地磁与西藏板块及特提斯的演化[J].成都地质学院学报,1987,14(1):65-79.

伊海生,林金辉,黄继钧,等.乌兰乌拉湖幅地质调查新成果及主要进展[J].地质通报,2004,23(5-6):525-529.

殷鸿福,张克信,王国灿,等.非威尔逊旋回与非史密斯方法——中国造山带研究理论与方法[J].中国区域地质,1998(增刊):1-9.

殷鸿福,张克信.东昆仑造山带的一些特点[J].地球科学——中国地质大学学报,1997,22(4):339-342.

殷鸿福,张克信.中央造山带的演化及其特点[J].地球科学,1998,23(5):437-442.

尹福光,孟德宝,柏道运,等.西昆仑阿克塔格早石炭世放射虫动物群的发现[J].地质通报,2002,21(11):799-800.

尹福光,潘桂棠,李兴振,等.昆仑造山带中段蛇绿混杂岩的地质地球化学特征[J].大地构造与成矿学,2004,28(2):194-200.

尹集祥,王义刚,张明亮,等.珠穆朗玛峰地区的地层——三叠系,珠穆朗玛峰地区科学考察报告[M].北京:科学出版社,1974.

尹集祥.青藏高原及邻区冈瓦纳相地层地质学[M].北京:地质出版社,1997.

尹集祥.西藏石炭系和下二叠统杂砾岩及其地层特征和成因探讨[M].北京:科学出版社,1988.

尹济云,孙知明,杨振宇,等.滇西兰坪盆地白垩纪—早第三纪古地磁结果及其地质意义[J].地球物理学报,1999,42(5):648-659.

印建平,王旭东,李明,等.西昆仑卡拉塔什矿区含铜砂页岩中发现钴矿[J].地质通报,2003,22(9):736-740.

余光明,王成善,张哨楠,等.西藏特提斯沉积地质[M]//地质专报(三).北京:地质出版社,1990.

袁超,周辉,孙敏,等.西昆仑山库地北岩体的地球化学特征及其构造意义[J].地球化学,2000,29(2):101-107.

袁学诚,李廷栋,肖序常,等.青藏高原岩石圈三维结构及高原隆升的液压机模型[J].中国地质,2006,33(4):711-729

云南省地质调查院.1:25万隆子县幅、扎日县幅地质调查成果与进展[J].沉积与特提斯地质.2005,25(1-2):115-118.

曾庆高,毛国政,王保弟,等.琼果幅、曲德贡幅(1:50 000)地质调查新成果及主要进展[J].地质通报.2004,23(5-6):475-478.

詹立培,吴让荣.西藏申扎地区早二叠世腕足动物群[M]//青藏高原地质文集(7).北京:地质出版社,1982.

张二朋,等.秦巴及邻区地质-构造特征概论[M].北京:地质出版社,1993.

张国伟,等.关于"中央造山带"几个问题的思考[J].地球科学——中国地质大学学报,1998,23(5):443-448.

张国伟,等.秦岭造山带与大陆动力学[M].北京:科学出版社,2001.

张国伟,孟庆任,赖绍聪.秦岭造山带的结构构造[J].中国科学(B辑),1995,25(9):994-1 003.

张进,马宗晋,任文军,等.宁夏中部牛首山地区构造特征及其地质意义[J].大地构造与成矿学,2003,27(2):132-142.

张进,马宗晋,任文军,等.宁夏中南部古生代弧形构造[J].大地构造与成矿学,2004,28(1):29-37.

张良臣,吴乃元.天山地质构造及演化历史[J].新疆地质,1985,3(3):1-14.

张旗,周国庆.中国蛇绿岩[M].北京:科学出版社,2001.

张维吉,孟宪恂,等.祁连-北秦岭造山带结合部位构造特征与造山过程[M].西安:西北大学出版社,1994.

张维吉,宋子季,等.北秦岭变质地层(下卷)[M].西安:西安交通大学出版社,1988.

张雪亭,王秉璋,俞建,等.巴颜喀拉残留洋盆的沉积特征[J].地质通报,2005,24(7):613-620.

张以弗,等.可可西里-巴颜喀拉三叠纪沉积盆地的形成和演化[M].西宁:青海人民出版社,1997.

张振福,魏荣珠,王权,等.叶亦克幅、黑石北湖幅地质调查新成果及主要进展[J].地质通报,2004,23(5-6):595-561.

张正贵,陈继荣,喻洪津.西藏申扎早二叠世地层及生物群特征[M]//青藏高原地质文集(16).北京:地质出版社,1985.

赵仁夫,朱迎堂,周庆华,等.青海玉树地区三叠纪地层之下角度不整合面的发现及意义[J].地质通报,2004,23(5-6):616-619.

赵政璋,等.青藏高原大地构造特征及盆地演化[M].北京:科学出版社,2001.

赵政璋,等.青藏高原地层[M].北京:科学出版社,2001.

中国地层典编委会.中国地层典·二叠系[M].北京:地质出版社,2000.

中国地质调查局,成都地质矿产研究所.青藏高原及邻区地质图说明书[M].成都:成都地图出版社 2004.

中国地质调查局.阿尔金-昆仑山地区区域地质调查成果与进展[J].地质通报,2004,23(1):68-96.

中国地质调查局.羌塘盆地区域地质调查成果与进展[J].地质通报,2004,23(1):63-67.

中国科学院青藏高原综合科学考察队.西藏古生物(第二分册)[M].北京:科学出版社,1980.

中国科学院青藏高原综合科学考察队.西藏古生物(第三分册)[M].北京:科学出版社,1981.

中国科学院青藏高原综合科学考察队.西藏古生物(第一分册)[M].北京:科学出版社,1980.

中国科学院青藏高原综合科学考察队.珠穆朗玛峰科学考察报告[M].北京:科学出版社,1979.

中国科学院西藏科学考察队.珠穆朗玛峰地区科学考察报告(地质)[M].北京:科学出版社,1974.

中国科学院西藏科学考察队.珠穆朗玛峰地区科学考察报告(古生物)第二分册[M].北京:科学出版社,1976.

中国科学院西藏科学考察队.珠穆朗玛峰地区科学考察报告(古生物)第三分册[M].北京:科学出版社,1976.

中国科学院西藏科学考察队.珠穆朗玛峰地区科学考察报告(古生物)第一分册[M].北京:科学出版社,1975.

中国希夏邦马峰登山科学考察队.希夏邦马峰地区科学考察报告[M].北京:科学出版社,1982.

钟大赉,丁林.从三江及邻区特提斯带演化讨论冈瓦纳大陆离散与亚洲大陆增生[M]//国际地质对比计划 IGGP321 项论文集.北京:地震出版社,1993.

周建平,张遴信,王玉净,等.中国二叠纪䗴类生物地理分区[J].地层学杂志,2000,24(增刊):379-393.

周详,曹佑功.论西藏特提斯构造演化[M]//中国西部特提斯构造演化及成矿作用学术讨论会文集.电子科技大学出版社,1991.

周姚秀,鲁连仲,张秉铭.四川二叠纪峨眉山玄武岩的古地磁研究[J].地质评论,1986,32(5):465-469.

周志广,刘文灿,梁定益.藏南康马奥陶系及其底砾岩的发现并初论喜马拉雅沉积盖层与统一变质基底的关系[J].地质通报,2004,23(7):655-663.

朱杰,刘早学,田望学,等.拉孜县幅地质调查新成果及主要进展[J].地质通报.2004,23(5-6):471-474.

朱日祥,黄宝春,潘永信,等.岩石磁学与古地磁实验室简介[J].地球物理学进展,2003,18(2):177-181.

朱日祥,杨振宇,吴汉宁,等.中国主要地块显生宙古地磁视极移曲线与地块运动[J].中国科学:D 辑,1998,28(增刊):1-16.

朱同兴,庄忠海,周铭魁,等.喜马拉雅山北坡奥陶纪—古近纪构造古地磁新数据[J].地质通报,2006,25(1-2):76-82.

朱同兴.藏南喜马拉雅北坡色龙地区二叠系基性火山岩的发现及其构造意义[J],地质通报,2002,21(11):717-722.

朱云海,张克信,Pan Yuanming,等.东昆仑造山带不同蛇绿岩带的厘定及其构造意义[J].地球科学——中国地质大学学报,1999,24(2):134-138.

朱志文,滕吉文,李光芩,等.冈瓦纳大陆解体后印度板块分块北移并与欧亚板块碰撞的古地磁证据[M]//中法喜马拉雅考察成果.北京:地质出版社,1984.

朱志文.西藏高原及其邻区显生宙以来的古地磁曲线的对比意义[J].地球物理学报,1985,28(增刊É):219-225.

Acharyya S K. Pan-India Gondwana plate break-up and evolution of the northern and eastern collision margins of the India Plate[J]. Journal of Himalayan Geology,1990,1:75-91.

Achayya S K. Break up of Australia-Unidia-Madagascar block,opening of the Undian Ocean and continental accretion in southeast Asia with special reference to the characteristics of the Peri-Undian Collision zones[J]. Gondwana Research,2000,3(4):425-443.

Benson W N. The tectonic conditions accompanying the intrusion of Basic and ultrabasic Igneous Rocks[M]. US Government Printing Office,1927.

Besse V J. Courtillot. Revised and synthetic polar wander paths of the African,Eurasian,North American and Indian plates,and true polar wander since 200 Ma[J]. Geophys. Res. 1991,96:4 029-4 050.

Bhatia M R. Plate tectonic and geochemical composition of sandstones[J]. The Journal of Geology,1983,91:611-627.

Bhatia M R. Rare earth element geochemistry of Australian Palaeozoic graywackes and provenance and tectonics[J]. Sedimentary Geology,1985,45:97-113.

Bott M H P. Origin of the lithospheric tension causing basin formation[J]. Philosophical Transations of the Royal Society of London. Series A, Mathematical and Physical Sciences, 1982, 305(1489): 319-324.

Bott M, Kusznir N. The origin of tectonic stress in the lithosphere[J]. Tectonophysics, 1984, 105: 319-324. 105: 1-13.

Bowen N L. The origin of ultramafic and related Rocks Am[J]. J. Sci, 1927, 14: 89-108.

Brookfield M E. The himalayan passive margin from Precambrian to Cretaceous times[J]. Sedimentary Geology, 1993, 84: 1-35.

Burchfiel B C, Chen Zhiliang, et al. The south Tibetan detachment system, Himalayan Orogen: extension contemporaneous with and parallel to shortening in a collisional mountain belt[J]. GSA Special Paper, 1992, 269: 1-41.

Burchfiel B C, Royden I H. North-south extension within the convergent Himalayan region[J]. Geology, 1985, 13: 679-682.

Burg J P, Brunel M, et al. Deformation of leucogranites of the crystalline Main Central Sheet in southern Tibet[J]. Journal of Structural Geology, 1984, 6(5): 535-542.

Caironi V, Garzanti E, Sciunnach D. Typology of detrital zircons as a key to unravelling provenance in rift siliciclastic sequences(Permo-Carboniferous of Spiti, N India)[J]. Geodin. Acta, 1996, 9(2-3): 101-113.

Catlos E J, Harrison T N, Manning C E, et al. Records of the evolution of the Himalayan orogen from in situ Th-Pb ion mieroprobe dating of monazite: Eastern Nepal and western Garhwal[J]. Journal of Asian Earth Sciences, 2002, 20: 459-479.

Chen Y, Courtillot V, Cogné J-P, et al. The configuration of Asia prior to the collision of India: Cretaceous paleomagnetic constraints[J]. Geophys. Res. 1993, 98: 21 927-21 941.

Coleman R G. Tectonic setting for ophiolite obduction in Oman[J]. Journal of Geophysical Research: Solid Earth (1978-2012), 1981, 86(134): 2 497-2 508.

Coward M P, Rex D C, Khan M A, et al. Collision tectionics in NW Himalayas[J]. Geological Society, London, Special Publications, 1986, 19(1): 203-219.

DeCelles P G, Giles K A. Foreland basin Systems[J]. Basin Research, 1996, 8: 105-123.

Dewey J F, Burke K C A. Tibetan Variwan and basement reactivation Products of continental collision[J]. Jounal of Geology, 1973, 81: 673-682.

Dichinson W R. Forearc basins[J]. Tectonics of sedimentary basins, 1995: 211-261.

Dickinson W R, Seely D R. Structure and stratigraphy of forearc regions[J]. The American Association of Petroleum Geologists Bulletin, 1979, 63(1): 2-31.

Dickinson W R. Clastic sedimentary sequences deposited in shelf, slope, and trough setting between magmatic arcs and associated trenches[J]. Pac Geol, 1971, 3: 15-30.

Dickinson W R. The dynamics of sedimentary[J]. Basin Research, 1993, 5: 195-196.

Dickinson W, et al. Provenance of North American Planerrozoic sandstone in relation to tectonic setting[J]. GSA Bulletin, 1983, 94: 22-235.

Dobretsov N L, Shatsky V S. Exhumation of high-pressure rocks of the Kokchetav massif: facts and models[J]. Lithos, 2004, 78(3): 307-318.

Ellis S, Beaumont C, et al. Geodynamic models of crustal-scale episodic tectonic accretion and underplating in subduction zones[J]. Geopgys. Res, 1999, 104: 15 169-15 190.

Enkin R J, Yang Z Y, Chen Y, et al. Paleomagnetic constrains on the geodynamic history of the major blocks of China from the Permian to the present [J]. Geophys Res, 1992, 97: 139 532-13 989.

Fischer, R. V. Modles for pyroclastic surges and pyroclastic flows[J]. Vlocan. Geothermal. Res, 1979, 6: 305-318.

Fisher R A. Dispersion on a sphere[J]. Proc R Soc London. Ser A, 1953, 217: 295-305.

Gaetani M, Garzanti E. Multicyclic history of the northern India continental margin (northwestern Himalaya)[J]. The American Association of Petroleum Geologists Bulletin. 1991, 75(9): 1 427-1 446

Gansser A. The Geology of the Himalayas[M]. London: Wiley Interscience, 1964.

Garzanti E, Haas R, Jadoul F. Ironstones in the Mesozoic passive margin sequence of the Tethys Himalaya (Zanskar, northern India): sedimentology and metamorphism[J]. Geological Society Special Publications, 1989, 46: 229-244.

Garzanti E, Le Fort P, Sciunnach D. First report of Lower Permian basalts in South Tibet: tholeiitic magmatism during break-up and incipient opening of Neotethys[J]. Journal of Asian Earth Sciences,1999,17:533-546.

Garzanti E,Tintori A. Permo-Carboniferous stratigraphy in SE Zanskar and NW Lahul(NW Himalaya, India)[J]. Eclogae Geologicae Helvetiae,1990,83:143-161.

Garzanti E. Himalayan ironstones,"superplumes",and the breakup of Gondwana[J]. Geology,1993,21:105-108.

Garzanti E. Sedimentary evolution and drowning of a passive margin shelf(Giumal Group; Zanskar Tethys Himalaya, India):palaeoenvironmental changes during final break-up of Gondwanaland[J]. Geological Society of London Special Publication,1993,74:277-298.

GGT. 亚东-格尔木地学断面古地磁新数据与青藏高原地体演化模式的初步研究[J]. 中国地质科学院院报,1990,21:139-148.

Gibling M R,Gradstein F M,Kristiansen I L,et al. Early Cretaceous strata of the Nepal Himalayas: conjugate margins and rift volcanism during Gondwanan breakup[J]. Journal of Geological Society, London. 1994,151:269-290.

Godin L,Parrish R R,Brown R L,et al. Crustal thickening leading to exhumation of the Himalayan metamorphic core of centralNepal: Insight from U-Pb geochronology and $^{40}Ar/^{39}Ar$ Ar themochronology [J]. Tectonics, 2001, 20: 729-747.

Guillot S, Hattori K, de Sigoyer J. Mantle wedge serpentinization and exhumation of eclogites:Insights from eastem Ladakh,northwest Himalaya[J]. Geology,2000,28(3):199-202.

Guillot S,Lardeaux J M,Mascle G. Unnouvead temoin du metamorphisme de haute-pression dans la chainer Himalayenne: les eclogites retromorphosees du Dome du Tso Morari(East Ladakh, Himalaya)[J]. C. R. Acad. Sci. Paris, 1995, 32(a):931-936.

Gurnis M. Rapid continent subsidebce following the initiation and evolution of subduction[J]. Science,1992,343(6257):431-437.

Halim N,Cogné J P,Chen Y,et al. New Cretaceous and Early Tertiary paleomagnetic results from Xining-Lanzhou basin, Kunlun and Qiangtang blocks,China:implication on the geodynamic evolution of Asia[J]. Geophys. Res. 1998,103:21 025-21 045.

Hallam A. Eustatic cycles in the Jurassic[J]. Palaeogeogr,Palaeoclimatol,Palaeoecol,1978,23:1-32.

Halls H C. The use of converging remagnetization circles in paleomagnetism[J]. Phys Earth Planet Inter,1978,16:1-11.

Haq B V Hardenbol J, Vail P R, Mesozoic and Cenozoic chronostratigraphy and eustatic cycles of sea-level changes[J]. SEPM Spec. Publication,1988,42:71-108.

Hess H H. The Oceanic Crust[J]. Marine Res,1955,14:423-429.

Hill R. I. Starting plumes and continental break-up[J]. Earth Planet. Sci. Lett. 1991,104,398-416.

Hodges K. V. Tectonics of the Himalaya and southern Tibet from two perspectives[J]. GSA Bulletin, 2000, 112(3): 324-350.

Holm P E. The Geochemical fingerprints of different tectonmagmatic environment using hydromagmatophile element abundance of tholeiitic basalts and basaltic andesites[J]. Chem Geol,1985,151:303-332.

Honegger K, Le Fort P, Mascle G, et. al. The blueschists along the Indus Suture Zone in Ladakh, NW Himalaya[J]. Journal of Metamorphic Geology,1989,7:57-72.

Hsu K J. The concept of tectonic facies,Bull[J]. Tech. Univ. Istanbul,1991,44:25-42.

Hsu,Kenneth J,Geitang,Sengor A M C,et. al. Tectonic Evolution of the Tibetan Plateau:A Working Hypothesis Based on the Archipelago Model of Orogeenesis[J]. International Geology Review,1995,37:473-508.

Hsü K J, Pan G T, Sengör A M C. Tectonic evolution of the Tibetan Plateau: A working hypothesis based on the archipelago model of orogenesis [J]. International Geology Review,1995,37:473-508.

IMA-CNMMN 角闪石专业委员会. 角闪石命名方法[J]. 王立本译. 矿物岩石学杂志,1997,20(1):84-100.

Irvine I N. A guide to the chenical classification of the common volcanic rocks,Can[J]. Earth Sci,1971,8:532-548.

Jadoul F,Berra F,Garzanti E. The Tethys himalayan passive margin from late Triassic to early Cretaceous(South Tibet) [J]. Journal of Asian Earth Sciences,1998,16(2-3):173-194.

Kao H,Gao Rui,Rau R,et al. Seismic image of the Tarim basin and its collison with Tibet[J]. Geology,2001,29(7):575-578.

Kirschvink J K. The least—squares line and plane and the analysis of paleomagnetic data[J]. Geophys J R astron Soc,

1980,62:699-718.

Koshi Yamamoto. Maijor and minor elements geochemistry and the deposit ional environment of siliceous sedimentary rocks[J]. Geochemistry,1991,25:17-26.

Kumar R,Shan A N,Bingham D K. Positive evidence of a Precambrian tectonic phase incentralNepal,Himalaya[J]. Journal of the Geological Society of India,1978:519-522.

Larson R L. Geological consequences of superplumes[J]. Geology,1991,19:963-966.

Le Fort P,Gullot S,Pecher A. Hp metamorphisc belt along theIndus suture zone of NW Himalaya:new discoveries and significane[J]. C. R. Acad. Sci. Paris,1997,325:773-778.

Lee Jeffrey,William S D,Wang Y,et al. Geology of Kangmar Dome,Southern Tibet[J]. Geological Society of America Map and Chart Series MCH090,2002:1-8.

Li guangming,Feng Xiaolian,Pan Guitang. PMultiple Island Arc-Basin System and Its Evolution in Gangdz Tectonic Belt, Tibet[J]. Earth Science Frontiers,2000,7(Suppl.):167.

Lipmas P W. Water pressure during differentiation and crystallization of some ash-flow magams from southern Nevada [J]. Am. J. Sci,1966,264:810-826.

Lowrie W. Identification of ferromagnetic minerals in a rock coercivity and unblocking temperature properties[J]. Gephys Res Lett,1990,17:159-162.

McElhinny M W. Palaeomagnetism and plate tectonics. Cambridge Univ[M]. Press,Cambridge. 1973.

McElhinny M W. Statistical significance of the fold test in paleomagnetism[J]. Geophys J R Astron Soc,1964,8:338-340.

McFadden P L,McElhinny M W. Classification of the reversal test in paleomagnetism[J]. Geophys J Int, 1990, 103: 725-729.

Mckenzie D P. Some remarks on the development of sedimentary basins[J]. Earth Planet. Sci. Lett,1978,40:25-32.

Miyashiro A. Classification,Characteristics and orgin of ophiolites[J]. J. Geol,1975,83:249-281.

Moore J C,et al. Offscarping and underthrusting of sediment at the deformation front of the Barbados Ridge:Deep Sea Drilling Project Leg 78A[J]. Geol Soc Am Bull,1982,93:1 065-1 077.

Moore J C,Silver E A. Continental margin tectonics:submarine accretionary prisms[J]. Reviews of Geophysics,1987,25: 1 305-1 312.

Papritz K,Rey R. Evidence for the occurrence of Perimian Panjal Trap basalts in the Lesser and Higher Himalayas of Western Syntaxis Area,NE Pakistan[J]. Eclogae Geologicae Helvetiae,1989,82:603-627.

Patriat P,Achache J. India-Eurasia collision chronology has implications for crustal shortening and driving mechanism of plates[J]. Nature,1984,311:615-621.

Paul Kapp,An Yin,Craig E,et al. Blueschist-bearing metamorphic core complexes in the Qiangtang block reveal crustal structure of northern Tibet[J]. Geology,2000,28(1):19-22.

Pearce J A,et al. Trace element discrimination diagrams for the tectonic interpretation of granitic rocks[J]. petrol.,1984, 25.

Pearce J A,Statistical analysis of major element patterns in basalts[J]. Petro,1976,17:15-43.

Pearce J a. Trace elements characterics of Lavas from destrctive plate bundaries[J]. Thorpe R. S(ed.). Andesites. Wiley, chichester,PP,1982:525-548.

Pearce T H,et al. The TiO_2-K_2O-P_2O_5 diagram:Amethod of discriminating between oceanic and nonoceanic basalts[J]. Earth Planet. Sci. Lett,1975,24:419-426.

Pearce T H,Gorman B E. Birkett T C. The relationship between major ilimint chemistry and tectonic enivironment of basic and intermediate volcanic rocks[J],Earth and Planetary Science Letters,1977,36:121-132.

Peter M,Blisniuk,Bradley R,Hacker,Johhannes Glodny,et al. Normal faulting in central Tibet since at least 13.5 Myr ago [J]. Nature,2001,412:628-632.

Pogue K R,DiPietro J A,Rahim S,et al. Late Paleozoic rifting in northern Pakistan[J]. Tectonics,1992,11:871-883.

Polat A,Kerrich R,et al. The late Archean Schreiber-Hemlo and White-River Dayohessarah greenstone belts,Superior Province:collages of oceanic plateaus,oceanic arcs and subduction accretion complexes[J]. Tectonophysics,1998,289: 295-326.

Raup D. Size of the Permo Triassic bottleneck and its evolutionary implication[J]. Science,1979,206:217-218.

Richanr W Murray. Chemical criteria to identify the depositional environment of chert:general principles and applications[J]. Sedimentary Geology,1994,90:213-232.

Richard W,Murray,et al. Interoceanic variation in the rare earth,major and trace elements depositional chemistry of chert: perspectives gained from the DSDP and ODP record[J]. Geochimical et Cosmochimica Acta,1992,58:1 897-1 913.

Rowley D B. Age of initiation collision betweenIndia and Asia:A review of stratigraphic data,Earth Planet[J]. Sci. Lett,1996,145:1-13.

Rowley D B. Minimum age of initiation collision betweenIndia and Asia North of Everest based on the subsidence history of the Zhepure Mountain Section[J]. The Journal of Geology,1998,106:229-235.

Royden L H. The tectontic experession of pull at continental convergent boundaries[J]. Tectonics,1993,12:303-325.

Sakai H. Geology of the Tansen Group of the Lesser Himalaya in Nepal:Memoir of the Faculty of Science[J]. Kyushu University,Series D5,1983:27-74.

Saunders A D,Tarney J. Igneous actirity in the southernAndes and northern anctarctic peninsrla:a review[J]. Geol Soc Lindon,1982,139:691-700.

Scotese C R,Gahagan L M,Larson R L. Plate tectonic reconstructions of the Cretaceous and Cenozoic ocean basins[J]. Tectonophysics,1988,155:27-48.

Sengor A M C,Cin A,Rowley D B,et. al. Space time patterns of magmatism along the Tethysides:a preliminary study[J]. Journal of Geology,1993,101:51-84.

Sengor A M C,Natalin B A. Turkic-type orogeny and its role in the making of the continental crust:Annu[J]. Rev Earth Planet Sci,1996,24:263-337.

Sengor A M C,Okurogllar A H. The role of accretionary wedges in the growth of continents:Asiatic examples from Argand to plate tectonics[J]. Eclogae geol Helv,1991,84:535-597.

Sengor A M C. A new model for the late Palaeozoic-Mesozoic tectonic evolution ofIran and implication for Oman[J]// Robertson,A. H. F,Searle M. P. and Ries A. C. (Eds.),The Geology and Tectonic of the Oman Region. Geological Society,Londom,Special Publications,1990,49:797-831.

Sengor A M C. Plate tectonics and orogenic research after 25 years:A Tethyan perspective[J]. Earth Sci Rev,1990,27:1-201.

Sengor A M C. The palaeothethys suture a line of demarcation between two fundamentally different architectural stytle in the structure of Asia[J]. The island Arc,1992,1:78-91.

Sengor A M C. The Tethyside orogenic system:An introduction. In:Sengor, A. M. C(ed),Tectonic Evlotion of the tethyan Region[J]. Istanbul University Faculty of Mines,1989,1-22.

SepkoskiJJ. Mass extinction in the phanerozoic oceans:areview[J]. Geoiogical society of America. Special paper,1982,190:283-289.

Shi Xiaoying,Yin Jiarum,Jia Caiping. Mesozoic to Cenozoic sequence stratigraphy and sea-level changes in the Northern Himalayas,Southern Tibet,China ,Newsl[J]. Stratigr,1996,33(1):15-61.

Silver E A,Reed D L. Backthrusting in accretionary wedges[J]. geophys Res,1988,93:3 116-3 126.

Sinclair H D,Allen P A. Vertical Vs. Horizontal motions in the Alpine orogenic wedge:stratigraphic response in the foreland basin[J]. Basin Research,1992,4:215-232.

Speed R,Torrini R. Tectonic evolution of theTobago trough forearc basin[J]. Journal of Geophysical Research,1989,94:2 913-2 936.

Stoeklin J,Bhattarai K D. Geology of the Kathmandu area and centralMahabharat Range,Nepal:Department of Mines and Geology[J]. Himalayan Report:86,1977.

Strong D F,Dostal J. Dynanic meleing of proterozoic upper mantle:eridence from rare earth elements in oceanic crust of eastern Newfoudland,Contrib. Mineral[J]. Petrod,1980,72(2):165-173.

Vail P R,Mitchum R M,et al. Seismic stratigraphy and global changes of sea level ,part 3:Relative changes of sea level from coastal onlap[J]. Tulsa,Oklahoma,American Association of Petroleum Geologists Mermoir,1977,26:63-81.

Van der Voo R. The reliability of paleomagnetic data[J]. Tectonophysics,1990,184:1-9.

Vannay J C,Spring L. Geochemistry of the continental basalts within the Tethyan Himalaya of Lahul-Spiti and SE Zanskar (NW India)[J]. Geological Society Special Publication,1993,74(1):237-249.

Veevers J J, R C Tewari. Permian-Carboniferous and Permian-Triassic magmatism in the rift zone bordering the Tethyan margin of southern Pangea[J]. Geology,1995,23(5):467-470.

Watson G S,Enkin R J. The fold test in paleomagnetism as a parameter estimation problem[J]. Geophys Res Lett,1993, 20:2 135-2 137.

Williams H,Turner S,Kelley S,et. al. Age and composition of dikes in Southern Tibet:New constraints on the timing of east-west extension and its relationship to postcollisional volcanism[J]. Geology,2001,29:339-339.

Williams Helen,Turner Simon,et al. Age and composition of dikes in Southern Tibet:new constraints on the timing of east-west extension and its relationship to postcollisional volcanism[J]. Geology,2001,29(4):339-342.

Wood D A,et al. A re-appraisal of the use of trace elements to classify and discriminate between magma series erupted in different tectonic setting[J]. Earth Planet Sci Letter,1979,45:326-336.

Yin A,Harrison T M,Ryerson F J,et. al. Tertiary structural evolution of the Gangdese thrust system,southeastern Tibet [J]. Journal of geophysical research,1994,99(B9):18 175-18 201.

Zhang Y C, Yuan D X, Zhai Q G. The Carboniferous and Permian sequences in north and south of the Longmucuo-Shuanghu suture zone in Tibet[J]. Acta Geoscientica Sinia,2009,30(Suppl 1):94-96.

Zijderveld J D A. AC demagnetization of rocks:Analysis of results[J]. Methods in Paleomagnetic,1967:245-286.

附 表

附表 1 青藏高原及邻区寒武纪构造-岩相古地理图引用剖面一览表

编号	剖面名称	资料来源
1	新疆皮山县阿克塔河上寒武统(未分剖面)	1:25 万麻扎幅、神仙湾幅(北半幅)区域地质调查报告,2005 年
2	新疆叶城县库地托排士达坂西合休岩组剖面	1:25 万麻扎幅、神仙湾幅(北半幅)区域地质调查报告,2005 年
3	新疆皮山县喀拉喀什河无依别克下古生界剖面	1:25 万麻扎幅、神仙湾幅(北半幅)区域地质调查报告,2005 年
4	新疆皮山县喀拉喀什河无依别克下古生界剖面	1:25 万康西瓦幅区域地质调查报告,2006 年
5	新疆皮山县塔马尔特-托满奥陶—寒武系西合休剖面	1:25 万康西瓦幅区域地质调查报告,2006 年
6	新疆于田县普鲁铁克萨依代牙震旦—寒武系阿拉叫依岩群剖面	1:25 万于田县幅区域地质调查报告,2006 年
7	新疆于田县库拉甫河寒武—奥陶系库拉甫河群剖面	1:25 万于田县幅区域地质调查报告,2006 年
8	新疆和田县卡其大队寒武—奥陶系西合休组剖面	1:25 恰哈幅区域地质调查报告,2006 年
9	新疆洛浦县寒武—奥陶系阿其克片岩组实测地质剖面	1:25 恰哈幅区域地质调查报告,2006 年
10	新疆和田县甜水海东寒武系甜水湖组实测地质剖面	1:25 万阿克萨依湖幅区域地质调查报告,2005 年
11	新疆维吾尔自治区若羌县吐木勒克构造蛇绿混杂岩	1:25 万布喀达坂峰幅区域地质调查报告,2004 年
12	新疆民丰县八一大队大沟上其汗岩组剖面	1:25 万叶亦克幅区域地质调查报告,2003 年
13	青海省格尔木市没草沟下古生界那赤台岩群蛇绿构造混杂岩	1:25 万不冻泉幅区域地质调查报告,2006 年
14	青海省格尔木市万保沟下寒武统沙松乌拉组实测剖面	1:25 万不冻泉幅区域地质调查报告,2006 年
15	西藏聂拉木县樟木-肉切村实测剖面中第 87—98 层震旦—寒武系肉切村岩群	1:25 万聂拉木县幅区域地质调查报告,2002 年
16	西藏吉隆县吉隆沟卓汤北肉切村群实测剖面	1:25 万萨嘎县幅、吉隆县幅(国内部分)区域地质调查报告,2003 年
17	西藏尼玛县错俄合阿木杂各尔包吉塘群路线剖面	1:25 万日干配错幅区域地质调查报告,2002 年
18	边坝县贡巴致易贡农场一带雷龙库岩组(AnOl)剖面	1:25 万边坝幅区域地质调查报告,2005 年
19	西藏定结县扎西惹嘎肉切村群剖面	1:25 万定结幅区域地质调查报告,2003 年
20	聂荣县尼玛区南木拉古生界嘉玉桥岩群实测剖面图	1:25 那曲幅区域地质调查报告,2005 年
21	隆子县三安曲林乡绕让肉切村岩群剖面	1:25 万隆子幅区域地质调查报告,2005 年
22	墨竹工卡县门巴乡德宗温泉南沟前奥陶纪松多岩群地层实测剖面	1:25 万门巴区幅区域地质调查报告,2005 年
23	墨竹工卡县门巴乡择弄沟前奥陶纪松多岩群岔萨岗岩组(AnOc)地层实测剖面	1:25 万门巴区幅区域地质调查报告,2005 年
24	安多县扎沙区鄂如戈木日岩组剖面	1:25 万兹格塘错幅区域地质调查报告,2003 年
25	安多县强玛乡来鄂布苏尔戈木日岩组剖面	1:25 万兹格塘错幅区域地质调查报告,2003 年
26	巴塘县党巴乡查马共-岗洛查马贡群实测剖面	1:25 万新龙县幅区域地质调查报告,2003 年

续附表 1

编号	剖面名称	资料来源
27	巴塘县夏邛镇小坝村江巴顶中—下寒武统小坝冲组二段实测剖面	1:25 万新龙县幅区域地质调查报告,2003 年
28	巴塘县堂巴乡查马贡-岗洛寒武纪中—下统小坝冲组($\in_{1-2}xb$)地质实测剖面	1:25 万新龙县幅区域地质调查报告,2003 年
29	巴塘县夏邛镇小坝村角都侧上寒武统额顶组实测剖面	1:25 万新龙县幅区域地质调查报告,2003 年
30	亚东县杠嘎、多塔一带寒武纪北坳组($\in b$)剖面	1:25 万江孜幅、亚东幅区域地质调查报告,2004 年
31	工布江达县仲沙乡达叶前奥陶纪松多岩群(AnOS.)实测剖面	1:25 万林芝县幅区域地质调查报告,2003 年
32	西藏米林县米林-比定浦肉切村岩群路线剖面	1:25 万林芝县幅区域地质调查报告,2003 年
33	云南德钦县果腊西 AnD^3 路线剖面	1:20 万德钦幅区域地质调查报告,2007 年
34	云南德钦县赤尼 AnD^2 实测剖面	1:20 万德钦幅区域地质调查报告,2007 年
35	会泽县大海公社小麦地鱼户村组(C_1y)剖面	1:20 万东川幅区域地质调查报告,1980 年
36	会泽县驾车公社大以石鱼户村组(C_1y)剖面	1:20 万东川幅区域地质调查报告,1980 年
37	会泽县五星公社皮戛村鱼户村组(C_1y)剖面	1:20 万东川幅区域地质调查报告,1980 年
38	东川市菜园公社新桥鱼户村组(C_1y)地质剖面	1:20 万东川幅区域地质调查报告,1980 年
39	会泽县大海公社小麦地筇竹寺组($\in_1q$)剖面	1:20 万东川幅区域地质调查报告,1980 年
40	东川市菜园公社新桥筇竹寺组($\in_1q$)地质剖面	1:20 万东川幅区域地质调查报告,1980 年
41	德泽筇竹寺组($\in_1q$)地质剖面	1:20 万东川幅区域地质调查报告,1980 年
42	沾益县德泽西沧浪铺组($\in_1c$)红井哨段剖面	1:20 万东川幅区域地质调查报告,1980 年
43	会泽县大海公社小麦地沧浪铺组($\in_1c$)乌龙箐段剖面	1:20 万东川幅区域地质调查报告,1980 年
44	会泽县五星公社砖瓦厂下寒武统龙王庙组($\in_1l$)剖面	1:20 万东川幅区域地质调查报告,1980 年
45	东川市法者公社白泥井下寒武统龙王庙组($\in_1l$)剖面	1:20 万东川幅区域地质调查报告,1980 年
46	云南省会泽县大海乡小麦地寒武纪龙王庙组($\in_1l$)剖面	1:20 万东川幅区域地质调查报告,1980 年
47	会泽县那姑公社拖车中寒武统陡坡寺组($\in_2d$)剖面	1:20 万东川幅区域地质调查报告,1980 年
48	东川市三十六湾中寒武统西王庙组($\in_2x$)剖面	1:20 万东川幅区域地质调查报告,1980 年
49	会泽县五星公社砖瓦厂中寒武统西王庙组($\in_2x$)剖面	1:20 万东川幅区域地质调查报告,1980 年
50	会泽县五星公社砖瓦厂上寒武统二道水组($\in_3e$)剖面	1:20 万东川幅区域地质调查报告,1980 年
51	昆明西郊筇竹寺关山筇竹寺组($\in_1q$)剖面	1:20 万昆明市幅区域地质调查报告,1977 年
52	昆明西郊筇竹寺关山沧浪铺组($\in_1c$)剖面	1:20 万昆明市幅区域地质调查报告,1977 年
53	昆明西山龙王庙龙王庙组($\in_1l$)剖面	1:20 万昆明市幅区域地质调查报告,1977 年
54	云南富民县下冲陡坡寺组($\in_2d$)剖面	1:20 万昆明市幅区域地质调查报告,1977 年
55	云南富民县下冲一带中寒武统双龙潭组($\in_2s$)剖面	1:20 万昆明市幅区域地质调查报告,1977 年
56	云南永平县西核桃坪上寒武统核桃坪组($\in_3h$)剖面	1:20 万永平县幅区域地质调查报告,1979 年
57	云南永平县西核桃坪上寒武统柳水组($\in_3l$)剖面	1:20 万永平县幅区域地质调查报告,1979 年
58	永平县瓦房打木箐-栗坡保山组($\in_3b$)剖面	1:20 万永平县幅区域地质调查报告,1979 年
59	云南大理六库澡塘上寒武统保山组($\in_3b$)、沙河厂组($\in_3s$)剖面	1:20 万碧江幅、泸水幅区域地质调查报告,1985 年

续附表 1

编号	剖面名称	资料来源
60	四川省木里县水洛乡呷里降($\in_1$)剖面	1:20 万理塘县幅、稻城县幅、贡岭区幅区域地质调查报告,1984 年
61	四川省木里县水洛乡耳泽下寒武统($\in_1$)剖面	1:20 万理塘县幅、稻城县幅、贡岭区幅区域地质调查报告,1984 年
62	四川省木里县稻城县老灰里下寒武统($\in_1$)剖面	1:20 万理塘县幅、稻城县幅、贡岭区幅区域地质调查报告,1984 年
63	四川省木里县宁郎乡吉东沟口下寒武统($\in_1$)剖面	1:20 万理塘县幅、稻城县幅、贡岭区幅区域地质调查报告,1984 年
64	丽江县洋坡下寒武统洋坡组($\in_1 y$)剖面	1:20 万维西幅区域地质调查报告,1984 年
65	中甸县雪茶梁子下寒武统陇巴组($\in_1 l$)	1:20 万维西幅区域地质调查报告,1984 年
66	中甸县金沙江区银厂沟中、上寒武统($\in_2$、$\in_3$)剖面	1:20 万维西幅区域地质调查报告,1984 年
67	宁蒗县都鲁吃下寒武统剖面	1:20 万永宁幅区域地质调查报告,1980 年
68	南涧县新地基-白石岩和景东县新村-中仓寒武纪无量山群($\in WL$)剖面	1:20 万巍山幅区域地质调查报告,1975 年
69	四川西昌市螺髻山东坡下寒武统筇竹寺组($\in_1 q$)剖面	1:20 万西昌县幅区域地质调查报告,1965 年
70	螺髻山东坡和普格洛乌沟乡、布托吉夫拉打乡南下寒武统沧浪铺组($\in_1 c$)剖面	1:20 万西昌县幅区域地质调查报告,1965 年
71	螺髻山东坡和普格洛乌沟乡、布托吉夫拉打乡南下寒武统龙王庙组($\in_1 l$)剖面	1:20 万西昌县幅区域地质调查报告,1965 年
72	螺髻山东坡大槽河大槽河组($\in_1 d$)剖面	1:20 万西昌县幅区域地质调查报告,1965 年
73	螺髻山东坡和普格洛乌沟乡、布托吉夫拉打乡南中寒武统西王庙组($\in_2 x$)剖面	1:20 万西昌县幅区域地质调查报告,1965 年
74	螺髻山东坡和普格洛乌沟乡、布托吉夫拉打乡南上寒武统二道水组($\in_3 e$)剖面	1:20 万西昌县幅区域地质调查报告,1965 年
75	永仁县九龙头下寒武统($\in_1$)剖面	1:20 万永仁县幅区域地质调查报告,1965 年
76	云南宁蒗县昔腊坪下寒武统剖面	1:20 万丽江县幅区域地质调查报告,1977 年
77	八宿县同卡乡博绒加玉桥岩群(PzJY)实测剖面	1:20 万八宿县幅区域地质调查报告,1994 年
78	八宿县白马镇岳巴洼加玉桥岩群(PzJY)实测剖面	1:20 万八宿县幅区域地质调查报告,1994 年
79	腾冲县大蒿坪下古生界高黎贡山群(PzGL)剖面	1:20 万腾冲县幅区域地质调查报告,1982 年
80	云南龙陵县干河、八零八水库上寒武统保山组($\in_3 b$)剖面	1:20 万腾冲县幅区域地质调查报告,1982 年
81	云南龙陵县干河、八零八水库上寒武统沙河厂组($\in_3 s$)剖面	1:20 万腾冲县幅区域地质调查报告,1982 年
82	云南龙陵县干河、八零八水库寒武纪公养河群($\in GN$)剖面	1:20 万腾冲县幅区域地质调查报告,1982 年
83	云南玉溪小石桥磷矿区 17030 下寒武统筇竹寺组($\in_1 q$)剖面	1:20 万玉溪县幅区域地质调查报告,1969 年
84	云南华宁白沙沟下寒武统筇竹寺组($\in_1 q$)剖面	1:20 万玉溪县幅区域地质调查报告,1969 年
85	云南澄江海口艮虎山-小路弯拐下寒武统沧浪铺组($\in_1 c$)剖面	1:20 万玉溪县幅区域地质调查报告,1969 年
86	云南澄江海口、华宁青龙街至丰居一带下寒武统龙王庙组($\in_1 l$)剖面	1:20 万玉溪县幅区域地质调查报告,1969 年
87	云南澄江海口蒿子沟中寒武统陡坡寺组($\in_2 d$)剖面	1:20 万玉溪县幅区域地质调查报告,1969 年
88	云南省保山县一碗水晚寒武世核桃坪组($\in_3 h$)剖面	1:20 万保山县幅区域地质调查报告,1980 年
89	云南省保山县一碗水晚寒武世沙河厂组($\in_3 s$)剖面	1:20 万保山县幅区域地质调查报告,1980 年

续附表1

编号	剖面名称	资料来源
90	云南省保山县一碗水晚寒武世保山组（$\in_3 b$）剖面	1:20万保山县幅区域地质调查报告,1980年
91	青海省乐都县曲坛镇石坡沟中寒武统深沟组（$\in_2 s$）实测剖面	1:25万民和回族土族自治县幅区域地质调查报告,2005年
92	青海省化隆县尔尕昂上寒武统六道沟组（$\in_3 l$）实测剖面	1:25万民和回族土族自治县幅区域地质调查报告,2005年
93	甘肃省肃南裕固族自治县北大河中寒武统下岩组（$\in_2^1$）剖面	1:20万硫磺山幅区域地质调查报告,1972年
94	甘肃省肃南裕固族自治县北大河中寒武统中岩组（$\in_2^2$）剖面	1:20万硫磺山幅区域地质调查报告,1972年
95	甘肃酒泉祁连山格尔莫沟中寒武统实测剖面	1:20万祁连山幅区域地质调查报告,1974年
96	四川省若尔盖县太阳顶北坡寒武纪太阳顶组（$\in t$）修测地层剖面	1:25万合作幅区域地质调查报告,2007年
97	甘肃省武山县苟家河早古生代李子园群（$Pz_1 LZ$）剖面	1:25万岷县幅区域地质调查报告,2007年
98	青海省祁连县峨堡乡天盆河黑茨沟组（$\in_2 h$）剖面	1:25万门源幅区域地质调查报告,2007年
99	青海省互助县石湾中寒武世黑茨沟组（$\in_2 h$）剖面	1:25万西宁市幅区域地质调查报告,2007年
100	雷波卡哈洛早寒武世梅树村组（$\in_1 m$）剖面	1:20万昭通幅区域地质调查报告,1978年
101	金沙厂早寒武世筇竹寺组（$\in_1 q$）剖面	1:20万昭通幅区域地质调查报告,1978年
102	金沙厂早寒武世沧浪铺组（$\in_1 c$）剖面	1:20万昭通幅区域地质调查报告,1978年
103	金沙厂早寒武世龙王庙组（$\in_1 l$）剖面	1:20万昭通幅区域地质调查报告,1978年
104	永善金沙厂中寒武世陡坡寺组（$\in_2 d$）剖面	1:20万昭通幅区域地质调查报告,1978年
105	金沙厂中寒武世西王庙组（$\in_2 x$）剖面	1:20万昭通幅区域地质调查报告,1978年
106	昭通锌厂沟上寒武统二道水组（$\in_3 e$）	1:20万昭通幅区域地质调查报告,1978年
107	四川峨眉高桥张山下寒武统九老硐组（$\in_1 j$）剖面	1:20万峨眉幅区域地质调查报告,1971年
108	四川峨眉高桥张山下寒武统遇仙寺组（$\in_1 y$）剖面	1:20万峨眉幅区域地质调查报告,1971年
109	四川乐山范店子中寒武统大鼻山（$\in_2 d$）组剖面	1:20万峨眉幅区域地质调查报告,1971年
110	四川乡城中咱坚顶至龙勇上寒武统颂达沟组（$\in_3 s$）剖面	1:20万得荣（乡城县）幅区域地质调查报告,1977年
111	四川乡城中咱坚顶至龙勇上寒武统额顶组（$\in_3 e$）剖面	1:20万得荣（乡城县）幅区域地质调查报告,1977年
112	四川乡城中咱坚顶至龙勇中、下寒武统（$\in_{1-2}$）剖面	1:20万得荣（乡城县）幅区域地质调查报告,1977年
113	云南会泽县马路公社马家村下寒武统梅树村组（$\in_1 m$）剖面	1:20万鲁甸县幅区域地质调查报告,1978年
114	云南巧家县新店公社新店子下寒武统筇竹寺组（$\in_1 q$）剖面	1:20万鲁甸县幅区域地质调查报告,1978年
115	云南巧家县蒙姑公社大包厂下寒武统筇竹寺组（$\in_1 q$）剖面	1:20万鲁甸县幅区域地质调查报告,1978年
116	云南会泽县马路公社梭落卡箐头下寒武统筇竹寺组（$\in_1 q$）剖面	1:20万鲁甸县幅区域地质调查报告,1978年
117	云南巧家县蒙姑公社大包厂下寒武统沧浪铺组（$\in_1 c$）剖面	1:20万鲁甸县幅区域地质调查报告,1978年
118	云南巧家县新店子下寒武统沧浪铺组（$\in_1 c$）剖面	1:20万鲁甸县幅区域地质调查报告,1978年
119	云南鲁甸县火德红公社罗家坪子下寒武统沧浪铺组（$\in_1 c$）剖面	1:20万鲁甸县幅区域地质调查报告,1978年

续附表 1

编号	剖面名称	资料来源
120	云南巧家县小河公社花脸岩下寒武统龙王庙组($\in_1 l$)剖面	1:20万鲁甸县幅区域地质调查报告,1978年
121	云南巧家县小河公社花脸岩中寒武统陡坡寺组($\in_2 d$)剖面	1:20万鲁甸县幅区域地质调查报告,1978年
122	云南巧家县小河公社花脸岩中寒武统西王组($\in_2 x$)剖面	1:20万鲁甸县幅区域地质调查报告,1978年
123	云南巧家县蒙姑公社大包厂上寒武统二道水组($\in_3 e$)剖面	1:20万鲁甸县幅区域地质调查报告,1978年
124	云南雷波县卡哈洛下寒武统梅树村组($\in_1 m$)剖面	1:20万昭通幅区域地质调查报告,1978年
125	云南雷波县金沙厂下寒武统筇竹寺组($\in_1 q$)剖面	1:20万昭通幅区域地质调查报告,1978年
126	云南雷波县金沙厂下寒武统沧浪铺组($\in_1 c$)剖面	1:20万昭通幅区域地质调查报告,1978年
127	云南雷波县金沙厂下寒武统龙王庙组($\in_1 l$)剖面	1:20万昭通幅区域地质调查报告,1978年
128	云南永善金沙厂中寒武统陡坡寺组($\in_2 d$)剖面	1:20万昭通幅区域地质调查报告,1978年
129	云南雷波县金沙厂中寒武统西王组($\in_2 x$)剖面	1:20万昭通幅区域地质调查报告,1978年
130	云南昭通县锌厂沟上寒武统二道水组($\in_3 e$)剖面	1:20万昭通幅区域地质调查报告,1978年
131	云南宜良城南红石岩村下寒武统鱼户村组($\in_1 y$)剖面	1:20万宜良幅区域地质调查报告,1973年
132	云南宜良城南红石岩村下寒武统筇竹寺组($\in_1 q$)剖面	1:20万宜良幅区域地质调查报告,1973年
133	云南宜良龙兑村下寒武统沧浪铺组($\in_1 c$)剖面	1:20万宜良幅区域地质调查报告,1973年
134	云南宜良城南红石岩村下寒武统龙王庙组($\in_1 l$)剖面	1:20万宜良幅区域地质调查报告,1973年
135	云南宜良县狗街公社沈家营中寒武统陡坡寺组($\in_2 d$)剖面	1:20万宜良幅区域地质调查报告,1973年
136	云南宜良县狗街公社沈家营中寒武统双龙潭组($\in_2 s$)剖面	1:20万宜良幅区域地质调查报告,1973年
137	甘肃省天祝县下黑茨沟中寒武世黑茨沟组($\in_2 h$)剖面	1:25万武威市幅区域地质调查报告,2008年
138	甘肃省武威市小井沟中、上寒武统大黄山组($\in_{2-3} d$)剖面	1:25万武威市幅区域地质调查报告,2008年
139	甘肃省景泰县甘塘镇马和井香山群中、上寒武统徐家圈组($\in_{2-3} x$)剖面	1:25万景泰县幅区域地质调查报告,2008年
140	甘肃靖远县马门沟—宁夏中卫县黄崖沟狼嘴子组($\in_{2-3} l$)剖面	1:25万景泰县幅区域地质调查报告,2008年
141	宁夏中卫市北长滩寒武纪香山群磨盘井组($\in_{2-3} mp$)剖面	1:25万景泰县幅区域地质调查报告,2008年
142	甘肃环县阴石峡寒武纪陶思沟组($\in t$)剖面	1:25万固原市幅区域地质调查报告,2004年
143	甘肃环县阴石峡寒武纪胡鲁斯台组($\in h$)剖面	1:25万固原市幅区域地质调查报告,2004年
144	甘肃环县阴石峡寒武纪阿不切亥组($\in a$)剖面	1:25万固原市幅区域地质调查报告,2004年
145	甘肃省白银市东台子—牌楼沟寒武纪黑茨沟组($\in_1 h$)修测剖面	1:25万兰州市幅区域地质调查报告,2003年
146	甘肃省靖远县东长沟—亮窗沟寒武纪香毛山组($\in xm$)修测剖面	1:25万兰州市幅区域地质调查报告,2003年
147	青海省乐都县曲坛镇石坡沟中寒武统深沟组($\in_2 s$)剖面	1:25万民和回族土族自治县幅区域地质调查报告,2005年
148	青海省化隆县尔尕昂上寒武统六道沟组($\in_3 l$)剖面	1:25万民和回族土族自治县幅区域地质调查报告,2005年

续附表 1

编号	剖面名称	资料来源
149	甘肃省临夏市大河家乡白家寺上寒武统六道沟组（$\epsilon_3 l$）剖面	1:25 万临夏市幅、定西县幅区域地质调查报告，2006 年
150	甘肃省会宁县库河-大湾早、中寒武世黑茨沟组（$\epsilon_{1-2}h$）剖面	1:25 万静宁县幅区域地质调查报告，2004 年
151	庄浪县张家大湾-张家湾-马家庄子中寒武统香毛山组（$\epsilon_2 xm$）剖面	1:25 万静宁县幅区域地质调查报告，2004 年
152	宁强曲尺沟上震旦-下寒武统灯影组（$Z_2\epsilon_1 d$）剖面	1:25 万略阳县幅区域地质调查报告，2006 年
153	宁强县的大安镇上震旦-下寒武统灯影组（$Z_2\epsilon_1 d$）剖面	1:25 万略阳县幅区域地质调查报告，2006 年
154	略阳县金家河乡黑窝子磷矿区临江组（$Z\epsilon_1 l$）剖面	1:25 万略阳县幅区域地质调查报告，2006 年
155	会理东川舒姑村下寒武统筇竹寺组（$\epsilon_1 q$）剖面	1:20 万会理幅区域地质调查报告，1970 年
156	会理会东热水塘下寒武统沧浪铺组（$\epsilon_1 c$）剖面	1:20 万会理幅区域地质调查报告，1970 年
157	会理会东热水塘下寒武统龙王庙组（$\epsilon_1 l$）剖面	1:20 万会理幅区域地质调查报告，1970 年
158	会理江北热水塘中寒武统西王庙组（$\epsilon_2 x$）剖面	1:20 万会理幅区域地质调查报告，1970 年
159	会理清水河上寒武统二道水组（$\epsilon_3 e$）剖面	1:20 万会理幅区域地质调查报告，1970 年
160	河西堡南剖面	1:20 万河西堡幅区域地质调查报告，1968 年
161	格尔莫沟中寒武统实测剖面	1:20 万祁连山幅、酒泉幅区域地质调查报告，1974 年
162	肃南县北大河剖面	1:20 万硫磺山幅区域地质调查报告，1972 年
163	平武石坎公社王家坪剖面	1:20 万平武县幅区域地质调查报告，1977 年
164	平武高庄公社党家沟实测剖面	1:20 万平武县幅区域地质调查报告，1977 年
165	歇马庙剖面	1:20 万绵阳幅区域地质调查报告，1970 年
166	黑河南岸中寒武统剖面	1:20 万野牛台幅区域地质调查报告，1967 年
167	黑河北岸清水沟剖面	1:20 万野牛台幅区域地质调查报告，1967 年
168	面碱沟剖面	1:20 万野牛台幅区域地质调查报告，1967 年
169	大黄山大口子沟剖面	1:20 万永昌幅区域地质调查报告，1972 年
170	雷波抓抓岩剖面	1:20 万雷波幅区域地质调查报告，1972 年
171	肃南清大坂沟剖面	1:20 万祁连幅区域地质调查报告，1967 年
172	肃南大野口剖面	1:20 万祁连幅区域地质调查报告，1967 年
173	四川省汉源县轿顶山-帽壳山寒武系剖面	1:20 万荥经(雅安县)幅区域地质调查报告，1974 年
174	四川省长宁县双河马颈子剖面	1:20 万筠连(高县)幅区域地质调查报告，1973 年
175	四川省盐津寒武纪剖面	1:20 万筠连(高县)幅区域地质调查报告，1973 年
176	四川省马边雪口山、麦子坪寒武纪剖面	1:20 万马边(犍为县)幅区域地质调查报告，1971 年
177	碧鸡山东坡马斯足坭地区寒武系	1:20 万冕宁幅区域地质调查报告，1967 年
178	波波乡、敏子洛木柱状图	1:20 万石棉幅区域地质调查报告，1974 年
179	巴塘县将巴地剖面	1:20 万波密幅区域地质调查报告，1977 年
180	四川省中咱区雍忍-岗甫上寒武统额顶组（$\epsilon_3 e$）剖面	1:20 万波密幅区域地质调查报告，1977 年
181	欧龙布鲁克山寒武纪实测剖面	1:20 万托素湖幅区域地质调查报告，1978 年

续附表 1

编号	剖面名称	资料来源
182	大柴旦全吉山实测剖面	1:20万大柴旦幅、达布逊湖幅区域地质调查报告,1980年
183	团山剖面	1:20万民勤幅区域地质调查报告,1975年
184	云南省宁蒗县都鲁吃寒武纪实测剖面	1:20永宁幅区调报告,1980年
185	四川省盐边县华荣寒武纪实测剖面	1:20盐边幅区调报告,1972年
186	云南省会泽县大海乡小麦地寒武纪实测剖面	1:20东川幅区调报告,1980年
187	云南省东川市法者乡白泥井寒武纪实测剖面	1:20东川幅区调报告,1980年
188	云南省东川市法者乡白泥井寒武纪实测剖面	1:20东川幅区调报告,1980年
189	拖拉海沟沙松乌拉组剖面	1:5万万保沟幅等三幅图区域地质调查报告,2003年
190	渭门组剖面	青藏高原主体地质综合分析与对比(上册),1996年
191	马过洞岔萨岗岩组剖面	1:25万嘉黎县幅区域地质调查报告,2005年
192	拉如寺雷龙库岩组-岔萨岗岩组剖面	1:25万嘉黎县幅区域地质调查报告,2005年
193	甜水海东寒武系甜水湖组剖面	1:25万阿克萨依湖幅区域地质调查报告,2006年
194	无依别克下古生界(未分)剖面	1:25万麻扎幅、神仙湾幅区域地质调查报告,2005年
195	阿克塔河南上寒武统(未分)剖面	1:25万麻扎幅、神仙湾幅区域地质调查报告,2005年
196	阿其克山东部阿克片岩剖面	1:25万恰哈幅区域地质调查报告,2006年
197	普鲁铁克萨依代牙阿拉叫依岩群剖面	1:25万于田县幅区域地质调查报告,2004年
198	打狼沟玛依岗日岩组剖面	1:25万玉帽山幅区域地质调查报告,2006年
199	青海省格尔木市万保沟沙松乌拉组剖面	1:5万万保沟幅等三幅区域地质调查报告,2003年
200	双湖区纳若嘎措岩组剖面	1:25万江爱达日那幅区域地质调查报告,2005年
201	额巴-磨则通吉塘岩群剖面	1:25万丁青幅区域地质调查报告,2005年
202	干岩村-百会洞吉塘群剖面	1:25万丁青幅区域地质调查报告,2005年
203	塔马尔特-托满西合休岩组剖面	1:25万康西瓦幅区域地质调查报告,2006年
204	西藏聂拉木县肉切村剖面	青藏高原主体地质综合分析与对比(上册),1996年
205	青海省格尔木市万保沟沙松乌拉组剖面	1:5万万保沟幅等三幅区域地质调查报告,2003年
206	郭欠弄沟吉塘岩群剖面	1:25万比如县幅区域地质调查报告,2005年
207	齐陇乌如沟剖面	1:25万吐错幅区域地质调查报告,2005年
208	下马里克上其汗岩组剖面	1:25万叶依克幅区域地质调查报告,2003年
209	库拉甫河岩群剖面	1:25万于田县幅区域地质调查报告,2003年
210	卡其巴西科纳克代牙西合休岩组剖面	1:25万于田县幅区域地质调查报告,2003年
211	塔马尔特-托满西合休岩组剖面	1:25万康西瓦幅区域地质调查报告,2006年
212	库地托排士达坂西合休岩组剖面	1:25万麻扎幅、神仙湾幅区域地质调查报告,2005年
213	江陇曲吉塘群恩达岩组剖面	1:25万仓来那幅区域地质调查报告,2006年
214	江陇曲吉塘群酉西岩组剖面	1:25万仓来那幅区域地质调查报告,2006年
215	格里卡-熊的奴嘉玉桥岩群剖面	1:25万丁青县幅区域地质调查报告,2005年

续附表 1

编号	剖面名称	资料来源
216	干岩村-百会洞吉塘岩群剖面	1:25 万丁青县幅区域地质调查报告,2005 年
217	孟达北-主固意嘉玉桥岩群剖面	1:25 万丁青县幅区域地质调查报告,2005 年
218	额巴-麐则通吉塘岩群剖面	1:25 万丁青县幅区域地质调查报告,2005 年
219	切昂能-额曲吉塘岩群剖面	1:25 万丁青县幅区域地质调查报告,2005 年
220	呷里降组剖面	青藏高原主体地质综合分析与对比(上册),1996 年
221	额顶组剖面	青藏高原主体地层综合分析与对比(上册),1996 年
222	小坝冲组剖面	青藏高原主体地层综合分析与对比(上册),1996 年
223	查马贡组,小坝冲组剖面	青藏高原主体地层综合分析与对比(上册),1996 年
224	颂达沟组剖面	青藏高原主体地层综合分析与对比(上册),1996 年
225	万保沟两侧沙松乌拉组剖面	1:5 万万保沟幅等三幅区域地质调查报告,2003 年
226	忠阳山沙松乌拉组剖面	1:5 万忠阳山幅等三幅图区域地质调查报告,2004 年
227	安多县强玛乡来鄂布苏尔戈木日岩组剖面	1:25 万兹格塘错幅区域地质调查报告,2003 年
228	西藏聂拉木县肉切村剖面	青藏高原主体地层综合分析与对比(上册),1996 年
229	泉水沟滩间山岩群剖面	1:25 万都兰县幅区域地质调查报告,2004 年
230	布拉格斯塔滩间山岩群剖面	1:25 万都兰县幅区域地质调查报告,2004 年
231	四川省中咱区雍忍-岗甫上寒武统颂达沟组($\epsilon_3 s$)剖面	1:20 万波密幅区域地质调查报告,1977 年
232	中甸县雪茶梁子下寒武统塔城组($\epsilon_1 t$)	1:20 万维西幅区域地质调查报告,1984 年
233	赤布张错湖南亚恰寒武纪亚恰组(ϵy)	1:25 万赤布张错幅区域地质调查报告,2004 年
234	塔里木塔东寒武纪突尔沙克塔格组($\epsilon_3 O_1 ts$)	塔里木盆地覆盖区显生宙地层,2004 年
235	塔里木塔东寒武纪莫合尔山组($\epsilon_2 m$)	塔里木盆地覆盖区显生宙地层,2004 年
236	塔里木塔东寒武纪西大山组($\epsilon_1 xd$)	塔里木盆地覆盖区显生宙地层,2004 年
237	塔里木塔东寒武纪西山布拉克组($\epsilon_1 xb$)	塔里木盆地覆盖区显生宙地层,2004 年
238	塔里木巴楚寒武纪下丘里塔格组($\epsilon_3 x$)	塔里木盆地覆盖区显生宙地层,2004 年
239	塔里木巴楚寒武纪阿瓦塔格组($\epsilon_2 a$)	塔里木盆地覆盖区显生宙地层,2004 年
240	塔里木巴楚寒武纪吾松格尔组($\epsilon_1 w$)	塔里木盆地覆盖区显生宙地层,2004 年
241	塔里木巴楚寒武纪肖尔布拉克组($\epsilon_1 x$)	塔里木盆地覆盖区显生宙地层,2004 年
242	塔里木巴楚寒武纪玉尔吐斯组($\epsilon_1 y$)	塔里木盆地覆盖区显生宙地层,2004 年
243	塔里木塔中寒武纪下丘里塔格组($\epsilon_3 x$)	塔里木盆地覆盖区显生宙地层,2004 年
244	塔里木塔中寒武纪阿瓦塔格组($\epsilon_2 a$)	塔里木盆地覆盖区显生宙地层,2004 年
245	塔里木塔中寒武纪肖尔布拉克组($\epsilon_1 x$)-吾松格尔组($\epsilon_1 w$)	塔里木盆地覆盖区显生宙地层,2004 年
246	寒武纪拉配泉群(ϵOLp)	1:25 万石棉矿幅区域地质调查报告,2008 年
247	新疆维吾尔自治区若羌县喀腊大湾西沟拉配泉岩群(ϵOLp)实测剖面	1:25 万石棉矿幅区域地质调查报告,2008 年
248	新疆维吾尔自治区若羌县安南坝乡石棉矿拉配泉岩群(ϵOLp)实测剖面	1:25 万石棉矿幅区域地质调查报告,2008 年
249	肃北县锅底坑山黑茨沟组($\epsilon_{1-2} h$)实测剖面	1:25 万昌马幅、酒泉幅区域地质调查报告,2002 年

续附表 1

编号	剖面名称	资料来源
250	肃北县鹰嘴山南黑㟥沟组($\epsilon_{1-2}h$)实测剖面	1:25 万昌马幅、酒泉幅区域地质调查报告,2002 年
251	肃北县胡湾子北沟香毛山组($\epsilon_2 xm$)实测地层剖面	1:25 万昌马幅、酒泉幅区域地质调查报告,2002 年
252	肃北县四道沟一二道沟香毛山组($\epsilon_2 xm$)实测地层剖面	1:25 万昌马幅、酒泉幅区域地质调查报告,2002 年
253	肃南县宗冰大坂香毛山组($\epsilon_2 xm$)实测地层剖面	1:25 万昌马幅、酒泉幅区域地质调查报告,2002 年
254	宁夏同心县米钵山-后井子徐家圈组($\epsilon_{2-3}x$)实测地层剖面	1:25 万吴忠市幅区域地质调查报告,2001 年
255	内蒙古阿拉善左旗石盆子井徐家圈组($\epsilon_{2-3}x$)实测地层剖面	1:25 万吴忠市幅区域地质调查报告,2001 年
256	同心县米钵山-后井子狼嘴子组($\epsilon_{2-3}l$)实测地层剖面	1:25 万吴忠市幅区域地质调查报告,2001 年
257	内蒙古阿拉善左旗石盆子井狼嘴子组($\epsilon_{2-3}l$)实测地层剖面	1:25 万吴忠市幅区域地质调查报告,2001 年
258	同心县米钵山-后井子磨盘井组($\epsilon_{2-3}m$)实测地层剖面	1:25 万吴忠市幅区域地质调查报告,2001 年
259	内蒙古阿拉善左旗石盆子井磨盘井组($\epsilon_{2-3}m$)实测地层剖面	1:25 万吴忠市幅区域地质调查报告,2001 年
260	宁夏银川市冰沟辛集组($\epsilon_1 x$)实测地层剖面	1:25 万银川市幅区域地质调查报告,2008 年
261	宁夏银川市紫花沟辛集组($\epsilon_1 x$)实测地层剖面	1:25 万银川市幅区域地质调查报告,2008 年
262	宁夏贺兰县五道塘辛集组($\epsilon_1 x$)实测地层剖面	1:25 万银川市幅区域地质调查报告,2008 年
263	宁夏银川市冰沟朱砂洞组($\epsilon_1 z$)实测地层剖面	1:25 万银川市幅区域地质调查报告,2008 年
264	宁夏银川市紫花沟朱砂洞组($\epsilon_1 z$)实测地层剖面	1:25 万银川市幅区域地质调查报告,2008 年
265	宁夏贺兰县五道塘朱砂洞组($\epsilon_1 z$)实测地层剖面	1:25 万银川市幅区域地质调查报告,2008 年
266	宁夏银川市冰沟陶思沟组($\epsilon_2 t$)实测地层剖面	1:25 万银川市幅区域地质调查报告,2008 年
267	宁夏银川市紫花沟陶思沟组($\epsilon_2 t$)实测地层剖面	1:25 万银川市幅区域地质调查报告,2008 年
268	宁夏银川市紫花沟胡鲁斯台组($\epsilon_2 h$)实测地层剖面	1:25 万银川市幅区域地质调查报告,2008 年
269	宁夏银川市紫花沟阿不切亥组($\epsilon_1 O_1 a$)实测地层剖面	1:25 万银川市幅区域地质调查报告,2008 年
270	宁夏贺兰县五道塘阿不切亥组($\epsilon_1 O_1 a$)实测地层剖面	1:25 万银川市幅区域地质调查报告,2008 年
271	申扎县寒武系实测剖面	本项目实测,2009
272	西藏尼玛县控错南帮勒村变火山岩系剖面	本项目实测,2009
273	新疆若羌阿特阿特坎河剖面	1:25 万阿牙克库木湖幅区域地质调查报告,2003 年
274	新疆若羌铁木里克玉古萨依剖面	1:25 万库郎米其提幅区域地质调查报告,2004 年
275	青海茫崖镇十字沟西岔剖面	1:25 万库郎米其提幅区域地质调查报告,2004 年
276	青海大柴旦镇大平沟剖面	1:5 万鱼卡沟幅、西泉幅区域地质调查报告,1996 年
277	青海茫崖镇石拐子沟东剖面	1:25 万库郎米其提幅区域地质调查报告,2004 年
278	青海茫崖镇卡而却卡剖面	1:25 万布喀达坂峰幅区域地质调查报告,2004 年
279	青海鱼卡石棉矿东剖面	1:5 万鱼卡沟幅、西泉幅区域地质调查报告,1996 年
280	乌兰县赛什克乡乌兰布拉格滩间山岩群变火山岩岩组剖面	1:25 万都兰县幅区域地质调查报告,2004 年

续附表 1

编号	剖面名称	资料来源
281	乌兰县赛什克乡乌兰布拉格滩间山岩群变碎屑岩岩组剖面	1:25万都兰县幅区域地质调查报告,2004年
282	嘎隆拉-波密地质路线剖面及波密城北波密群实测剖面	藏东波密-察隅地区新元古代—寒武纪波密群研究新进展,地质通报,2007
283	察隅县古玉乡雅久一带波密群剖面	藏东波密-察隅地区新元古代—寒武纪波密群研究新进展,地质通报,2007
284	西藏乃东县尼龙岗-曲德贡岩组剖面	1:25万隆子县幅区域地质调查报告,2004年
285	西藏隆子县日当乡达拉曲德贡岩组剖面	1:25万隆子县幅区域地质调查报告,2004年
286	甘肃省两当县太阳寺核桃坝-太阳寺太阳寺岩组剖面	1:25万天水市幅区域地质调查报告,2004年
287	西藏隆子县日当乡达拉曲德贡岩组剖面	1:25万隆子县幅区域地质调查报告,2004年

附表 2　青藏高原及邻区奥陶纪构造-岩相古地理图引用剖面一览表

编号	剖面名称	资料来源
1	新疆柯坪印干西印干组剖面	新疆维吾尔自治区区域地质志,1993年
2	新疆柯坪印干西北其浪组剖面	新疆维吾尔自治区区域地质志,1993年
3	新疆柯坪印干西4km处丘里塔格组剖面	新疆维吾尔自治区区域地质志,1993年
4	新疆塔什库尔干县坎因力大阪奥陶—志留系剖面	1:25万克克鲁克幅、塔什库尔干塔吉克自治县幅区域地质调查报告,2004年
5	新疆塔什库尔干县科科什老克奥陶系实测剖面	1:25万艾提开尔丁萨依幅、英吉沙幅区域地质调查报告,2005年
6	新疆叶城县克捷克库拉木奥陶系玛列兹肯群剖面	1:25万麻扎幅、神仙湾幅区域地质调查报告,2005年
7	新疆叶城县吾鲁斯塘河奥陶系玛列兹肯群剖面	1:25万麻扎幅、神仙湾幅区域地质调查报告,2005年
8	新疆莎车县恰特奥陶纪玛列兹肯群剖面	1:25万克克吐鲁克幅、塔什库尔干幅,2004年
9	新疆皮山县冬瓜山冬瓜山群下组实测剖面	1:25万岔路口幅区域地质调查报告,2006年
10	新疆皮山县阿克塔河奥陶系冬瓜山群剖面	1:25万麻扎幅、神仙湾幅区域地质调查报告,2005年
11	新疆皮山县喀拉喀什河奥陶纪路线剖面	1:25万麻扎幅区域地质调查报告,2005年
12	新疆和田县甜水海南东奥陶系冬瓜山群实测剖面	1:25万阿克萨依湖幅区域地质调查报告,2006年
13	新疆和田市克孜勒吉勒干冬瓜山群上组实测剖面	1:25万岔路口幅区域地质调查报告,2006年
14	新疆于浦县阿其克阿克片岩组剖面	1:25万恰哈幅区域地质调查报告,2005年
15	新疆和田县喀什喀什乡黑山奥陶纪剖面	1:25万恰哈幅区域地质调查报告,2005年
16	新疆尉犁县却尔却克山西段却尔却克组	新疆维吾尔自治区岩石地层,1999年
17	新疆阿尔金山长沙沟奥陶系剖面	1:25万瓦石峡幅区域地质调查报告,2003年
18	新疆阿尔金山环形山东侧额兰塔格组剖面	新疆维吾尔自治区区域地质志,1993年
19	新疆阿尔金山环形山东侧环形山组剖面	新疆维吾尔自治区区域地质志,1993年
20	新疆于田县库拉甫河岩群剖面	1:25万于田县幅区域地质调查报告,2003年
21	新疆于田县库拉甫河库拉甫河群剖面	1:25万于田县幅区域地质调查报告,2003年
22	新疆民丰县八一大队大沟奥陶纪上其汗岩组剖面	1:25万叶亦克幅区域地质调查报告,2003年
23	新疆且末县吐拉牧场雅克拉克奥陶系祁曼塔格群剖面	1:25万阿尔金幅区域地质调查报告,2003年
24	新疆且末县卡让古萨依奥陶系祁曼塔格群实测剖面	1:25万且末县一级电站幅区域地质调查报告,2003年
25	新疆克勒萨依剖面	1:25万苏吾什杰幅区域地质调查报告,2003年
26	新疆若羌县铁木里克乡玉古萨依奥陶—志留纪滩间山群碳酸盐岩实测剖面	1:25万库郎米其提幅区域地质调查报告,2004年
27	新疆若羌县玉古萨依剖面	1:25万库郎米其提幅区域地质调查报告,2004年
28	新疆若羌铁木里克玉古萨依剖面	1:25万库郎米其提幅区域地质调查报告,2004年
29	新疆若羌阿特阿特坎滩间山群剖面	1:25万阿牙克库木湖幅区域地质调查报告,2003年
30	新疆若羌县拉配泉东拉配泉岩群剖面	1:25万石棉矿幅区域地质调查报告,2008年
31	青海奥陶系滩间山群下部阿特阿特坎灰岩组	1:25万阿牙克库木湖幅区域地质调查报告,2003年
32	青海芒崖卡尔却卡滩间山群下部基性火山岩岩组实测地质剖面	1:25万布喀达坂峰幅区域地质调查报告,2004年

续附表 2

编号	剖面名称	资料来源
33	青海芒崖卡尔却卡滩间山群上部碳酸盐岩岩组实测地质剖面	1:25 万布喀达坂峰幅区域地质调查报告,2004 年
34	青海奥陶系滩间山群上部阿达碎屑岩组剖面	1:25 万阿牙克库木湖幅区域地质调查报告,2003 年
35	青海芒崖镇尕斯乡十字沟西岔奥陶一志留纪滩间山群下部碎屑岩岩组实测剖面	1:25 万库郎米其提幅区域地质调查报告,2004 年
36	青海芒崖镇尕斯乡石拐子沟东奥陶一志留纪滩间山群火山岩岩组实测剖面	1:25 万库郎米其提幅区域地质调查报告,2004 年
37	青海省芒崖塔鹤托扳日南坡奥陶纪纳赤台群哈拉巴依沟组剖面	1:25 万布喀达坂峰幅区域地质调查报告,2004 年
38	青海省祁连县天宝河上游奥陶纪扣门子组剖面	青海省区域地质志,1988 年
39	青海省门源县大梁奥陶纪扣门子组剖面	祁连山东部早古生代地层和沉积-构造演化,1995 年
40	甘肃省玉门市石门子奥陶纪妖魔山组剖面	甘肃省岩石地层,1997 年
41	甘肃省玉门市南石门子沟奥陶纪南石门子组剖面	甘肃省岩石地层,1997 年
42	甘肃省肃南县木龙沟奥陶纪妖魔山组剖面	1:20 万祁连山幅区域地质调查报告,1974 年
43	甘肃省酒泉大脑皮沟南侧奥陶纪妖魔山组剖面	1:20 万酒泉幅区域地质调查报告,1969 年
44	甘肃省肃南县大海子沟奥陶纪南石门子组剖面	1:20 万祁连山幅区域地质调查报告,1974 年
45	甘肃省永登县中堡石灰沟奥陶纪中堡群剖面	甘肃省岩石地层,1997 年
46	甘肃省古浪县赵老掌子奥陶纪中堡群数字剖面	1:25 万武威市幅、景泰县幅区域地质调查报告,2005 年
47	甘肃省靖远县黑石山口子奥陶纪中堡群剖面	1:25 万兰州市幅区域地质调查报告,2003 年
48	甘肃省白银市南掌山奥陶纪中堡群剖面	1:25 万固原市幅区域地质调查报告,2004 年
49	甘肃省白银市南汉大顶-双铺奥陶纪中堡群剖面	1:25 万固原市幅区域地质调查报告,2004 年
50	青海省门原先他里花河-红石沟奥陶纪中堡群剖面	青海省区域地质志,1988 年
51	青海省祁连县小沙龙沟阴沟群上岩组剖面	1:20 万祁连山幅区域地质调查报告,1974 年
52	青海省祁连县小沙龙沟阴沟群下岩组剖面	1:20 万祁连山幅区域地质调查报告,1974 年
53	甘肃省肃南县呼兰台沟奥陶纪阴沟群上岩组剖面	1:20 万祁连山幅区域地质调查报告,1974 年
54	甘肃省肃南县牛毛泉奥陶纪剖面	1:20 万硫磺山幅区域地质调查报告,1972 年
55	甘肃省肃南县黑水河奥陶纪阴沟群剖面	1:20 万硫磺山幅区域地质调查报告,1972 年
56	甘肃省肃南县白尖奥陶纪阴沟群剖面	1:20 万硫磺山幅区域地质调查报告,1972 年
57	甘肃省肃南县浪头沟奥陶纪阴沟群上岩组剖面	1:20 万祁连山幅区域地质调查报告,1974 年
58	甘肃省肃南县浪头沟奥陶纪阴沟群下岩组剖面	1:20 万祁连山幅区域地质调查报告,1974 年
59	甘肃省酒泉南山区大青羊山奥陶纪阴沟群下岩组剖面	1:20 万祁连山幅区域地质调查报告,1974 年
60	甘肃省酒泉榆树沟山奥陶纪阴沟群剖面	1:20 万酒泉幅区域地质调查报告,1969 年
61	甘肃省玉门市奥陶纪东大窑奥陶纪阴沟群剖面	甘肃省岩石地层,1997 年
62	甘肃省酒泉南山区白水河奥陶纪阴沟群剖面	1:20 万酒泉幅区域地质调查报告,1969 年
63	甘肃省白银屈吴山奥陶纪阴沟群剖面	1:25 万固原幅区域地质调查报告,2004 年
64	青海省祁连县潘家河-小石白河奥陶纪阴沟群剖面	青海省区域地质志,1988 年

续附表 2

编号	剖面名称	资料来源
65	甘肃省天祝县北木峡奥陶纪阴沟群剖面	1:25 万民和幅区域地质调查报告,2005 年
66	青海省祁连县哈尔浑迪奥陶纪阴沟群剖面	1:20 万盐池湾幅区域地质调查报告,1974 年
67	青海省大柴旦镇大平沟剖面	1:5 万鱼卡沟幅、西泉幅区域地质调查报告,2005 年
68	青海省乌兰县希里沟镇布拉格斯塔剖面	1:25 万都兰县幅区域地质调查报告,2004 年
69	青海省乌兰县赛什克乡布拉格滩间山群剖面	1:25 万都兰县幅区域地质调查报告,2004 年
70	青海省乌兰县赛什克乡布拉格滩间山群剖面	1:25 万都兰县幅区域地质调查报告,2004 年
71	青海省鱼卡石棉矿东滩间山群剖面	1:5 万鱼卡沟幅、西泉幅区域地质调查报告,2005 年
72	青海省芒崖卡尔却卡滩间山群剖面	1:25 万布喀达坂峰幅区域地质调查报告,2004 年
73	青海省天峻多索曲奥陶纪多索曲组剖面	青海省岩石地层,1996 年
74	甘肃省肃北县吾力沟奥陶纪盐池湾群剖面	青海省区域地质志,1988 年
75	甘肃省肃北县钓鱼沟脑西南奥陶纪盐池湾群剖面	1:20 万月牙湖幅区域地质调查报告,1975 年
76	甘肃省肃北县扎子沟奥陶纪盐池湾群剖面	1:20 万月牙湖幅区域地质调查报告,1975 年
77	甘肃省肃北县钓鱼沟西岔沟奥陶纪盐池湾群剖面	1:20 万月牙湖幅区域地质调查报告,1975 年
78	青海省乌兰县、甘肃肃北县红庙沟-桃湖沟奥陶纪盐池湾群剖面	1:20 万月牙湖幅区域地质调查报告,1975 年
79	甘肃省肃北县吾力沟-里刺沟奥陶纪盐池湾群剖面	1:20 万月牙湖幅区域地质调查报告,1975 年
80	甘肃省肃北县扎子沟奥陶纪盐池湾群剖面	1:20 万月牙湖幅区域地质调查报告,1975 年
81	甘肃省肃北县吾力沟-里刺沟奥陶纪盐池湾群杂岩组剖面	1:20 万月牙湖幅区域地质调查报告,1975 年
82	甘肃省肃北县扎子沟奥陶纪盐池湾群砂砾岩组剖面	1:20 万月牙湖幅区域地质调查报告,1975 年
83	甘肃省肃北县里刺沟奥陶纪下岩组剖面	1:20 万月牙湖幅区域地质调查报告,1975 年
84	甘肃省肃北县奥陶纪结晶灰岩组剖面	1:20 万月牙湖幅区域地质调查报告,1975 年
85	甘肃省肃北县扎子沟奥陶纪火山岩组剖面	1:20 万月牙湖幅区域地质调查报告,1975 年
86	甘肃省肃北县扎子沟奥陶纪中基火山岩组剖面	1:20 万月牙湖幅区域地质调查报告,1975 年
87	甘肃省肃北县小红沟奥陶纪中酸性火山岩组剖面	1:20 万月牙湖幅区域地质调查报告,1975 年
88	甘肃省肃北县哈尔浑迪奥陶纪上岩组剖面	1:20 万硫磺山幅区域地质调查报告,1972 年
89	甘肃省肃北县哈尔浑迪奥陶纪下岩组剖面	1:20 万硫磺山幅区域地质调查报告,1972 年
90	宁夏同心县米钵山-后井子奥陶纪磨盘井组剖面	1:25 万吴忠幅区域地质调查报告,2004 年
91	宁夏同心县米钵山-后井子奥陶纪磨盘井组剖面	1:25 万吴忠幅区域地质调查报告,2004 年
92	宁夏同心县米钵山-后井子奥陶纪徐家圈组剖面	1:25 万吴忠幅区域地质调查报告,2004 年
93	宁夏同心县张大井奥陶纪米钵山组剖面	1:25 万吴忠幅区域地质调查报告,2004 年
94	宁夏同心县米钵山奥陶纪马家沟组剖面	1:25 万吴忠幅区域地质调查报告,2004 年
96	青海省纳赤台群哈拉巴依沟组剖面	1:25 万布喀达坂峰幅区域地质调查报告,2004 年
97	青海省格尔木市没草沟下古生界纳赤台岩群蛇绿混杂岩剖面	1:25 万不冻泉幅区域地质调查报告,2006 年
98	青海省格尔木市郭乡没草沟东奥陶纪—志留纪纳赤台群剖面	1:5 万万宝沟幅、没草沟、青办食宿站幅区域地质调查报告,2003 年
99	青海省大柴旦塔塔楞河奥陶纪大头羊沟组剖面	青海省岩石地层,1997 年

续附表 2

编号	剖面名称	资料来源
100	青海省乌兰县大煤沟南奥陶纪石灰沟组剖面	青海省区域地质志,1988 年
101	青海省乌兰县石灰沟多泉山组剖面	青海省区域地质志,1988 年
102	青海诺木洪河奥陶纪—志留纪纳赤台群剖面	1:25 万阿拉克湖幅区域地质调查报告,2003 年
103	青海省化隆县茶铺-柏木峡奥陶纪药水泉组剖面	青海省岩石地层,1997 年
104	青海省化隆县茶铺-柏木峡奥陶纪药水泉组剖面	青海省岩石地层,1997 年
105	青海省平安县六台东湾奥陶纪药水泉组剖面	1:25 万民和幅区域地质调查报告,2005 年
106	甘肃省永靖县陈井乡茶铺组剖面	1:25 万民和幅区域地质调查报告,2005 年
107	青海省平安县东沟奥陶纪阿夷山组剖面	1:25 万民和幅区域地质调查报告,2005 年
108	青海省湟中县东沟下窖北奥陶纪阿夷山组剖面	青海省岩石地层,1997 年
109	青海省乐都石坡沟奥陶纪花抱山组剖面	1:25 万民和幅区域地质调查报告,2005 年
110	青海省乐都县斜沟奥陶纪花抱山组剖面	青海省岩石地层,1997 年
111	甘肃省永靖县盐锅峡镇大沙子沟奥陶纪雾宿山群剖面	1:25 万民和幅区域地质调查报告,2005 年
112	甘肃省兰州市新城乡奥陶纪雾宿山群剖面	1:25 万民和幅区域地质调查报告,2005 年
113	甘肃省永靖县王家圈奥陶纪雾宿山群剖面	1:25 万兰州市幅区域地质调查报告,2003 年
114	甘肃省永靖县牌路沟南奥陶纪雾宿山群剖面	1:25 万兰州市幅区域地质调查报告,2003 年
115	甘肃省靖远县黑石山口子奥陶纪阴沟群剖面	1:25 万兰州市幅区域地质调查报告,2003 年
116	甘肃省靖远石砚沟-花瓣沟奥陶纪阴沟群剖面	1:25 万兰州市幅区域地质调查报告,2003 年
117	甘肃省静宁县寨子-何家山奥陶纪阴沟群剖面	1:25 万静宁县幅区域地质调查报告,2004 年
118	甘肃省秦安县杨家寺-静宁县李家湾剖面	1:25 万静宁县幅区域地质调查报告,2004 年
119	甘肃省张家川县胡毛-马家什子剖面	1:25 万天水幅区域地质调查报告,2004 年
120	甘肃省清水县皱家阳坡-东沟河陈家河群剖面	1:25 万天水幅区域地质调查报告,2004 年
121	甘肃省清水县新城-上赵家剖面	1:25 万天水幅区域地质调查报告,2004 年
122	甘肃省清水县潘家河-红土堡剖面	1:25 万天水幅区域地质调查报告,2004 年
123	甘肃省清水县潘家河-红土堡剖面	1:25 万天水幅区域地质调查报告,2004 年
124	甘肃省秦安县杨家寺-叶家堡剖面	1:25 万天水幅区域地质调查报告,2004 年
125	甘肃省秦安县杨家寺-陈家河剖面	1:25 万天水幅区域地质调查报告,2004 年
126	甘肃省静宁县受家峡奥陶纪扣门子组剖面	1:25 万静宁幅区域地质调查报告,2004 年
127	甘肃省静宁受家峡奥陶纪阴沟群剖面	1:25 万静宁幅区域地质调查报告,2004 年
128	甘肃省庄浪县张家大湾-马家庄子奥陶纪妖魔山组剖面	1:25 万静宁幅区域地质调查报告,2004 年
129	甘肃省庄浪县张家大湾-马家庄子奥山组剖面	1:25 万静宁幅区域地质调查报告,2004 年
130	甘肃省庄浪县张家大湾-马家庄子奥陶纪妖魔山组剖面	1:25 万静宁幅区域地质调查报告,2004 年
131	西藏康马县朗达乡奥陶纪朗巴岩组剖面	喜马拉雅-冈底斯造山带地层与古生物,2006 年
132	西藏札达曲松亚堆扎拉-中沙奥陶纪曲德贡岩组剖面	喜马拉雅-冈底斯造山带地层与古生物,2006 年
133	西藏亚东县曲德贡乡奥陶纪曲德贡组剖面	青藏高原及邻区地质图 1:150 万说明书,2005 年
134	西藏康马岩体西南侧奥陶纪剖面	喜马拉雅-冈底斯造山带地层与古生物,2006 年

续附表 2

编号	剖面名称	资料来源
135	西藏札达县下拉孜奥陶纪下拉孜组剖面	1:25万日新幅、札达县幅、姜叶马幅区域地质调查报告,2005年
136	西藏札达县波林达巴老-下拉孜奥陶纪下拉孜组剖面	青藏高原主体地层综合分析与对比(上册),1996年
137	西藏札达县波林达巴老-下拉孜奥陶纪达巴劳组剖面	喜马拉雅-冈底斯造山带地层与古生物,2006年
138	西藏札达县波林达巴老-下拉孜奥陶纪达巴劳组剖面	青藏高原主体地层综合分析与对比(上册),1996年
139	西藏札达县下拉孜山奥陶纪下拉孜组剖面	1:25万日新幅、札达县幅、姜叶马幅,2005年
140	西藏芒康海通-加色顶奥陶纪青尼洞组剖面	青藏高原主体地层综合分析与对比(上册),1996年
141	西藏芒康县海通奥陶纪剖面	1:20万芒康县幅区域地质调查报告,1991年
142	西藏芒康县海通奥陶纪剖面	1:20万芒康县幅区域地质调查报告,1991年
143	西藏江达县青尼洞奥陶纪青尼洞组剖面	青藏高原主体地层综合分析与对比(上册),1996年
144	西藏江达县青尼洞奥陶纪青尼洞组剖面	1:20万类岛齐幅、拉多幅区域地质调查报告,1993年
145	西藏江达县青尼洞巴那寺奥陶纪青尼洞组剖面	1:20万白玉县-雄松区幅区域地质调查报告,1992年
146	西藏日土县兽形湖至饮水河北奥陶纪饮水河组剖面	1:25万土则岗日幅区域地质调查报告,2005年
147	西藏日土县多玛区兽形湖北岸奥陶纪饮水河组剖面	青藏高原主体地层综合分析与对比(上册),1996年
148	西藏日土县多玛区饮水河北岸奥陶纪饮水河组剖面	青藏高原主体地层综合分析与对比(上册),1996年
149	西藏日土县三岔口奥陶纪三岔口组剖面	1:25万温泉幅、松西幅区域地质调查报告,2005年
150	西藏申扎县雄梅乡拉塞下奥陶统剖面	1:25万多巴幅区域地质调查报告,2003年
151	西藏申扎县雄梅乡扎地奥陶纪剖面	1:25万多巴幅区域地质调查报告,2003年
152	西藏申扎县扎扛-木纠错奥陶纪扎扛组剖面	1:25万申扎县幅区域地质调查报告,2003年
153	西藏申扎县扎扛-木纠错奥陶纪扎扛组剖面	1:25万申扎县幅区域地质调查报告,2003年
154	西藏申扎县扎扛-木纠错奥陶纪柯尔多组剖面	1:25万多巴县幅区域地质调查报告,2003年
155	西藏申扎县塔尔玛乡中奥陶统柯尔多组剖面	1:25万申扎县幅区域地质调查报告,2003年
156	西藏申扎县塔尔玛乡奥陶统刚木桑组剖面	1:25万多巴幅区域地质调查报告,2003年
157	西藏申扎县雄梅乡扎地奥陶统柯尔多组剖面	1:25万多巴幅区域地质调查报告,2003年
158	西藏申扎县柯尔多-刚木桑奥陶纪柯尔多组剖面	青藏高原主体地层综合分析与对比(上册),1996年
159	西藏申扎县门德俄玛奥陶纪柯尔多组剖面	青藏高原主体地层综合分析与对比(上册),1996年
160	西藏申扎县中奥陶统柯尔多组剖面	1:25万当雄幅区域地质调查报告,2002年
161	西藏申扎县5118高地-窝日奥陶纪柯尔多组剖面	1:25万多巴幅区域地质调查报告,2003年
162	西藏申扎县柯尔多-刚木桑奥陶纪申扎组剖面	青藏高原主体地层综合分析与对比(上册),1996年
163	西藏申扎县刚木桑与门德俄玛沟奥陶纪申扎组剖面	青藏高原主体地层综合分析与对比(上册),1996年
164	西藏申扎县门德俄玛沟奥陶纪申扎组剖面	青藏高原主体地层综合分析与对比(上册),1996年
165	西藏申扎县永珠组5118高地奥陶纪申扎组剖面	青藏高原主体地层综合分析与对比(上册),1996年
166	西藏申扎县刚木桑与门德俄玛沟奥陶纪申扎组剖面	青藏高原主体地层综合分析与对比(上册),1996年
167	西藏申扎县柯尔多-刚木桑奥陶纪刚木桑组剖面	青藏高原主体地层综合分析与对比(上册),1996年
168	西藏申扎县5118高地东南坡奥陶纪刚木桑组剖面	1:25万多巴幅区域地质调查报告,2003年
169	西藏申扎县5118高地东南坡奥陶纪刚木桑组剖面	1:25万多巴幅区域地质调查报告,2003年

续附表 2

编号	剖面名称	资料来源
170	西藏申扎县刚木桑沟南奥陶纪刚木桑组剖面	喜马拉雅-冈底斯造山带地层与古生物,2006 年
171	西藏申扎县 5118 高地奥陶纪刚木桑组剖面	喜马拉雅-冈底斯造山带地层与古生物,2006 年
172	西藏申扎县柯尔多-刚木桑奥陶纪刚木桑组剖面	青藏高原主体地层综合分析与对比(上册),1996 年
173	西藏申扎县门德俄玛沟奥陶纪刚木桑组剖面	青藏高原主体地层综合分析与对比(上册),1996 年
174	西藏申扎县 5118 高地奥陶纪柯尔多组剖面	1:25 万多巴幅区域地质调查报告,2003 年
175	西藏察隅县古玉乡拉久弄巴组剖面	1:20 万松冷幅区域地质调查报告,1994 年
176	西藏察隅县古玉电站拉久弄巴组剖面	喜马拉雅-冈底斯造山带地层与古生物,2006 年
177	西藏察隅县古玉电站拉久弄巴组剖面	喜马拉雅-冈底斯造山带地层与古生物,2006 年
178	西藏察隅县古玉电站拉久弄巴组剖面	1:20 万松冷幅区域地质调查报告,1994 年
179	西藏察隅县古琴剖面	青藏高原主体地层综合分析与对比(上册),1996 年
180	西藏察隅县石琴北西侧剖面	青藏高原主体地层综合分析与对比(上册),1996 年
181	西藏察隅县古玉剖面	青藏高原主体地层综合分析与对比(上册),1996 年
182	西藏八宿县然乌乡雅则剖面	1:20 万八宿县幅区域地质调查报告,1994 年
183	西藏普兰县曲门夏拉-德勒奥陶纪幕霞群剖面	喜马拉雅-冈底斯造山带地层与古生物,2006 年
184	西藏普兰县曲门夏拉-德勒奥陶纪幕霞群剖面	1:25 万日新幅区域地质调查报告,2005 年
185	西藏札达县城北幕霞山剖面	西藏自治区区域地质志,1993 年
186	西藏札达县幕霞山剖面	1:25 万日新幅区域地质调查报告,2005 年
187	西藏聂拉木县甲村-亚里奥陶系—二叠系剖面	1:25 万聂拉木幅区域地质调查报告,2002 年
188	西藏亚东县帕里镇多朗马坡 D 剖面	1:25 万江孜幅区域地质调查报告,2003 年
189	西藏普兰县丁松北山红头山剖面	1:25 万亚东幅、普兰幅区域地质调查报告,2006 年
190	西藏聂拉木县亚里剖面	喜马拉雅-冈底斯造山带地层与古生物,2006 年
191	西藏定日县帕卓可德奥陶纪红山头组剖面	1:25 万定结幅区域地质调查报告,2003 年
192	西藏聂拉木县甲村-亚里奥陶纪红山头组剖面	喜马拉雅-冈底斯造山带地层与古生物,2006 年
193	西藏亚东县帕里镇多朗马坡 D 剖面	1:25 万亚东幅、普兰幅区域地质调查报告,2006 年
194	西藏聂拉木县甲村-亚里奥陶系—二叠系剖面	1:25 万聂拉木幅区域地质调查报告,2002 年
195	西藏吉隆县吉隆沟卓汤北至八号甲村组剖面	1:25 万萨嘎幅、吉隆幅区域地质调查报告,2002 年
196	西藏定结县萨尔达尔阿奥陶纪甲村组剖面	1:25 万定结幅区域地质调查报告,2003 年
197	西藏定日县帕卓可德奥陶纪甲村组剖面	1:25 万定结幅区域地质调查报告,2003 年
198	西藏定结县萨尔共巴强奥陶纪甲村组	1:25 万定结幅区域地质调查报告,2003 年
199	西藏聂拉木县甲村-亚里奥陶纪甲村组剖面	喜马拉雅-冈底斯造山带地层与古生物,2006 年
200	西藏亚东县帕里镇多朗马坡 D 剖面	喜马拉雅-冈底斯造山带地层与古生物,2006 年
201	西藏吉隆县吉隆沟卓汤北至八号甲村组剖面	喜马拉雅-冈底斯造山带地层与古生物,2006 年
202	西藏普兰县隆莫切果剖面	1:25 万亚东幅、普兰幅区域地质调查报告,2006 年
203	西藏札达县幕霞-松木错剖面	青藏高原主体地层综合分析与对比(上册),1996 年
204	西藏札达县幕霞-松木错剖面	青藏高原主体地层综合分析与对比(上册),1996 年

续附表 2

编号	剖面名称	资料来源
205	四川省若尔盖县羊场沟苏里木塘组剖面	1:25 万合作镇幅区域地质调查报告,2006 年
206	四川省金阳王家河坝上奥陶统剖面	1:20 万昭通幅区域地质调查报告,1978 年
207	四川省布拖铁足非克上奥陶统剖面	1:20 万昭通幅区域地质调查报告,1978 年
208	云南省大关县黄葛溪上奥陶统观音桥组剖面	1:20 万昭通幅区域地质调查报告,1978 年
209	云南省大关县黄葛溪上奥陶统五峰组剖面	1:20 万昭通幅区域地质调查报告,1978 年
210	四川省汉源县桥顶山上奥陶统五峰组剖面	1:20 万荣经幅区域地质调查报告,1974 年
211	云南鲁甸梭山埂底奥陶纪十字铺组剖面	1:20 万昭通幅区域地质调查报告,1978 年
212	云南省昭通炎山澜田坝奥陶纪十字铺组剖面	1:20 万昭通幅区域地质调查报告,1978 年
213	四川省金阳洛觉德基奥陶纪十字铺组剖面	1:20 万昭通幅区域地质调查报告,1978 年
214	云南省永善三道水奥陶纪十字铺组剖面	1:20 万昭通幅区域地质调查报告,1978 年
215	云南省昭通炎山澜田坝奥陶纪大箐组剖面	1:20 万昭通幅区域地质调查报告,1978 年
216	云南省大关黄葛溪上奥陶统涧草沟组剖面	1:20 万昭通幅区域地质调查报告,1978 年
217	四川省康定县干路坝-折骆沟奥陶纪宝塔组剖面	1:25 万宝兴幅区域地质调查报告,2002 年
218	云南省永善三道水奥陶纪宝塔组剖面	1:20 万昭通幅区域地质调查报告,1978 年
219	云南省永善三道水奥陶纪湄潭组剖面	1:20 万昭通幅区域地质调查报告,1978 年
220	四川省金阳对坪上羊棚子奥陶纪宝塔组剖面	1:20 万昭通幅区域地质调查报告,1978 年
221	四川省金阳灯厂王家河坝奥陶纪宝塔组剖面	1:20 万昭通幅区域地质调查报告,1978 年
222	四川省汉源县桥顶山奥陶纪宝塔组剖面	1:20 万荣经幅区域地质调查报告,1974 年
223	四川省汉源县桥顶山奥陶纪红石崖子组剖面	1:20 万荣经幅区域地质调查报告,1974 年
224	四川省汉源县桥顶山奥陶纪巧家组剖面	1:20 万荣经幅区域地质调查报告,1974 年
225	四川省陈家坝奥陶纪陈家坝组剖面	1:20 万碧口幅区域地质调查报告,1967 年
226	云南省保山县老尖子-岩箐奥陶纪老尖子组剖面	云南省区域地质志,1990 年
227	云南保山县蒲缥街奥陶纪蒲缥街组剖面	云南省区域地质志,1990 年
228	云南省保山县老尖子-岩箐奥陶纪施甸组剖面	云南省区域地质志,1990 年
229	云南省中甸县金江区银厂沟奥陶纪师娘罗组剖面	1:20 万维西幅区域地质调查报告,1984 年
230	云南省龙陵县干河奥陶纪岩箐组剖面	1:20 万腾冲幅区域地质调查报告,1982 年
231	云南省龙陵县干河奥陶纪漫塘组剖面	1:20 万腾冲幅区域地质调查报告,1982 年
232	云南省龙陵县干河奥陶纪老尖山组剖面	1:20 万腾冲幅区域地质调查报告,1982 年
233	云南省龙陵县干河奥陶纪剖面	1:20 万腾冲幅区域地质调查报告,1982 年
234	云南省施甸仁和桥西半坡施甸组剖面	1:20 万保山幅区域地质调查报告,1980 年
235	云南省泸水六库澡塘蒲缥组剖面	1:20 万碧江、泸水幅区域地质调查报告,1985 年
236	云南保山县瓦房-箐口双沟河剖面	1:20 万永平幅区域地质调查报告,1979 年
237	云南保山县老尖山一带剖面	1:20 万保山幅区域地质调查报告,1980 年
238	云南保山县老尖山一带剖面	1:20 万保山幅区域地质调查报告,1980 年
239	云南保山县老尖山一带剖面	1:20 万保山幅区域地质调查报告,1980 年

续附表 2

编号	剖面名称	资料来源
240	云南保山县老尖山一带剖面	1:20 万保山幅区域地质调查报告,1980 年
241	西藏尼玛县塔石山剖面	1:25 万玛依岗日幅区域地质调查报告,2005 年
242	西藏尼玛县绒马乡清水河剖面	1:25 万日干配错幅区域地质调查报告,2002 年
243	西藏尼玛县塔石山剖面	1:25 万玛依岗日幅区域地质调查报告,2005 年
244	西藏尼玛县温泉剖面	1:25 万玛依岗日幅区域地质调查报告,2005 年
245	四川省稻城县各瓦乡恰斯剖面	1:20 万理塘幅区域地质调查报告,1984 年
246	四川省木里县唐央剖面	1:20 万理塘幅区域地质调查报告,1984 年
247	四川省木里县唐央剖面	1:20 万理塘幅区域地质调查报告,1984 年
248	四川省木里县店满剖面	1:20 万理塘幅区域地质调查报告,1984 年
249	四川省木里县店满剖面	1:20 万理塘幅区域地质调查报告,1984 年
250	四川省稻城县各瓦乡恰斯剖面	1:20 万理塘幅区域地质调查报告,1984 年
251	四川省木里县四合乡剖面	1:20 万理塘幅区域地质调查报告,1984 年
252	四川省木里县四合乡剖面	1:20 万理塘幅区域地质调查报告,1984 年
253	四川省木里县四合乡剖面	青藏高原主体地层综合分析与对比,1996 年
254	四川省木里县水洛邛依剖面	青藏高原主体地层综合分析与对比,1996 年
255	四川省木里县水洛邛依剖面	青藏高原主体地层综合分析与对比,1996 年
256	四川省木里县瓦厂剖面	青藏高原主体地层综合分析与对比,1996 年
257	四川省木里县里降剖面	青藏高原主体地层综合分析与对比,1996 年
258	四川省木里县里降剖面	青藏高原主体地层综合分析与对比,1996 年
259	四川省巴塘县物洛吃普剖面	青藏高原主体地层综合分析与对比,1996 年
260	四川省巴塘县藏巴纳剖面	青藏高原主体地层综合分析与对比,1996 年
261	四川省巴塘县邦旧剖面	青藏高原主体地层综合分析与对比,1996 年
262	四川小金县大河边剖面	青藏高原主体地层综合分析与对比,1996 年
263	四川省丹巴县格宗南西剖面	1:25 康定县幅区域地质调查报告,2003 年
264	四川省木里洪水沟、茶地沟剖面	1:20 万金矿幅区域地质调查报告,1974 年
265	四川省木里县西藏沟、本地豪剖面	1:20 万金矿幅区域地质调查报告,1974 年
266	四川省巴塘县中咱区物洛吃普剖面	四川省岩石地层,1997 年
267	四川省巴塘县藏巴纳剖面	四川省岩石地层,1997 年
268	云南省丽江县阿净冷剖面	1:20 万丽江幅区域地质调查报告,1977 年
269	云南省丽江县阿净冷剖面	1:20 万丽江幅区域地质调查报告,1977 年
270	云南省丽江县阿净冷剖面	1:20 万丽江幅区域地质调查报告,1977 年
271	云南省丽江县当子落剖面	1:20 万丽江幅区域地质调查报告,1977 年
272	云南永胜县文祥东剖面	1:20 万鹤庆幅区域地质调查报告,1966 年
273	云南永胜县文祥东剖面	1:20 万鹤庆幅区域地质调查报告,1966 年
274	云南省富民县天马山剖面	1:20 万昆明幅区域地质调查报告,1977 年

续附表 2

编号	剖面名称	资料来源
275	云南富民县天马山剖面	1:20万昆明幅区域地质调查报告,1977年
276	云南永仁九龙头、那落剖面	1:20万永仁幅区域地质调查报告,1966年
277	云南永仁九龙头、那落剖面	1:20万永仁幅区域地质调查报告,1966年
278	云南永仁九龙头、那落剖面	1:20万永仁幅区域地质调查报告,1966年
279	云南永仁九龙头、那落剖面	1:20万永仁幅区域地质调查报告,1966年
280	云南巧家县蒙姑乡十里坪剖面	1:20万东川幅区域地质调查报告,1980年
281	云南巧家县蒙姑乡十里坪剖面	1:20万东川幅区域地质调查报告,1980年
282	云南巧家县蒙姑乡十里坪剖面	1:20万东川幅区域地质调查报告,1980年
283	云南巧家县蒙姑乡十里坪剖面	1:20万东川幅区域地质调查报告,1980年
284	云南巧家县蒙姑乡十里坪剖面	1:20万东川幅区域地质调查报告,1980年
285	云南省会泽县五星乡砖瓦厂上巧家组剖面	1:20万东川幅区域地质调查报告,1980年
286	云南会泽县五星乡砖瓦厂剖面	1:20万东川幅区域地质调查报告,1980年
287	云南会泽县五星乡砖瓦厂剖面	1:20万东川幅区域地质调查报告,1980年
288	云南省昆明西北二村北1.75km红石崖剖面	1:20万昆明幅区域地质调查报告,1977年
289	四川普格洛乌沟剖面	1:20万西昌幅区域地质调查报告,1965年
290	四川普格洛乌沟剖面	1:20万西昌幅区域地质调查报告,1965年
291	四川普格洛乌沟剖面	1:20万西昌幅区域地质调查报告,1965年
292	四川省布拖县浪珠乡铁足非克剖面	1:20万西昌幅区域地质调查报告,1965年
293	云南省禄劝县养龙村剖面	1:20万武定幅区域地质调查报告,1969年
294	云南省禄劝县养龙村剖面	1:20万武定幅区域地质调查报告,1969年
295	云南洱源县蝗虫山剖面	1:20万兰坪幅区域地质调查报告,1974年
296	云南省禄劝县迎春里剖面	1:20万武定幅区域地质调查报告,1969年
297	云南省禄劝县迎春里剖面	1:20万武定幅区域地质调查报告,1969年
298	玛参1井剖面	塔里木盆地覆盖区显生宙地层,2004年
299	塔东1井剖面	塔里木盆地覆盖区显生宙地层,2004年
300	塔中10井剖面	塔里木盆地覆盖区显生宙地层,2004年
301	塔东1井剖面	塔里木盆地覆盖区显生宙地层,2004年
302	塘参1井剖面	塔里木盆地覆盖区显生宙地层,2004年
303	塔参1井剖面	塔里木盆地覆盖区显生宙地层,2004年
304	和4井剖面	塔里木盆地覆盖区显生宙地层,2004年
305	塘参1井剖面	塔里木盆地覆盖区显生宙地层,2004年
306	玛5井剖面	塔里木盆地覆盖区显生宙地层,2004年
307	方1井剖面	塔里木盆地覆盖区显生宙地层,2004年
308	玛2井剖面	塔里木盆地覆盖区显生宙地层,2004年

附表3 青藏高原及邻区志留纪构造-岩相古地理图引用剖面一览表

编号	剖面名称	资料来源
1	新疆阿克陶县铁克塔希志留系(未分)实测剖面	1:25万库尔干幅区域地质调查报告,2004年
2	新疆阿克陶县怎旦约待克志留系(未分)实测剖面	1:25万库尔干幅区域地质调查报告,2004年
3	阿克陶县琼巴额什沟下志留统温泉沟群实测剖面	1:25万艾提开尔丁萨依幅、英吉沙县幅区域地质调查报告,2002年
4	阿克陶县苏巴什中—上志留统达坂沟群实测剖面	1:25万艾提开尔丁萨依幅、英吉沙县幅区域地质调查报告,2002年
5	塔什库尔干县司热洪奥陶—志留系实测剖面	1:25万克克吐鲁克幅、塔什库尔干塔吉克自治县幅区域地质调查报告,2004年
6	塔什库尔干县科科什老克奥陶—志留系实测剖面	1:25万克克吐鲁克幅、塔什库尔干塔吉克自治县幅区域地质调查报告,2004年
7	塔什库尔干县看因力达坂奥陶—志留系实测剖面	1:25万克克吐鲁克幅、塔什库尔干塔吉克自治县幅区域地质调查报告,2004年
8	塔什库尔干县罗布盖孜河下志留统温泉沟组(S_1w)实测剖面	1:25万克克吐鲁克幅、塔什库尔干塔吉克自治县幅区域地质调查报告,2004年
9	塔什库尔干县达布达尔乡沙依地库拉沟下志留统温泉沟组(S_1w)实测剖面	1:25万克克吐鲁克幅、塔什库尔干塔吉克自治县幅区域地质调查报告,2004年
10	塔什库尔干自治县阿孜尕尔北温泉沟群A组路线地质剖面	1:25万塔吐鲁沟幅、斯卡杜幅区域地质调查报告,2004年
11	新疆叶城县麻扎志留系温泉沟群B组实测地质剖面图	1:25万塔吐鲁沟幅、斯卡杜幅区域地质调查报告,2004年
12	新疆叶城县麻扎达坂温泉沟群A组路线地质剖面图	1:25万麻扎幅、神仙湾幅区域地质调查报告,2004年
13	新疆叶城县麻扎志留系温泉沟群B组实测地质剖面图	1:25万麻扎幅、神仙湾幅区域地质调查报告,2004年
14	新疆叶城县麻扎志留系温泉沟群C组实测地质剖面图	1:25万麻扎幅、神仙湾幅区域地质调查报告,2004年
15	新疆叶城县叶尔羌河志留系温泉沟群D组路线地质剖面	1:25万麻扎幅、神仙湾幅区域地质调查报告,2004年
16	新疆和田市克勒吉勒干志留系温泉沟群粉砂岩组实测地质剖面图	1:25万岔路口幅区域地质调查报告,2006年
17	新疆和田市红山湖志留系温泉沟群板岩组组实测地质剖面图	1:25万岔路口幅区域地质调查报告,2006年
18	新疆阿克萨依湖剖面图	1:25万阿克萨依湖幅区域地质调查报告,2006年
19	新疆叶亦克剖面图	1:25万叶亦克幅区域地质调查报告,2003年
20	新疆若羌县夏勒赛白干湖剖面	1:25万古尔嘎幅区域地质调查报告
21	新疆木孜塔格剖面图	1:25万木孜塔格幅区域地质调查报告,2002年
22	新疆木孜塔格剖面图	1:25万木孜塔格幅区域地质调查报告,2002年
23	新疆木孜塔格剖面图	1:25万木孜塔格幅区域地质调查报告,2002年
24	新疆若羌县白干湖组大沙沟实则地质剖面	1:25万阿牙克库木湖幅区域地质调查报告,2004年
25	新疆若羌县鸭子泉东鸭子泉火山岩组实则地质剖面	1:25万阿牙克库木湖幅区域地质调查报告,2004年
26	新疆若羌县鲸鱼湖—道梁实测地质剖面	1:25万鲸鱼湖幅区域地质调查报告,2002年
27	青海省海西州茫崖镇尕斯乡十字沟实测地质剖面	1:25万库郎米其提幅区域地质调查报告,2004年
28	新疆若羌县铁木里克乡滩间山(岩)群碎屑岩岩组(OSt_1)实测剖面	1:25万库郎米其提幅区域地质调查报告,2004年
29	青海省海西州茫崖镇尕斯乡石拐子沟滩间山(岩)群火山岩岩组(OSt_2)实测部面	1:25万库郎米其提幅区域地质调查报告,2004年

续附表3

编号	剖面名称	资料来源
30	新疆若羌县铁木里克乡玉古萨滩间山（岩）群碳酸盐岩组（OST_3）实测剖面	1:25万库郎米其提幅区域地质调查报告,2004年
31	青海省茫崖卡而却卡实测地质剖面	1:25万布喀达坂峰幅区域地质调查报告,2004年
32	青海省茫崖卡而却卡实测地质剖面	1:25万布喀达坂峰幅区域地质调查报告,2004年
33	新疆若羌县吐木勒克早古生代构造蛇绿混杂岩实测剖面	1:25万布喀达坂峰幅区域地质调查报告,2004年
34	青海省茫崖塔鹤托坂日南坡纳赤台群哈拉巴依沟组千枚岩段（OSh^a）实测地质剖面	1:25万布喀达坂峰幅区域地质调查报告,2004年
35	新疆维若羌县吐木勒克南纳赤台群哈拉巴依沟组砂岩段实测地质剖面	1:25万布喀达坂峰幅区域地质调查报告,2004年
36	格尔木市小南川赛什腾组（Ss）第一段实测剖面图	1:25万不冻泉区域地质调查报告,2008年
37	格尔木市没草沟纳赤台群岩剖面图	1:25万不冻泉区域地质调查报告,2008年
38	青海省都兰县诺木洪乡诺木洪郭勒早古生代纳赤台群实测剖面	1:25万阿拉克湖幅区域地质调查报告,2003年
39	青海省都兰县诺木洪乡诺木洪郭勒早古生代纳赤台群实测剖面	1:25万阿拉克湖幅区域地质调查报告,2003年
40	青海省赛什腾组（Ss）实测剖面图	1:20万冷湖幅区域地质调查报告,1978年
41	甘肃省拐杖山下志留统剖面	1:20万当金山口幅区域地质调查报告,1976年
42	甘肃省月牙泉下志留统实测剖面	1:20万当金山口幅区域地质调查报告,1976年
43	甘肃省后塘子实测剖面	1:20万当金山口幅区域地质调查报告,1976年
44	甘肃省当金山口中志留统实测剖面	1:20万当金山口幅区域地质调查报告,1976年
45	甘肃省后塘子实测剖面	1:20万当金山口幅区域地质调查报告,1976年
46	青海省乌兰县骆驼沟下志留统实测剖面	1:20万月牙湖幅区域地质调查报告,1975年
47	青海省乌兰县且尔干德下志留统实测剖面	1:20万月牙湖幅区域地质调查报告,1975年
48	甘肃省肃北县清水沟中志留统实测剖面	1:20万月牙湖幅区域地质调查报告,1975年
49	青海省乌兰县红庙沟-甘肃省桃湖沟下中志留统实测剖面	1:20万月牙湖幅区域地质调查报告,1975年
50	甘肃省肃北县吾力沟上志留统实测剖面	1:20万月牙湖幅区域地质调查报告,1975年
51	甘肃省肃北县石墙子沟上志留统实测剖面	1:20万月牙湖幅区域地质调查报告,1975年
52	甘肃省祁连山西段下志留统实测剖面	1:20万酒泉幅区域地质调查报告,1981年
53	甘肃省祁连山西段下志留统实测剖面	1:20万酒泉幅区域地质调查报告,1981年
54	甘肃省肃南县祁连乡下志留统实测剖面	1:20万祁连山幅区域地质调查报告,1974年
55	甘肃省肃南县祁连乡观山河中上志留统实测剖面	1:20万祁连山幅区域地质调查报告,1974年
56	甘肃省肃南县寺大隆沟志留系地层实测剖面	1:20万野牛台区域地质调查报告,1989年
57	甘肃省肃南县铁目勒沟脑西岔志留系实测剖面	1:20万野牛台区域地质调查报告,1989年
58	甘肃省民乐县童子坝河下志留统实测剖面	1:20万祁连县幅区域地质调查报告,1989年
59	甘肃省民乐县童子坝河下志留统实测剖面	1:20万祁连县幅区域地质调查报告,1989年
60	甘肃省永昌县小石碑沟志留系地层实测剖面	1:20万永昌区域地质调查报告,1983年
61	青海省大柴旦石底泉滩北志留纪实测剖面	1:20万大柴旦幅、达布逊湖幅区域地质调查报告,1980年

续附表 3

编号	剖面名称	资料来源
62	青海省天峻县快日玛乡钦果涅吉志留系地层实测剖面	1∶20 万快日玛乡幅区域地质调查报告,1976 年
63	西藏日土县兽形湖至饮水河北一带实测剖面	1∶25 万土则岗日幅区域地质调查报告,2006 年
64	玉帽山地区打狼沟早古生代玛依岗日组实测剖面	1∶25 万玉帽山幅区域地质调查报告,2006 年
65	西藏自治区日土县东汝乡龙木错北志留纪地层实测剖面	1∶25 万温泉幅、松西幅区域地质调查报告,2005 年
66	西藏自治区尼玛县荣玛乡塔石山志留纪地层实测剖面	1∶25 万玛依岗日幅区域地质调查报告,2006 年
67	西藏自治区尼玛县荣玛乡温泉志留纪地层实测剖面	1∶25 万玛依岗日幅区域地质调查报告,2006 年
68	西藏江达县青泥洞乡青泥洞组(O_1q)实测剖面(参阅奥陶纪剖面特征)	1∶25 万囊谦县幅区域地质调查报告,2007 年
69	西藏尼玛县张恩志留系实测剖面	1∶25 万尼玛幅区域地质调查报告,2003 年
70	西藏申扎县 5118 高地东南坡上奥陶统—中志留统德悟卡下组实测剖面	1∶25 万多巴区幅区域地质调查报告,2003 年
71	西藏申扎县雄梅乡果格龙上奥陶统—中志留统德悟卡下组实测剖面	1∶25 万多巴区幅区域地质调查报告,2003 年
72	西藏申扎县 5118 高地东南坡上—顶志留统扎弄俄玛组实测剖面	1∶25 万多巴区幅区域地质调查报告,2003 年
73	西藏班戈县东卡错则布理下志留统东卡组实测剖面	1∶25 万班戈县幅区域地质调查报告,2003 年
74	西藏班戈县东卡错爬给那不拉下志留统东卡组路线剖面	1∶25 万班戈县幅区域地质调查报告,2003 年
75	西藏申扎县塔尔玛乡志留纪剖面	1∶25 万申扎县幅区域地质调查报告,2004 年
76	西藏札达县优秀穷巴沟志留纪剖面	1∶25 万日新幅、札达县幅、姜叶马幅地质调查报告,2004 年
77	西藏普兰县东古英曲志留纪剖面	1∶25 万日新幅、札达县幅、姜叶马幅地质调查报告,2004 年
78	西藏普兰县曲门夏拉志留纪剖面	1∶25 万日新幅、札达县幅、姜叶马幅地质调查报告,2004 年
79	西藏自治区普兰县丁松志留纪地层实测剖面	1∶25 万亚热幅、普兰县幅(国内部分)区域地质调查报告,2006 年
80	西藏自治区普兰县丁松 4725 高地南坡志留纪地层实测剖面	1∶25 万亚热幅、普兰县幅(国内部分)区域地质调查报告,2006 年
81	西藏自治区仲巴县江木弄志留纪地层实测剖面	1∶25 万霍尔巴幅、巴巴扎东幅(国内部分)区域地质调查报告,2006 年
82	西藏吉隆县吉隆沟卓汤北一八号沟实测剖面	1∶25 万萨嘎县幅区域地质调查报告,2003 年
83	西藏吉隆县吉隆沟卓汤北一八号沟实测剖面	1∶25 万萨嘎县幅区域地质调查报告,2003 年
84	西藏聂拉木县亚里西山志留系实测地层剖面	1∶25 万聂拉木幅区域地质调查报告,2003 年
85	西藏聂拉木县亚里西山志留系实测地层剖面	1∶25 万聂拉木幅区域地质调查报告,2003 年
86	西藏定日县帕卓乡可德志留系地层实测剖面	1∶25 万定结县幅区域地质调查报告,2003 年
87	西藏定结县萨尔普鲁村东山志留系普鲁组地层实测剖面	1∶25 万定结县幅区域地质调查报告,2003 年
88	西藏芒康县纳西民族乡(盐井)察共-多吉版志留纪地层正层型实测剖面	1∶25 万芒康幅区域地质调查报告,2007 年
89	四川白玉县山岩乡然西组志留系地层实测剖面	1∶25 万新龙县幅区域地质调查报告,2003 年
90	四川省得荣县中咱乡志留系地层实测剖面	1∶20 万波密幅区域地质调查报告,1977 年

续附表 3

编号	剖面名称	资料来源
91	四川省木里县水洛乡邛依志留系地层实测剖面	1:20 万理塘幅、稻城幅、贡岭幅区域地质调查报告,1984 年
92	四川省木里县四合乡三家垄志留系地层实测剖面	1:20 万理塘幅、稻城幅、贡岭幅区域地质调查报告,1984 年
93	四川省盐源县西秋乡志留系地层实测剖面	1:20 万九龙幅区域地质调查报告,1977 年
94	甘肃省舟曲县庙儿沟志留系地层实测剖面	1:20 万武都幅区域地质调查报告,1970 年
95	甘肃省舟曲县窑洞里大村-普光寺志留系地层实测剖面	1:20 万武都幅区域地质调查报告,1970 年
96	甘肃省徽县大地坝-陕西省略阳县秦家坝中—上志留统白水江群($S_{2+3}BS$)地层实测剖面	1:20 万成县幅区域地质调查报告,1967 年
97	四川省青川县大滩乡志留系地层实测剖面	1:20 万碧口幅区域地质调查报告,1989 年
98	四川省青川县大滩乡志留系地层实测剖面	1:20 万碧口幅区域地质调查报告,1989 年
99	四川省平武县豆叩志留系地层实测剖面	1:20 万平武幅区域地质调查报告,1977 年
100	四川省平武县跃进桥志留系地层实测剖面	1:20 万平武幅区域地质调查报告,1977 年
101	四川省广元志留系地层实测剖面	1:20 万广元幅区域地质调查报告,1966 年
102	四川丹巴县格宗公社江口通化组实测地层剖面	1:25 万康定县幅区域地质调查报告,2003 年
103	四川康定县海船石通化组梁子实测地层剖面	1:25 万康定县幅区域地质调查报告,2003 年
104	四川天全县龙门剖面	1:25 万宝兴县幅区域地质调查报告,2002 年
105	四川天全县昂州河新井沟路线剖面	1:25 万宝兴县幅区域地质调查报告,2002 年
106	四川康定县金汤区捧达剖面	1:25 万宝兴县幅区域地质调查报告,2002 年
107	四川丹巴县格宗乡鸭包剖面	1:25 万宝兴县幅区域地质调查报告,2002 年
108	四川小金县潘安剖面	1:25 万宝兴县幅区域地质调查报告,2002 年
109	四川省天全县二郎山志留系地层实测剖面	1:20 万荥经幅区域地质调查报告,1974 年
110	四川省九龙县踏卡乡志留系地层实测剖面	1:20 万九龙幅区域地质调查报告,1977 年
111	四川省木里县四合乡瓦板沟志留系地层实测剖面	1:20 万金矿幅区域地质调查报告,1974 年
112	四川省木里县四合乡菜子地志留系地层实测剖面	1:20 万金矿幅区域地质调查报告,1974 年
113	四川省木里县西秋乡志留系地层实测剖面	1:20 万盐源幅区域地质调查报告,1972 年
114	四川省盐源县树河乡志留系地层实测剖面	1:20 万盐源幅区域地质调查报告,1972 年
115	云南省丽江县下胖罗志留系地层实测剖面	1:20 万永宁幅区域地质调查报告,1980 年
116	云南省宁蒗县泸沽湖志留系地层实测剖面	1:20 万永宁幅区域地质调查报告,1980 年
117	四川省盐源县柱立湾志留系地层实测剖面	1:20 万永宁幅区域地质调查报告,1980 年
118	云南省宁蒗县白草坪乡志留系地层实测剖面	1:20 万盐边幅区域地质调查报告,1978 年
119	四川省犍为县志留系地层实测剖面	1:20 万马边幅区域地质调查报告,1971 年
120	四川省雷波县志留系地层实测剖面	1:20 万雷波幅区域地质调查报告,1972 年
121	四川省长宁县双河乡志留系地层实测剖面	1:20 万筠连幅区域地质调查报告,1973 年
122	云南省盐津县志留系地层实测剖面	1:20 万筠连幅区域地质调查报告,1973 年
123	云南省大关县黄葛溪乡Ⅰ号志留系地层实测剖面	1:20 万昭通幅区域地质调查报告,1978 年
124	云南省大关县黄葛溪乡Ⅱ号志留系地层实测剖面	1:20 万昭通幅区域地质调查报告,1978 年

续附表 3

编号	剖面名称	资料来源
125	云南省巧家县小河乡羊崖洞志留系地层实测剖面	1:20 万鲁甸幅区域地质调查报告,1978 年
126	云南省巧家县蒙姑乡大包厂志留系地层实测剖面	1:20 万鲁甸幅区域地质调查报告,1978 年
127	云南省巧家县蒙姑乡小坡头志留系地层实测剖面	1:20 万东川幅区域地质调查报告,1980 年
128	云南省巧家县蒙姑乡十里坪志留系地层实测剖面	1:20 万东川幅区域地质调查报告,1980 年
129	云南省宜良县青山村志留系地层实测剖面	1:20 万宜良幅区域地质调查报告,1973 年
130	甘肃省永登县下志留统肮脏沟组实测剖面	1:25 万民和县幅区域地质调查报告,2005 年
131	甘肃省靖远县花石板沟-银洞沟志留纪肮脏沟组(Sa)修测剖面	1:25 万兰州幅区域地质调查报告,2003 年
132	甘肃省景泰县车路沟-小沙沟志留纪肮脏沟组(Sa)修测剖面	1:25 万兰州幅区域地质调查报告,2003 年
133	甘肃省景泰县英武村-三台井志留纪肮脏沟组(Sa)修测剖面	1:25 万兰州幅区域地质调查报告,2003 年

附表 4　青藏高原及邻区泥盆纪构造-岩相古地理图引用剖面一览表

编号	剖面名称	资料来源
1	宁夏中宁县石峡沟石峡沟组剖面	1:25 万吴忠市幅区域地质调查报告,2000 年
2	宁夏中宁县石峡沟老君山组剖面	1:25 万吴忠市幅区域地质调查报告,2000 年
3	甘肃白银小石沟泥盆纪地层剖面	1:25 万固原市幅区域地质调查报告,2003 年
4	宁夏海原水冲寺泥盆纪地层老君山组剖面	1:25 万固原市幅区域地质调查报告,2003 年
5	甘肃省天祝县岔岔洼泥盆纪沙流水组实测剖面(PM135)	1:25 万民和回族自治县幅区域地质调查报告,2004 年
6	甘肃民和耗牛山组 TM 遥感图像解译剖面	1:25 万民和回族自治县幅区域地质调查报告,2004 年
7	青海省平安县元石山黑岭滩晚泥盆世老君山组剖面(引自1:5万扎巴镇幅)	1:25 万西宁市幅区域地质调查报告,2006 年
8	内蒙古阿拉善左旗元山子东剖面	1:20 万巴伦别立幅区域地质调查报告,1978 年
9	1:20 万白墩子幅(温都尔图公社幅)通湖山剖面	1:20 万白墩子幅(温都尔图公社幅)区域地质调查报告,1977 年
10	1:20 万白墩子幅(温都尔图公社幅)沙堂家山剖面	1:20 万白墩子幅(温都尔图公社幅)区域地质调查报告,1977 年
11	1:20 万大靖幅(大景公社)小营盘水剖面	1:20 万大靖幅(大景公社)区域地质调查报告,1977 年
12	1:20 万大靖幅(大景公社)骆驼水剖面	1:20 万大靖幅(大景公社)区域地质调查报告,1977 年
13	1:20 万景泰幅响水麦窝剖面	1:20 万景泰幅区域地质调查报告,1973 年
14	1:20 万景泰幅永安堡石灰沟剖面	1:20 万景泰幅区域地质调查报告,1973 年
15	甘肃河西堡毛草泉泥盆纪剖面	1:20 万河西堡幅区域地质调查报告,1968 年
16	甘肃民勤青山西北坡泥盆纪剖面	1:20 万民勤幅区域地质调查报告,1975 年
17	1:20 万武威幅磨石沟剖面	1:20 万武威幅区域地质调查报告,1965 年
18	1:20 万武威幅玉石沟剖面	1:20 万武威幅区域地质调查报告,1965 年
19	甘肃省肃南县皇城镇-棵树沟晚泥盆世老君山组(D_3l)实测地层剖面 PM029	1:25 万门源县幅区域地质调查报告,2007 年
20	1:20 万永昌幅台舌口泥盆系实测剖面	1:20 万永昌幅区域地质调查报告,1967 年
21	1:20 万肃南幅石窑河剖面	1:20 万肃南幅区域地质调查报告,1971 年
22	1:20 万肃南幅香台子剖面	1:20 万肃南幅区域地质调查报告,1971 年
23	1:20 万乌兰幅牦牛山上泥盆统实测剖面	1:20 万乌兰幅区域地质调查报告,1968 年
24	1:20 万新哲农场幅哇洪山北东剖面	1:20 万新哲农场幅区域地质调查报告,1976 年
25	1:20 万阿拉克湖幅(香日德)波洛斯太剖面	1:20 万阿拉克湖幅(香日德)区域地质调查报告,1976 年
26	1:20 万阿拉克湖幅(香日德)波洛斯太剖面	1:20 万阿拉克湖幅(香日德)区域地质调查报告,1976 年
27	1:20 万格尔木市幅、纳赤台幅道班沟实测剖面	1:20 万格尔木市幅、纳赤台幅区域地质调查报告,1981 年
28	1:20 万盐池湾幅伊和阿尔嘎勒台南上泥盆统—下石炭统剖面	1:20 万盐池湾幅区域地质调查报告,1974 年
29	1:20 万马海幅联合沟南上泥盆统阿木尼克组剖面	1:20 万马海幅区域地质调查报告,1981 年

续附表 4

编号	剖面名称	资料来源
30	1:20 万大柴旦镇、达布逊湖幅大柴旦阿木尼克山上泥盆统实测剖面	1:20 万大柴旦镇、达布逊湖幅区域地质调查报告，1980 年
31	1:20 万乌图美仁幅、那陵郭勒、伯喀里克幅小灶火上泥盆统实测剖面	1:20 万乌图美仁幅、那陵郭勒、伯喀里克幅区域地质调查报告，1985 年
32	1:20 万乌图美仁幅、那陵郭勒、伯喀里克幅小灶火上泥盆统实测剖面	1:20 万乌图美仁幅、那陵郭勒、伯喀里克幅区域地质调查报告，1985 年
33	1:20 万开木棋陡里格幅拉陵灶火下游东实测剖面	1:20 万开木棋陡里格幅区域地质调查报告，1986 年
34	1:20 万布伦台幅、库赛湖幅骆驼峰实测剖	1:20 万布伦台幅、库赛湖幅区域地质调查报告，1992 年
35	青海省海西州茫崖镇南泥盆纪剖面	1:20 万茫崖工作委员会幅区域地质调查报告，1985 年
36	青海省海西州茫崖镇尕斯乡红柳泉晚泥盆世哈尔扎组（D_3he）实测剖面（IP_1）	1:25 万库朗米其提幅区域地质调查报告，2004 年
37	1:25 万阿牙克库木湖幅阿其克库勒湖东中泥盆统布拉克巴什组剖面	1:25 万阿牙克库木湖幅区域地质调查报告，2003 年
38	1:25 万阿牙克库木湖幅小熊滩南中泥盆统布拉克巴什组（D_2b）剖面（XIV 号剖面）	1:25 万鲸鱼幅区域地质调查报告，2002 年
39	1:25 万木孜塔格幅线狭沟上游测制的 II 号地质剖面	1:25 万木孜塔格幅区域地质调查报告，2002 年
40	新疆且末县奥依亚依拉克中泥盆统布拉克巴什组实测剖面（JP14）	1:25 万奥依亚依拉克幅区域地质调查报告，2002 年
41	新疆且末县刀峰山上泥盆统实测剖面（JP3B）	1:25 万奥依亚依拉克幅区域地质调查报告，2002 年
42	甘肃民丰县其其干萨依泥盆系奇自拉夫组路线剖面	1:25 万叶亦克幅区域地质调查报告，2003 年
43	甘肃民丰县山节奇自拉夫组路线地质剖面	1:25 万于田县幅区域地质调查报告，2002 年
44	新疆洛浦县阿齐克上泥盆统奇自拉夫组实测剖面	1:25 万恰哈幅区域地质调查报告，2006 年
45	新疆叶城县喀腊坎厄格勒西上泥盆统奇自拉夫组（D_3q）实测地层剖面	1:25 万克克吐鲁克、塔什库尔干塔吉克 2 幅、叶城县幅区域地质调查报告，2004 年
46	新疆维吾尔自治区若羌县喀尔瓦北泥盆纪布拉克巴什组下段（Dbl^1）地层实测剖面	1:25 万布喀达坂峰幅区域地质调查报告，2003 年
47	甘肃西和县洞山黄家沟剖面	1:25 万天水市幅区域地质调查报告，2004 年，
48	甘肃天水市铁炉乡张家河沟上泥盆统大草滩群 c 岩组地层剖面	1:25 万天水市幅区域地质调查报告，2004 年
49	甘肃西和县洞山红岭山剖面	1:25 万天水市幅区域地质调查报告，2004 年
50	甘肃西和县洞山双狼沟剖面	1:25 万天水市幅区域地质调查报告，2004 年
51	甘肃天水木集沟门下-礼县永坪舒家坝群剖面下部碎屑岩组段（D_2Sha）	1:25 万天水市幅区域地质调查报告，2004 年
52	1:20 万陇西幅漳县金钟公社猪毛沟-梅家沟上泥盆统大草滩群实测地层剖面	1:20 万陇西幅区域地质调查报告，1970 年
53	1:20 万陇西幅上泥盆-下石炭统剖面	1:20 万陇西幅区域地质调查报告，1970 年
54	1:20 万岷县幅阳耳沟剖面	1:20 万岷县幅区域地质调查报告，1970 年
55	1:20 万岷县幅菜籽沟剖面	1:20 万岷县幅区域地质调查报告，1970 年
56	1:20 万岷县幅牙走剖面	1:20 万岷县幅区域地质调查报告，1970 年

续附表 4

编号	剖面名称	资料来源
57	1:20万武都幅甘肃礼县滩坪公社关地里-清水江地层剖面	1:20万武都幅区域地质调查报告,1970年
58	1:20万武都幅古道岭组剖面	1:20万武都幅区域地质调查报告,1970年
59	1:20万武都幅武都县普光寺以北泥盆系地质剖面	1:20万武都幅区域地质调查报告,1970年
60	1:20万巴西幅花园-洛大剖面	1:20万巴西幅区域地质调查报告,1973年
61	1:20万碌曲幅区四川省若尔盖县西格尔山下泥盆统上岩组剖面	1:20万碌曲幅区域地质调查报告,1973年
62	1:20万碌曲幅区古道岭组剖面	1:20万碌曲幅区域地质调查报告,1973年
63	1:20万碌曲幅区铁岭群剖面	1:20万碌曲幅区域地质调查报告,1973年
64	青海省河南县代桑曲地层剖面	1:20万宁木特乡幅(欧拉)区域地质调查报告,1977年
65	青海省河南县代桑曲地层剖面	1:20万宁木特乡幅(欧拉)区域地质调查报告,1977年
66	青海省河南县代桑曲北地层剖面	1:20万宁木特乡幅(欧拉)区域地质调查报告,1977年
67	青海省治多县可可西里地区移山湖泥盆纪地层实测剖面(8P2)	1:25万可可西里湖幅区域地质调查报告,2003年
68	1:25万岗扎日幅向东沙河南中—晚泥盆世拉竹龙组实测剖面(P24)	1:25万岗扎日幅区域地质调查报告,2006年
69	1:25万岗扎日幅大沙河中泥盆世雅西尔群实测剖面(P16)	1:25万岗扎日幅区域地质调查报告,2006年
70	1:25万岗扎日幅迎春口北中泥盆世雅西尔群实测剖面(P28)	1:25万岗扎日幅区域地质调查报告,2006年
71	1:25万玉帽山幅若拉错南中泥盆世雅西尔群实测剖面(P15)	1:25万玉帽山幅区域地质调查报告,2006年
72	1:25万玉帽山幅常雾梁中泥盆世雅西尔群实测剖面(P25号剖面南段)	1:25万玉帽山幅区域地质调查报告,2006年
73	1:25万玉帽山幅向东沙河南中—晚泥盆世拉竹龙组实测剖面(P24号剖面中段)	1:25万玉帽山幅区域地质调查报告,2006年
74	1:25万玛尔盖茶卡幅玛尔盖茶卡东中—晚泥盆世拉竹龙组剖面实测剖面(P47剖面南段)	1:25万玛尔盖茶卡幅区域地质调查报告,2006年
75	1:25万玛尔盖茶卡幅胜利湖中泥盆世雅西尔群实测剖面(P42)	1:25万玛尔盖茶卡幅区域地质调查报告,2006年
76	西藏申扎县尖头湖中泥盆统(D_2)实测地层剖面图	1:25万羊湖幅区域地质调查报告,2002年
77	1:25万土则岗日幅拉竹龙剖面	1:25万土则岗日幅区域地质调查报告,2005年
78	1:25万土则岗日幅月牙湖-双点达坂剖面	1:25万土则岗日幅区域地质调查报告,2005年
79	西藏日土县三岔口中—晚泥盆世地层实测剖面	1:25万松西、温泉幅区域地质调查报告,2005年
80	新疆皮山县鱼跃石窝浦吉勒尕泥盆系落石沟组实测地质剖面	1:25万麻扎幅、神仙湖幅区域地质调查报告,2004年
81	新疆皮山县鱼跃石泥盆系天神达坂组实测地质剖面	1:25万麻扎幅、神仙湖幅区域地质调查报告,2004年
82	新疆皮山县天神达坂北落石沟组实测剖面	1:25万康西瓦幅、岔路口幅区域地质调查报告,2006年

续附表 4

编号	剖面名称	资料来源
83	新疆皮山县天神达坂北天神达坂组实测剖面	1:25 万康西瓦幅、岔路口幅区域地质调查报告，2006 年
84	新疆和田市长干湖落石沟组实测剖面	1:25 万康西瓦幅、岔路口幅区域地质调查报告，2006 年
85	印度 muth 砂岩剖面	1:150 万青藏高原及邻区地质图说明书，2005 年
86	1:20 万文县幅三河口组剖面	1:20 万文县幅区域地质调查报告，1970 年
87	1:20 万漳腊幅松潘县黄龙公社张梁沟剖面	1:20 万漳腊幅区域地质调查报告，1978 年
88	1:20 万漳腊幅松潘县黄龙公社张梁沟剖面	1:20 万漳腊幅区域地质调查报告，1978 年
89	1:20 万漳腊幅擦阔台组剖面	1:20 万漳腊幅区域地质调查报告，1978 年
90	1:20 万平武幅石坊群剖面	1:20 万平武幅区域地质调查报告，1977 年
91	1:20 万平武幅平武城关镇北实测剖面(1～6 层)	1:20 万平武幅区域地质调查报告，1977 年
92	1:20 万平武幅平驿铺组-唐王寨剖面	1:20 万平武幅区域地质调查报告，1977 年
93	1:20 万绵阳幅唐王寨群 D_3TN 剖面	1:20 万绵阳幅区域地质调查报告，1970 年
94	1:20 万绵阳平驿铺群 D_1PN 剖面	1:20 万绵阳幅区域地质调查报告，1970 年
95	1:20 万绵阳白石铺群 D_2BS 剖面	1:20 万绵阳幅区域地质调查报告，1970 年
96	1:20 万松潘幅小寨子沟剖面	1:20 万松潘幅区域地质调查报告，1975 年
97	1:20 万茂汶县、灌县幅养马坝组 D_2y 剖面	1:20 万茂汶县、灌县幅区域地质调查报告，1975 年
98	1:20 万茂汶县、灌县幅什邡岳家山剖面	1:20 万茂汶县灌县幅区域地质调查报告，1975 年
99	1:20 万茂汶县、灌县幅甘溪组剖面	1:20 万茂汶县灌县幅区域地质调查报告，1975 年
100	1:20 万邛崃幅(新津县)养马坝组 D_2y 剖面	1:20 万邛崃幅新津县区域地质调查报告，1976 年
101	1:20 万邛崃幅(新津县)观雾山组 D_2g 剖面	1:20 万邛崃幅新津县区域地质调查报告，1976 年
102	1:20 万邛崃幅(新津县)芦山快乐石槽沟剖面	1:20 万邛崃幅新津县区域地质调查报告，1976 年
103	1:20 万小金幅宝兴县跷碛泥盆系剖面	1:20 万小金幅区域地质调查报告，1984 年
104	1:20 万小金幅芦山县黄水河泥盆系剖面	1:20 万小金幅区域地质调查报告，1984 年
105	1:20 万康定幅、禾尼幅、新龙幅康定县江达沟泥盆系危关群剖面	1:20 万康定幅、禾尼幅、新龙幅区域地质调查报告，1984 年
106	1:20 万荥经幅(雅安)平驿铺组 D_1p 剖面	1:20 万荥经幅雅安区域地质调查报告，1974 年
107	1:20 万荥经幅(雅安)甘溪组 D_2g 剖面	1:20 万荥经幅雅安区域地质调查报告，1974 年
108	1:20 万荥经幅(雅安)养马坝组 D_2y 剖面	1:20 万荥经幅雅安区域地质调查报告，1974 年
109	1:20 万石棉幅冕宁火木山剖面	1:20 万石棉幅区域地质调查报告，1974 年
110	1:20 万石棉幅冕宁火木山剖面	1:20 万石棉幅区域地质调查报告，1974 年
111	1:20 万石棉幅冕宁火木山剖面	1:20 万石棉幅区域地质调查报告，1974 年
112	1:20 万石棉幅波波乡泥盆系剖面	1:20 万石棉幅区域地质调查报告，1974 年
113	1:20 万石棉幅波波乡泥盆系剖面	1:20 万石棉幅区域地质调查报告，1974 年
114	1:20 万石棉幅黑巴依得剖面	1:20 万石棉幅区域地质调查报告，1974 年
115	1:20 万雷波幅大关黄荆坝剖面	1:20 万雷波幅区域地质调查报告，1972 年
116	1:20 万冕宁幅(昭觉县)碧鸡山巴依得泥盆系剖面	1:20 万冕宁幅、昭觉县区域地质调查报告，1967 年

续附表 4

编号	剖面名称	资料来源
117	1:20万冕宁幅(昭觉县)碧鸡山巴依得泥盆系剖面	1:20万冕宁幅、昭觉县区域地质调查报告,1967年
118	1:20万冕宁幅(昭觉县)碧鸡山巴依得泥盆系剖面	1:20万冕宁幅、昭觉县区域地质调查报告,1967年
119	1:20万大关县幅(昭通)昭通箐门泥盆系剖面	1:20万大关县幅、昭通区域地质调查报告,1978年
120	1:20万大关县幅(昭通)昭通箐门泥盆系剖面	1:20万大关县幅、昭通区域地质调查报告,1978年
121	1:20万大关县幅(昭通)昭通箐门泥盆系剖面	1:20万大关县幅、昭通区域地质调查报告,1978年
122	1:20万大关县幅(昭通)昭通箐门泥盆系剖面	1:20万大关县幅、昭通区域地质调查报告,1978年
123	1:20万鲁甸幅巧家羊崖洞剖面	1:20万鲁甸幅区域地质调查报告,1978年
124	1:20万鲁甸幅巧家县大包厂剖面	1:20万鲁甸幅区域地质调查报告,1978年
125	1:20万鲁甸幅巧家大包厂剖面	1:20万鲁甸幅区域地质调查报告,1978年
126	1:20万鲁甸幅巧家大包厂剖面	1:20万鲁甸幅区域地质调查报告,1978年
127	1:20万鲁甸幅巧家羊崖洞剖面	1:20万鲁甸幅区域地质调查报告,1978年
128	1:20万鲁甸幅下泥盆统坡脚组(D_1p)剖面	1:20万鲁甸幅区域地质调查报告,1978年
129	1:20万巧家县蒙姑公社小坡头翠峰山组-海口组实测剖面	1:20万东川幅区域地质调查报告,1980年
130	1:20万巧家县蒙姑公社小坡头剖面	1:20万东川幅区域地质调查报告,1980年
131	1:20万巧家县蒙姑公社小坡头剖面	1:20万东川幅区域地质调查报告,1980年
132	1:20万巧家县蒙姑公社小坡头上泥盆统宰格组实测剖面	1:20万东川幅区域地质调查报告,1980年
133	1:20万曲靖幅桂家屯组(D_1g)剖面	1:20万曲靖幅区域地质调查报告,1978年
134	1:20万曲靖幅穿洞组(D_2c)剖面	1:20万曲靖幅区域地质调查报告,1978年
135	1:20万宜良幅陆良杜旗堡剖面	1:20万宜良幅区域地质调查报告,1973年
136	1:20万宜良幅陆良新庄剖面	1:20万宜良幅区域地质调查报告,1973年
137	1:20万宜良幅马龙县马鸣公社小姑姑剖面	1:20万宜良幅区域地质调查报告,1973年
138	1:20万宜良幅陆良路南剖面	1:20万宜良幅区域地质调查报告,1973年
139	1:20万弥勒幅弥勒县三道箐剖面	1:20万弥勒幅区域地质调查报告,1975年
140	1:20万弥勒幅弥勒县宣武田组剖面	1:20万弥勒幅区域地质调查报告,1975年
141	1:20万弥勒幅弥勒县小河口剖面	1:20万弥勒幅区域地质调查报告,1975年
142	1:20万金矿幅(沪宁幅)下中统(D_{1-2})剖面	1:20万金矿幅、沪宁幅区域地质调查报告,1974年
143	1:20万盐源幅列金河大坝剖面	1:20万盐源幅区域地质调查报告,1971年
144	1:20万盐源幅兹则野麻羊排喜剖面	1:20万盐边幅区域地质调查报告,1972年
145	1:20万盐边幅兹择宁蒗白草坪剖面	1:20万盐边幅区域地质调查报告,1972年
146	1:20万永平幅中泥盆统(D_2ch)长育村组路线观察剖面	1:20万永平幅区域地质调查报告,1979年
147	1:20万永平幅下泥盆统(D_1l)莲花曲组路线观察剖面	1:20万永平幅区域地质调查报告,1979年
148	1:20万永平幅下泥盆统(D_1q)青山组路线观察剖面	1:20万永平幅区域地质调查报告,1979年
149	1:20万大理幅(下关市)洱源县青山下泥盆统实测剖面	1:20万大理幅(下关市)区域地质调查报告,1973年
150	1:20万大理幅(下关市)洱源县横阱中下泥盆统实测剖面	1:20万大理幅(下关市)区域地质调查报告,1973年
151	1:20万大理幅(下关市)洱源县横阱中下泥盆统实测剖面	1:20万大理幅(下关市)区域地质调查报告,1973年

续附表 4

编号	剖面名称	资料来源
152	1:20万大理幅(下关市)洱源县青山下泥盆统实测剖面	1:20万大理幅(下关市)区域地质调查报告,1973年
153	1:20万玉树县幅早泥盆世依吉组(D_1yj)剖面	1:20万玉树县幅区域地质调查报告,1986年
154	囊谦县丁宗隆组实测剖面	1:20万囊谦县区域地质调查报告,1983年
155	1:20万义敦幅(八塘县)巴塘县通绒隆剖面	1:20万义敦幅(八塘县)区域地质调查报告,1980年
156	1:20万义敦幅(八塘县)白玉县霍热拉喀剖面	1:20万义敦幅(八塘县)区域地质调查报告,1980年
157	1:20万义敦幅(八塘县)巴塘县党结真拉剖面	1:20万义敦幅(八塘县)区域地质调查报告,1980年
158	1:20万义敦幅(八塘县)巴塘县党结真拉剖面	1:20万义敦幅(八塘县)区域地质调查报告,1980年
159	1:20万波密幅(热河区)中咱区实测剖面	1:20万波密幅(热河区)区域地质调查报告,1977年
160	1:20万波密幅(热河区)中咱穷错-塔利坡剖面	1:20万波密幅(热河区)区域地质调查报告,1977年
161	1:20万波密幅(热河区)中咱穷错-塔利坡剖面	1:20万波密幅(热河区)区域地质调查报告,1977年
162	1:20万波密幅(热河区)中咱穷错-塔利坡剖面	1:20万波密幅(热河区)区域地质调查报告,1977年
163	1:25万贡山、中甸县幅依吉岩组剖面	1:25万贡山、中甸县幅区域地质调查报告,2003年
164	1:25万贡山、中甸县幅班满到地组剖面	1:25万贡山、中甸县幅区域地质调查报告,2003年
165	1:25万贡山、中甸县幅长育村组剖面	1:25万贡山、中甸县幅区域地质调查报告,2003年
166	1:25万贡山、中甸县幅光头坡剖面	1:25万贡山、中甸县幅区域地质调查报告,2003年
167	1:25万贡山、中甸县幅银厂沟剖面	1:25万贡山、中甸县幅区域地质调查报告,2003年
168	1:25万贡山、中甸县幅光头坡剖面	1:25万贡山、中甸县幅区域地质调查报告,2003年
169	1:25万贡山、中甸县幅光头坡剖面	1:25万贡山、中甸县幅区域地质调查报告,2003年
170	1:25万贡山、中甸县幅维西县塔城乡柯那-响姑剖面	1:25万贡山、中甸县幅区域地质调查报告,2003年
171	1:25万贡山、中甸县幅维西县塔城乡柯那-响姑剖面	1:25万贡山、中甸县幅区域地质调查报告,2003年
172	西藏波密县卡达桥泥盆系松宗组剖面	1:25万墨脱县幅区域地质调查报告,2003年
173	1:20万八宿、松宗幅八宿县然物乡雅则村杨美中上泥盆统—下石炭统松宗组实测剖面	1:20万八宿、松宗幅区域地质调查报告,1994年
174	西藏班戈县白拉乡铁荣中、上泥盆统查果罗玛组实测剖面	1:25万班戈县区域地质调查报告,2002年
175	1:25万申扎县幅申扎县扎扎-木纠错泥盆系实测剖面1—16层(P2)	1:25万申扎县幅区域地质调查报告,2003年
176	1:25万申扎县幅申扎县扎扎-木纠错泥盆系实测剖面17—29层(P2)	1:25万申扎县幅区域地质调查报告,2003年
177	1:25万尼玛区幅尼玛县张恩泥盆系实测剖面	1:25万尼玛区幅区域地质调查报告,2002年
178	1:25万尼玛区幅尼玛县张恩泥盆系实测剖面	1:25万尼玛区幅区域地质调查报告,2002年
179	1:25万塞利普幅、措勤县幅改则县拉清乡普古抽拉查果罗玛组实测剖面(据措勤幅1:25万区调报告)	1:25万塞利普幅、措勤县幅区域地质调查报告,2005年
180	1:25万江孜县、亚东县幅亚里组路线剖面	1:25万江孜县、亚东县幅区域地质调查报告,2005年
181	1:25万江孜县、亚东县幅泥盆系实测地层剖面	1:25万江孜县、亚东县幅区域地质调查报告,2005年
182	西藏定日可德泥盆系—石炭系地层实测剖面	1:25万定结县幅区域地质调查报告,2003年
183	西藏定日可德泥盆系—石炭系地层实测剖面	1:25万定结县幅区域地质调查报告,2003年
184	西藏聂拉木县亚里奥陶系—二叠系实测地层剖面	1:25万聂拉木幅区域地质调查报告,2002年

续附表 4

编号	剖面名称	资料来源
185	西藏聂拉木县亚里奥陶系—二叠系实测地层剖面	1:25万聂拉木幅区域地质调查报告,2002年
186	1:25万吉隆县幅、萨嘎县幅吉隆县吉隆沟卓汤北至八号沟陇日组-波曲组实测地层剖面	1:25万吉隆县幅、萨嘎县幅区域地质调查报告,2003年
187	西藏仲巴县松拓嘎早泥盆世马攸木群下组(D_1Mx)实测剖面	1:25万霍尔巴幅区域地质调查报告,2006年
188	1:25万霍尔巴幅普兰县德勒-曲门夏拉志留纪德尼塘嘎群实测剖面	1:25万日新幅、札达县幅、姜叶马幅区域地质调查报告,2004年
189	1:25万霍尔巴幅普兰县德勒-曲门夏拉早泥盆世先钦组实测剖面	1:25万日新幅、札达县幅、姜叶马幅区域地质调查报告,2004年
190	1:25万霍尔巴幅札达县荣堆曲早泥盆世凉泉组、中晚泥盆世波曲组、早石炭世亚里组实测剖面14—24层	1:25万日新幅、札达县幅、姜叶马幅区域地质调查报告,2004年
191	1:25万霍尔巴幅札达县荣堆曲早泥盆世凉泉组、中晚泥盆世波曲组、早石炭世亚里组实测剖面1—13层	1:25万日新幅、札达县幅、姜叶马幅区域地质调查报告,2004年
192	西藏双湖地区查桑中泥盆统查叠组(D_2ch)-上泥盆统拉竹龙组(D_3l)-下石炭统日湾茶卡组(C_1r)修测剖面13—21层	1:25万江爱达日那幅区域地质调查报告,2005年
193	西藏双湖地区查桑中泥盆统查叠组(D_2ch)-上泥盆统拉竹龙组(D_3l)-下石炭统日湾茶卡组(C_1r)修测剖面	1:25万江爱达日那幅区域地质调查报告,2005年
194	1:25万玛依岗日幅尼玛县荣玛乡塔石山泥盆系实测剖面	1:25万玛依岗日幅区域地质调查报告,2006年
195	1:25万玛依岗日幅尼玛县荣玛乡温泉泥盆系实测剖面	1:25万玛依岗日幅区域地质调查报告,2006年
196	西藏尼玛县猫耳山下泥盆统猫耳山岩组(D_1m)剖面	1:25万查多岗日区幅区域地质调查报告,2006年
197	塔里木盆地代表性钻孔剖面1	塔里木盆地覆盖区显生宙地层,2004年
198	塔里木盆地代表性钻孔剖面2	塔里木盆地覆盖区显生宙地层,2004年
199	塔里木盆地代表性钻孔剖面3	塔里木盆地覆盖区显生宙地层,2004年
200	塔里木盆地代表性钻孔剖面4	塔里木盆地覆盖区显生宙地层,2004年
201	塔里木盆地代表性钻孔剖面5	塔里木盆地覆盖区显生宙地层,2004年
202	1:20万永平幅保山县瓦房公社大兴坝泥盆系实测剖面	1:20万永平幅区域地质调查报告,1979年
203	1:20万永平幅保山县瓦房公社大兴坝泥盆系实测剖面	1:20万永平幅区域地质调查报告,1979年
204	1:20万永平幅大河边电站剖面	1:20万永平幅区域地质调查报告,1979年
205	1:20万保山幅施甸向阳寺实测剖面	1:20万保山幅区域地质调查报告,1980年
206	1:20万保山幅施甸大寨门实测剖面	1:20万保山幅区域地质调查报告,1980年
207	1:20万保山幅施甸何元寨实测剖面	1:20万保山幅区域地质调查报告,1980年
208	1:20万腾冲幅、盈江幅保山县蒲缥公社小河中上泥盆统实测剖面图	1:20万腾冲幅、盈江幅区域地质调查报告,1982年
209	1:20万野牛台幅泥盆系D剖面	1:20万野牛台幅区域地质调查报告,1968年
210	1:20万腾冲幅、盈江幅盈江县关上狮子山上志留统—下泥盆统实测剖面图	1:20万腾冲幅、盈江幅区域地质调查报告,1982年
补1	1:25万囊谦县幅、昌都县幅、江达县幅缝合带中晚泥盆世碳酸盐岩块路线剖面	1:25万囊谦县幅、昌都县幅、江达县幅区域地质调查报告,2007年
补2	1:25万囊谦县幅、昌都县幅、江达县幅缝合带中晚泥盆世碳酸盐岩块路线剖面	1:25万囊谦县幅、昌都县幅、江达县幅区域地质调查报告,2007年

续附表 4

编号	剖面名称	资料来源
补 3	1:25 万囊谦县幅、昌都县幅、江达县幅缝合带中晚泥盆世碳酸盐岩块路线剖面	1:25 万囊谦县幅、昌都县幅、江达县幅区域地质调查报告,2007 年
补 4	1:25 万囊谦县幅、昌都县幅、江达县幅江达县青泥洞觉拥剖面	1:25 万囊谦县幅、昌都县幅、江达县幅区域地质调查报告,2007 年
补 5	西藏芒康县盐井多吉版早泥盆世多吉版组($D_1 dj$)实测剖面	1:25 万八宿县幅、贡觉县幅、然乌区幅、芒康县幅区域地质调查报告,2007 年
补 6	青海省杂多县尕日扎仁南部泥盆纪碎屑岩组实测剖面图	1:25 万直根尕卡幅区域地质调查报告,2005 年

附表5 青藏高原及邻区石炭纪构造-岩相古地理图引用剖面一览表

编号	剖面名称	资料来源
1	阿拉善左旗科学山东麓中石炭统羊虎沟群(C_2yn)实测地质剖面	1:20万巴伦别立幅区域地质调查报告,1978年
2	阿拉善左旗小台子上石炭统太原组-上二叠统"石千峰群"地质剖面	1:20万巴伦别立幅区域地质调查报告,1978年
3	宁夏阿左旗前黑山下石炭统实测剖面	1:20万白墩子幅区域地质调查报告,1977年
4	宁夏阿左旗腾格里公社西碱窝子井中石炭统实测剖面	1:20万白墩子幅区域地质调查报告,1977年
5	单梁山剖面	1:20万中卫幅区域地质调查报告,1976年
6	中卫县照壁山中石炭统单梁山组实测地质剖面	1:20万中卫幅区域地质调查报告,1976年
7	甘肃省景泰县福禄村石炭纪地层(C)修测剖面	1:25万兰州市幅区域地质调查报告,2003年
8	水鱼子沟及罐子峡石炭系剖面	1:20万静宁幅区域地质调查报告,1971年
9	甘肃省天祝县岔岔洼下石炭统前黑山组(C_1q)实测剖面	1:25万民和幅区域地质调查报告,2005年
10	甘肃省天祝县岔岔洼下石炭统臭牛沟组(C_1c)实测剖面	1:25万民和幅区域地质调查报告,2005年
11	红水堡剖面	1:20万大景公社(大靖)幅区域地质调查报告,1977年
12	北沙砚剖面	1:20万大景公社(大靖)幅区域地质调查报告,1977年
13	毛山下石炭统剖面	1:20万民勤幅区域地质调查报告,1975年
14	大泉剖面	1:20万河西堡幅区域地质调查报告,1968年
15	新城茨沟剖面	1:20万永昌幅区域地质调查报告,1967年
16	青海省门源县大牛头沟脑石炭系实测剖面	1:20万武威幅区域地质调查报告,1965年
17	观台剖面	1:20万祁连幅区域地质调查报告,1968年
18	宽湾井剖面	1:20万山丹幅区域地质调查报告,1971年
19	平坡剖面	1:20万山丹幅区域地质调查报告,1971年
20	青隆大青沟剖面	1:20万肃南幅区域地质调查报告,1971年
21	康隆区香台子剖面	1:20万肃南幅区域地质调查报告,1971年
22	野牛台东石炭系剖面	1:20万野牛台幅区域地质调查报告,1968年
23	金龙河脑石炭系—二叠系实测剖面	1:20万祁连山幅区域地质调查报告,1974年
24	格拉子沟上石炭统太原组(C_3t)剖面	1:20万酒泉幅区域地质调查报告,1969年
25	包尔上泥盆统—下石炭统与下石炭统怀头他拉组(C_1h)剖面	1:20万盐池湾幅区域地质调查报告,1974年
26	南部沙尔浑迪剖面	1:20万盐池湾幅区域地质调查报告,1974年
27	大粪叉实测剖面	1:20万昌马幅区域地质调查报告,1983年
28	大泉剖面	1:20万别盖幅区域地质调查报告,1973年
29	黑大坂上石炭统太原群实测剖面	1:20万肃北幅区域地质调查报告,1976年
30	萨木萨克南上石炭统太原群第二岩组实测剖面	1:20万冷湖幅区域地质调查报告,1978年
31	金华池西面分水岭下石炭统B组实测剖面	1:20万岷县幅区域地质调查报告,1970年
32	漳县大草滩公社木寨岭大坪一带地质剖面	1:20万陇西幅区域地质调查报告,1970年

续附表 5

编号	剖面名称	资料来源
33	下石炭统巴都组代表性剖面是临潭县冶力关北的水磨川实测剖面	1:25万定西幅区域地质调查报告,2006年
34	九龙峡下石炭统略阳组剖面	1:20万巴西幅区域地质调查报告,1973年
35	甘肃省碌曲县尕海西上石炭统实测剖面	1:20万碌曲幅区域地质调查报告,1973年
36	青海省河南县结更地层剖面	1:20万宁木特乡幅(欧拉幅)区域地质调查报告,1977年
37	青海省河南县哈拉塘支隆东地层剖面	1:20万宁木特乡幅(欧拉幅)区域地质调查报告,1977年
38	青海省河南县哈日肖勒北地层剖面	1:20万宁木特乡幅(欧拉幅)区域地质调查报告,1977年
39	青海省河南县多松乡晚古生代地层实测剖面	1:25万河南幅区域地质调查报告,2008年
40	青海省尖扎县尖扎滩乡石乃亥二叠纪甘家组—三叠纪隆务河组地层实测剖面	1:25万贵南幅区域地质调查报告,2008年
41	毛牛山南坡实测剖面	1:20万乌兰幅区域地质调查报告,1968年
42	关角日吉沟类槽型沉积的石炭纪实测剖面	1:20万乌兰幅区域地质调查报告,1968年
43	艾力斯坦滚艾尔沟石炭系上统实测剖面	1:20万快日玛乡幅(阳康)区域地质调查报告,1976年
44	青海省德令哈市扎布萨尕秀东北早石炭世城墙沟组(C_1c)实测剖面	1:25万都兰幅区域地质调查报告,2004年
45	大头羊沟南上石炭统中吾农山群实测剖面	1:20万大柴旦幅区域地质调查报告,1980年
46	胜利口下石炭统城墙沟组实测剖面	1:20万大柴旦幅区域地质调查报告,1980年
47	交勒萨依北山剖面中吾农山群下亚群(C_1zh)	1:20万马海幅区域地质调查报告,1981年
48	科克萨依剖面中吾农山群上亚群($C_{2-3}zh$)	1:20万马海幅区域地质调查报告,1981年
49	小赛什腾山下石炭统怀头他拉实测剖面	1:20万冷湖幅区域地质调查报告,1978年
50	新疆洛浦县阿齐克村上石碳统实测地质剖面	1:25万恰哈幅区域地质调查报告,2006年
51	新疆洛浦县阿其克村上石碳统阿孜干组地质剖面	1:25万恰哈幅区域地质调查报告,2006年
52	新疆墨玉县阿池克兽塔哈奇组实测地层剖面	1:25万康西瓦幅区域地质调查报告,2006年
53	莎车县台萨孜西下石炭统克里塔克组(C_1k)实测地层剖面	1:25万区测叶城县幅区域地质调查报告,2004年
54	莎车县瓦斯塔拉格下石炭统和什拉甫组(C_1h)、上石炭统卡拉乌依组(C_2k)实测地层剖面	1:25万区测叶城县幅区域地质调查报告,2004年
55	莎车县塔尔-阿错萨依上石炭统阿孜干组(C_2a)、上石炭统至下二叠统塔哈奇组(C_2P_1t)实测地层剖面图	1:25万区测叶城县幅区域地质调查报告,2004年
56	新疆且末县奥依亚依拉克石炭系实测剖面	1:25万奥依亚依拉克幅区域地质调查报告,2005年
57	新疆民丰县苦阿石炭系阿羌岩组实测剖面	1:25万叶亦克幅区域地质调查报告,2003年
58	于田县喀什塔什南龙门沟组路线地质剖面	1:25万伯力克幅区域地质调查报告
59	于田县塔斯坎萨依路线地质剖面	1:25万伯力克幅区域地质调查报告
60	新疆皮山县桑株—库尔良库尔良群实测地层剖面	1:25万康西瓦幅区域地质调查报告,2006年
61	新疆叶城县博斯腾塔河他龙群路线地质剖面	1:25万麻扎幅、神仙湾幅区域地质调查报告,2003年
62	新疆皮山县他龙河石炭系库尔良群实测地质剖面	1:25万麻扎幅、神仙湾幅区域地质调查报告,2003年

续附表 5

编号	剖面名称	资料来源
63	青海省都兰县落山北晚石炭世缔敖苏组(C_2d)修测剖面	1:25万都兰幅区域地质调查报告,2004年
64	青海省都兰县关角牙河北山早石炭世大干沟组(C_1dg)修测剖面	1:25万都兰幅区域地质调查报告,2004年
65	阿不特哈打中上石炭统剖面	1:20万埃坑德勒幅区域地质调查报告,1982年
66	浩特洛哇石炭系实测剖面	1:20万埃坑德勒幅区域地质调查报告,1982年
67	东大干沟下石炭统实测剖面	1:20万格尔木市幅区域地质调查报告,1981年
68	东大干沟石炭系实测剖面	1:20万格尔木市幅区域地质调查报告,1981年
69	拉陵灶火下游东侧剖面	1:20万开木棋陡里格幅区域地质调查报告,1986年
70	加祖它士沟的羚羊水剖面	1:25万不冻泉幅区域地质调查报告,2006年
71	哈尔头力核(化石梁)剖面	1:20万伯喀里克幅(那陵郭勒幅)区域地质调查报告,1985年
72	缔敖苏剖面	1:20万伯喀里克幅(那陵郭勒幅)区域地质调查报告,1985年
73	哈夏·克里克·得亚南晚古生代石炭纪—二叠纪浩特洛哇组实测剖面	1:25万布喀达坂峰幅区域地质调查报告,2004年
74	青海省海西州芒崖镇尕斯乡石拐子早石炭世石拐子组(Cs^{1-2})实测剖面	1:25万库朗米其提幅区域地质调查报告,2004年
75	新疆若羌县铁木里克乡盖依尔南早石炭世大干沟组(Cdg)实测剖面	1:25万库朗米其提幅区域地质调查报告,2004年
76	克其克孜苏下游石炭纪—二叠纪浩特洛哇组实测剖面	1:25万布喀达坂峰幅区域地质调查报告,2004年
77	新疆若羌县独立山石炭系缔敖苏组实测地质剖面图	1:25万阿牙库木湖幅区域地质调查报告,2003年
78	大九坝岭ⅩⅩⅤ号剖面	1:25万鲸鱼湖幅区域地质调查报告,2002年
79	屏障岭ⅩⅩⅪ号剖面中	1:25万鲸鱼湖幅区域地质调查报告,2002年
80	月牙河上游Ⅵ号剖面	1:25万木孜塔格幅区域地质调查报告,2002年
81	黄沙河中游XLVI号剖面	1:25万木孜塔格幅区域地质调查报告,2002年
82	曼达里克河石炭纪托库孜达坂群中组剖面	1:25万且末县一级电站幅区域地质调查报告,2003年
83	青塔山石炭纪托库孜达坂群中组-哈拉米兰河群上组剖面	1:25万且末县一级电站幅区域地质调查报告,2003年
84	关水沟托库孜达坂群剖面	1:25万银石山幅区域地质调查报告,2003年
85	新疆且末县长龙山下石炭统实测剖面托库孜达坂群实测地层剖面	1:25万奥依亚依拉克幅区域地质调查报告,2002年
86	新疆且末县空布洋达坂下—上石炭统喀拉米兰河组实测剖面	1:25万奥依亚依拉克幅区域地质调查报告,2002年
87	民丰县萨那拉克石炭系哈拉米兰河岩群实测剖面	1:25万叶亦克幅区域地质调查报告,2003年
88	西藏日土县琼冰水河口实测地质剖面	1:25万阿克萨依湖幅区域地质调查报告,2005年
89	西藏自治区日土县红山湖晚石炭世—中二叠世地层实测剖面	1:25万温泉松西幅区域地质调查报告,2005年
90	新疆维吾尔自治区和田县635道班晚石炭世恰提尔组地层实测剖面	1:25万温泉松西幅区域地质调查报告,2005年
91	新疆和田市红山湖东恰提尔群实测地层剖面	1:25万岔路口幅区域地质调查报告区域地质调查报告,2006年

续附表 5

编号	剖面名称	资料来源
92	新疆叶城县麻扎南侧恰提尔群路线地质剖面	1:25万麻扎幅、神仙湾幅区域地质调查报告,2003年
93	昭通红路脚剖面	1:20万昭通幅区域地质调查报告,1978年
94	威宁县何家湾下石炭统大塘旧司段实测剖面	1:20万鲁甸幅区域地质调查报告,1978年
95	宜威县热水公社二官营石炭系实测剖面	1:20万东川幅区域地质调查报告,1980年
96	弥勒县古白剖面	1:20万弥勒幅区域地质调查报告,1975年
97	玉溪小石桥剖面	1:20万玉溪幅区域地质调查报告,1969年
98	唐王寨剖面	1:20万平武幅区域地质调查报告,1977年
99	灌县龙溪石炭系剖面	1:20万灌县幅区域地质调查报告,1975年
100	平川庄子尚剖面	1:20万盐源幅区域地质调查报告,1971年
101	盐边干海子剖面	1:20万盐边幅区域地质调查报告,1972年
102	西秋乡米黑沟剖面	1:20万盐源幅区域地质调查报告,1971年
103	宁蒗县尖山营泥盆系—二叠系实测剖面图	1:20万丽江区域地质调查报告,1977年
104	于黑伍街东岩脚测剖面(原称永胜县文群东剖面)实测地层剖面	1:20万鹤庆区域地质调查报告,1966年
105	洱源县长育村石炭系—二叠系实测剖面	1:20万大理幅区域地质调查报告,1973年
106	松潘县双河公社秦家沟-西沟实测剖面	1:20万漳腊幅区域地质调查报告,1978年
107	松潘县水晶公社香腊台实测剖面	1:20万漳腊幅区域地质调查报告,1978年
108	平武银厂沟汞矿区实测剖面	1:20万平武幅区域地质调查报告,1977年
109	北川县建设公社小寨子沟石炭系剖面	1:20万松潘幅区域地质调查报告,1975年
110	黑水县德思窝沟剖面	1:20万龙日坝幅区域地质调查报告,1984年
111	宝兴县硗碛穿洞子石炭系剖面	1:20万小金幅区域地质调查报告,1984年
112	康定县莲花山石炭系剖面	1:20万康定幅区域地质调查报告,1984年
113	踏卡剖面	1:20万九龙幅区域地质调查报告,1977年
114	瓦板沟剖面	1:20万金矿幅区域地质调查报告,1974年
115	党结真拉剖面	1:20万义敦幅区域地质调查报告,1980年
116	中咱巴乡岭-顶坡剖面	1:20万波密幅区域地质调查报告,1977年
117	乡城四区元根乡日措剖面	1:20万得荣幅区域地质调查报告,1977年
118	中甸尼西-亚公山剖面	1:20万古学幅区域地质调查报告,1982年
119	西藏江达县青泥洞乡巴纳鹜曲组(C_2a)实测剖面	1:20万白玉幅区域地质调查报告,1992年
120	都县妥坝乡乌青纳组(C_1w)实测剖面	1:20万昌都幅区域地质调查报告,1990年
121	西藏芒康县巴岗乌青纳组(C_1w)实测剖面	1:20万芒康县幅区域地质调查报告,1991年
122	西藏芒康县廓龙嘎鹜曲组(C_2a)实测剖面	1:20万芒康县幅区域地质调查报告,1991年
123	西藏察雅县卡贡乡登许卡贡组剖面	1:20万察雅县幅区域地质调查报告,1992年
124	西藏察隅县察瓦龙乡左布-沙布古米岩组(C_1g)剖面	1:20万德钦县幅区域地质调查报告,1985年
125	西藏左贡县碧土乡莫得-梅里雪山莫得群(CMd)剖面	1:20万德钦县幅区域地质调查报告,1985年
126	兰坪县石登-拉竹河石炭系石登群实测剖面图	1:20万兰坪幅区域地质调查报告,1974年

续附表 5

编号	剖面名称	资料来源
127	保山县瓦房公社阿庆房、石牛坪下石炭统实测剖面	1:20万永平幅区域地质调查报告,1979年
128	保山金鸡卧牛寺组实测剖面	1:20万保山幅区域地质调查报告,1980年
129	施甸县大寨门-香山下石炭统(C_1)实测剖面	1:20万保山幅区域地质调查报告,1980年
130	保山道街坝下石炭统实测剖面	1:20万腾冲幅区域地质调查报告,1982年
131	贡山县嘎拉博剖面	1:20万中甸县幅、贡山县幅区域地质调查报告,1985年
132	青海省杂多县扎青乡乳日贡早石炭世杂多群实测地层剖面	1:25万治多县幅区域地质调查报告,2006年
133	青海省囊谦县吉曲乡乃色扫早石炭世马查拉组(C_1m)实测剖面	1:20万类乌齐幅、拉多幅区域地质调查报告,1993年
134	青海省囊谦县着晓乡角寨晚石炭世加麦弄群实测地层剖面	1:25万杂多县幅区域地质调查报告,2006年
135	海省囊谦县尕羊乡尕翁下石炭统珊瑚河组剖面	1:25万丁青县幅区域地质调查报告,2005年
136	青海省囊谦县吉曲乡哎保那组下石炭统哎保那组(C_1a)剖面	1:25万丁青县幅区域地质调查报告,2005年
137	青海省杂多县苏鲁乡巴纳涌早石炭世杂多群修测地层剖面	1:25万杂多县幅区域地质调查报告,2006年
138	青海省杂多县苏鲁乡巴纳涌石炭纪剖面	1:25万杂多县幅区域地质调查报告,2006年
139	类乌齐县岗色乡日阿泽弄卡贡组(C_1k)路线剖面	1:20万类乌齐幅、拉多幅区域地质调查报告,1993年
140	丁青县觉恩乡左座格俄学岩组(CPe)路线剖面	1:25万昌都幅区域地质调查报告,2007年
141	八宿县邦达下石炭统邦达组实测剖面	1:20万察雅县、左贡幅区域地质调查报告,1992年
142	八宿县怒江桥早石炭世错绒沟口岩组(C_1c)剖面	1:20万察雅县、左贡幅区域地质调查报告,1992年
143	波密县普拿-育仁晚石炭世—早二叠世来姑组、中二叠世洛巴堆组、晚二叠世西马组剖面	1:25万边坝县幅区域地质调查报告,2005年
144	波密县卡达桥-倾多早石炭世诺错组(C_1n)、晚石炭世—早二叠世来姑组(C_2P_1l)剖面	1:25万边坝县幅区域地质调查报告,2005年
145	波密县卡达桥石炭系诺错组实测剖面	1:25万墨脱县幅区域地质调查报告,2002年
146	青海省玉树州治多县索加乡东日日纠地区晚古生代扎日根组和那益雄组地层实测地质剖面	1:25万曲柔尕卡幅区域地质调查报告,2004年
147	青海省治多县索加石炭纪杂多群碳酸盐岩组实测剖面	1:25万直根尕卡幅区域地质调查报告,2005年
148	青海省治多县玛日曲石炭纪杂多群实测剖面	1:25万直根尕卡幅区域地质调查报告,2005年
149	青海省治多县西巧日森石炭纪杂多群碎屑岩组实测剖面	1:25万直根尕卡幅区域地质调查报告,2005年
150	青海省格尔木市刻莫下石炭统杂多群碳酸盐岩组实测剖面	1:25万温泉兵站幅区域地质调查报告,2004年
151	青海省格尔木市刻莫下石炭统杂多群碎屑岩组实测剖面	1:25万温泉兵站幅区域地质调查报告,2004年
152	青海省玉树藏族自治州治多县巴音查乌马通天河蛇绿构造混杂岩(CPa)实测剖面	1:25万沱沱河幅区域地质调查报告,2004年
153	青海省格尔木市唐古拉山乡扎日根晚石炭世—二叠纪开心岭群地层实测剖面	1:25万沱沱河幅区域地质调查报告,2004年
154	青海省格尔木市唐古拉山乡诺日巴纳报开心岭群(CPK)修测地层剖面	1:25万沱沱河幅区域地质调查报告,2004年
155	错达日玛阿尕日旧剖面	1:25万库赛湖幅区域地质调查报告,2006年

续附表 5

编号	剖面名称	资料来源
156	青海省治多县可可西里地区西金乌兰湖构造混杂岩带实测剖面	1:25 万可可西里湖幅区域地质调查报告,2002 年
157	玉龙河石炭纪—早二叠世西金乌兰群碎屑岩组实测剖面	1:25 万岗扎日幅区域地质调查报告,2005 年
158	红土沟石炭纪—早二叠世西金乌兰群碎屑岩组实测剖面	1:25 万玛尔盖茶卡幅区域地质调查报告,2005 年
159	红云梁石炭纪—早二叠世西金乌兰群碎屑岩组实测剖面	1:25 万玛尔盖茶卡幅区域地质调查报告,2005 年
160	常雾梁石炭纪—早二叠世西金乌兰群碎屑岩组实测剖面	1:25 万玉帽山幅区域地质调查报告,2005 年
161	双端湖西石炭纪—早二叠世西金乌兰群碎屑岩组实测剖面	1:25 万玉帽山幅区域地质调查报告,2005 年
162	向东沙河南石炭纪—早二叠世西金乌兰群火山岩组实测剖面	1:25 万玉帽山幅区域地质调查报告,2005 年
163	常雾梁南石炭纪—早二叠世西金乌兰群火山岩组实测剖面	1:25 万玉帽山幅区域地质调查报告,2005 年
164	玛尔盖茶卡东石炭纪—早二叠世西金乌兰群火山岩组实测剖面	1:25 万玛尔盖茶卡幅区域地质调查报告,2005 年
165	日土县顺利达坂石炭系月牙湖组实测剖面	1:25 万伯力克幅区域地质调查报告,2002 年
166	顺利达坂南月牙湖组灰岩段路线地质剖面	1:25 万伯力克幅区域地质调查报告,2002 年
167	月牙湖-双点达坂剖面(月牙湖组)	1:25 万土则岗日幅区域地质调查报告,2005 年
168	月牙湖-双点达坂剖面(岗玛错组)	1:25 万土则岗日幅区域地质调查报告,2005 年
169	孔孔茶卡南上石炭统擦蒙组—上三叠统肖切保组地层剖面	1:25 万江爱达日那幅区域地质调查报告,2005 年
170	西藏双湖地区查桑下石炭统日湾茶卡组修测地层剖面	1:25 万江爱达日那幅区域地质调查报告,2005 年
171	尼玛县热觉茶卡西 12km 石炭系实测剖面	1:25 万玛依岗日幅区域地质调查报告,2006 年
172	改则县古木乡片石山上石炭统展金组实测剖面	1:25 万玛依岗日幅区域地质调查报告,2006 年
173	改则县古木乡片石山石炭纪擦蒙组实测剖面	1:25 万玛依岗日幅区域地质调查报告,2006 年
174	尼玛县荣玛乡长蛇山上石炭统展金组实测剖面	1:25 万玛依岗日幅区域地质调查报告,2006 年
175	西藏改则县查多岗日上石炭统擦蒙组(C_2c)—展金组(C_2z)详细路线剖面	1:25 万查多岗日幅区域地质调查报告,2006 年
176	西藏自治区改则县都古尔下石炭统擦蒙组第一段实测地层剖面(Cch^1)	1:25 万丁固幅区域地质调查报告,2005 年
177	西藏自治区改则县有谊沟北下石炭统擦蒙组第一段(Cch^1)实测地层剖面	1:25 万丁固幅区域地质调查报告,2005 年
178	改则县日湾擦卡下石炭统日湾茶卡组实测地层剖面	1:25 万丁固幅区域地质调查报告,2005 年
179	西藏自治区改则县玛错北东 12km 石炭系擦蒙组第二段实测剖面	1:25 万丁固幅区域地质调查报告,2005 年
180	西藏改则县波杂亚龙南坡石炭系擦蒙组第二段实测剖面	1:25 万丁固幅区域地质调查报告,2005 年
181	改则县查尔康错那勒展金组(C_2z)实测地层剖面	1:25 万物玛幅区域地质调查报告,2006 年
182	改则县查尔康错那勒曲地组(C_2q)实测地层剖面	1:25 万物玛幅区域地质调查报告,2006 年
183	托和平错-鸭子湖擦蒙组实测地层剖面	1:25 万托和平错幅区域地质调查报告,2005 年
184	托和平错南实测地层剖面	1:25 万托和平错幅区域地质调查报告,2005 年
185	托和平错-鸭子湖剖面	1:25 万托和平错幅区域地质调查报告,2005 年

续附表 5

编号	剖面名称	资料来源
186	美马错至恰贡错剖面	1:25万土则岗日幅区域地质调查报告,2005年
187	西藏自治区改则县有谊沟北下石炭统擦蒙组第一段实测地层剖面	1:25万加错幅区域地质调查报告,2005年
188	西藏自治区革吉县大龙沟西石炭系擦蒙组第二段实测剖面	1:25万加错幅区域地质调查报告,2005年
189	西藏自治区日土县多玛区吉普村北擦蒙-展金河晚石炭世—早二叠世地层剖面	1:25万温泉松西幅区域地质调查报告,2004年
190	西藏自治区日土县多玛区吉普晚石炭世地层实测剖面	1:25万温泉松西幅区域地质调查报告,2004年
191	日土县多玛区起午剖面擦蒙组(C_2c)	1:25万日土县幅区域地质调查报告,2004年
192	日土县多玛区热维尔剖面	1:25万日土县幅区域地质调查报告,2004年
193	嘉黎县嘉黎区色东晚石炭世—早二叠世来姑组(C_2P_1l)实测剖面	1:25万嘉黎县幅区域地质调查报告,2005年
194	工布江达县巴河镇巴河石炭系—二叠系正层型剖面	1:25万林芝县幅区域地质调查报告,2003年
195	林芝县百巴镇果园新村石炭系诺错组、来姑组简测剖面	1:25万林芝县幅区域地质调查报告,2003年
196	林芝县巴河镇则弄子石炭统诺错组(C_1nc)实测剖面	1:25万林芝县幅区域地质调查报告,2003年
197	墨竹工卡县门巴乡择弄沟来姑组第三(上)岩性段($C_2P_1l^3$)实测剖面	1:25万门巴区幅区域地质调查报告,2004年
198	墨竹工卡县门巴乡德宗温泉南沟下石炭统诺错组(C_1n)地层实测剖面	1:25万门巴区幅区域地质调查报告,2004年
199	当雄县坝嘎乡南绒土鲁沟上石炭统—下二叠统来姑组(C_2P_1l)地层实测剖面	1:25万门巴区幅区域地质调查报告,2004年
200	当雄县果立乡吉龙马沟石膏矿上石炭统—下二叠统来姑组第三(上)岩性段($C_2P_1l^3$)地层实测剖面	1:25万门巴区幅区域地质调查报告,2004年
201	那曲县西侧吓不达-咔热上石炭统拉嘎组实测剖面	1:25万那曲县幅区域地质调查报告,2005年
202	林周县旁多乡乌鲁龙村吨纳拉来姑组、乌鲁龙组、洛巴堆组一段实测剖面	1:25万当雄县幅区域地质调查报告,2002年
203	林周县唐古乡江多村诺错组实测剖面图	1:25万当雄县幅区域地质调查报告,2002年
204	班戈县生觉乡南甲朗那卡永珠组实测剖面	1:25万当雄县幅区域地质调查报告,2002年
205	申扎县德日昂玛-下拉山下—上石炭统永珠组实测剖面	1:25万多巴区幅区域地质调查报告,2003年
206	扎扛-木纠错上石炭统—下二叠统拉嘎组(C_2P_1l)实测剖面	1:25万申扎县幅区域地质调查报告,2003年
207	扎扛-木纠错下上石炭统永珠组($C_{1-2}y$)实测剖面	1:25万申扎县幅区域地质调查报告,2003年
208	南木林县仁堆区永珠组、拉嘎组、昂杰组实测剖面图(永珠组)	1:25万日喀则市幅区域地质调查报告,2002年
209	南木林县仁堆区永珠组、拉嘎组、昂杰组实测剖面图(拉嘎组)	1:25万日喀则市幅区域地质调查报告,2002年
210	尼玛县吉勒石炭系实测剖面	1:25万热布喀幅区域地质调查报告,2002年
211	昂仁县厄容石炭系实测剖面	1:25万热布喀幅区域地质调查报告,2002年
212	谢通门县查拉乡拉嘎组-昂杰组实测地层剖面	1:25万拉孜县幅区域地质调查报告,2003年
213	谢通门查拉乡石炭纪永珠组实测地层剖面	1:25万拉孜县幅区域地质调查报告,2003年
214	尼玛县莫师当马永珠组实测剖面	1:25万尼玛区幅区域地质调查报告,2002年

续附表 5

编号	剖面名称	资料来源
215	尼玛县加冻晚石炭世永珠组(C_2y)实测剖面	1:25万邦多幅区域地质调查报告,2002年
216	措勤县雄马剖面	1:25万措麦区幅区域地质调查报告,2002年
217	措勤县江让乡懂则-总堆永珠组实测剖面	1:25万措勤区幅区域地质调查报告,2002年
218	措勤县江让乡鲁多 C_2l—P_3d 实测剖面	1:25万措勤区幅区域地质调查报告,2002年
219	申扎县剥康巴(中仓)央得勒永珠组实测剖面	1:25万措勤县幅区域地质调查报告,2003年
220	措勤县夏东乡永珠组实测剖面	1:25万措勤县幅区域地质调查报告,2003年
221	措勤县夏东乡拉嘎组实测剖面	1:25万措勤县幅区域地质调查报告,2003年
222	西藏改则县拉果错淌嘎石炭系拉嘎组(C_2lg)地层实测剖面	1:25万改则县幅区域地质调查报告,2006年
223	改则县古昌乡虾尔玛卡姆下石炭统永珠组(C_1y)实测地层剖面	1:25万物玛幅区域地质调查报告,2006年
224	改则县古昌乡桑俄结上古生界拉嘎组(C_2l)—下拉组(P_1x)实测地层剖面	1:25万物玛幅区域地质调查报告,2006年
225	改则县拉清乡蹦克弄拉永珠组-拉嘎组剖面	1:25万赛利普幅区域地质调查报告,2005年
226	仲巴县隆格尔乡色弄拉嘎组剖面	1:25万赛利普幅区域地质调查报告,2005年
227	狮泉河羊尾山拉嘎组剖面	1:25万狮泉河幅区域地质调查报告,2004年
228	西藏亚东县帕里镇阿康山石炭系纳兴组—二叠系基龙群及色龙群实测地层剖面	1:25万亚东幅区域地质调查报告,2005年
229	西藏定日可德泥盆系—石炭系地层实测剖面	1:25万定结幅区域地质调查报告,2003年
230	西藏定结县萨尔乡共巴强石炭系—二叠系地层实测剖面	1:25万定结幅区域地质调查报告,2003年
231	西藏聂拉木县亚里奥陶系—二叠系实测地层剖面	1:25万聂拉木县幅区域地质调查报告,2002年
232	吉隆县扎嘎寺纳兴组实测剖面	1:25万吉隆幅区域地质调查报告,2002年
233	仲巴县拉沙晚石炭世拉沙组(C_2l)实测剖面	1:25万霍尔巴幅区域地质调查报告,2006年
234	仲巴县扎日早石炭世康拓组(C_1k)实测剖面	1:25万霍尔巴幅区域地质调查报告,2006年
235	普兰县康拓早石炭世康拓组(C_1k)实测剖面	1:25万霍尔巴幅区域地质调查报告,2006年
236	西藏普兰县阮隆巴早石炭世亚里组(C_1y)、纳兴组(C_1n)实测剖面图[纳兴组(C_1n)]	1:25万普兰县幅区域地质调查报告,2006年
237	西藏普兰县阮隆巴早石炭世亚里组(C_1y)、纳兴组(C_1n)实测剖面图[亚里组(C_1y)]	1:25万普兰县幅区域地质调查报告,2006年
238	噶尔县滚江浦早石炭世哲弄组(上部,与滚江浦组联测)实测剖面	1:25万札达县幅区域地质调查报告,2004年
239	噶尔县滚江浦晚石炭世滚江浦组—早二叠世普次丁组实测剖面图	1:25万札达县幅区域地质调查报告,2004年
240	札达县曲松乡纳兴组剖面	1:25万狮泉河幅区域地质调查报告,2004年
241	札达县热尼村石炭纪纳兴组实测剖面	1:25万日新幅区域地质调查报告,2004年

附表6　青藏高原及邻区早中二叠世构造-岩相古地理图引用剖面一览表

编号	剖面名称	资料来源
1	新疆阿克陶县恰看特勒克下中二叠统克孜里奇曼组，棋盘组剖面	1:25万艾提开尔丁萨依幅、英吉沙县幅区域地质调查报告，2003年
2	新疆莎车县塔尔-阿错萨依上石炭统—下二叠统塔哈奇组剖面	1:25万叶城县幅区域地质调查报告，2004年
3	新疆皮山县杜瓦一带杜瓦组剖面	1:25万康西瓦幅区域地质调查报告，2006年
4	新疆洛浦县阿其克村二叠系普斯格组实测地层剖面	1:25万恰哈幅区域地质调查报告，2006年
5	甘肃河西堡北大泉上石炭统—二叠系剖面	1:20万河西堡幅区域地质测量报告，1968年
6	宁夏阿拉善左旗，小台子上石炭统—下二叠统太原组剖面	1:20万巴伦别立幅区域地质调查报告，1978年
7	甘肃肃北县黑大坂上石炭统—下二叠统太原群（C_2P_1TY）实测剖面	1:20万肃北幅区域地质调查报告，1976年
8	甘肃酒泉祁连山前地区中二叠统大黄沟组（P_2dh）剖面	1:20万酒泉幅区域地质调查报告，1976年
9	甘肃省肃南县大黄沟下二叠统大黄沟组（P_1d）E型剖面	甘肃省岩石地层，1977年
10	甘肃酒泉祁连前小红沟上石炭统—下二叠统太原组剖面	1:20万酒泉幅区域地质调查报告，1976年
11	甘肃肃南蔡大坂煤矿晚石炭世—早二叠世太原组（C_2P_1tn）剖面	1:20万硫磺山幅区域地质测量报告，1972年
12	青海省党河上游扫萨那必力中二叠统巴音河群剖面	1:20万盐池湾幅区域地质调查报告，1974年
13	青海疏勒南山巴嘎浑腾郭勒中二叠统巴音河群（P_1BN）剖面	1:20万硫磺山幅区域地质测量报告，1972年
14	青海省天峻县疏勒河南扎尔马格南中二叠统巴音河群（P_2BN）剖面	1:20万硫磺山幅区域地质测量报告，1972年
15	青海天峻县疏勒河南哈萨坟北中二叠统巴音河群上岩组剖面	1:20万盐池湾幅区域地质调查报告，1974年
16	青海省天峻县疏勒公社东山北坡二叠系实测剖面	1:20万祁连山幅区域地质调查报告，1974年
17	青海祁连托来山热水大坂热水沟中二叠统大黄沟群（P_2DN）	1:20万祁连山幅区域地质调查报告，1974年
18	北祁连甘肃省肃南县大清沟中上二叠统剖面	青海省区域地质志，1991年
19	甘肃黑河野牛沟乡晚石炭世—早二叠世太原组剖面	1:20万野牛台幅区域地质测量报告，1968年
20	祁连县东北加羊沟-大红沟地区上石炭统—下二叠统太原组剖面	1:20万祁连幅区域地质测量报告，1968年
21	甘肃山丹县西南老窑中二叠统大黄沟群（P_2DN）	1:20万山丹幅区域地质调查报告，1981年
22	甘肃永昌晚石炭世—早二叠世新城茨沟剖面	1:20万永昌幅区域地质测量报告，1983年
23	甘肃永昌新城茨沟中二叠统大黄沟组剖面	1:20万永昌幅区域地质测量报告，1983年
24	青海省天峻阳康曲东侧中二叠统巴音河组剖面	1:20万快日马乡区域地质调查报告，1976年
25	南祁连天峻县忠什公中上二叠统剖面	青海省区域地质志，1991年
26	青海省南祁连土尔根大坂北侧萨木特萨依中二叠统剖面	1:20万马海幅区域地质调查报告，1981年
27	青海省大柴旦镇交勒萨依北山石炭系—二叠系果可山组剖面	青海省岩石地层，1997年
28	青海省祁连土尔根大坂科克萨依上石炭统—下二叠统中吾农山群上亚群	1:20万马海幅区域地质调查报告，1981年
29	青海大柴旦大头羊-塔塔楞河晚二叠世—早二叠世地层剖面	1:20万大柴旦幅区域地质调查报告，1980年
30	青海省大柴旦市底泉滩西中二叠统巴音河群剖面	1:20万大柴旦幅区域地质调查报告，1980年

续附表 6

编号	剖面名称	资料来源
31	青海省大柴旦镇塔塔楞河南岸石底泉中上二叠统剖面	青海省区域地质志,1991 年
32	青海省乌兰县灶火沟石炭系—二叠系中吾农山群土尔根大坂组剖面	青海省岩石地层,1997 年
33	柴达木德令哈市北宗务隆山土尔根大坂山二叠纪地层剖面	青海省地质志,柴达木地层区,宗务隆山分区,1991 年
34	青海南山南坡(南区)中二叠统剖面	1:20 万快日玛乡区域地质调查报告,1976 年
35	青海省德令哈东艾力斯坦滚艾尔沟上石炭统—下二叠统剖面	1:20 万快日玛乡区域地质调查报告,1976 年
36	青海共和青海南山上石炭统—下二叠统剖面	1:20 万共和幅区域地质测量报告,1971 年
37	青海共和倒淌河西约 15km,青海南山二叠系剖面	1:20 万共和幅区域地质测量报告,1971 年
38	青海省共和县切吉水库中二叠统碎屑岩夹碳酸盐组剖面	1:20 万新哲农场幅区域地质调查报告,1976 年
39	青海省共和青海南山主脊西侧晚石炭世—早二叠世果可山组剖面	1:25 万西宁市幅区域地质调查报告,2007 年
40	秦岭地层区雷鼓山和大海沟中二叠统剖面	1:20 万武都幅地质图说明书,1970 年
41	舟曲县中碑上石炭统—下二叠统剖面	1:20 万武都幅区域地质调查报告,1970 年
42	甘肃省武都县马家沟上石炭统—下二叠统大关山组剖面	甘肃省岩石地层,1977 年
43	柴达木南缘,老茫崖东南四角羊沟二叠系地层剖面	青海省区域地质志,1991 年
44	柴达木盆地西南缘石拐子沟云居萨依沟	柴达木盆地石炭—二叠系含油气前景探讨,1986 年
45	柴达木盆地西南缘祁漫塔格地区打柴沟下二叠统剖面	柴达木盆地石炭—二叠系含油气前景探讨,1986 年
46	柴北缘欧龙布鲁克剖面	柴达木盆地石炭—二叠系含油气前景探讨,1986 年
47	青海德令哈西欧龙布鲁克山北坡上石炭统—下二叠统扎布萨尕秀组剖面	1:20 万托素湖幅区域地质调查报告,1978 年
48	新疆阿克陶县阿其克塔什吉勒尕下二叠统简测剖面	1:25 万艾提开尔丁萨依幅、英吉沙县幅区域地质调查报告,2003 年
49	新疆阿克陶县克其克客依纳尔沟(C_2-P_1)哈拉米兰河群剖面	1:25 万艾提开尔丁萨依幅、英吉沙县幅区域地质调查报告,2003 年
50	新疆叶城县拜勒都-尤勒巴什东中二叠统棋盘组实测地层剖面	1:25 万叶城县幅区域地质调查报告,2004 年
51	阿羌火山岩剖面	1:25 万于田县幅区域地质调查报告,2004 年
52	新疆皮山县新藏线 324 道班西黄羊岭群路线地质剖面	1:25 万麻扎县幅、神仙湾幅(北半幅)区域地质调查报告,2003 年
53	图幅西南部苏盖提达坂、哈巴克达坂、玉龙格什河上游一带	1:25 万恰哈幅区域地质调查成果报告,2006 年
54	新疆和田县泉水沟脑北支沟黄羊岭群上砂板岩组(PH_3)、下砂板岩组(PH_1)实测剖面	1:25 万阿克萨依湖幅区域地质调查成果报告,2006 年
55	新疆策勒县玉龙喀什河南支沟二叠系黄羊岭群上板岩组路线地质实测剖面	1:25 万阿克萨依湖幅区域地质调查报告,2006 年
56	新疆策勒县玉龙喀什河二叠纪卡拉勒塔什群实测剖面	1:25 万阿克萨依湖幅区域地质调查成果报告,2006 年
57	西藏策勒县再依勒克河北二叠系再依勒克组($P_{1-2}z$)实测地层剖面	1:25 万阿克萨依湖幅区域地质调查成果报告,2006 年
58	邦扎错北空喀山组($P_{1-2}k$)地层剖面	1:25 万伯力幅区域地质调查报告,2004 年

续附表6

编号	剖面名称	资料来源
59	阿克苏河北剖面	1:25万伯力克幅区域地质调查报告,2004年
60	黄羊滩南西平沟一带再依勒克组剖面	1:25万于田县幅区域地质调查报告,2004年
61	黄羊滩南硫磺达坂砂岩剖面	1:25万于田县幅区域地质调查报告,2004年
62	叶桑岗二叠纪叶桑岗组剖面	1:25万且末县一级电站幅区域地质调查报告,2003年
63	横条山二叠纪树维门科组上段剖面	1:25万且末县一级电站幅区域地质调查报告,2003年
64	若羌县阿其格库勒双疙瘩碧云山组剖面	1:25万互石峡幅、阿尔金山幅区域地质调查报告,2003年
65	新疆若羌县青石山南中二叠统马尔争组实测地层剖面	1:25万阿牙克库木湖幅区域地质调查报告,2004年
66	青海省茫崖镇尕斯乡云居萨依石炭纪—二叠纪打柴沟组实测剖面	1:25万库郎米其提幅区域地质调查报告,2004年
67	青海省格尔木市乌图美仁乡巴音格勒呼都森中游北支沟石炭纪—二叠纪打柴沟组剖面	1:25万库郎米其提幅区域地质调查报告,2004年
68	青海省格尔木市格哈吐鲁尕图(四角羊沟)上石炭统—下二叠统打柴沟组剖面	青海省岩石地层,1977年
69	祁漫塔格北坡巴音郭勒河东岸肯得可克上石炭统—下二叠统剖面	1:20万伯克里克幅区域地质调查报告
70	祁漫塔格北坡四角羊沟上石炭统—中二叠统剖面	1:20万那棱格勒幅区域地质调查报告,1969年
71	祁漫塔格北坡野马泉晚石炭统—中二叠统	1:20万伯克里克幅区域地质调查报告
72	青海柴达木南那棱格勒河西哈是托沟脑西侧晚石炭世—早二叠世剖面	1:20万那棱格勒幅区域地质调查报告,1969年
73	青海省格尔木市大干沟北上石炭统—下二叠统大干沟组剖面	1:20万东温泉幅区域地质调查报告,1992年
74	格尔木市东大格勒沟上游求缔牛里生西五龙沟煤矿剖面	1:20万格尔木东农场幅区域地质调查报告,1983年
75	青海格尔木市格尔木河大干沟晚石炭世—早二叠世剖面	1:20万格尔木市幅区域地质调查报告,1981年
76	柴达木盆地南缘东昆仑山诺木洪河上游扫数滩尕努剖面	柴达木盆地石炭—二叠系含油气前景探讨,1986年
77	青海德令哈扎布萨尕秀剖面	柴达木盆地石炭—二叠系含油气前景探讨,1986年
78	青海省共和县过群西晚石炭世—早二叠世剖面下部层位	1:20万新哲农场幅区域地质调查报告,1976年
79	青海省共和县哇玉滩西上石炭统—下二叠统实测剖面	1:20万新哲农场幅区域地质调查报告,1976年
80	新疆于田县阿克苏河黄羊岭群实测剖面	1:25万伯力克幅区域地质调查报告,2003年
81	新疆于田县阿克苏河卡拉勒塔什群实测剖面	1:25万伯力克幅区域地质调查报告,2003年
82	黑龙山东 XLVIII 实测剖面	1:25万木孜塔格幅区域地质调查报告,2002年
83	向阳泉北部 XXIII 剖面	1:25万木孜塔格幅区域地质调查报告,2002年
84	乌鲁格河上游III号剖面	1:25万木孜塔格幅区域地质调查报告,2002年
85	线狭沟上游II号剖面	1:25万木孜塔格幅区域地质调查报告,2002年
86	黑顶山北 XLIX 号剖面	1:25万木孜塔格幅区域地质调查报告,2002年
87	阿其克库勒湖南 XLIII 实测剖面	1:25万木孜塔格幅区域地质调查报告,2002年
88	阿其克库勒湖南—道梁VII号剖面南段	1:25万鲸鱼湖幅区域地质调查报告,2002年
89	一道梁VII号剖面中段	1:25万鲸鱼湖幅区域地质调查报告,2002年
90	羚羊滩北4690高点剖面	1:25万鲸鱼湖幅区域地质调查报告,2002年
91	阿尔喀山地层小区4472剖面	1:25万鲸鱼湖幅区域地质调查报告,2002年
92	贝力克勒湖 XXVII 号剖面	1:25万鲸鱼湖幅区域地质调查报告,2002年

续附表 6

编号	剖面名称	资料来源
93	葫芦岭ⅩⅥ剖面	1:25 万鲸鱼湖幅区域地质调查报告,2002 年
94	黑熊沟ⅩⅢ号剖面	1:25 万鲸鱼湖幅区域地质调查报告,2002 年
95	喀尔瓦东二叠纪树维门科组上段上部分实测剖面	1:25 万鲸鱼湖幅区域地质调查报告,2002 年
96	喀尔瓦东二叠纪马尔争组下段一部地层实测剖面	1:25 万布喀达坂峰幅区域地质调查报告,2004 年
97	哈夏·克里克·得亚南二叠纪马尔争组上段实测剖面	1:25 万布喀达坂峰幅区域地质调查报告,2004 年
98	哈夏·克里克·得亚南二叠纪树维门科组上段下部分实测剖面	1:25 万布喀达坂峰幅区域地质调查报告,2004 年
99	哈夏·克里克·得亚南石炭纪—二叠纪浩特洛哇组实测剖面	1:25 万布喀达坂峰幅区域地质调查报告,2004 年
100	阿尔格山二叠世马尔争组中段实测剖面	1:25 万布喀达坂峰幅区域地质调查报告,2004 年
101	克其克孜苏南支沟二叠纪马尔争组下段上部分修测剖面	1:25 万布喀达坂峰幅区域地质调查报告,2004 年
102	克其克孜苏下游石炭纪—二叠纪浩特洛哇组实测剖面	1:25 万布喀达坂峰幅区域地质调查报告,2004 年
103	克其克孜苏南支沟石炭纪—二叠纪浩特洛哇组实测剖面	1:25 万布喀达坂峰幅区域地质调查报告,2004 年
104	青海格尔木市库赛湖地区红土沟—园顶山一带中二叠统布青山群剖面	1:20 万库赛湖幅区域地质调查报告,1992 年
105	库赛湖幅北侧圆头山红水河北岸圆头山组($P_{1-2}y$)剖面	1:25 万库赛湖幅区域地质调查报告,1992 年
106	青海省格尔木市中灶火南黑海西中二叠统碳酸盐岩组剖面	1:20 万开木棋陡里格幅区域地质调查报告,1986 年
107	大红石沟树维门科组剖面	1:25 万库赛湖幅区域地质调查报告,1992 年
108	测区北部羚羊水一带二叠系浩特洛娃组(CPh)	1:25 万库赛湖幅、不冻泉幅区域地质调查报告,1992 年
109	青海省格尔木市大灶火沟上游剖面	1:20 万开木棋陡里格幅区域地质调查报告,1986 年
110	红石山剖面	1:25 不冻泉幅区域地质调查报告,1992 年
111	青海省格尔木市西大滩煤矿园头山组第二段实测剖面	1:25 万不冻泉幅区域地质调查报告,1992 年
112	青海纳赤台小南川-昆仑河上游中二叠统地层剖面	1:20 万纳赤台幅区域地质调查报告,1993 年
113	青海省玉树修沟中二叠统地层剖面	1:20 万东温泉幅区域地质调查报告,1992 年
114	青海省都兰县马尔争二叠系树维门科组实测地层剖面	1:25 万阿拉克湖幅区域地质调查报告,2003 年
115	甘肃省玛曲县木西合乡决格宗沟二叠系布青山群马尔争上段修测剖面	1:25 万达日县幅区域地质调查报告,2006 年
116	甘肃省玛曲县木西合乡藏莫沟下二叠统布青山群马尔争组下段修测剖面	1:25 万达日县幅区域地质调查报告,2006 年
117	新疆和田市大红柳滩黄羊岭群实测地层剖面	1:25 万岔路口幅区域地质调查报告,2006 年
118	新疆和田县泉水沟脑东支沟黄羊岭群灰岩(凝灰岩)组实测地层剖面	1:25 万阿克萨依湖幅区域地质调查报告,2006 年
119	西藏日土县泉水沟实测地层剖面	1:25 万阿克萨依湖幅区域地质调查报告,2006 年
120	硝尔库勒-赛勒果勒(苏巴什-鲸鱼湖)蛇绿岩	1:25 万叶亦克幅区域地质调查报告,2003 年
121	黄羊岭群二段剖面	1:25 万黑石北湖幅区域地质调查报告,2003 年
122	黄羊岭群一段剖面	1:25 万黑石北湖幅区域地质调查报告,2003 年
123	牙甫克里克下中二叠统剖面	1:25 万奥依亚依拉克幅区域地质调查报告,2005 年
124	新疆且末县半岛湖二叠系黄羊岭群实测地层剖面	1:25 万奥依亚依拉克幅区域地质调查报告,2005 年
125	半岛湖黄羊岭组地层剖面	1:25 万羊湖幅区域地质调查报告,2005 年
126	四道沟中二叠世黄羊岭群实测剖面	1:25 万玛尔盖茶卡幅区域地质调查成果报告,2006 年

续附表 6

编号	剖面名称	资料来源
127	雪头河北中二叠世黄羊岭群实测剖面	1:25 万玛尔盖茶卡幅区域地质调查报告,2006 年
128	涌波湖西中二叠世黄羊岭群剖面	1:25 万区域玛尔盖茶卡幅区域地质调查报告,2006 年
129	青海省治多县可可西里地区太阳湖北二叠纪马尔争组实测剖面	1:25 万可可西里湖幅区域地质调查报告,2003 年
130	青海省玉树麻多格涌曲中二叠统剖面	1:20 万东温泉幅区域地质调查报告,1992 年
131	青海省都兰县宗加乡浩特洛哇石炭纪—二叠纪浩特洛哇组实测剖面	1:25 万阿拉克湖幅区域地质调查报告,2003 年
132	青海省久治县门常乡二叠系布青山群马尔争上段实测剖面	1:25 万达日县幅区域地质调查报告,2006 年
133	文县白马西北部上石炭统—二叠系大关山组剖面	1:20 万文县幅区域地质调查报告,1970 年
134	文县白马西南部上石炭统—二叠系大关山组剖面	1:20 万文县幅区域地质调查报告,1970 年
135	四川松潘县双河西沟晚石炭世—早二叠世西沟群剖面	1:20 万松潘幅区域地质调查报告,1975 年
136	平武银厂沟汞矿区中上石炭统—下二叠统西沟群剖面	1:20 万平武幅区域地质调查报告,1977 年
137	松潘县黄龙淘金沟中二叠统剖面	1:20 万松潘幅区域地质调查报告,1975 年
138	四川丹巴县东谷卡龙沟中二叠统三道桥组(P_2s)剖面	1:25 万康定县幅区域地质调查报告,2003 年
139	四川丹巴县半扇门乡关州-半扇门上石炭统—下二叠统西沟组(C_2P_1x)剖面	1:25 万宝兴县幅区域地质调查报告,2002 年
140	四川康定县金汤石刺嘛下二叠统铜陵沟组(P_1t)剖面	1:25 万宝兴县幅区域地质调查报告,2002 年
141	四川宝兴县饶碛乡东大河中二叠统三道桥组剖面	1:25 万宝兴县幅区域地质调查报告,2002 年
142	四川康定县,丹巴上石炭统—下二叠统雪宝顶组及西沟组剖面	1:25 万康定县幅区域地质调查报告,2003 年
143	九龙幅东部区甲黄沟中二叠统甲黄沟群地层剖面	1:20 万九龙幅区域地质调查报告,1977 年
144	乌孜别里克山口东南上石炭统—下二叠统恰提尔群实测剖面图	1:25 万艾提开尔丁萨依、英吉沙县幅区域地质调查报告,2005 年
145	新疆塔什库尔干县达布达乡塔什沟未分中二叠统地质路线剖面	1:25 万克克吐鲁克幅、塔什库尔干塔吉克自治县幅区域地质调查报告,2004 年
146	新疆塔什库尔干塔吉克自治县克勒青河克勒青土布拉克组路线地质剖面	1:25 万麻扎县幅、神仙湾幅区域地质调查报告,2003 年
147	新疆塔什库尔干塔吉克自治县克勒青河上游加温达坂群灰岩组实测剖面	1:25 万麻扎县幅、神仙湾幅区域地质调查报告,2003 年
148	新疆塔什库尔干自治县克勒青河上游加温大坂群白云岩组路线地质剖面	1:25 万麻扎县幅、神仙湾幅区域地质调查报告,2003 年
149	新疆皮山县神仙湾大沟二叠系神仙湾组 B 组实测地层剖面	1:25 万麻扎县幅、神仙湾幅区域地质调查报告,2003 年
150	新疆皮山县神仙湾大沟二叠纪神仙湾群 A 组实测地层剖面	1:25 万麻扎县幅、神仙湾幅(北半幅)区域地质调查报告,2003 年
151	新疆和田市红珊瑚南红珊瑚组实测地层剖面	1:25 万岔路口幅区域地质调查报告,2006 年
152	新疆和田市岔路口神仙湾组实测地层剖面	1:25 万岔路口幅区域地质调查报告,2006 年
153	新疆和田加勒万河下—中二叠统加温达坂剖面	1:25 万温泉幅松西幅区域地质调查报告,2005 年
154	西藏日土县空喀山口北早中二叠世地层实测剖面	1:25 万温泉幅松西幅区域地质调查报告,2005 年
155	新疆和田县空喀山口早中二叠世地层剖面	1:25 万温泉幅松西幅区域地质调查报告,2005 年

续附表6

编号	剖面名称	资料来源
156	新疆和田县空喀山口东早—中二叠世加温达坂组实测剖面	1:25万温泉幅、松西幅区域地质调查报告,2005年
157	西藏日土县红山湖晚石炭世—早二叠世地层实测剖面	1:25万温泉幅、松西幅区域地质调查报告,2005年
158	西藏自治区日土县拜惹布错东中二叠统先遣组实测剖面	1:25万黑石北湖幅区域地质调查报告,2003年
159	西藏改则县三岛湖下中二叠统曲地组实测地层剖面	1:25万托和平错幅区域地质调查报告,2006年
160	西藏尼玛县图北湖中下二叠统曲地组(P_1q)-图北湖组(P_2t)实测地层剖面	1:25万查多岗日幅区域地质调查报告,2005年
161	西藏尼玛县图北湖下二叠统曲地组下段(P_1q^1)实测地层剖面	1:25万查多岗日幅区域地质调查报告,2005年
162	西藏申扎县长梁山下中二叠统曲地组($P_{1-2}q$)实测剖面	1:25万丁固幅区域地质调查报告,2005年
163	西藏申扎县长梁山下二叠统展金组(P_1z)实测剖面	1:25万丁固幅区域地质调查报告,2005年
164	红云梁石炭纪—早二叠世西金乌兰群碎屑岩组实测剖面	1:25万玛尔盖茶卡幅区域地质调查报告,2006年
165	西藏尼玛县从岭坡中二叠统灰岩组实测剖面	1:25万布若幅区域地质调查报告,2006年
166	玛尔盖茶卡东石炭纪—早二叠世西金乌兰群火山岩组实测剖面	1:25万玛尔盖茶卡幅区域地质调查成果报告,2006年
167	西藏常雾梁石炭纪—早二叠世西金乌兰群碎屑岩组实测剖面	1:25万玉帽山幅区域地质调查报告,2006年
168	西藏向东沙河南石炭纪—早二叠世西金乌兰群火山岩组实测剖面	1:25万玉帽山幅区域地质调查报告,2006年
169	西藏常雾梁南石炭纪—早二叠世西金乌兰群火山岩组实测剖面	1:25万玉帽山幅区域地质调查报告,2006年
170	西藏双端湖西石炭纪—早二叠世西金乌兰群碎屑岩组实测剖面	1:25万玉帽山幅区域地质调查报告,2006年
171	杂多县西部尼日阿错改南部查吾曲中二叠统诺日巴尕日保组实测剖面	1:25万玉安多县幅区域地质调查报告,2004年
172	美木陇切扎日根组实测地层剖面	1:25万仑来拉幅区域地质调查报告,2006年
173	红土沟石炭纪—早二叠世西金乌兰群碎屑岩组实测剖面	1:25万玛尔盖茶卡幅区域地质调查成果报告,2006年
174	青海省治多县可可西里地区西金乌兰湖构造混杂岩带实测剖面	1:25万可可西里湖幅区域地质调查报告,2003年
175	青海省治多县可可西里地区蛇形沟西构造混杂岩带实测剖面	1:25万可可西里湖幅区域地质调查报告,2003年
176	青海玉树治多县巴音查乌马蛇绿构造混杂岩实测剖面	1:25万沱沱河幅区域地质调查报告,2005年
177	青海省玉树县结隆乡德琼达蛇绿混杂岩实测地层剖面	1:25万玉树县幅区域地质调查报告,2006年
178	波密幅金沙江沿岸中下二叠统剖面	1:20万波密幅区域地质调查报告,1977年
179	金沙江沿岸晚古生代蛇绿混杂堆积	1:20万得荣幅区域地质调查报告,1977年
180	云南德钦奔子栏,中二叠统剖面	1:20万古学幅区域地质调查报告,1982年
181	云南德钦奔子栏伏龙桥晚石炭世—早二叠世地层剖面	1:20万古学幅区域地质调查报告,1982年
182	青海省格尔木市唐古拉山乡诺日巴纳保开心岭群(九十道班组)修测地层剖面	1:25万沱沱河幅区域地质调查报告,2005年
183	青海省格尔木市唐古拉山乡诺日巴纳保开心岭群(CPK)修测地层剖面	1:25万沱沱河幅区域地质调查报告,2005年

续附表6

编号	剖面名称	资料来源
184	青海省格尔木市周琼玛鲁中二叠统诺日巴尕日保组—上二叠统那益雄组实测剖面	1:25万温泉兵站幅区域地质调查报告,2005年
185	青海省格尔木市唐古拉山乡札日根二叠纪开心岭群(九十道班组)实测剖面	1:25万沱沱河幅区域地质调查报告,2005年
186	青海省格尔木市唐古拉山乡诺日巴纳保开心岭群(CPK)修测地层剖面	1:25万沱沱河幅区域地质调查报告,2005年
187	青海省格尔木市尕白中二叠统尕笛改组实测地层剖面	1:25万温泉兵站幅区域地质调查报告,2005年
188	青海省治多县尕窝玛二叠纪九十道班实测地层剖面	1:25万直根尕卡幅区域地质调查报告,2005年
189	青海省杂多县玛日阿达州二叠纪扎日根组实测地层剖面	1:25万直根尕卡幅区域地质调查报告,2005年
190	青海省杂多县苟果尕二叠世尕笛考组实测剖面	1:25万直根尕卡幅区域地质调查报告,2005年
191	青海省杂多县巴庆大队东侧中二叠统扎日根组实测剖面	1:25万仑来拉幅区域地质调查报告,2006年
192	青海省杂多县旦荣乡巴庆村诺日巴尕日保组底部硅质岩实测剖面	1:25万仑来拉幅区域地质调查报告,2006年
193	青海省杂多县阿日永二叠纪诺日巴尕日保组实测地层剖面	1:25万直根尕卡幅区域地质调查报告,2005年
194	青海省杂多县左支二叠纪诺日巴尕日保组实测地层剖面	1:25万直根尕卡幅区域地质调查报告,2005年
195	青海省杂多县当朗赛二叠纪尕笛改组实测剖面	1:25万直根尕卡幅区域地质调查报告,2005年
196	青海省杂多县旦荣乡巴庆大队诺日巴尕日保组下部地层实测剖面	1:25万仑来拉幅区域地质调查报告,2006年
197	青海省格尔木市唐古拉乡郭仑乐玛二叠纪诺日巴尕日保组(Pnr)实测剖面	1:25万沱沱河幅区域地质调查报告,2005年
198	青海省治多县索加乡东日日纠地区扎日根组和那益雄组(Pn)地层实测剖面	1:25万曲柔尕卡幅区域地质调查报告,2005年
199	青海省治多县群曲公过早中二叠世九十道班组(Pj)实测剖面	1:25万曲柔尕卡幅区域地质调查报告,2005年
200	青海省治多县采佛果二叠纪九十道班组实测剖面	1:25万曲麻莱县幅区域地质调查报告,2005年
201	青海省治多县尕日扎仁北尕日扎仁组-索加组实测地层剖面	1:25万直根尕卡幅区域地质调查报告,2005年
202	青海省杂多县尕日赛脑贡玛二叠纪尕笛考组实测剖面	1:25万直根尕卡幅区域地质调查报告,2005年
203	青海省杂多县麻贡玛曲二叠纪尕笛考组实测剖面	1:25万直根尕卡幅区域地质调查报告,2005年
204	青海省杂多县结札乡二叠世九十道班组实测剖面	1:25万治多县幅区域地质调查报告,2006年
205	青海省杂多县结札乡中二叠统九十道班组实测地层剖面	1:25万仑来拉幅区域地质调查报告,2006年
206	青海省杂多县结札乡贡纳涌二叠纪诺日巴尕日保组实测剖面	1:25万治多县幅区域地质调查报告,2006年
207	青海省杂多县结扎乡贡纳海早二叠世尕笛考组实测剖面地层剖面	1:25万治多县幅区域地质调查报告,2006年
208	青海省杂多县昂赛乡札格涌二叠纪诺日巴尕日保组实测地层剖面	1:25万杂多县幅区域地质调查报告,2006年
209	青海省杂多县结札乡尕毛登走早二叠世尕笛考组修测剖面	1:25万杂多县幅区域地质调查报告,2006年
210	青海省襄谦县看晓乡马英嘎二叠纪开心岭群诺日巴尕日保组实测剖面	1:25万杂多县幅区域地质调查报告,2006年
211	昌都妥坝早中二叠世岩相剖面	西南三江地区沉积地质与成矿,1992年

续附表 6

编号	剖面名称	资料来源
212	贡觉色尕早中二叠世岩相剖面	西南三江地区沉积地质与成矿,1992 年
213	西藏芒康县小邦达区交嘎乡中二叠统交嘎组(P_2j)剖面	西藏自治区区域地质志,1993 年
214	云南省兰坪县石凳乡拉竹笼二叠系剖面	云南省区域地质志,1990 年
215	青海省治多县立新乡贡特涌早二叠世笛改组修测剖面	1:25 万玉树县幅区域地质调查报告,2006 年
216	西藏芒康县莽错莽错组(P_2m)剖面	西藏自治区区域地质志,1993 年
217	白玉县欧纳下二叠统冰峰组剖面	1:25 万新龙县幅区域地质调查报告,2003 年
218	中咱区中二叠统剖面	1:20 万波密幅区域地质调查报告,1977 年
219	中咱巴乡岭-顶坡(C_2—P_1)剖面	1:20 万波密幅区域地质调查报告,1977 年
220	四川古学茨弄-毛屋中二叠统剖面	1:20 万古学幅区域地质调查报告,1982 年
221	云南省中甸县尼西上石炭统—下二叠统石破组地层剖面	1:20 万古学幅区域地质调查报告,1982 年
222	贡岭幅水洛乡邛依沟纳嘎-布德桥中下二叠统剖面	1:20 万贡岭幅区域地质调查报告,1984 年
223	云南北部相区下中二叠统中村组地层剖面	1:20 万永宁幅区域地质调查报告,1980 年
224	九龙幅西部区日斯公中二叠统日斯公组,戈洛组剖面	1:20 万九龙幅区域地质调查报告,1977 年
225	木里水洛乡邛依上石炭统—下二叠统剖面	1:20 万贡岭幅区域地质调查报告,1984 年
226	云南大坝厂区中下二叠统地层剖面	1:20 万永宁幅区域地质调查报告,1980 年
227	四川省江油石门沟上石炭统—下二叠统船山群剖面	1:20 万平武幅区域地质调查报告,1977 年
228	四川北川县南五一煤矿地区中下二叠统地层剖面	1:20 万绵阳幅区域地质测量报告,1973 年
229	四川杨开-大色大飞水中下二叠统梁山组,栖霞组,茅口组剖面	1:20 万邛崃幅区域地质调查报告,1976 年
230	四川宝兴县中坝乡小关子中二叠统峨眉山玄武岩组剖面	1:25 万宝兴县幅区域地质调查报告,2002 年
231	四川芦山县中林乡下井溪下二叠统阳新组(P_1y)剖面	1:25 万宝兴县幅区域地质调查报告,2002 年
232	四川峨眉山中下二叠统梁山组—栖霞组—茅口组剖面	1:20 万峨眉山区域地质测量报告
233	峨边县马边县地区中下二叠统剖面	1:20 万马边幅区域地质测量查报告,1971 年
234	四川甘孜火木山地区中下二叠统剖面	1:20 万石棉幅区域地质测量报告,1974 年
235	四川省甘洛县波波乡中下二叠统地层剖面	1:20 万石棉幅区域地质测量报告,1974 年
236	云南美姑河上游西侧中下二叠统地层剖面	1:20 万冕宁幅区域地质测量报告,1967 年
237	雷波-菖芝坝等地中下二叠统剖面	1:20 万雷波幅区域地质测量报告,1972 年
238	云南宁蒗县老龙洞中下二叠统剖面	1:20 万永宁幅区域地质调查报告,1980 年
239	云南宁蒗县西漂落中二叠统上部古漂落组剖面	1:20 万永宁幅区域地质调查报告,1980 年
240	雅路江及盐源县东白林山下中二叠统剖面	1:20 万盐源幅区域地质测量报告,1971 年
241	盐边干海子上石炭统—下二叠统剖面	1:20 万盐边幅区域地质调查报告,1972 年
242	蝉占河干海子下二叠统梁山组剖面	1:20 万盐边幅区域地质调查报告,1972 年
243	松林坪地区中下二叠统梁山组—栖霞组—茅口组剖面	1:20 万西昌幅区域地质调查报告,1965 年
244	米易县与巧家县中下二叠统梁山组—栖霞组—茅口组剖面	1:20 万米易幅区域地质调查报告,1979 年
245	咸宁县海改地中二叠统栖霞组—茅口组剖面	1:20 万鲁甸幅区域地质调查报告,1978 年

续附表6

编号	剖面名称	资料来源
246	威宁县海改地下二叠统梁山组剖面	1:20万鲁甸幅区域地质调查报告,1978年
247	云南会泽县矿山厂上石炭统—下二叠统剖面	1:20万东川幅区域地质调查报告,1980年
248	会理幅下中二叠统剖面	1:20万会理幅区域地质测量报告,1970年
249	东川市白泥井中二叠统栖霞组剖面新村北一带	1:20万东川幅区域地质调查报告,1980年
250	宣威县热水镇大营上茅口组剖面	1:20万东川幅区域地质调查报告,1980年
251	会泽县矿山厂下二叠统梁山组地层剖面	1:20万东川幅区域地质调查报告,1980年
252	云南省路南县小村下二叠统倒石头组剖面	1:20万宜良幅区域地质调查报告,1973年
253	云南省路南县豆里村-文碧山栖霞组—茅口组剖面	1:20万宜良幅区域地质调查报告,1973年
254	西藏日土县月牙达坂二叠系曲地组一段(P_2q^1)剖面	1:25万土则岗日幅区域地质调查报告,2004年
255	西藏日土县独立石湖二叠系曲地组二段(P_2q^2)剖面	1:25万土则岗日幅区域地质调查报告,2004年
256	西藏改则县托和平错-鸭子湖石炭系—二叠系展金组剖面	1:25万托和平错幅区域地质调查报告,2006年
257	西藏改则县托和平错南石炭系—二叠系展金组(C_2P_1zh)实测剖面	1:25万托和平错幅区域地质调查报告,2006年
258	西藏日土县多玛区胜利山南中二叠世吞龙共巴组实测剖面	1:25万温泉幅、松西幅区域地质调查报告,2005年
259	西藏日土县多玛区科尼芜马中晚二叠世地层剖面	1:25万温泉幅、松西幅区域地质调查报告,2005年
260	西藏日土县展金河下二叠统曲地组剖面	1:25万温泉幅、松西幅区域地质调查报告,2005年
261	西藏日土县多玛曲区吉普村北擦蒙-展金河晚石炭早二叠世地层剖面	1:25万温泉幅、松西幅区域地质调查报告,2005年
262	西藏日土县多玛区吉普村脱塔拉中二叠统吞龙共巴组(P_2t)剖面	1:25万温泉幅、松西幅区域地质调查报告,2005年
263	西藏日土县多玛区清水河下二叠统曲地组剖面	1:25万温泉幅、松西幅区域地质调查报告,2005年
264	西藏日土县清水河早二叠世曲地组—中二叠世吞龙共巴组、龙格组剖面	1:25万温泉幅、松西幅区域地质调查报告,2005年
265	西藏日土县多玛区热合盘中二叠统龙格组,吞龙共巴组剖面	1:25万温泉幅、松西幅区域地质调查报告,2005年
266	西藏日土县鲁卡尔杂中二叠统龙格组(P_2lg)剖面	1:25万羌多幅区域地质调查报告,2006年
267	西藏日土县嘎尔倒早—中二叠世吞龙共巴组($P_{1-2}t$)实测剖面	1:25万羌多幅区域地质调查报告,2006年
268	西藏日土县甲住县早二叠世曲地组中上段(P_1g^{2-3})实测剖面	1:25万羌多幅区域地质调查报告,2006年
269	西藏日土县日玛尕尔毛中二叠统龙格组(P_2lg)实测剖面	1:25万羌多幅区域地质调查报告,2006年
270	西藏革吉县木实热不吉曲地组上段(P_1g^3)吞龙共巴组($P_{1-2}t$)	1:25万羌多幅区域地质调查报告,2006年
271	西藏日土县野马滩早二叠世曲地组下段(P_1q^1)实测剖面	1:25万羌多幅区域地质调查报告,2006年
272	西藏日土县普格牙尔嘎早二叠世曲地组中上段(P_1q^{2-3})实测剖面	1:25万羌多幅区域地质调查报告,2006年
273	西藏革吉县大龙沟西下二叠统展金组(P_1z)实测剖面	1:25万加措幅区域地质调查报告,2005年
274	西藏改则县乱石沟下二叠统展金组剖面	1:25万加措幅区域地质调查报告,2005年
275	西藏改则县加措东曲地组($P_{1-2}q$)剖面	1:25万加措幅区域地质调查报告,2005年

续附表 6

编号	剖面名称	资料来源
276	西藏改则县财那哈中二叠统龙格组剖面	1:25万加措幅区域地质调查报告,2005年
277	西藏改则县萨门熊中二叠统龙格组第一、二段实测剖面	1:25万加措幅区域地质调查报告,2005年
278	西藏改则县杂阿茶柔都嘎中二叠统龙格组剖面	1:25万丁固幅区域地质调查报告,2005年
279	西藏改则县查尔康错那勒中二叠统龙格组实测地层剖面	1:25万改则县幅区域地质调查报告,2006年
280	西藏尼玛县依布茶卡札嘎吞龙共巴组($P_{1-2}t$)	1:25万日干配错幅区域地质调查报告,2006年
281	西藏改则县而尔嘎错下-中二叠统曲地组($P_{1-2}g$)剖面	1:25万丁固幅区域地质调查报告,2005年
282	西藏改则县波杂亚龙下二叠统展金组(P_1z)实测剖面	1:25万丁固幅区域地质调查报告,2005年
283	西藏双湖才多茶卡二叠系蛇绿岩岩片构造地层实测剖面	1:25万吐错幅区域地质调查报告,2006年
284	西藏尼玛县依布茶卡中二叠统龙格组(P_1l)实测剖面	1:25万日干配错幅区域地质调查报告,2006年
285	西藏尼玛县依而茶卡下中二叠统鲁谷岩组实测地层剖面	1:25万玛依岗日幅区域地质调查报告,2006年
286	西藏尼玛县维多乡孜师加波日中二叠统吞龙共巴组实测剖面	1:25万帕度错幅区域地质调查报告,2006年
287	西藏双湖山字形山下-中二叠统鲁谷岩组实测地层剖面	1:25万吐错幅区域地质调查报告,2006年
288	西藏丁青县觉恩乡石炭系-二叠系苏如卡岩组剖面	1:25万丁青县幅地质调查报告,2004年
289	西藏丁青县桑多巴乡苏如卡石炭系—二叠系苏如卡岩组剖面	1:25万丁青县幅地质调查报告,2004年
290	西藏丁青县桑多乡多伦蛇绿岩实测剖面	1:25万比如县幅、丁青县幅、嘉黎县幅、边坝县幅区域地质调查报告,2005年
291	保山地块中带保山云瑞主辛金一带剖面	西南三江地区沉积地质与成矿,罗建宁,1992年
292	保山县金鸡-大凹子早二叠世丙麻组剖面	云南省岩石地层,1996年
293	保山河湾街早中二叠世岩相剖面	西南三江地区沉积地质与成矿,1992年
294	施甸旺东大坡脚东山坡一带剖面	西南三江地区沉积地质与成矿,罗建宁,1992年
295	西藏申扎县昂杰下二叠统昂杰组实测剖面	1:25万多巴区幅区域地质调查报告,2003年
296	西藏安多县扎仁乡曲汝沟下二叠统下拉组(P_1x)剖面	1:25万那曲县幅区域地质调查报告,2005年
297	西藏狮泉河羊尾山上石炭下二叠统拉嘎组(C_2P_1l)剖面	1:25万斯诺乌山幅、狮泉河幅区域地质调查报告,2004年
298	西藏狮泉河羊尾山下中二叠统昂杰组($P_{1-2}a$)实测剖面	1:25万斯诺乌山幅、狮泉河幅区域地质调查报告,2004年
299	西藏普兰县章称早二叠世才巴弄混杂岩组(P_1cm)基质实测剖面	1:25万亚热幅、普兰县幅区域地质调查报告,2006年
300	西藏仲巴县才巴弄早二叠世才巴弄组(P_1c)实测剖面	1:25万亚热幅、普兰县幅区域地质调查报告,2006年
301	西藏革吉县麻米乡拉弄嘎玻中二叠统下拉组剖面	1:25万赛利普幅区域地质调查报告,2004年
302	西藏改则县拉清乡蹦克弄拉晚石炭世—早二叠世拉嘎组(C_2P_1l)	1:25万赛利普幅区域地质调查报告,2004年
303	西藏改则县拉清乡汤模长中二叠统下拉组(P_2x)下二叠统昂杰组实测剖面	1:25万赛利普幅区域地质调查报告,2004年
304	西藏改则县拉秦乡拉果错中二叠统下拉组(P_2x)实测地层剖面	1:25万措勤县幅区域地质调查报告,2004年
305	西藏改则县次日邦嘎下二叠统下拉组(P_1x)实测剖面	1:25万改则县幅区域地质调查报告,2006年

续附表 6

编号	剖面名称	资料来源
306	西藏改则县口甲龙乡永错下二叠统昂杰组(P_1a)实测剖面	1:25 万措勤县幅区域地质调查报告,2003 年
307	西藏申扎县剥康巴织日阿弄中二叠统下拉组(P_2x)实测地层剖面	1:25 万措勤县幅区域地质调查报告,2003 年
308	中祁连下—中二叠统巴音河群剖面	青藏高原及邻区地质图说明书(1:150 万),2005 年
309	北祁连上二叠统肃南组(P_3s)剖面	青藏高原及邻区地质图说明书(1:150 万),2005 年
310	西藏日土县普格牙尔嘎早二叠世曲地组中上段(P_1q^{2-3})实测剖面	1:25 万羌多幅区域地质调查报告,2006 年
311	西藏革吉县木实热不吉曲地组上段(P_1q^3)吞龙共巴组($P_{1-2}t$)	1:25 万羌多幅区域地质调查报告,2006 年
312	西藏仲巴县隆格尔乡色弄上石炭统—下二叠统拉嘎组剖面	1:25 万赛利普幅地质调查报告,2004 年
313	西藏仲巴县布鲁错东隆格拉-帕荣拉早二叠世昂杰组(P_1a)实测剖面	1:25 万霍尔巴幅、巴巴扎东幅区域地质调查报告,2006 年
314	西藏措助县江让乡鲁多中二叠统下拉组(P_2x)地层剖面	1:25 万措勤区幅区域地质调查报告,2004 年
315	西藏措助县江让乡鲁多下二叠统昂杰组(P_1a)地层剖面	1:25 万措勤区幅区域地质调查报告,2004 年
316	西藏措助县江让乡懂则-总堆 C_1y—P_2x 实测地层剖面	1:25 万措勤区幅区域地质调查报告,2004 年
317	西藏他布-扎弄奴玛中二叠统下拉组(P_2x)剖面	1:25 万措麦幅区域地质调查报告,2002 年
318	西藏措助县他布-扎弄努玛下二叠统昂杰组(P_1a)实测剖面	1:25 万措麦幅区域地质调查报告,2002 年
319	西藏措助县结靶下二叠统昂杰组(P_1a)剖面	1:25 万措麦幅区域地质调查报告,2002 年
320	西藏措助县结靶下二叠统拉嘎组(P_1l)实测剖面	1:25 万措麦区幅区域地质调查报告,2002 年
321	西藏措助县阿喔中二叠统下拉组(P_2x)实测剖面	1:25 万措麦幅区域地质调查报告,2002 年
322	西藏措助县阿喔下二叠统昂杰组(P_1a)实测剖面	1:25 万措麦幅区域地质调查报告,2002 年
323	西藏措助县阿喔早二叠世拉嘎组(P_1l)地层实测剖面	1:25 万措麦区幅区域地质调查报告,2002 年
324	西藏措助县吓弄中二叠世下拉组(P_2x)剖面	1:25 万措麦区幅区域地质调查报告,2002 年
325	西藏尼玛县格弄下二叠统昂杰组(P_1a)实测剖面	1:25 万邦多区幅区域地质调查报告,2002 年
326	西藏双湖山字形山,下—中二叠统鲁谷岩组实测地层剖面	1:25 万吐错幅区域地质调查报告,2006 年
327	青海省治多县尕日扎仁北尕日扎仁组-索加组实测地层剖面	1:25 万直根尕卡幅区域地质调查报告,2005 年
328	西藏尼玛县加让下二叠统昂杰组(P_1a)实测剖面	1:25 万尼玛区幅区域地质调查报告,2002 年
329	青海省杂多县阿日永二叠纪诺日巴尕日保组实测地层剖面	1:25 万直根尕卡幅区域地质调查报告,2005 年
330	西藏尼玛县吉勒-下二叠统实测剖面	1:25 万热布喀幅区域地质调查报告,2002 年
331	西藏尼玛县吉勒上石炭统—下二叠统拉嘎组(C_2P_1l)实测剖面	1:25 万热布喀幅区域地质调查报告,2002 年
332	西藏昂仁县厄容上石炭—下二叠统拉嘎组(C_2P_1l)实测剖面	1:25 万热布喀幅区域地质调查报告,2002 年
333	西藏昂仁县吐克普下—中二叠统实测剖面	1:25 万热布喀幅区域地质调查报告,2002 年
334	西藏申扎县德日昂玛—下拉山上石炭统—下二叠统拉嘎组剖面	1:25 万多巴区幅区域地质调查报告,2003 年
335	西藏申扎县德日昂玛-下拉山下二叠统昂杰组实测剖面	1:25 万多巴区幅区域地质调查报告,2003 年

续附表 6

编号	剖面名称	资料来源
336	西藏申巴县德日昂玛-下拉山中二叠统下拉组实测剖面	1:25万多巴区幅区域地质调查报告,2003年
337	西藏申扎县昂杰下二叠统昂杰组实测剖面	1:25万多巴区幅区域地质调查报告,2003年
338	西藏申扎县昂杰上石炭统—下二叠统拉嘎组实测剖面	1:25万多巴区幅区域地质调查报告,2003年
339	西藏申扎县塔尔玛乡扎扛-木纤错下二叠统昂杰组(P_1a)剖面	1:25万申扎县幅区域地质调查报告,2003年
340	西藏申扎县塔尔玛乡扎扛-木纤错中二叠统下拉组(P_2x)实测剖面	1:25万申扎县幅区域地质调查报告,2003年
341	西藏扎申县塔尔玛乡扎扛-木纤错上石炭统—下二叠统拉嘎组(C_2P_1L)剖面	1:25万申扎县幅区域地质调查报告,2003年
342	西藏谢通门县查拉乡上石炭统—下二叠统昂杰组(C_2P_1a)实测剖面	1:25万拉孜县幅区域地质调查报告,2003年
343	西藏谢通门县龙桑区麦打张二叠纪下拉组($P_{1-2}x$)实测剖面	1:25万拉孜县幅区域地质调查报告,2003年
344	西藏谢通门县龙桑区麦弄村打张下二叠统下拉组剖面(P_1x)	1:25万日喀则市幅区域地质调查报告,2004年
345	西藏班戈县保吉乡上石炭—下二叠统(C_2P_1lg)拉嘎组剖面	1:25万当雄县幅区域地质调查报告,2003年
346	西藏堆龙德庆乡根觉中二叠世下拉组剖面	1:25万当雄县幅区域地质调查报告,2003年
347	西藏班戈县根觉乡下二叠统昂杰组(P_1a)剖面	1:25万当雄县幅区域地质调查报告,2003年
348	西藏安多县扎沙区甲布弄下二叠统下拉组(P_1x)路线剖面	1:25万兹格唐错幅区域地质调查报告,2004年
349	西藏谢通门县龙桑区麦打张中下二叠统下拉组($P_{1-2}x$)实测剖面	1:25万拉孜县幅区域地质调查报告,2003年
350	西藏改则县次日邦嘎下二叠统下拉组(P_1x)实测剖面	1:25万改则县幅区域地质调查报告,2006年
351	西藏改则县查尔康错那勒中二叠统龙格组实测地层剖面	1:25万改则县幅区域地质调查报告,2006年
352	西藏尼玛县依布茶卡札嘎吞龙共巴组($P_{1-2}t$)	1:25万日干配错幅区域地质调查报告,2006年
353	西藏当雄县果立乡吉龙沟石膏矿上石炭统—下二叠统来姑组第三岩性段剖面	1:25万门巴区幅区域地质调查报告,2005年
354	西藏当雄县坝嘎乡南绒土鲁沟上石炭统—下二叠统来姑组剖面	1:25万门巴区幅区域地质调查报告,2005年
355	西藏墨工卡县门巴乡上石炭统—下二叠统来姑组第三岩段剖面	1:25万门巴区幅区域地质调查报告,2005年
356	西藏墨竹工卡县蒙果弄沟中二以洛巴堆组(P_2l)地层剖面	1:25万门巴区幅区域地质调查报告,2005年
357	西藏嘉黎县桑巴乡凯蒙沟中二叠统巴洛堆组(P_2l)地层实测剖面	1:25万门巴区幅区域地质调查报告,2005年
358	四川丹巴县半扇门乡关州—半扇门上石炭统—下二叠统西沟组(C_2P_1x)剖面	1:25万宝兴县幅区域地质调查报告,2002年
359	西藏工布江达县巴河镇巴河上石炭统—下二叠统来姑组剖面	1:25万林芝县幅区域地质调查报告,2003年
360	西藏林芝县百巴镇果园新村上石炭统—下二叠统来姑组简测剖面	1:25万林芝幅区域地质调查报告,2003年
361	西藏嘉黎县嘉黎区色东晚石炭世—早二叠世来姑组(C_2P_1l)剖面	1:25万嘉黎县幅区域地质调查报告,2004年

续附表6

编号	剖面名称	资料来源
362	西藏波密县卡达桥-倾多晚石炭世—早二叠世来姑组(C_2P_1l)剖面	1:25万边坝县幅区域地质调查报告,2004年
363	西藏波密县普拿-育仁晚石炭世—早二叠世来姑组(C_2P_1l)剖面	1:25万边坝县幅区域地质调查报告,2004年
364	西藏波密县普拿-育人中二叠世洛巴堆组(P_2l)剖面	1:25万边坝县幅区域地质调查报告,2004年
365	西藏波密县丁纳卡-西马二叠纪中统洛巴堆组(P_2l)剖面	1:25万边坝县幅区域地质调查报告,2004年
366	西藏波密县倾多乡倾多-古桐来姑组(C_2P_1l),洛巴堆组剖面	1:25万墨脱县幅区域地质调查报告,2003年
367	云南省腾冲县北二叠系剖面	云南省区域地质志,1990年
368	西藏日土县空喀山口中二叠世吞龙共巴组剖面	1:25万温泉幅、松西幅区域地质调查报告,2005年
369	西藏扎达县曲松乡中二叠统曲嘎组(P_2qg)剖面	1:25万斯诺乌山幅、狮泉河幅区域地质调查报告,2004年
370	北祁连下二叠统大黄沟组及中二叠统窑沟组	青藏高原及邻区地质图及说明书(1:150万),2005年
371	西藏普兰县江龙马早二叠世基龙组(P_1j)实测剖面	1:25万亚热幅、普兰县幅区域地质调查报告,2005年
372	西藏普兰县公珠错南曲嘎组一段实测剖面	1:25万亚热幅、普兰县幅区域地质调查报告,2005年
373	西藏普县江龙玛中—晚二叠世色龙群($P_{2-3}s$)实测剖面	1:25万亚热幅、普兰县幅区域地质调查报告,2005年
374	西藏仲巴县宗弄中晚二叠世曲嘎组一段($P_{2-3}qg^1$)实测剖面	1:25万霍尔巴幅、巴巴扎东幅区域地质调查报告,2006年
375	西藏中巴县作朗木作中晚二叠世曲嘎组二段($P_{2-3}qg^2$)实测剖面	1:25万霍尔巴幅、巴巴扎东幅区域地质调查报告,2006年
376	西藏仲巴县康扎中晚二叠世曲嘎组三段($P_{2-3}qg^3$)实测剖面	1:25万霍尔巴幅、巴巴扎东幅区域地质调查报告,2006年
377	西藏吉隆县吉隆沟温嘎洞下二叠统基龙组实测剖面	1:25万萨嘎幅、吉隆幅区域地质调查报告,2003年
378	西藏聂拉木县色龙东山二叠系基龙组(P_1j)和色龙群($P_{2+3}S$)	1:25万聂拉木县幅区域地质调查报告,2003年
379	西藏日土县多玛区吞龙共巴西沟中二叠世吞龙共巴组剖面	1:25万温泉幅、松西幅区域地质调查报告,2005年
380	西藏昂仁县桑桑区普勒下二叠统昂杰组(P_1a)实测剖面	1:25万桑桑幅区域地质调查报告,2003年
381	西藏昂仁浪错中二叠统浪错岩块实测剖面	1:25万拉孜县幅区域地质调查报告,2003年
382	西藏萨迦县普马石炭系—二叠系地层实测剖面	1:25万定结县幅、陈塘区幅区域地质调查报告,2003年
383	西藏定结萨尔库间二叠系剖面	1:25万定结县幅、陈塘区幅区域地质调查报告,2003年
384	西藏定结县几脚二叠系地层实测剖面	1:25万定结县幅、陈塘区幅区域地质调查报告,2003年
385	西藏浪卡子县鲁雄曲中二叠统卡惹拉组(P_2ka)剖面	1:25万洛扎县幅区域地质调查报告,2003年
386	西藏浪卡子县康桑巴-省那中二叠统卡惹拉组(P_2ka)实测剖面	1:25万洛扎县幅区域地质调查报告,2003年

附表7 青藏高原及邻区晚二叠世构造-岩相古地理图引用剖面一览表

编号	剖面名称	资料来源
1	新疆阿克陶县克斯麻克上二叠统实测剖面	1:25万艾提开尔丁萨依幅、英吉沙县幅区域地质调查报告,2003年
2	新疆阿克陶县七美干上二叠统达里约尔组剖面	1:25万艾提开尔丁萨依幅、英吉沙县幅区域地质调查报告,2003年
3	新疆叶城县尤勒巴什东上二叠统达里约尔组实测地层剖面	1:25万叶城县幅区域地质调查报告,2003年
4	新疆塔什库尔干塔吉克族自治县克勒青河上游阿格勒达坂组路线地质剖面	1:25万麻扎县幅、神仙湾幅(北半幅)区域地质调查报告,2003年
5	新疆叶城县欣都科里湖南侧二叠系温泉山组路线地质剖面	1:25万麻扎县幅、神仙湾幅区域地质调查报告,2003年
6	新疆和田市大红柳滩黄羊岭群实测地层剖面	1:25万岔路口幅区域地质调查报告,2006年
7	图幅西南部苏盖提达坂、哈巴克达坂、玉龙格什河上游一带剖面	1:25万恰哈幅区域地质调查成果报告,2006年
8	新疆和田县泉水沟脑北支沟黄羊岭群上砂板岩组(PH^3),下砂板岩组(PH^1)实测剖面	1:25万阿克萨依湖幅区域地质调查成果报告,2006年
9	新疆和田县泉水沟脑东支沟黄羊岭群灰岩(凝灰岩)组实测地层剖面	1:25万阿克萨依湖幅区域地质调查报告,2006年
10	新疆策勒县玉龙喀什河南支沟二叠系黄羊岭群上板岩组路线地质实测剖面	1:25万阿克萨依湖幅区域地质调查报告,2006年
11	新疆策勒县玉龙喀什河二叠纪卡拉勒塔什群实测剖面	1:25万阿克萨依湖幅区域地质调查成果报告,2006年
12	新疆于田县阿克苏河黄羊岭群实测剖面	1:25万伯力克幅区域地质调查报告,2004年
13	苏克代亚南苏克塔亚克组剖面	1:25万于田县幅区域地质调查报告,2004年
14	黄羊岭群二段剖面	1:25万黑石北湖幅区域地质调查报告,2003年
15	黄羊岭群一段剖面	1:25万黑石北湖幅区域地质调查报告,2003年
16	新疆且末县半岛湖二叠系黄羊岭群实测地层剖面	1:25万奥依亚依拉克幅区域地质调查报告,2004年
17	半岛湖黄羊岭群地层剖面	1:25万羊湖幅区域地质调查报告,2004年
18	雪头河北中二叠世黄羊岭群实测剖面	1:25万玛尔盖茶卡幅区域地质调查报告,2006年
19	四道沟中二叠世黄羊岭群实测剖面	1:25万玛尔盖茶卡幅区域地质调查报告,2006年
20	涌波湖西中二叠世黄羊岭群剖面	1:25万玛尔盖茶卡幅区域地质调查报告,2006年
21	青石林晚二叠世热觉茶卡组实测剖面	1:25万玛尔盖茶卡幅区域地质调查报告,2006年
22	西藏玉帽山晚二叠世热觉茶卡组实测剖面	1:25万玉帽山幅区域地质调查报告,2006年
23	西藏东沙河南晚二叠世热觉茶卡组实测剖面	1:25万玉帽山幅区域地质调查报告,2006年
24	西藏双端湖西晚二叠世热觉茶卡组实测剖面	1:25万玉帽山幅区域地质调查报告,2006年
25	西金乌兰湖剖面	1:25万可可西里幅区域地质调查报告,2003年
26	汉台山南坡蛇形沟剖面	1:25万可可西里幅区域地质调查报告,2003年
27	纳堡扎隆(拉卜查日组)剖面	1:25万乌兰乌拉湖幅区域地质调查报告,2003年
28	小沙河那益雄组剖面	1:25万乌兰乌拉湖幅区域地质调查报告,2003年
29	纳堡扎隆(那益雄组)剖面	1:25万乌兰乌拉湖幅区域地质调查报告,2003年

续附表 7

编号	剖面名称	资料来源
30	天池山拉卜查日组剖面	1:25 万乌兰乌拉湖幅区域地质调查报告,2003 年
31	青海省格尔木市唐古拉山乡乌丽地区晚二叠世乌丽群实测地层剖面	1:25 万沱沱河幅区域地质调查报告,2005 年
32	青海省格尔木市唐古拉山乡开心岭煤矿北晚二叠世乌丽群实测地层剖面	1:25 万沱沱河幅区域地质调查报告,2005 年
33	青海省格尔木市唐古拉山乡乌丽地区晚二叠世乌丽群,拉卜查日组实测地层剖面	1:25 万沱沱河幅区域地质调查报告,2005 年
34	青海省格尔木市唐古拉山乡开心岭煤矿北晚二叠世乌丽群实测地层剖面剖面	1:25 万沱沱河幅区域地质调查报告,2005 年
35	青海省曲麻莱县曲麻河乡冬布里曲晚二叠世乌丽群剖面	1:25 万曲柔尕卡幅区域地质调查报告,2005 年
36	青海省治多县索加乡东日日纠地区晚古生代扎日根组—那益雄组地层实测剖面	1:25 万曲柔尕卡幅区域地质调查报告,2005 年
37	青海省修沟雪水河上二叠统剖面	1:20 万东温泉幅区域地质调查报告,1992 年
38	青海省玛多县又马日上二叠统格曲组剖面	青海省岩石地层,1977 年
39	玛多县醉马滩实测剖面	1:20 万兴海县幅区域地质调查报告,1994 年
40	玛多乡醉马滩上二叠统格曲组剖面	1:25 万兴海县幅区域地质调查报告,2001 年
41	青海省玛多县又马日上二叠统格曲组剖面	青海省岩石地层,1977 年
42	青海省玛沁县石峡上二叠统格曲组剖面	青海省岩石地层,1977 年
43	晚二叠世拉卜查日组剖面	1:25 万弄布张错幅区域地质调查报告,2003 年
44	上二叠统那益雄组剖面	1:25 万弄布张错幅区域地质调查报告,2003 年
45	甘肃省阿拉善右旗阿尔斯兰上二叠统实测剖面	1:20 万努尔盖公社幅区域地质调查报告,1977 年
46	青海省格尔木市周琼玛鲁上二叠统那益雄组实测剖面	1:25 万温泉兵站幅区域地质调查报告,2005 年
47	青海省杂多县扎青乡特龙赛晚二叠世—早三叠世火山岩组实测剖面	1:25 万治多县幅区域地质调查报告,2006 年
48	青海省玉树县安冲乡汉台山群实测地质剖面	1:25 万治多县幅区域地质调查报告,2006 年
49	日土县多玛区科尼恣马	1:25 万日土县幅区域地质调查报告,2004 年
50	西藏日土县多玛区吉普村晚塔拉晚二叠世吉普日阿组	1:25 万温泉幅、松西幅区域地质调查报告,2005 年
51	西藏日土县多玛区热合盘晚二叠世吉普日阿组实测剖面	1:25 万温泉幅、松西幅区域地质调查报告,2005 年
52	西藏日土县多玛鲁玛江东错吉普日阿组实测剖面	1:25 万土则岗日幅区域地质调查报告,2003 年
53	西藏改则县托和平错二叠系吉普日阿平面	1:25 万托和平错幅区域地质调查报告,2006 年
54	西藏尼玛县图北湖中下二叠统曲地组—图北湖组实测剖面	1:25 万查多岗日幅区域地质调查报告,2005 年
55	西藏自治区改则县查木错东 8km 吉普日阿组路线剖面	1:25 万加错幅区域地质调查报告,2005 年
56	西藏改则县贡角桑吉普日阿组综合路线剖面	1:25 万加错幅区域地质调查报告,2005 年
57	西藏自治区改则县他利克甘利山上二叠统吉普日阿组剖面	1:25 万丁固幅区域地质调查报告,2005 年
58	西藏自治区改则县他利克甘利山上二叠统吉普日阿组剖面	1:25 万丁固幅区域地质调查报告,2005 年
59	西藏双湖地区鄂柔蛇绿混杂岩实测剖面	1:25 万江爱达日纳幅区域地质调查报告,2005 年
60	青海省大柴旦石底泉滩西上二叠统诺音河群剖面	1:20 万大柴旦幅区域地质调查报告,1980 年

续附表 7

编号	剖面名称	资料来源
61	青海省大柴旦镇塔塔楞河南岸石底泉中上二叠统剖面	青海省区域地质志,1991 年
62	青海天峻县疏勒河南巴嘎浑腾果勒上二叠统诺音河群剖面	1:20 万硫磺山幅区域地质测量报告,1972 年
63	青海省党河上游达格德勒上二叠统诺音河群	1:20 万盐池湾幅区域地质调查报告,1974 年
64	青海省党河上游包尔上二叠统诺音河群(P_3NN)剖面	1:20 万盐池湾幅区域地质调查报告,1974 年
65	青海省天峻县疏勒河南哈萨坟上二叠统诺音河群剖面	1:20 万硫磺山幅区域地质测量报告,1972 年
66	青海天峻县疏勒河南巴嘎浑腾果勒上二叠统诺音河群剖面	1:20 万硫磺山幅区域地质测量报告,1972 年
67	甘肃酒泉祁连山前地区上二叠统窑沟组(P_2y)剖面	1:20 酒泉幅区域地质调查报告,2003 年
68	甘肃省酒泉市祁连山前射子沟上二叠统剖面	1:20 酒泉幅区域地质调查报告,2003 年
69	青海祁连县托来山热水大坂热水沟二叠系大黄沟群,窑沟群实测剖面	1:20 万祁连山幅区域地质调查报告,1974 年
70	青海省天峻县疏勒公社东山北坡上二叠统诺音河群剖面	1:20 万祁连山幅区域地质调查报告,1974 年
71	青海省天峻阳康曲东侧晚二叠世地层剖面	1:20 万快日玛乡区域地质调查报告,1976 年
72	南祁连天峻县忠石公中上二叠统剖面	青海省区域地质志志留系,1991 年
73	北祁连甘肃省肃南县大清沟中上二叠统剖面	青海省区域地质志,1991 年
74	野牛沟中上二叠统剖面	1:20 万野牛台幅区域地质测量报告,1968 年
75	祁连县东北加羊沟-饿狼沟中上二叠统剖面	1:20 万祁连幅区域地质测量报告,1968 年
76	甘肃山丹县平坡上二叠统窑沟组剖面	1:20 万山丹幅区域地质调查报告,1981 年
77	甘肃省阿拉善右旗阿尔斯兰上二叠统实测剖面	1:20 万努尔盖公社幅区域地质调查报告,1977 年
78	甘肃永昌新城茨沟上二叠统窑沟群(组)剖面	1:20 万永昌幅区域地质测量报告,1983 年
79	青海省门源县青石嘴镇尕大滩上二叠统剖面	1:25 万门源县幅区域地质调查报告,2007 年
80	宁夏同心县蜗牛山上二叠统孙家沟组剖面	1:25 万吴忠市幅区域地质调查报告,2001 年
81	青海省湟源县日月山隘西侧上二叠统哈吉尔组(P_3h)剖面	1:25 万西宁市幅区域地质调查报告,2007 年
82	青海省贵德县甘家村去藏布北山-龙春河上二叠统哈吉尔组剖面	1:25 万西宁市幅区域地质调查报告,2007 年
83	青海省贵德县甘家村去藏布北山-龙春河上二叠统哈吉尔组剖面	1:25 万西宁市幅区域地质调查报告,2007 年
84	汉台山南坡蛇形沟剖面	1:25 万可可西里幅区域地质调查报告,2003 年
85	苏克代亚南苏克塔亚克组剖面	1:25 万于田县幅区域地质调查报告,2004 年
86	青海省曲麻莱县曲麻河乡冬布里曲晚二叠世乌丽群剖面	1:25 万曲柔尕卡幅区域地质调查报告,2005 年
87	西藏东沙河南晚二叠世热觉茶卡组实测剖面	1:25 万玉帽山幅区域地质调查报告,2006 年
88	新疆塔什库尔干塔吉克族自治县克勒青河上游阿格勒达坂组路线地质剖面	1:25 万麻扎县幅、神仙湾幅(北半幅)区域地质调查报告,2003 年
89	新疆叶城县欣都科里湖南侧二叠系温泉山组路线地质剖面	1:25 万麻扎县幅、神仙湾幅区域地质调查报告,2003 年
90	青海省贵德县甘家村去藏布北山-龙春河上二叠统哈吉尔组剖面	1:25 万西宁市幅区域地质调查报告,2007 年
91	西金乌兰湖剖面	1:25 万可可西里幅区域地质调查报告,2003 年

续附表 7

编号	剖面名称	资料来源
92	白玉县欧巴纳中上二叠统弄丹潭组剖面	1:25 万新龙县幅区域地质调查报告,2003 年
93	宁夏贺兰山小台子晚二叠世地层剖面	1:20 万巴伦别立幅区域地质调查报告,1978 年
94	云南省永善县双旋上二叠统峨眉山玄武岩剖面	云南省区域地质志,1990 年
95	云南宣威来宾上二叠统宣威组剖面	云南省区域地质志,1990 年
96	甘肃省漳县梯子沟上二叠统石关组剖面	甘肃省岩石地层,1977 年
97	青石林晚二叠世热觉茶卡组实测剖面	1:25 万玛尔盖茶卡幅区域地质调查报告,2006 年
98	青海省都兰县马尔争二叠系树维门科组实测地层剖面	1:25 万阿拉克湖幅区域地质调查报告,2003 年
99	西藏仲巴县康扎中晚二叠世曲嘎组三段($P_{2-3}qg^3$)实测剖面	1:25 万霍尔巴幅、巴巴扎东幅区域地质调查报告,2006 年
100	九龙幅西部区丁央仑金上二叠统仑金组地层剖面	1:20 万九龙幅区域地质调查报告,1977 年
101	甘肃省漳县梯子沟上二叠统石关组剖面	甘肃省岩石地层,1977 年
102	甘肃省迭部县益哇沟上二叠统迭山组剖面	甘肃省岩石地层,1977 年
103	扎达县曲松乡西南日萨中—上二叠统色龙群	1:25 万斯诺乌山幅区域地质调查报告,2005 年
104	西藏札达普色拉西中二叠统色龙群地层剖面	1:25 万日新幅、扎达幅、姜叶马幅区域地质调查报告,2005 年
105	日土县多玛区科尼恙马剖面	1:25 万喀纳、日土县幅区域地质调查报告,2004 年
106	革吉县雄巴乡果勒西敌布错组剖面	1:25 万亚热幅、普兰县幅区域地质调查报告,2005 年
107	西藏措勤县江让乡鲁多剖面	1:25 万错勤区幅区域地质调查报告,2003 年
108	西藏措助县江让鲁乡上二叠统敌布错组剖面	1:25 万错勤区幅区域地质调查报告,2003 年
109	西藏措勤县江让乡鲁多剖面	1:25 万错勤区幅区域地质调查报告,2003 年
110	西藏措勤县仲青勒剖面	1:25 万错勤区幅区域地质调查报告,2002 年
111	西藏昂仁县弄穹上二叠统敌布错组剖面	1:25 万热布喀幅区域地质调查报告,2002 年
112	西藏普兰县公珠错南曲嘎组一段实测剖面	1:25 万区测亚热幅、普兰县幅区域地质调查报告,2006 年
113	西藏普县江龙玛中—晚二叠世色龙群实测剖面	1:25 万区测亚热幅、普兰县幅区域地质调查报告,2006 年
114	西藏中巴县作朗木作中晚二叠世曲嘎组二段实测剖面	1:25 万区测霍尔巴幅、巴巴扎东幅区域地质调查报告,2006 年
115	西藏仲巴县宗弄中晚二叠世曲嘎组一段实测剖面	1:25 万霍尔巴幅、巴巴扎东幅区域地质调查报告,2006 年
116	西藏仲巴县康扎中晚二叠世曲嘎组三段实测剖面	1:25 万霍尔巴幅、巴巴扎东幅区域地质调查报告,2006 年
117	萨嘎县达吉岭区拉弄浦中晚二叠世曲嘎组二段、三段实测剖面	1:25 万吉隆县幅区域地质调查报告,2003 年
118	西藏吉隆县吉隆沟温嘎沟中上二叠统色隆群剖面	1:25 万萨嘎幅、吉龙幅区域地质调查报告,2003 年
119	西藏聂拉木县色龙东山中上二叠统色龙群实测剖面	1:25 万聂拉木县幅区域地质调查报告,2004 年
120	西藏定日县曲布中上二叠统色龙群剖面	1:25 万聂拉木县幅区域地质调查报告,2004 年
121	西藏定日县帕卓乡扎西岗二叠系地层实测剖面	1:25 万定结县陈塘区幅区域地质调查报告,2003 年
122	西藏定结县几脚二叠系地层实测剖面	1:25 万定结县陈塘区幅区域地质调查报告,2003 年
123	西藏定结萨尔库间二叠系剖面	1:25 万定结县陈塘区幅区域地质调查报告,2003 年

续附表7

编号	剖面名称	资料来源
124	西藏江孜县白定浦组剖面	1:25万江孜县亚东幅区域地质调查报告,2004年
125	西藏堆龙德县旁嘎拉上二叠统列龙沟组剖面	1:25万拉萨市幅区域地质调查报告,1990年
126	西藏堆龙德庆县旁嘎拉列龙沟组剖面剖面	1:25万拉萨市幅区域地质调查报告,1990年
127	西藏工布江达县巴河镇巴河上二叠统蒙拉组剖面	1:25万林芝县幅区域地质调查报告,2003年
128	西藏波密县普拿-育仁晚二叠世西马组剖面	1:25万边坝县幅区域地质调查报告,2004年
129	西藏波密县丁纳卡-西马二叠纪西马组剖面	1:25万边坝县幅区域地质调查报告,2004年
130	青海省玉树县东矛陇上二叠统绥坝组剖面	1:25万囊谦县幅区域地质调查报告,2004年
131	西藏昌都县绥坝乡上二叠统绥坝组实测剖面	1:25万昌都幅区域地质调查报告,2007年
132	西藏江达县娘西乡茫达上二叠统绥坝组实测剖面	1:25万江达县幅区域地质调查报告,2007年
133	西藏昌都县南秀玛-察雅县嘎杰卡牛坊一代晚二叠世夏牙村组剖面	1:25万江达县幅区域地质调查报告,2007年
134	白玉县欧巴纳中上二叠统弄丹潭组剖面	1:25万新龙县幅区域地质调查报告,2003年
135	云南省永善县双旋上二叠统峨眉山玄武岩剖面	云南省区域地质志,1990年
136	云南宣威来宾上二叠统宣威组剖面	云南省区域地质志,1990年
137	甘肃省漳县梯子沟上二叠统石关组剖面	甘肃省岩石地层,1977年
138	西藏八宿县来果雄上二叠统纳错组实测剖面	1:25万八宿县幅区域地质调查报告,2007年
139	西藏左贡县沙龙上二叠统沙龙组实测剖面	1:25万八宿县幅区域地质调查报告,2007年
140	西藏芒康县海通上二叠统绥坝组剖面	1:25万芒康县幅区域地质调查报告,2007年
141	西藏芒康想加色顶上二叠统夏牙组实测剖面	1:25万芒康县幅区域地质调查报告,2007年
142	中咱区赤丹潭上二叠统剖面	1:20万波密幅区域地质调查报告,1977年
143	波密嘎拉卡上二叠统剖面	1:20万波密幅区域地质调查报告,1977年
144	波密基里上二叠统剖面	1:20万波密幅区域地质调查报告,1977年
145	巴塘县中咱区茨巫乡上二叠统概冈达概组剖面	1:20万得荣幅区域地质调查报告,1977年
146	云南省中甸县尼西-崩吃南吊上二叠统剖面	1:20万古字幅区域地质调查报告,1982年
147	云南奔子栏伏龙桥上二叠统地层剖面	1:20万古字幅区域地质调查报告,1982年
148	中甸县幅东部峨眉山玄武岩剖面	1:25万中甸县幅区域地质调查报告,2003年
149	中甸县幅东部长松坪-宜底以南上二叠统黑泥哨组剖面	1:25万中甸县幅区域地质调查报告,2003年
150	中甸县幅东部长松坪-宜底以北上二叠统黑泥哨组剖面	1:25万中甸县幅区域地质调查报告,2003年
151	中甸幅上二叠统吴家坪组剖面	1:25万中甸县幅区域地质调查报告,2003年
152	云南省中甸县洛吉乡木星土-拉巴上二叠统洛吉组剖面	1:25万中甸县幅区域地质调查报告,2003年
153	云南省中甸县土官村上二叠统网达概组剖面	1:25万中甸县幅区域地质调查报告,2003年
154	潞西市弄坎沙子坡二叠系丙麻组-沙子坡组剖面	1:25万腾冲、潞西幅区域地质调查报告,2005年
155	云南省保山市杨柳乡河湾街二叠系丙麻组-沙子坡组剖面	1:25万腾冲、潞西幅区域地质调查报告,2005年
156	九龙幅东部区甲黄沟中二叠统甲黄沟群地层剖面	1:20万九龙幅区域地质调查报告,1977年
157	四川北川县南五一煤矿地区上二叠统龙潭组,长兴组剖面	1:20万绵阳幅区域地质测量报告,1973年
158	四川江油龙门山石门沟地区的上二叠统剖面	1:20万平武幅区域地质调查报告,1977年

续附表7

编号	剖面名称	资料来源
159	四川丹巴县半扇门乡关州-半扇门大石包组剖面	1:25万宝兴县幅区域地质调查报告,2002年
160	四川芦山县林乡下井溪上二叠统吴家坪组剖面	1:25万宝兴县幅区域地质调查报告,2002年
161	新疆叶城县尤勒巴什东上二叠统达里约尔组实测地层剖面	1:25万叶城县幅区域地质调查报告,2004年
162	新疆阿克陶县克斯麻克上二叠统实测剖面	1:25万艾提开尔丁萨依幅、英吉沙县幅区域地质调查报告,2003年
163	新疆阿克陶县七美干上二叠统达里约尔组剖面	1:25万艾提开尔丁萨依幅、英吉沙县幅区域地质调查报告,2003年
164	四川康定莲花山上二叠统大石包组剖面	1:25万康定县幅区域地质调查报告,2003年
165	四川省杨开—大邑大飞水-浅上二叠统龙潭组,长兴组剖面	1:20万邛崃区域地质调查报告,1976年
166	理塘县木拉马岩上二叠统冈达概组实测剖面	1:20万理塘幅区域地质调查报告,1984年
167	四川峨眉山上二叠统峨眉山玄武岩组、沙湾组剖面	1:20万峨眉幅区域地质测量报告,1981年
168	木里县唐央桐翁拿么山上二叠统冈达概组	1:20万叶城县幅区域地质调查报告,2004年
169	俄牙同乡行狼牧场上二叠统冈达概组剖面	1:20万贡岭幅区域地质调查报告,1984年
170	九龙幅西部区丁央仑金上二叠统仑金组地层剖面	1:20万九龙幅区域地质调查报告,1977年
171	九龙幅东部区甲黄沟中二叠统甲黄沟群地层剖面	1:20万九龙幅区域地质调查报告,1977年
172	九龙三垭大菩萨山中—上二叠统基性火山岩段实测剖面	1:20万九龙幅区域地质调查报告,1977年
173	九龙斜卡东侧献几热上二叠统萨彦沟组剖面	1:20万九龙幅区域地质调查报告,1977年
174	冕宁县火木山西坡萨沟上二叠统萨彦沟组剖面	1:20万九龙幅区域地质调查报告,1977年
175	四川省甘洛县波波乡上二叠统峨眉山玄武岩组剖面	1:20万石棉幅区域地质测量报告,1974年
176	雷波地区上二叠统剖面	1:20万雷波幅区域地质测量报告,1974年
177	峨边、觉罗豁等地上二叠统峨眉山玄武岩组—乐平组剖面	1:20万马边幅区域地质测量报告,1971年
178	云南省昭觉县上二叠统玄武岩乐平组剖面	1:20万冕宁幅区域地质测量报告,1967年
179	云南省大坝厂区二叠统地层剖面	1:20万永宁幅区域地质调查报告,1980年
180	云南省尼汝区(北区)上二叠统聂尔堂刀组剖面	1:20万永宁幅区域地质调查报告,1980年
181	云南省迪庆地区晚二叠世东坝组地层剖面	1:20万永宁幅区域地质调查报告,1980年
182	云南省宁蒗县宜底上二叠统长兴组剖面	1:20万永宁幅区域地质调查报告,1980年
183	云南省宁蒗县西漂落—许家坪上二叠统黑泥哨组剖面	1:20万永宁幅区域地质调查报告,1980年
184	云南省永宁幅上二叠统黑泥哨组,长兴组剖面	1:20万永宁幅区域地质调查报告,1980年
185	云南省宁蒗县西漂落上二叠统杨家坪组剖面	1:20万永宁幅区域地质调查报告,1980年
186	四川省甘孜地区阿嘎拉玛-令牌山上二叠统剖面	1:20万石棉幅区域地质测量报告,1974年
187	盐源白林山上二叠统玄武岩组乌木河岔路上二叠统乐平组剖面	1:20万盐边幅区域地质调查报告,1972年
188	盐源县白林山一带上二叠统剖面	1:20万盐源幅区域地质测量报告,1971年
189	四川布托县境内上二叠统峨眉山玄武岩组	1:20万西昌幅区域地质调查报告,1965年
190	鲁甸大梨树等地上二叠统峨眉山玄武岩组剖面	1:20万鲁甸幅区域地质调查报告,1978年
191	贵州省威宁县海改地上二叠统宣威组剖面	1:20万鲁甸幅区域地质调查报告,1978年

续附表 7

编号	剖面名称	资料来源
192	云南丽江县黄毛地二叠系峨眉山玄武岩二段修测剖面	1:20万丽江幅区域地质调查报告,1977年
193	米易县的巧家县地区上二叠统峨眉山玄武岩组剖面	1:25万米易县区域地质调查报告,2004年
194	会泽县矿山厂东上二叠统峨眉山玄武岩组	1:20万东川幅区域地质调查报告,1980年
195	会泽县大井上二叠统宣威组剖面	1:20万东河川幅区域地质调查报告,1980年
196	会里幅上二叠统峨眉山玄武岩组	1:20万会理幅区域地质调查报告,1970年
197	云南宣威来宾上二叠统宣威组剖面	云南省区域地质志,1990年
198	云南鸡足山,炼洞上二叠统玄武岩系剖面	1:20万大理幅区域地质调查报告,1973年
199	云南嵩明县老猴街上二叠统峨眉山玄武岩组	1:20万宜良幅区域地质调查报告,1973年
200	云南省鸭子塘等地上二叠统地层剖面	1:20万宜良幅区域地质调查报告,1973年